U0184655

发展你的空间想象力（第3版）

美国哈佛大学教育研究院泽罗研究所的负责人H.加登纳指出：必须强调一下，在各种不同的科学、艺术与数学分支之间，空间推理的介入方式并非是一致的.拓扑学在使用空间思维的程度上要比代数大得多.物理科学与传统生物学或社会科学（其中语言能力相对比较重要）比较起来，要更加依赖空间能力.在空间能力方面有特殊天赋的个体(比如像达·芬奇)便有其实施的选择范畴，他们不仅能在这些领域中选取一种，而且还可以跨领域进行操作.也许，他们在科学、工程及各种艺术方面表现得突出一些.从根本上说，要想掌握这些学科，就得学会“空间语言”，就得学会“在空间媒介中进行思考”.

刘培杰数学工作室 编译

哈爾濱工業大學出版社
HITP HARBIN INSTITUTE OF TECHNOLOGY PRESS

内 容 简 介

本书共分两编:第一编图形;第二编游戏.它包含一些有助于智力锻炼的习题,这些习题可以帮助读者发展空间想象力,这不仅对于在初年级学习几何是必须的,对于在工科院校很多课程的成功学习也是必须的.它在选择未来职业的层面上对学生也是有益的.

本书可以作为发展学生想象力的专门教程也可供数学爱好者参考使用.

图书在版编目(CIP)数据

发展你的空间想象力/刘培杰数学工作室编译.—3版.—哈尔滨:哈尔滨工业大学出版社,2022.1(2023.8重印)

ISBN 978－7－5603－9728－3

Ⅰ.①发… Ⅱ.①刘… Ⅲ.①几何－青少年读物 Ⅳ.①O18－49

中国版本图书馆CIP数据核字(2021)第202453号

策划编辑 刘培杰 张永芹

责任编辑 聂兆慈 张 佳

封面设计 孙茵艾

出版发行 哈尔滨工业大学出版社

社 址 哈尔滨市南岗区复华四道街10号 邮编150006

传 真 0451-86414749

网 址 http://hitpress.hit.edu.cn

印 刷 辽宁新华印务有限公司

开 本 787mm×960mm 1/16 印张33.25 字数460千字

版 次 2017年6月第1版 2022年1月第3版

2023年8月第2次印刷

书 号 ISBN 978－7－5603－9728－3

定 价 98.00元

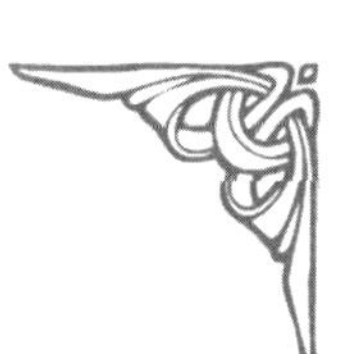

⊙ 代序

谈谈培养空间观念和立体几何作图

裘光明

人类生活在空间中，按理说，空间观念应该是“与生俱来，与日俱增”的，可是事实上却并非每一个人都能很好地设想和描述具有一定空间形式的物体.对于一般人来说，有这种情况不足为怪，但是对于具有一定数学水平的高等学校学生来说，这种情况是很值得引人注意的.在高等学校的某些数学课程尤其是制图课程中，学生的空间观念几乎是学好该门课程的必需条件.由于学生不能很好地设想物体的空间形式，大大影响了该门课程的教学工作的进行.

大家都知道，培养空间观念正是中学几何课程的目的之一；大家也都知道，抽象的空间观念必须通过具体实物的观察才能逐步建立起来.尽管在中学里有几年的几何课程，而且老师们也总是使用实物和模型进行形象化教学，但同学缺乏空间观念的现象还是甚为严重，原因究竟何在呢？

就我个人看来，原因主要有两方面：一方面在于同学一般的几何知识学得不好、不巩固，影响了他们进一步的几何知识的发展；另一方面则在于同学未能从实物和模型抽象出物体的空间形式，因而实际上还是不具有所要求的空间观念. 现在我想就第二方面的原因提出一些个人的意见，供给大家参考.

实物和模型是形象教学的必备工具，但是在使用实物和模型进行形象教学时，不能同时注意到的是，使用它们，并非简单地要同学认识这个实物或模型，而是要同学通过对实物或模型的观察，建立起对于这种实物或模型的抽象的观念. 这一点在几何教学上尤其重要，因为我们能提供给同学的实物和模型只能是有限的几件，而几何图形却是无限的、千变万化的. 要使同学通过对有限件实物、模型的观察、体验，抽象出对于一般几何图形的空间观念，当然是非要在整个教学过程中注意如何培养学生的这种抽象能力不可了.

但是，不管怎样，在几何教学中，从某种程度上说，总是不能脱离实物和模型的，因为不管一个人具有多大的想象能力，当他碰到较复杂的几何图形，而且要在其中解决几何问题时，单凭空想象总是解决不了的，幸好，人类还找到了一个很好的几何工具——在平面上画出空间图形.

在平面上画出空间图形，需要一定的几何知识和一定的空间观念，但是反过来，在平面上画出空间图形的能力的提高，同时也就标志了学生几何知识的提高和空间观念的进一步发展. 就这一方面来说，特别是在用综合方法研究问题的中学几何中，作图就成为极重要的一部分内容了.

总之，从几何方面来看，问题转移了方向，培养学生的空间观念的问题变成了培养学生的作图能力的问题. 可以这样说，在中学几何教学中，我们不仅是通过几何知识的讲授，而且更重要的是通过作图能力的培养来树立学生的空间观念.而因为空间的图形都是立体的,这后一种工作特别落在立体几何的教学上,至于平面图形的作图,则只是空间图形作图的预备知识罢了.

那么我们是否能把空间图形的作图当作立体几何的一个内容来讲呢?一般来说是不能这么办的.原因有两个,第一,大家都知道,中学几何又叫作欧几里得几何,研究的是图形在运动(或叫移动,它保持距离不变)下的几何性质,另外加上在相似变换下不变的几何性质.在这种变换下,一个平面图形固然变成一个与原形相等或相似的图形,一个空间图形也是如此,可是假如我们把空间图形的作图看作空间到平面的一个变换的话,那么空间图形经过这种变换就变成了一个平面图形,绝不可能再与原形相等或相似了.所以不管你用什么方法在平面上画空间图形,都要超出欧几里得几何的范围.第二,更主要的是,空间图形常用作图法的普遍原理,远远超出了中学几何中所能包括的几何知识,而属于仿射几何以至射影几何的范围,当然无法放在中学课程里了.

现在我们看到了"树立空间观念"这一个问题的复杂性.要通过几何教学树立空间观念,必须先培养学生的作图能力,而立体几何的作图又不能像平面几何作图一样,作为课程内容的一部分来全面加以讲述,矛盾在这里,困难也就在这里.

然而事实真是这样没有办法解决吗?不,事实上我们的立体几何教科书中依然画着很多插图,而且在立体几何上也还是讲述了一定分量的作图问题和让学生做一定数量的作图题.而且通过这些,我们的确也使问题有了一定程度的解决.

总之,我们解决问题的方法是:在中学课程的范围内,在学生几何知识所许可的条件下,对作图问题给予一定的讲述和练习,来培养学生的作图能力.

因此,我们有必要来谈一下在平面上画空间图形有些什么方法,从几何上看,方法是无限的,在不同的科学技术领域中,使用不同的方法,主要是由于对于不同类型的空间图形来说,都有比较适合于这种图形的各种画图法.以地理学为例,画普通地图等于是把球面上的图形画成平面图形,有把经纬线画成长方格的方法,有把经线画成直线而把纬线画成曲线的方法,有把经纬线都画成曲线的方法,在画南北极地图时还有把纬线画成圆的方法.另外在画地形图时,还有所谓画等高线法等.但是假如要说对于一般空间图形都比较适用的方法,通常就只有三种了,那就是蒙日的正投影法、轴测投影法和透视法.这三种方法的统一的特点是直线总画成直线.下面我们分别来谈一下这三种画图法.

蒙日的正投影法是工程画图中最通用的一种方法,普通画机械零件图、建筑物平面或立体图等都用这种方法.具体说,这种方法的主要步骤是向两个互相垂直的平面作空间立体的正(交)投影.例如,把一个长方体向与其两个面平行的两个平面作正投影时,就得到图1左边的两个图.在这两个图上的长方形,保持了长方体各面的形状大小,因而很容易从图上知道原长方体的长、宽和高,而长方体也就可以完全确定了.从几何方面来看,有了到这样两个垂直平面上的正投影,空间图形的位置就完全确定了.因此,它们的确可以用来表示空间图形.不过,通常在工程图中,为了更好地了解所画对象的空间形式,有时还画出第三个(与前两平面都垂直的)平面的正投影.

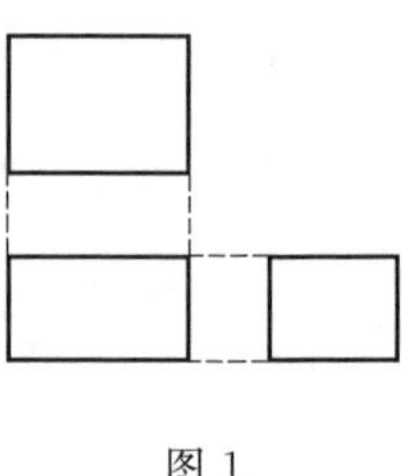

图 1

轴测投影法的主要方法是用平行投影把空间立体投射到一个平面上.在工程画图中采用它作为辅助的方法,在一般的几何学书中,则总是采用这种方法来画出空间的几何图形. 由于平行投影方向的不同，一个长方体的投影可以有图 2(a)的样子，也可以有图 2(b)的样子. 经过平行投影，长方体的各面都无法保持原来的形状，在图 2(a)中还有一面是长方形，在图 2(b)中则所有面都成为平行四边形了. 所以，要想从空间图形的平行投影恢复它原来的形状和大小，还需要辅助的条件. 为了这一点，通常还把空间中的一个直角坐标系随同立体一起投射到平面上去，图 2 就画出了这样的直角坐标系的坐标轴. 利用这个直角坐标系，我们才能从图形与坐标系的相互位置知道图形的原来形状和大小，这就是轴测投影法命名的来源. 此外，轴测投影法中的基本定理告诉我们，直角坐标系的坐标轴在投影到平面上时，不仅可以具有完全任意的相互位置(参看图 2(b))，而且各轴上的单位线段在投影后也可以有完全任意的伸缩比值. 这就使我们不能不把问题引向仿射几何学. 但是，尽管要弄清轴测投影法的全部几何原理，非讲仿射几何不可，但假如我们只考虑某些极为特殊的轴测投影，则不谈仿射几何也还是有办法把问题说清楚的.

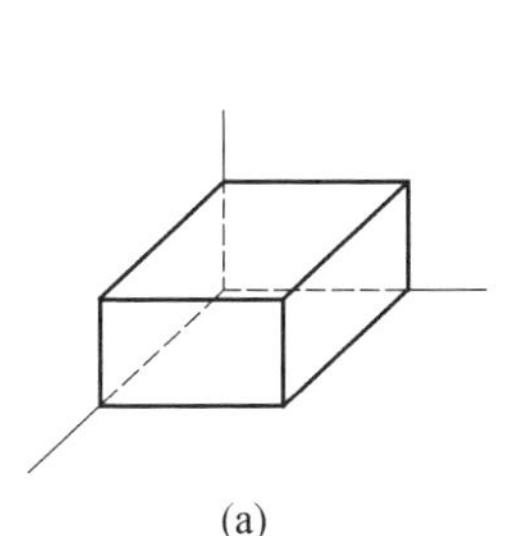

(a)

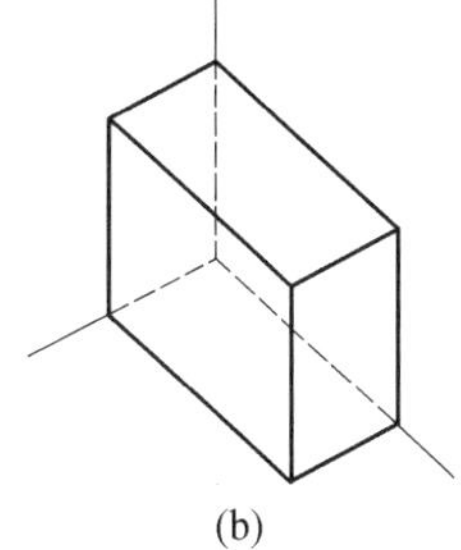

(b)

图 2

透视法的主要方法是以某一个点作为中心把空间立体投射到一个平面上(所谓中心投影). 一般的图画和照片都是透视作图的例子. 经过中心投影，尽管直线变成直线，可是平行直线却可以变成相交直线(例如，图画上的铁轨和街道的两边).因此图形的改变情况比经过平行投影时还要厉害(如图3上画的长方体的透视图).此外,为了决定透视图中的图形的形状和大小,固然也可以用一个直角坐标系与图形一起投射到平面上去,但那时候实质上将变成射影坐标系,以至要完全说明透视法的原理,非讲射影几何不可.

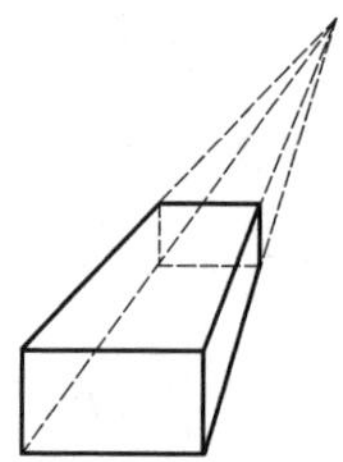
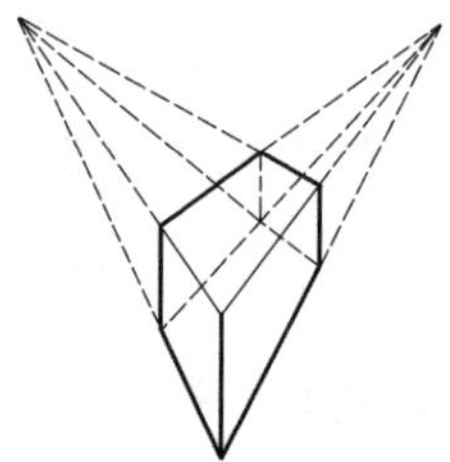

图 3

比较一下上述的三种方法,蒙日方法的优点是可以保持图形中某些基本元素的原来的形状和大小,便于恢复原图形;缺点是图形被割裂了,很难建立一个统一的空间观念.透视法的优点是直观,看起来最像原物;缺点是根据图像来恢复原物比较困难.轴测投影法介于两者之间,一方面它有一个总的图像,看起来比较像原物;另一方面,使用一些辅助的手段,根据图像来恢复原物的形状和大小又不太难,在几何书中特别适用,而我们也将专门介绍轴测投影法.

轴测投影法中的图像是经过平行投影而得到的,让我们先谈一下平行投影的四个重要性质.

(1)直线的投影还是直线(但是当直线平行于投射方向时,其投影是一个点).

(2)平行直线的投影平行.

(3)同一条直线(或者平行直线)上两条线段之比等于其投影之比.

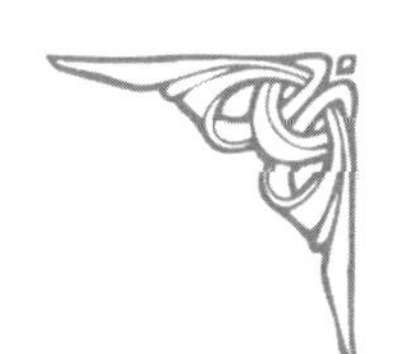

(4)平行于投影所在平面的平面上的图形等于它的投影.

这些结果都可以利用关于平行线的一些定理来证明(证明略).

上面说过,轴测投影中的坐标轴的情况可以是完全任意的,我们只能采用最便于应用的特别情形来讲述.

我们让直角坐标系中的 YOZ 平面平行于投影所在的平面,而且把 YOZ 平面叫作铅垂平面.于是,根据平行投影的性质(4),铅垂平面(以及与铅垂平面平行的平面)上的图形经过投影得到的是与原图形相等的图形.特别地,Y 轴和 Z 轴(以及与 Y 轴和 Z 轴平行的直线)上的线段经过投影都保持原长不变.

我们还让 X 轴的投影与 Y 轴的投影和 Z 轴都组成 $135°$ 的角:$\angle XOY=\angle XOZ=135°$.我们在 X 轴的投影上取单位线段等于原长的 $\frac{1}{2}$.(当然我们完全可以另外取角和单位线段,例如,取 $\angle XOY=120°$,$\angle XOZ=150°$,取单位线段等于原长的 $\frac{2}{3}$ 等.但是为了避免不必要的混淆,我们以后总保持上述取法.)同时我们把 XOY 平面叫作水平平面,把 XOZ 平面叫作侧立平面.

按照坐标系的这种取法,一个各棱为单位长的立方体,当其各棱分别平行于各坐标轴时,它的投影都有后文提到的图形(图 13(a))上所画的形状.

从图 13 也可以看出,铅垂平面上的图形在投影下不变,但是水平平面和侧立平面上的图形则是要改变的,只是水平平面和侧立平面上图形的改变情况现在可以说是一样的.下面我们只准备以水平平面上的图形为例进行比较深入的讨论.我们先来谈以下两个问题:

①已知一个图形,求它的投影;

②已知图形的投影,求原图形.

我们将要举出一系列例子，在各个例子中，我们都用一个各边平行于 X 轴和 Y 轴的投影的平行四边形来代表水平平面.

例 1 在水平平面上画一个正方形 $ABCD$. 这时设 AB，BC 分别平行于 Y 轴和 X 轴，在图上分别画成水平的和铅垂的（图 4(a)），下同.

在投影图上，AB 不变，BC 只有原长的 $\frac{1}{2}$，而且 $\angle BAD = 45°$，画出的 $ABCD$是一个平行四边形（图 4(b)）.

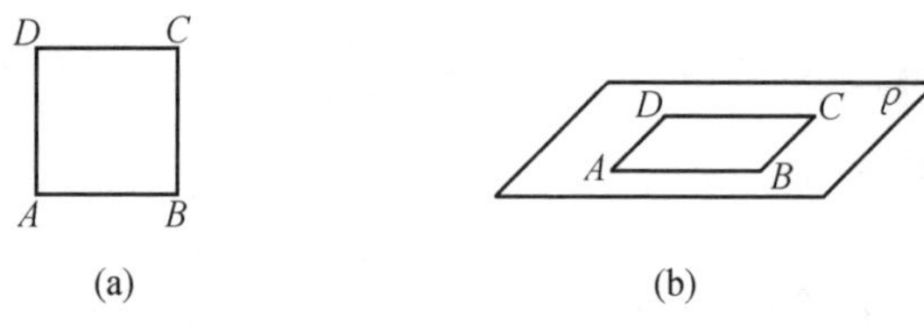

图 4

例 2 在水平平面上画一个$\triangle ABC$，边 AB 是水平的.

作高 CD（图 5(a)）. 在投影图上，AB 不变，D 的位置不变，$\angle BDC=45°$，CD 等于原长的$\frac{1}{2}$（图 5(b)）.

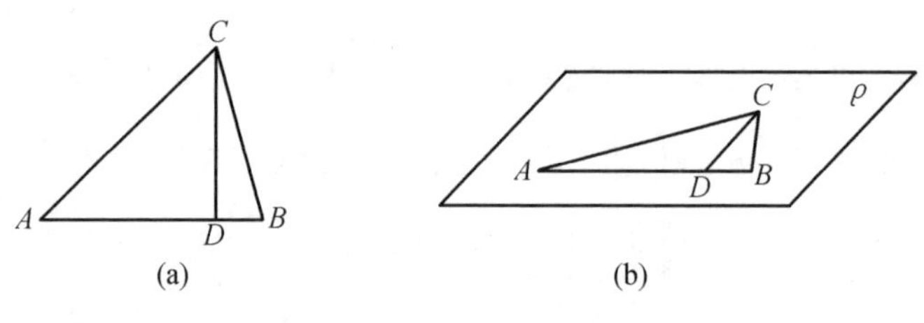

图 5

例 3 在水平平面上画一个任意的四边形 $ABCD$.

过 A 引水平线 MN. 从 B，C，D 分别引垂直线 BK，CF，DE 到 MN 上（图

6(a)). 在投影图上画出水平线 MN 和这条直线上的点 A,E,F,K，它们之间的线段都不改变. 过 E,F,K 分别作线段 ED,FC 和 KB，使得 $\angle NED=\angle NFC=\angle MKB=45^\circ$，而且 ED,FC 和 KB 都等于原长的 $\frac{1}{2}$(图 6(b)).

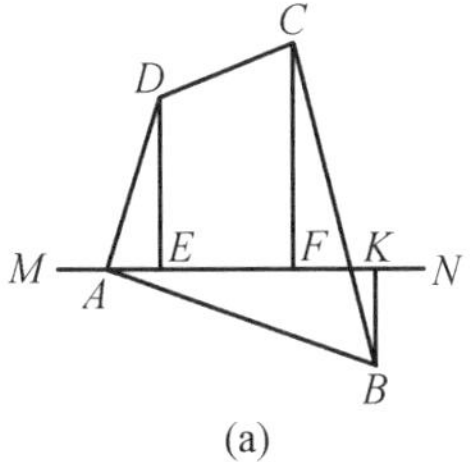

(a)

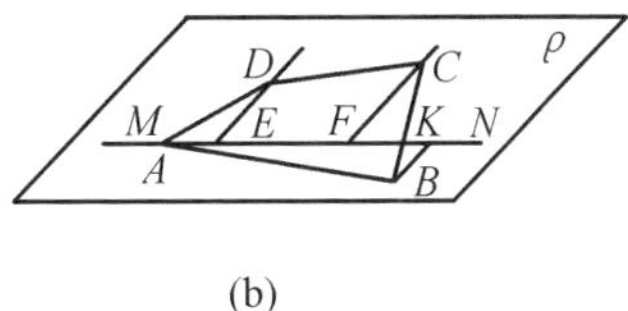

(b)

图 6

例 4 在水平平面上作出一个已知圆.

引圆的水平直径 AB，把它 n 等分(图 7(a)，图上 $n=8$)，过每个分点引铅垂的弦.

在投影图上，直径 AB 和各分点都不变. 过各分点引直线与 AB 组成 45° 角，在每条直线上都截取以分点为中心的线段，长度等于原图上对应线段的 $\frac{1}{2}$. 这些线段的端点都是圆的投影上的点(图 7(b)).

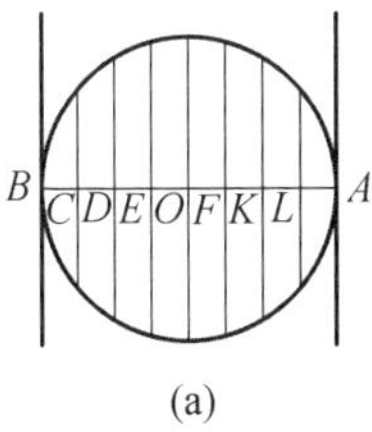

(a)

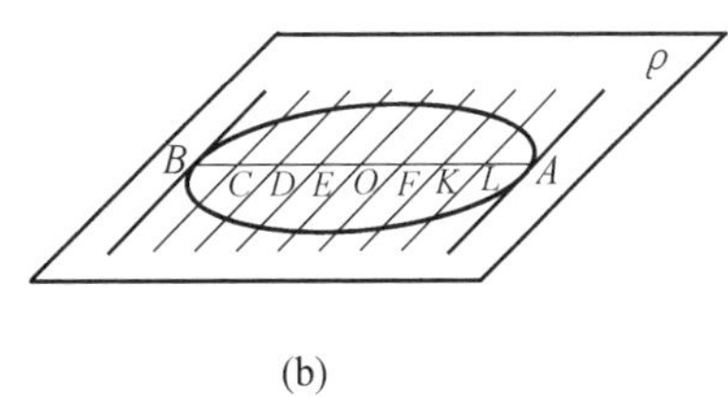

(b)

图 7

下面引出几个从投影画出原图形的例子.

例 5　已知在水平平面上的△ABC的投影，其中边AB的投影平行于Y轴的投影，画出原图形.

在投影图上过C引线段CD到边AB上，使$\angle CDB=45°$(图8(a)).

根据投影图直接画出水平线段AB和点D，在D处作AB的垂直线段CD，使其等于投影长的2倍(图8(b)).

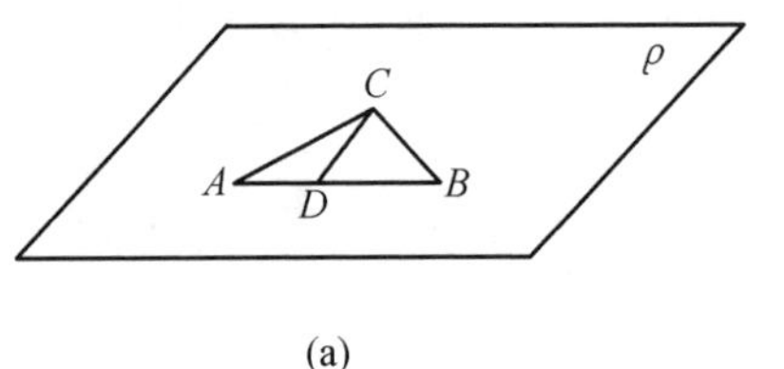

(a)

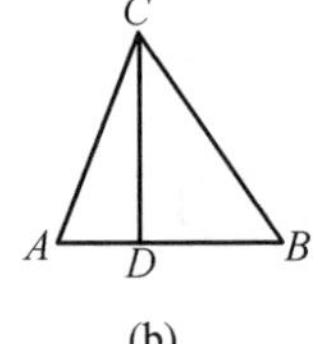

(b)

图 8

例 6　同上题，另一个图(图9(a))做法与上题同，这时D在线段AB外(图9(b)).

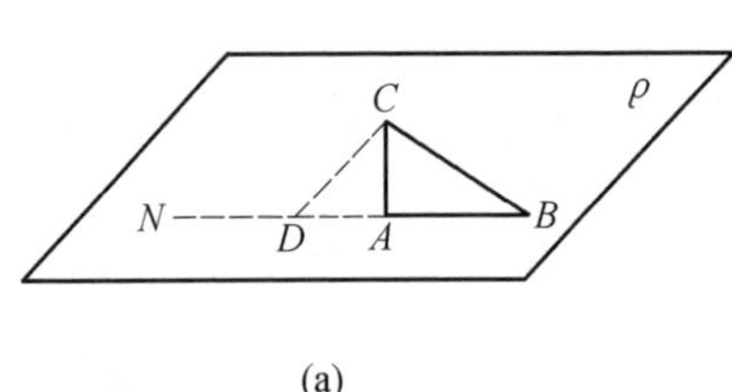

(a)

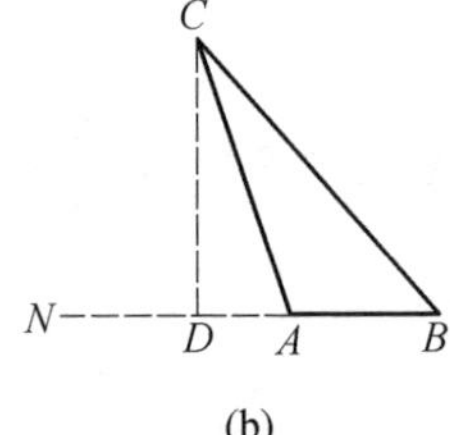

(b)

图 9

例 7　在投影图上给了四边形$ABCD$，其中边AB和CD同时平行于Y轴的投影，画出原图形.

在投影图上过C和D引直线与AB组成45°角，这时在图上得到点E，而且过C的直线正好过A(图10(a)).

根据投影图直接画出线段AB和点E.过A和E引AB的垂直线段AC和

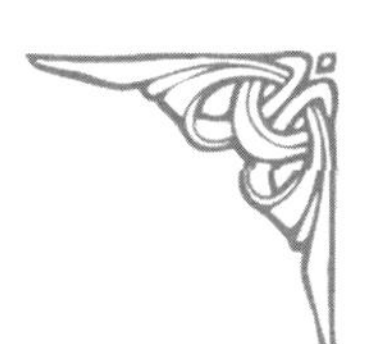

ED,并且使 AC 和 ED 都等于投影长的 2 倍(图 10(b)).

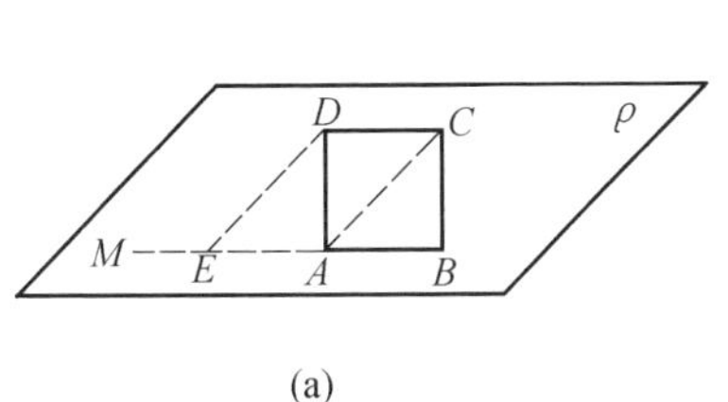

(a)

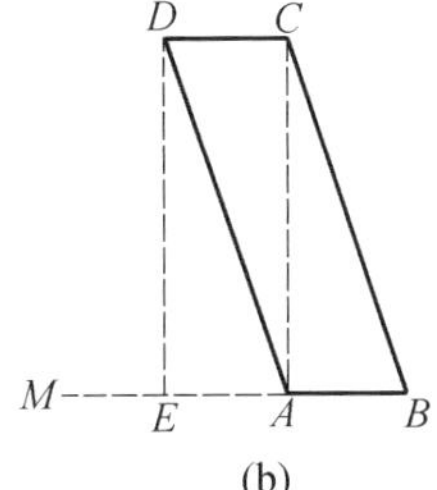

(b)

图 10

例 8 在投影图上给了任意的四边形 $ABCD$,画出原图形.

在投影图上过 A 引直线 MN 平行于 Y 轴的投影. 过 B,C,D 分别引线段 BF,CK,DE 与直线 MN 组成 45°角(图 11(a)).

根据投影图直接画出水平直线 MN 和其上的点 A,E,F,K. 分别在 E,F,K 处作直线 MN 的垂直线段 ED,FB 和 KC,分别等于其投影长的 2 倍(图 11(b)).

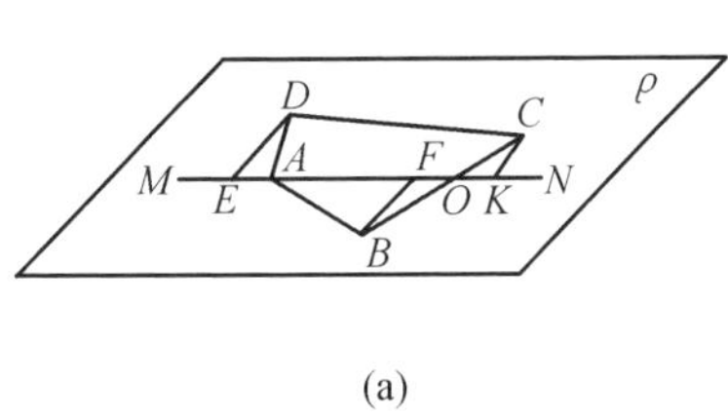

(a)

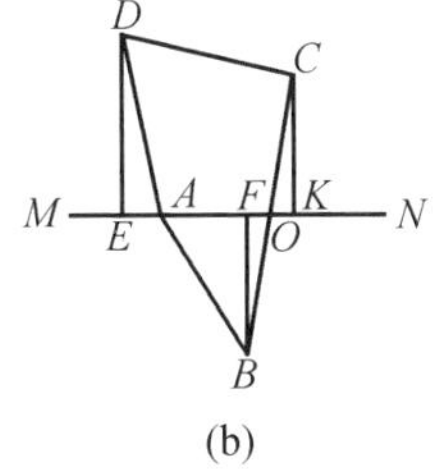

(b)

图 11

下面我们来画一些简单的立体的投影,这时我们按一般的惯例,认为立体是不透明的,因而画出的线有可见和不可见之分,不可见的线通常画成虚线.

这时我们通常不难判断一个投影图画得是否正确. 举例来说,假定图12(a)画的是一个截顶的四棱锥,则它显然是不正确的,因为延长各侧棱并不交于一点.又假定图 12(b)画的是一个截去一角的四棱锥,则它也是不正确的,因为这时底棱 AB 和 CD 的交点 K 并不在侧棱 SF 上.

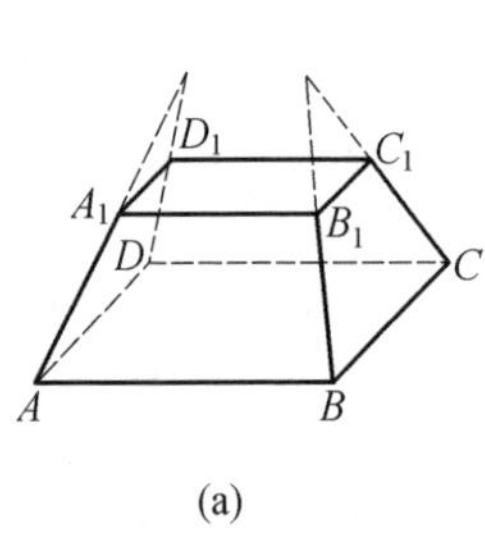

(a)

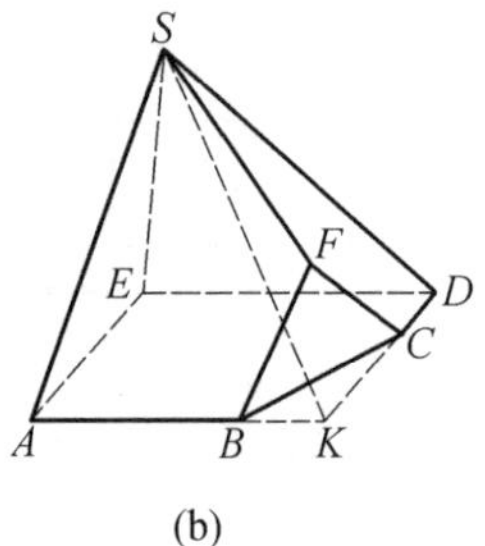

(b)

图 12

例 9　立方体的投影.图 13(a)前面已经提到过,图 13(b)上立方体一个面平行于水平平面,而这个面上的两条对角线则分别平行于 X 轴和 Y 轴.

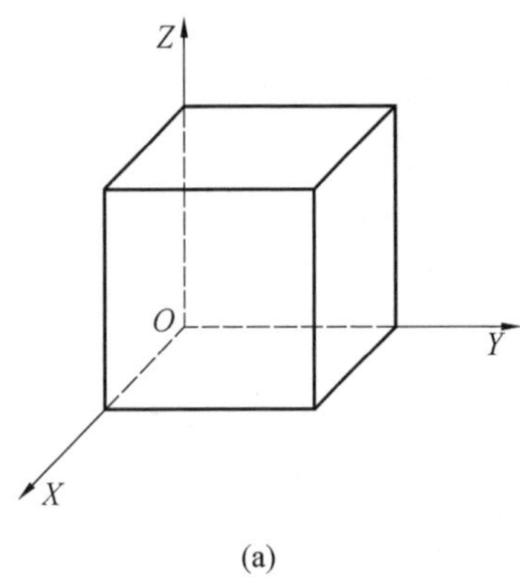

(a)

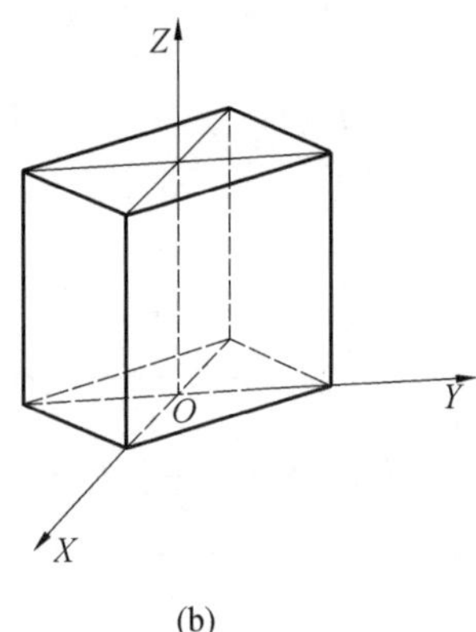

(b)

图 13

例 10　正三棱柱的投影.图 14 上三棱柱的底面都平行于水平平面,只是前两种情形((a),(b))都有一条底棱平行于 Y 轴,后两种情形((c),(d))则是有底面的一条中线(即高)平行于 Y 轴.这时我们像通常画图时一样,没有画出坐标轴的投影.注意图 14(d)上的轴测投影与我们前面约定的取法稍有不同.

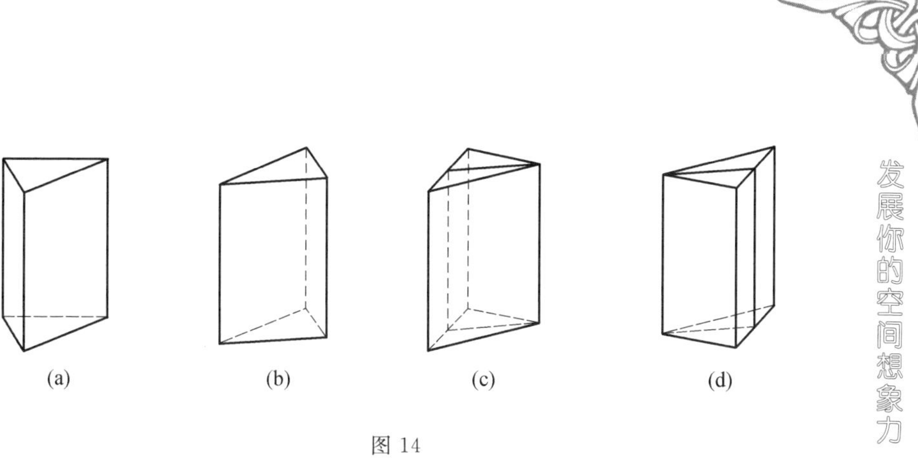

图 14

例 11　正四棱锥的投影(图 15(a),(b)).

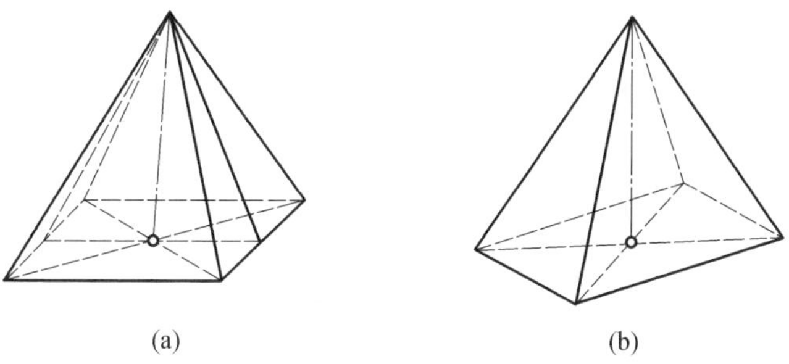

图 15

例 12　正三棱锥的投影(图 16(a),(b)).

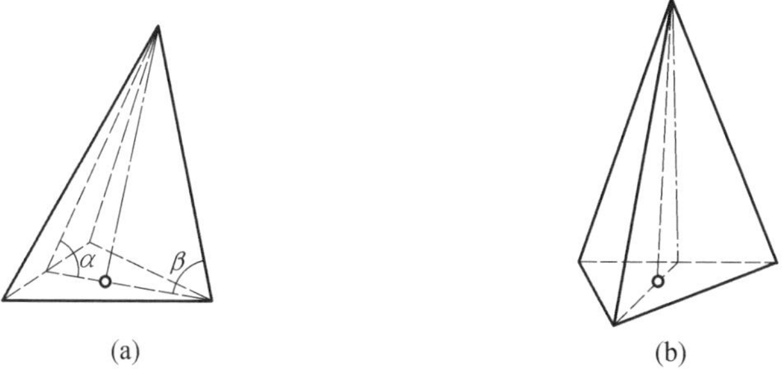

图 16

例 13　求作一个正三棱锥,它的侧棱两倍于底棱.又求作通过一条底棱而

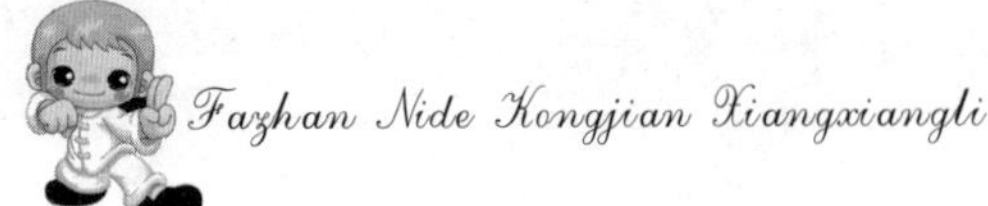

垂直于相对的侧棱的平面截该棱锥的截面.

作出一个正△ABC,假定它的中线(即高)CD是水平的,作出它的中心O(图17(a)),假定这个三角形在水平平面上.

在投影图上作出△ABC和中心O、中点D的投影.以O的投影为原点画出直角坐标轴的投影OX',OY',OZ'.顶点S必在OZ'上,而且CS等于原长(即等于AB原长的2倍).过D作线段$DF\perp CS$,△AFB就是所求截面的投影(图17(b)).因为DF在铅垂平面上,所以恢复原状是不难的(图17(c)).

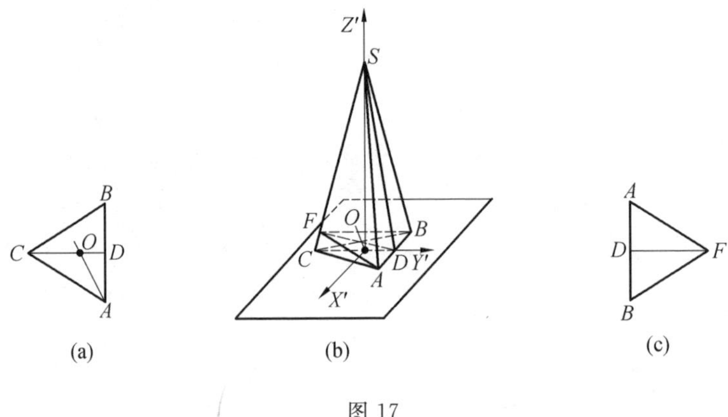

图 17

关于多面体被平面所截的问题,我们只准备对立方体的情形进行介绍.

例 14　平面与立方体的三条棱相交,已知交点,求截面.

这时只要把三个交点连起来构成三角形就可以(图18).

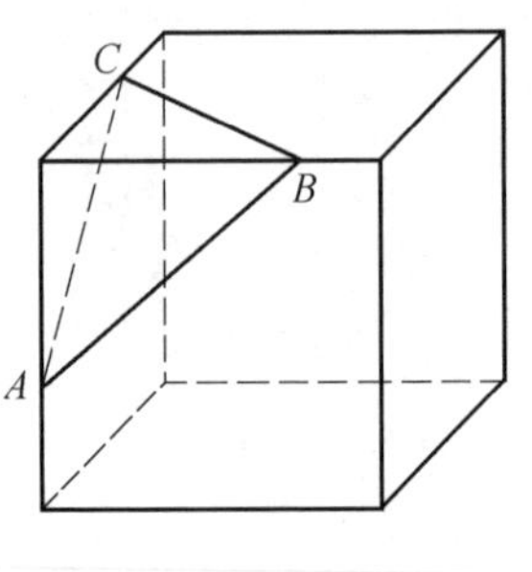

图 18

例 15　平面与立方体的四条棱相交,已知三个交点,求第四个交点.

假定在四个交点A,B,C,D中,已知的是A,B,

C,未知的是 D,则由于直线 AD,BC 和 KM 必须相交于一点 N(图 19),所以我们可以这样来确定 D. 引直线 CB 与棱 KM 的延长线相交于 N,联结 AN 与棱 ME 相交于 D,就是所求的点.

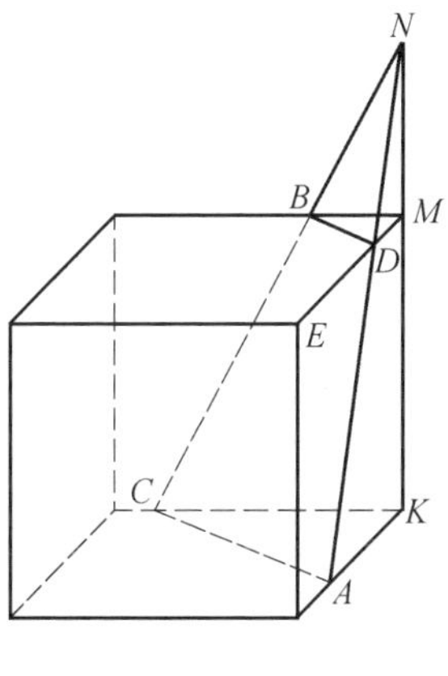

图 19

当平面与立方体的棱相交于 3 个以上的点时,只要知道 3 个交点,其他的交点都可以用类似的方法求出来. 在图 20 和图 21 上分别画着 5 个和 6 个交点时的作图,其中都假定交点 A,B,C 是已知的.

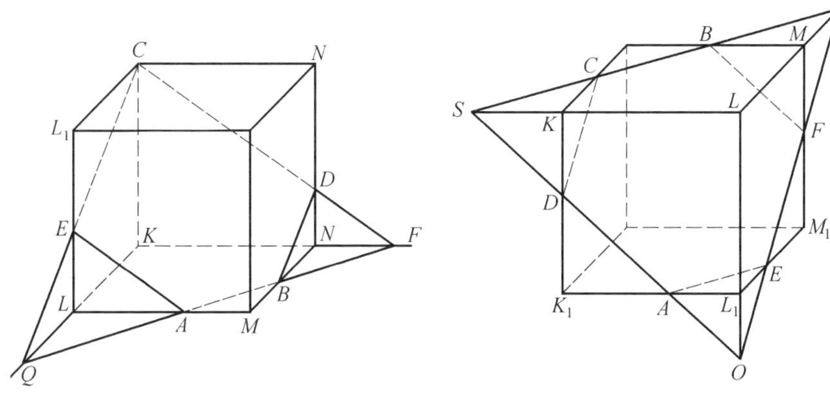

图 20　　图 21

在任意多面体的情况下，上述作图法一般是同样有效的，只是我们不拟多谈了.

最后我们举例来谈一下如何用作图法来解计算问题.

例 16(《雷布金习题集》§1 第 20 题) 给了一个等腰三角形，其底边和高都等于 4 cm，设有一个点与这个三角形的平面相距 6 cm，而且与三角形各顶点等距离. 求这个距离.

与三角形各顶点等距离的点在过三角形外心垂直于三角形平面的直线上，因此我们必须先作出已知三角形的外心. 设已知等腰△ABC 的顶点是 B，过顶点的中线(即高)BD 是水平线(图 22(a)). 作边 AB 的中点 E 上的垂直线，得出外心 O.

在投影图上，线段 BD 的投影为原长，O 的位置不变，在点 O 处作 BD 的垂直线 OM，它正是△ABC 的平面在点 O 处的垂直线的投影. 因为它在铅垂平面上，所以它上面的线段为原长. 截取线段 $OK=6$ cm，于是线段 BK 按原长代表所求的距离(图 22(b)).

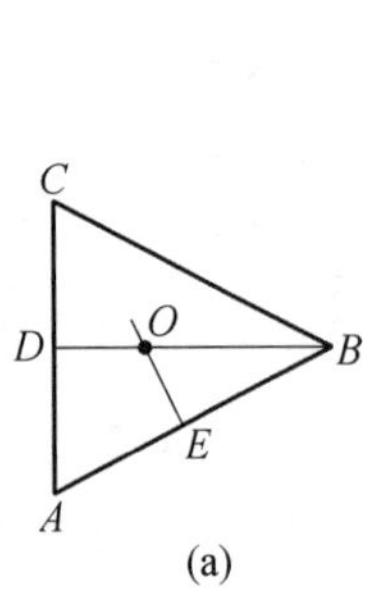

(a)

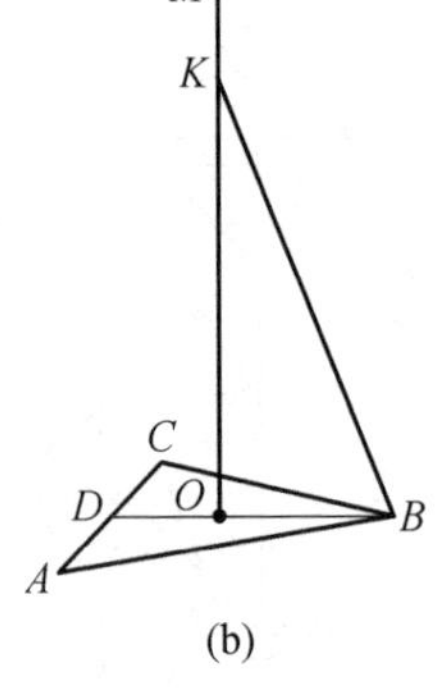

(b)

图 22

例 17(《雷布金习题集》§1 第 22(2)题) 已知 Rt△ABC 的直角边 $AC=$

15 cm，$BC=20$ cm. 在直角顶点 C 处引三角形平面的垂直线 $CD=35$ cm. 求从点 D 到斜边 AB 的距离.

设 D 到 AB 的垂直线的垂足是 F，从立体几何中的定理知道，$CF\perp AB$. 现在设$\triangle ABC$ 的一条直角边 BC 是水平的. 从 C 作 AB 的垂直线段 CF，从 F 作 BC 的垂直线段 FE（图23(a)）.

在投影图上画出$\triangle ABC$ 的投影. 边 BC 和其上的点 E 不变，$\angle BCA=135^\circ$，AC 为原长的$\frac{1}{2}$. 过 E 作 AC 的平行线与 AB 相交于 F. 在点 C 处引 BC 的垂直线 CM，截取 $CD=35$ cm. DF 就是代表所求距离的线段的投影（图23(b)）.

假如要问 DF 的原长，则只要作出以 CD 和 CF 为直角边的直角三角形（图23(c)）.

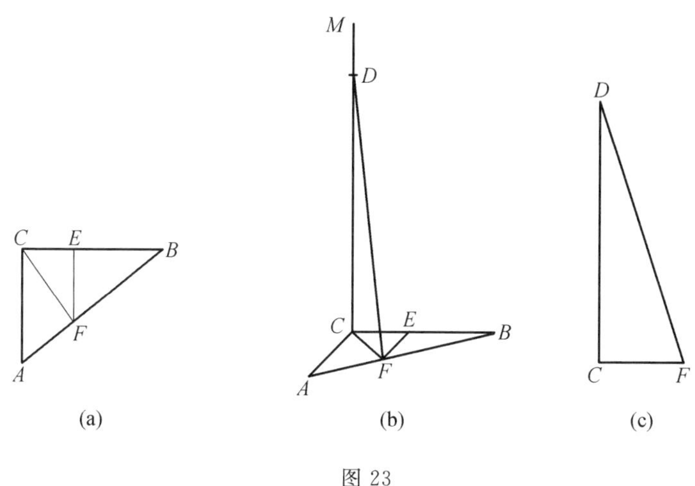

图 23

例 18　正立方体的棱长为 4 cm，求从顶点到内对角线的距离.

这时最好使用图 13(b)上所画的投影图. 因为那样才能使内对角线在铅垂

平面上.在图 24 上画出了这样的两条内对角线 AC_1 和 A_1C. 从顶点 A 到对角线 A_1C 的距离就由点 A 到 A_1C 的垂直线段 AF 代表.

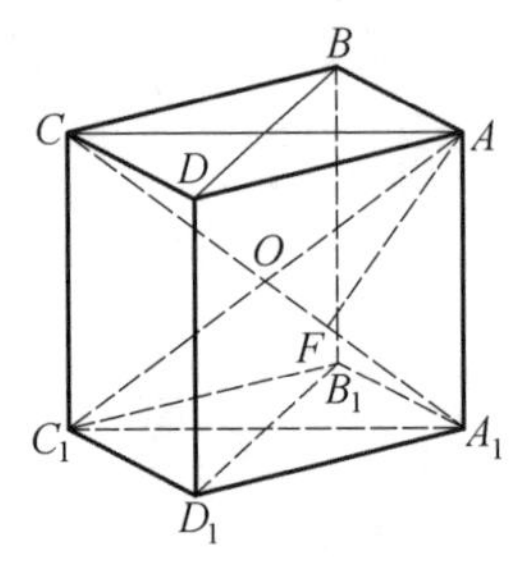

图 24

例 19(《雷布金习题集》§9 第 1 题) 已知正三角锥的底棱 a 和侧棱 b,求高.

在△ABC 中,设中线(即高)CD 是水平的,作出这个正三角形的中心 O(图 25(a)).

在投影图上画出△ABC 和 CD,这时线段 CD 和点 O 保持原状. 从 O 引 CD 的垂直线 OM,则正三角锥的顶点 S 必定在这 OM 上,SC 保持侧棱的原长,因此不难把点 S 作出. 线段 SO 就是所求的高(图 25(b)).

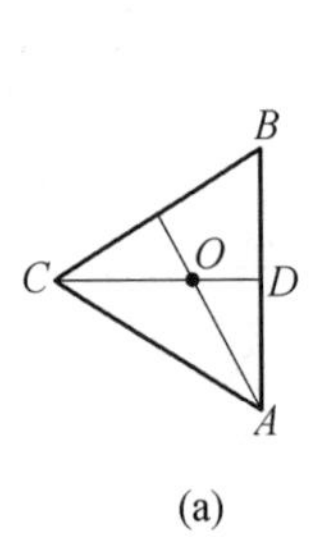

(a)

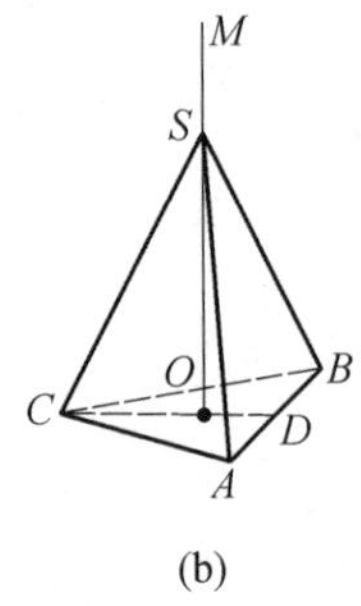

(b)

图 25

以上我们举的是一些比较简单的作图问题的例子,但是在这些例子中,已经充分说明了立体几何作图中的一般方法.这些例子全部从苏联《数学教学》杂志1951年第5期37～51页纳札列夫斯基(Г. А. Назаревский)所写《论几何课中发展空间观念》一文中借用.在这篇文章和作者续写的另一篇同名文章(见《数学教学》1953年第3期24～33页)中,还有许多其他的例子,可以供大家参考.此外,希望多获得一些关于轴测投影知识的读者,可以去看高等教育出版社出版的卡米涅夫著的《轴测投影》,或者其他包含轴测投影法内容的画法几何学著作;希望知道轴测投影法的几何原理的读者,则最好去看高等教育出版社出版的格拉哥列夫著的《画法几何学》.

注:本文是作者在北京教师进修学院对北京市中学教师所作报告的讲稿.

⊙代前言

谈谈空间想象能力

在中国数学教育教学中数学能力是非常重要的数学课程目标(教学目的),空间想象能力是各种文献所支持的数学能力之一.

一

回顾一下,在中国数学教育教学领域内"数学能力"的提出过程对于认识空间想象能力是很有意义的.因为作为一门教学科目,数学的课程目标或者教学目的的提出是国家的责任,表述在国家的数学教学大纲或者数学课程标准这样的课程文件之中.

最早是在教育部1952年颁发的《中学数学教学大纲(草案)》的"说明"中提出:"发展学生生动的空间想象力,发展学生逻辑的思维力和判断力".在其后的教学大纲中空间想象能力就一直是能力目标之一.到了1963年教育部颁发的《全日制中学数学教学大纲(草案)》中,提出培养学生"正确而迅速的计算能力,逻辑推理能力和空间想象能力”，第一次全面提出了数学教学领域的“三大能力”，完整表述了“空间想象能力”. 1978年的《全日制十年制学校中学数学教学大纲(试行草案)》提出，培养学生“具有正确迅速的运算能力、一定的逻辑思维能力和一定的空间想象能力”，把1963年大纲中的“计算能力”改为“运算能力”，“逻辑推理能力”改为“逻辑思维能力”，并且明确提出“培养学生分析问题、解决问题的能力”. 于是形成了数学教学领域著名的“四大数学能力”. 1996年的《全日制普通高级中学数学教学大纲(供试验用)》把“逻辑思维能力”改为“思维能力”. 2000年的《全日制普通高中数学教学大纲(试验修订版)》把“分析问题解决问题的能力”改为“解决实际问题的能力”. 2003年的《普通高中数学课程标准(实验)》的“课程目标”表述为:“提高空间想象、抽象概括、推理论证、运算求解、数据处理等基本能力”“提高数学的提出、分析和解决问题的能力，数学表达和交流的能力，发展独立获取数学知识的能力”.

在数学能力表述的发展过程中，最先提出的就是“空间想象能力”，而在其后的数学四大能力的形成和表达中，唯一不变的也是空间想象能力，其他三种能力的表述都有显著的变化，甚至可以说是重大的变化，这应该说是空间想象能力的一个特点.

二

空间是什么？这个问题的回答对于探讨空间想象能力有至关重要的意义.

按照《中国大百科全书》(第二版)的词条“空间和时间”的释义:空间和时间

是力学、物理学、天文学和哲学概念.在力学和物理学中空间和时间是从对物体及其运动和相互作用的测量和描述中抽象出来的,涉及物体及其运动和相互作用的广延性和持续性.空间是在测量和描述物体及其运动的位置、形状、方向等性质中抽象出来的,时间是从描述物体运动的持续性以及事件发生的顺序中抽象出来的.空间和时间的性质主要是通过它们与物体运动及其相互作用的各种关系与测量中表示出来的.从哲学的角度看,按照《中国大百科全书》(第一版)哲学卷的释义:空间和时间是物质固有的存在形式,空间是物质客体的广延性和并存的秩序,时间是物质客体的持续性和接续的秩序.

既然空间与物质运动及其相互作用密切相关,空间概念必然在各个研究物质运动及其相互作用的科学中出现,并且成为日益重要的"整体性观念",认识空间、理解空间的能力——一般称为空间认知能力(有时也简称为空间能力)——自然成为许多学科的需要.这一点在剑桥大学达尔文学院的年度主题讲座中得到了体现:2001 年主题讲座的主题就是"空间"."空间"讲座的文本列举了这样的空间:内空间(意识是大脑的内空间,意识的深刻性决定于神经元组合的规模),空间语言(手语的空间结构,人类语言和空间认知),建筑空间(其三个维度分别是阅读、写作和记忆),虚拟空间(指浸入式虚拟空间,通过暂时性地"进入"虚拟空间,或者能更为深入地理解现实空间的性质),图绘空间(表现出绘画者价值追求的空间——一种特有的文化空间),国际空间,探索空间(向外太空的探索),外部空间(对空间的理论研究).[【1】彭茨、雷迪克、豪厄尔,剑桥年度主题讲座——时间[J].马光亭,章绍增译,华夏出版社,2006]研究所有的相关空间都需要空间认知能力.

实际上,不仅仅是直接研究物质运动及其相互作用的科学需要空间认知能力，许多社会科学以至于人文学科的探索也需要空间认知能力．例如在政治经济学和哲学领域有关"城市空间动力"的研究，探讨城市形态塑造、城市化、空间资本化和城市空间的政治和道德诉求[【2】董慧，当代资本的空间化实践[J]，哲学动态，2010(10)：38-44]．例如对小说的理解需要空间的想象与表达．有人"从三个方面分析了《呐喊》《彷徨》中空间形式问题：'戏场'是《呐喊》《彷徨》中的一种深层的结构空间形式；'路与圆圈'是人物行动的空间形式；'铁屋'是人物观念的空间形式．这三种空间……使《呐喊》《彷徨》成为一个立体交错、和谐有序的'空间体'；同时，这些空间形式又具有丰富而深刻的'意味'，成为一种意蕴丰富的符号，发挥着所指和能指的功能，与作品的思想内容一起完成作家对社会、历史、文化和人生的独特的审美观与表达"[【3】夏维波的博客，空间的想象与表达——谈《呐喊》《彷徨》中的空间形式[EB/OL]，http://ziyoudexingzou. blog. 163. com/blog/static/12345101920096315911692/(2010-09-21)]．这同时表明文学创作是离不开空间认知能力的，人们进一步认为空间形式是现代小说叙事的结构方式之一[【4】空间形式：现代小说的叙事结构[EB/OL]，见 http://www. lwlm. com，2008-09-14]，尽管叙事的空间形式主要是在隐喻的意义上采用的[【5】陈德志，隐喻和悖论：空间、空间形式和空间叙事学[J]，江西社会科学，2009(9)：63-67]．艺术创作和艺术欣赏自然离不开空间认知能力，雕塑直接就是空间的抽象和概括，平面艺术也要求空间观察、记忆和空间思维，因此，例如素描教学就把培养学生的空间思维能力放到首要的地位[【6】吕威伟，转换视觉确立平面——论素描教学中空间思维能力的培养[J]，丽水学院学报，2005(3)：92-94]．著名的后印象派艺术家塞尚(P. Cézanne，1839—1906，法国画家)表述了艺术创作中具体的空间变换体验："要认识真实，只有到自然中去，别无他途.眼睛与自然接触会得到锻炼.通过观察和创作,眼力会集中起来;我的意思是说,在一只橘子,一只苹果,一个球或一个头部上面都有一个焦点,它总是离我们的眼睛最近,不管它如何受到光、影和色彩感的影响,物体的边缘都向着我们的视平线中心点集中."[【7】转引自:李泳,每当我看见天上的彩虹//[英]巴罗,艺术宇宙[M],徐彬译,湖南科学技术出版社,2010:代序1]这里表现出来的是对空间物体(图形)的观察和记忆能力以及对物体(图形)的抽象和概括的能力.

可见空间认知能力不仅是自然科学学习研究需要的能力,而且也是社会科学和人文科学学习研究所需要的能力.有研究表明,空间认知能力是影响学科学业成就的重要因素[【8】K. J. Holzinger, F. Swineford; J. R. Pribyl et al. 的研究,转引自李洪玉、林崇德,中学生空间认知能力结构的研究[J],心理科学,2005,28(2):269-271].现代心理学的多元智能理论,更把"视觉空间智能"作为人的一种相对独立的智力因素来看待,而所谓智能或者智力(intelligence)指的是"使个人有目的地行动、合理地思考、有效地应付环境的一种综合能力".进一步的研究表明,空间认知能力是世界上任何有机体生存的先决条件.若干基本的空间认知过程构成人类适应社会的基础,如判断距离的能力,结合距离和角度等相关信息形成对多个空间表征的能力,在物体自身运动过程中保持空间信息的能力,或者其他物体空间运动的能力,以及对空间信息进行心理旋转的能力.[【9】转引自:焦丽珍、江丽君,空间学习:三维世界的"潜行者",开放教育研究,2011(3):34-41]因此,空间能力也就是空间认知能力,是人的一般能力.

三

现在来看空间认知能力的构成.按国内学者的研究,中学生的空间认知能力的结构可以如表1所示.[【10】制表的依据:李洪玉、林崇德,中学生空间认知能力结构的研究[J],心理科学,2005,28(2):269-271]

表1　空间认知能力的构成以及与数学教学大纲的比较

	构成能力	可测主因素	内容	数学教学大纲的表述	结构关系
空间认知能力	空间观察能力	视觉空间表象能力	空间视觉知觉		空间记忆能力的前提
	空间记忆能力	图形特征记忆能力	视觉保持测验——对图形形状和位置特征有很强的记忆		空间想象能力和空间思维能力的基础
	空间想象能力	图形分解/组合能力	立体展开图形测验和图形分析测验——在头脑中将单元图形在空间上进行分解和组合的能力	能够从复杂的图形中区分出基本图形,并能分析其中的基本元素及其关系	空间认知能力的主体——测验的有效贡献率达到57.4%
		心理旋转能力	立体图形旋转和镶嵌图形测验	能够想象几何图形的运动和变化	
		空间定向能力	空间定向测验	能够由实物形状想象出几何图形	
		空间意识能力	图形比较测验——定好的立体图形意识	由几何图形想象出实物形状、位置和大小	

续表 1　空间认知能力的构成以及与数学教学大纲的比较

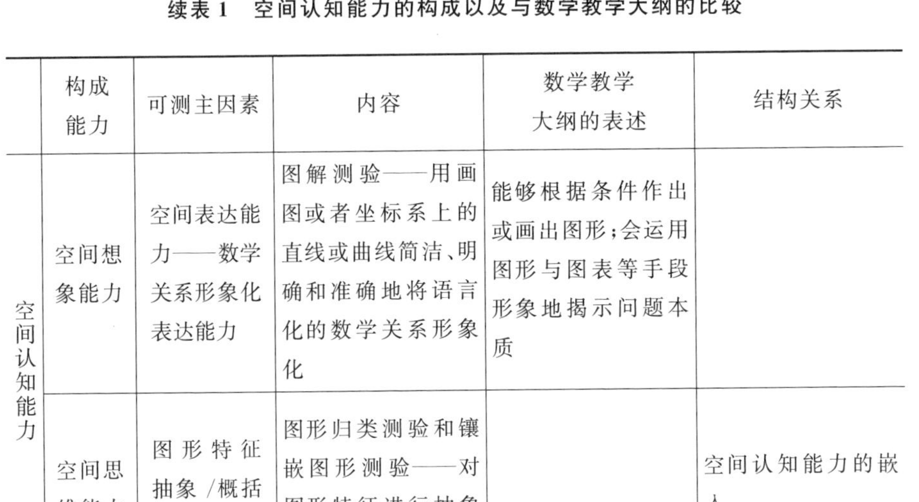

	构成能力	可测主因素	内容	数学教学大纲的表述	结构关系
空间认知能力	空间想象能力	空间表达能力——数学关系形象化表达能力	图解测验——用画图或者坐标系上的直线或曲线简洁、明确和准确地将语言化的数学关系形象化	能够根据条件作出或画出图形;会运用图形与图表等手段形象地揭示问题本质	
	空间思维能力	图形特征抽象/概括能力	图形归类测验和镶嵌图形测验——对图形特征进行抽象和概括		空间认知能力的嵌入

注意:表 1 中的数学教学大纲表述所引的是《全日制普通高级中学数学教学大纲(试验修订版,2000)》在其"教学目的"中对空间想象能力目标的阐释,这是迄今国内中学课程文件中关于空间想象能力最为详尽的表述.

由表 1 不难看出,该研究关于空间想象能力的主因素和具体内容基本上是图形的数学变换,并可以和中学数学教学大纲关于空间想象能力的要求一一对应,因此空间想象能力就是一种与数学学科相关的能力.

再从"空间想象能力"的词语分析来探讨其意义.空间如前述是在测量和描述物体及其运动的位置、形状、方向等性质中抽象出来的,是物质客体的广延性和并存的秩序.这个抽象出来的广延性和并存的秩序是一种认识形式,就表现在(物质客体的)大小、形状、场所、方向、距离、排列次序等方面,通常称为"空间形式".想象则是以头脑中已有的表象(感知表象和记忆表象)为基础,在头脑中建构新的形象的心理活动.通常,人们对空间的表象无论是感知表象还是记忆表象一般也就表现为前面说的空间形式.那么,空间想象自然就是人们以现有的对事物的大小、形状、场所、方向、距离、排列次序等(空间形式)的感知和记忆为基础,在头脑中建构尚不具体存在的事物的大小、形状、场所、方向、距离、排列次序等(空间形式)广延性和并存的秩序方面的形象的心理活动.进而,人们顺利且有效地进行空间想象,在头脑中建构出所需要的形象的个性心理特征就是空间想象能力.对事物的大小、形状、方向、距离、排列次序的认识,也就是对空间形式的认识,无疑是数学的内容,因为数学是研究现实世界的空间形式和量的关系的科学.这些可以说就是表1所引的作为中学数学教学大纲中的数学能力目标提出来的具体要求所体现的内容.所以,空间想象能力是人的数学能力.

四

空间认知能力是一般能力,而其构成之一的空间想象能力是数学能力.这在逻辑上和人们的认识实际上是如何实现的呢?

1.从认识实际看

在航空和航天领域,对飞行员的空间认知能力有很高的要求,包括具有准确知觉外界的能力、对知觉到的外界客体进行改造和修正的能力以及重建视觉经验的能力[【11】流明,空间认知知多少?[J],百科知识,2006(4):14-15],或者说就是视觉空间表象能力,包括视空间定向、空间旋转、空间关系和视觉形状重构等[【12】田志强,空间认知研究及其在航空航天领域中的应用[J],航天医学与医学工程,1998(6):464-468【12】.主要是空间观察和空间记忆能力,但其中的空间定向、空间旋转实际上就是空间想象能力的组成部分.

在体育运动领域,研究表明,空间定向能力和空间想象能力对定向运动员(定向运动是利用地图和指南针到访地图上所指示的各个点标,以最短时间到达所有点标者为胜)的比赛成绩影响较大.[【13】李俊,我国女子定向运动员空间认知能力的调查与分析[J],体育科技文献通报,2010(7):1-2]按照前面列举的研究,空间定向能力就是空间想象能力的组成部分,因此定向运动中最关键的制胜因素是空间想象能力.

对于化学科学的学习和研究,特别是涉及物质结构、有机化学等课题时,空间认知能力起到至关重要的作用.由于是化学科学的学习和研究的需要,所以有人称之为"化学空间认知能力",其中空间想象能力居于重要的地位.[【14】季真,浅析化学空间认知能力的构成[J],中学教学参考,2010(2):107][【15】韩静、吕琳,空间想象能力对高中化学物质结构知识学习的影响[J],化学教育,2006(9):28-29]

有需要有要求就必须进行培养,因此在需要空间想象能力的学科教育中进行空间想象能力培养就成为至关重要的事情.

例如在化学教学中通过"熟悉基本几何图形,能正确地读图,能在头脑中分析基本图形的基本元素之间的位置关系和度量关系,能从复杂的图形中分解出基本图形,建立已知图形和需要构造的图形,数、式和图形,平面图形和立体图形的对应关系"来培养学生的空间想象能力.

对于定向运动员,要"通过空间想象,加强平面地图和三维立体空间信息转换来不断提高运动员的识图能力"和"绘制地图的训练"来提高空间想象能力.

在地理学习中学生地理空间想象能力差的主要原因之一是“缺少必要的数学知识”，在学生尚未学习立体几何的时候，可以利用各种教具和软件来帮助提高空间想象能力.[【16】张有滨，如何提高地理空间想象能力[J]，中国科教创新导刊，2010(9)：107]

在物理教学中，则是在涉及立体图形的问题时寻找有关物理量的空间关系，在头脑中形成正确的空间位置关系，做出正确的视图，把几何关系准确、清晰显示出来，从而培养学生的空间想象能力.[【17】林蕴华，培养学生物理想象能力的探讨[J]，宁德师专学报(自然科学版)，2010(1)：96-98]

这样我们就看到，在认识实际上，人们是通过“数学方式”或者数学化的方式来培养学习者的空间想象能力的.而人们的空间想象能力需要本质上就是一种数学需要——怎样满足这种数学需要呢？从接受教育之初就进行的数学学习无疑提供了基本的数学能力，就包括了空间想象能力，特别包括了能接受空间想象能力培养的数学方式的最基础的空间想象能力.这也就充分表明在基础教育中几乎每天都安排数学课是符合培养学生空间想象能力从而满足各门学科学习以至于将来的各门学科以及各个领域的工作的需要的，因此是符合人的能力发展规律的教育教学决策.

2.从逻辑上看

当我们把作为一种特殊能力的数学能力(空间想象能力)归结为一种一般能力(空间认知能力)的组成部分甚至是其主体部分的时候，是不是存在着逻辑上的困难？

并不存在逻辑上的困难，因为数学能力虽然是一种特殊能力，但在实际上由于“让我们得以探索数学的那部分大脑恰恰就是让我们能够使用语言的那部分”，所以“你天赋的语言素质恰好就是你搞数学所需要的能力”！[【18】基斯·德夫林，数学犹聊天——人人都有数学基因[M]，谈祥柏，谈欣译，上海：上海科学技术出版社，2009：2、Ⅳ]因此作为特殊能力的数学能力实际上却是人人都具有的能力，人生最早所接受的教育恰恰也就是语言教育和数学教育（例如计数，方位、大小、形状、距离等空间观念教育），这更加强了数学能力，这种情况使得一定的数学能力成为人人都普遍具有的能力，当然也包括了空间想象能力．但是不能说数学能力是一般能力，因为按照定义，数学能力确实是适合于数学活动（可以理解为学习数学、研究数学、教授数学和应用数学的各种活动）的专门能力，只不过数学活动是人类的具有一般性的活动，因而数学能力也就渗透到几乎所有的能力检测活动中，不仅空间想象能力是这样，计算能力（运算能力）、逻辑思维能力（思维能力）、解决（实际）问题的能力也都是这样．

孙宏安

作者简介：孙宏安，教授，大连教育学院原副院长、辽宁师范大学硕士研究生导师，国务院特殊津贴获得者．研究方向：课程与教学论、数学史、科学教育．出版著作《中国古代科学教育史略》《中国近现代科学教育史》《杨辉算法译注》《科学教育概论》《世界数学通史》《课堂教学目标研究》《中国古代数学思想》《红楼梦数术谈》等80余部，发表《课程概念的一个阐释》《中国古代科学发展的文化背景》《数学应用对数学发展的作用》《中美科学课程标准比较》《中美数学课程目标比较》《数学素养探讨》等文章200多篇．

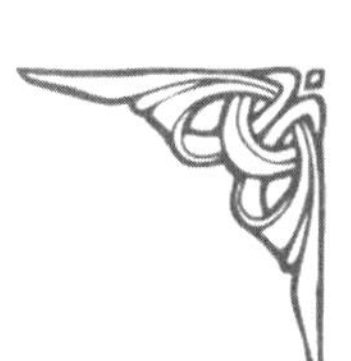

⊙ 引言

空间想象力是高中生的一项重要能力，在立体几何学习和高考中都是必须具备的，为了说明其重要性，我们先摘录四位中学教师的三篇文章，待对空间想象力的重要性有了认识之后，再谈如何训练和发展空间想象力.

空间想象的支架

几年来浙江省高考考试说明(各地可能略有不同)对空间想象力的提法是："能根据条件作出正确的图形，根据图形想象出直观形象；能正确地分析出图形中的基本元素及其相互关系；能对图形进行分解、组合与变换；会运用图形与图表等手段形象地揭示问题的本质."利用一些熟悉的空间图形，作为空间思维的支架，去作图、去联想、去分析、去分解组合，就是上述"空间想象能力"的具体体现.

我们熟悉的空间图形有：点、直线、平面；正方体、长方体、平行

六面体、正四面体、正三棱锥、正四棱锥；圆柱、圆锥、球……这些空间图形都可以作为“空间想象的支架”.下面举一些例子.

1　支架之一——正方体、长方体、平行六面体

正方体、长方体、平行六面体作为我们熟悉的几何图形，利用它们作为空间想象的思维支架，非常自然、常见.

例 1　某几何体的一条棱长为$\sqrt{7}$，在该几何体的正视图中，这条棱的投影是长为$\sqrt{6}$的线段，在该几何体的侧视图与俯视图中，这条棱的投影分别是长为a和b的线段，则$a+b$的最大值为(　　)

A. $2\sqrt{2}$　　B. $2\sqrt{3}$　　C. 4　　D. $2\sqrt{5}$

分析　不少学生求解这个问题感到异常困难，没有现成的定理、公式可用，也不知从什么地方入手.

不妨把这条棱理解为一个长方体的对角线(长方体的对角线的长度，方向均可任意变化).如图 1，$B_1D=\sqrt{7}$，设$DA=x$，$DC=y$，$DD_1=z$，则

$$\begin{cases}x^2+y^2+z^2=7\\y^2+z^2=6\end{cases}$$

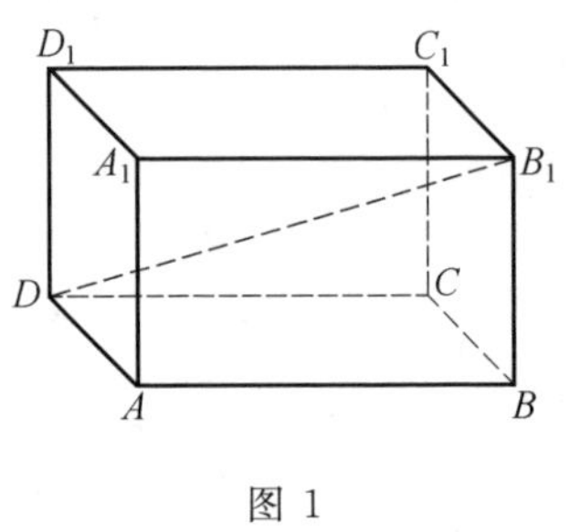

图 1

得$x=1$，故

$$a+b=\sqrt{1+z^2}+\sqrt{1+y^2}\leqslant\sqrt{2(1+z^2+1+y^2)}=4$$

选 C.

例 2　如图 2(a)，三棱锥O-ABC中，OA，OB，OC两两互相垂直，点P是平面ABC上一点，点P到面OAB，OBC，OCA的距离分别为 3，4，5，求线段OP的长.

分析　我们可以以 OA，OB，OC（所在直线）为棱，OP 为对角线作一个长方体，这个长方体的棱长就是 3，4，5，如图 2(b)，故其对角线 OP 的长为 $\sqrt{3^2+4^2+5^5}=5\sqrt{2}$.

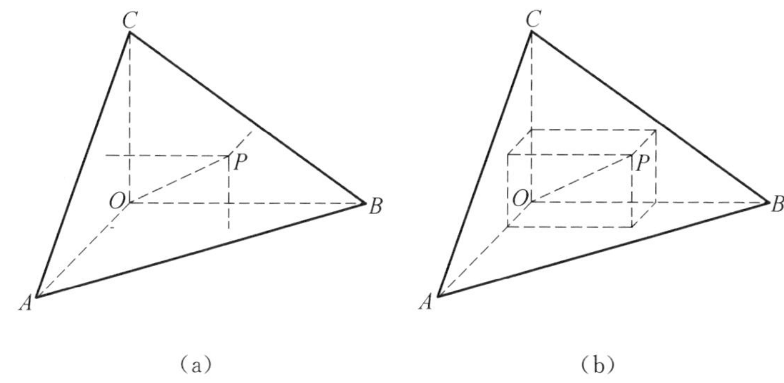

图 2

例 3　如图 3，在直三棱柱 $ABC\text{-}A_1B_1C_1$ 中，$\angle ABC=90°$，$AB=BC=AA_1$，F，E 分别为棱 AB，AA_1 的中点，则直线 FE 与 B_1C 所成的角是________.

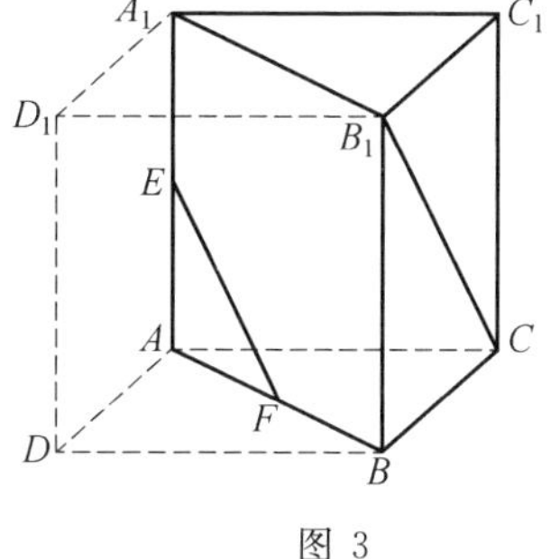

图 3

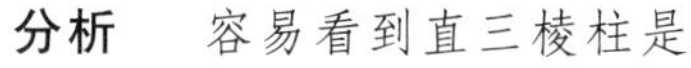

分析　容易看到直三棱柱是一个正方体的一部分（一半），$EF\parallel A_1B$，所以直线 FE 与 B_1C 所成的角就是正方体 $ABCD\text{-}A_1C_1B_1D_1$ 两条面对角线 A_1B 与 B_1C 所成的角，即为 60°.

例 4　在边长为 1 的正方形 $SG_1G_2G_3$ 中，E，F 分别是 G_1G_2 及 G_2G_3 的中点，现在沿 SE，SF 及 EF 把这个正方形折成一个由四个三角形围成的“四面体”，使 G_1，G_2，G_3 三点重合，重合后的点记为 G（图 4），那么四面体 $S\text{-}EFG$ 外接球的半径是（　　）

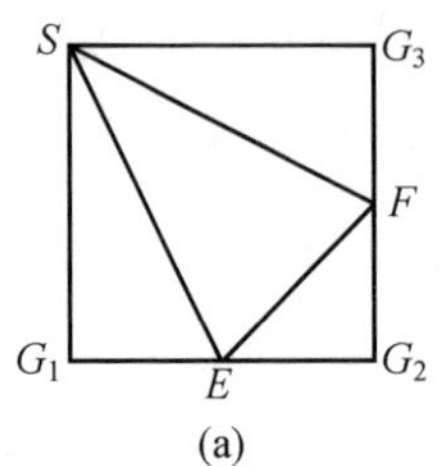

(a)

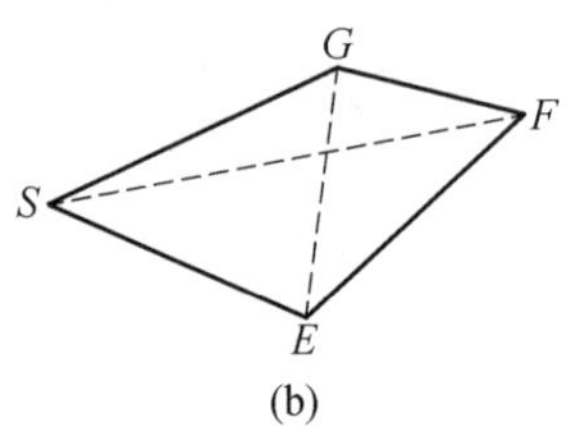

(b)

图 4

A. $\frac{\sqrt{6}}{2}$　　B. $\frac{\sqrt{3}}{2}$　　C. $\frac{\sqrt{6}}{4}$　　D. 以上都不对

分析　在四面体 $S\text{-}EFG$ 的顶点 G 处三条棱两两互相垂直，所以四面体 $S\text{-}EFG$ 是一个长方体的一部分，这个长方体以 G 为一个顶点，以 GE,GF,GS 为棱，这个长方体的外接球直径就是其体对角线长，为 $\sqrt{GE^2+GF^2+GS^2}=\frac{\sqrt{6}}{2}$. 容易知道，四面体 $S\text{-}EFG$ 的四个顶点均在长方体的外接球上，即知四面体 $S\text{-}EFG$ 外接球的半径是 $\frac{\sqrt{6}}{4}$. 选 C.

例 5　如图 5(a)，$\alpha\perp\beta$，$\alpha\cap\beta=l$，$A\in\alpha$，$B\in\beta$，A,B 到 l 的距离分别是 a 和 b，AB 与 α,β 所成的角分别是 θ 和 φ，AB 在 α,β 内的射影分别是 m 和 n，若 $a>b$，则(　　)

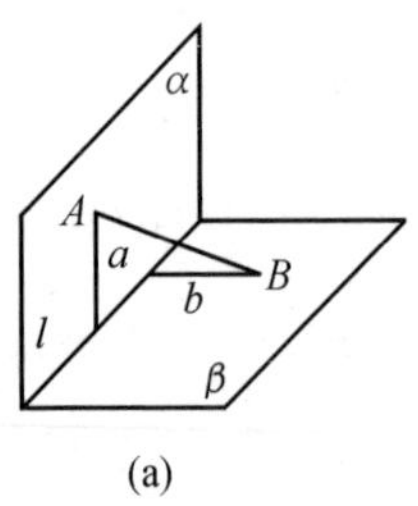

(a)

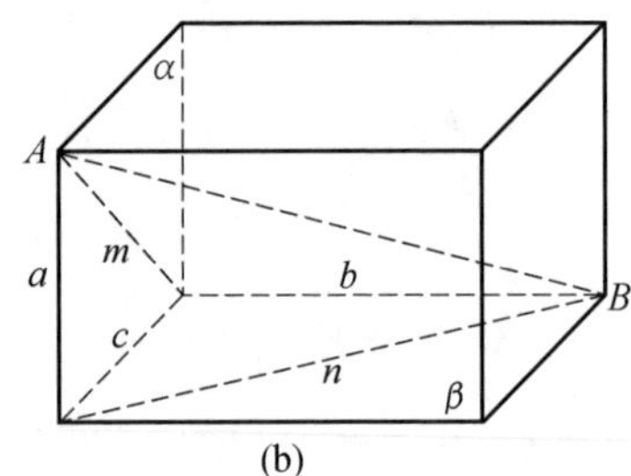

(b)

图 5

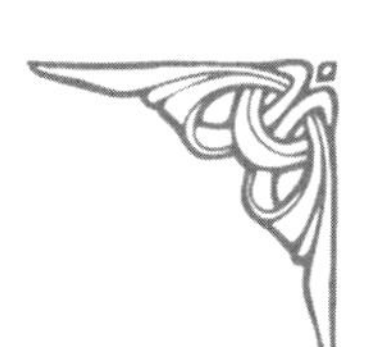

A. $\theta > \varphi, m > n$　　　　B. $\theta > \varphi, m < n$

C. $\theta < \varphi, m < n$　　　　D. $\theta < \varphi, m > n$

分析　我们可以把图形中的要素放在一个长方体中，如图 5(b). 则 $m=\sqrt{a^2+c^2}$，$n=\sqrt{b^2+c^2}$，因为 $a>b$，所以 $m>n$. 又 $\tan\theta=\frac{b}{m}$，$\tan\varphi=\frac{a}{n}$，从而 $\tan\theta<\tan\varphi$，$\theta<\varphi$. 选 D.

例 6　四面体对棱长分别相等，分别是 a,b,c. 求体积.

分析　这类问题很常见，本题也是唯一一个笔者从其他论文中摘抄来的问题.

把四面体"嵌入"棱长为 x,y,z 的长方体(图 6). 由方程组

$$\begin{cases}x^2+y^2=a^2\\ y^2+z^2=b^2\\ z^2+x^2=c^2\end{cases}$$

解得：$x=\sqrt{\frac{c^2+a^2-b^2}{2}}$，$y=\sqrt{\frac{b^2+a^2-c^2}{2}}$，$z=\sqrt{\frac{b^2+c^2-a^2}{2}}$.

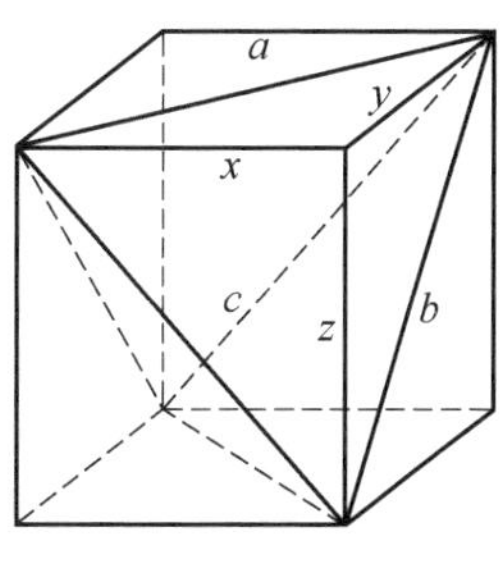

图 6

所以四面体体积

$$V=xyz-4\cdot\frac{1}{3}\cdot\left(\frac{1}{2}xy\right)\cdot z=\frac{1}{3}xyz=$$

$$\frac{\sqrt{2}}{12}\sqrt{(a^2+b^2-c^2)(b^2+c^2-a^2)(c^2+a^2-b^2)}$$

例 7 如图 7(a),正四面体 $A\text{-}BCD$ 的顶点 A,B,C 分别在两两垂直的三条射线 Ox,Oy,Oz 上,则在下列命题中,错误的为(　　)

A. $O\text{-}ABC$ 是正三棱锥　　B. 直线 OB // 平面 ACD

C. 直线 AD 与 OB 所成的角是 $45°$　　D. 二面角 $D\text{-}OB\text{-}A$ 为 $45°$

分析 只要将上述图形放在一个正方体中(图 7(b)),就一目了然了.

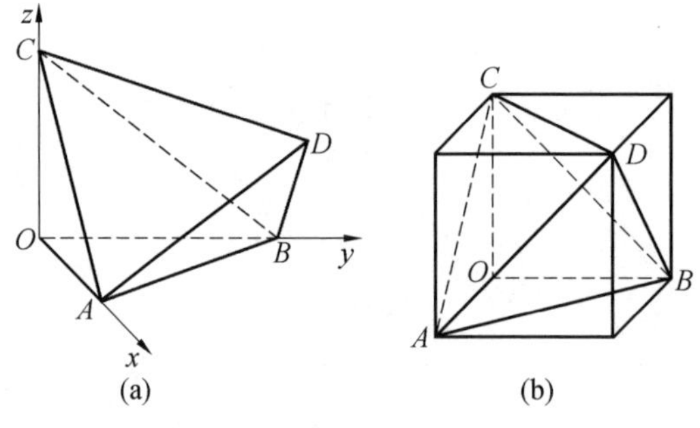

图 7

例 8 将一个正方形 $ABCD$ 绕直线 AB 向上转动 $45°$ 到 ABC_1D_1,再将所得正方形 ABC_1D_1 绕直线 BC_1 向上转动 $45°$ 到 $A_2BC_1D_2$,则平面 $A_2BC_1D_2$ 与平面 $ABCD$ 所成的二面角的正弦值等于________.

分析 如图 8,在两个正方体中,计算平面 $A_2BC_1D_2$ 与平面 $ABCD$ 所成的二面角,就非常容易了.

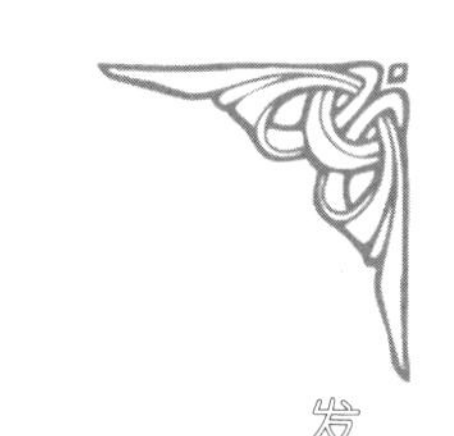

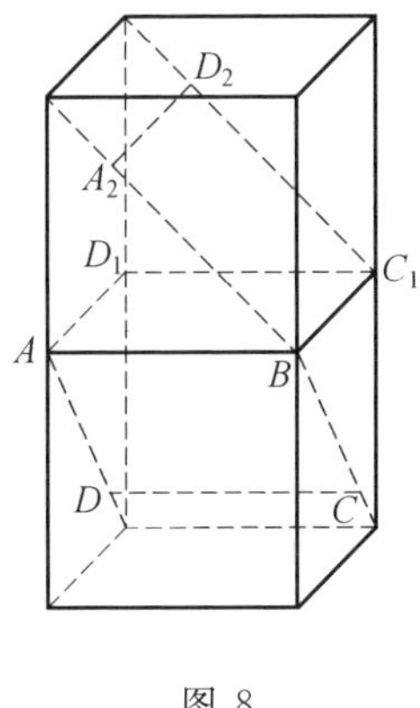

图 8

2 支架之二 —— 正四面体、正三棱锥、正四棱锥

例 9 已知三棱柱 $ABC\text{-}A_1B_1C_1$ 的侧棱与底面边长都相等，A_1 在底面 ABC 内的射影为 $\triangle ABC$ 的中心，则 AB_1 与底面 ABC 所成角的正弦值等于（　　）

A. $\dfrac{1}{3}$　　B. $\dfrac{\sqrt{2}}{3}$　　C. $\dfrac{\sqrt{3}}{3}$　　D. $\dfrac{2}{3}$

分析 如图 9，设三棱柱的棱长均为 a，由已知，几何体 $A_1\text{-}ABC$ 是正四面体，其高为 $\dfrac{\sqrt{6}}{3}a$. $\angle B_1AB=30^\circ$，故 $AB_1=\sqrt{3}a$，AB_1 与底面 ABC 所成角的正弦值等于 $\dfrac{\frac{\sqrt{6}}{3}a}{\sqrt{3}a}=\dfrac{\sqrt{2}}{3}$. 选 B.

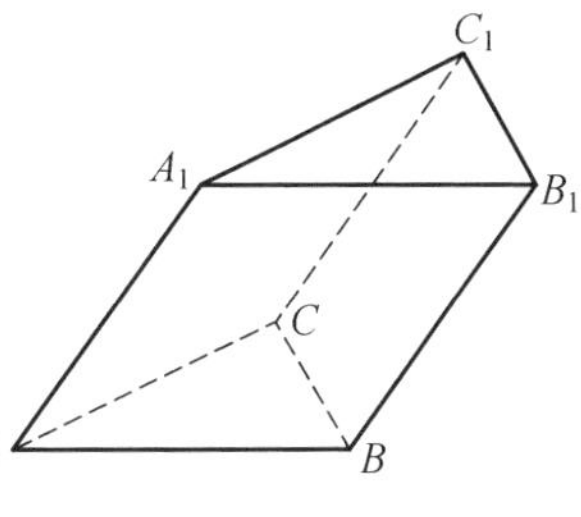

图 9

3　支架之三——圆柱、圆锥、球

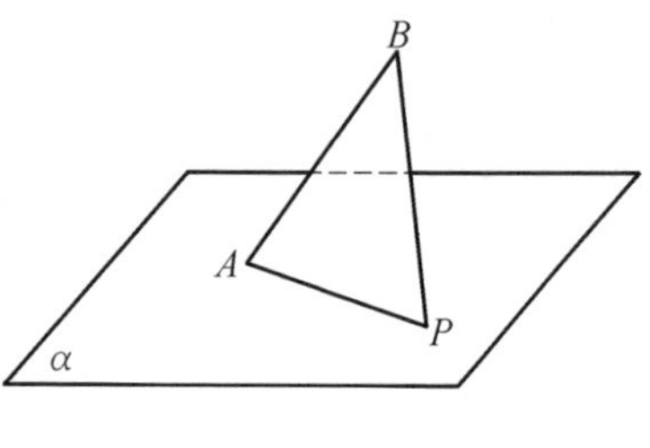

图 10

例 10　如图 10，AB 是平面 α 的斜线段，A 为斜足. 若点 P 在平面 α 内运动，使得 $\triangle ABP$ 的面积为定值，则动点 P 的轨迹是(　　)

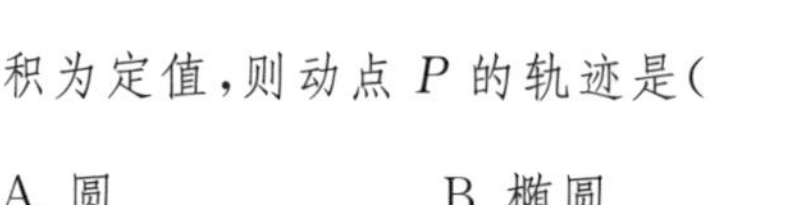

A. 圆　　　　B. 椭圆

C. 一条直线　　　　D. 两条平行直线

分析　由已知，点 P 到直线 AB 的距离为定值，所以点 P 的轨迹是以 AB 为中心轴的一个圆柱面，又点 P 在平面 α 上，故动点 P 的轨迹就是一个斜的圆柱面与一个水平平面的交线，即知为椭圆. 选 B.

例 11　设直线 $l\subset$ 平面 α，过平面 α 外一点 A 与 l，α 都成 30° 角的直线有且只有(　　)

A. 1 条　　　　B. 2 条　　　　C. 3 条　　　　D. 4 条

分析　由于两平行直线与同一条直线、同一个平面所成的角均相等，所以不妨设点 A 在直线 l 上. 易知，过点 A 且与直线 l 成 30° 角的直线，必是以 A 为顶点、直线 l 为中心轴、顶角为 60° 的一个对顶圆锥面的母线(图 11)，又直线与平面 α 成 30° 角，所以这样的直线有 2 条(在圆锥面的最高处和最低处). 选 B.

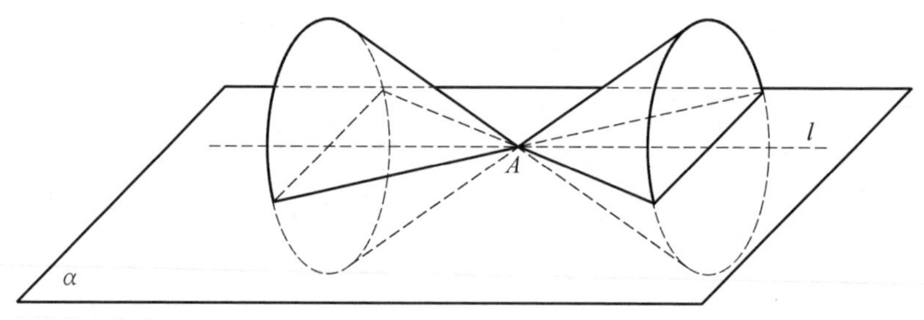

图 11

下面把问题改成：设直线 $l \subset$ 平面 α，过平面 α 外一点 A 与 l 成 60° 角且与平面 α 成 30° 角的直线有且只有几条？

与前面的作法类似，这样的直线有 4 条.

例 12 已知长方体 $ABCD\text{-}A_1B_1C_1D_1$ 中，P 是面 $ABCD$ 上一个动点，如图 12，若 D_1P 与 D_1B_1 所成的角恒为 60°，则点 P 在面 $ABCD$ 上的轨迹是(　　)

A. 圆的一部分

B. 椭圆的一部分

C. 双曲线的一部分

D. 抛物线的一部分

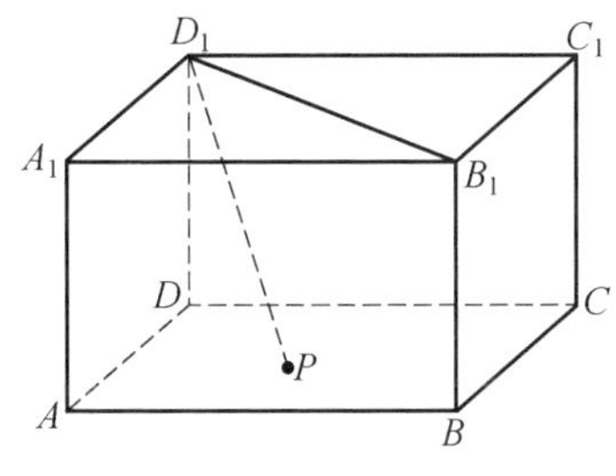

图 12

分析 D_1P 为以直线 D_1B_1 为轴的圆锥的母线(一部分)，P 为这个圆锥面与底面的公共点，由于底面与圆锥的轴平行，所以点 P 在面 $ABCD$ 上的轨迹为双曲线的一部分. 选 C.

4　支架之四 —— 平面

平面也是空间想象的思维支架. 因为如果一个图形在一个平面上，我们的空间思维就容易多了.

例 13 空间 5 个平面，最多可以把空间分成几个部分？

分析 两个平面最多可把空间分成 4 个部分，3 个平面最多可把空间分成 8 个部分，这是显然的. 但 4 个平面呢？脑子有点不够用了？这时我们可以画一个平面，平面很熟悉，平面上的点线几乎不用想象，一望便知. 这个平面(第 4 个平面)与前 3 个平面有 3 条交线(图 13(a))，当然，这 3 条交线实际上代表前 3 个平面，3 条交线最多可以把这个平面分成 7 个部分，每个部分又把原来 3 个平面所分成的空间某一部分一分为二(这需要一点想象能力),所以4个平面最多可以把空间分成8+7=15(个)部分.如上法,平面上4条直线最多可以把这个平面分成11个部分(图13(b)),所以5个平面最多可以把空间分成15+11=26(个)部分.

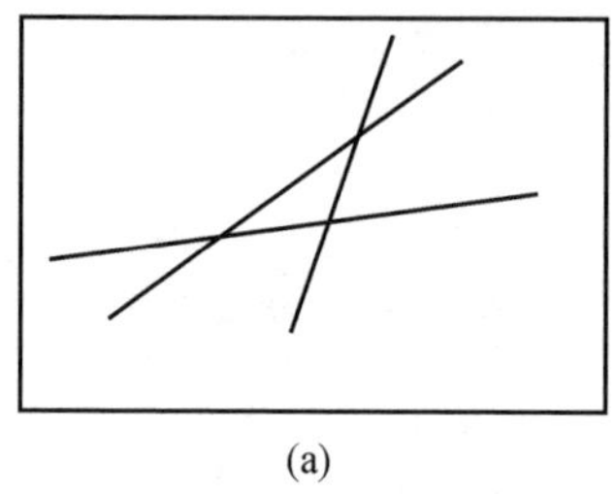

(a)

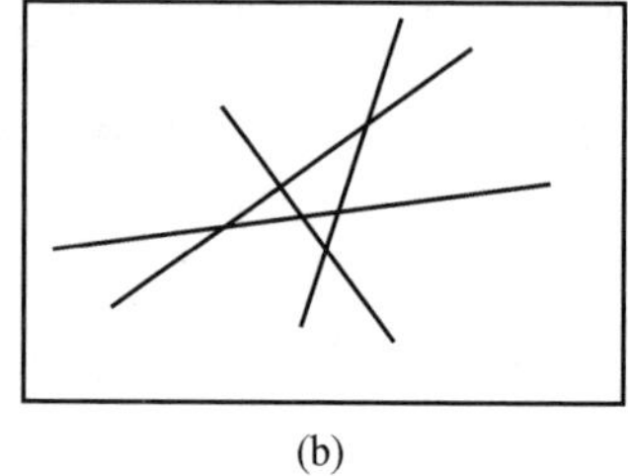

(b)

图13

例14 已知a,b,c是空间两两异面的三条直线,问能否作直线L与三条直线都相交?这样的直线能作几条?

分析 过直线a任作一平面α,直线a与b,a与c都是异面直线,所以平面α与直线b和c都平行或相交.但过直线a的任一平面只有一种情形与直线b平行,与直线c也一样,所以有无数个平面与直线b和c相交,设交点分别为P和Q,连PQ.这样的直线PQ也有无数条.直线PQ在平面α内,所以与直线a必相交或平行,但平行最多只有一种可能,否则直线b与c就共面了.所以有无数条这样的直线PQ与三条异面直线都相交.

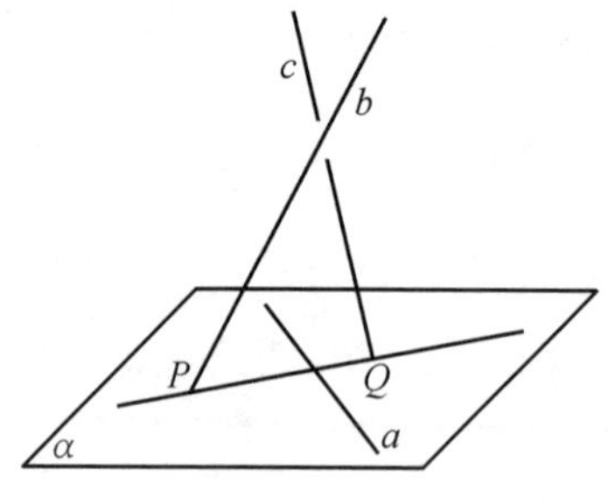

图14

例 15 已知正方体 $ABCD-A_1B_1C_1D_1$ 的棱长为 2，试问与三条异面直线 AA_1，BC，D_1C_1 距离均为 1 的直线有几条？

分析 与直线 AA_1 距离为 1 的直线与以 AA_1 为轴，半径为 1 的圆柱面（记为 Ⅰ）相切，当然，直接为其母线也可以. 与直线 BC 距离为 1 的直线与以 BC 为轴，半径为 1 的圆柱面（记为 Ⅱ）相切，与直线 D_1C_1 距离为 1 的直线与以 D_1C_1 为轴，半径为 1 的圆柱面（记为 Ⅲ）相切，这三个圆柱面是两两相切的（图 15(a)）.

考虑与圆柱面 Ⅰ 相切的平面 α，显然在平面 α 内的直线只要与直线 AA_1 不平行，则必与圆柱面 Ⅰ 相切. 又平面 α 只要与 BC，D_1C_1 都不平行，则平面 α 必与圆柱面 Ⅱ 和 Ⅲ 相交，而交线就是两个椭圆（图 15(b)）. 因为三个圆柱面是两两相切的，所以两个椭圆或相离，或相切，所以两个椭圆至少有三条公切线，任一条公切线必与圆柱面 Ⅱ 和 Ⅲ 相切，且其中至少有一条直线 l 与直线 AA_1 不平行，所以直线 l 也与圆柱面 Ⅰ 相切，即直线 l 与三条异面直线 AA_1，BC，D_1C_1 距离均为 1. 这样的平面 α 有无数多个，因而这样的直线 l 也有无数多条.

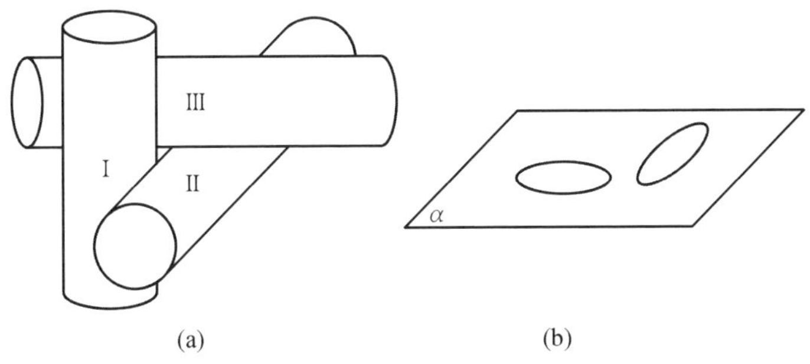

图 15

在求解立体几何问题时，有时我们可能会感到无法“想象”，此时，我们就需要某种技巧或方法，去弥补空间想象能力的不足，或者说就需要利用某些技巧

或方法,去提高空间想象能力.也许,利用一些熟悉的空间图形作为支架,去分析、解剖面对的空间图形,就是这类技巧之一.

把几何体放置在长方体中来求解三视图问题是一种好方法

三视图问题(包括求解几何体的表面积、体积等)是培养和考查空间学习能力的好题目,但不少学生感到难度颇大,且老师也感到不易讲清楚.笔者发现,把几何体放置在长方体中来求解三视图问题是一种好方法,下面举例说明.

题1 如图16所示,网格纸的各小格都是正方形,粗线画出的是一个三棱锥的左视图和俯视图,则该三棱锥的主视图可能是( )

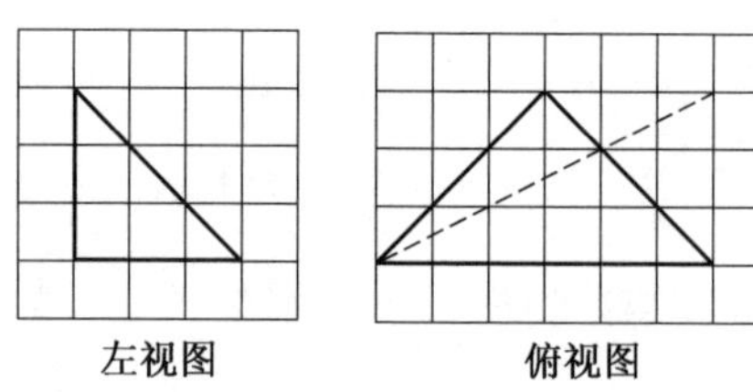

图16

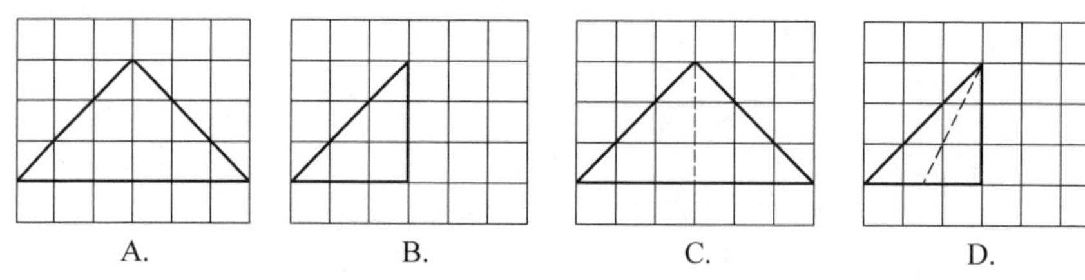

答 A.

把题中的三棱锥 $A\text{-}BCD$ 放置在如图17所示的长方体中即可得答案.

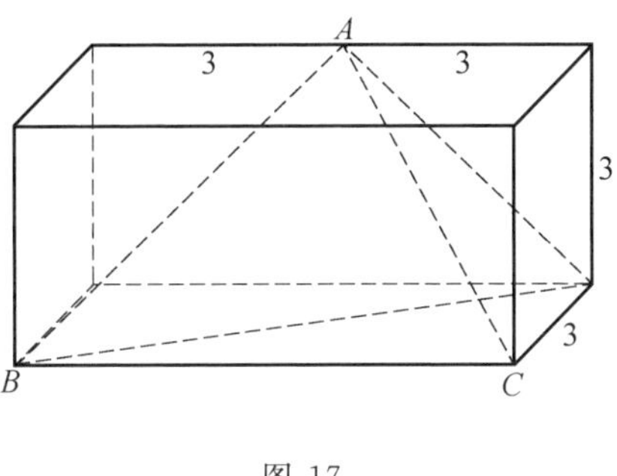

图 17

题 2 若某几何体的三视图如图 18 所示,则该几何体的各个表面中互相垂直的表面的对数是( )

A. 2　　B. 4　　C. 6　　D. 8

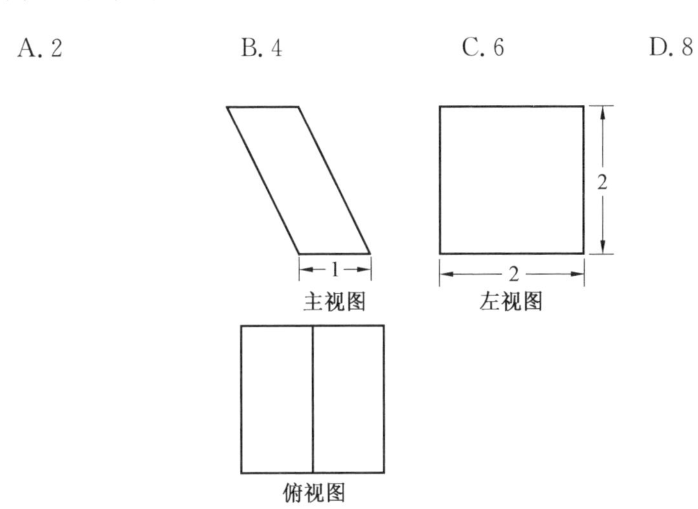

图 18

答 D.

该几何体是图 19 中的平行六面体 $ABCD\text{-}A_1B_1C_1D_1$,进而可得答案.

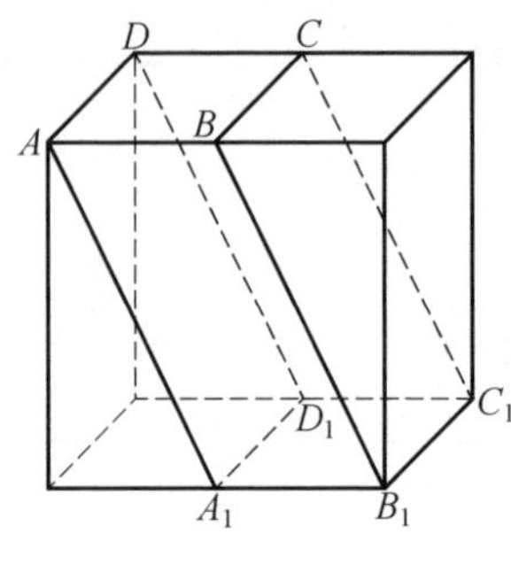

图 19

题 3　在如图 20 所示的空间直角坐标系 O-xyz 中，一个四面体的顶点坐标分别是(0,0,2)，(2,2,0)，(1,2,1)，(2,2,2)，给出编号 ①，②，③，④ 的四个图，则该四面体的主视图和俯视图分别为(　　)

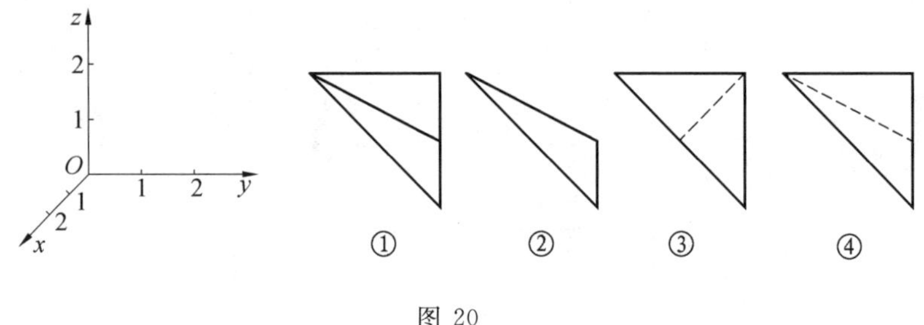

图 20

A. ① 和 ②　　B. ③ 和 ①　　C. ③ 和 ④　　D. ④ 和 ②

答　D.

把该四面体放置在坐标系中的棱长为 2 的正方体中求解.

题 4　(2013 年高考新课标卷 Ⅱ 理科第 7 题、文科第 9 题) 一个四面体的顶点在空间直角坐标系 O-xyz 中的坐标分别是(1,0,1)，(1,1,0)，(0,1,1)，(0,0,0)，画该四面体三视图中的正视图时，以 zOx 平面为投影面，则得到主视图可以为(　　)

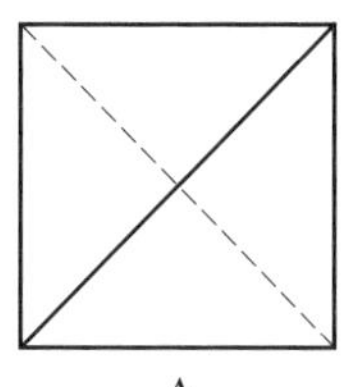
A.

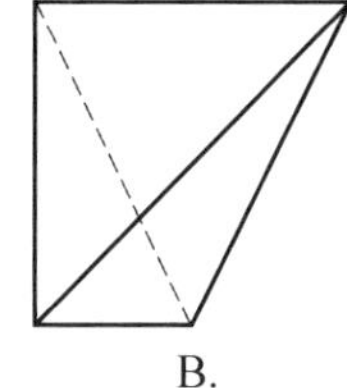
B.

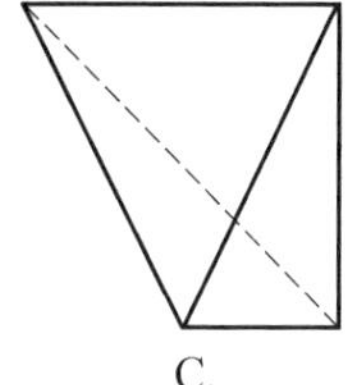
C.

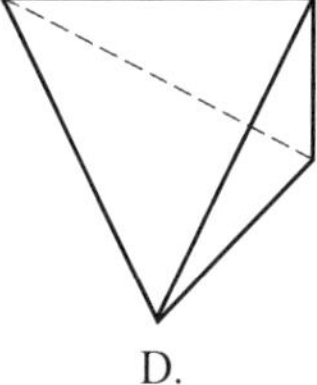
D.

答 A.

题5 一个几何体的三视图如图21所示,图中直角三角形的直角边长均为1,则该几何体体积为(　　)

A. $\frac{1}{6}$　　B. $\frac{\sqrt{2}}{6}$　　C. $\frac{\sqrt{3}}{6}$　　D. $\frac{1}{2}$

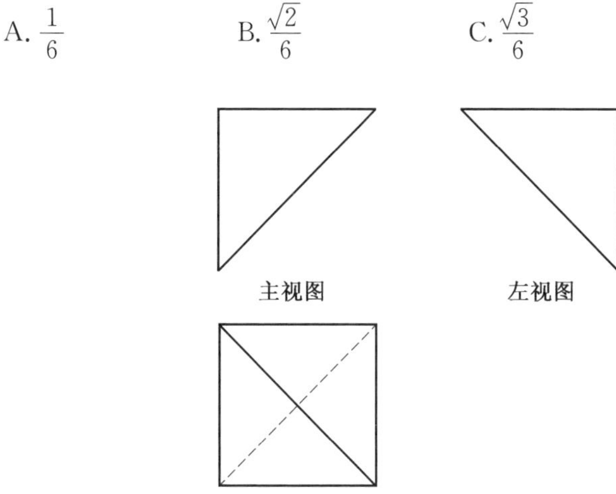

图 21

答 A.

该几何体即图22中棱长为1的正方体中的四面体 $ABCD$,由此可得到答案.

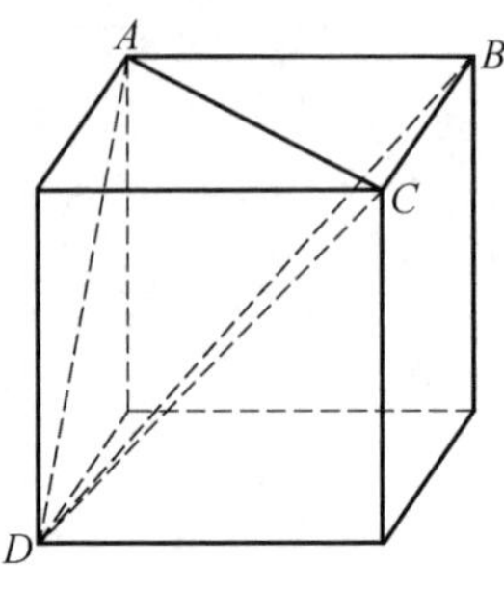

图 22

题6 一个棱长为2的正方体沿其棱的中点截去部分后所得几何体的三视图如图23所示，则该几何体的体积为( )

A. 7　　B. $\frac{22}{3}$　　C. $\frac{47}{6}$　　D. $\frac{23}{3}$

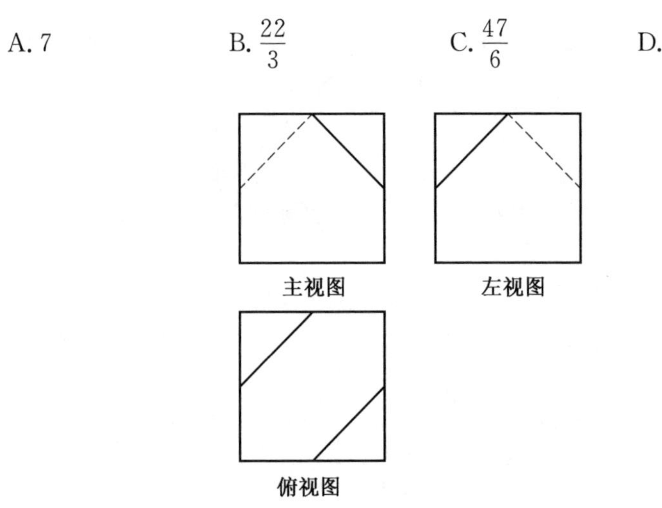

图 23

答 D.

该几何体是如图24所示的正方体切去两个三棱锥 A-BCD，E-FGH 后剩下的图形，其体积为 $2^3-2\times\frac{1}{6}\times1^3=\frac{23}{3}$.

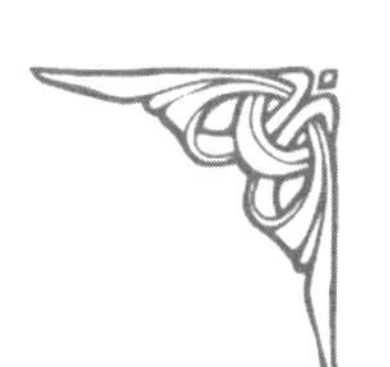

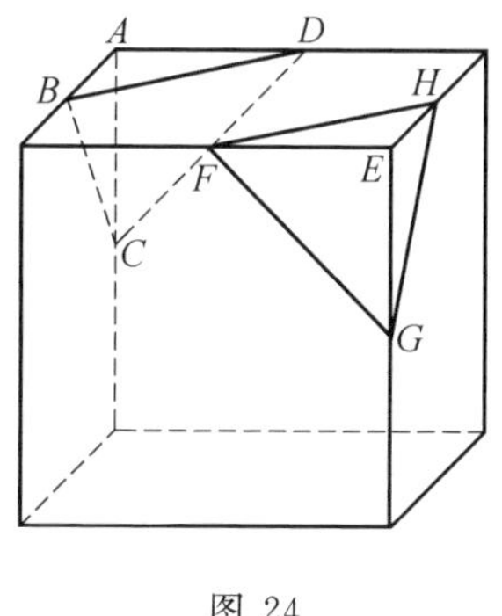

图 24

题 7 棱长为 2 的正方体被一平面截成两个几何体，其中一个几何体的三视图如图 25 所示，那么该几何体的体积是(　　)

A. $\frac{14}{3}$　　　　B. 4　　　　C. $\frac{10}{3}$　　　　D. 3

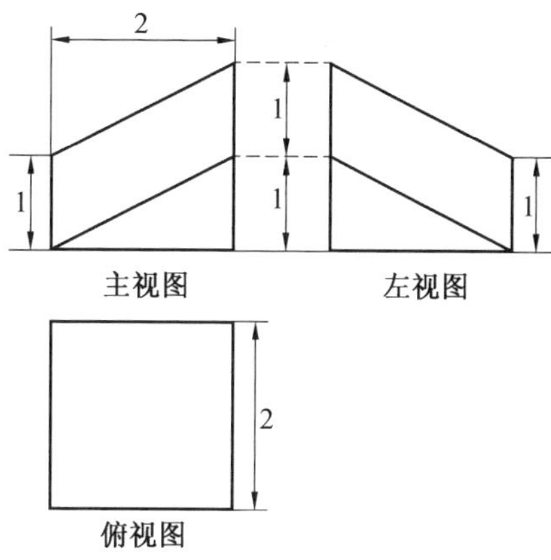

图 25

答 B.

如图 26 所示，截面将棱长为 2 的正方体分为完全相同的两个几何体，所求几何体(正方体位于截面下方的部分)的体积是原正方体体积的一半，由此可得答案.

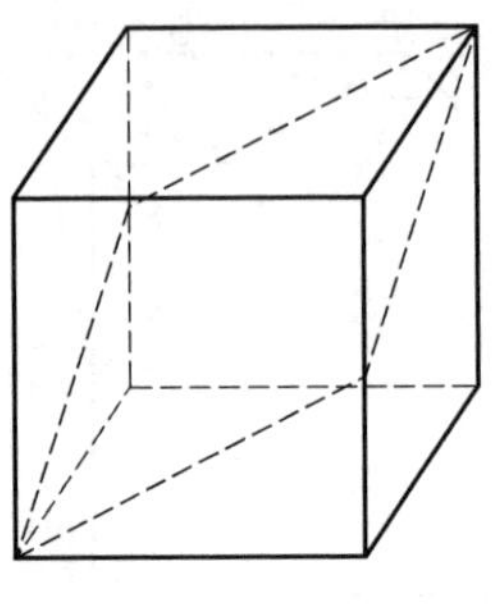

图 26

题 8 某三棱锥的主视图和俯视图如图27所示，则其左视图面积为(　　)

A. 6　　B. $\frac{9}{2}$　　C. 3　　D. $\frac{3}{2}$

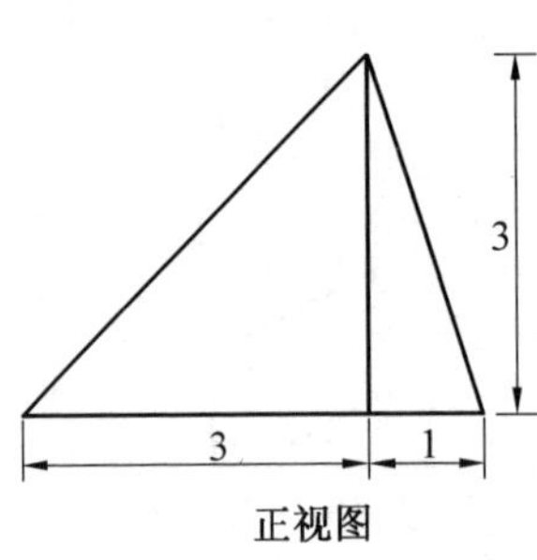

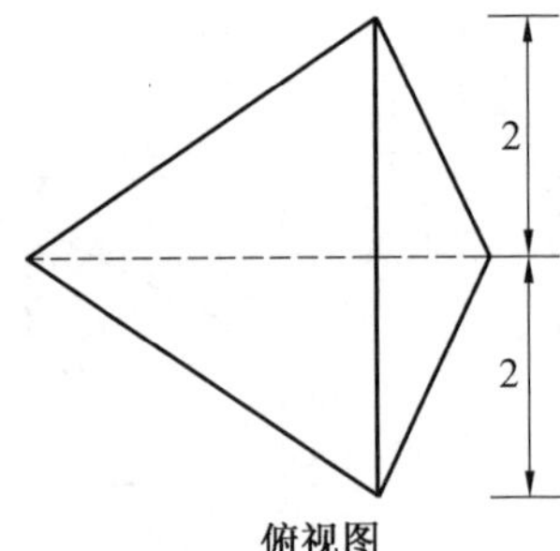

图 27

答 C.

如图28所示，可把该三棱锥 $A\text{-}BCD$ 放置在长，宽，高分别是4,4,3的长方体中，可得其左视图为 $\triangle DEF$，其面积为 $\frac{2\times 3}{2}=3$.

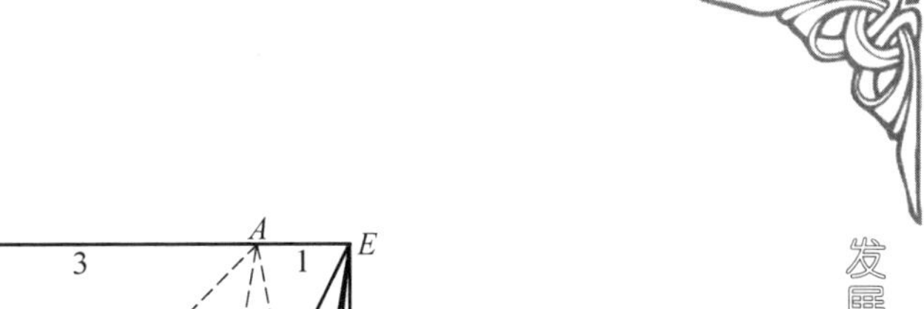

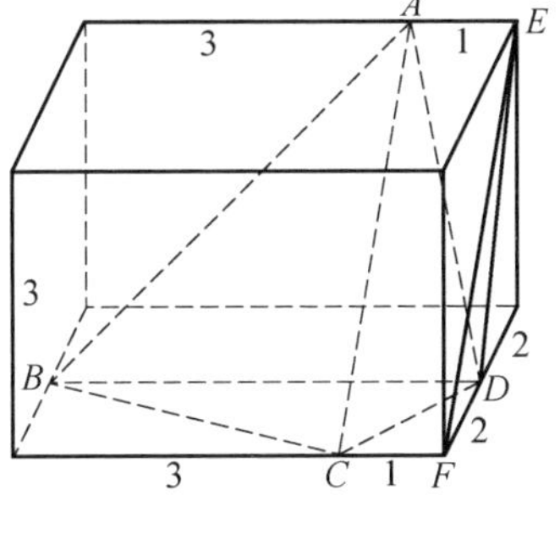

图 28

题 9　已知斜三棱柱的三视图如图 29 所示，该斜三棱柱的体积为________.

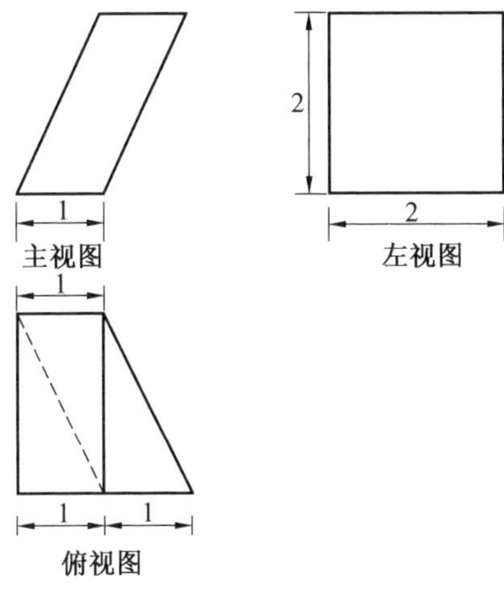

图 29

答　2.

可在棱长为 2 的正方体中解答此题(如图 30 所示，图中的点 B,A_1,C_1 均是所在棱的中点).

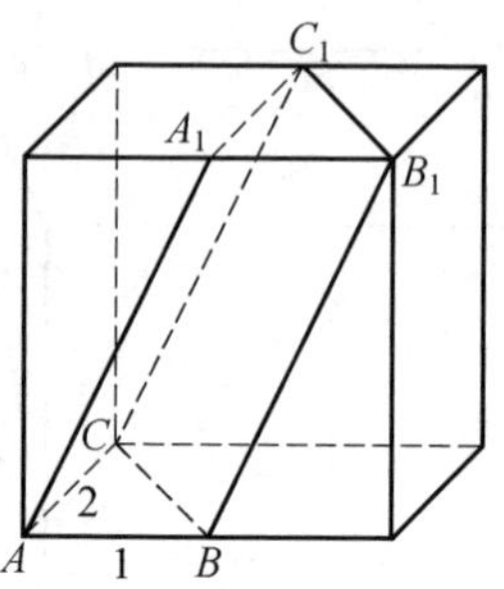

图 30

题10 一个四棱锥的三视图如图31所示,其中左视图为正三角形,则该四棱锥的体积是________,四棱锥侧面中最大侧面的面积是________.

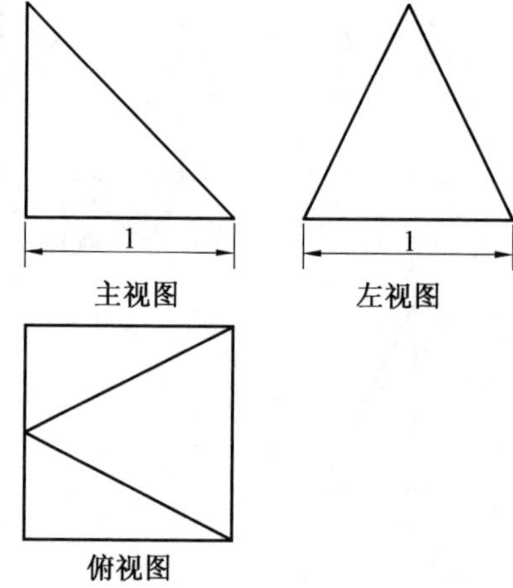

图 31

答 $\frac{\sqrt{3}}{6}$,$\frac{\sqrt{7}}{4}$.

题中的四棱锥即图32所示长方体(其长 $AB=1$,宽 $BC=1$,高 $AA'=\frac{\sqrt{3}}{2}$)中的四棱锥 $P\text{-}ABCD$.

该四棱锥的体积是$\frac{1}{3}\times 1^2\times\frac{\sqrt{3}}{2}=\frac{\sqrt{3}}{6}$.还可得$S_{\triangle PAD}=\frac{\sqrt{3}}{4}$,$S_{\triangle PAB}=\frac{1}{2}PA\times AB=\frac{1}{2}\times 1\times 1=\frac{1}{2}$,$S_{\triangle PCD}=\frac{1}{2}PD\times CD=\frac{1}{2}\times 1\times 1=\frac{1}{2}$,$S_{\triangle PBC}=\frac{\sqrt{7}}{4}$(因为可求得等腰$\triangle PBC$的三边长分别是$PB=PC=\sqrt{2}$,$BC=1$),所以该四棱锥侧面中最大侧面的面积是$\triangle PBC$的面积即$\frac{\sqrt{7}}{4}$.

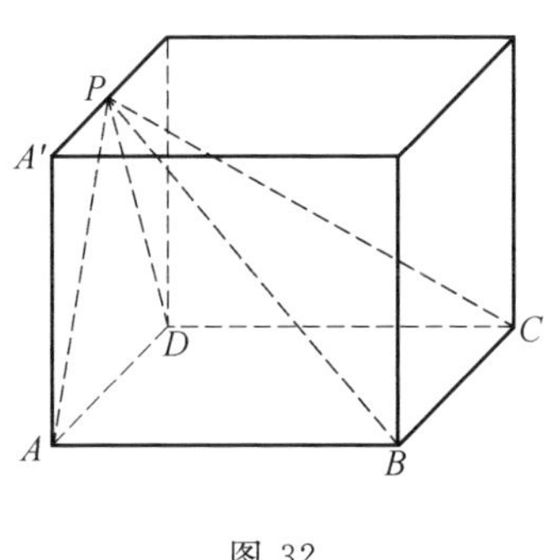

图 32

回归长方体,甄别三棱锥

三棱锥是常见的最简单的几何体,许多三棱锥问题直接解决比较困难,但如果将三棱锥还原成一个长方体,将三棱锥问题回归到长方体问题来解决,往往别有洞天,迎刃而解.

一、特殊三棱锥回归长方体

1. 棱长都相等的三棱锥(正四面体)

例 1 一个正四面体,各棱长均为$\sqrt{2}$,则对棱的距离为(　　)

A. 1　　B. $\frac{1}{2}$　　C. $\sqrt{2}$　　D. $\frac{\sqrt{2}}{2}$

解析　此题情境设置简洁，解决方法也多，通常可以考虑作出对棱的公垂线再转化为直角三角形求解. 这种方法比较抽象，不容易画出图形. 但如果我们将这个四面体回归到正方体中(图 33)，正四面体是由正方体 6 个侧面的对角线联结构成，所以它们对棱之间的距离就是该正方体的棱长，为 1. 选 A.

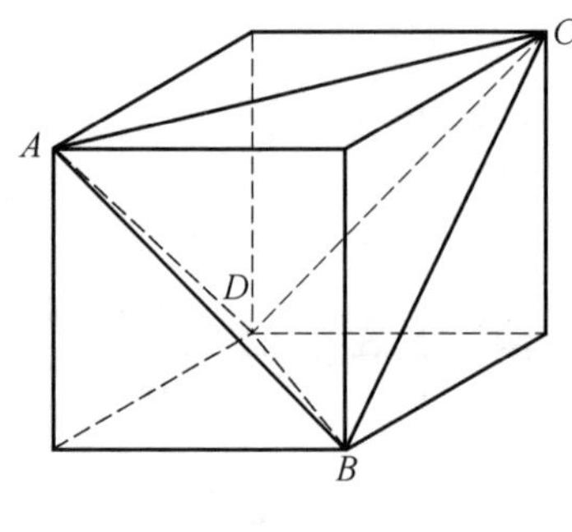

图 33

总结　正四面体可以回归正方体. 正四面体的六条棱就是这个正方体的六条面对角线. 从而正四面体棱面之间的位置关系和数量关系都浮出"体面"，显而易见.

2. 有公共点的两两垂直的三条棱

例 2　已知正三棱锥 $P\text{-}ABC$，点 P,A,B,C 都在半径为$\sqrt{3}$ 的球面上，若 PA,PB,PC 两两互相垂直，则球心到截面 ABC 的距离为________.

解析　由于 $P\text{-}ABC$ 是正三棱锥，侧棱两两垂直，于是可以回归正方体. 如图 34 所示，$P\text{-}ABC$ 的外接球就是这个正方体的外接球，所以球的半径就是体对角线的一半. 设正方体的棱长为 a，则$\sqrt{3}a=2\sqrt{3}$，所以 $a=2$. 设点 P 到截面 ABC 的距离为 d，由体积转换 $V_{P\text{-}ABC}=V_{C\text{-}PAB}$，即 $\frac{1}{3}\times\frac{1}{2}\times2\times2\times2=\frac{1}{3}\times\frac{1}{2}\times 2\sqrt{2}\times2\sqrt{2}\times\frac{\sqrt{3}}{2}\times d$，得 $d=\frac{2\sqrt{3}}{3}$，于是球心，即正方体体对角线的中点到截面

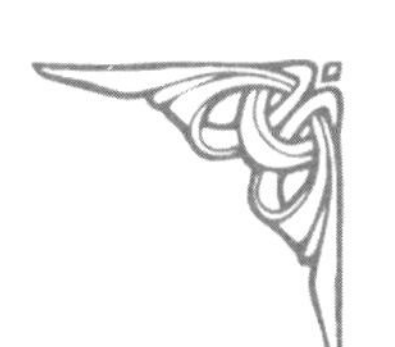

ABC 的距离为$\sqrt{3}-\frac{2\sqrt{3}}{3}=\frac{\sqrt{3}}{3}$.

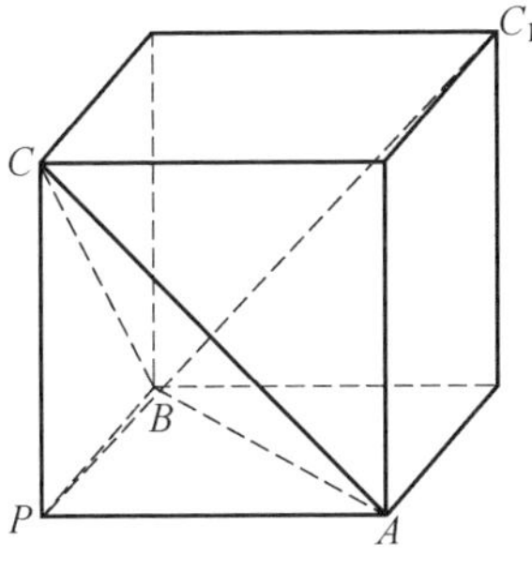

图 34

总结　这是2012年全国高考辽宁卷理科试题，以侧棱两两垂直的正三棱锥为背景，考查与球的关系. 抓住侧棱两两垂直，于是可以回归到正方体来解决.

3. 有不共点的互相垂直的三条棱

例 3　如图35所示，在三棱锥 A-BCD 中，侧面 ABD，ACD 是全等的直角三角形，AD 是公共的斜边，且 $AD=\sqrt{3}$，$BD=CD=1$，另一个侧面 ABC 是正三角形.

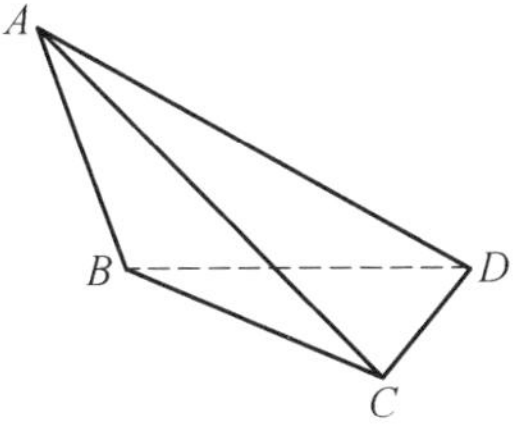

图 35

(1) 求证：$AD\perp BC$；

(2) 求二面角 B-AC-D 的余弦值；

(3) 在线段 AC 上是否存在一点 E，使 ED 与平面 BCD 成 30° 角？若存在，确定点 E 的位置；若不存在，说明理由.

解析 (1) 由于 $BC=AB=AC=\sqrt{2}$，可知 $\triangle BCD$ 也是直角三角形，即 AB，BD，CD 不共点且两两垂直，所以回归到正方体中，如图 36 所示，正方体的棱长为 1. 以点 D 为原点，DB 所在直线为 x 轴，DC 所在直线为 y 轴，建立如图 36 所示的空间直角坐标系，则 $B(1,0,0)$，$C(0,1,0)$，$A(1,1,1)$，所以 $\overrightarrow{BC}=(-1,1,0)$，$\overrightarrow{DA}=(1,1,1)$，因此 $\overrightarrow{BC}\cdot\overrightarrow{DA}=-1+1+0=0$，所以 $AD\perp BC$.

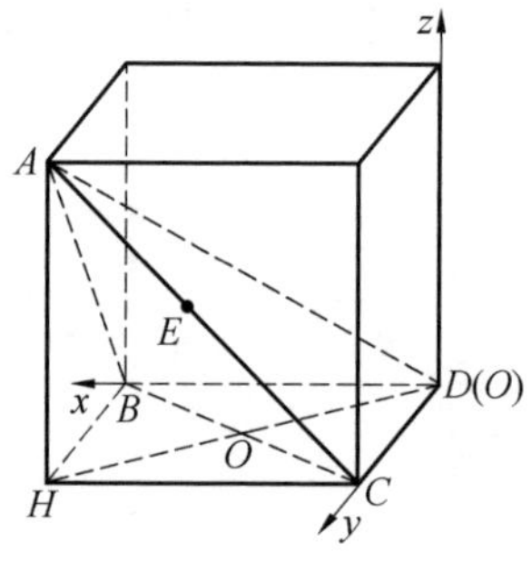

图 36

(2) 设平面 ABC 的法向量 $\boldsymbol{n}=(x,y,z)$，则由 $\boldsymbol{n}\perp\overrightarrow{BC}$ 得 $\boldsymbol{n}\cdot\overrightarrow{BC}=-x+y=0$.

从而 $\begin{cases} y=x \\ z=-x \end{cases}$，取 $\boldsymbol{n}=(1,1,-1)$.

同理可求得平面 ACD 的一个法向量为 $\boldsymbol{m}=(1,0,-1)$.

所以 $\cos\langle\boldsymbol{m},\boldsymbol{n}\rangle=\dfrac{\boldsymbol{m}\cdot\boldsymbol{n}}{|\boldsymbol{m}||\boldsymbol{n}|}=\dfrac{1+0+1}{\sqrt{3}\times\sqrt{2}}=\dfrac{\sqrt{6}}{3}$，即二面角 B-AC-D 的余弦值为 $\dfrac{\sqrt{6}}{3}$.

(3) 设 $E(x,y,z)$ 是线段 AC 上一点，则 $x=z>0$，$y=1$，所以 $\overrightarrow{DE}=(x,1,x)$. 设平面 BCD 的法向量为 $\boldsymbol{n}=(0,0,1)$，要使 ED 与平面 BCD 成 30° 角，则有 $\overrightarrow{DE}$ 与 $\boldsymbol{n}$ 的夹角为 60°，所以 $\cos\langle\overrightarrow{DE},\boldsymbol{n}\rangle=\dfrac{\overrightarrow{DE}\cdot\boldsymbol{n}}{|\overrightarrow{DE}||\boldsymbol{n}|}=\cos 60^\circ=\dfrac{1}{2}$，所以 $2x=\sqrt{1+2x^2}$，解得 $x=\dfrac{\sqrt{2}}{2}$，所以 $CE=\sqrt{2}x=1$.

故线段 AC 上存在一点 E，当 $CE=1$ 时，ED 与平面 BCD 成 30° 角.

总结 这个特殊的三棱锥，有三条棱依次垂直（区别于共点的垂直），可以回归到长方体，从而三棱锥中的相关线面关系和数量问题，都凸现在长方体中，容易理解和解决.

4. 有对棱相等

例 4 如图 37，已知三棱锥 P-ABC 中，$PA=BC=2\sqrt{34}$，$PB=AC=10$，$PC=AB=2\sqrt{41}$，试求三棱锥 P-ABC 的体积.

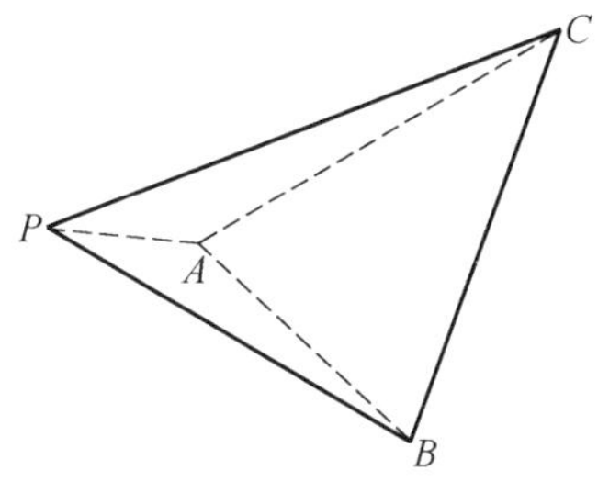

图 37

解析 如图38所示，把三棱锥回归到长方体中，易知三棱锥的各边分别是长方体的面对角线.

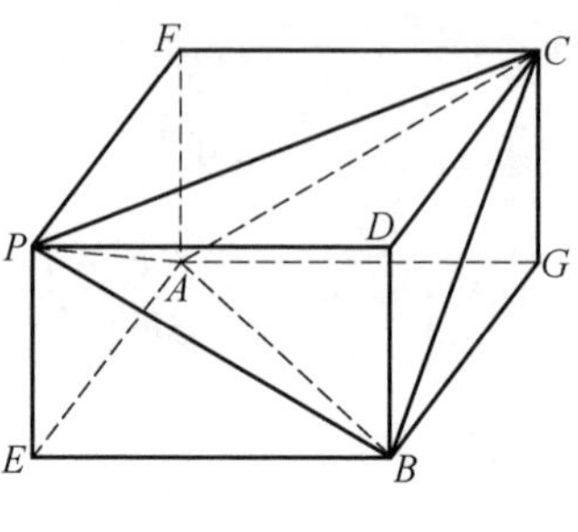

图 38

不妨令 $PE=x, EB=y, EA=z$，则由已知有 $\begin{cases} x^2+y^2=100 \\ x^2+z^2=136 \\ y^2+z^2=164 \end{cases}$，解得 $x=6$，$y=8, z=10$，从而知

$$V_{P\text{-}ABC}=V_{AEBG\text{-}FPDC}-V_{P\text{-}AEB}-V_{C\text{-}ABG}-V_{B\text{-}PDC}-V_{A\text{-}FPC}=$$

$$6\times8\times10-4\times\frac{1}{6}\times6\times8\times10=160.$$

故所求三棱锥 $P\text{-}ABC$ 的体积为 160.

总结 三对对棱相等的三棱锥，可以回归到长方体中，使得对棱是长方体相对面的面对角线. 从而利用长方体的关系解决有三对对棱相等的三棱锥问题.

二、视图三棱锥回归长方体

例 5 一个四面体的三视图如图 39(a) 所示，则该四面体的四个面中最大的面积是(　　)

A. $\frac{\sqrt{3}}{2}$　　B. $\frac{\sqrt{2}}{2}$　　C. $\frac{\sqrt{3}}{4}$　　D. $\frac{1}{2}$

解析　将四面体回归到长方体中，如图 39(b) 所示，这个四面体应该就是正方体中四个顶点联结得到的 P-ABC.

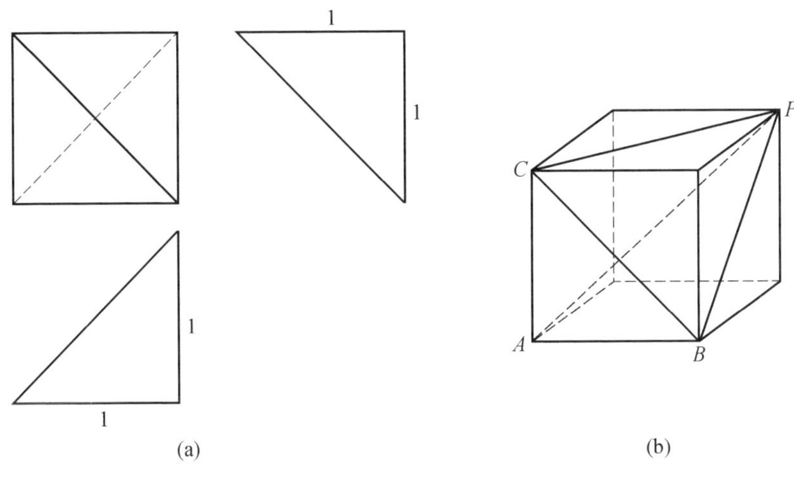

图 39

从三视图上标明的数据知，这个正方体的棱长为 1，它的四个面都是直角三角形，容易求得面积分别为 $\frac{1}{2}$，$\frac{\sqrt{2}}{2}$，$\frac{\sqrt{2}}{2}$，$\frac{\sqrt{3}}{2}$，所以最大的面积是 $\frac{\sqrt{3}}{2}$. 选 A.

总结　遇到四面体的三视图问题，一般想到以长方体为背景来进行切割.

例 6　某三棱锥的主视图如图 40 所示，则这个三棱锥的俯视图不可能是 (　　)

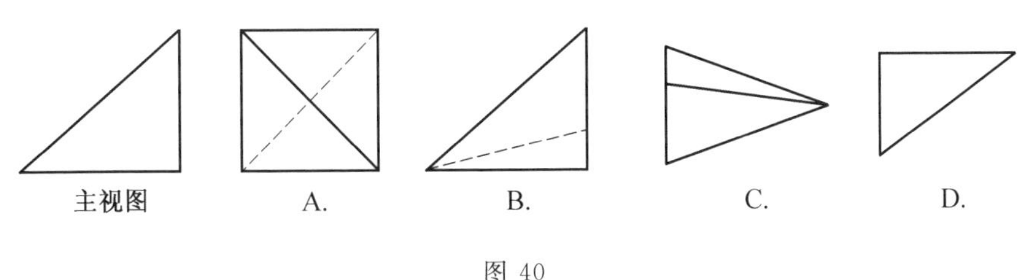

图 40

解析　保持主视图是直角三角形，我们联结长方体的顶点，逐步调整，如

图 41(a) 中的三棱锥 $P\text{-}ABC$(四个点都是长方体的顶点) 的俯视图就是 A. 图 41(b) 中的三棱锥 $P\text{-}ABC$(点 P,A,B 是长方体的顶点,点 C 是棱上的非中点) 的俯视图就是 B. 图 41(c) 中的三棱锥 $P\text{-}ABC$(四个点都是长方体的顶点) 的俯视图就是 D. 在长方体中无论如何也画不出俯视图为 C 的三棱锥.

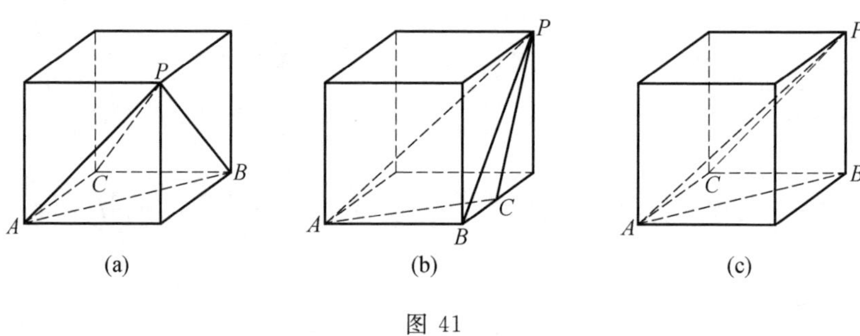

图 41

总结　回归到长方体中,再选择顶点或相关点,结合三视图来进行甄别确定.

例 7　如图 42 是一个四面体的三视图,则其外接球的体积为(　　)

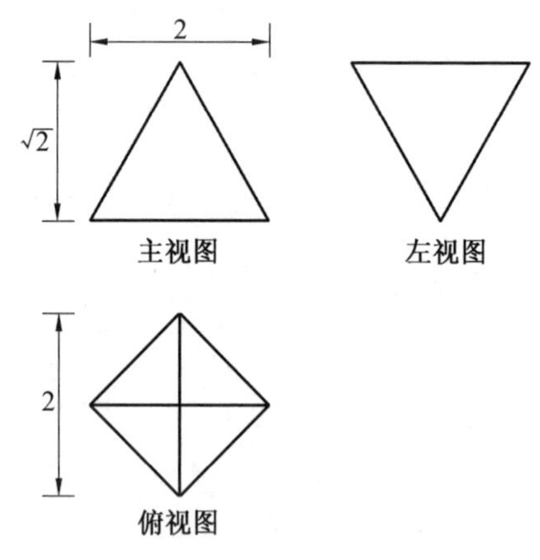

图 42

A. $\sqrt{6}\pi$　　B. $8\sqrt{6}\pi$　　C. $\sqrt{3}\pi$　　D. $4\sqrt{3}\pi$

解析 这个四面体实际放在长方体中就是如图43所示的四面体 $ABCD$，从三个视图上的数据知，这个长方体的底面是边长为2的正方形，高是$\sqrt{2}$. 其中 A,B,C,D 是棱的中点，从而知这个四面体是棱长为2的正四面体. 于是再放到正方体中知，它可以由棱长为$\sqrt{2}$ 的正方体截得，所以这个四面体的外接球就是这个棱长为$\sqrt{2}$ 的正方体的外接球，从而 $2R=\sqrt{3}\times\sqrt{2}=\sqrt{6}$，所以 $R=\frac{\sqrt{6}}{2}$. 从而外接球的体积为$\frac{4}{3}\pi R^3=\sqrt{6}\pi$. 选 A.

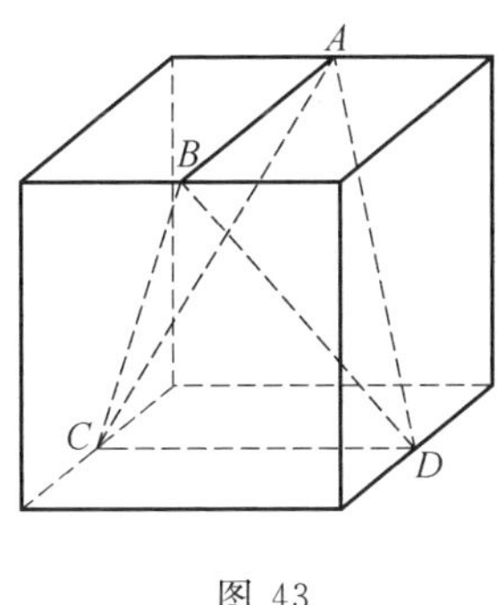

图 43

总结 这个四面体不借助于长方体，无法得到它的具体形状，更谈不上求它的棱长和外接球的体积.

多面体各面延伸分空间部分问题

安徽省无为县牛埠中学的朱小扣老师曾对多面体各面延伸分空间部分问题做过有益的探讨.

1. 从简出发，探究思路

1.1 探讨 三棱锥各个面延伸可以把空间分成多少个部分？三棱台各个

面延伸可以把空间分成多少个部分？

解 (1) 如图 44，现将三棱锥 $O\text{-}ABC$ 特殊成 OA，OB，OC 互相垂直，并将其放在如图 44 的位置，8 个封限中，只有第 7 个封限没有被平面一分为二，其他的封限都被一分为二了，故有 $8+7=15$ 个部分，类似的可以得到普通的三棱锥各个面延伸也可以把空间分成 15 个部分.

(2) 如图 45，类似第一问的解答，将三棱台 $ABC\text{-}A_1B_1C_1$ 放在如图 45 的位置，易知答案为 $7+7+8=22$ 个部分.

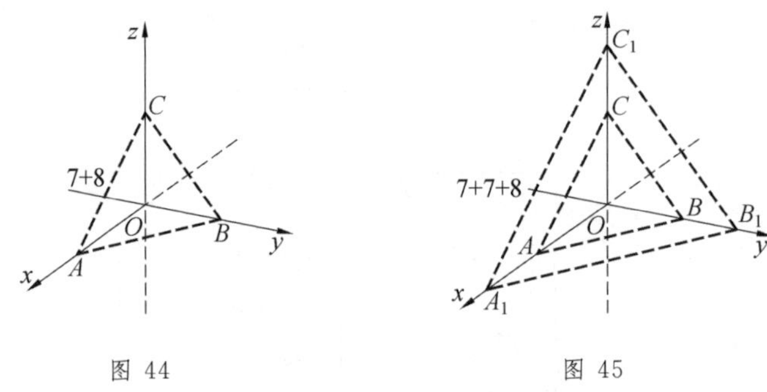

图 44　　　　图 45

1.2　启发　这样做我们能很好地理解三棱锥（台）各个面延伸分空间成多少个部分这一问题，可以弥补空间想象力的不足. 由此，我们可以得到解决此类问题的策略：借助模型和降维处理. 我们将用它解决正 n（n 为偶数）棱锥（台）的情形.

2. 化繁为简，拾级而上

直接做正棱锥各个面延伸可以把空间分成多少个部分这一问题非常困难，故我们先规定向上的是侧棱延伸，不是侧面延伸，进行探讨（为了方便叙述，规定：本文中出现的各棱延伸均指侧棱向上延伸，向下的是指面延伸）.

2.1　正四棱锥各棱延伸可以把空间分成多少个部分？

解 如图46、图47，可以将四棱锥 $O\text{-}ABCD$ 各棱向上延伸得到长方体 $ABCD\text{-}A'B'C'D'$. 于是，平面 M 上方共有 $O\text{-}ABCD$，$O\text{-}ABB'A'$，$O\text{-}BCC'B'$，$O\text{-}CDD'C'$，$O\text{-}DAA'D'$，$O\text{-}A'B'C'D'$ 6个部分，平面 M 下方有9个部分，共15个.

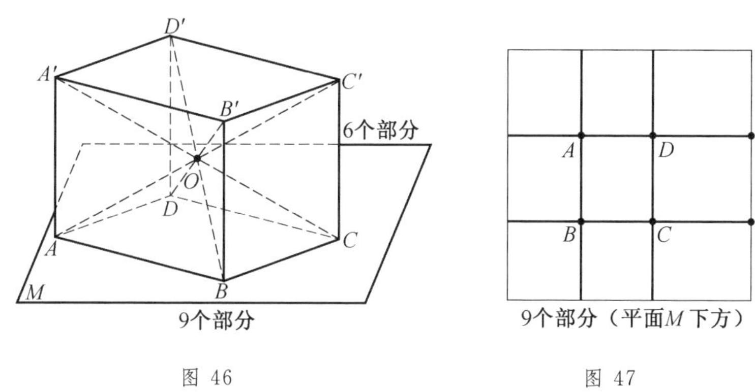

图46　　　　图47

2.2 正四棱台各棱延伸可以把空间分成多少个部分？

解 如图48，可以将正四棱台 $ABCD\text{-}A'B'C'D'$ 的各棱延伸就得到了四棱锥 $O\text{-}ABCD$，类比四棱锥，有 $6+9+9=24$ 个部分.

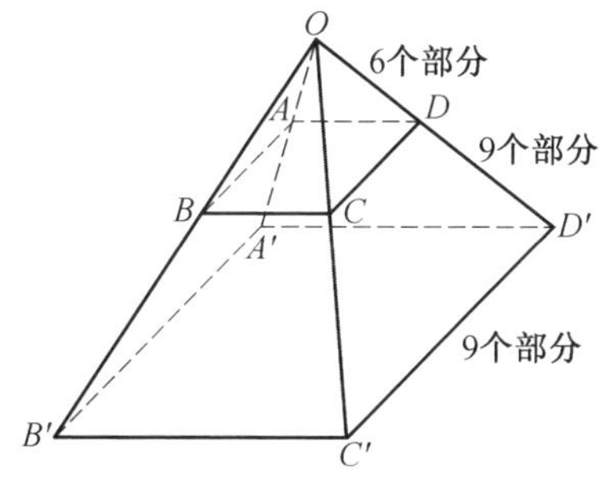

图48

2.3 正六棱锥各棱延伸可以把空间分成多少个部分？

解 如图49、图50，共有 $8+19=27$ 个部分. 类比四棱台，可以得到正六棱台各棱延伸可以把空间分成 8＋19＋19＝46 个部分.

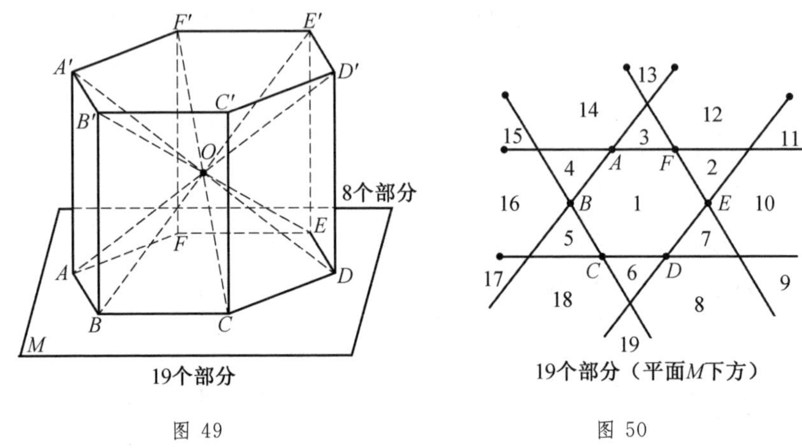

图 49　　图 50

2.4　获得方法

通过限定向上延伸是侧棱延伸，可以得到正偶棱台各面延伸问题和正偶棱锥问题相关，正偶棱锥各面延伸问题和正棱柱有直接的联系. 故可以以正棱柱为模型，进行研究.

3. **形成思路，解答推广**

3.1　正四棱锥各个面延伸可以把空间分成多少个部分?

解　如图 51，可以将四棱锥 O-$ABCD$ 侧面向上延伸得到长方形 $ABCD$-$A'B'C'D'$. 于是，平面 M 上方共有 O-$ABCD$，O-$ABB'A'$，O-$BCC'B'$，O-$CDD'C'$，O-$DAA'D'$，O-$A'B'C'D'$6 个部分，其中 4 个侧面中的每一个又被分成了 4 个部分，故平面 M 上方有 $2+4\times4=18$ 个部分. 如图 52，平面 M 下方有 9 个部分，故一共有 $18+9=27$ 个部分.

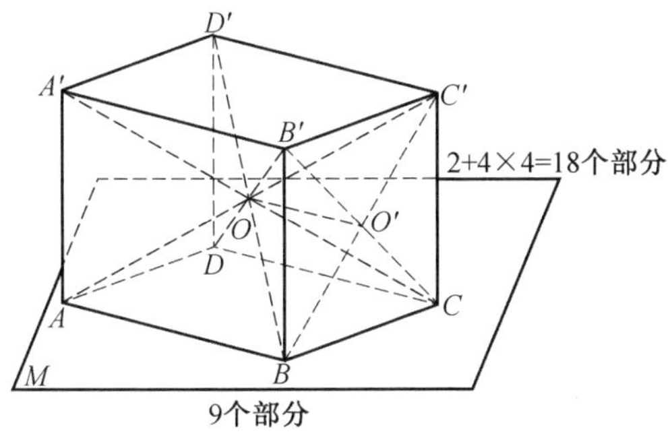

图 51

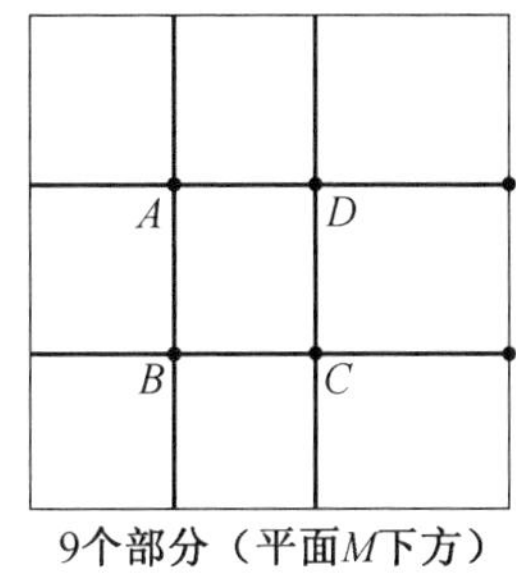

图 52

3.2 正四棱台各面延伸可以把空间分成多少个部分？

解 类比2.2，易得答案为 $27+9=36$ 个部分.

3.3 正六棱锥各面延伸可以把空间分成多少个部分？

解 如图53、图54，可以将正六棱锥侧面向上延伸得到直六棱柱，于是，平面 M 上面共有8个部分，其中6个侧面中的每一个又被分成了7个部分，故平面 M 上面有 $2+6\times7=44$ 个部分. 由图55知平面 M 下面有19个部分，故一共有 $44+19=63$ 个部分.

类比3.2易得：正六棱台将空间分成 $63+19=82$ 个部分.

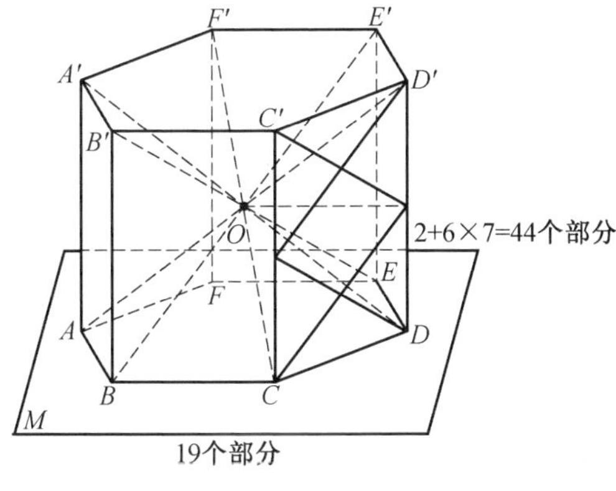

图 53

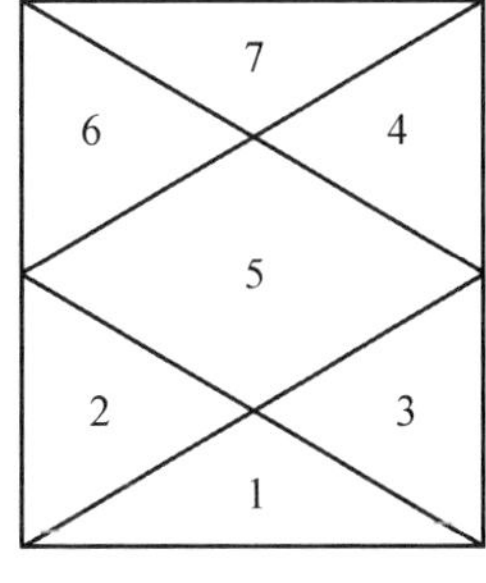

图 54

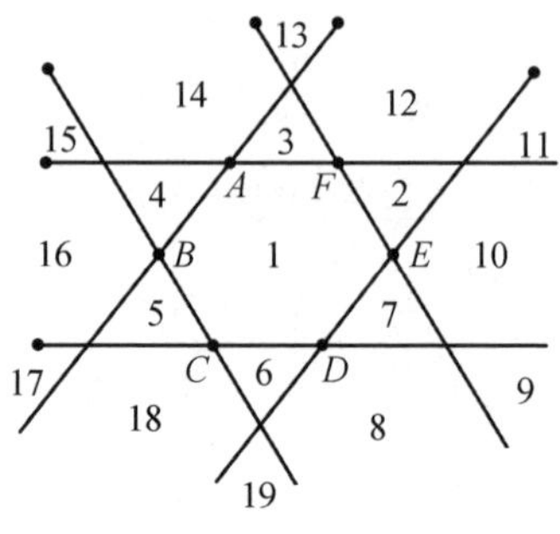

图 55

3.4 正八棱锥各面延伸可以把空间分成多少个部分?

解 类比3.3,如图56,可以将正八棱锥侧面向上延伸得到直八棱柱,于是,平面M上方共有10个部分,其中8个侧面每个又被分成了10个部分,故平面M上方有$2+8\times10=82$个部分.易知平面M下方有33个部分,故一共有$82+33=115$个部分.类似的,可以得到正十棱锥的每一个侧面被分成13个部分(图57).

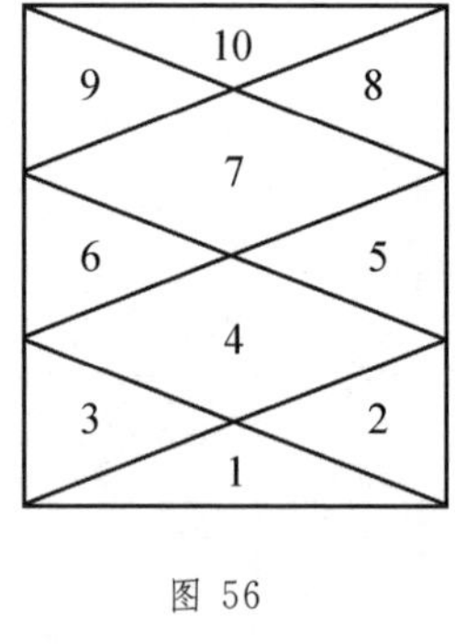

图 56

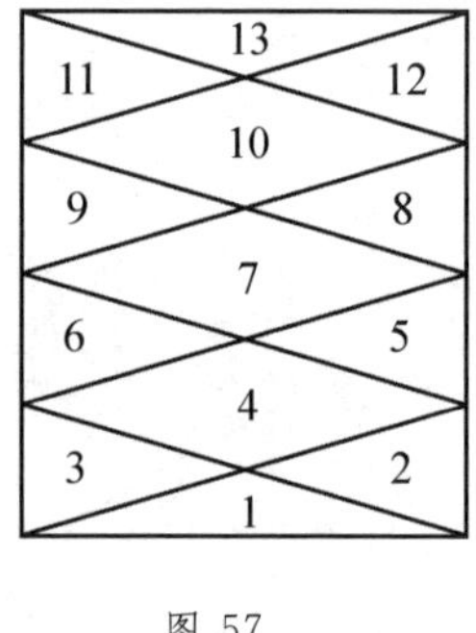

图 57

3.5 推广

可以推广得到如下两个定理:

定理1 正n棱锥(n为偶数)各个面延伸可以把空间分成$2n^2-2n+3$个

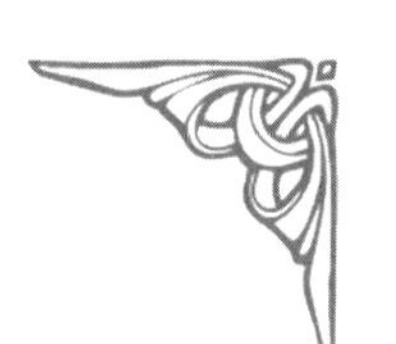

部分.

解释 由上述例题可知答案为正n边形各条边延长分平面的部分数+2+各侧面被分成的部分数之和.可以验证并递推得到:正n边形(n为偶数)各条边延长分平面的部分数为$1+\frac{n^2}{2}$,正偶棱锥每个侧面被分成的部分数为$\frac{3}{2}n-2$,即$1+\frac{n^2}{2}+2+n\cdot(\frac{3}{2}n-2)=2n^2-2n+3$.

定理2 正n棱台(n为偶数)各个面延伸可以把空间分成$\frac{5}{2}n^2-2n+4$个部分.

解释 由上述例题可知答案为正n边形各条边延长分平面的部分数×2+2+各侧面被分成的部分数之和,即$(1+\frac{n^2}{2})\times 2+2+n\cdot(\frac{3}{2}n-2)=\frac{5}{2}n^2-2n+4$.

解一个国家集训队问题与空间想象力

题目 已知平面P不包含给定正十二面体的任何一个顶点,那么P最多和几条棱相交?说明理由.(复旦大学姚一隽教授为2017年中国国家集训队测试四提供的一道题)

解 答案是10条.过正十二面体的对称中心,与一对平行的面平行的平面,与正十二面体的其余10个面都相交,截面为正十边形.

以下说明,不可能有一个平面截正十二面体所得截面为十一或十二边形.

为此,我们先证明下面的引理.

引理 如果平面π同时和正十二面体的一个面A以及与A有公共边的五

个面相交，且不过任何一个顶点，那么 π 与 A 的边界的公共点在 A 的两条相邻的边(棱)上.

引理的证明 正十二面体是一个凸多面体，平面 π 截出的截面必是一个凸多边形，记为 P. 将这个凸多边形垂直投影到面 A 所在平面上，(由空间向量的基本性质易得)所得仍是一个凸多边形，记为 P'.

如图58，记与 A 有公共边的五个面为 B_1, B_2, B_3, B_4 和 B_5，它们在面 A 所在平面(为叙述方便起见，这个平面也记为 A)上的投影为 B'_1, B'_2, B'_3, B'_4 和 B'_5. 记面 A 的边界为 ∂A.

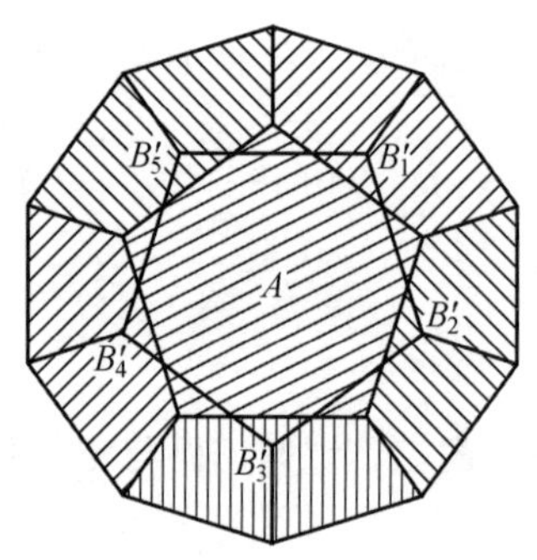

图 58

下面利用反证法. 若不然，不失一般性，假设 $P \cap \partial A = \{P \cap A \cap B_1, P \cap A \cap B_3\}$，则平面 π 与平面 A 的交线为经过上述两点的直线 l.

如图59，在平面 A 上建立坐标系，其中面 A 的五个顶点为

$$Q_1(0,1), Q_2\left(\sin\frac{2}{5}\pi, \cos\frac{2}{5}\pi\right), Q_3\left(\sin\frac{4}{5}\pi, \cos\frac{4}{5}\pi\right)$$

$$Q_4\left(\sin\frac{6}{5}\pi, \cos\frac{6}{5}\pi\right), Q_5\left(\sin\frac{8}{5}\pi, \cos\frac{8}{5}\pi\right)$$

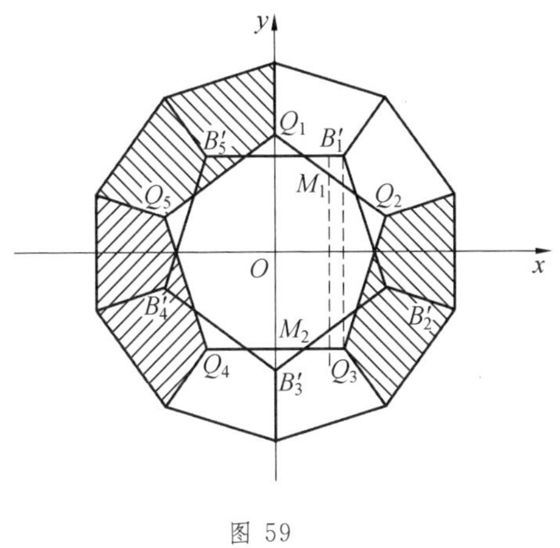

图 59

我们有：

1. 由对称性，不妨设 $d(l\cap Q_3Q_4, Q_3)\geqslant d(l\cap Q_1Q_2, Q_2)$. 这时

$$l \text{ 和直线 } Q_2Q_3 \text{ 的夹角} \leqslant \measuredangle(\overline{(l\cap Q_3Q_4)Q_2}, \overline{Q_2Q_3})$$
$$\leqslant \angle Q_4Q_2Q_3 = 36^\circ < \angle OQ_2Q_3$$

从而 l 和 B'_2 不相交.

2. (1) 如果 $l\cap Q_3Q_4\in Q_4M_2$，那么 $k_1>0$(因为 $l\cap Q_1Q_2$ 的横坐标大于 0，纵坐标 $>y_{Q_2}>\cos\frac{4}{5}\pi$). 从而 l 在面 A 之外的部分，要么横坐标为正，要么纵坐标小于 $\cos\frac{4}{5}\pi$，从而 $l\cap B'_5=\varnothing$(B'_5 完全在第二象限中).

(2) 同理，由对称性，如果 $l\cap Q_1Q_2\in Q_1M_1$，那么 $l\cap B'_4=\varnothing$.

(3) 如果 $l\cap Q_1Q_2\in Q_2M_1$，$l\cap Q_3Q_4\in Q_3M_2$，那么：

(a) 当 $k_l>0$ 时(即 $l\cap Q_1Q_2$ 的横坐标大于 $l\cap Q_3Q_4$ 的横坐标时)，(1) 中的推理与结论均成立，即 $l\cap B'_5=\varnothing$.

(b) 当 $k_l<0$ 时，l 必然在过 M_1 且与 l 平行的直线和过 Q_3 且与 l 平行的直

线之间.从而 $k_l > k_{M_1Q_3}$,且 l 和 y 轴的交点的纵坐标大于直线 M_1Q_3 和 y 轴的交点的纵坐标 $=\dfrac{2\cos^2\dfrac{\pi}{5}}{1-\cos\dfrac{\pi}{5}} > \dfrac{2\cos^2\dfrac{\pi}{4}}{1-\cos\dfrac{\pi}{4}} > 2$.

由 B'_5 的各边长均小于 1,可知 l 和 B'_5 不相交.

(c) 当 l 和 y 轴平行时,l 和 B'_4,B'_5 均不相交.

综上,l 和 B'_2 不相交,同时和 B'_4 或 B'_5 不相交,而和 Q_1Q_2,Q_3Q_4 相交,从而 B'_4 或 B'_5 必和 B'_2 位于 l 的不同侧,以 l 的一部分为边的凸多边形不可能和它们都相交,引理证毕.

如图 60,沿用引理中的记号,并记除 A 外,与 B_i 和 B_{i+1} 同时有公共边的另一个面为 $C_i(i=1,2,\cdots,5)$.记与 C_1,C_2,$\cdots$,C_5 均有公共边的面为 D.

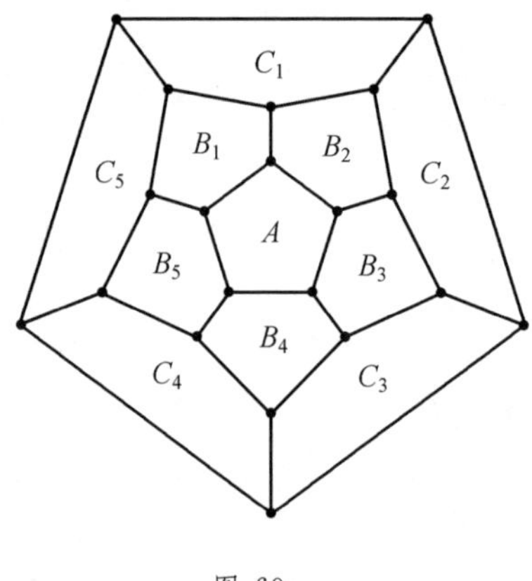

图 60

假设平面 π 与正十二面体除 D 外的十一个面均相交,截面为 P,则对 A,B_1,B_2,$\cdots$,B_5 应用引理,可知 $P\cap\partial A=\{P\cap A\cap B_1, P\cap A\cap B_2\}$.

对 B_1,A,B_2,C_1,C_5,B_3 应用引理,可知 $P\cap\partial B_1$(除了 $P\cap A\cap B_1$ 外的).另一交点为 $P\cap B_1\cap B_2$ 或者 $P\cap B_1\cap B_5$.

如果 $P \cap B_1 \cap B_2$，那么由凸多面体性质，π 和 A, B_1, B_2 这三个面有公共点，截面为三角形，矛盾. 从而 $P \cap \partial B_1 = \{P \cap A \cap B_1, P \cap B_1 \cap B_5\}$. 同理，$P \cap \partial B_2 = \{P \cap A \cap B_2, P \cap B_2 \cap B_3\}$.

同理，对 $B_5, A, B_1, C_5, C_4, B_4$ 应用引理和上一条中的推理，知 $P \cap \partial B_5 = \{P \cap B_1 \cap B_5, P \cap B_5 \cap C_5\}$. 同理，$P \cap \partial B_3 = \{P \cap B_2 \cap B_3, P \cap B_3 \cap C_2)$.

于是，$P \cap (A \cap B_4) = \varnothing$，$P \cap (B_3 \cap B_4) = \varnothing$，$P \cap (B_4 \cap B_5) = \varnothing$，即 $P \cap \partial B_4 = \{P \cap B_4 \cap C_3, P \cap B_4 \cap C_4\}$，从而 $P \cap C_3 \cap C_4 = \varnothing$.

此时，对以 C_3 为“中心”的面应用引理，可知 $P \cap D = \varnothing$. 这样，P 和正十二面体的八条棱有公共点. 如果它是一个十一边形，那么 P 和集合$\{C_1 \cap C_2, C_2 \cap C_3, C_4 \cap C_5, C_5 \cap C_1)$ 中的棱还有三个交点.

另一方面，P 和 ∂C_1 应该有两个交点，P 和 $\partial C_3 \backslash \{C_3 \cap P_4\}$ 应有一个交点，P 和 $\partial C_4 \backslash \{C_4 \cap B_4\}$ 应有一个交点. 注意到，∂C_1，$\partial C_3 \backslash \{C_3 \cap B_4\}$，$\partial C_4 \backslash \{C_4 \cap B_4\}$ 两两不交，这样 P 和正十二面体的棱至少还应该有四个交点. 矛盾. 证毕.

评注　本题需要有一定的空间想象能力，至少需要知道正十二面体是什么样子的. 前半部分除了凸图形的性质，都是平面上的几何，后半部分只需要在图上讨论即可，本质上是组合的.

目录

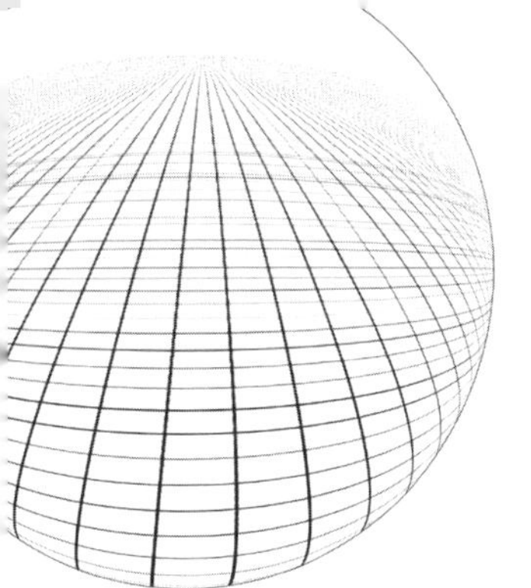

第一编

图形

1. 想象地把用图形表示的物体放到熟悉的环境,可以很容易地想象它对于观察者的真正空间位置. 观察带有立方体图形的插图,后面可以运用所给出的"钳定物"把立方体图形"连接"到现实环境中.

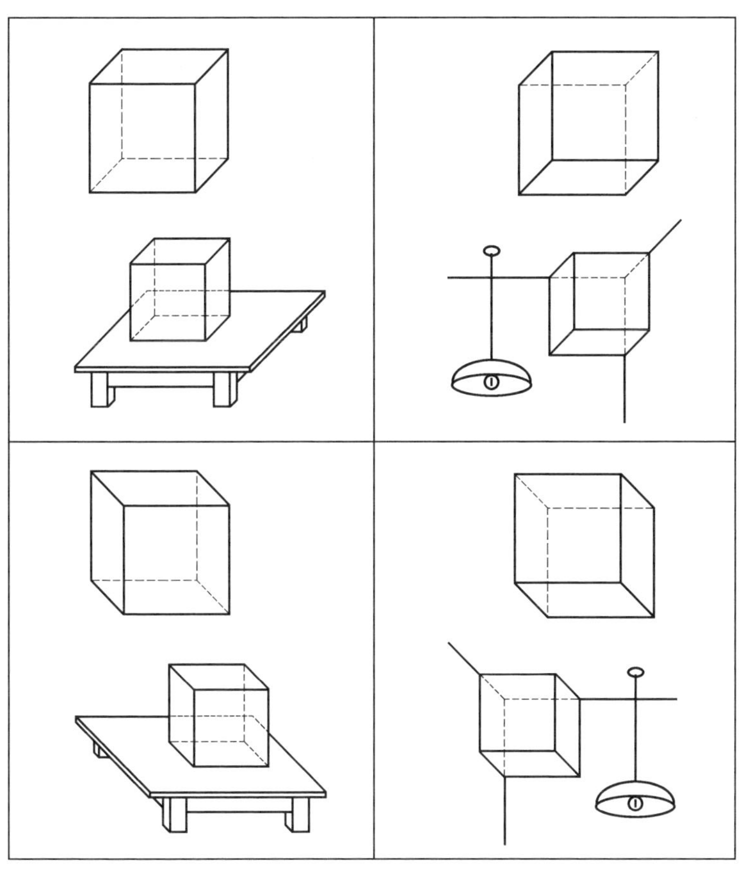

2. 按照一部分立方体图想象整个立方体，每一个图对应于图(A，B，C，D)中的哪一个？

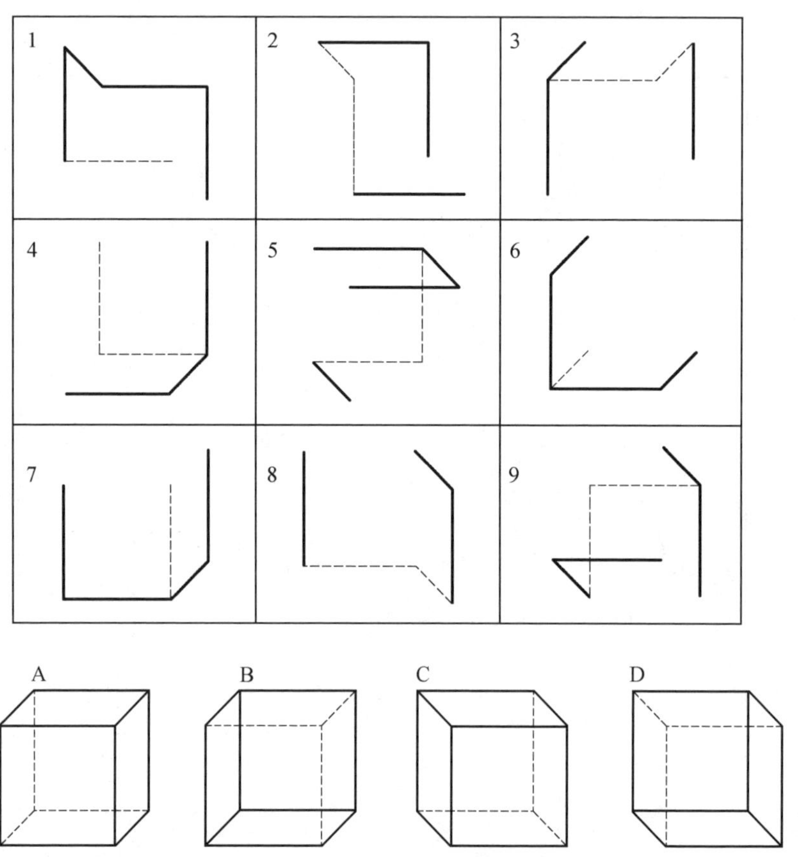

3. 用绘图纸做一个小制作，用它可以得到在一个位置产生的两个立方体图形（A 和 B）.

为此取一张 20 cm×26 cm 的图纸，用实线在纸上画出立方体的轮廓——六边形（图 1），在立方体的内部在虚线断线处用刀片割开纸. 在另一张 20.7 cm×20 cm 的绘图纸上用实线和虚线绘出立方体的棱（图 2），使得把这张纸放在第一张纸的后面的一个位置得到图 3，而在另一个位置得到图 4. 需要把另一张纸从反面粘到第一张图纸上，使得带有图 2 的嵌入图纸能够在它们中间移动.

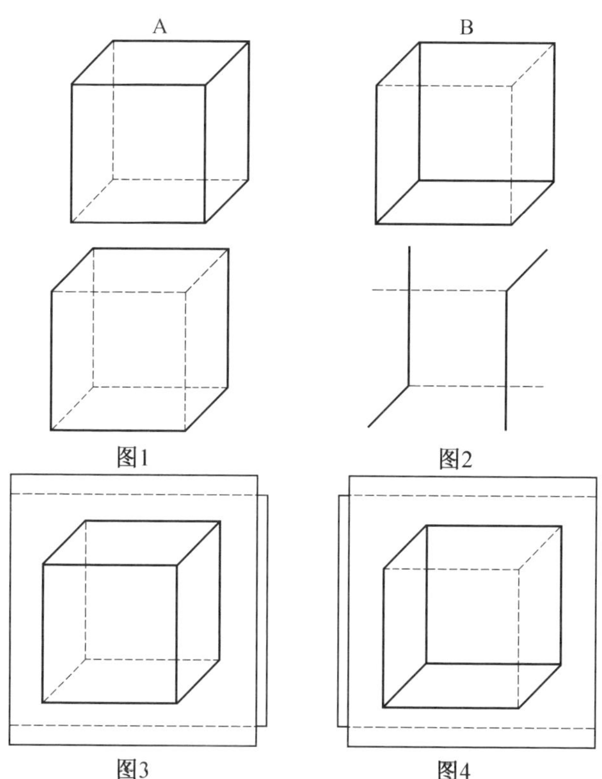

图1　图2
图3　图4

4. 用粗体绘出的折线是在立方体的面和棱边上绘出的，想象一下它的空间位置，并用铁丝折出相似的折线.

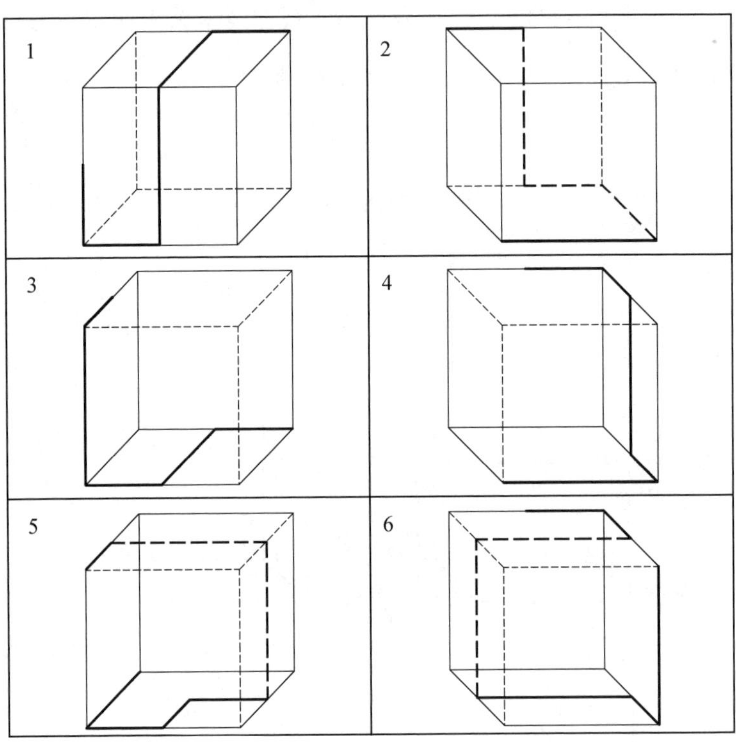

5. 给出立方体 $ABCD\text{-}A_1B_1C_1D_1$ 和点 M 的图示(图 A)，点 M 相对于立方体的位置不确定. 如果点 M 属于下列平面，想象一下它的位置：

(1)$A_1B_1C_1$；(2)ABB_1；(3)BCC_1；(4)DCC_1；(5)ADD_1；(6)平行于 ADD_1 并与其距离等于立方体棱长的平面(接近观察者)；(7)平行于 BCC_1 并与其距离等于立方体棱长的平面(远离观察者)；(8)ACC_1；(9)ABC.

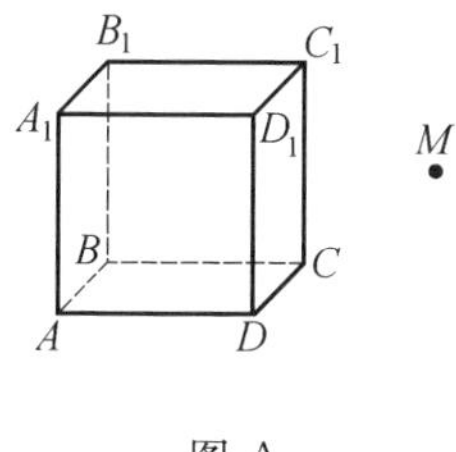

图 A

检查一下自己对下面图形的想象.

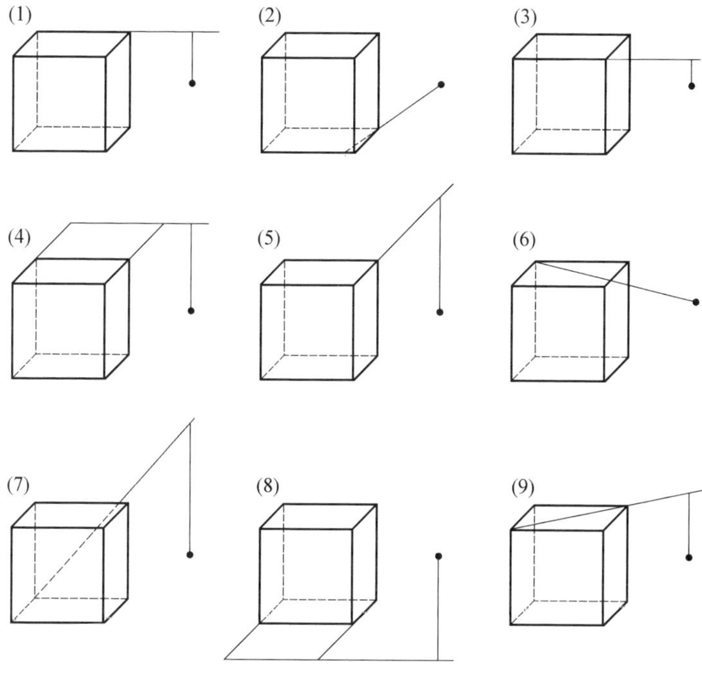

6.图上表示的是不寻常的剪刀，要使剪裁部分接近，请确定一下，需要移近还是拉开剪刀带环的两端.

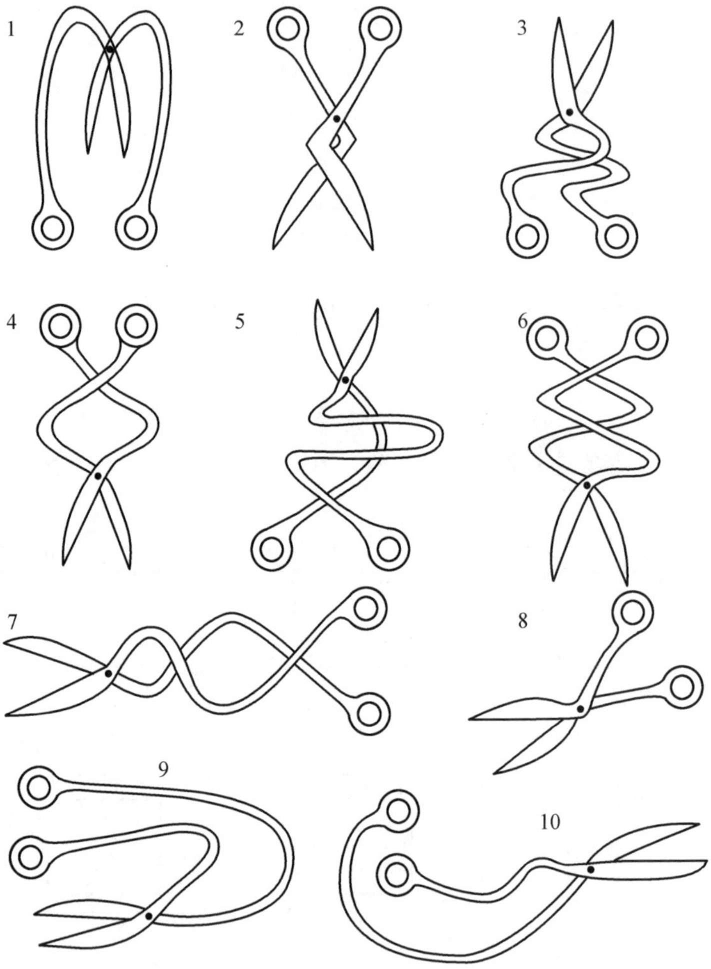

7. 下列单词是在镜子中映射出来的. 不要用镜子,也不要翻转书,把它们读出来.

8. 在下列给出的图中有错误，请指出它们.

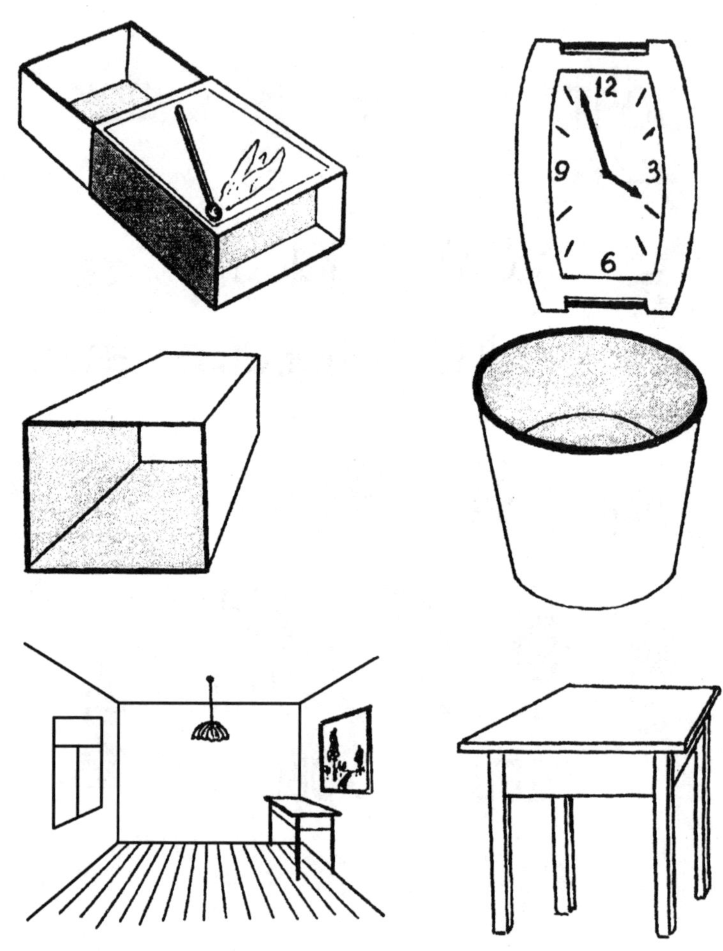

9.请指出下图中以不寻常的投缩比描绘的是哪些物品？

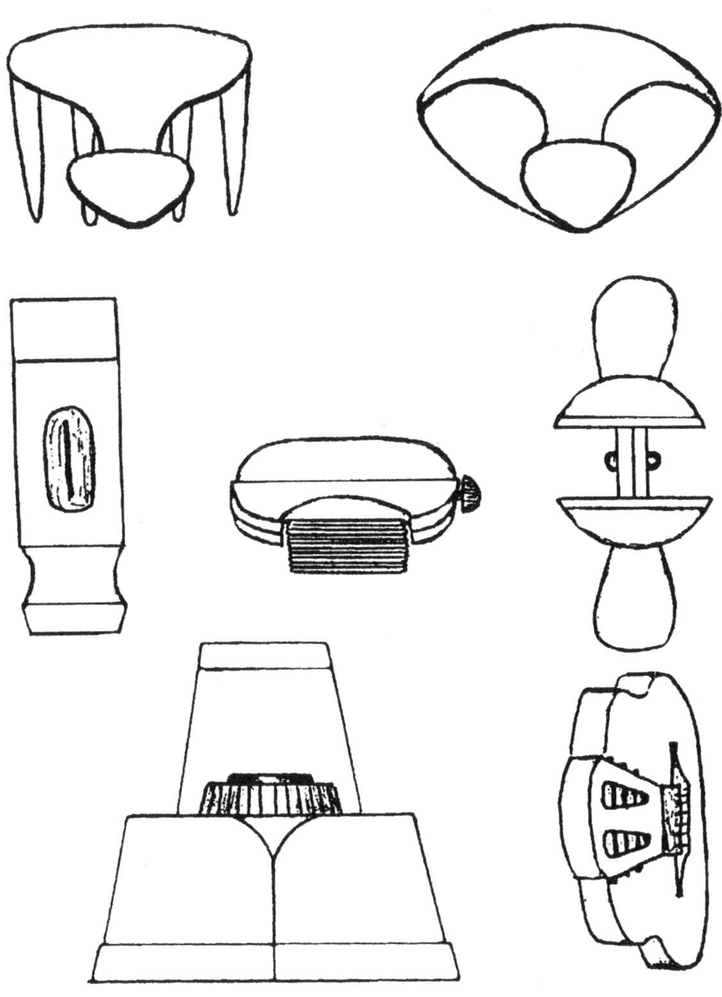

10. 在三个相互接触的球(A)上可以放上一个球(B). 在 C,D,E 和 F 的每一种情况可以放几个?

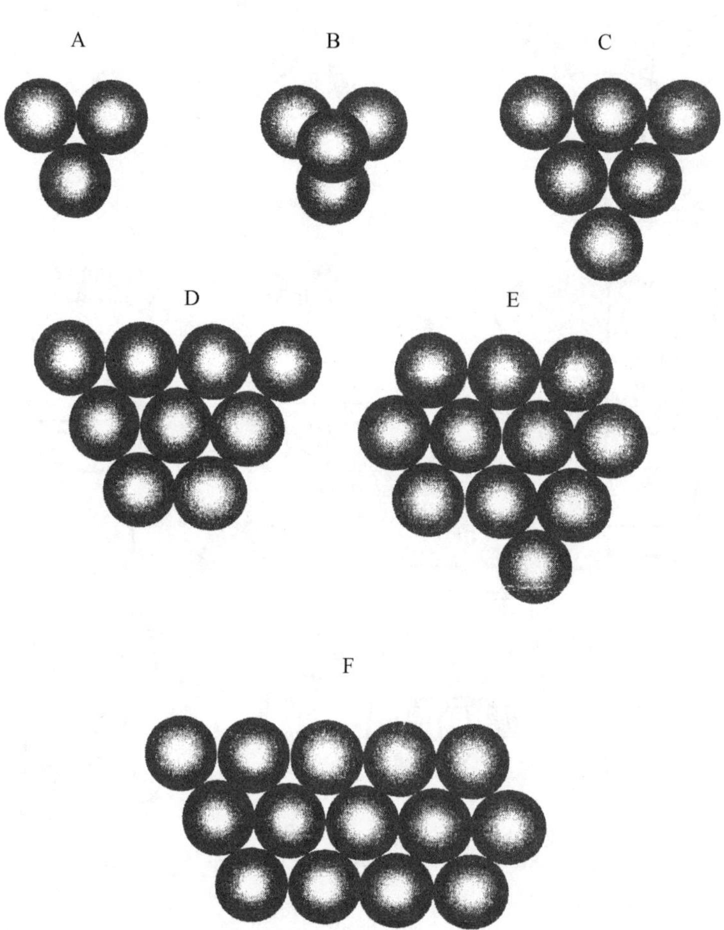

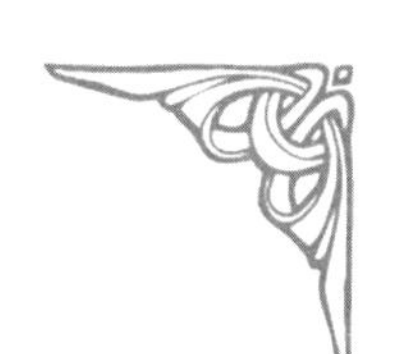

11. 按照图 A 和 B,确定其 6 个投影中的每一个.

A

D
E
F
C
A
B

B

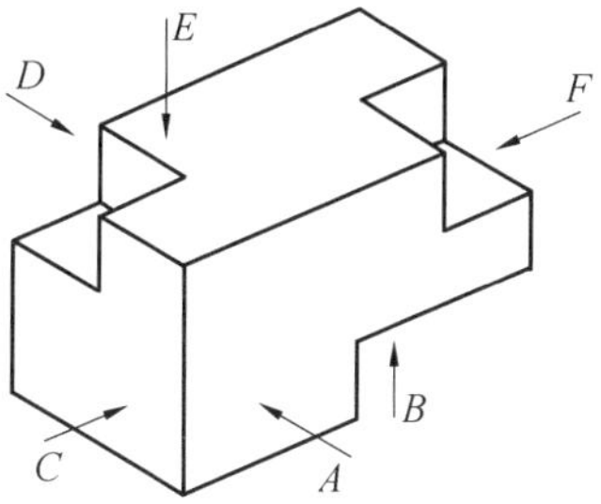

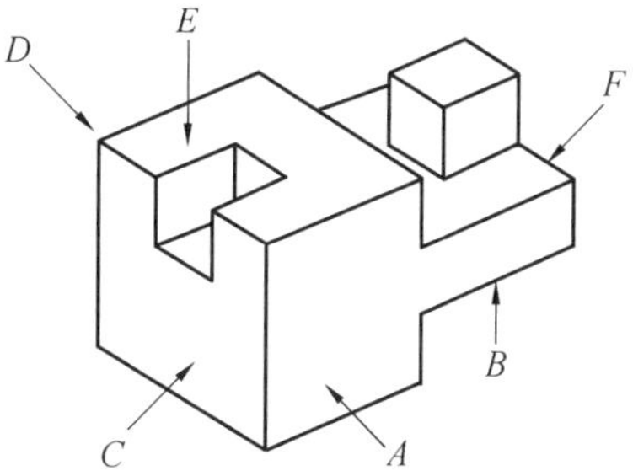

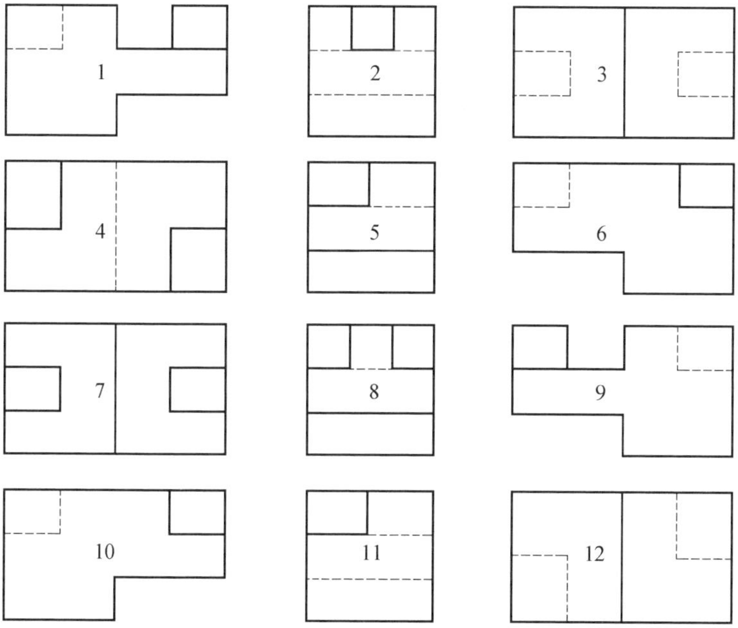

D
E
F
C
A
B

1
2
3
4
5
6
7
8
9
10
11
12

12. 注意观察下面两个图形. 你可以发现,画面在眼前变化. 突然看上去,所看到的上面已变成朝下倒置的.

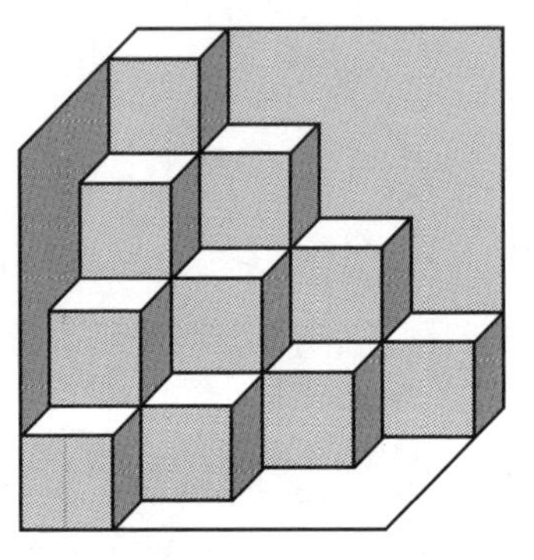

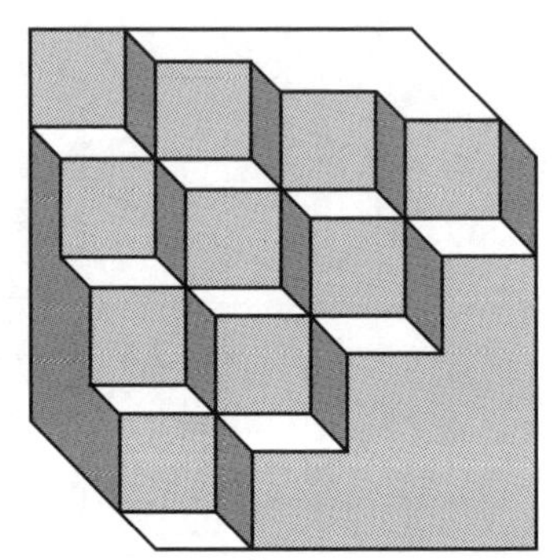

13. 在下面每一个图上,试着发现不同的图形.

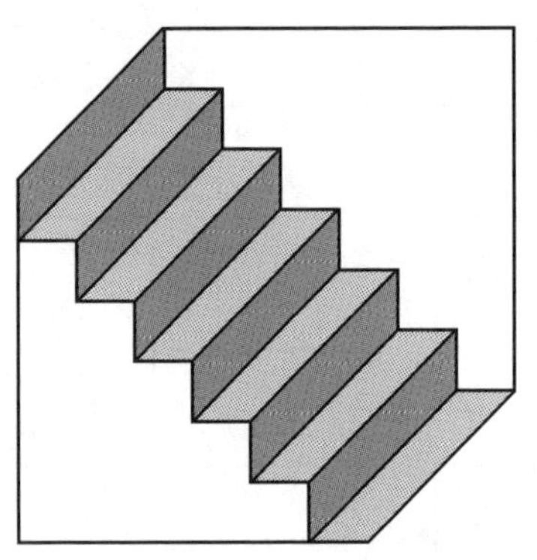

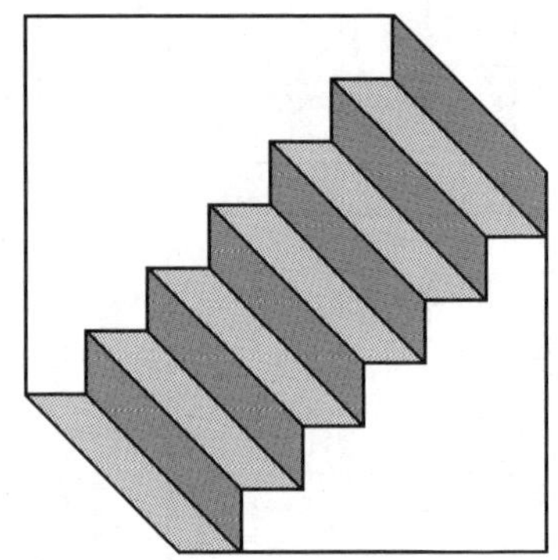

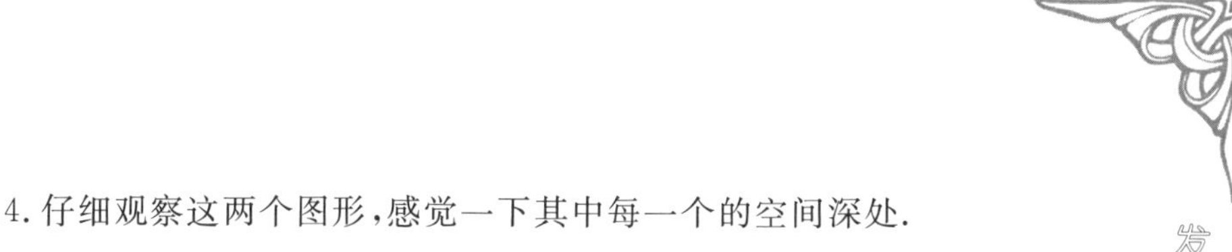

14. 仔细观察这两个图形,感觉一下其中每一个的空间深处.

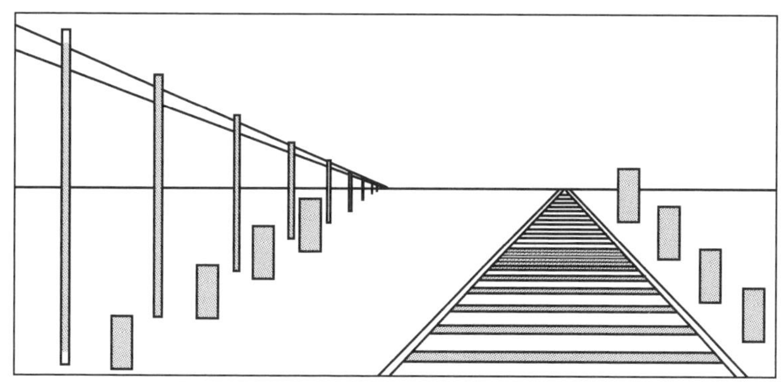

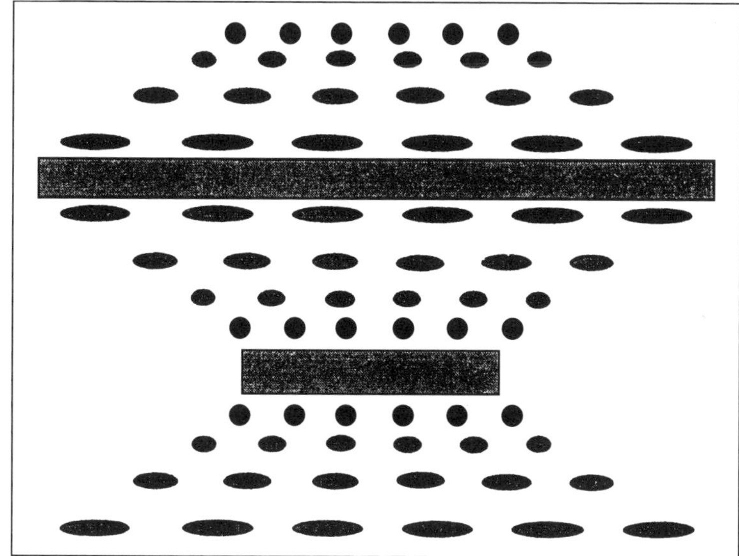

15.用眼睛测定礼帽的高度高还是礼帽的宽檐长.用直尺检验自己的结论.

用眼睛测定,上面两个圆的外边之间的距离与上、下圆的最近点之间的距离哪个大.用直尺检验一下.

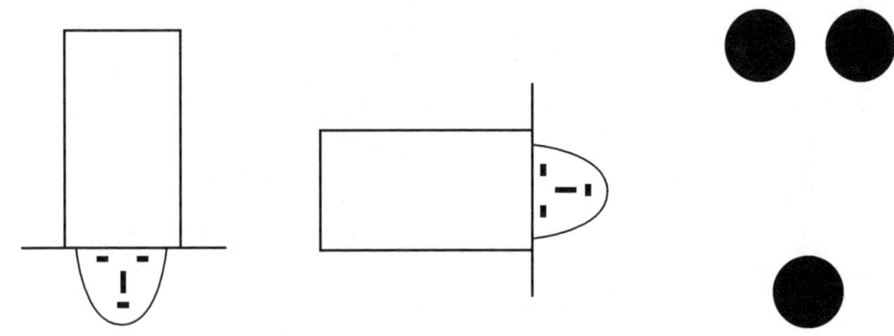

16.试比较下列 4 个相同的三角形,对它们所产生的印象相同吗?

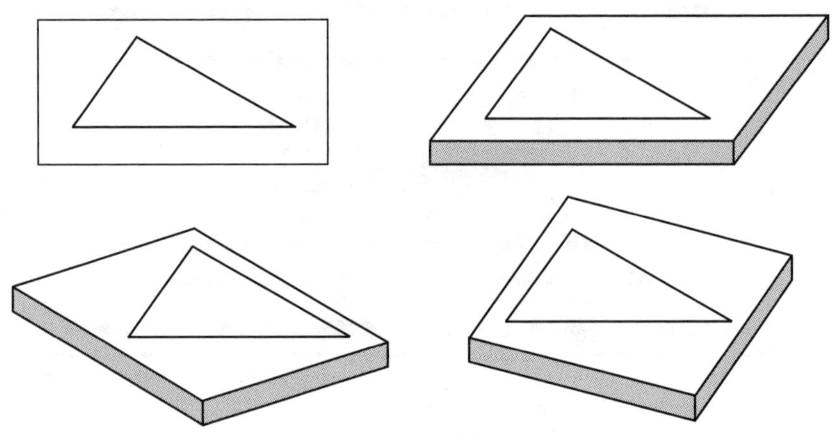

17. 按照图 A 给出的房间从上面向下看的视图，描绘一下物品在图 B 上的位置(图 B 也是这个房间从上面向下看的视图). 图中的细线是辅助线.

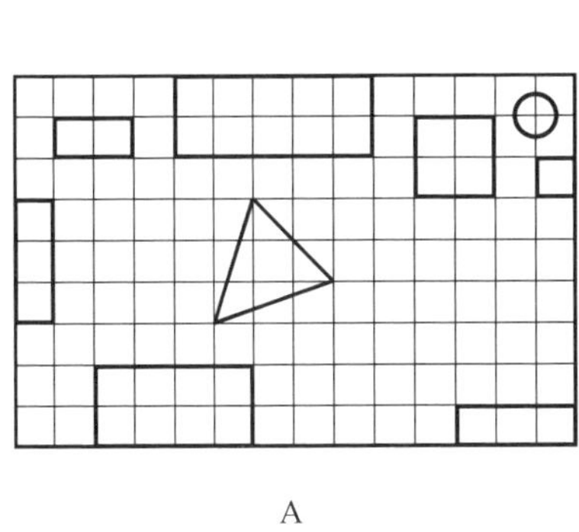

A

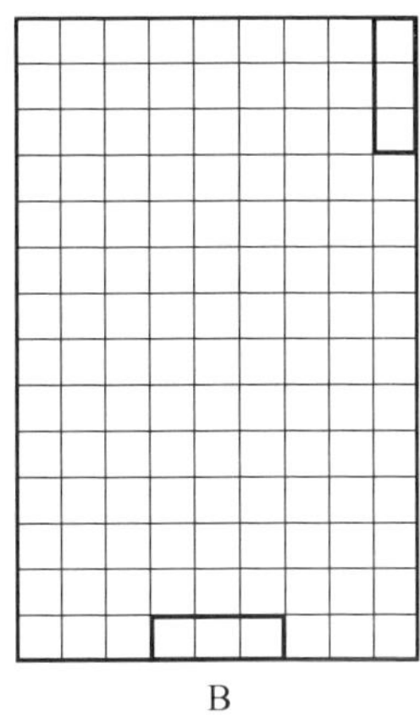

B

18. 在 A、B 两组中的 5 个图中有 1 个与其他图不同，也就是不能通过在平面上移动使它与其他图重合，请找出它.

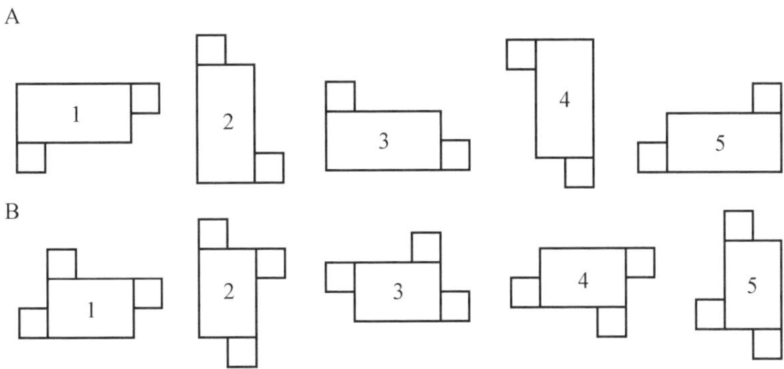

19. 在一张纸上写着一个词，把纸对半折下，使能够看到词的下半部分. 从纸的另一面你能看到什么？描述一下.

20. 在一页纸对半折下后，从反面可以看到颠倒的词的上半部分，纸上写的是哪个词？

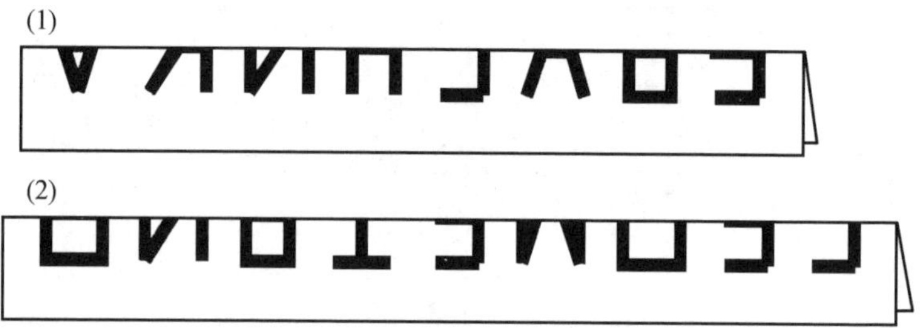

21. 有 5 个字母形的图：

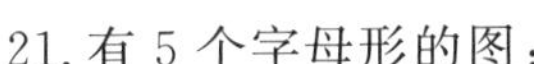

把下面给出的图形分成上面列出的字母图（不能交叉），条件是：字母图 Г，Р 和 Ч 不能用直线对称图形替换.

22. 如果 A 向箭头方向移动，请确定用拉杆与 A 相连的 B 是向上移动还是向下移动. 这里三个或四个圆形物都是固定的拉杆轴心.

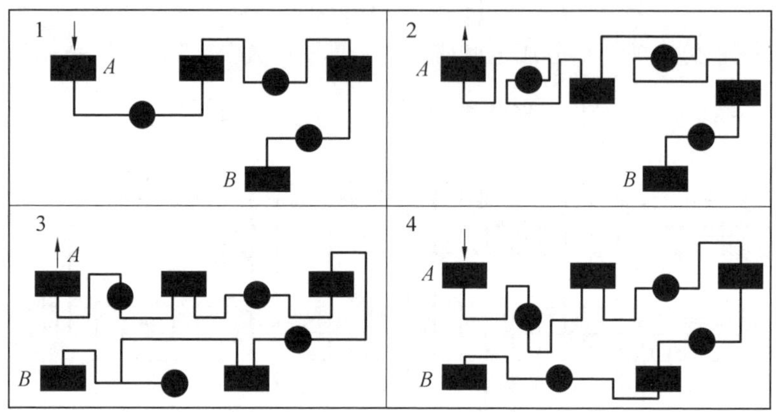

23. 下图为借助于铰链结构支撑重物的简图. 请指出缺少哪一段会导致重物不稳定. 对于每一种情况找出所有可能的情况.

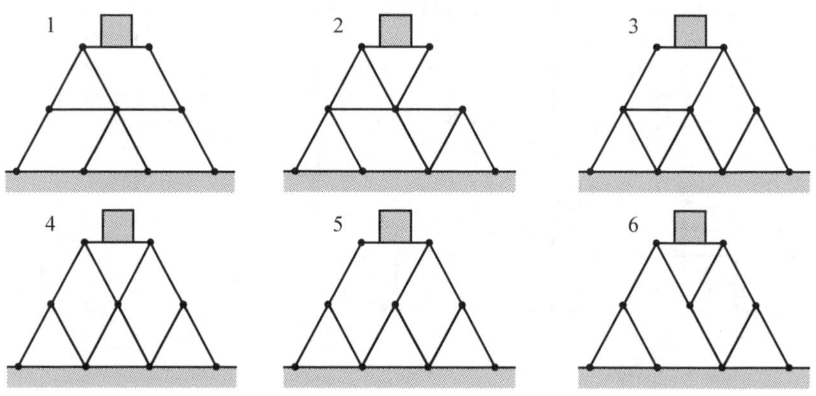

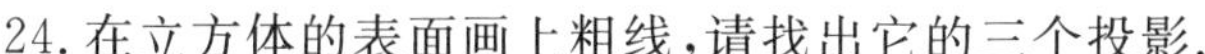

24.在立方体的表面画上粗线,请找出它的三个投影.

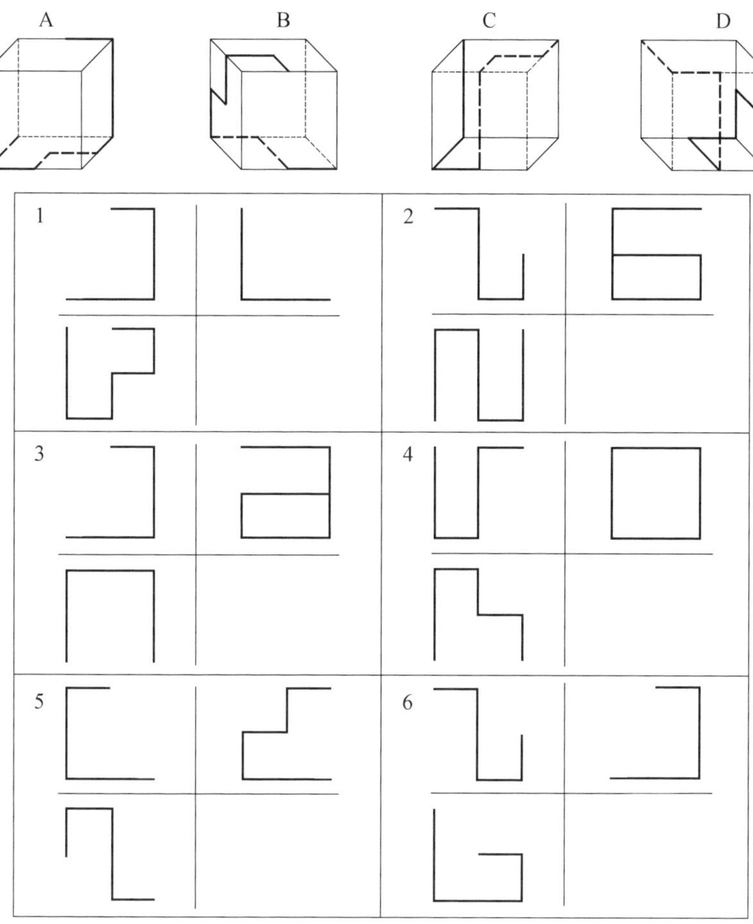

25.由两个相同的部件 A 组成某形状，按照它的三个投影(正视图、左视图和俯视图)画出该形状.

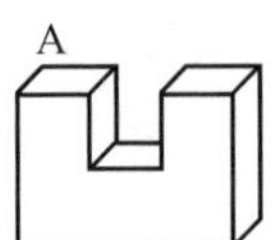

1

2

3

4

5

6

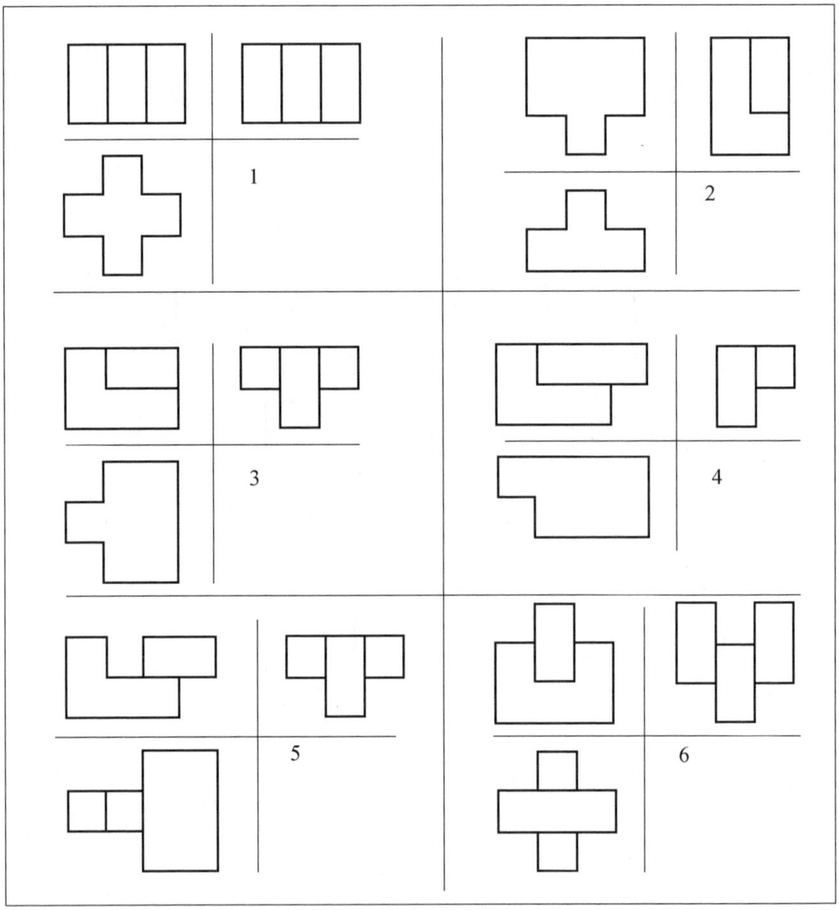

26.图中哪些着色图形是顶点在立方体顶点或棱的中间的立方体的平面截面？

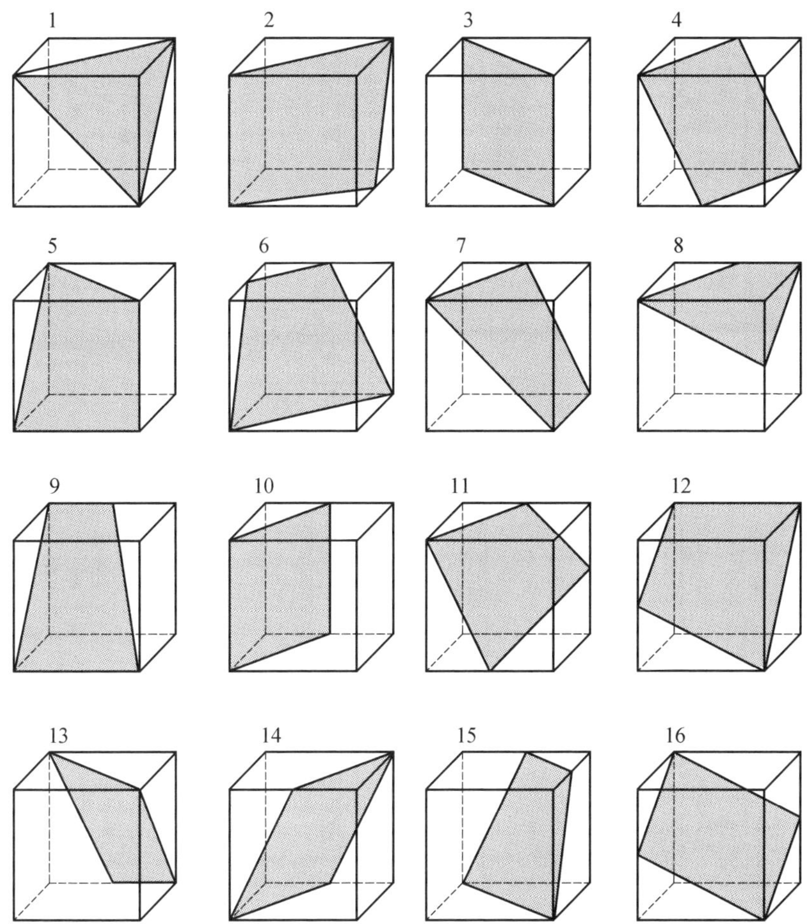

27. 不用通过黑圈标注的立方体，画出相同位置的图形. 在图上标出了构成图形的立方体的数量.

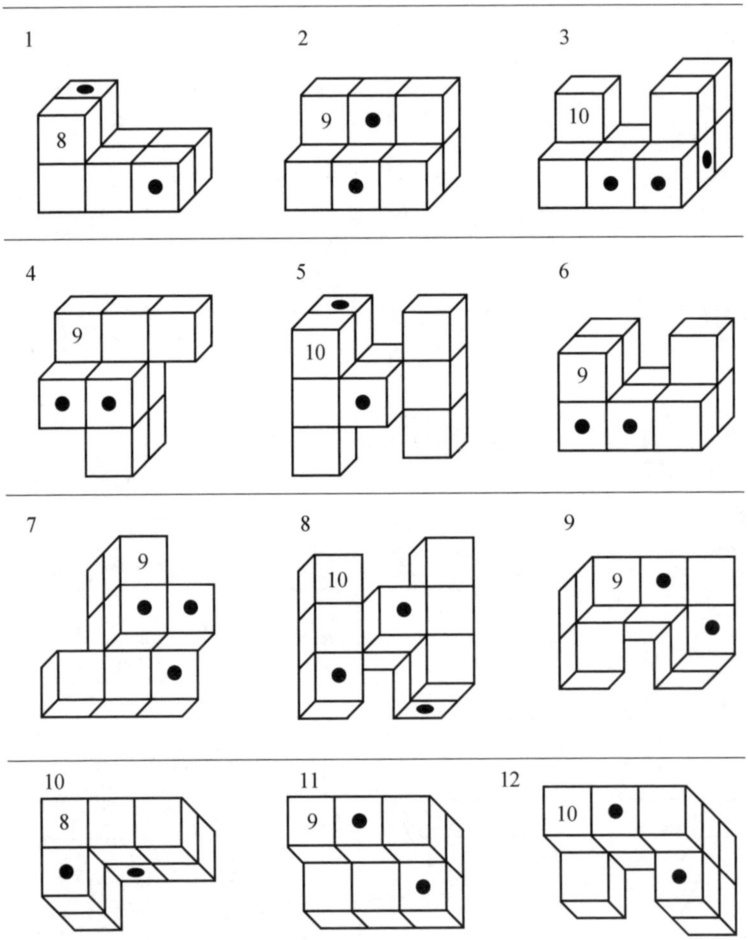

1　8

2　9

3　10

4　9

5　10

6　9

7　9

8　10

9　9

10　8

11　9

12　10

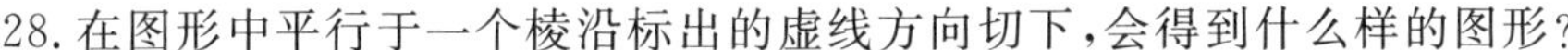

28. 在图形中平行于一个棱沿标出的虚线方向切下，会得到什么样的图形？

A　　B

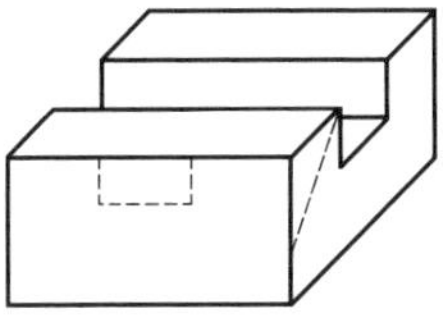

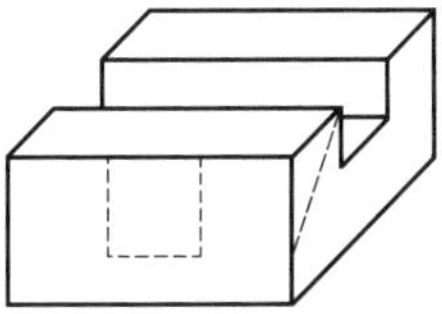

C 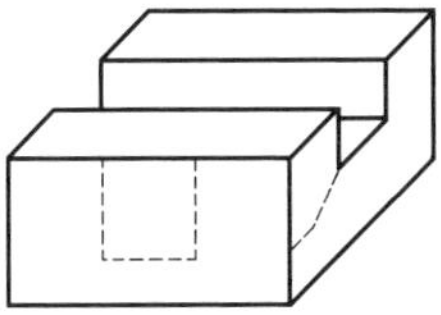　　D

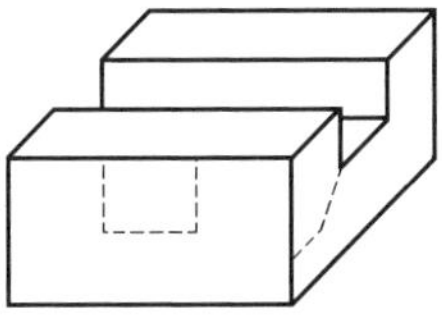

1 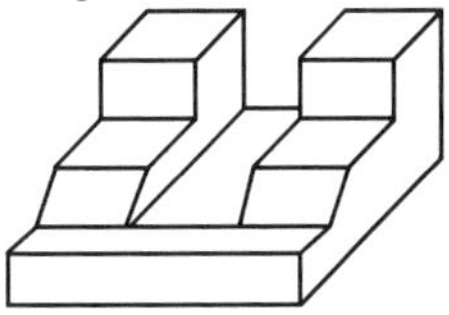　　2 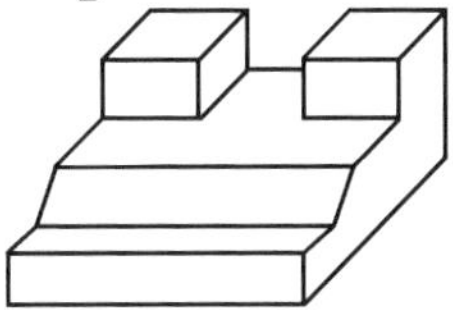　　3

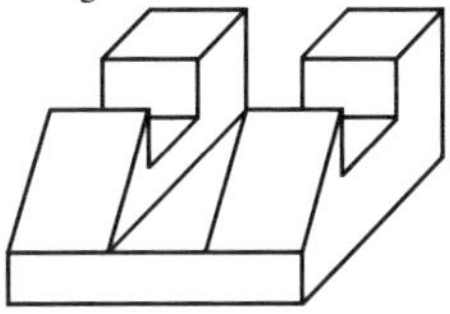

4 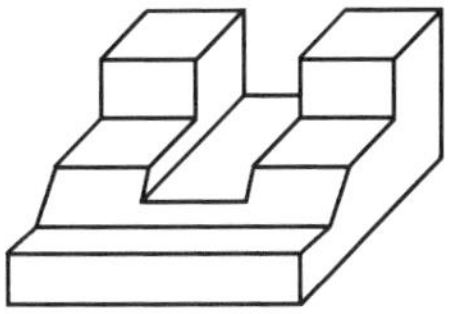　　5 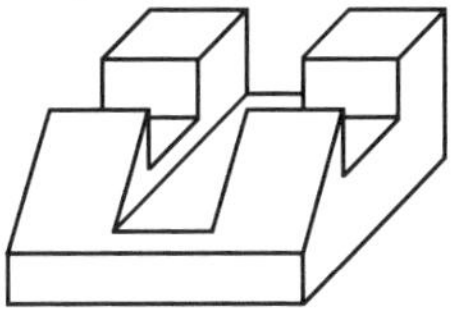　　6

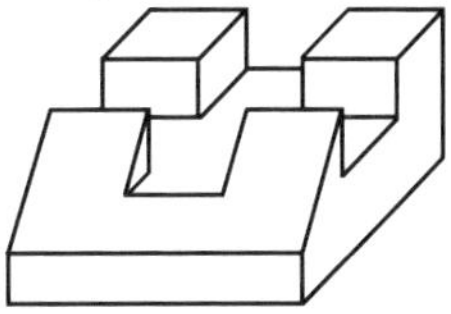

29. 找出相互补充能成为正方形的图形对.

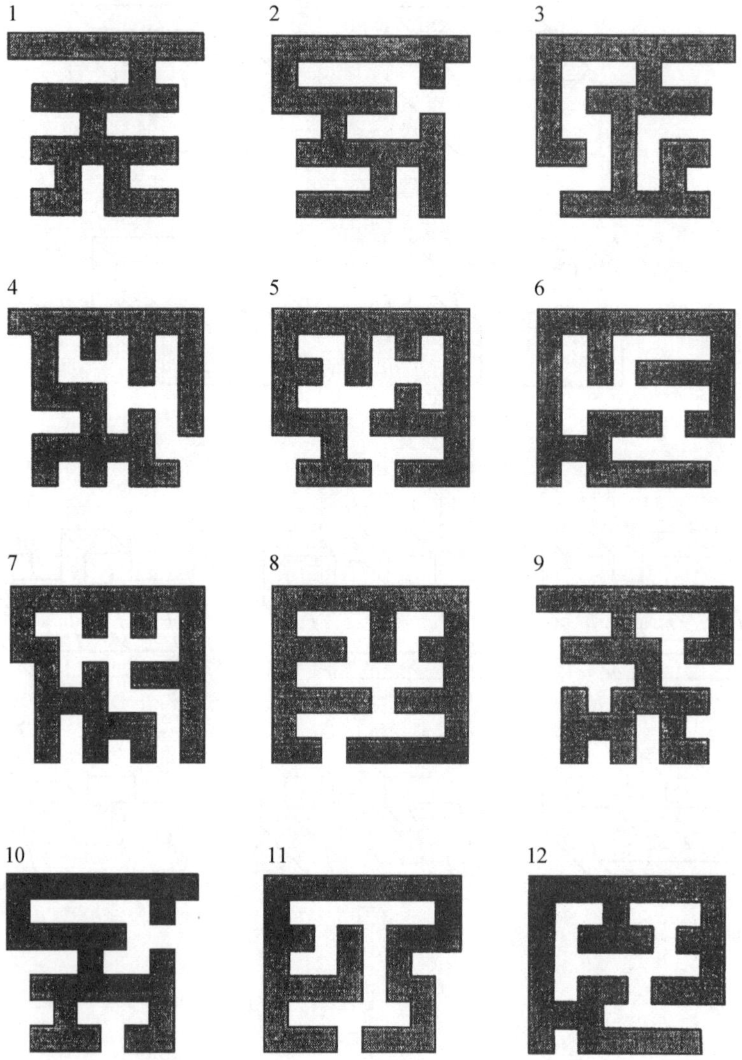

1 2 3

4 5 6

7 8 9

10 11 12

30. 一张梯形纸沿线 MN 折叠，得到的是哪一个图形？

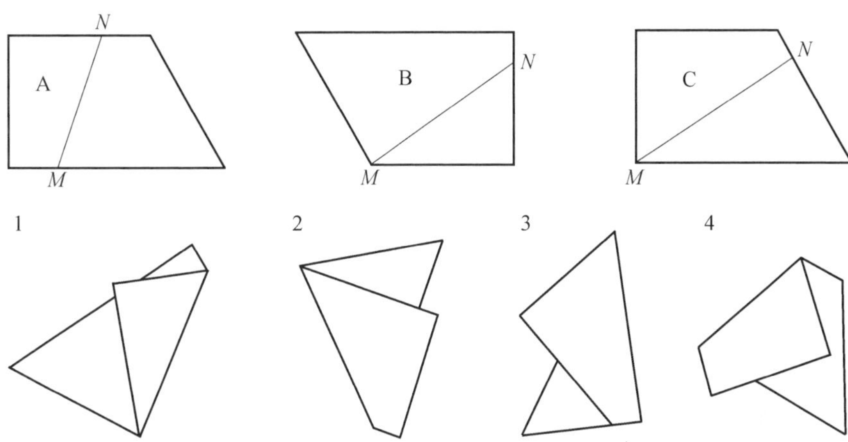

31. 把一张梯形纸折叠，使得点 M 和 N 重合，得到的是哪一个图形？

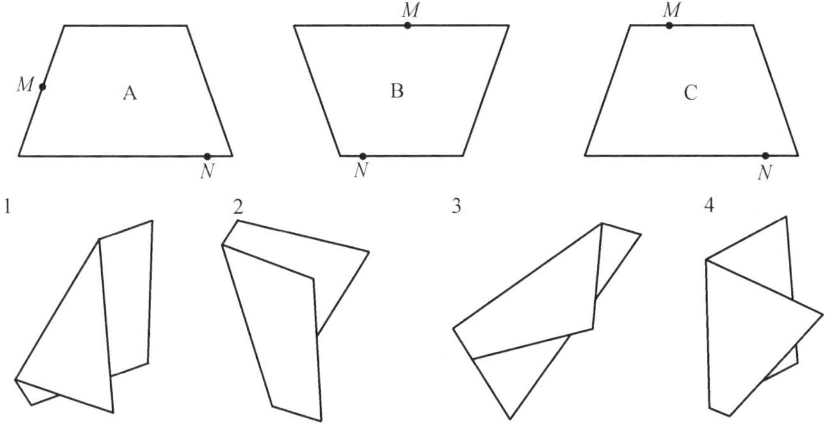

32. 想象沿所描绘的表面走一个来回.

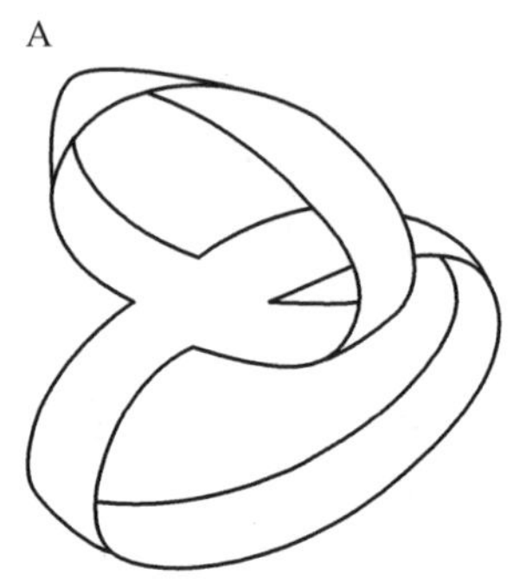

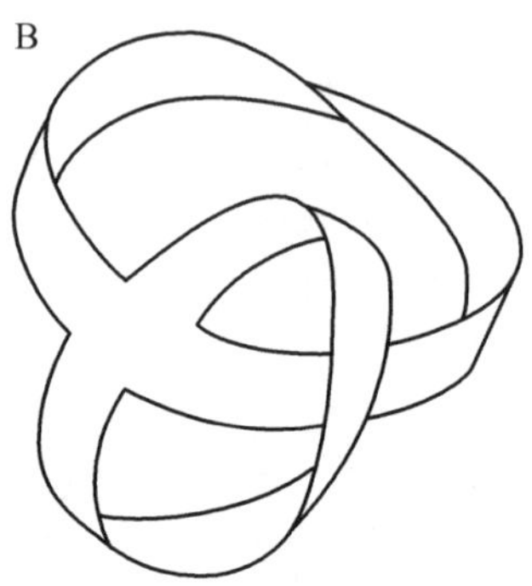

33. 如果拉伸两个端头,哪一根绳子会打结?

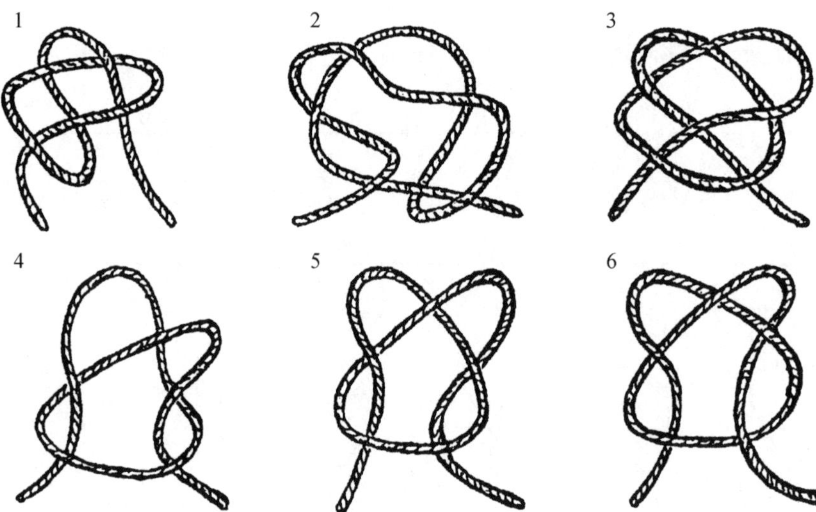

34. 在长方体的面上标有记号. 在展开图上有一个标记，请标注其他标记.

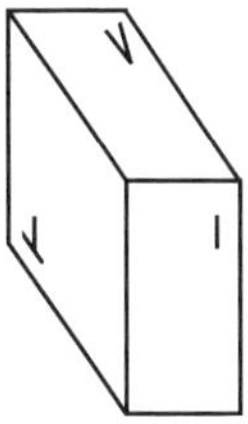

1

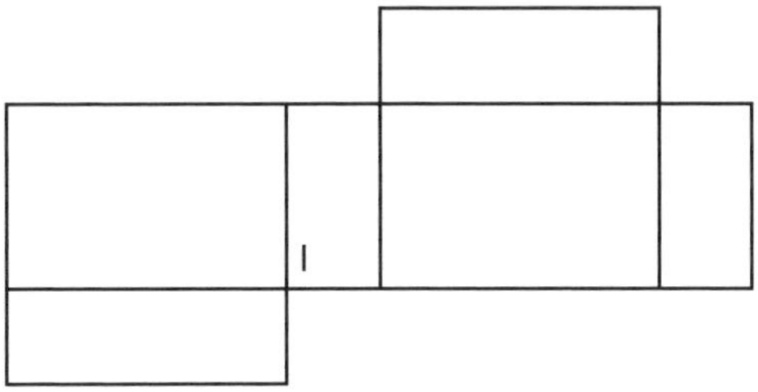

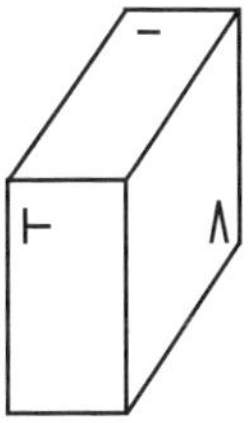

2

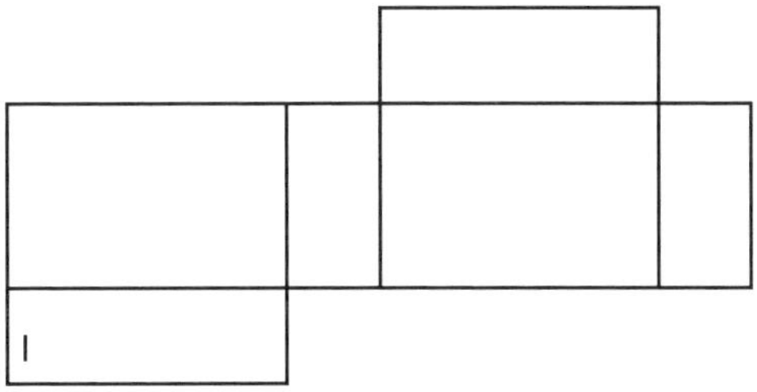

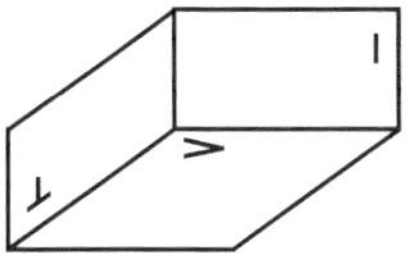

3

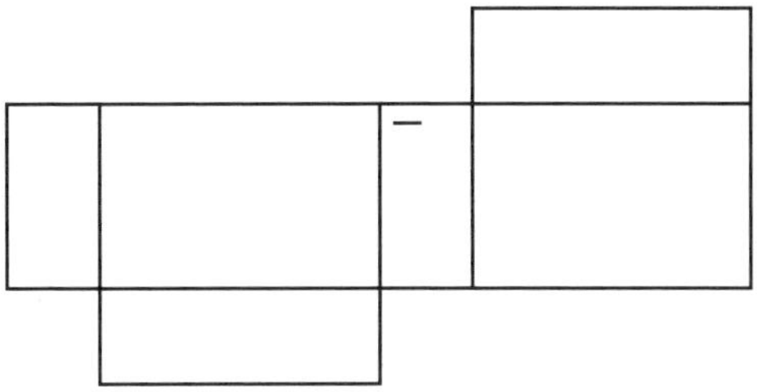

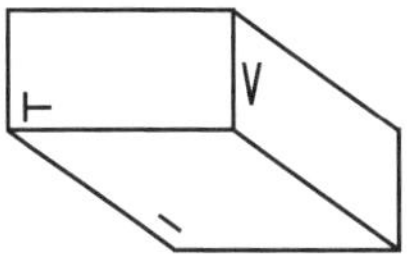

4

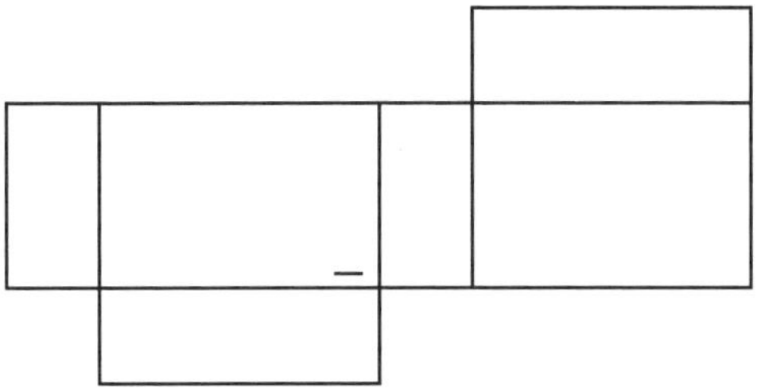

35. $4\times4\times4$ 的立方体被切成 64 个小立方体，按下面条件可以得到多少个三面着色、二面着色、一面着色、任何一面都不着色的小立方体：

(1)立方体的所有面都着色；

(2)立方体的 5 个面着色；

(3)2 个相对的面不着色；

(4)2 个相邻的面不着色；

(5)同一个顶点的 3 个面着色.

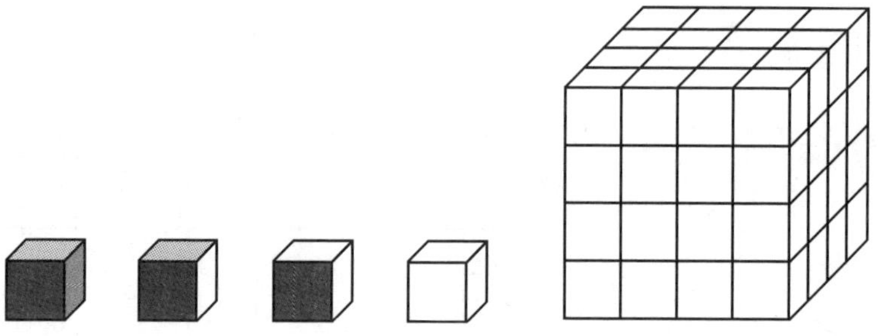

36. 图中给出的是 12 个小球的 3 个投影，要使投影不发生变化，哪些小球可以去掉？

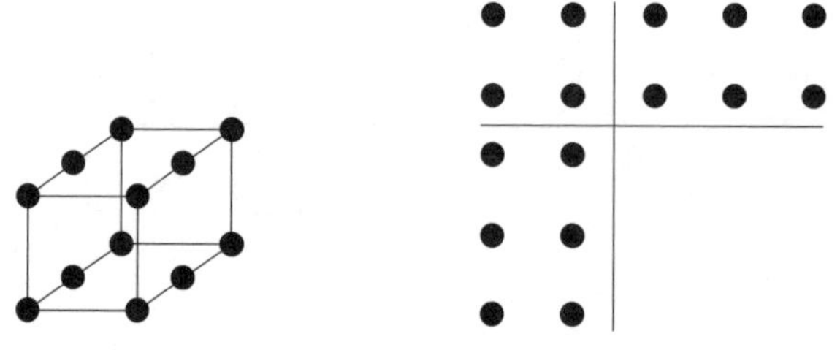

37. 27 个小球的投影相同，且每一个投影都由 9 个圆圈构成. 要使投影不变，可以去掉哪些小球？

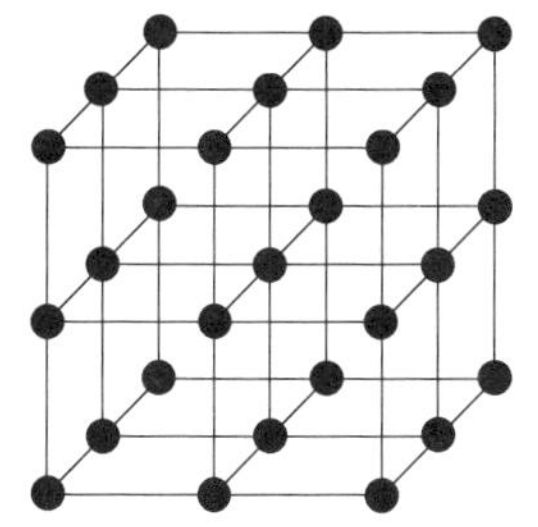

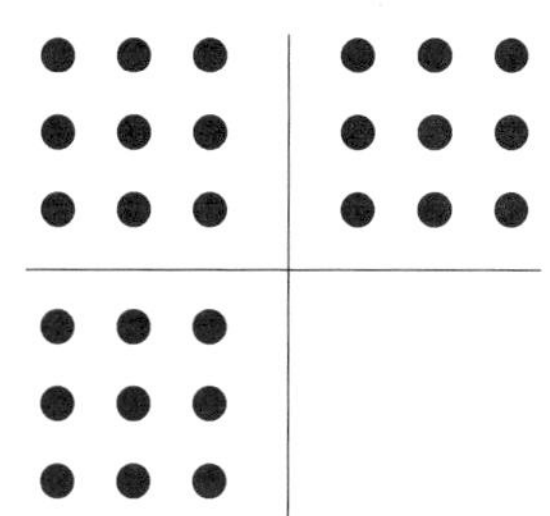

38. 为每一个平板找出一个塞头，使这个塞头可以盖上这一平板的三个孔.

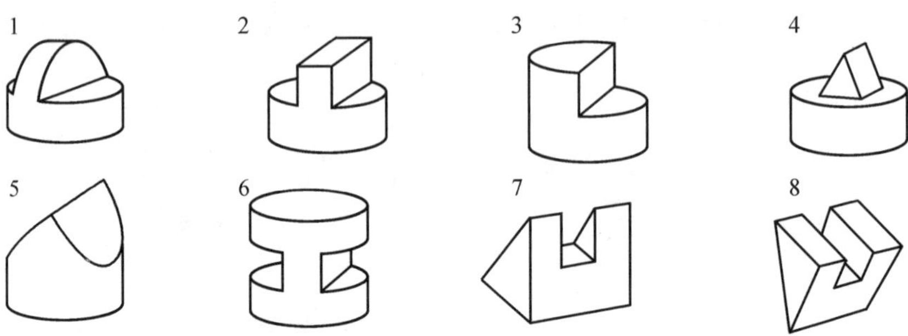

39.图像可能会令人产生错觉.确认一下,图上垂直画出的是平行的线段.

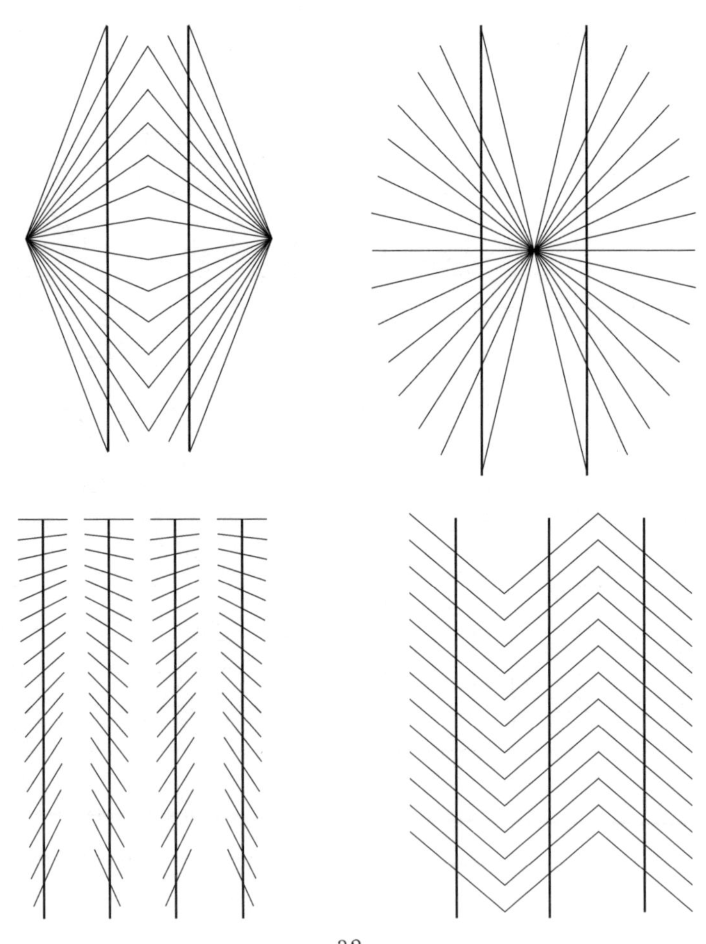

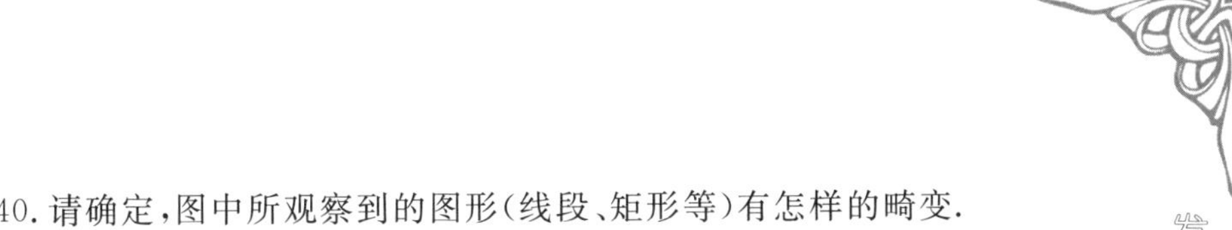

40. 请确定，图中所观察到的图形(线段、矩形等)有怎样的畸变.

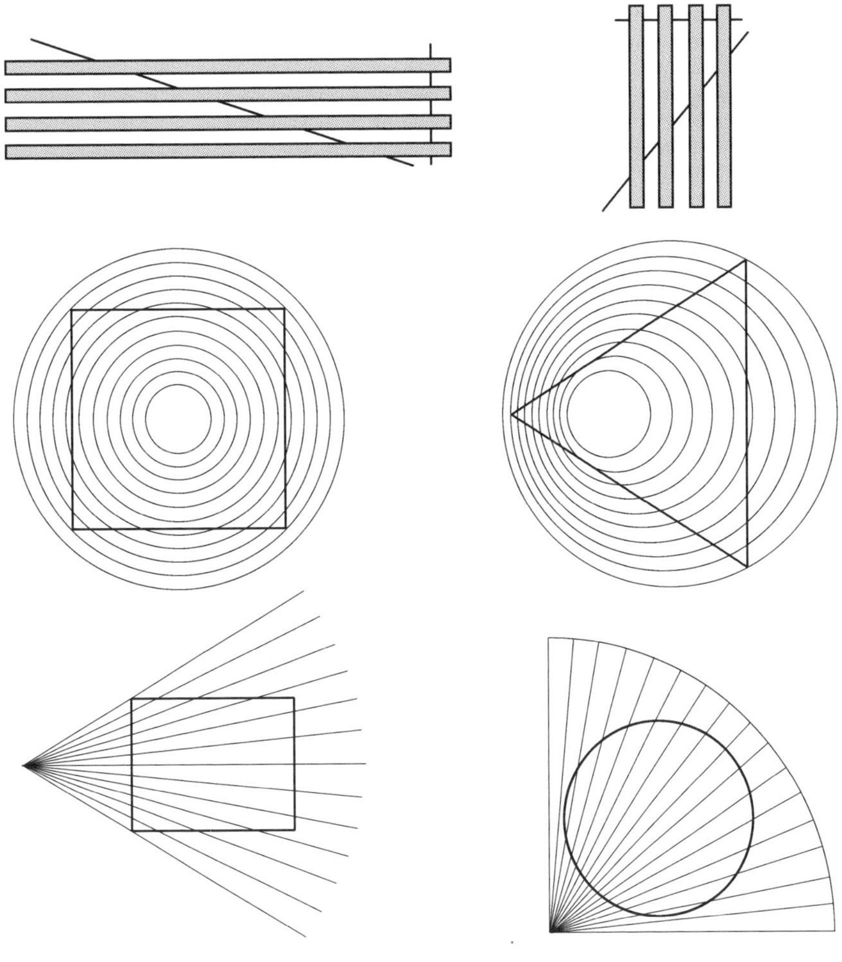

41. 把一边不光滑的一条纸(A,B)卷成小筒.确定一下,得到的是(1～4)中的哪个小筒.

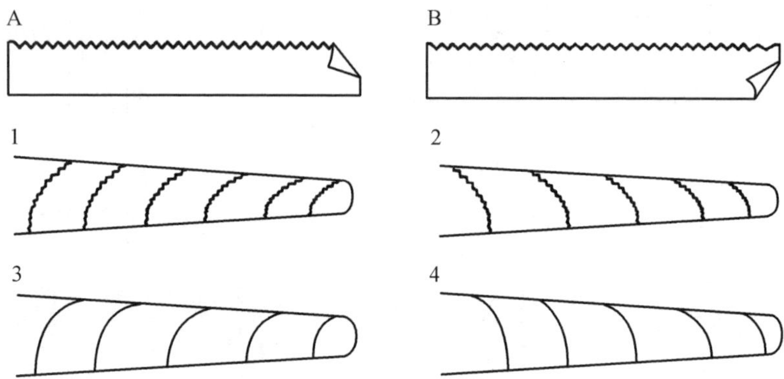

42. 用传送带连接皮带轮,轮 A 的旋转方向用箭头标出,轮 B 会往哪个方向转?

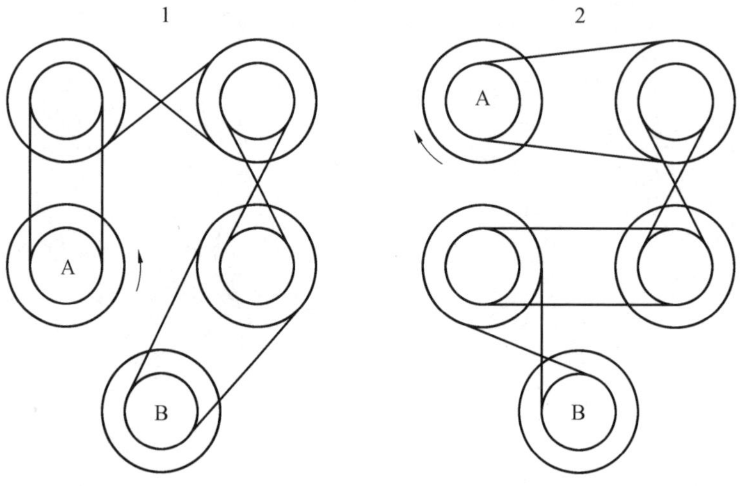

43.有一些纸样,都由 7 个正方形构成,其中哪些在剪掉一个正方形后可以成为立方体的展开图?

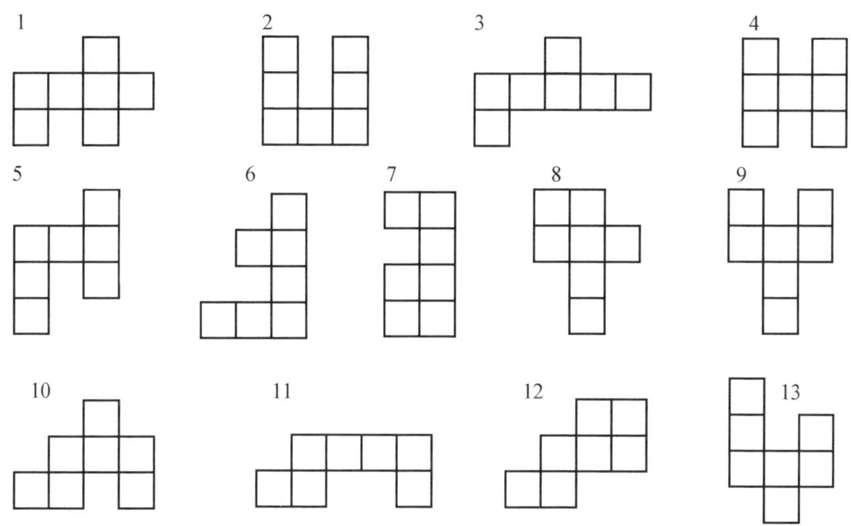

44.3 个(4 个)圆环坐在三个销钉中的一个上,试着把由环构成的锥体移到另一个销钉上:一次只能移动一个环,且不允许把较大的环放在较小的环上.

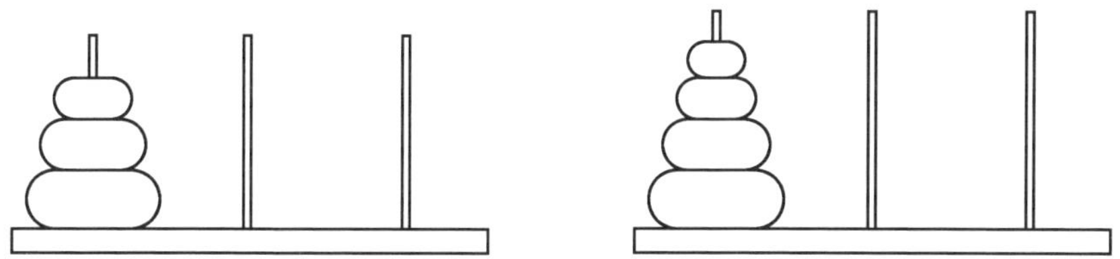

45. 在立方体中作两条线段，线段的端点要么是立方体的顶点，要么是棱的中点. 指出这两条线段位于同一平面的立方体.

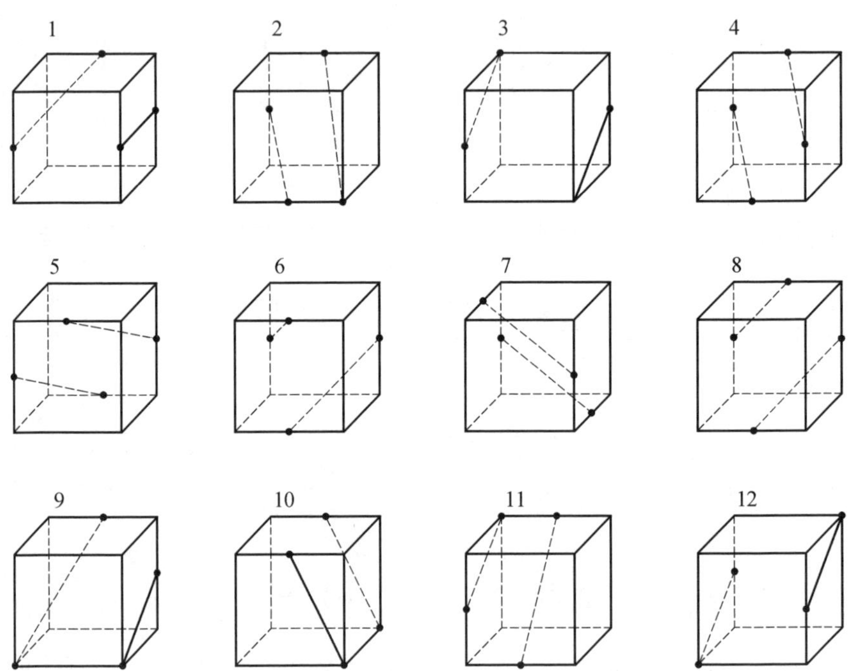

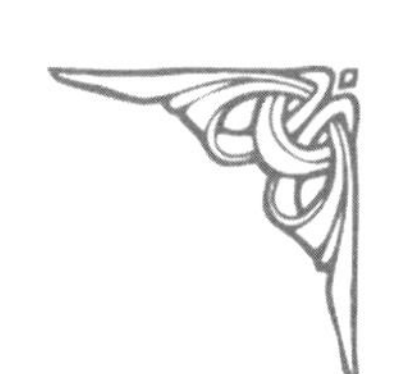

46.图中给出的是棱柱体,请确定下列直线是否相交:

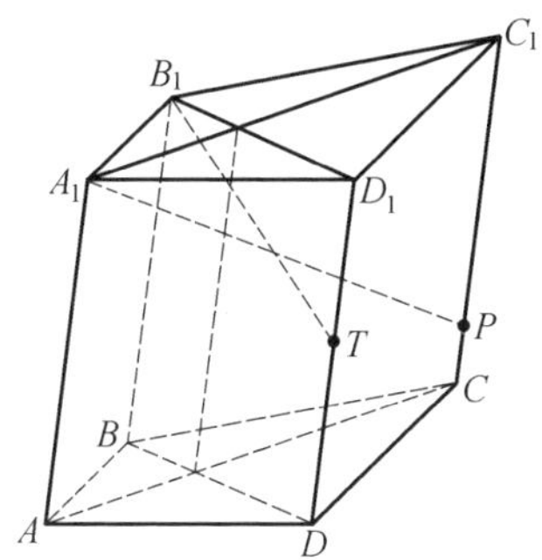

(1)B_1T 和 A_1C_1;

(2)A_1P 和 DD_1;

(3)A_1P 和 AC;

(4)BC 和 DD_1;

(5)B_1T 和 BD;

(6)A_1C_1 和 BB_1;

(7)A_1P 和 B_1T.

47. 指出下列图中能够相互补充构成立方体的图形对.

1 2 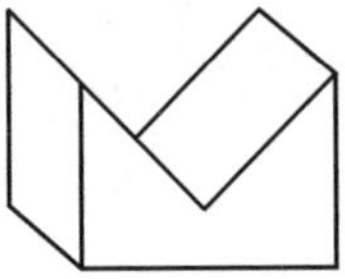 3 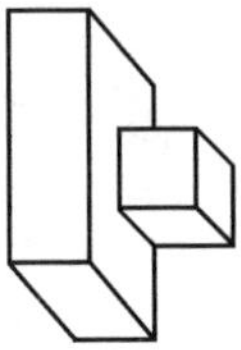 4

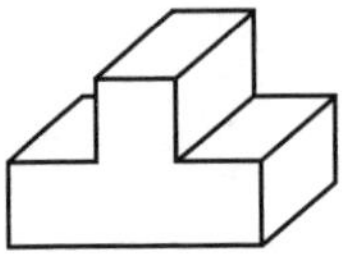

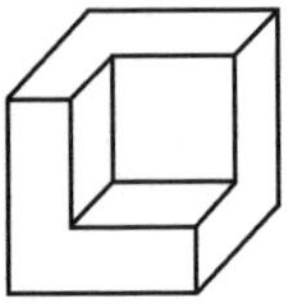

5 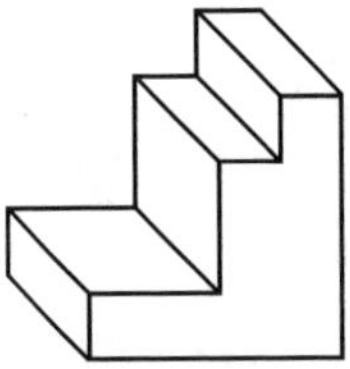 6 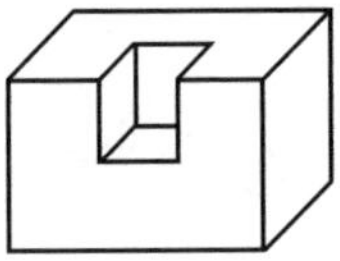 7 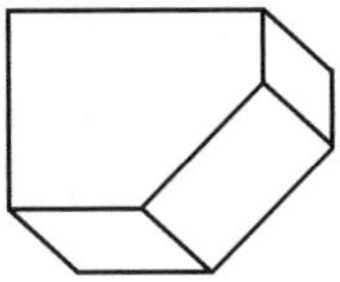 8

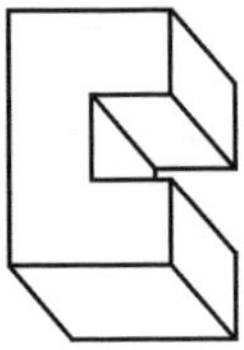

9 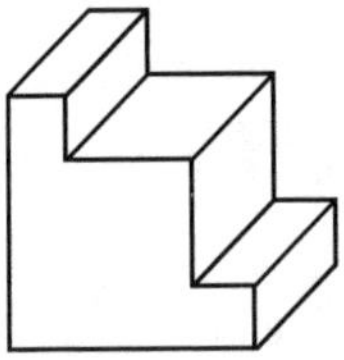 10 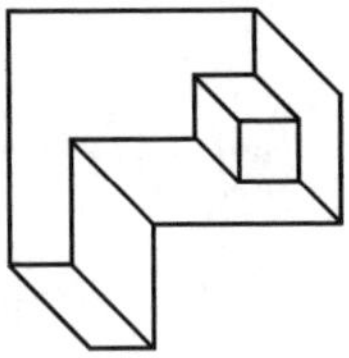 11 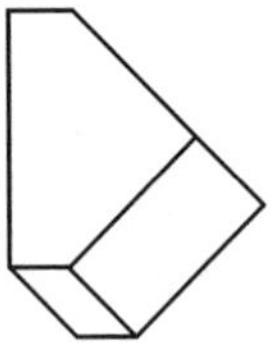 12

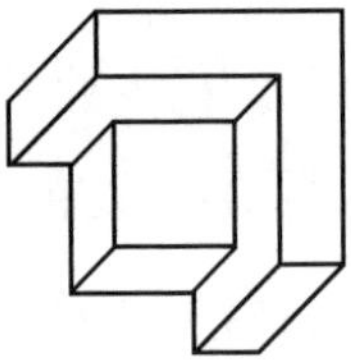

13 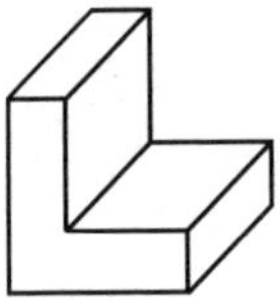 14 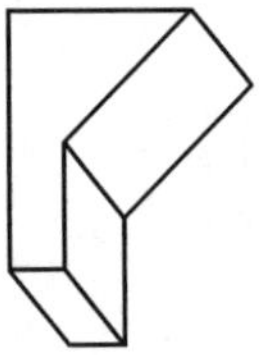 15 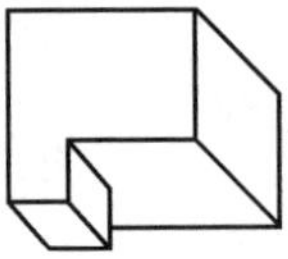 16 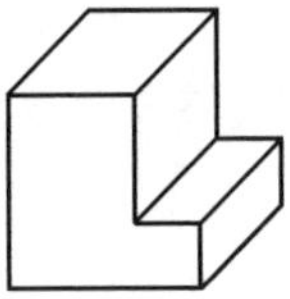 17

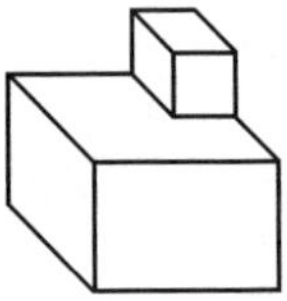

48. 图中给出的是从不同方向绘制的小房子图，从中找出有可能是绘制同一个小房子的那些图.

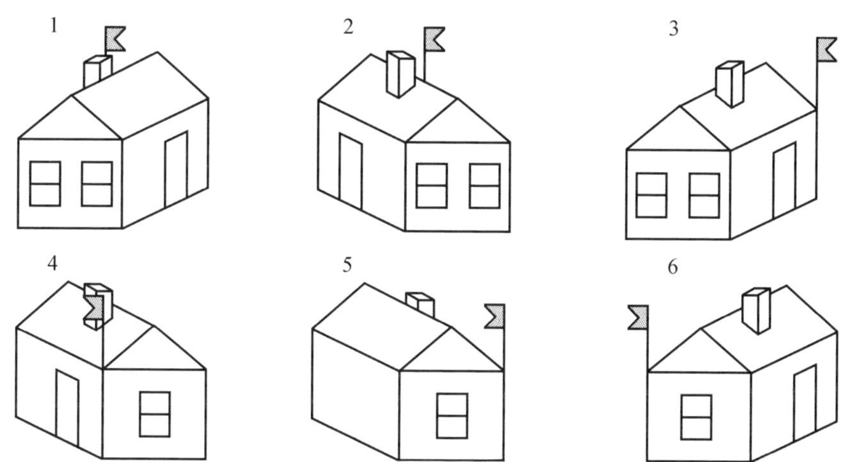

49. 行人走上一个交叉路口，看到的地铁厅如下图所示. 确定一下，他走上的是哪一个交叉路口？

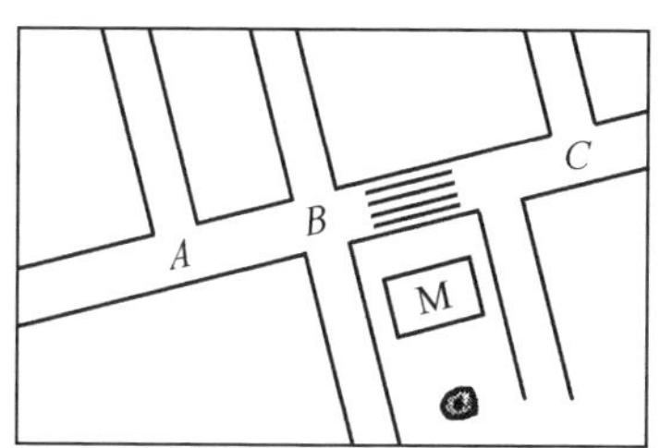

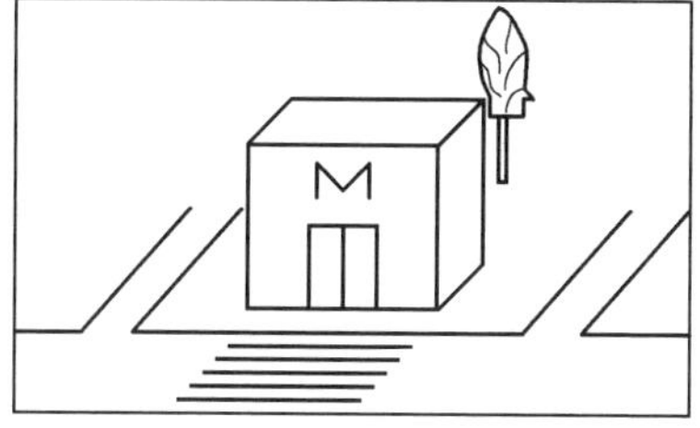

50. 用纸制作的图形由几部分构成，往 A 部分依次折叠 B,C,D 和 E 部分，请找出得到的图形(要想象折叠，不要用纸).

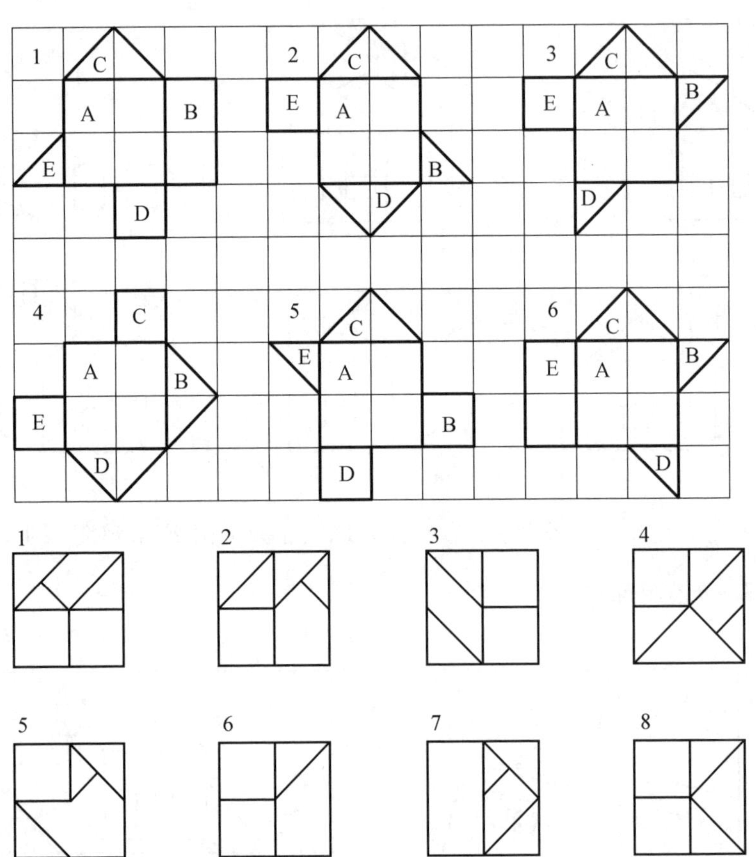

51. 长方体的面被分成相同的正方形. 通过正方形的顶点作直线，如图所示. 请指出它们中间的平行线.

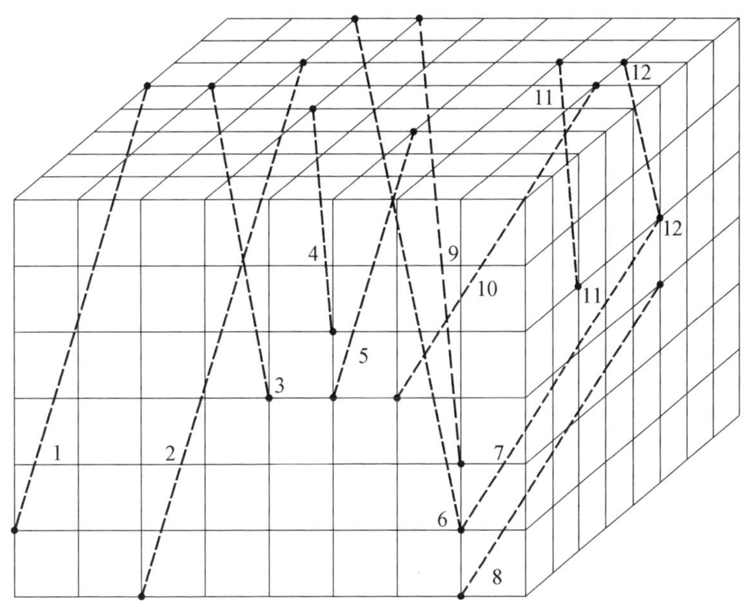

52. 平行六面体被分成相同的小立方体，在平行六面体中作对顶线 AB，这个对顶线穿越了多少个小立方体？

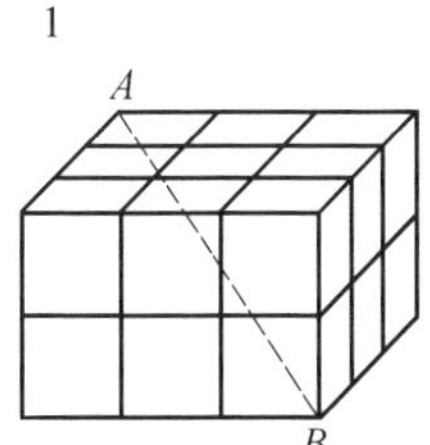

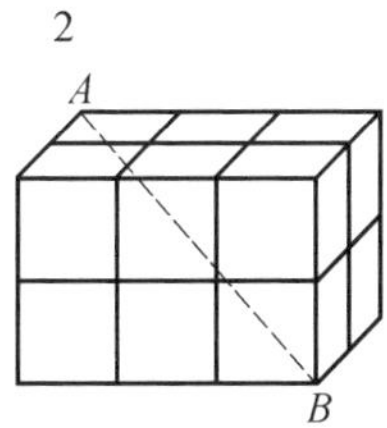

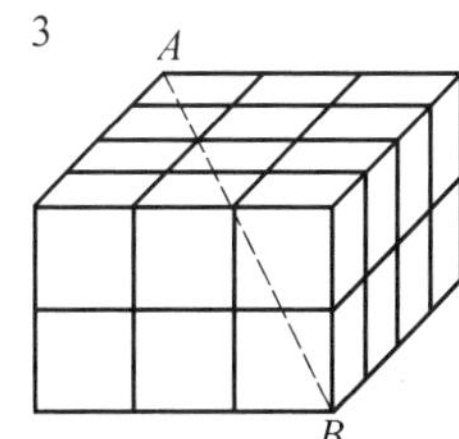

53. 下列图形按细线的标注在 V 和 W 方向被切开，每一个图形被切成了几部分？

1 2 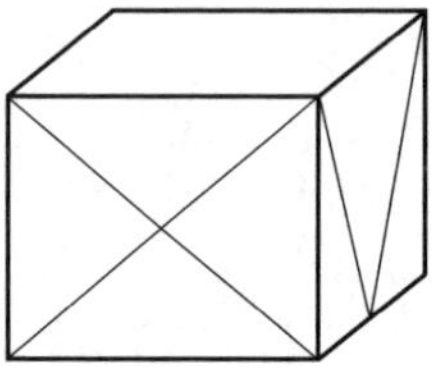 3

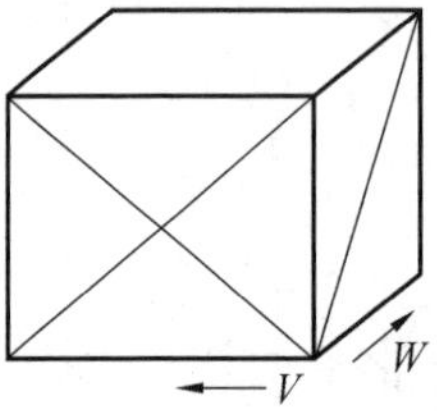

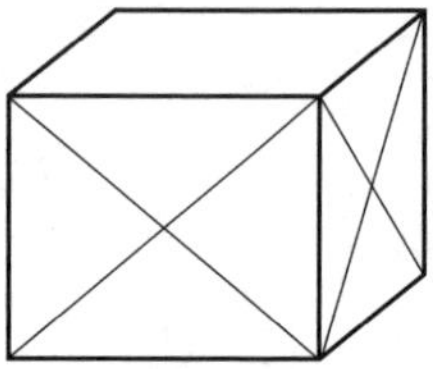

V W

4 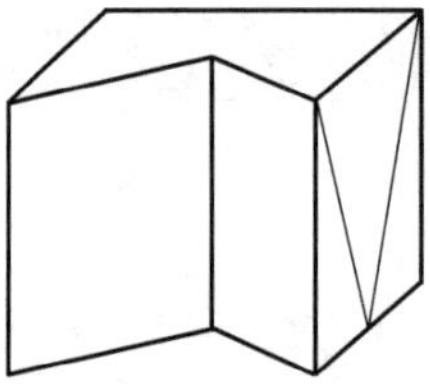 5 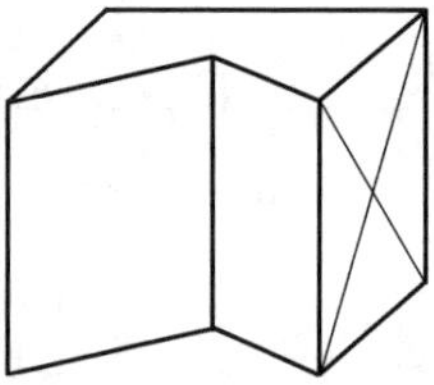 6

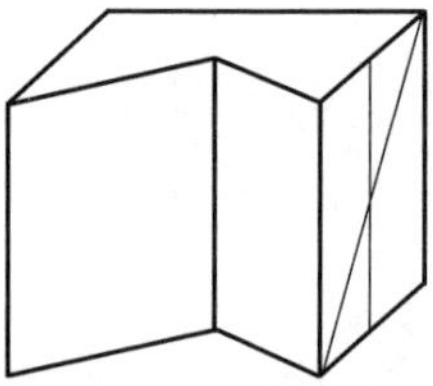

7 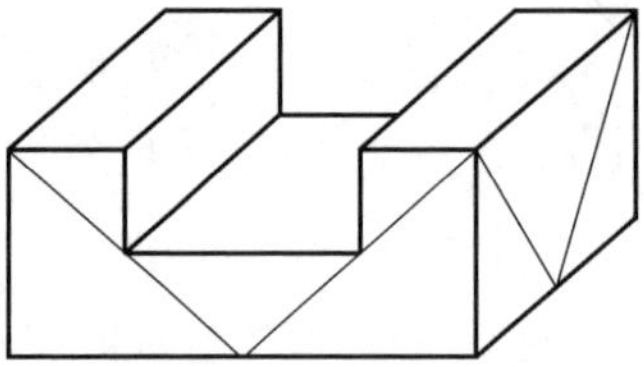 8

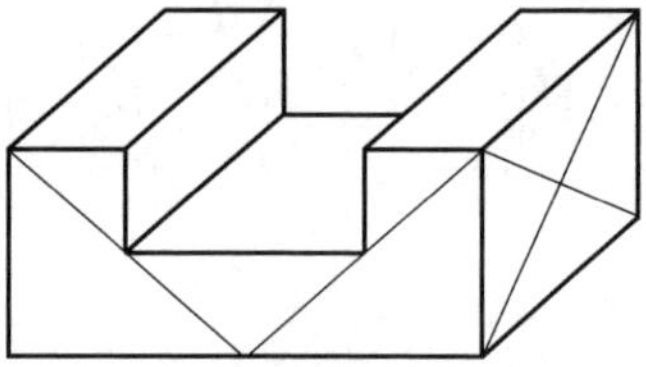

9

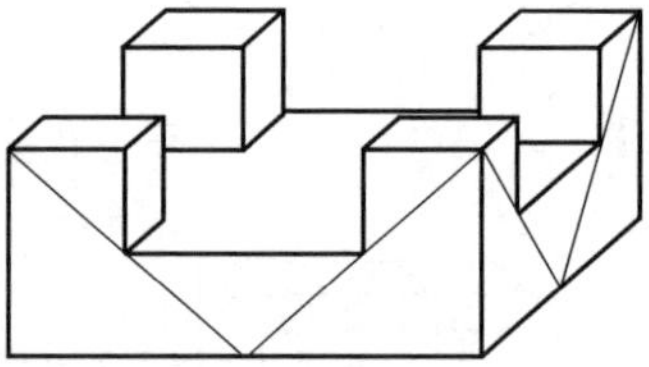

54. 桌面被分成了相等的正方形. 在桌面上画有三角形和四边形, 它们的顶点都在正方形的顶点上. 找出等腰三角形、直角三角形; 找出有两个相等边的四边形, 有两个平行对边的四边形, 有直角的四边形.

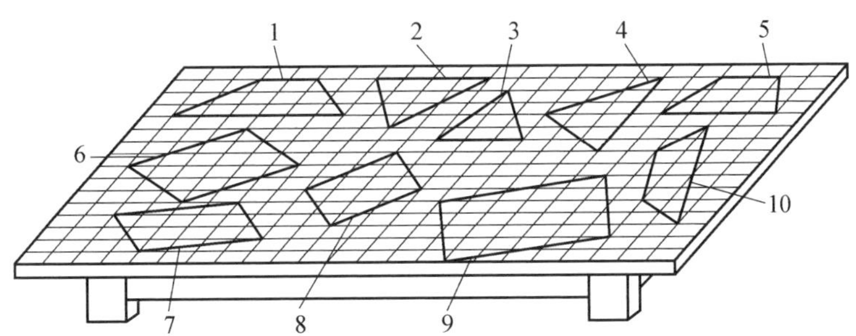

55. 长方体的面被分成相同的正方形. 在各面上画有一些三角形, 请找出它们中相同的三角形.

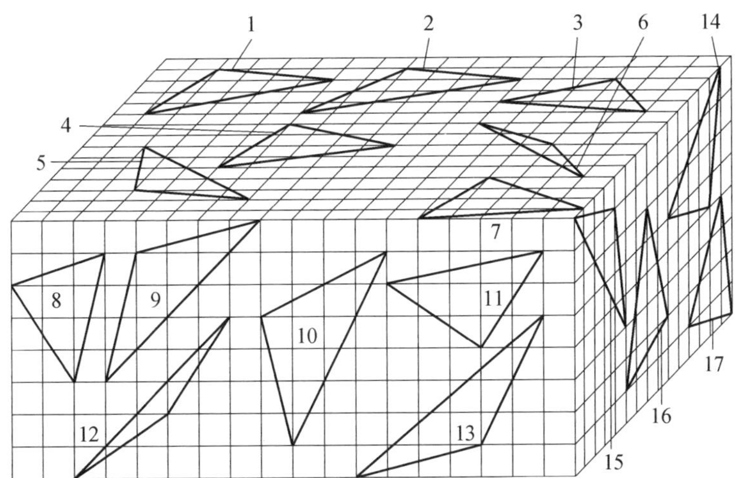

56.有一组相同的小立方体，都带有穿透孔，连接立方体的相邻两面.要求由这一组小立方体粘接最小的数目，使得在 4×3×3 平行六面体中标出的孔为孔道的端头.

在“心里”做出来.

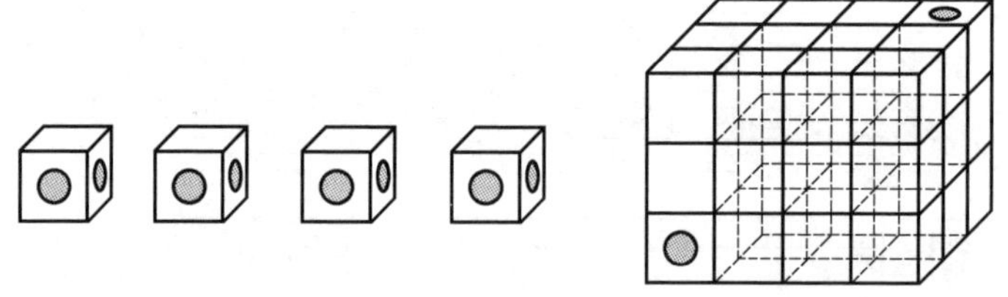

57.3×3×3 的立方体被锯成 27 个小立方体.其中着色的情况是：(1)3 个相邻面；(2)除两个对面以外的 4 个面；(3)除两个相邻面以外的 4 个面；(4)5 个面.多少个小立方体有：a.1 个面着色；b.2 个面着色；c.3 个面着色；d.一个面也不着色？

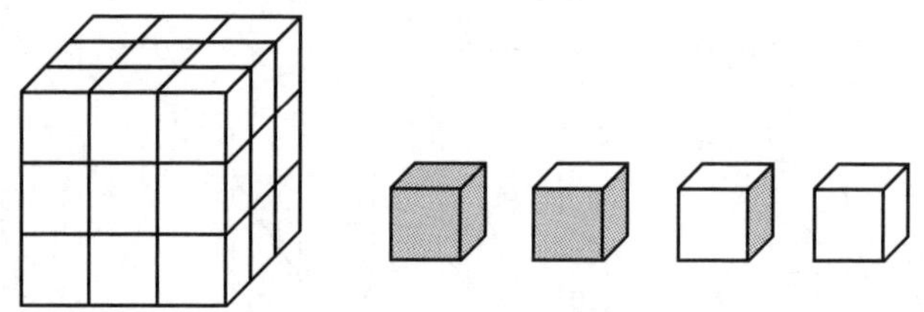

58.要把 3×3×3 的立方体，锯成 27 个小立方体必须做 6 次切割.即使把切割掉的部分夹在中间，切割数也不能减少.因为内部小立方体的所有 6 个面都被掩盖，对于每一个都要切割.要把(1)4×3×2 平行六面体，(2)4×4×2 平行六面体切成小立方体，需要最少的切割数是多少？(切掉部分夹在中间)

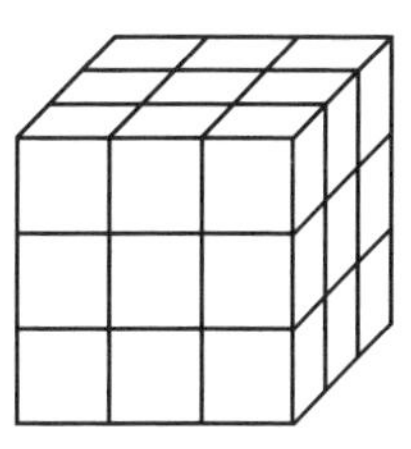

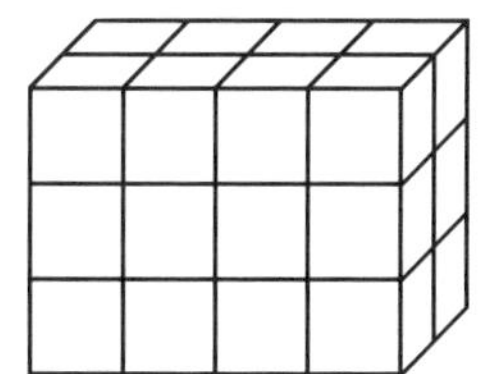

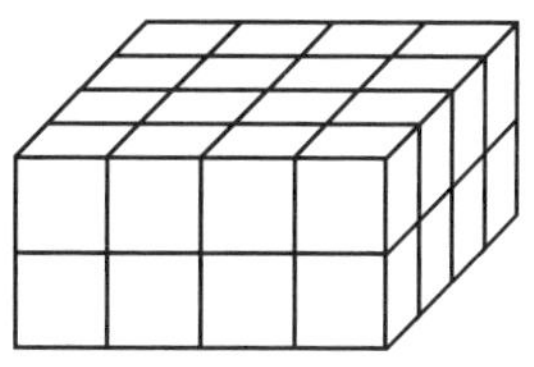

59. 在图上画出了一些细线，环绕细线，使得到玻璃缸框架的图：(1)俯视图(右视图和左视图)；(2)仰视图(右视图和左视图). 然后环绕细线使得到“不可能”是任何物体的图.

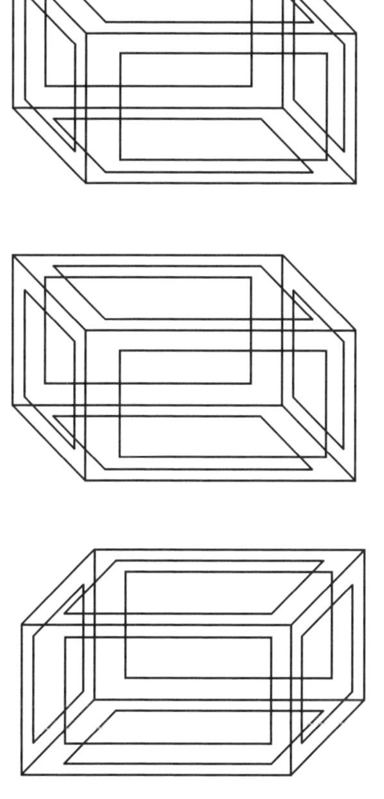

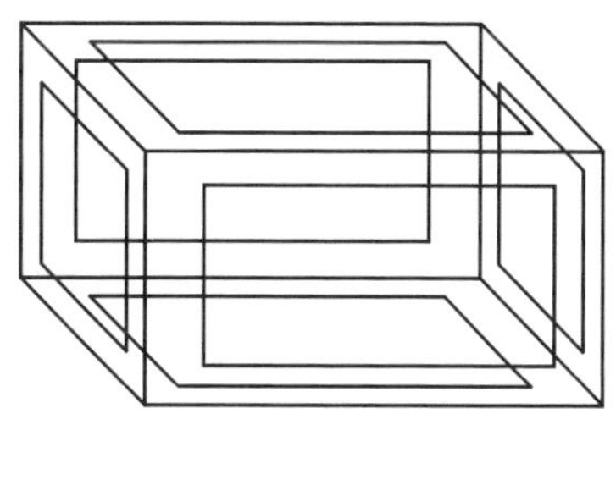

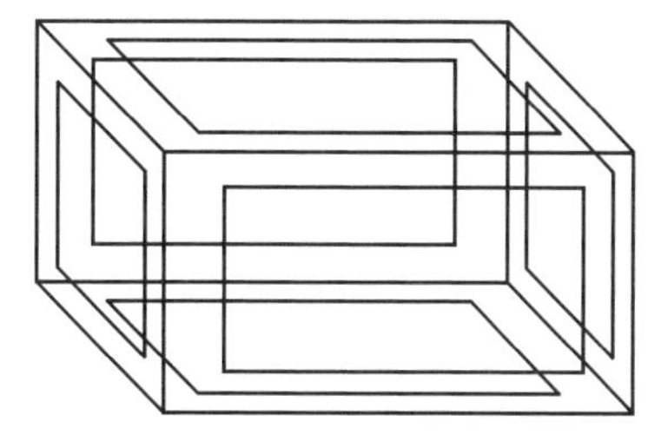

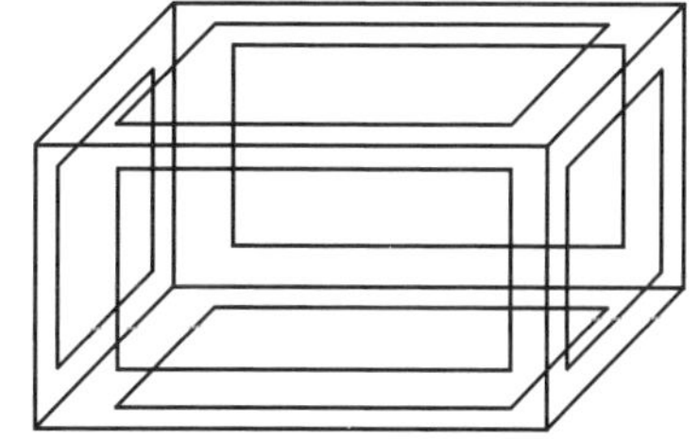

60. 下列单词是在镜子中映射出来的. 不要使用镜子,也不要翻转书,把它们读出来.

61.请找出相互补充成圆的图形对.

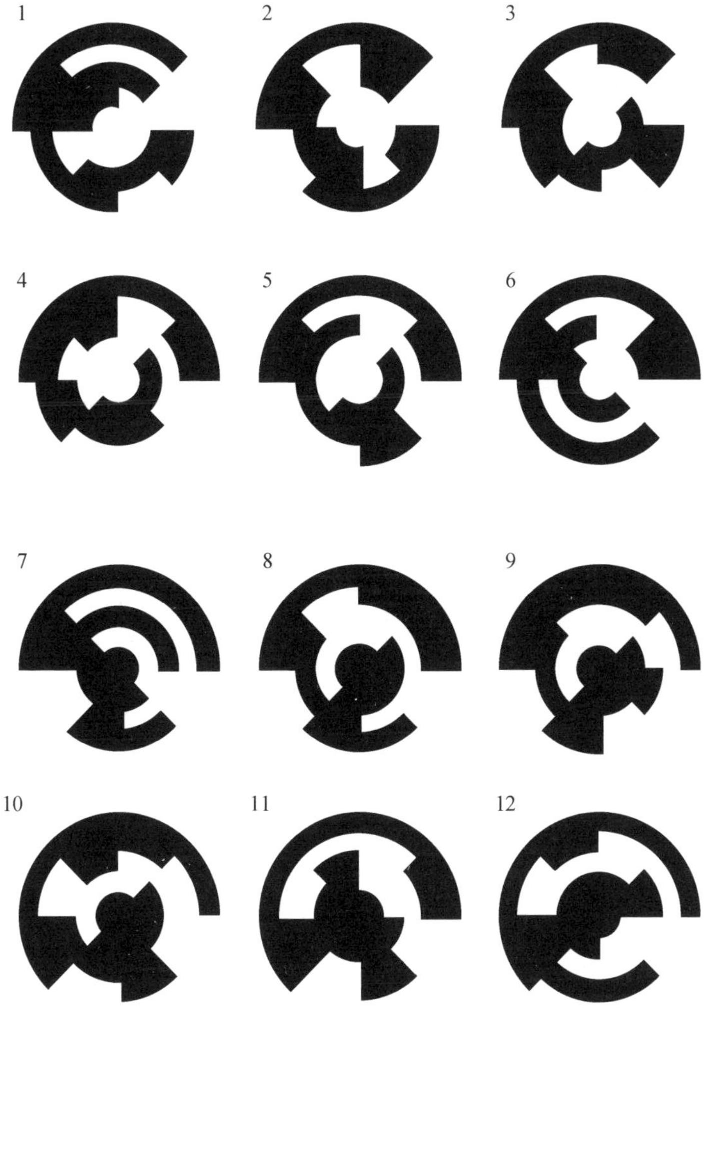

1　2　3

4　5　6

7　8　9

10　11　12

62. 要拆开所有环，应剪开环的最少数目是多少？剪哪些环？

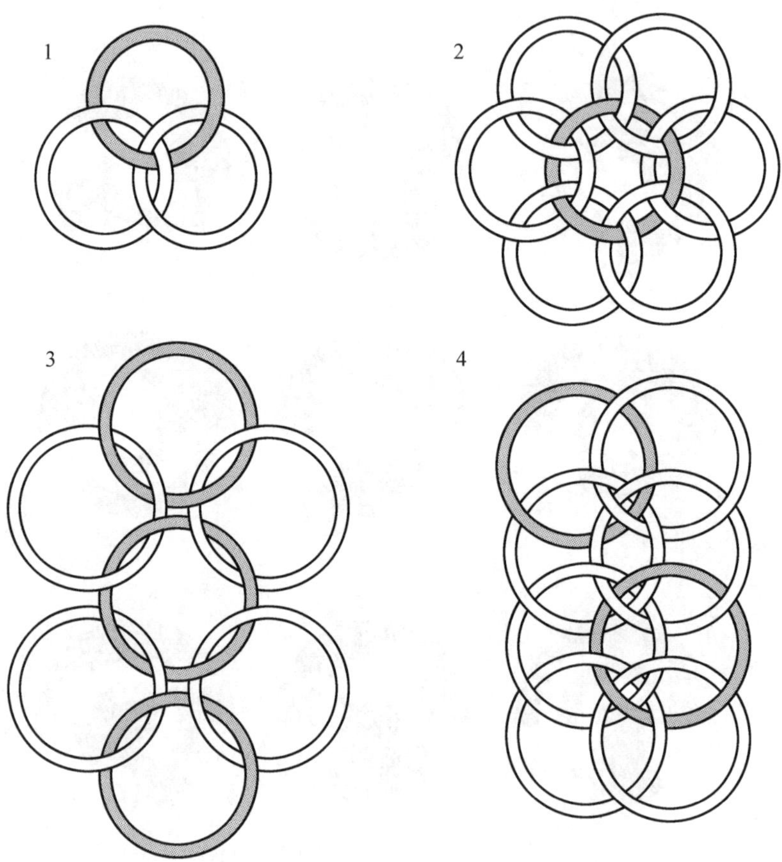

63. 有两个相同的小立方体 A 和 B，要么接触，要么具有公共部分. 按照所得到图形的三个投影把它画出来.

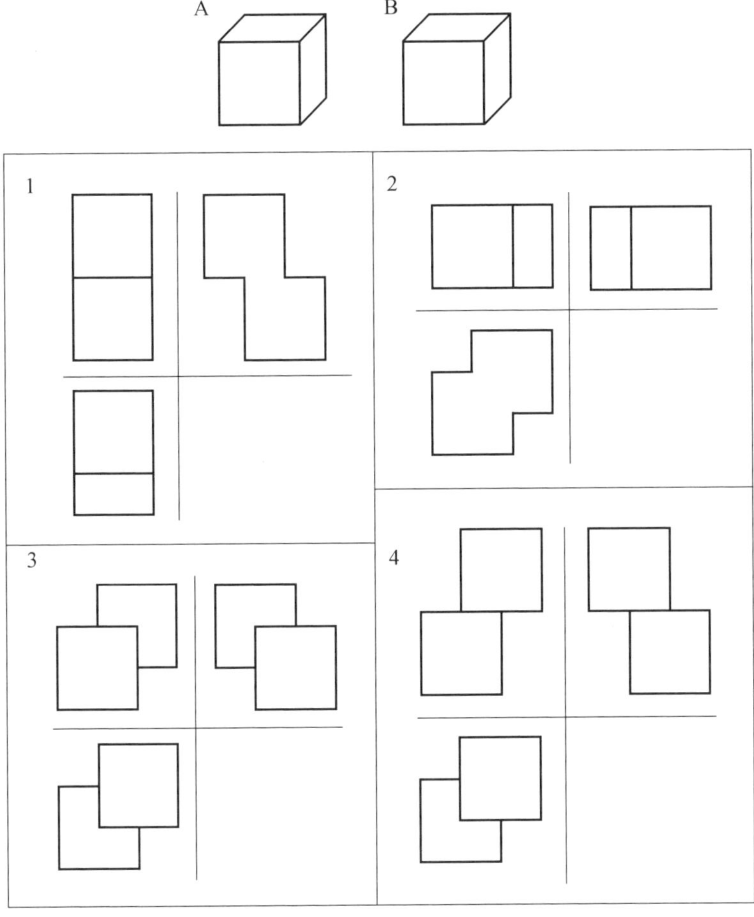

64. 按照在立方体表面作的折线的三个投影(正视图、左视图和俯视图)找出这根折线.

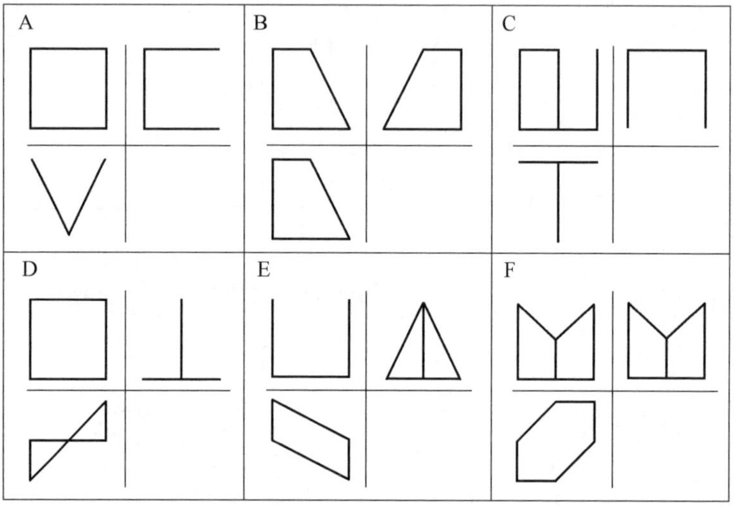

A B C D E F

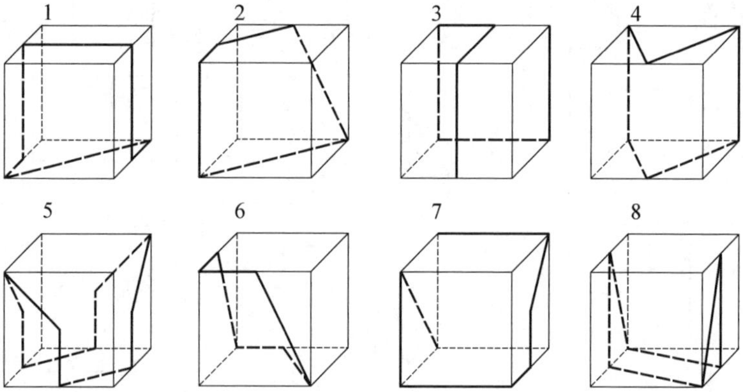

1 2 3 4 5 6 7 8

65. 在立方体表面画出了一些折线. 请找出通过在空间移动可以相互重合的折线.

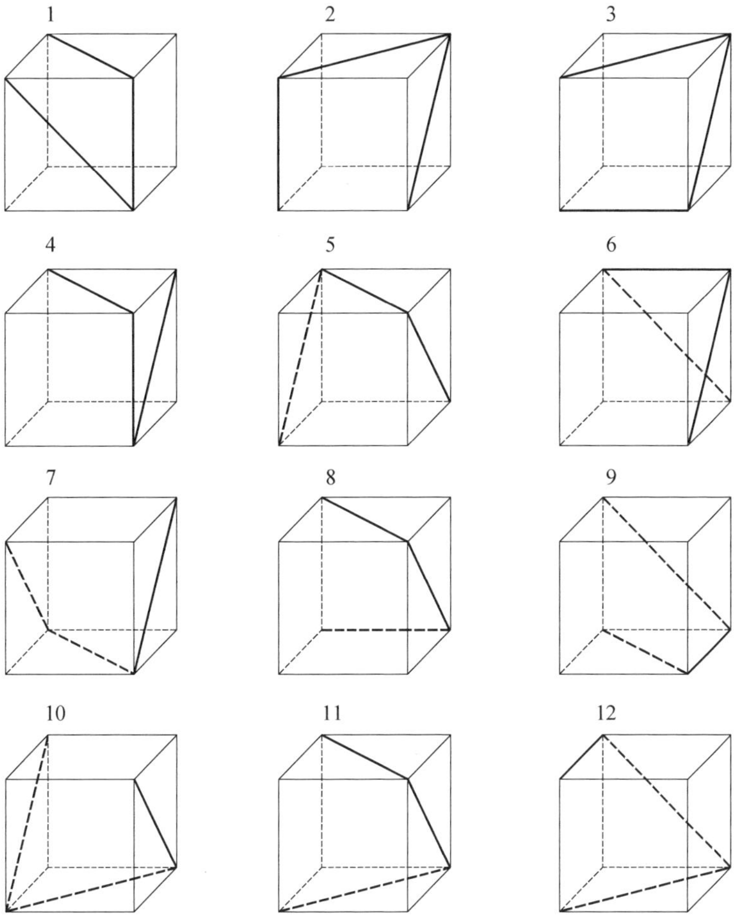

66. 粗线从前、从左和从上面的投影构成了由 3 个字母组成的一个词，请把它读出来.

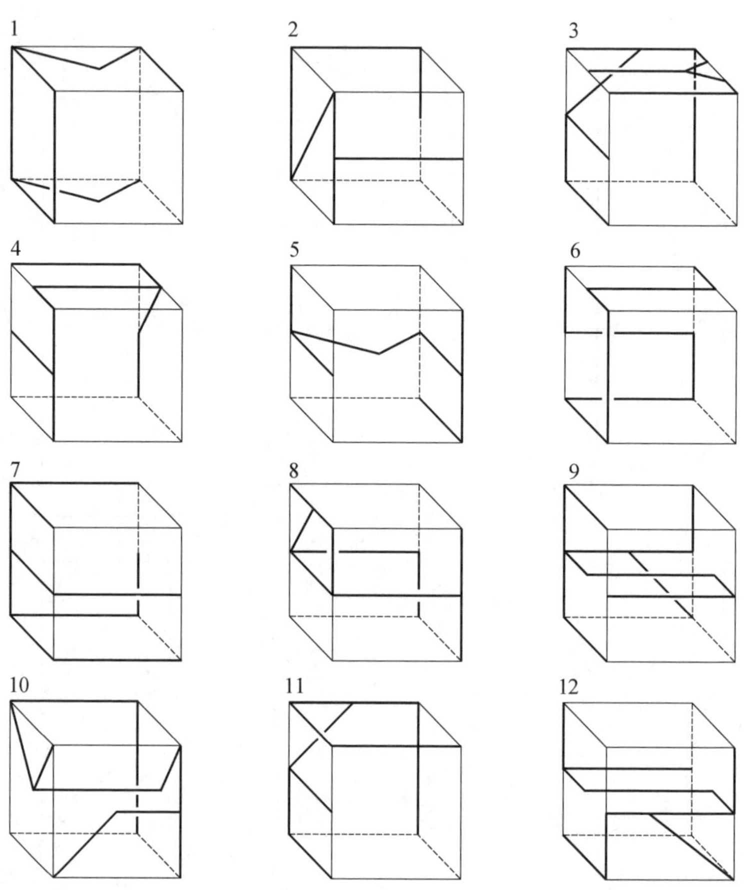

67. 小立方体的 4 个面被着色，且油漆未干，如图所示. 如果无滑动地将其从左边位置向右翻转 3 次翻 90°，那么小立方体在纸上会留下什么样的痕迹？

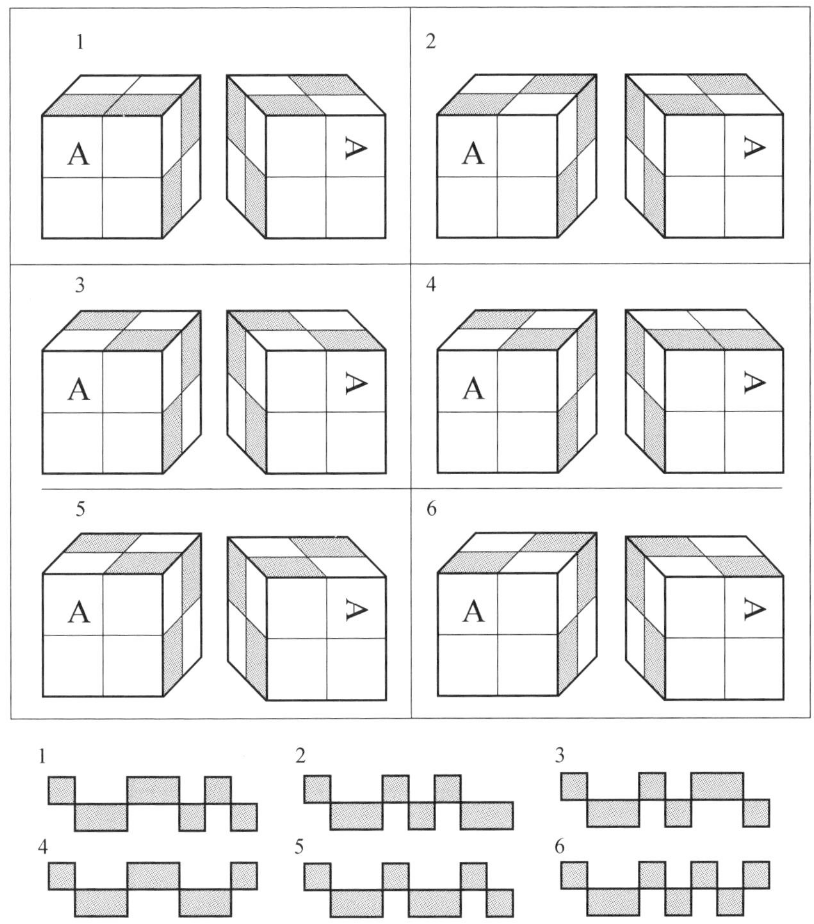

68. 把平行六面体沿图示用粗线标出的 7 个棱剪开，并把它展开. 请找出其对应的展开图.

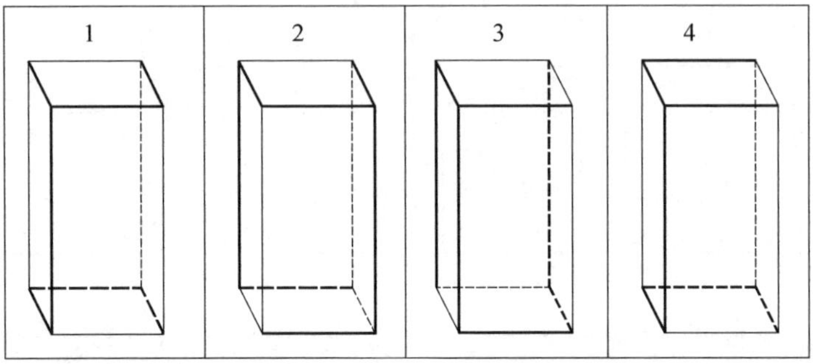

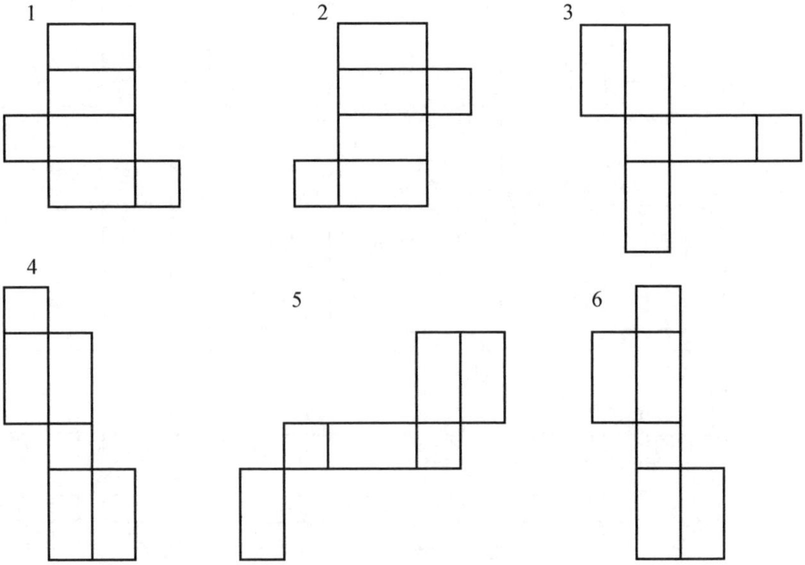

69. 把图形 B 接在图形 A 上，使其得到 2×3×3 的平行六面体. 如果：(1) 从前，(2) 从左，(3) 从右，(4) 从后，(5) 从上，(6) 从下看平行六面体，这两个图形在面上的连接线会是什么样？

在下面的长方形中画出这些线.

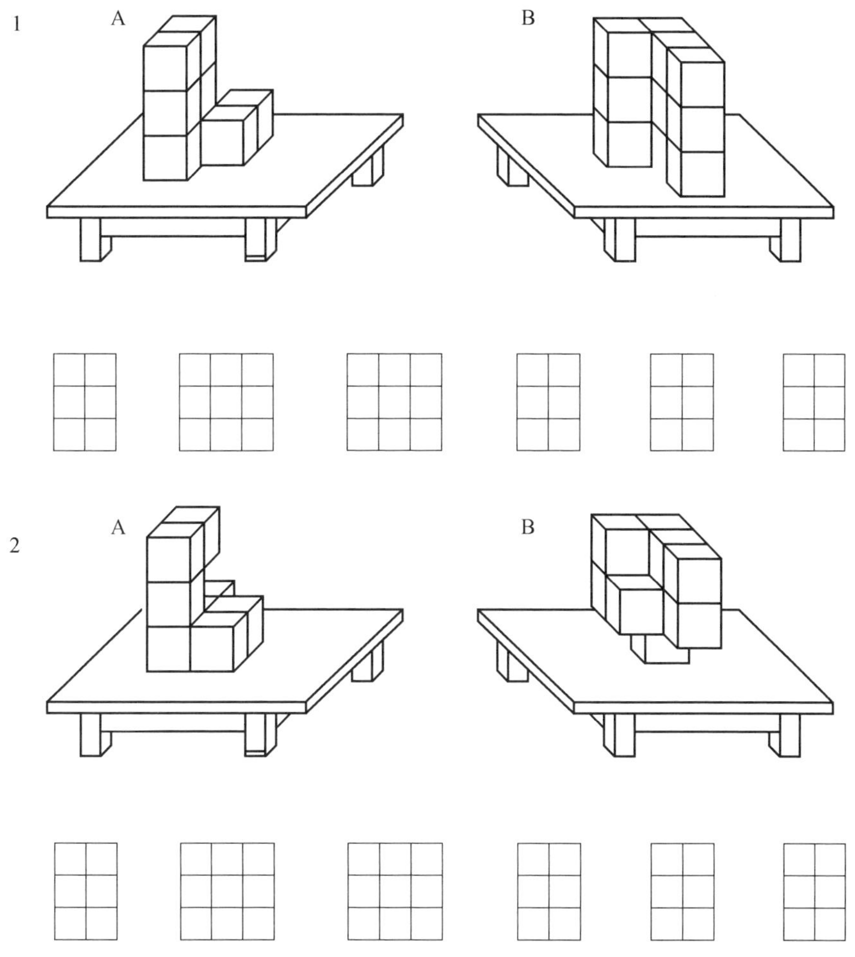

70. 由给出的 3 个部分可以组成 3×3×3 的立方体. 请在展开图上画出这 3 部分的连接线(展开图上立方体的里面朝上).

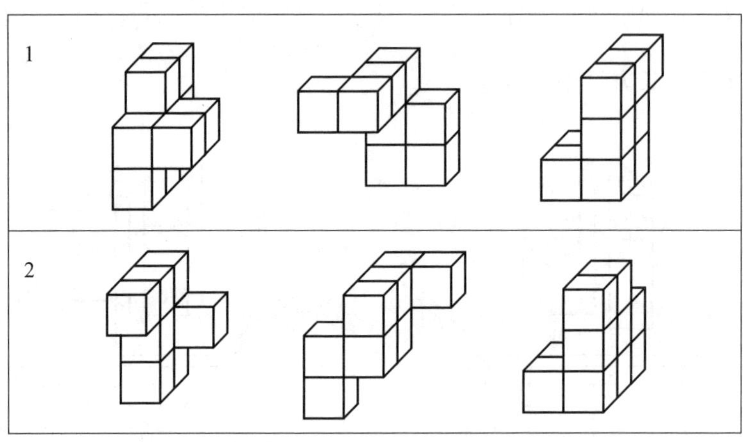

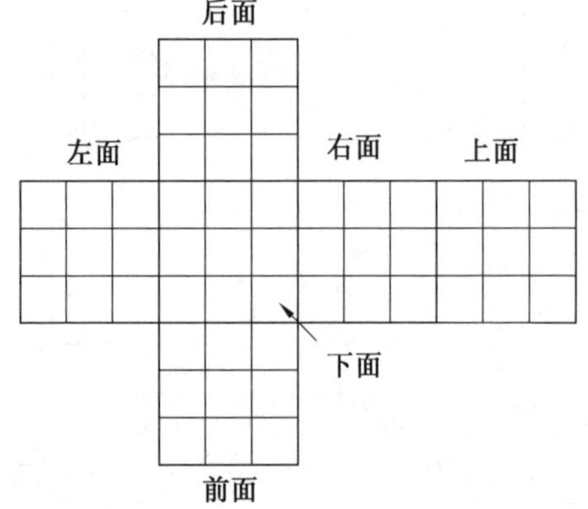

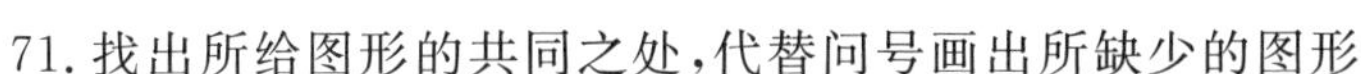
71. 找出所给图形的共同之处，代替问号画出所缺少的图形.

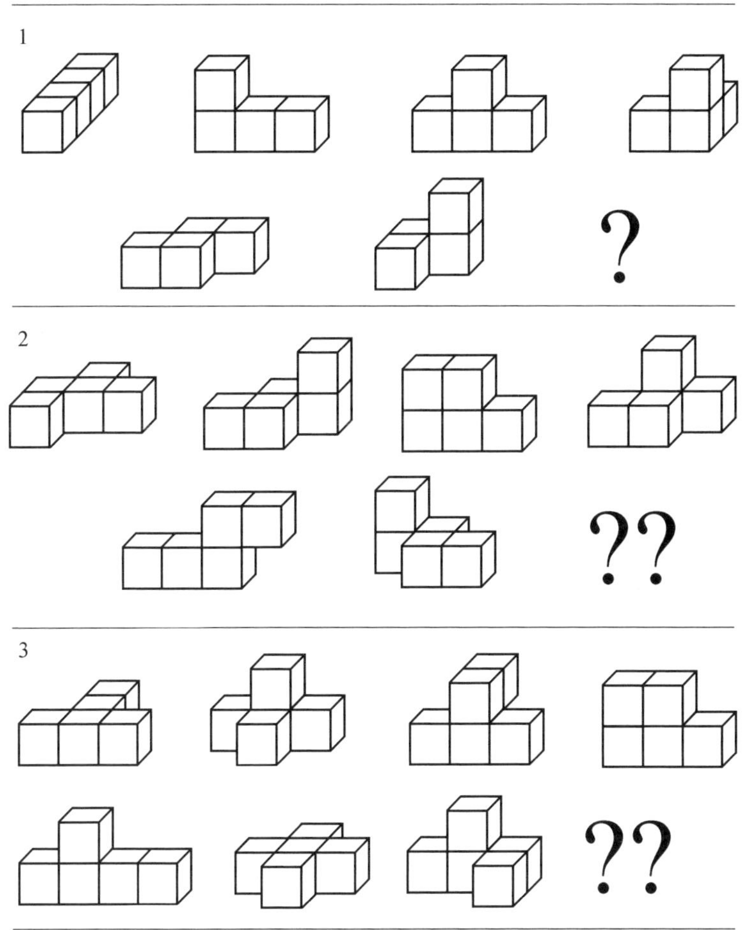

72. 请找出涂在滚子上的涂料所留下的痕迹.

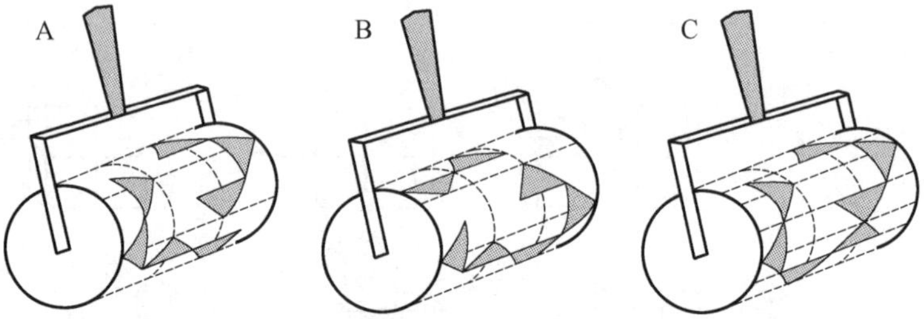

A　　B　　C

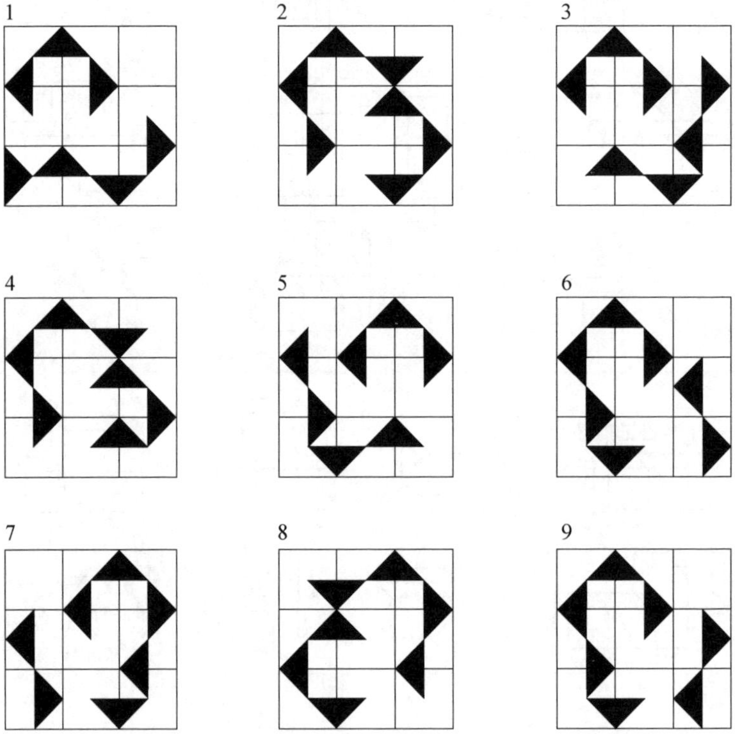

1　　2　　3

4　　5　　6

7　　8　　9

73. 在图上表示的是带孔的空间复杂结构(迷宫)的拆开部分. 请找出小方块穿过孔,从迷宫的一部分走到另一部分的终点.

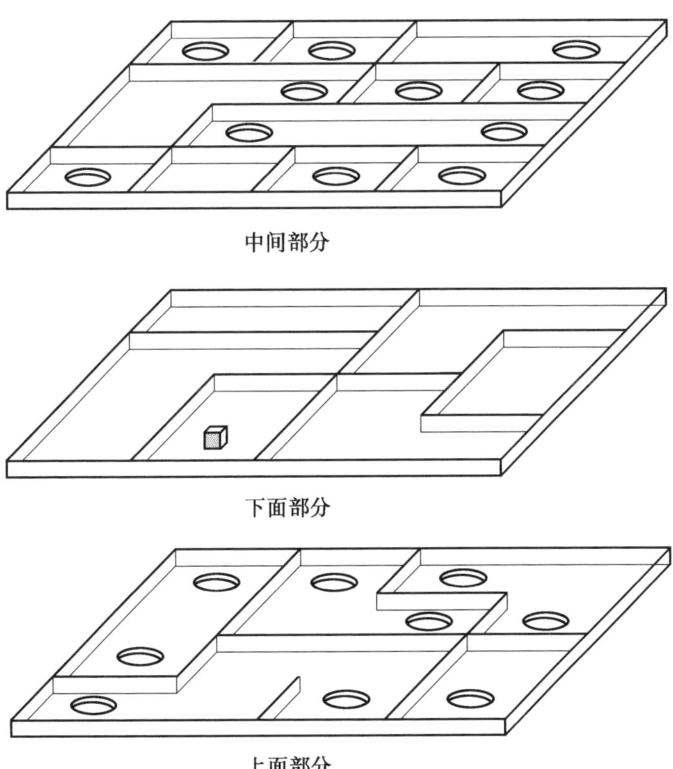

74. 可以覆盖练习本上 5 个方格的图形叫做五格一体. 存在 12 个不同的五格一体图,它们如图所示在 3×20 的矩形中.

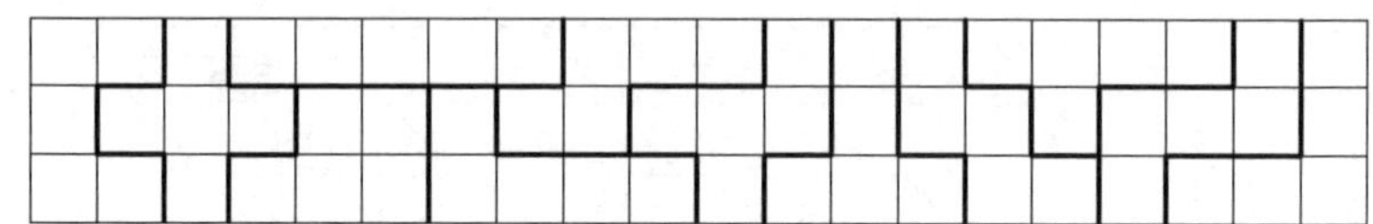

平面的五格一体可以变换成立体的五格一体,如下图所示的一些立体五格一体. 请制作立体五格一体并完成下面习题.

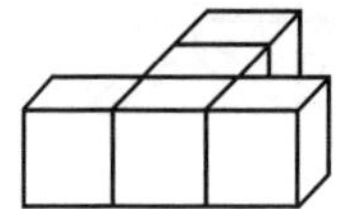 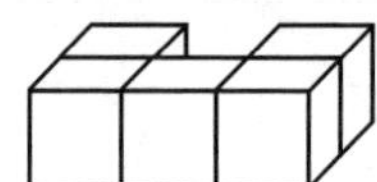 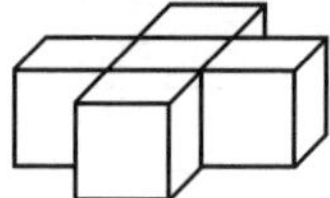 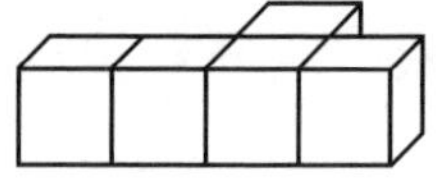

(1)由所有这 12 个立体五格一体构建长方体:a. 3×4×5;b. 2×5×6;c. 2×3×10.

(2)由立体五格一体搭建下列图形.

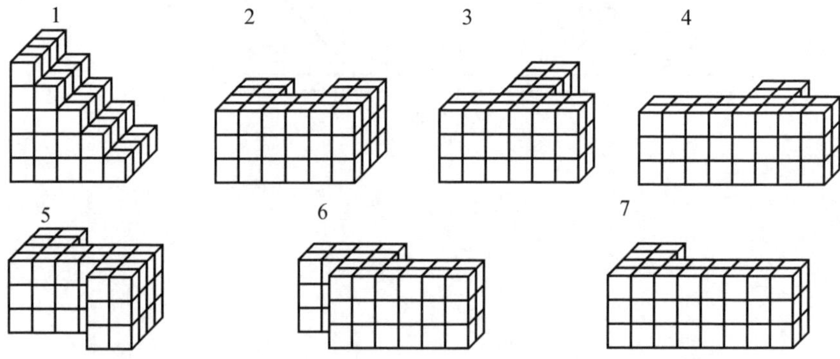

75. 用所给出的三部分拼成 $3 \times 3 \times 3$ 的立方体，在展开图上画出各部分的连接线(立方体的里面朝上).

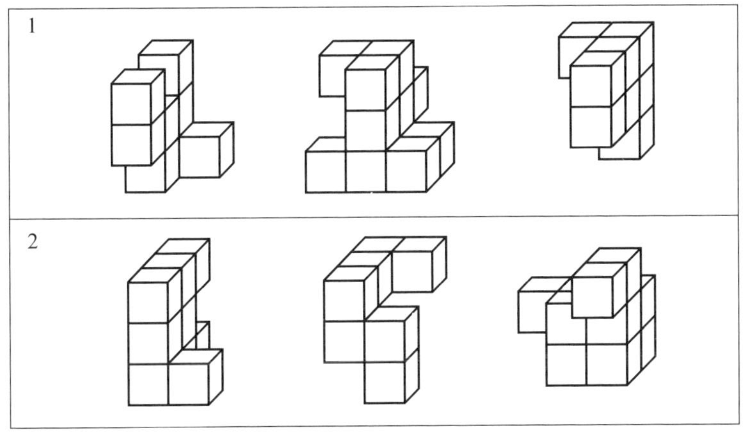

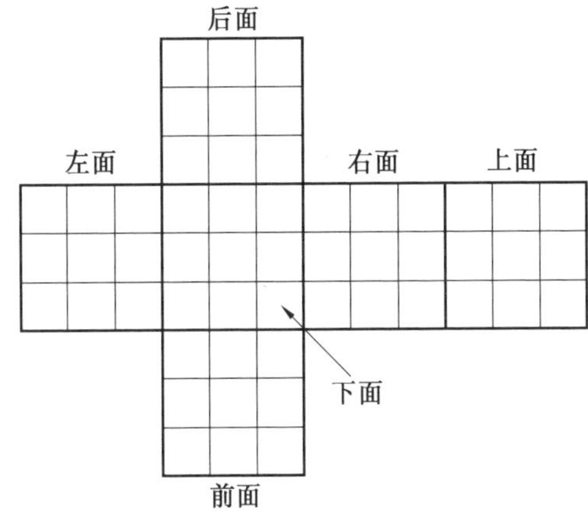

76. 先将左面的图形无滑动地按箭头方向翻转 90°，翻转两次，然后将右面的图形按箭头方向翻转一次，翻转 90°. 请找出所得到的图的联合体.

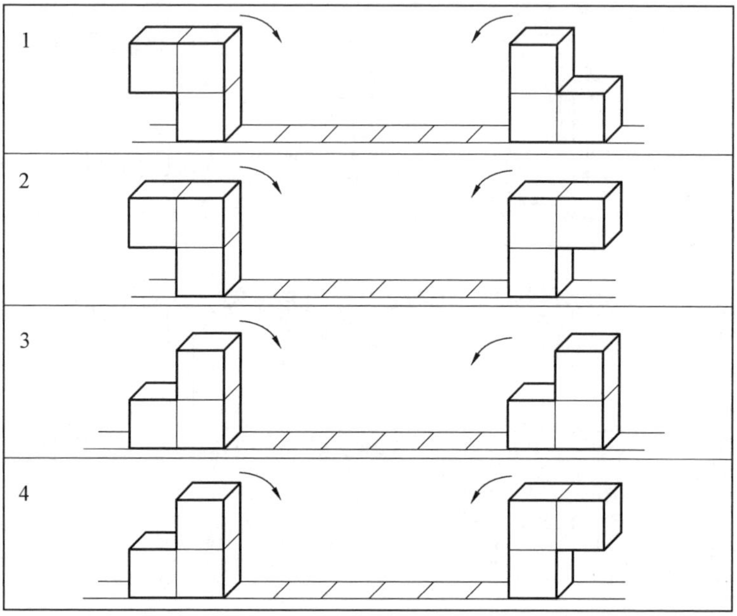

1

2

3

4

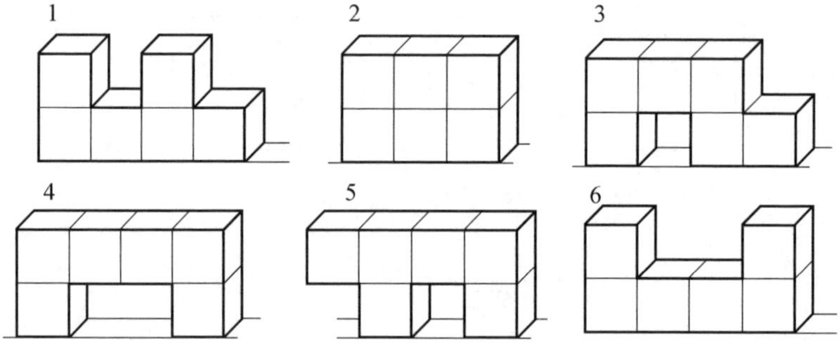

1 2 3

4 5 6

77. 在立方体的表面上画有折线. 请找出通过在空间移动可以相互重合的折线.

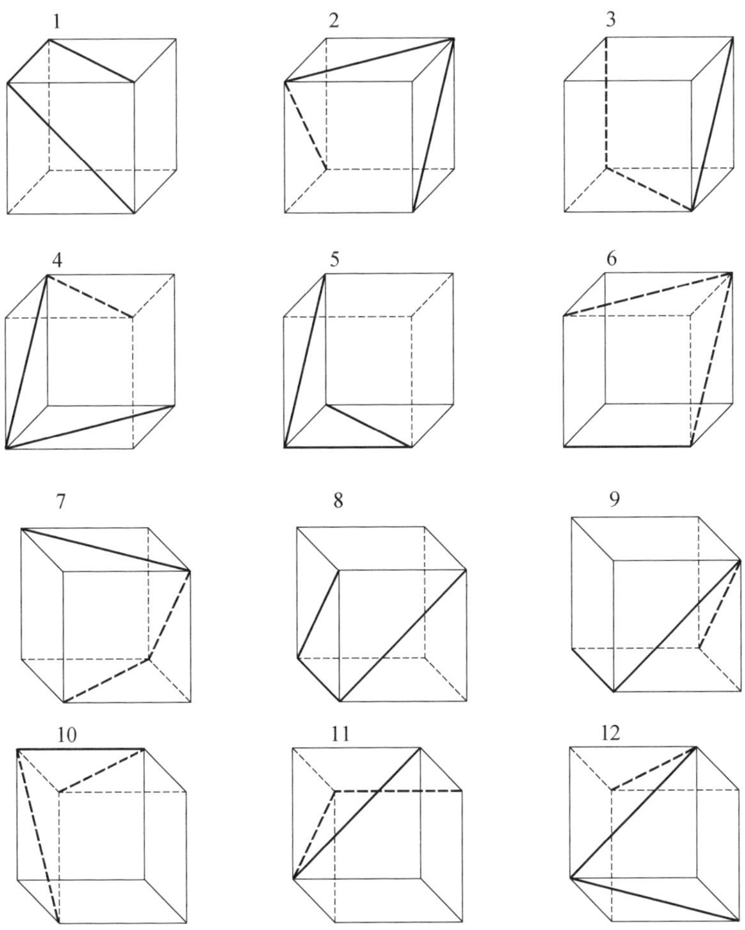

78. 用 1×1×2 的长方体可以形成用图表示的哪一个图形？

在图形上标出了构成图形的立方体数. 图形 1,4 可以放进 3×2×2 的平行六面体中，图形 2,5 和 7 可以放进 3×3×2 的平行六面体中，图形 8～14 可以放入 3×3×3 的平行六面体中，图形 3 可以放到 5×2×2 的平行六面体中，图形 6 可以放到 5×2×3 的平行六面体中.

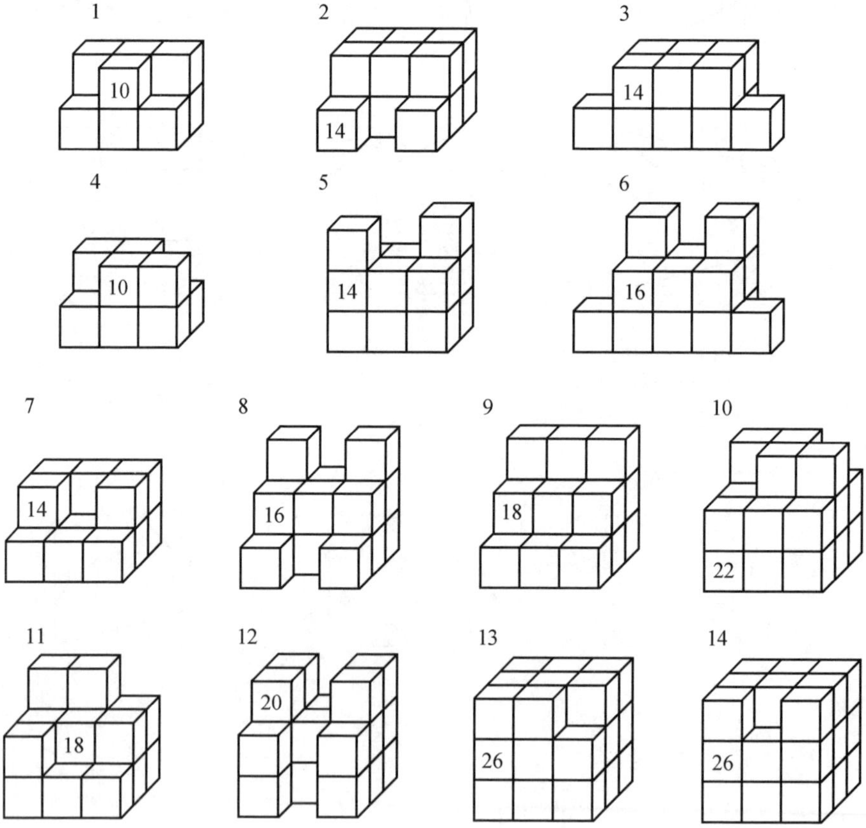

1 10　2 14　3 14

4 10　5 14　6 16

7 14　8 16　9 18　10 22

11 18　12 20　13 26　14 26

79. 两个游戏者在 4×4×4 的立方体中玩叉圈游戏. 第一个填满一行或一列的 4 个小立方体,或者填满立方体对角线,或是一层小立方体的对角线的人为胜者. 图中表示的是从上层(1)开始,到下层(4)结束的所有四层小立方体. 下一步在哪放叉能赢?

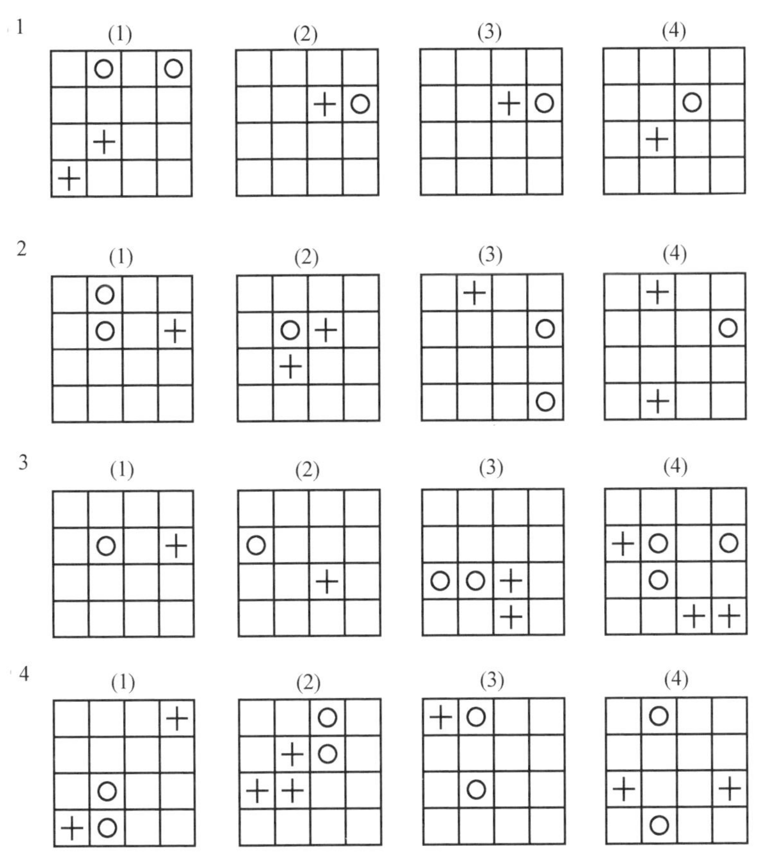

80. 两个图形被黏合在一起，面上的相同标记重合. 请指出，得到的是哪个图形.

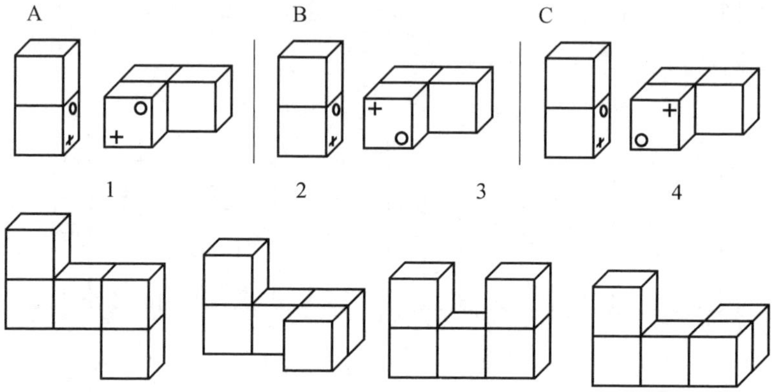

A　B　C

1　2　3　4

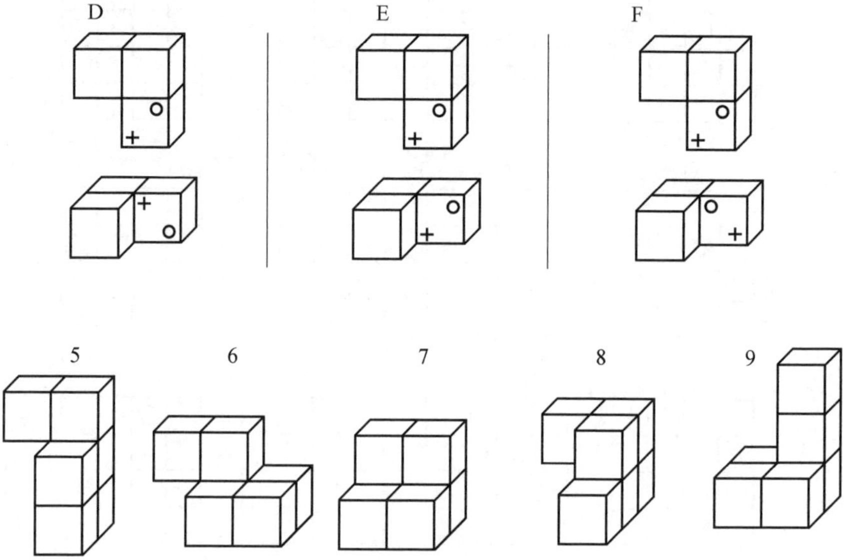

D　E　F

5　6　7　8　9

81. 在每一组图中确定出一个多余的，也就是与其他图不同的那个图.

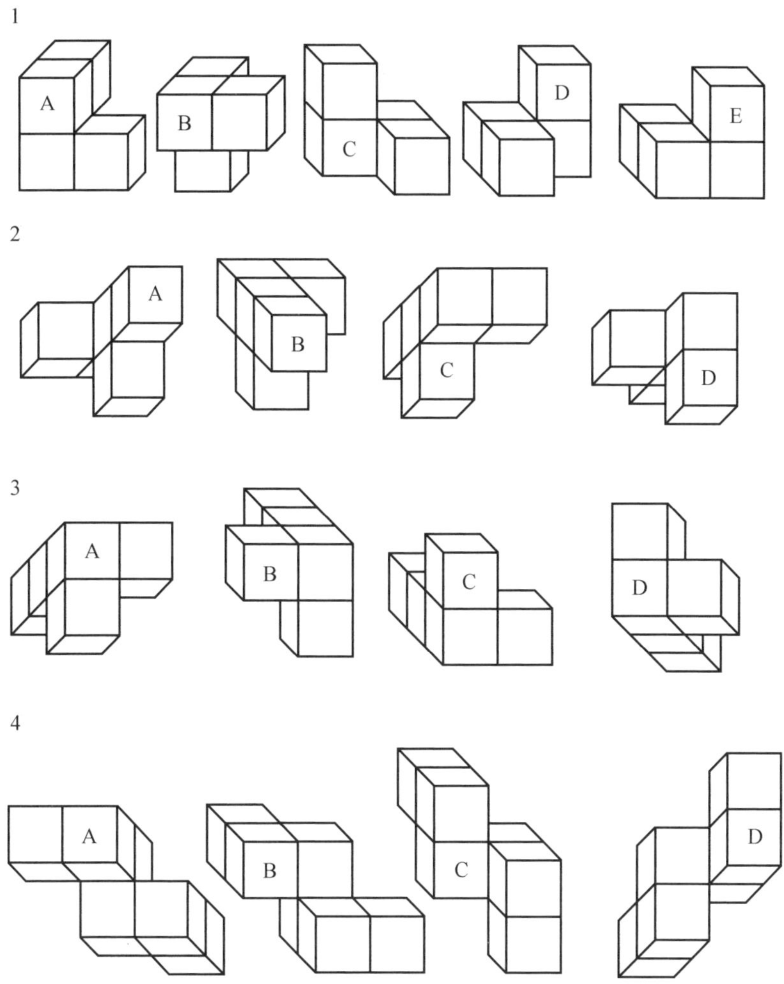

82. 下面图形是由棱长等于 1 cm 的相同立方体黏合而成(立方体的数在面上标出).求出图形整个表面的面积,并画出它的①左视图;②俯视图.

1 5 a b	2 8 a b
3 7 a b	4 6 a b
5 9 a b	6 8 a b

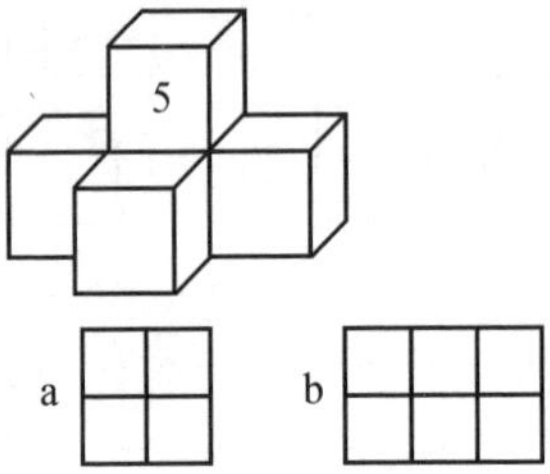

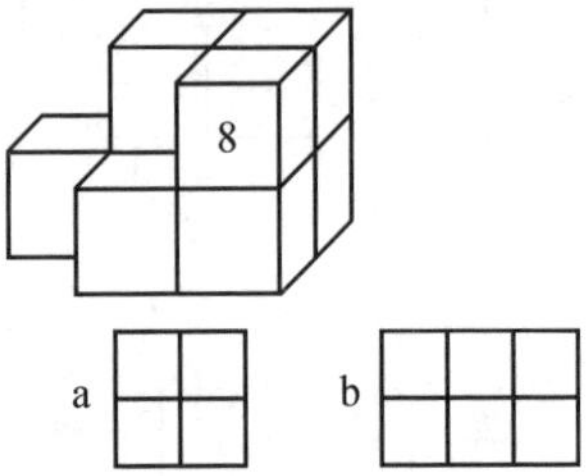

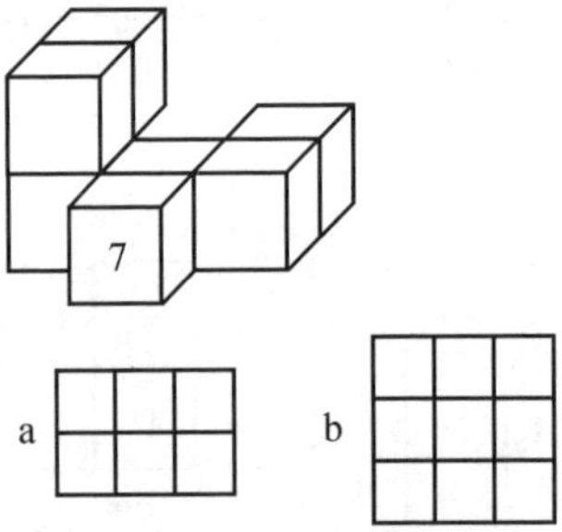

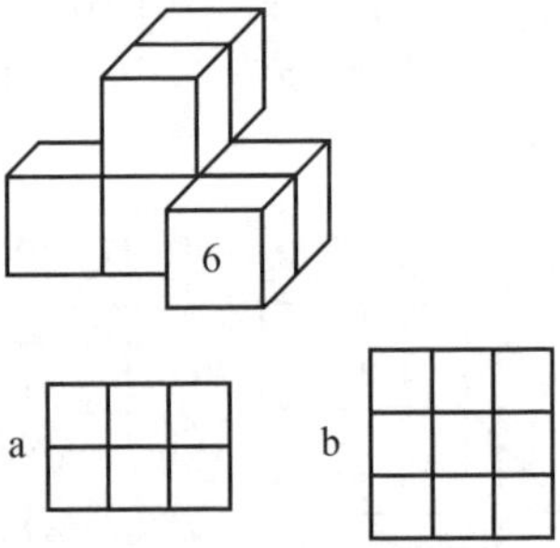

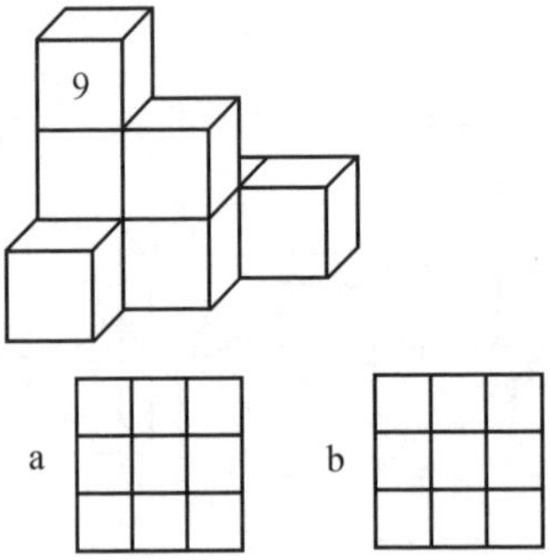

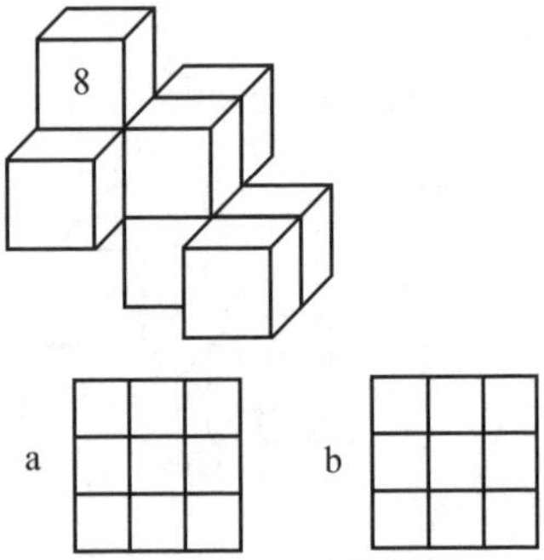

83. 纸制图样被分成一些相等的正方形，其中的一个用未干的油漆着色. 试着想象地把纸折弯、展开，使整个图形着色.

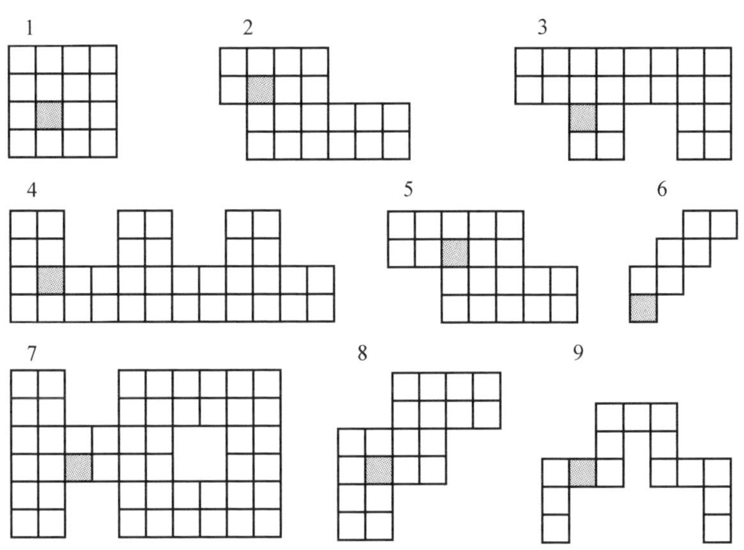

84. 下面给出的是由小立方体组成图形的正视图①和右视图②，其中每一个小立方体都与另一个有公共棱. 这个图形最少可能的小立方体数是多少？

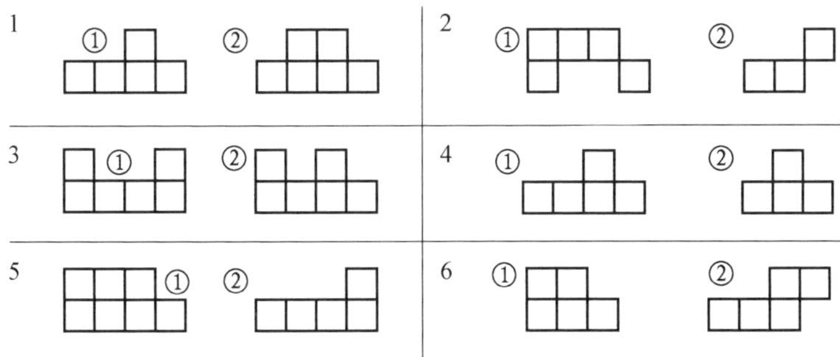

85. 想象地把立方体黏合起来，使着色面为底面，从上、从前和从右看立方体，读出由 3 个字母组成的单词.

1

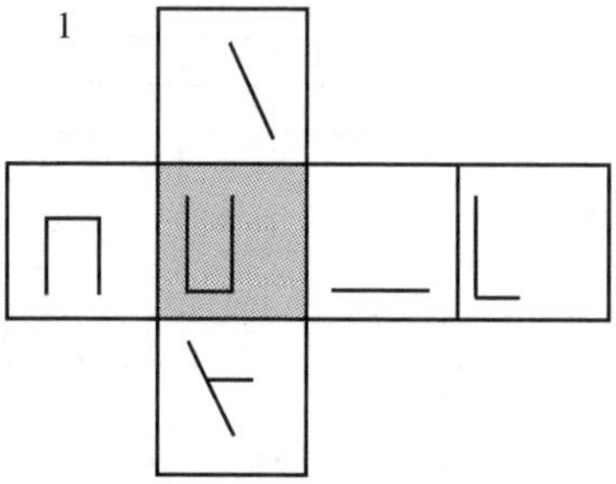

2

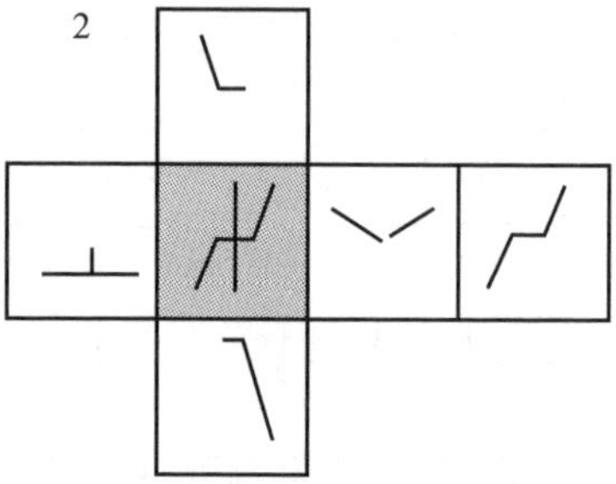

3

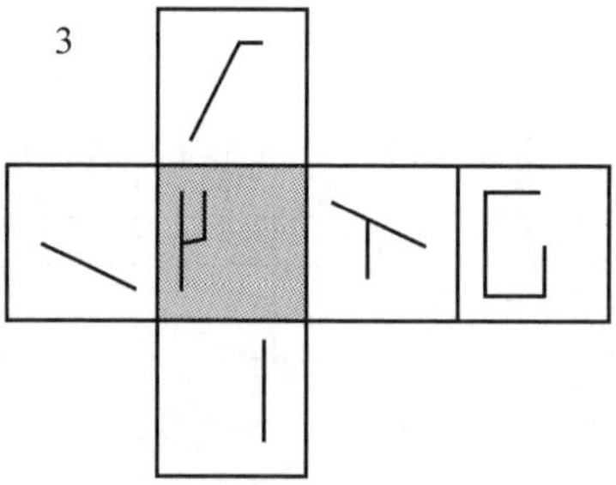

4

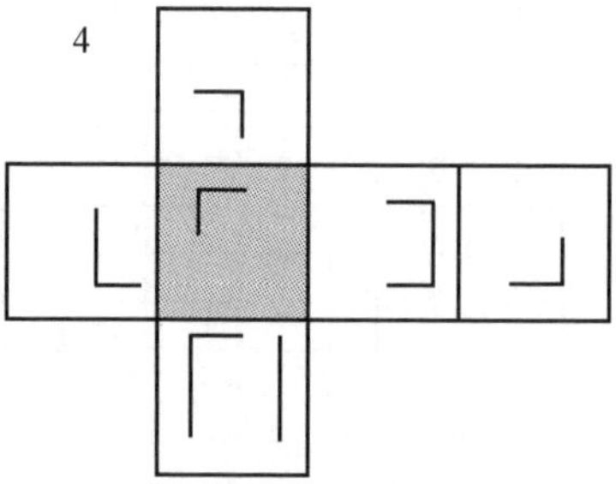

5

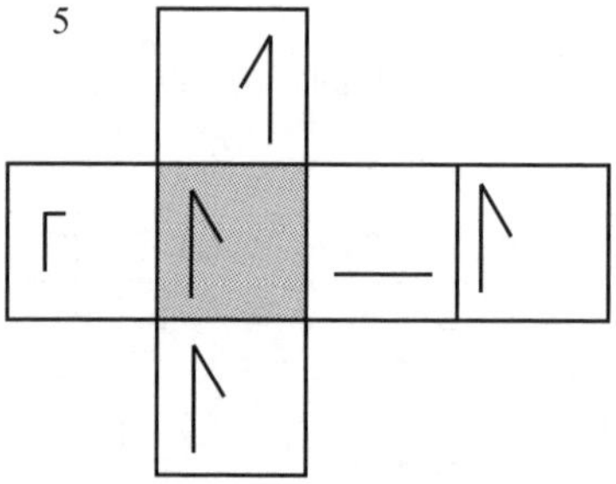

6

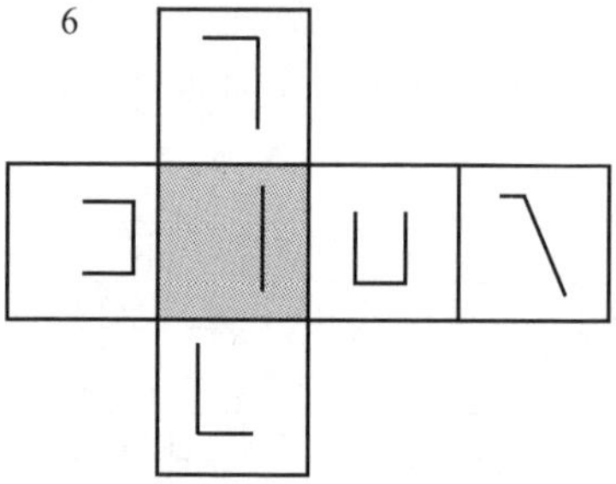

86. 有两个图形，每一个都由 6 个小立方体构成. 想象地移动它们，使 A，B 和 C 对应点重合. 这两个图形的公共部分什么样？

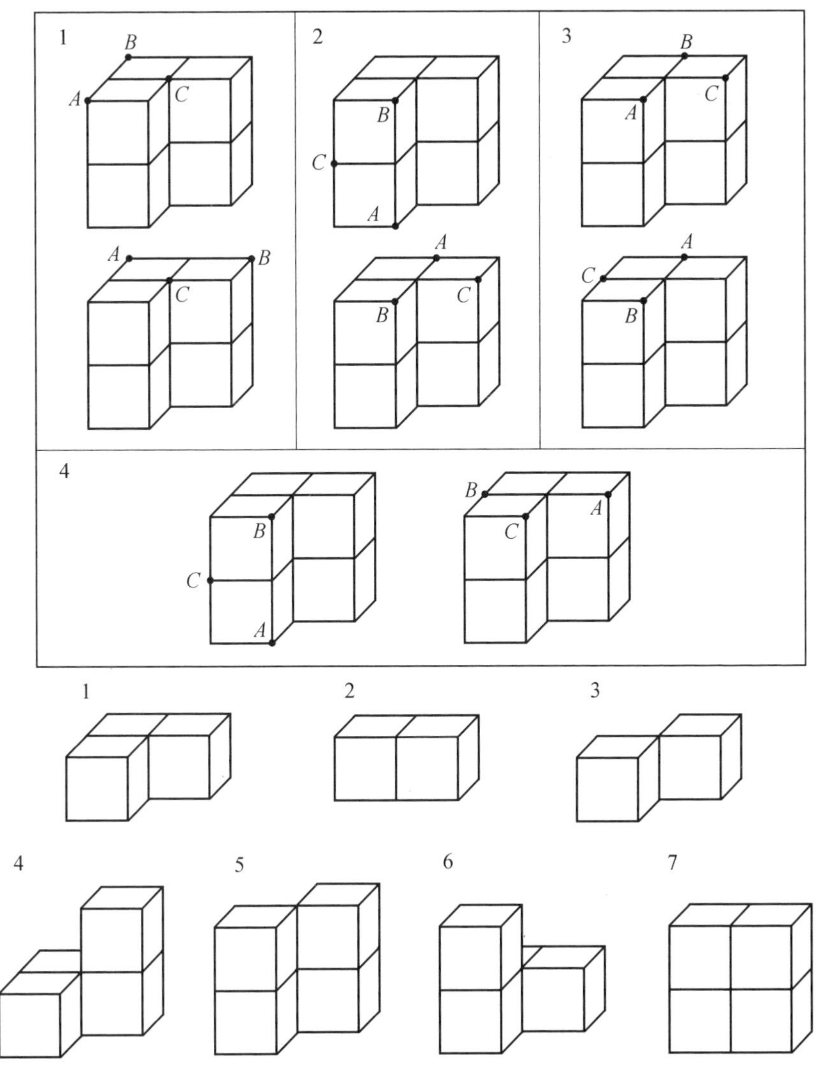

87. 先把图形按箭头方向从左向右无滑动翻转 90°，再把图形按箭头方向从右向左无滑动翻转 90°. 请找出所得到的联合图形.

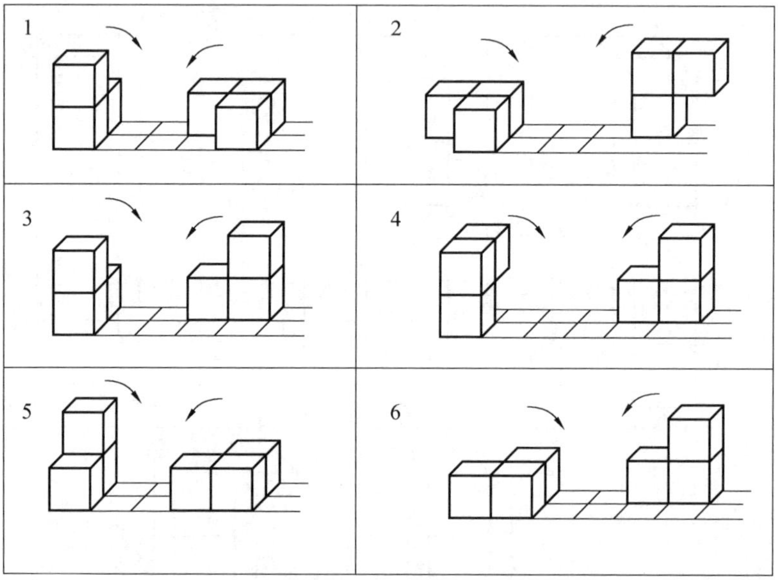

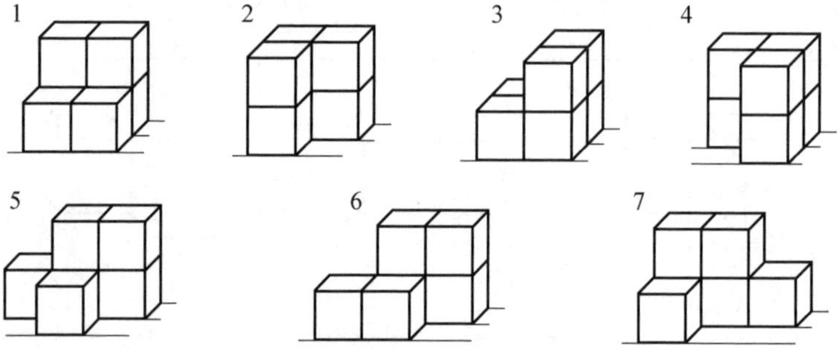

88. 两个图形被黏合在一起，其面上的相同标记重合. 请指出所得到的图形.

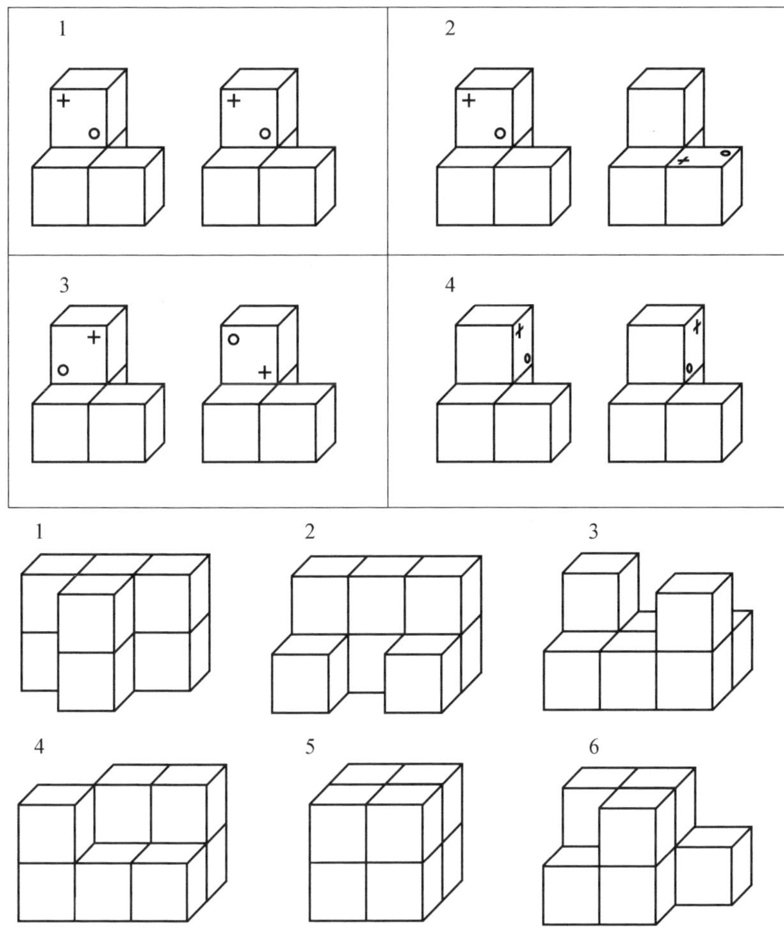

89. 在小立方体相对的面上，长度为三分之一棱长，宽度为一个棱长或半个棱长的相同条带被着色. 请找出着色相同的小立方体.

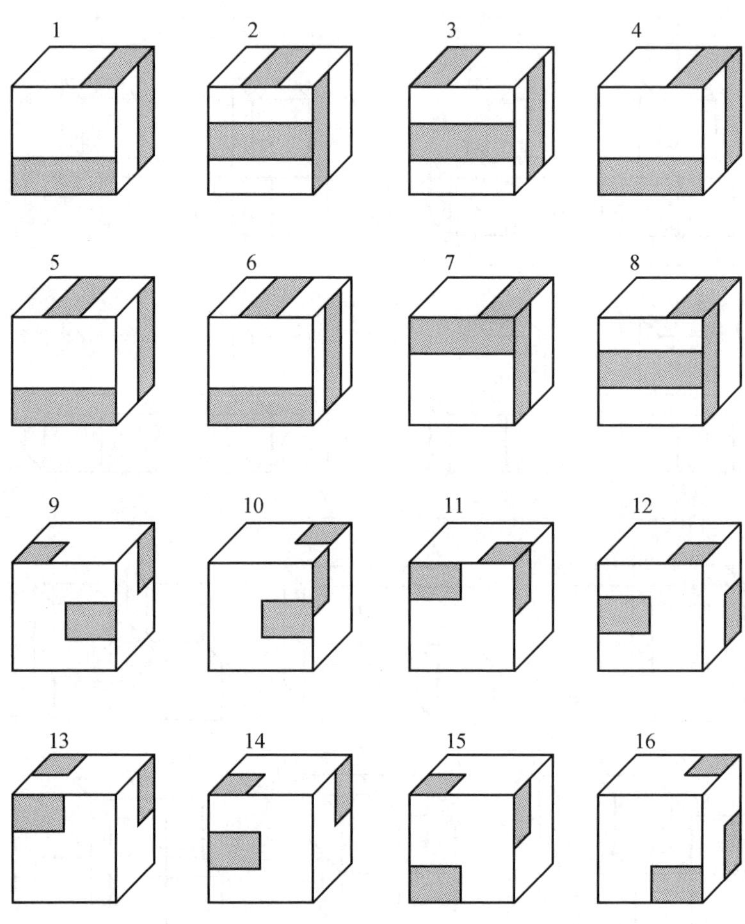

90. 下面每组都有两个图形，每一个都由 6 个小立方体构成. 想象地移动它们，使相应的点 A,B,C 重合. 这两个图形的公共部分什么样？

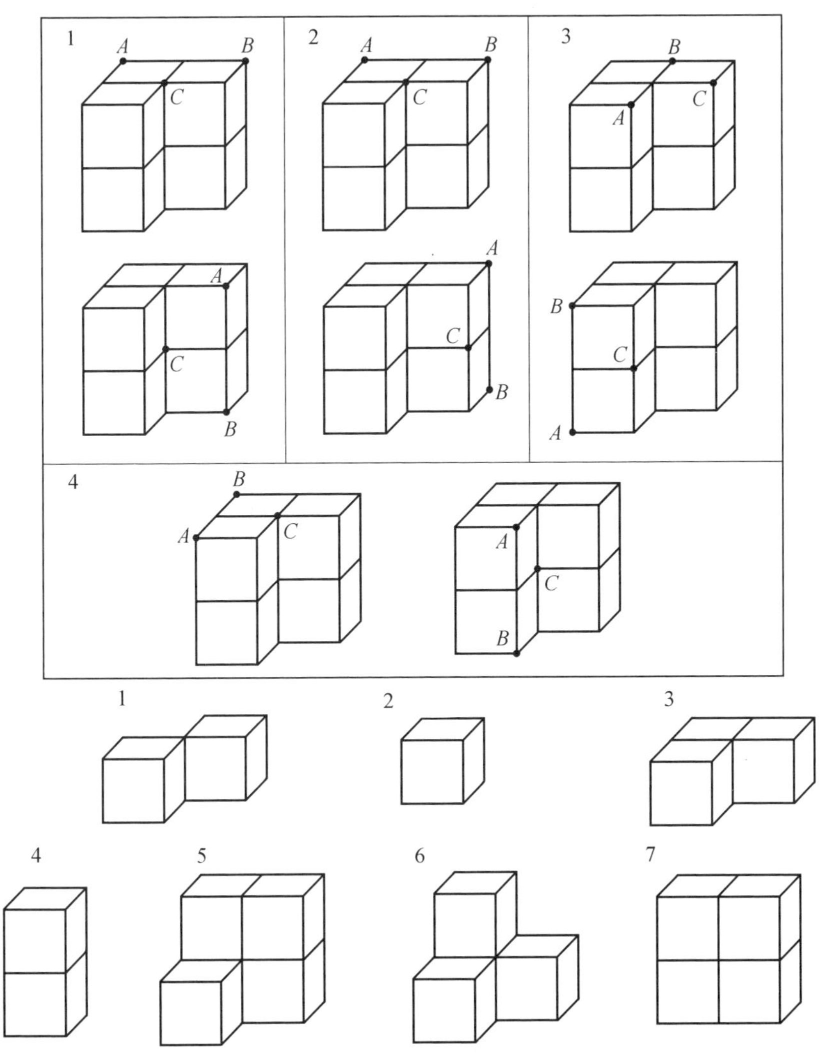

1 2 3

4 5 6 7

91. 中空的多面体表面被分成边长为 1 dm 的相等方格. 在着色方格的位置有一个 5 cm×5 cm 的孔. 多面体看不到的面既无凹陷,又无凸起. 如果把多面体放在平面:①ABC,②BCD,③CDE 上,可以往这个多面体中注入多少立方分米的水(旁边写着整个多面体的体积)?

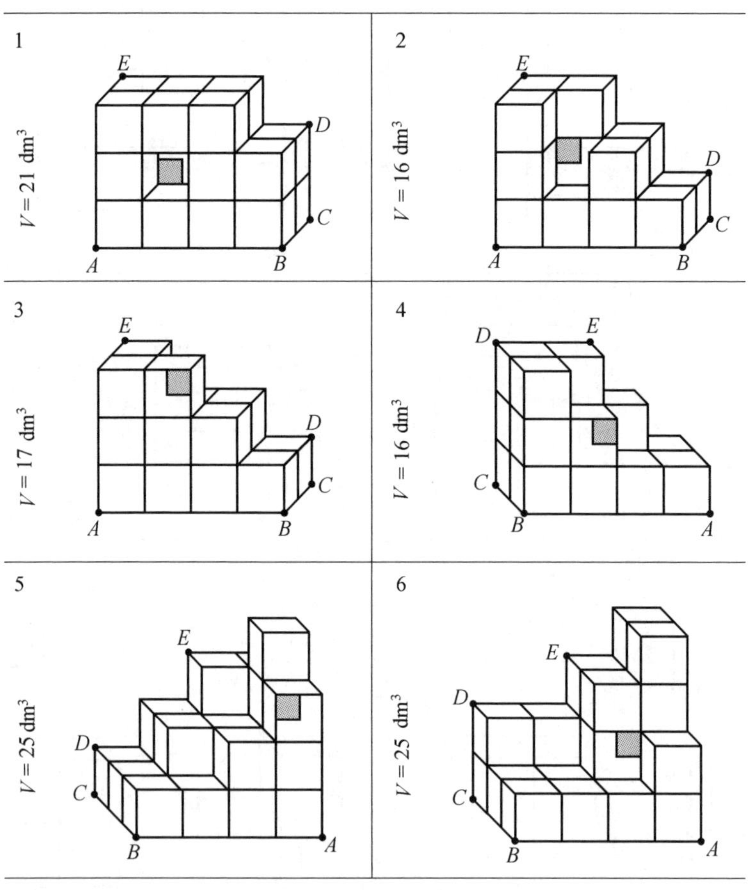

92. 小球位于做标记的小立方体内部，它可以移动的距离是构成图形的小立方体棱长的倍数. 确定一下，起几步小球会走出图形的范围.

远离我们 2 步，向上 2 步，向右 2 步，向下 3 步，向我们 2 步，向右 1 步，远离我们 1 步，向左 2 步，向上 2 步，远离我们1 步，向左 1 步，向我们 2 步，向右 2 步，向下 2 步，远离我们 1 步，向上 2 步.

1

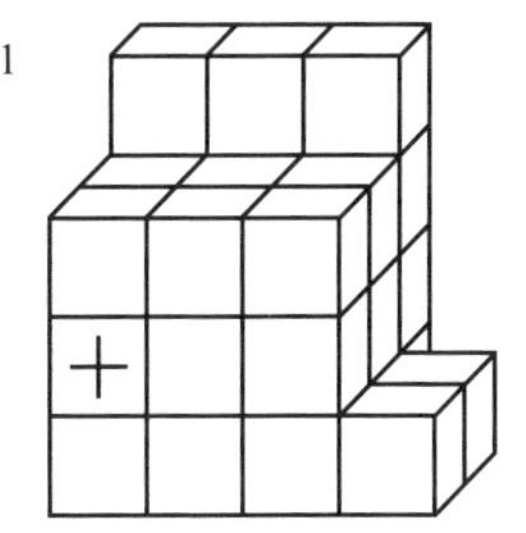

向下 3 步，向右 1 步，向我们 2 步，向右 1 步，远离我们 3 步，向上 1 步，向左3 步，向我们 2 步，向右 3 步，向上 2 步，远离我们 2 步，向右 1 步，向下 2 步.

2

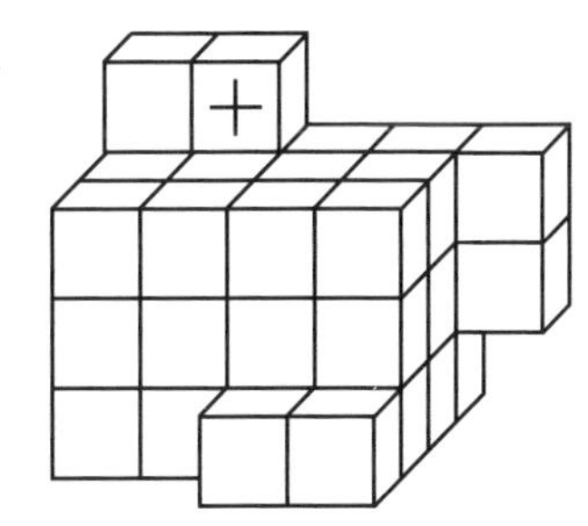

向左 2 步，向上 3 步，向右 1 步，向下 1 步，向右 1 步，向下 3 步，向我们 2 步，向左 2 步，远离我们 2 步，向上 4 步，向我们 2 步，向左 1 步，向下 3 步.

3

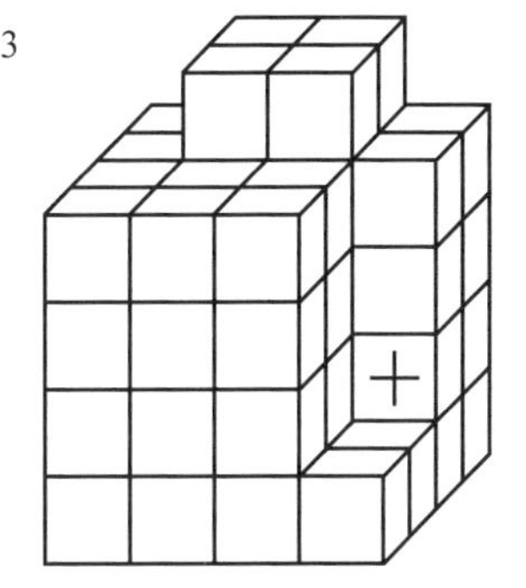

93. 立方体的所有 6 个面都用未干的油漆着色，如图所示(假设图像重合). 如果按箭头方向把立方体翻转 90°，那么这个立方体在纸上会留下怎样的痕迹(包括初始位置)?

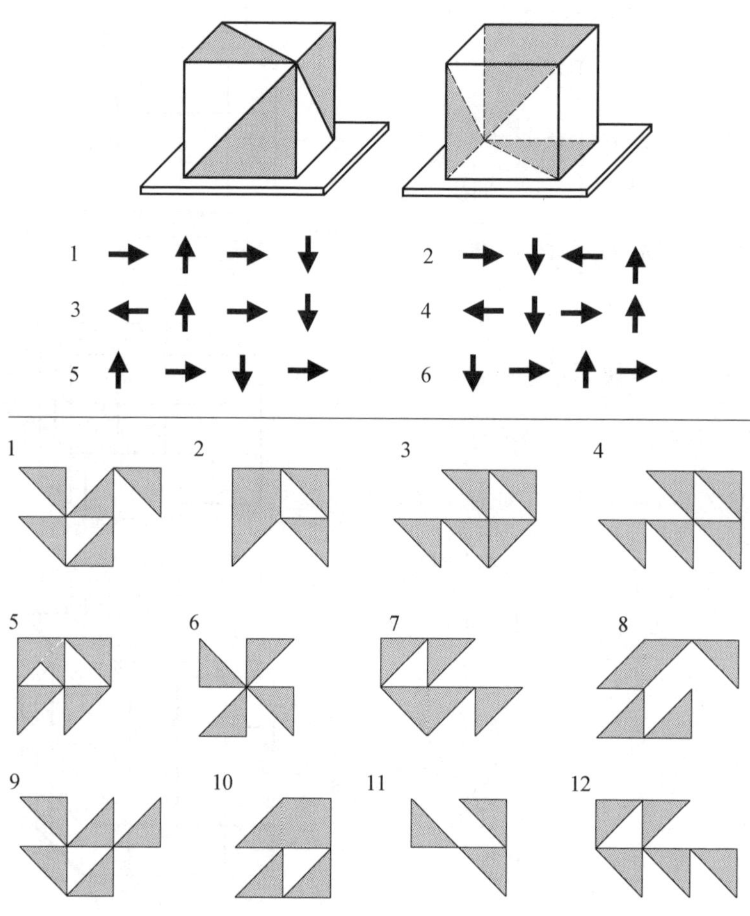

94. 在图上描绘的是带孔的空间迷宫的拆离部分. 请找出小立方体穿过孔从一部分到另一部分一次的终点.

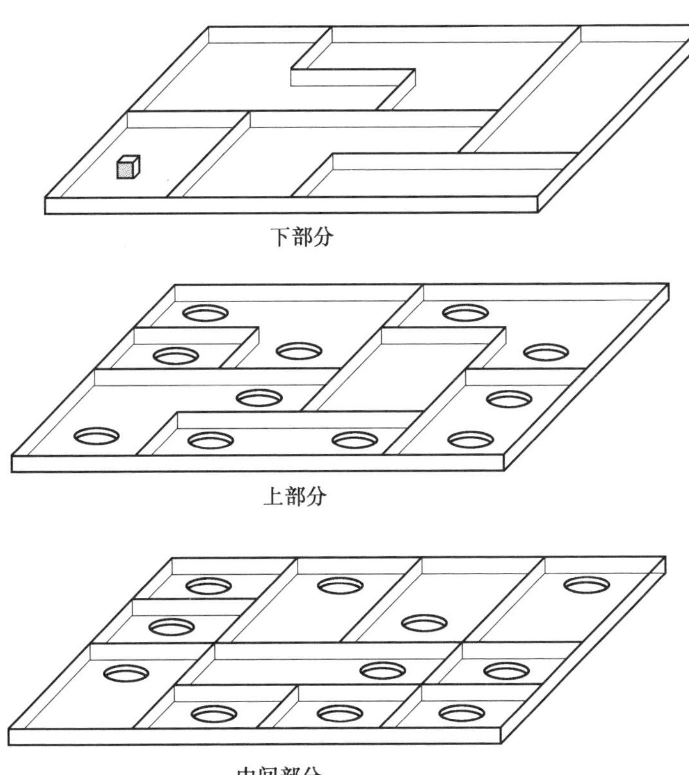

95. 图形 1～8 中的每一个都是立方体的一部分. 如果通过平行移动最初的立方体重合，那么图形 A～H 中的每一个是这 8 个图形中哪三个的联合？

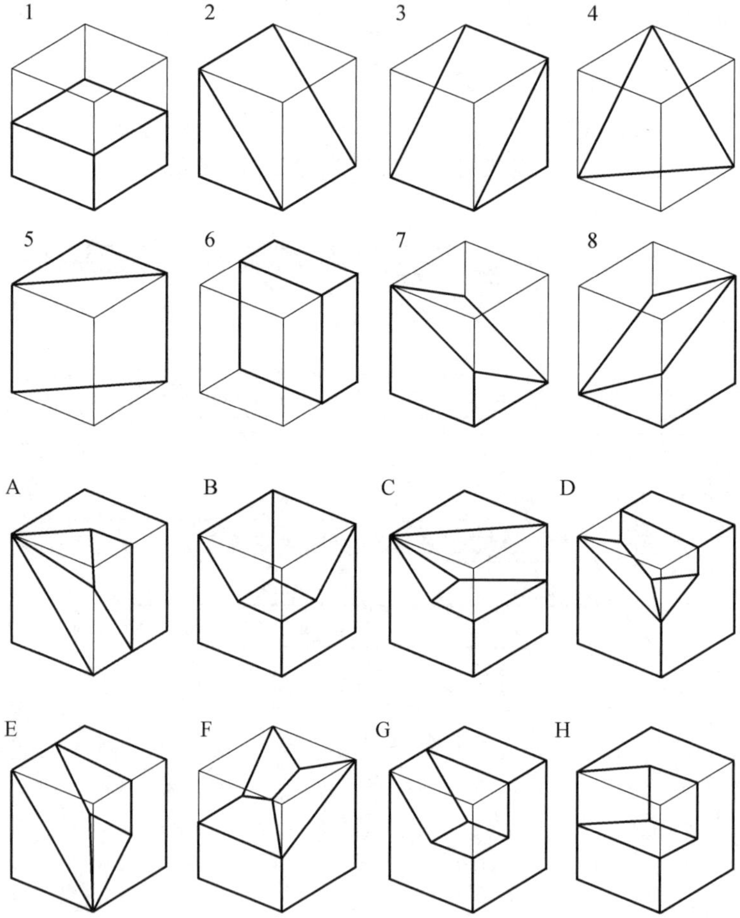

1 2 3 4

5 6 7 8

A B C D

E F G H

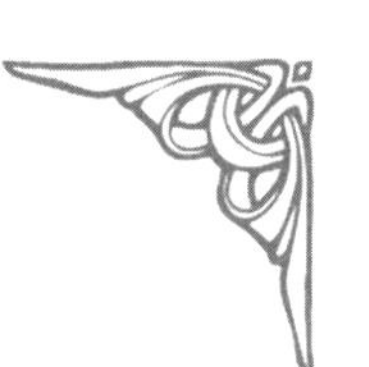

96. 对于每一个展开图请找出立方体的图形.

A

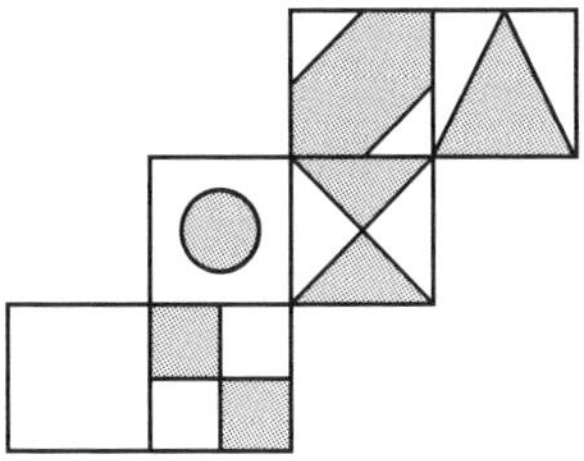

B

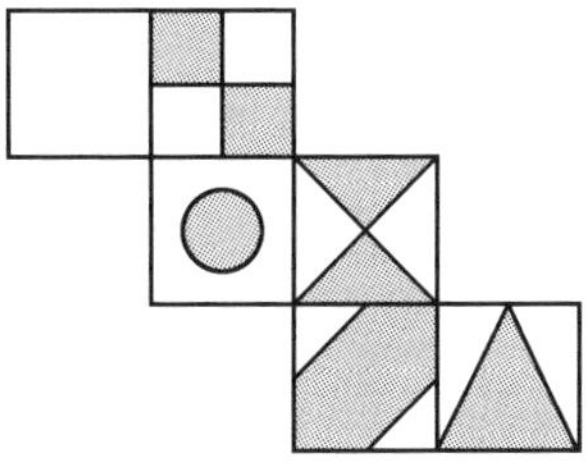

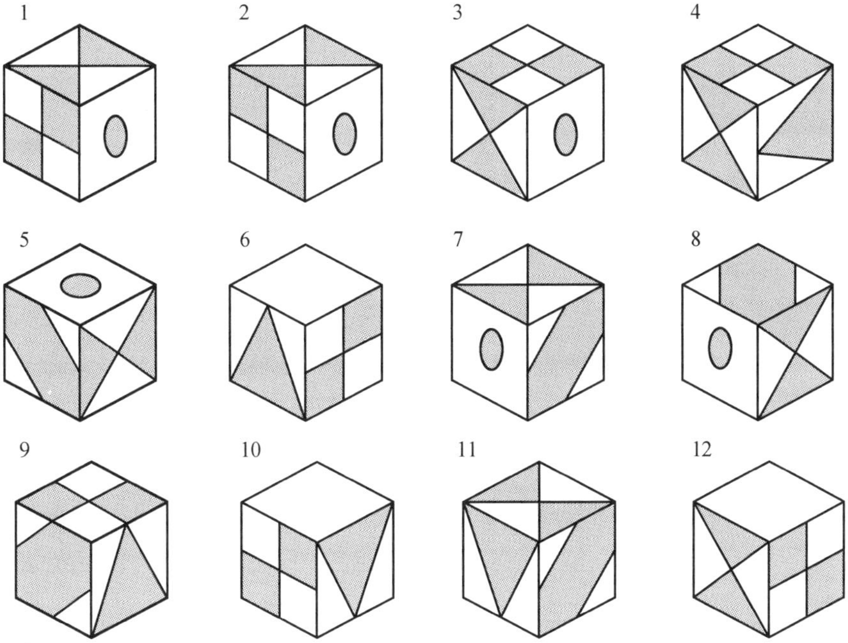

1 2 3 4

5 6 7 8

9 10 11 12

97. 立方体上被切下一部分. 请指出对于每一个图形的三个一组的投影,以及投影 V(从前面)、投影 W(从右边)和投影 H(从上面).

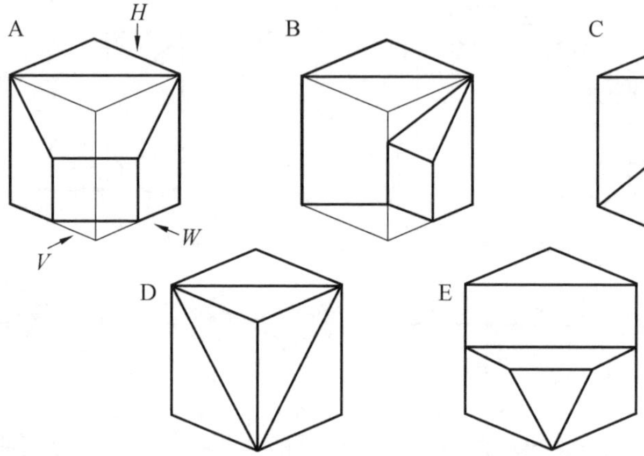

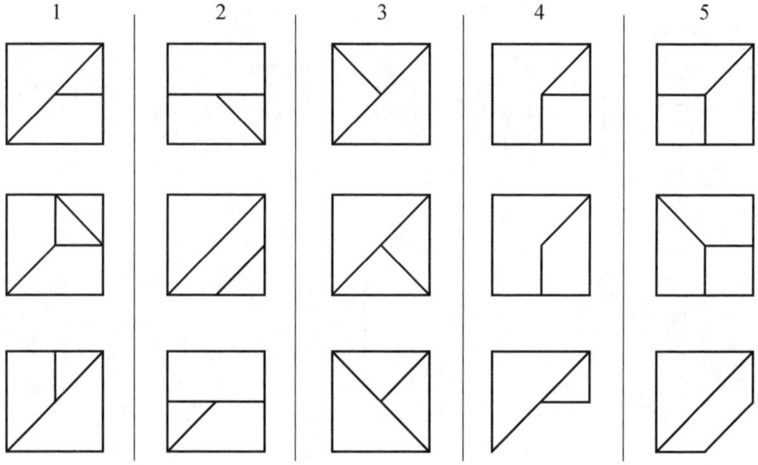

A B C D E

H V W

1 2 3 4 5

98.3 个展开图中的每一个都有 4 个小立方体.小立方体通过着色相同的面相互接触,着色部分重合.请对于每一个展开图确定 4 个小立方体.

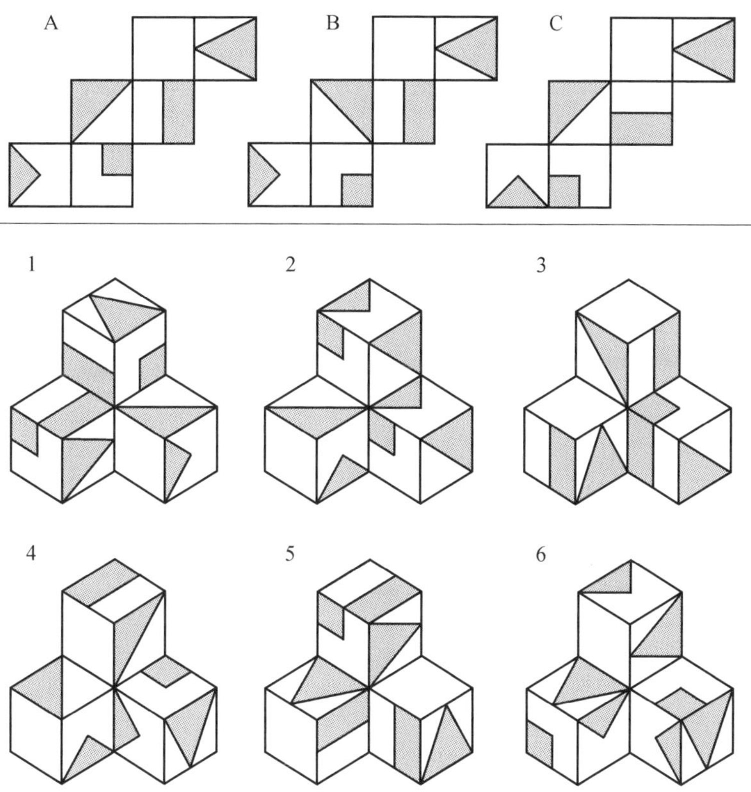

99.3个金属丝相互焊接，如图A所示.往上连接一个小立方体，如图B所示.

下面画出的是带小立方体的该金属丝的不同形态.请研究这些图.

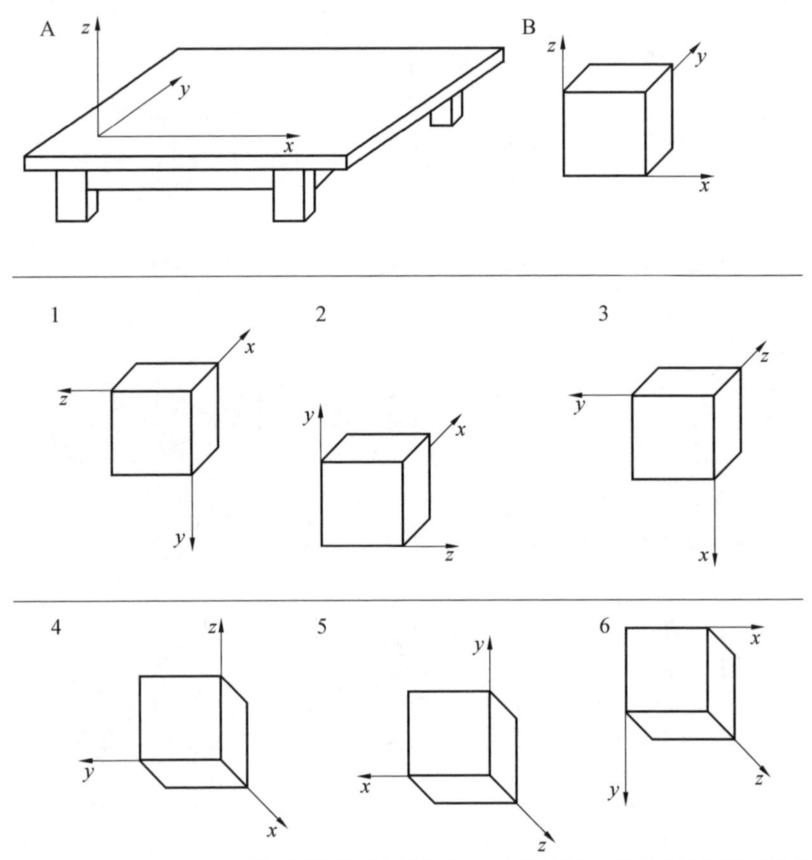

100. 3根细金属丝相互焊接,如图A所示. 往上连接一个由4个小立方体组成的图形,如图B所示.

请按照金属丝的图示恢复表示图形.

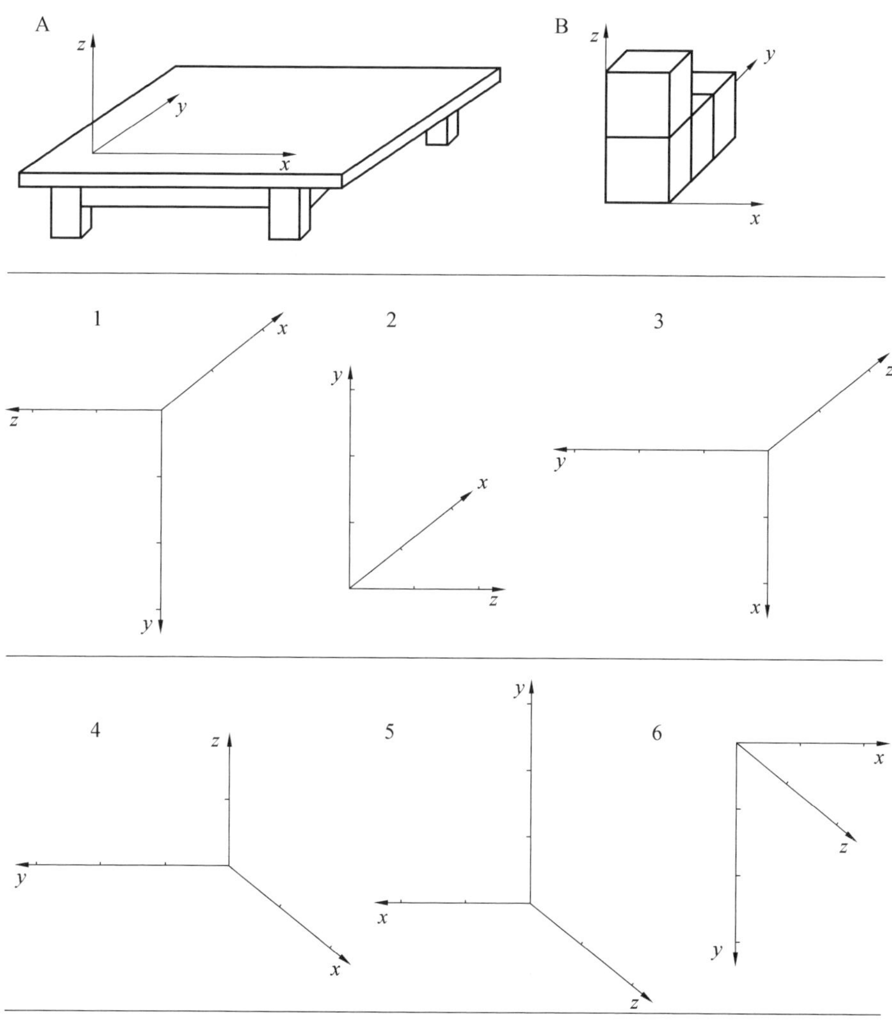

101. 在每一个图上表示的都是同一个立方体的 3 种不同形态. 请确定,哪一对图是画在相对的两面上,它们的相互位置怎样. 请画出这些图形.

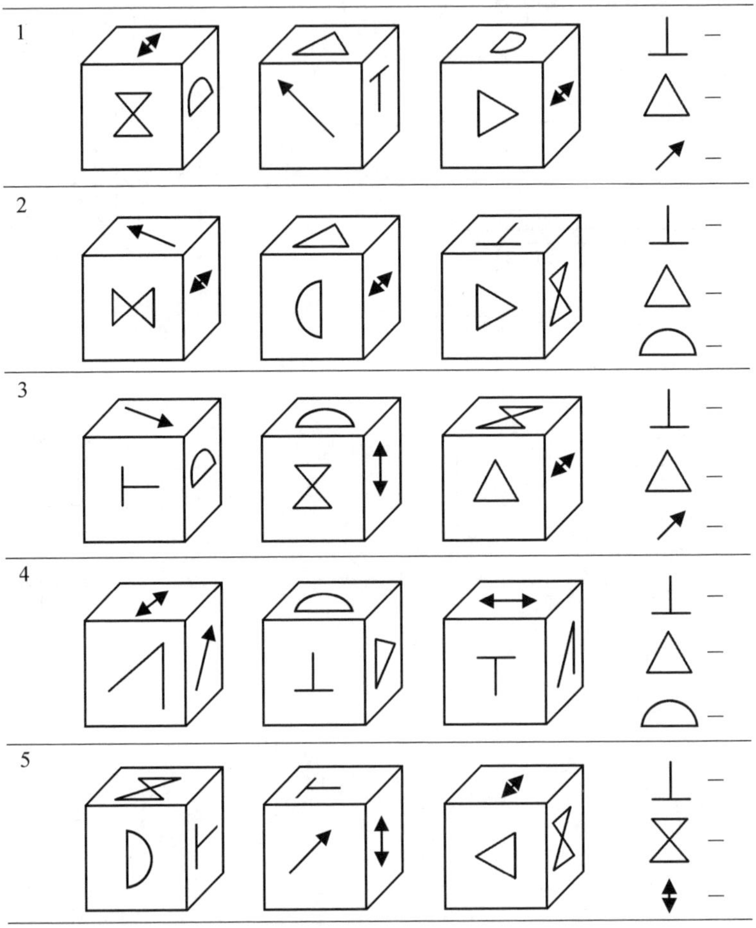

1

2

3

4

5

102. 为了展开，立方体的里面已经拔开. 沿粗线所画的棱作最后的剪切，请指出相应的展开图.

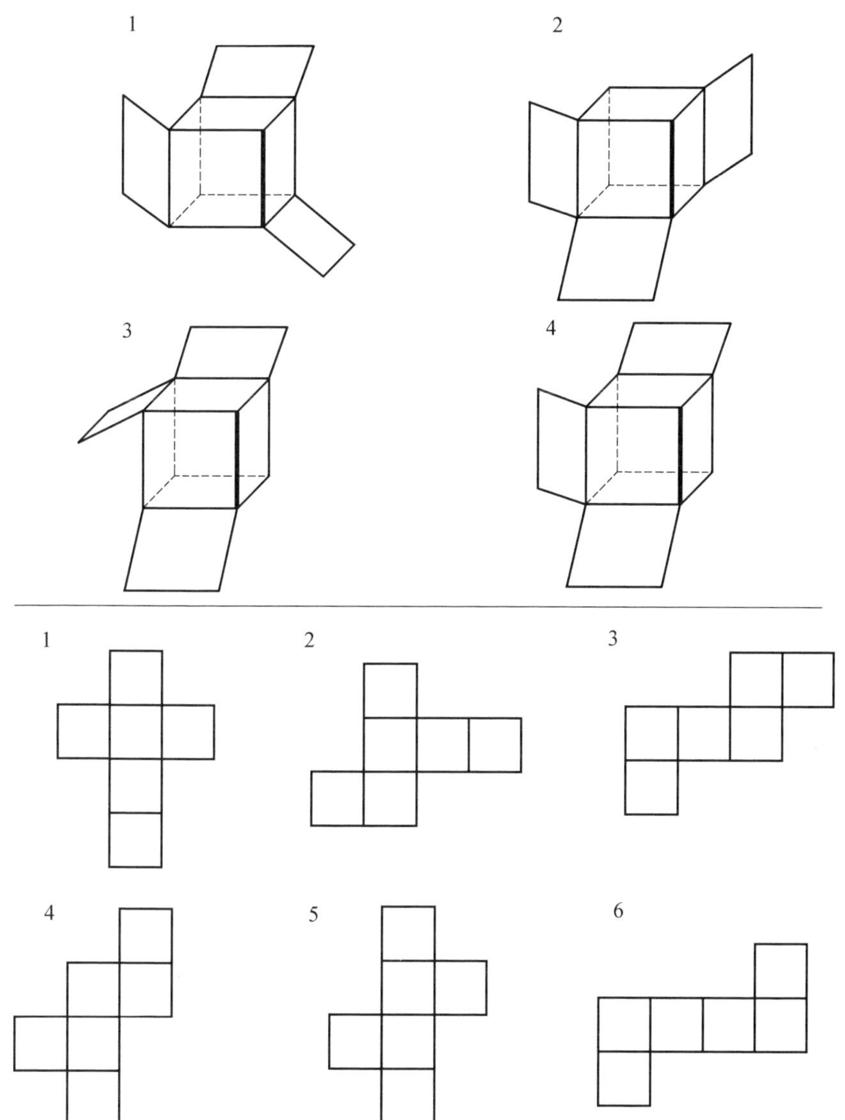

103. 在桌子上有用竖直支架支撑的灯和被切掉一部分的长方体. 由第一个灯发出的光线是否能够照到另一个灯上?

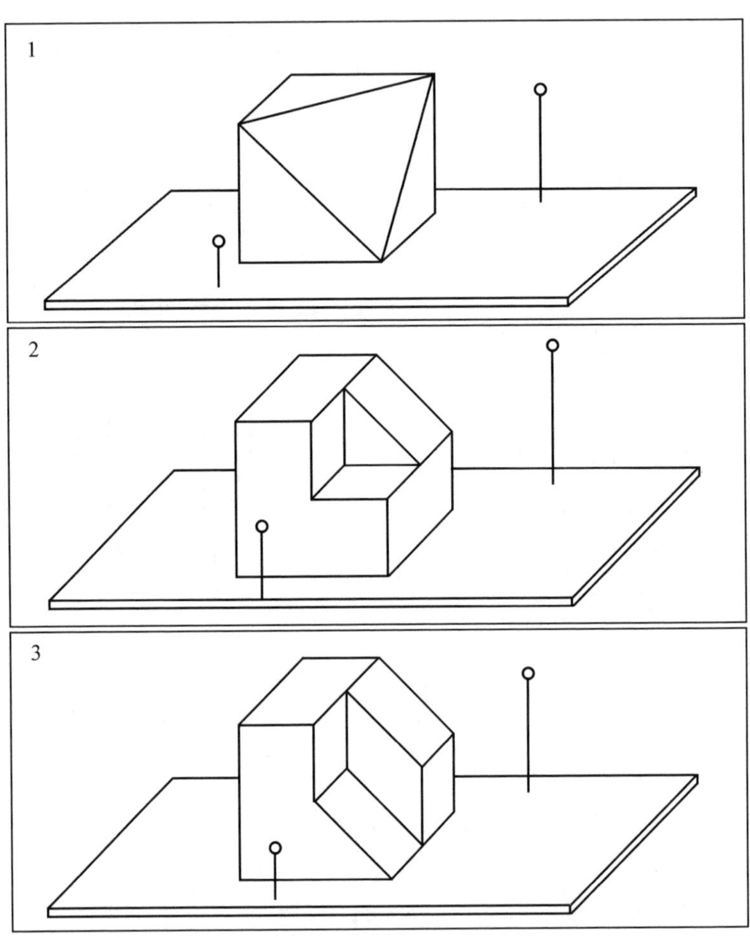

104. 假设多面体的棱是橡皮的，通过拉伸使多面体变成平面图，平面图上多面体的棱不会相交. 四棱锥 A 可以拉伸，使它变成图 B 或图 C 中的一个.

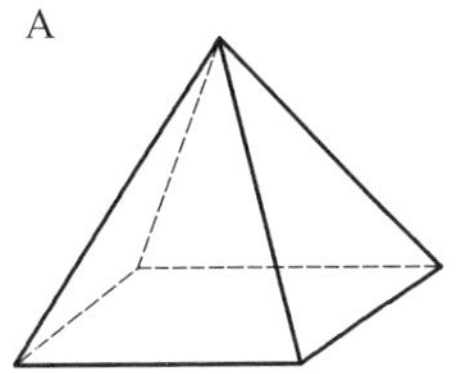

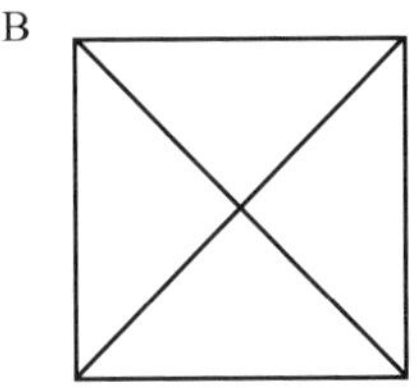

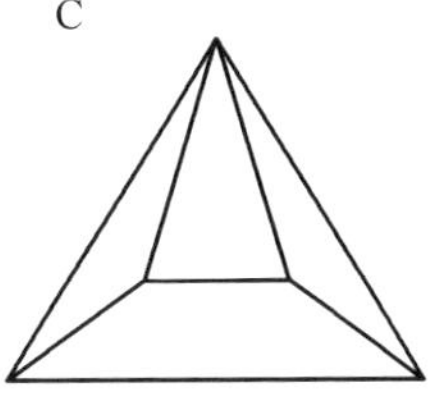

请画出可以用上述方法变换下列多面体的平面图：1. 四面体；2. 立方体；3. 八面体；4. 三棱柱；5. 十二面体；6. 正二十面体；7. 三棱柱与四棱锥的联合体.

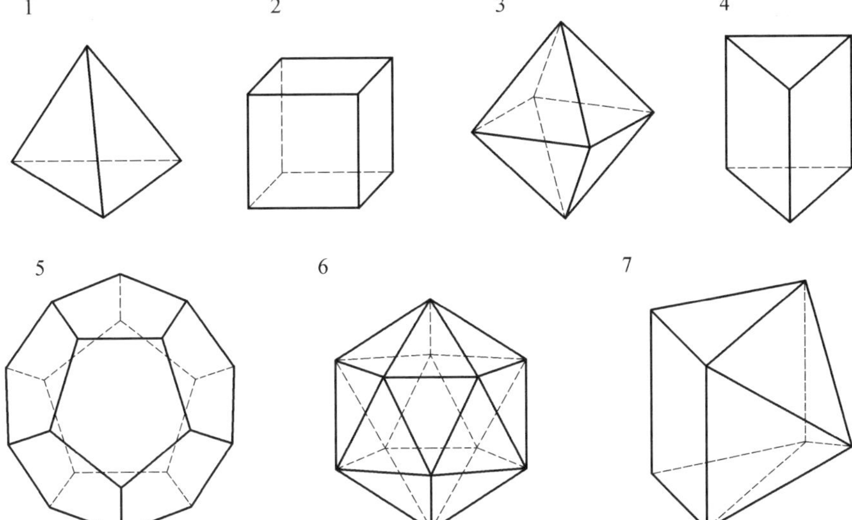

105. 中空的图形(多面体)立在桌子上,是否可以在它内部安放小槽,使小球在重力的作用下在每一个小立方体内部只滚动一次?图形的内表面没有凸起和凹陷,构成图形的小立方体数在其旁边给出.

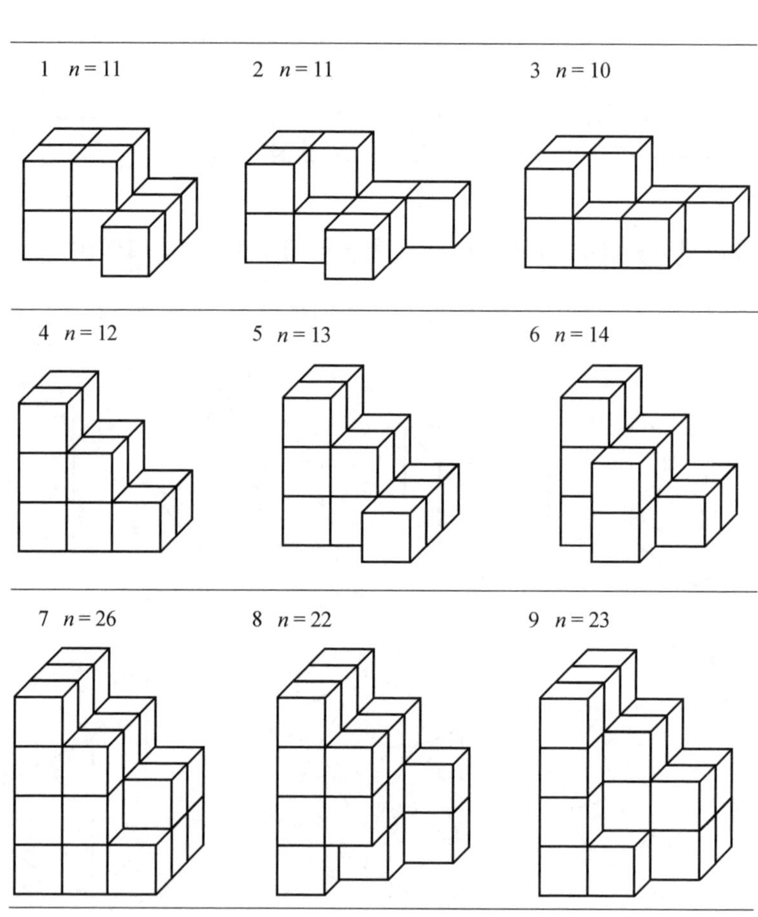

106. 用着色的方格把图形粘在桌子上. 请指出，哪些是立方体的展开图.

想象着把每一个立方体的展开图粘成立方体，并确定，如果从箭头方向看立方体，能看到什么字母(字母被写在立方体面的两侧). 确定字母在面上的形态.

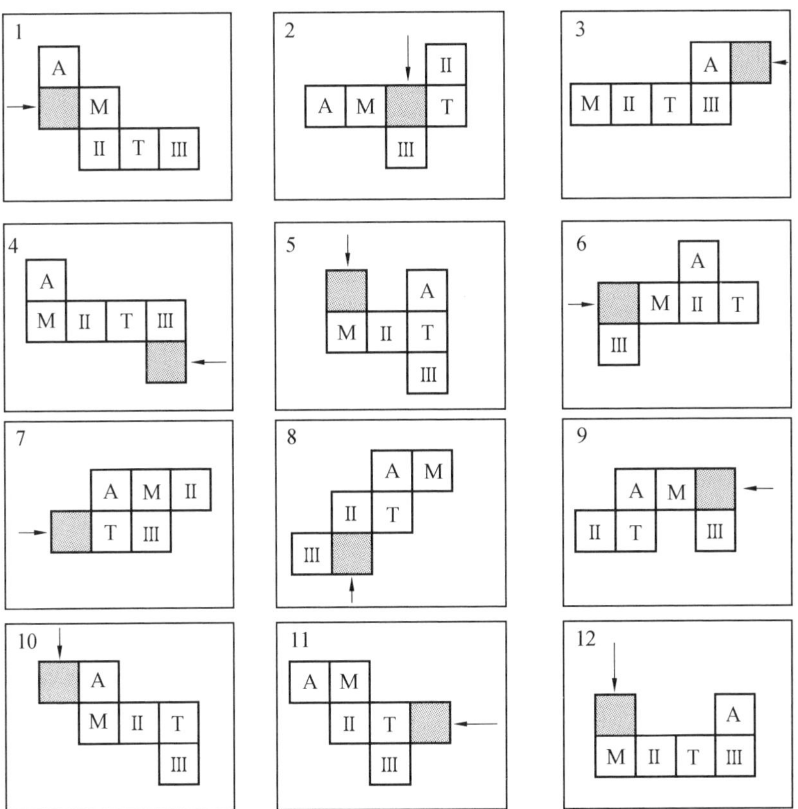

107. 有两个图形,每一个都由 7 个立方体构成,想象地移动它们,使对应点 A,B,C 重合. 这两个图形的公共部分什么样?

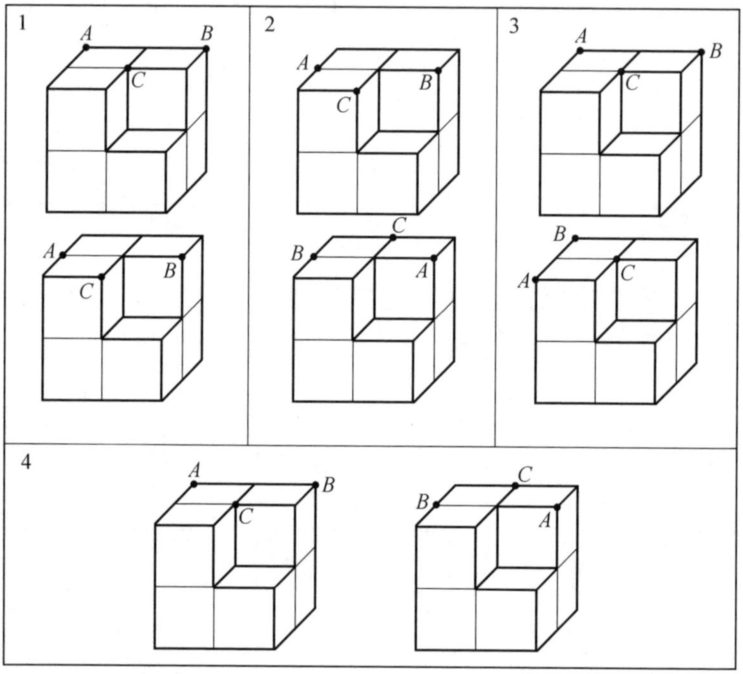

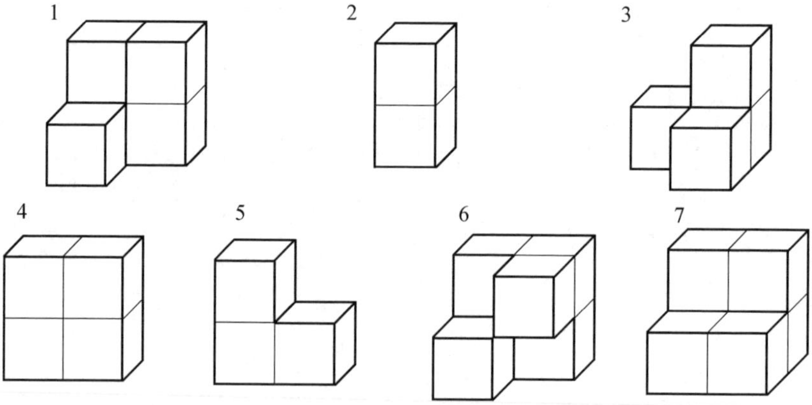

108. 请确定，图形 A，B，C，D，E 中的哪一个图形都包括在所给出的图形①和图形②中，每一图形①和图形②都由六个立方体构成.

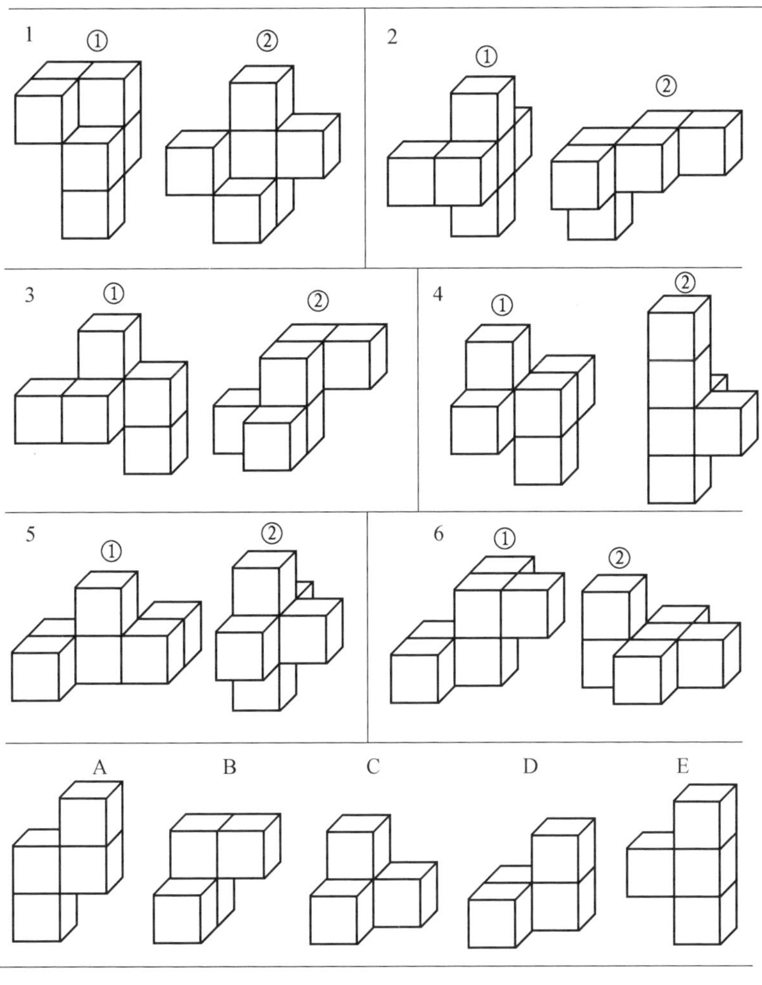

109. 由给出的四部分可以拼成 4×4×4 的立方体. 请在展开图上画出它们各部分的连线(展开图上立方体的里面朝上).

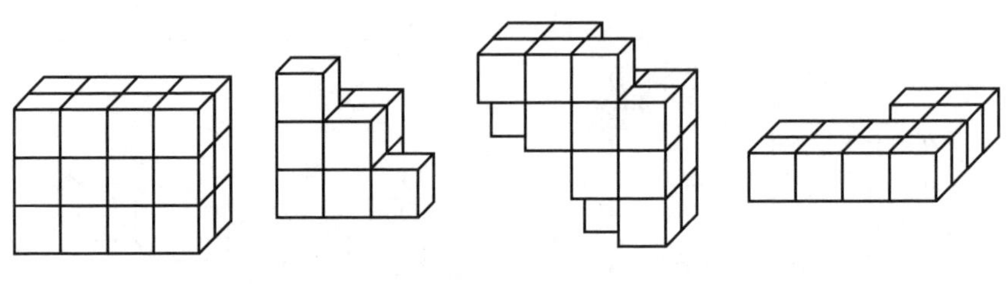

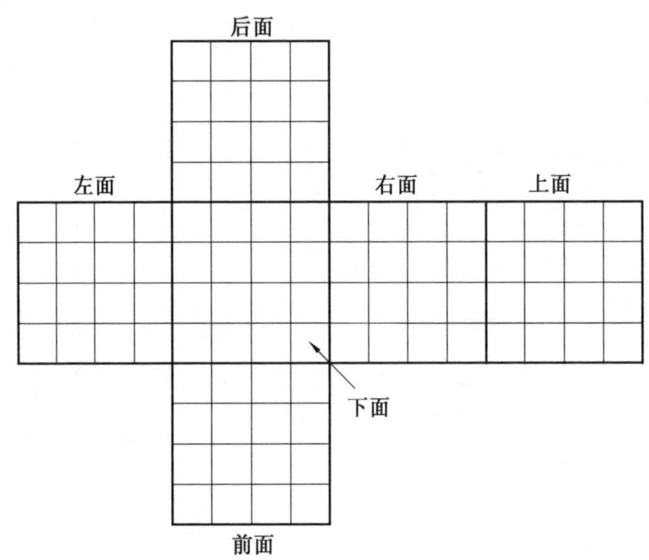

110. 对于 3×3×3 的立方体引入坐标系，用十字标注的小立方体的坐标为(3,1,2). 从立方体中去除一些小立方体.

对于每一个图形，请指出被去掉的小立方体的坐标.

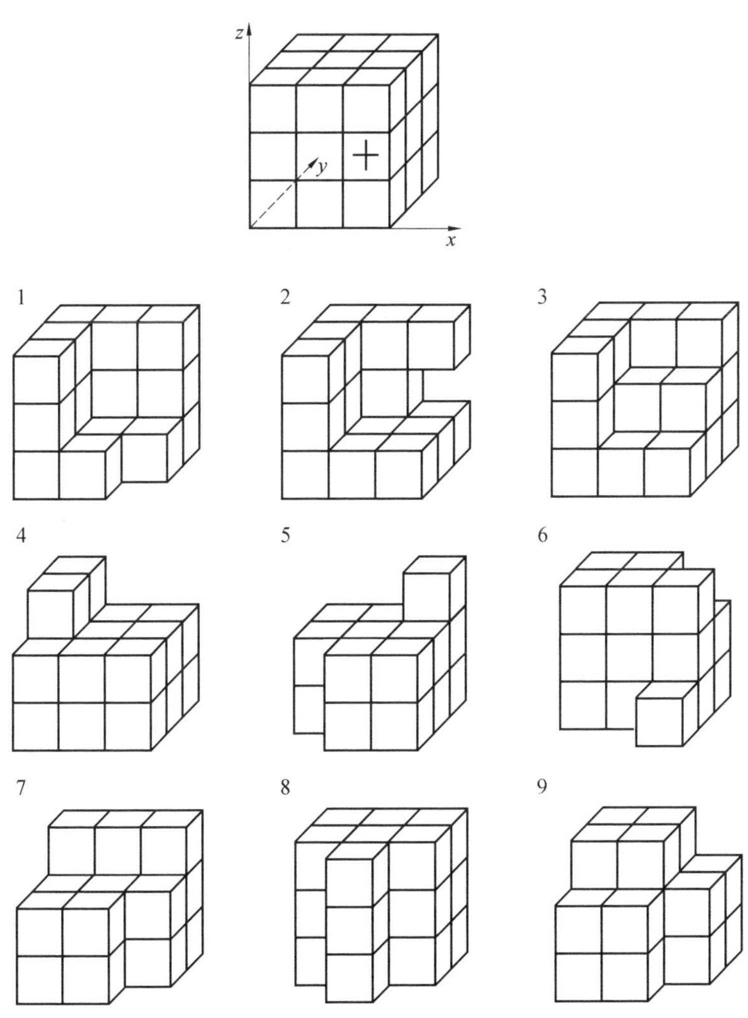

111. $ABCDKLMN$ 是立方体. 如果填充下列空间,会得到什么样图形:

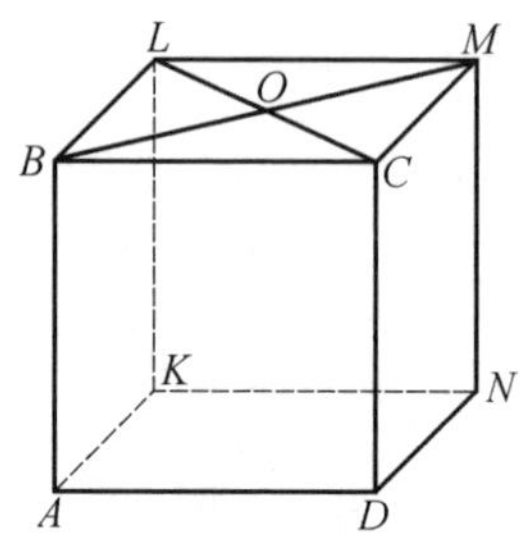

(1)填充方格 $DCMN$,平行于方格 $DCMN$ 本身移动方格 $DCMN$,点 M 沿线段 MO 移动,然后填充方格 $ABCD$,移动方格 $ABCD$,点 B 沿 BO 移动.

(2)填充△LOM,M 沿 MN 移动,然后填充方格 $ABLK$,L 沿 LO 移动.

(3)填充方格 $DCMN$,M 沿 MO 移动,然后填充方格 $ABCD$,C 沿 CO 移动.

(4)用 M 沿折线 MOL 移动的方格 $DCMN$ 填充.

(5)用 M 沿折线 MOC 移动的方格 $DCMN$ 填充.

(6)先用 L 沿 LO 移动的方格 $ABLK$ 填充,再用 L 沿 LO 移动的方格 $KLMN$ 填充.

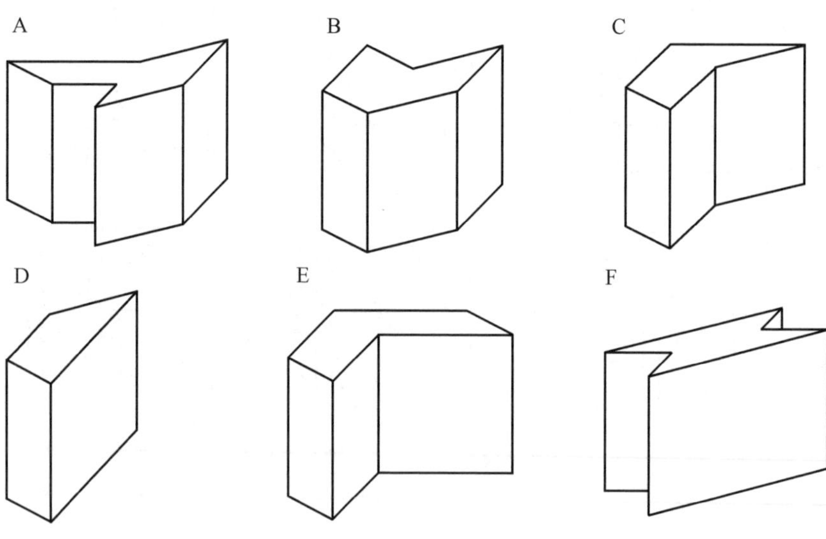

112.图形沿粗线标出的 11 个棱被剪开、展平.请找出相应的展开图.

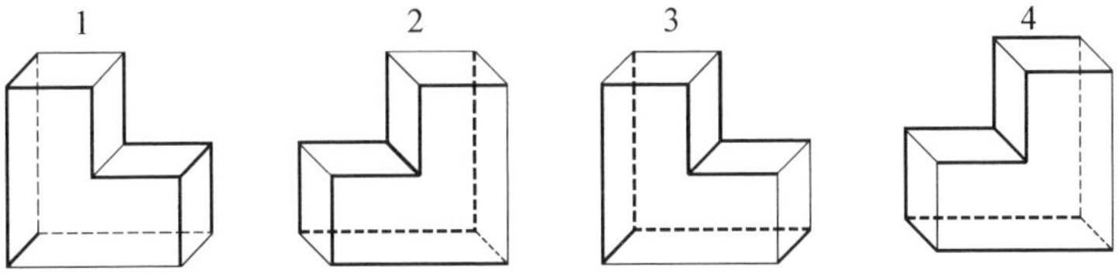

1 2 3 4

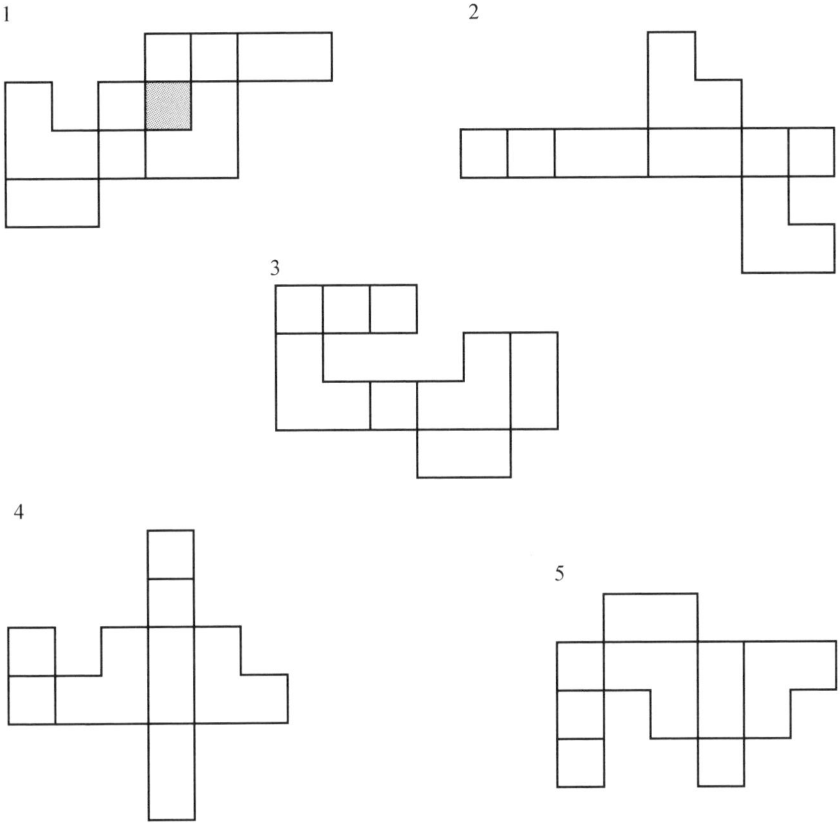

1 2 3 4 5

113. 边长分别为 10,8,6,4,2 的 5 个黑色方形板和边长分别为 9,7,5,3,1 的 5 个白色方形板相互叠放，俯视图如图 A 所示.

在下图中确定正视图 V 和右视图 W.

A

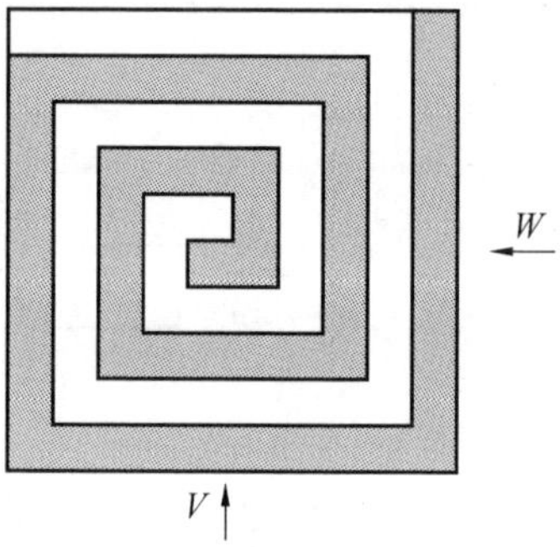

W

V

1

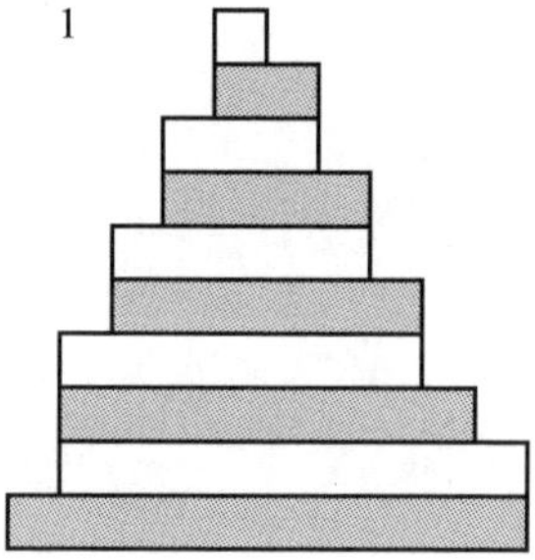

2

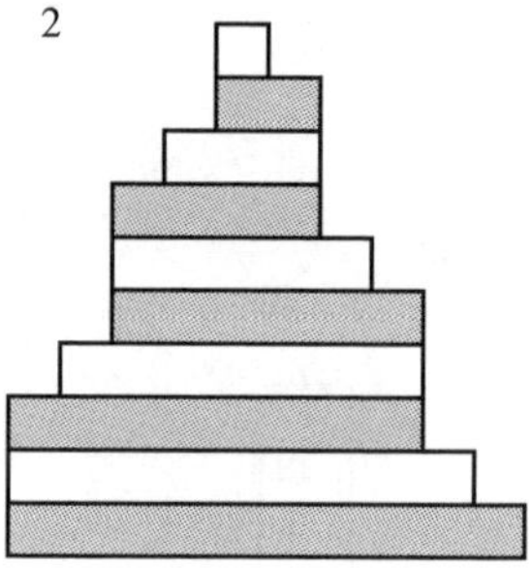

3

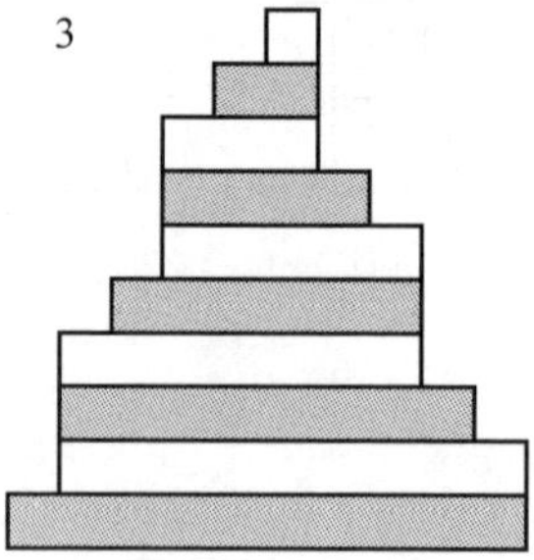

4

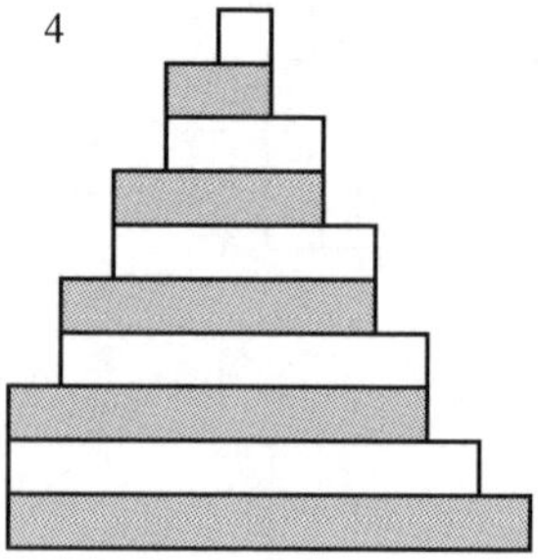

114. 图形1由4个相同的立方体构成，确定出是该图与它在下列平面反射图的联合体：

(1)ABC；(2)OMD；(3)KAB；(4)KLP；(5)LMD；(6)BML；(7)CAK；(8)KAD；(9)OBP.

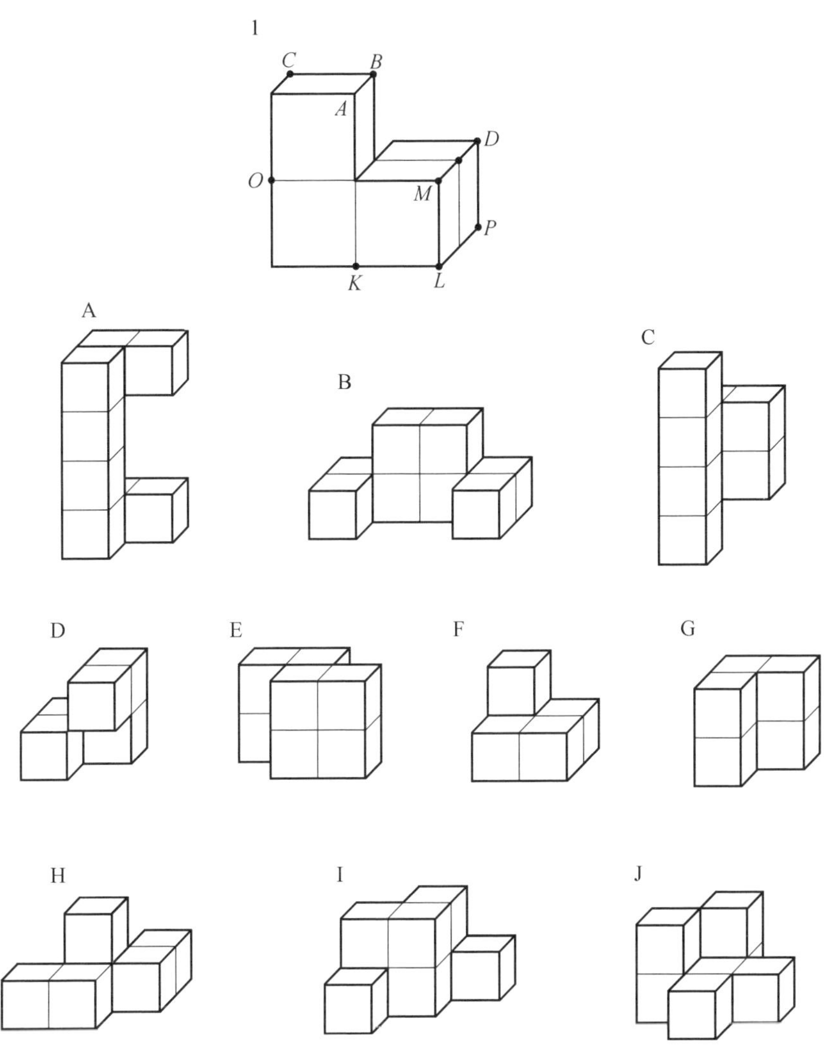

115. 如果绕直线 a 转动线段 AB（线段 AB 与直线 a 不在同一平面，也与其不垂直），那么所得到的图形与抛物线的弧绕直线转动得到的图一样.

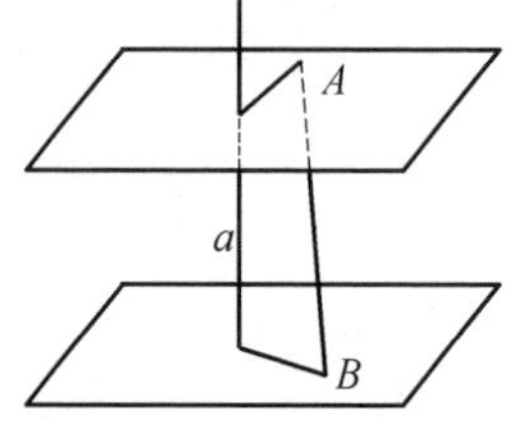

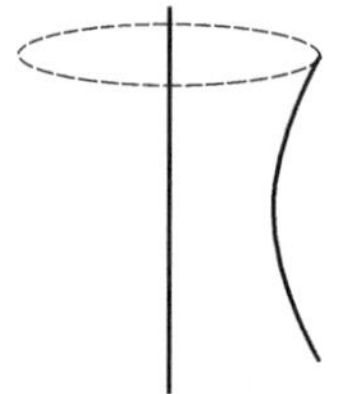

下面给出正三棱柱 $ABC\text{-}A_1B_1C_1$. 围绕位于同一平面的直线 a 旋转下面列出的图(1～8)中哪个平面图所得到的空间图形与下列三角形绕直线 CC_1 旋转得到的图形相同：

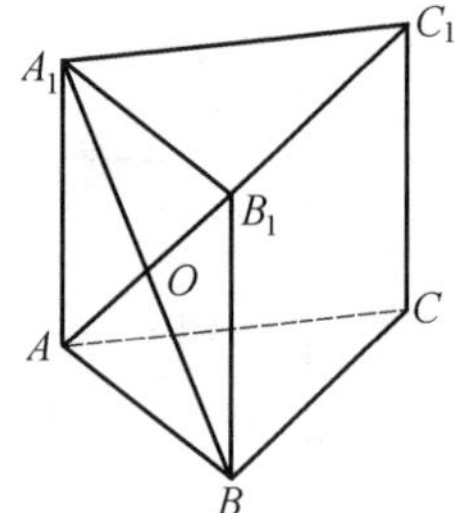

(1) $\triangle B_1BC$.

(2) $\triangle A_1B_1C$.

(3) $\triangle A_1B_1B$.

(4) $\triangle A_1BC$.

(5) $\triangle BB_1O$.

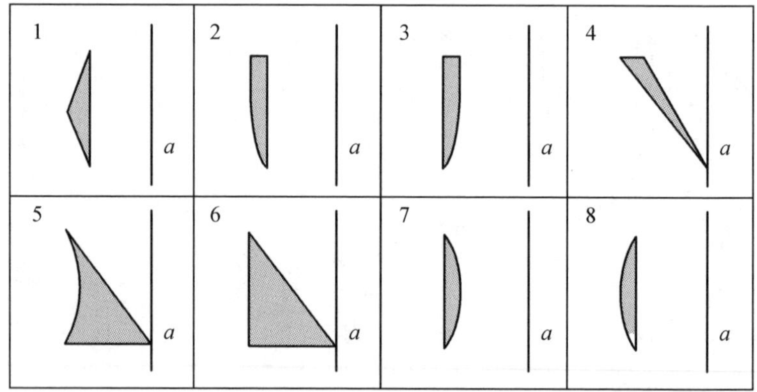

116. 平行移动图形，使黑圈标记的顶点变为亮圈标记的顶点. 请找出该图与所得到图的联合体.

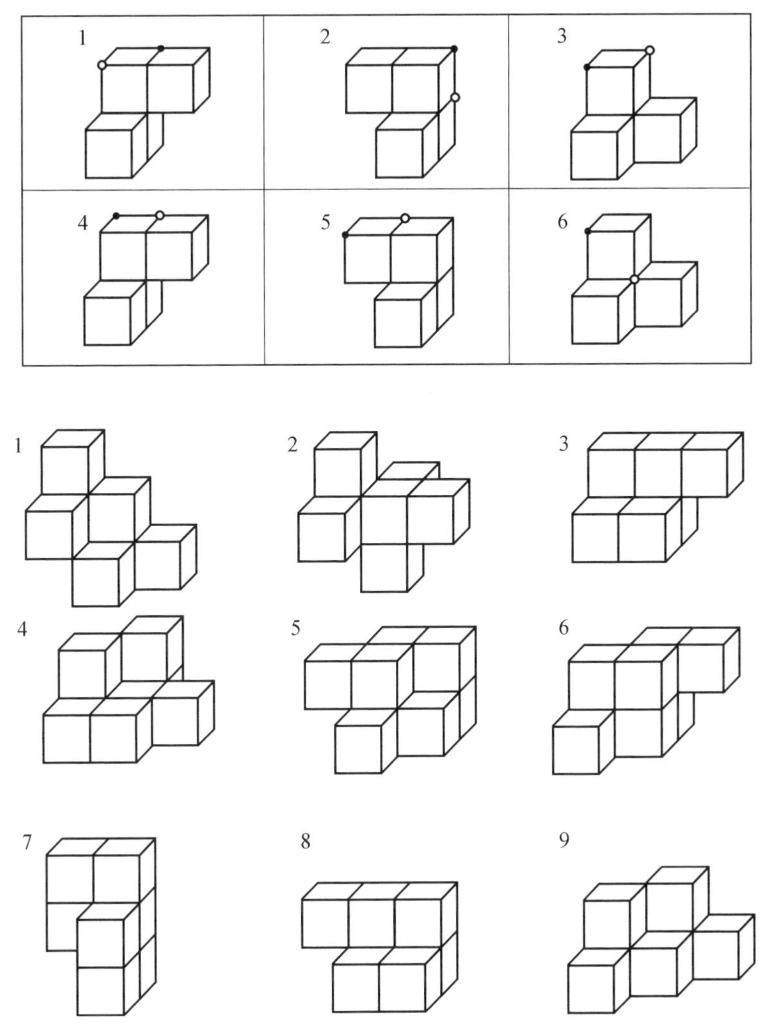

117. 图形绕通过标记点的直线转 90°. 如果从黑点一方看亮点,转动是逆时针的. 请找出该图与所得到图形的联合体.

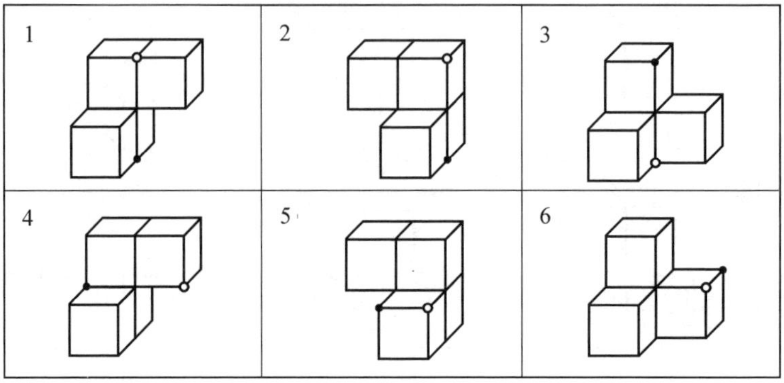

1 2 3
4 5 6

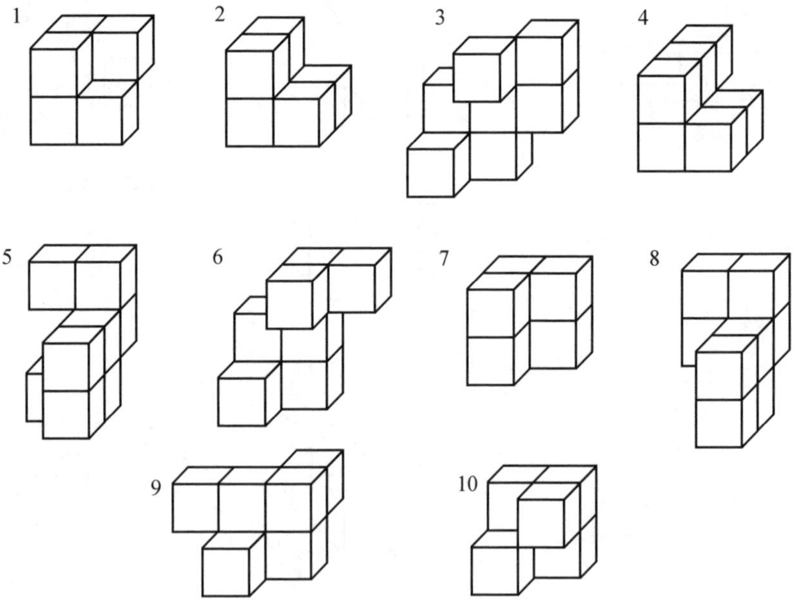

1 2 3 4
5 6 7 8
9 10

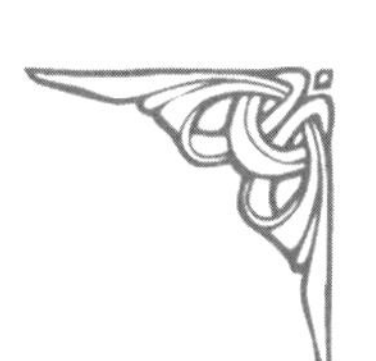

118. 请找出相互补充成立方体的一对图.

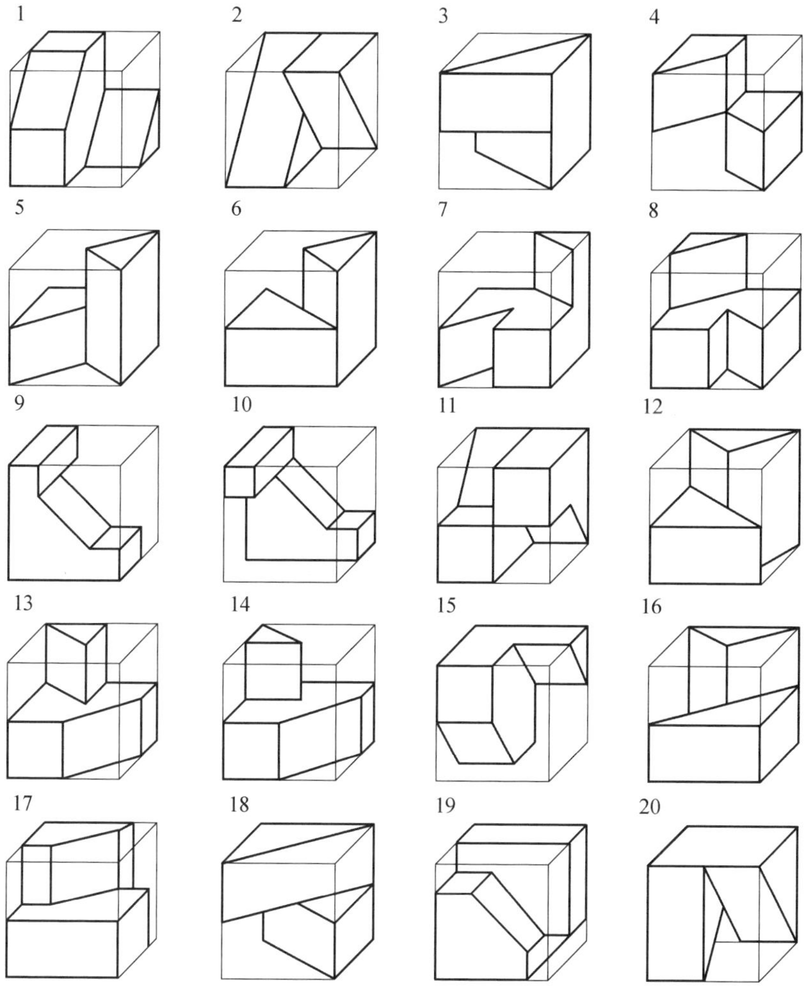

1 2 3 4

5 6 7 8

9 10 11 12

13 14 15 16

17 18 19 20

119.图形由铰接的薄片构成.请确定,如果下列点不动(固定),所有连杆是否会固定:

(1)F,G,H,I,J.

(2)A,B,C,D,F.

(3)K,L,M,N,B.

(4)A,B,C,D,L.

(5)K,L,M,N,O.

(6)F,G,H,I,K.

(7)K,L,M,N,E.

(8)A,B,C,D,K.

(9)F,G,H,I,A.

(10)A,B,C,D,O.

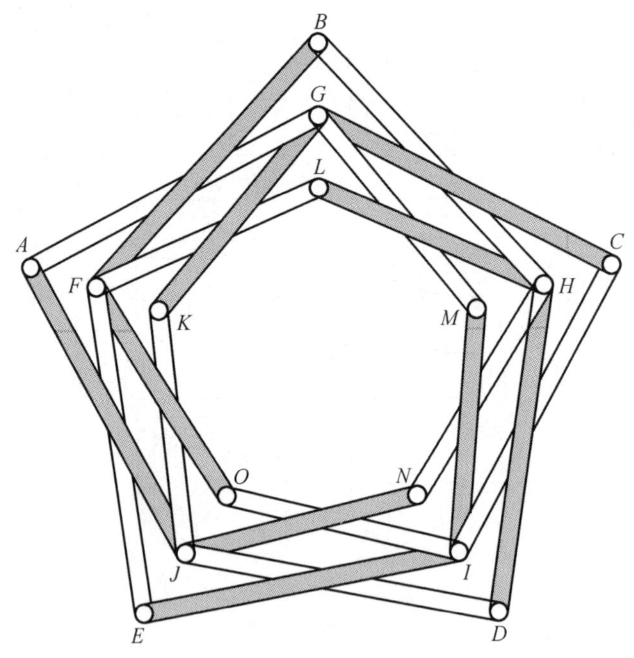

120. 先把左图按箭头方向无滑动地翻转 90°两次，再把右图按箭头方向向观察者翻转 90°一次. 请找出所得到的联合图形.

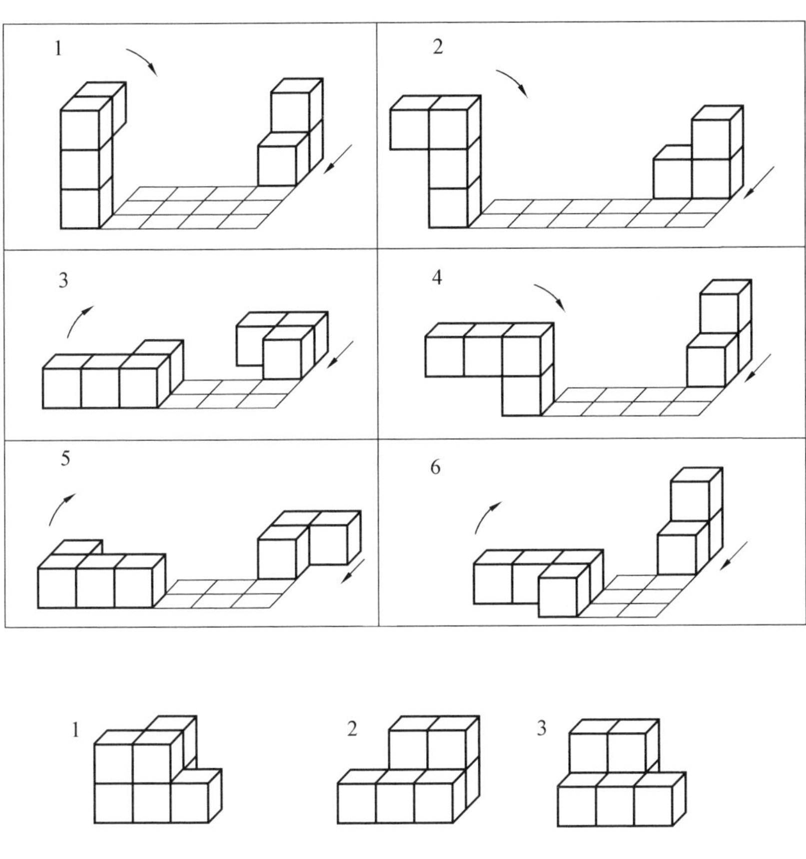

121. 由给出的 5 个部分可以拼成 4×4×4 的立方体. 请在展开图上画出这些部分的连接线(展开图上立方体的里面朝上).

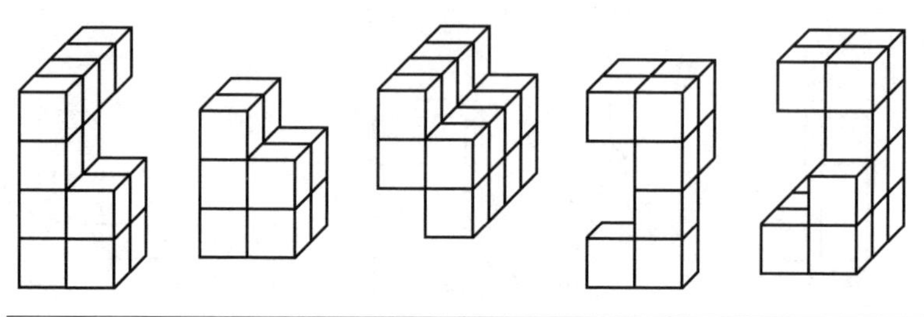

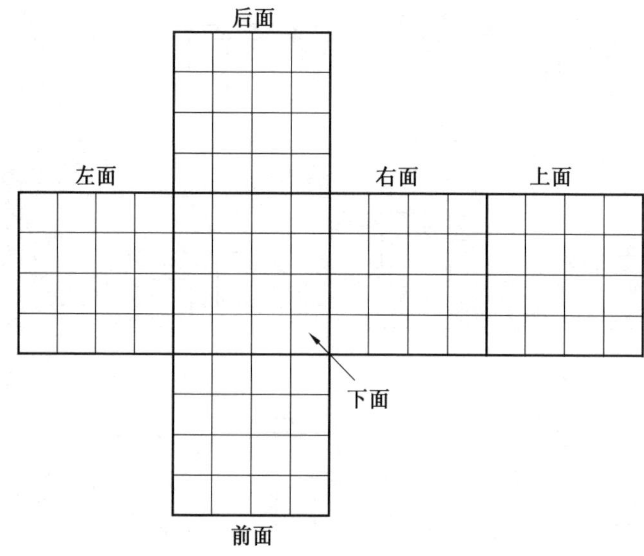

122. 边长分别为 10,8,6,4,2 的 5 个黑色三角形薄板和边长分别为 9,7,5,3,1 的 5 个白色三角形薄板相互叠放,如图 A 所示.

请确定下图中 V 方向和 W 方向的视图.

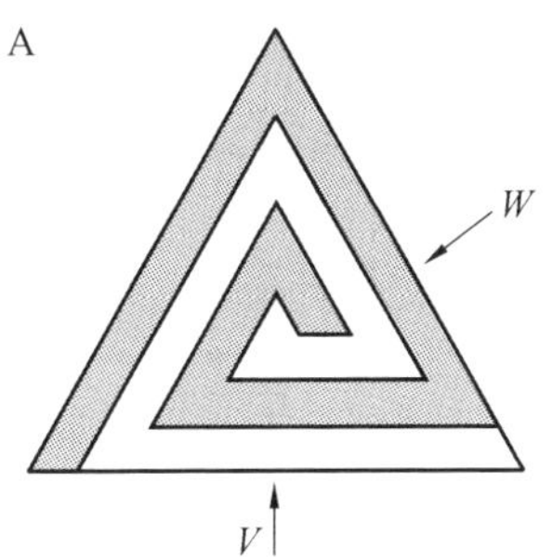

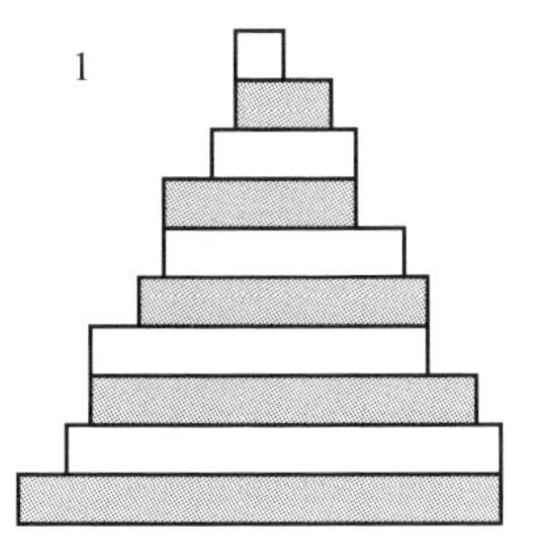

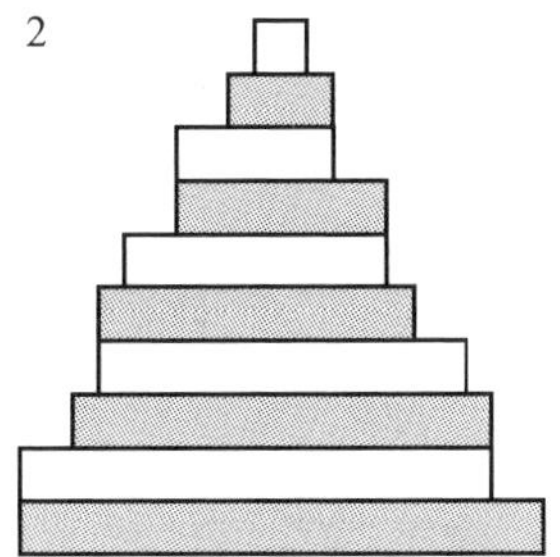

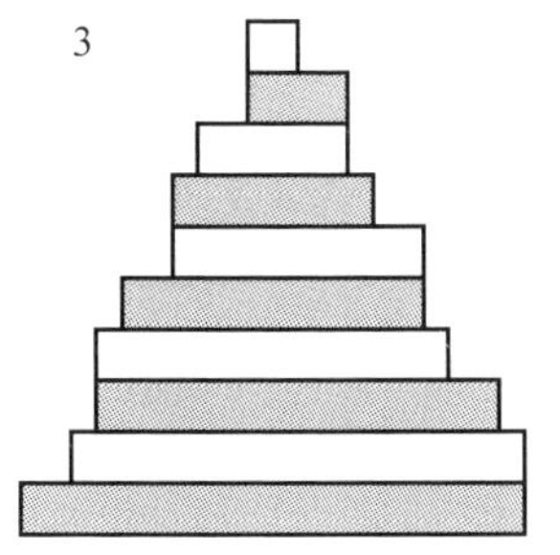

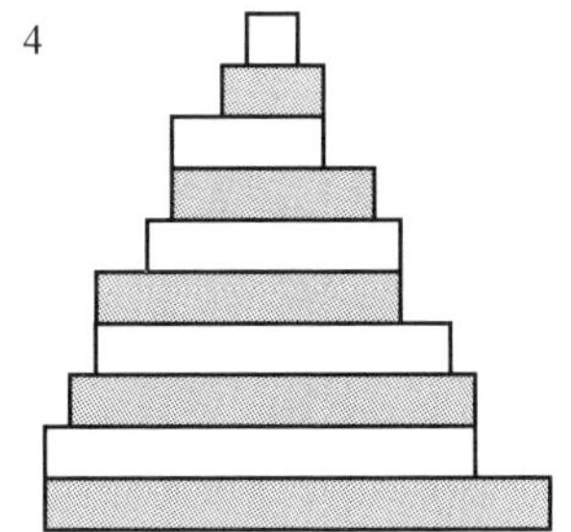

123. 有两个图形，每一个都由 7 个小立方体构成. 想象地移动它们，使对应点 A,B 和 C 重合. 这两个图形的公共部分会什么样？

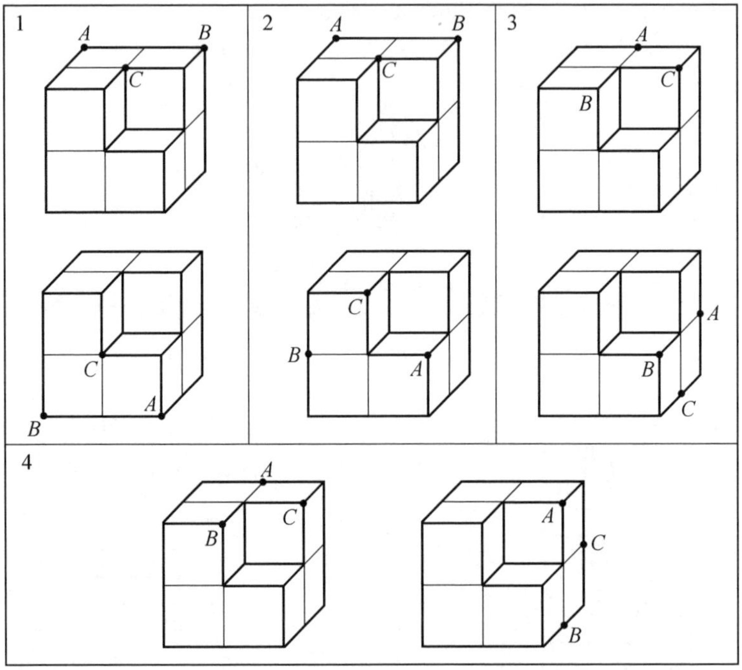

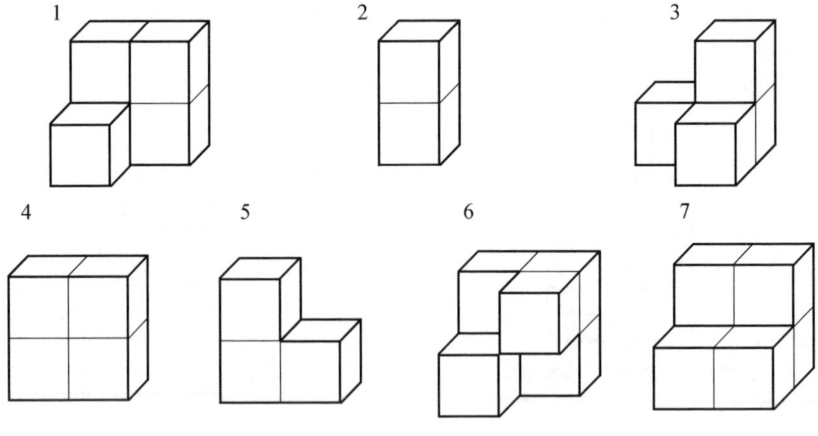

124. 给出两个图形,每一个都由 6 个小立方体构成. 翻转右边图形:(1)绕 a 轴 180°;(2)绕 b 轴 90°. 每一种情况翻转后图形的公共部分什么样?

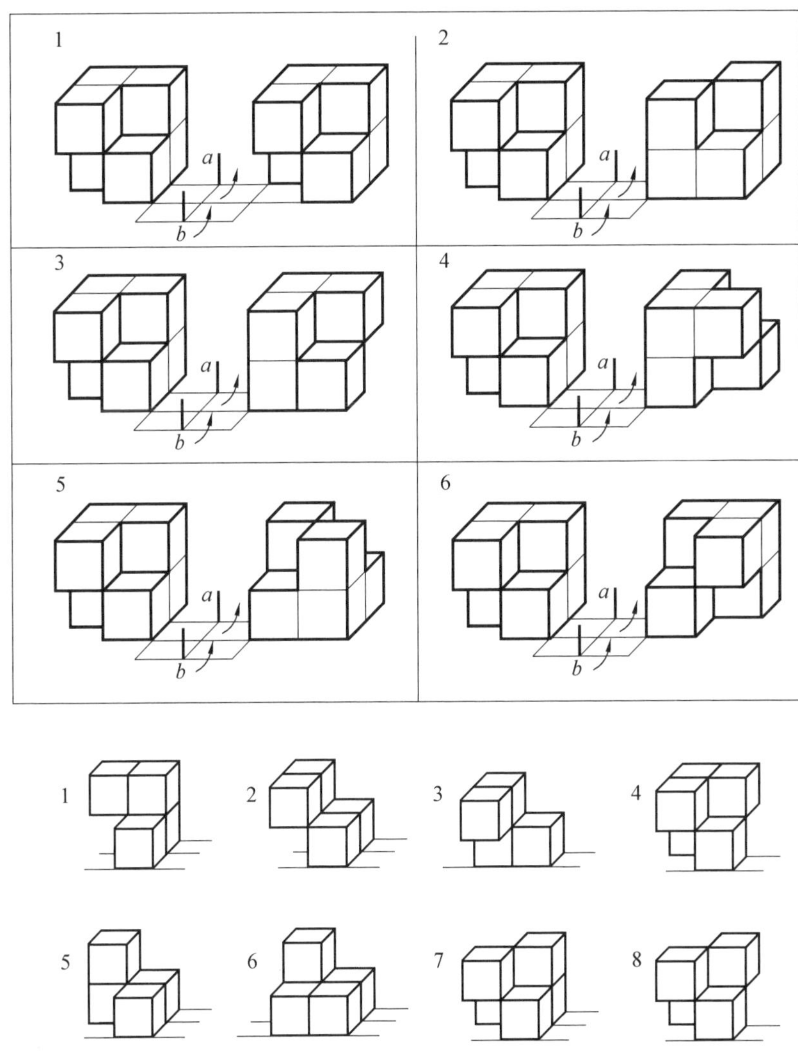

125.请制作提出的智力游戏玩具.对智力游戏1,2,7:取下环A;在智力游戏3中:把环(不能从孔中通过)移到右边的绳扣中;在智力游戏4中:解下剪刀;在智力游戏5和6中解脱绳索.

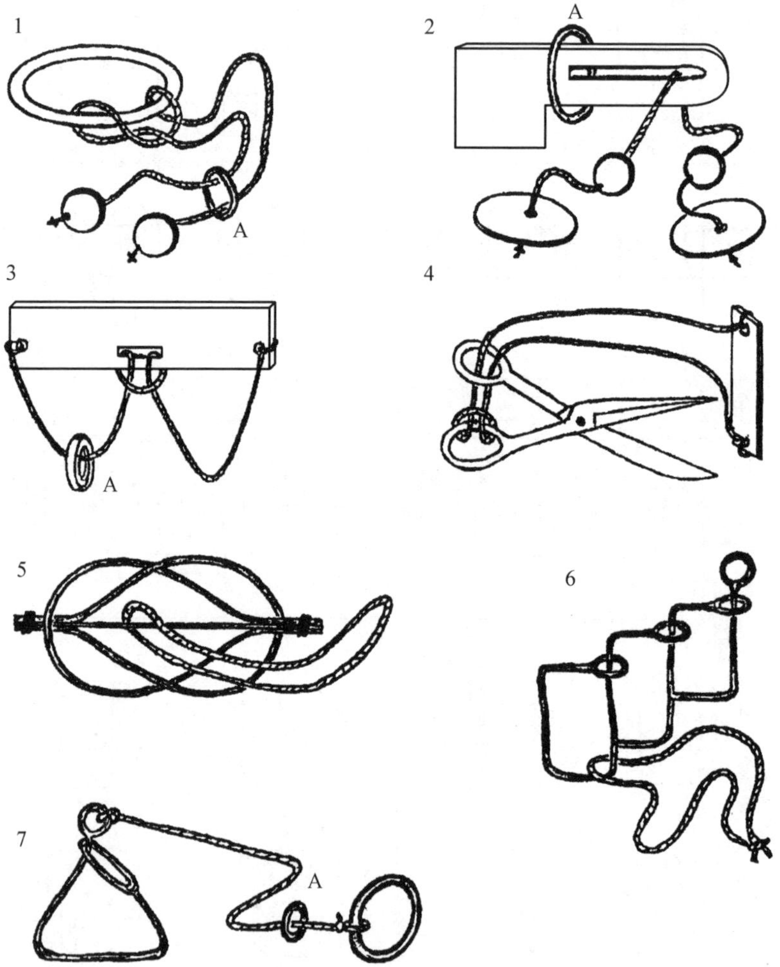

1 A

2 A

3 A

4

5

6

7 A

126.想象地使两个立方体结合到一起.粗线从前、从右和从上的投影构成由 3 个字母组成的一个单词.请读出它.

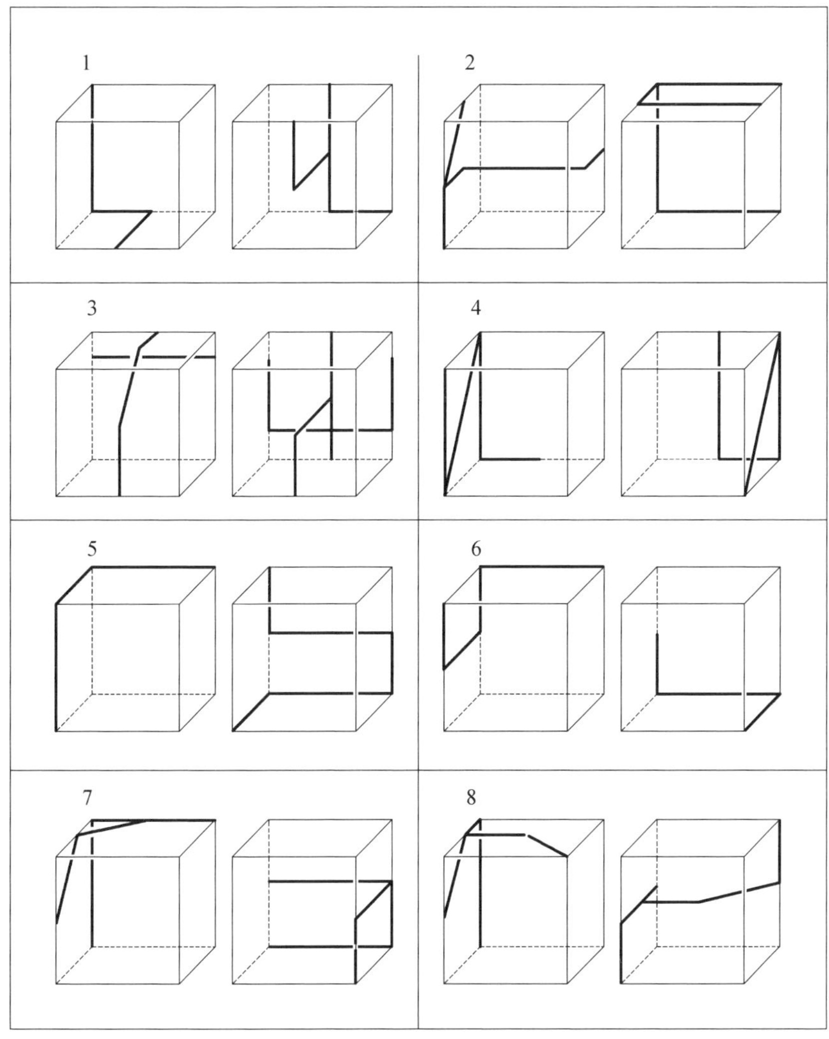

127. 在图形 A 的面上涂有 4 个标记，其中 1 个标在展开图上.

请在展开图上标出其他标记.

A

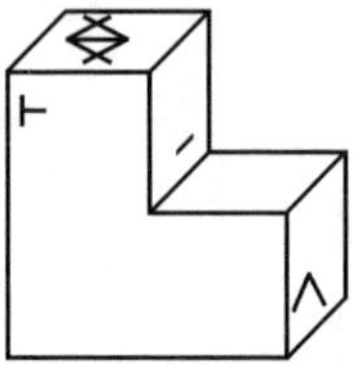

1

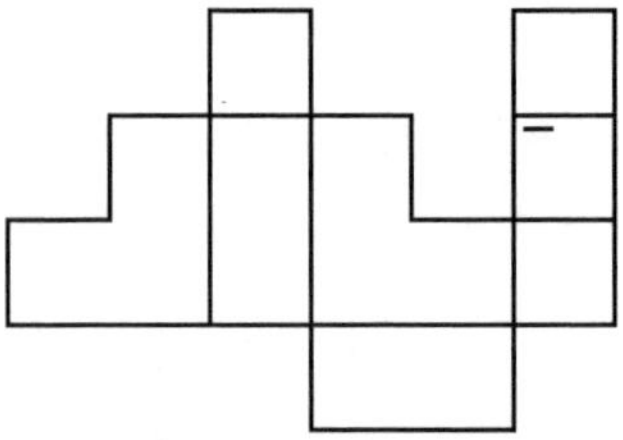

2

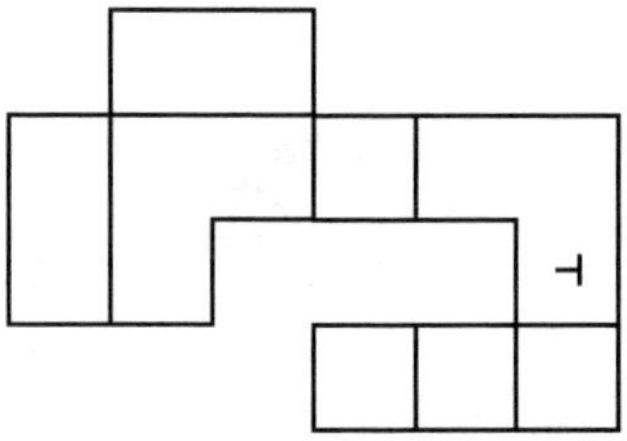

3

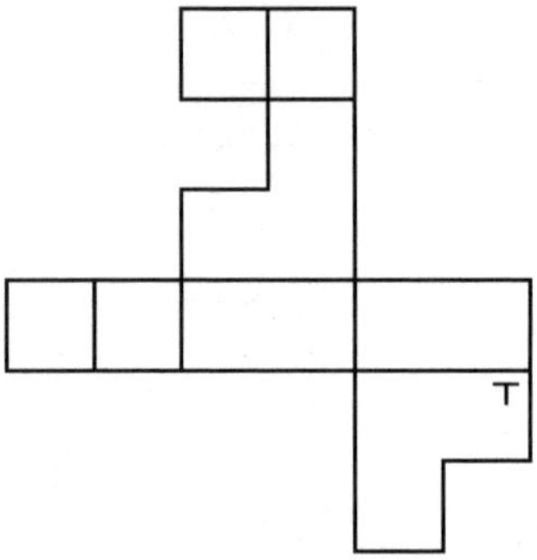

4

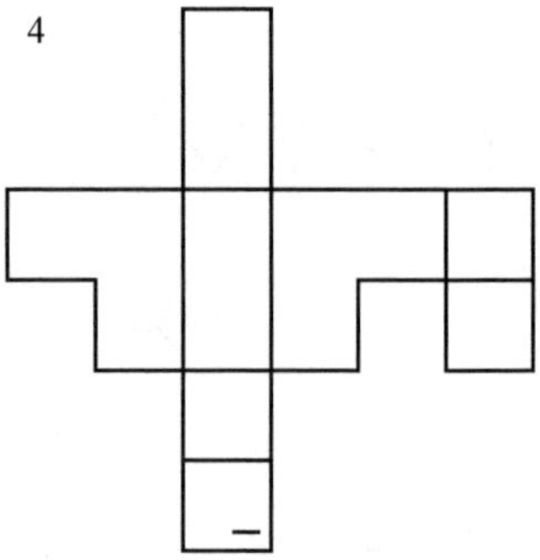

5

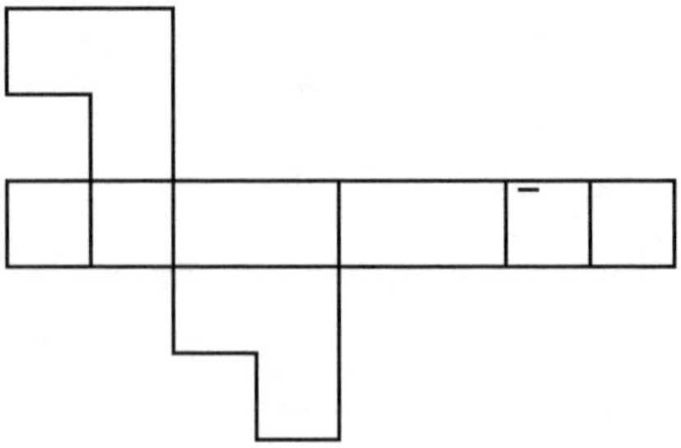

6

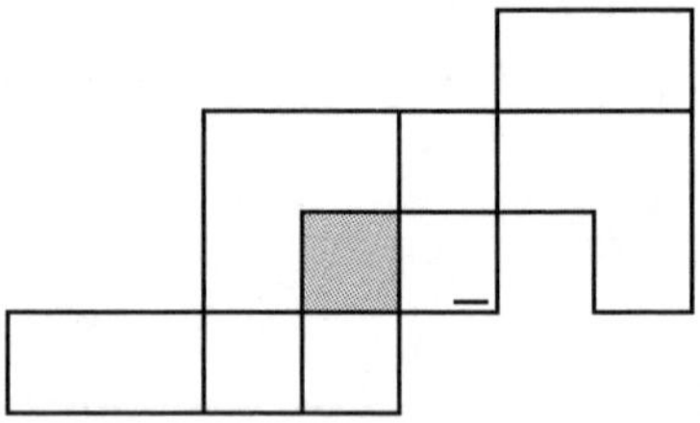

128. 图形无滑动地按箭头方向翻转. 在一个面触及另一个图形的面后，它们就会粘上. 请确定所有翻转后结果得到的图形.

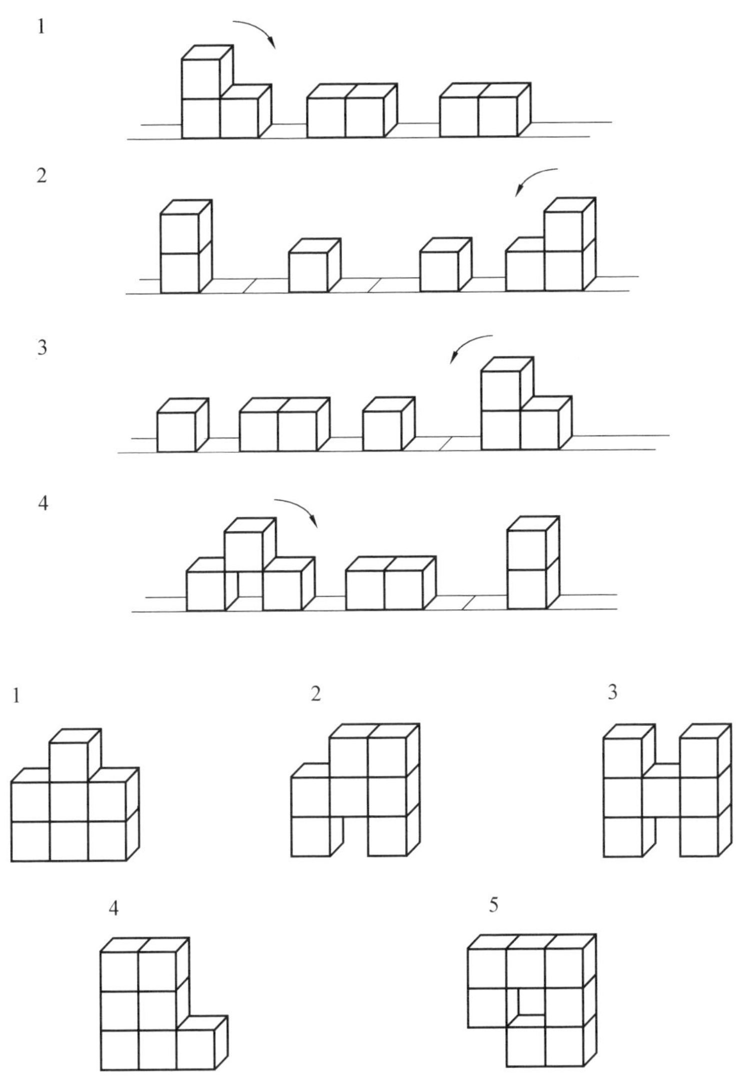

129. 由写有字母的展开图贴成立方体，字母朝外. 请在能看见的面上写出适当形态的字母.

1

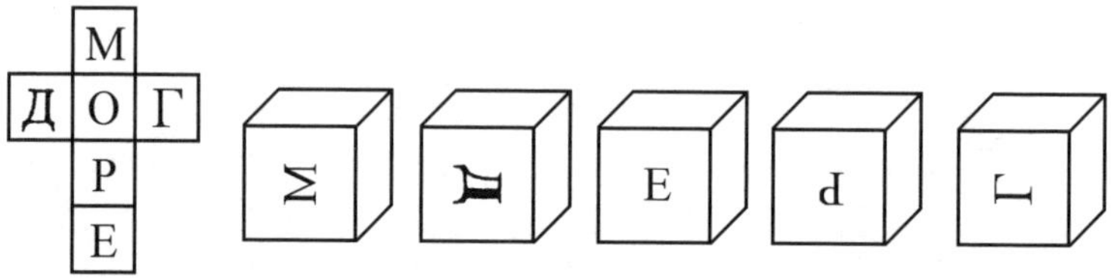

	М	
Д	О	Г
	Р	
	Е	

2

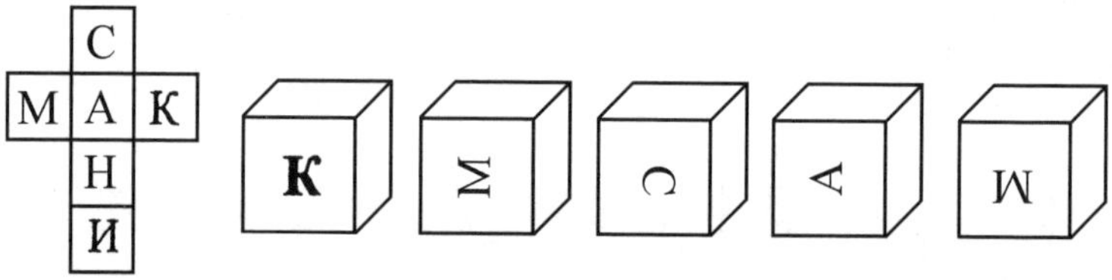

	С	
М	А	К
	Н	
	И	

3

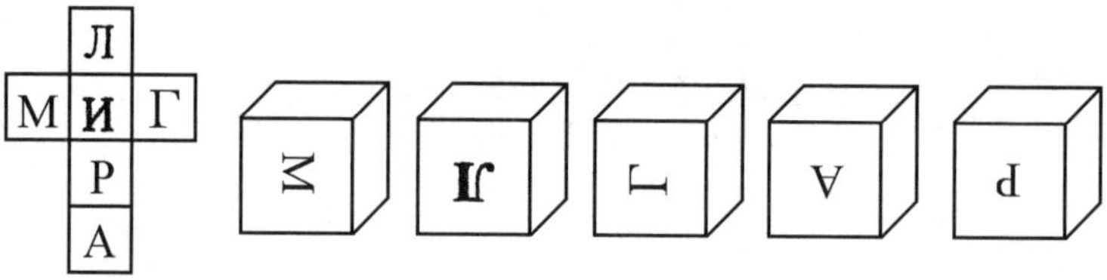

	Л	
М	И	Г
	Р	
	А	

4

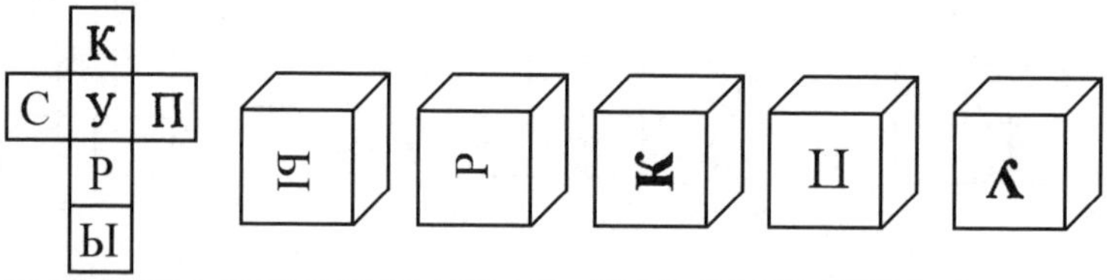

	К	
С	У	П
	Р	
	Ы	

130. 由下面的 7 个小立方体组成 $3\times3\times3$ 的立方体，并组成下面所画出的每一个图形.

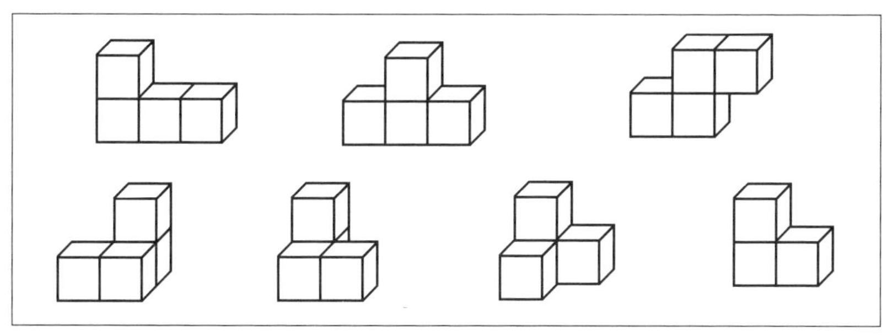

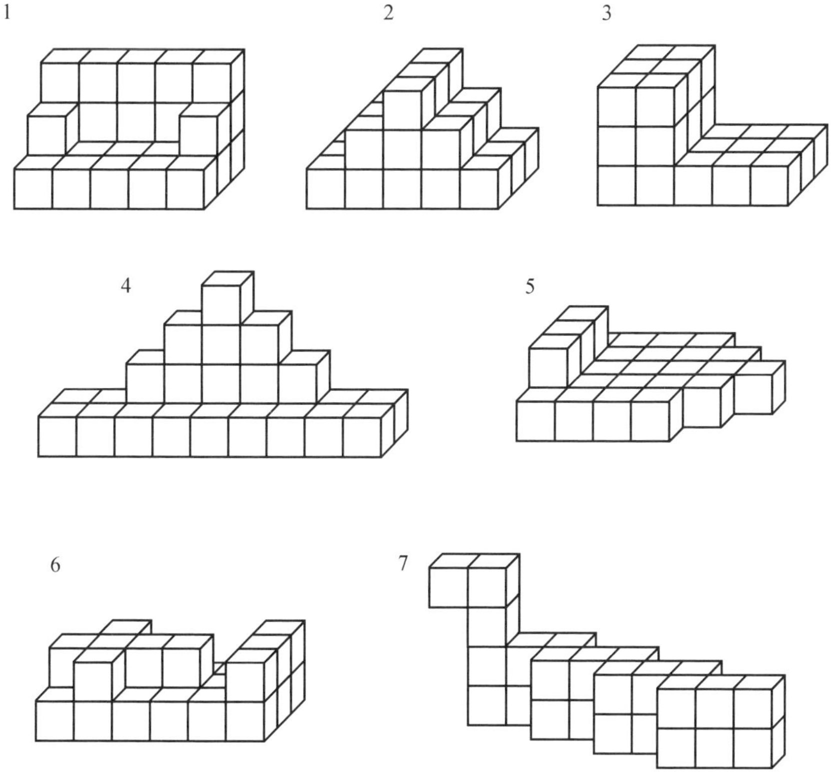

1

2

3

4

5

6

7

131.27 个小立方体都由透明材料(有机玻璃)制成.在相对的面上涂有宽度为$\frac{1}{3}$立方体棱长的相应条带.现有 3 个立方体 1,立方体 2～5 各 6 个.

请用这些小立方体组成 3×3×3 的立方体,使该立方体的所有 3 个方向都不透光.

按预先提出的各面的透明部分与不透明部分交错,试着组成 3×3×3 的立方体.

如果把一个小立方体上一个面上的每一个条带都用不重复的 3 种颜色之一涂色,那么可以解决更有趣的问题,例如,使每一个方向只有 1 种颜色.

与同学一起玩一个游戏:每人都取 13 个立方体,依次把它们摆成 3×3×3 的立方体,使得在所选出的方向着色部分最大.

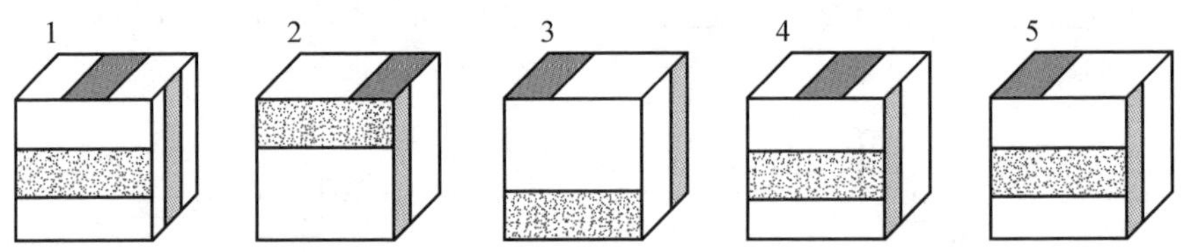

132.制作一组小图形,它们都由相同的小立方体构成.在小立方体的各面上画有相同数目的点.小立方体面的颜色用字母标出,组成 3×3×3 的立方体,使在一个面的任何一行不能遇到两个具有相同点数的小立方体.

与同学一起玩一个游戏:游戏者轮班取一个小图形来组成一个 3×3×3 的立方体.使组成 3 个一排的小立方体颜色相同的人为败者.

图中 A——红色,B——黄色,C——蓝色.(译者注)

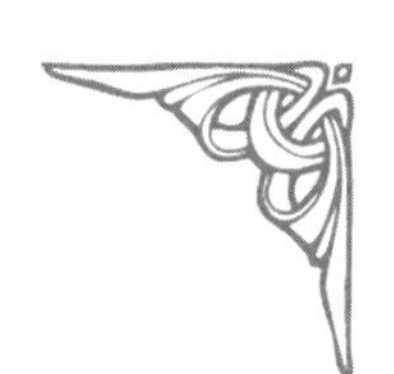

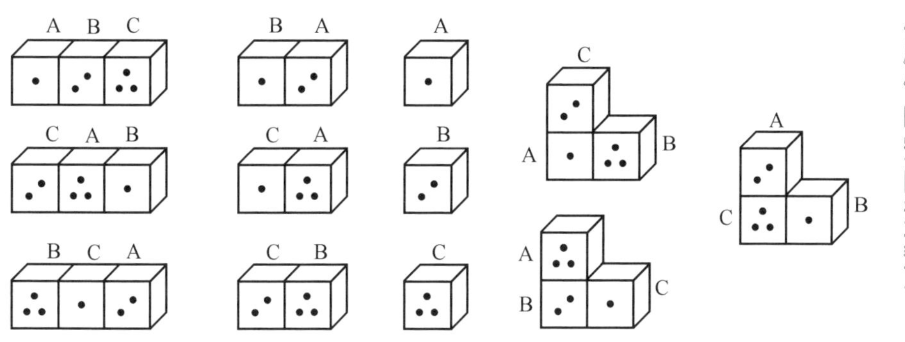

133.由四个 1×1×1 的小立方体组成的图形 A 可以填满 4×4×4 的立方体.在图上表示的是填充立方体底层 1,第二层 2,第三层 3 和第四层 4 的示意图.用相同数字表示的是属于同一图形的小立方体.请画出用图形 B 填满 4×4×4立方体的示意图.

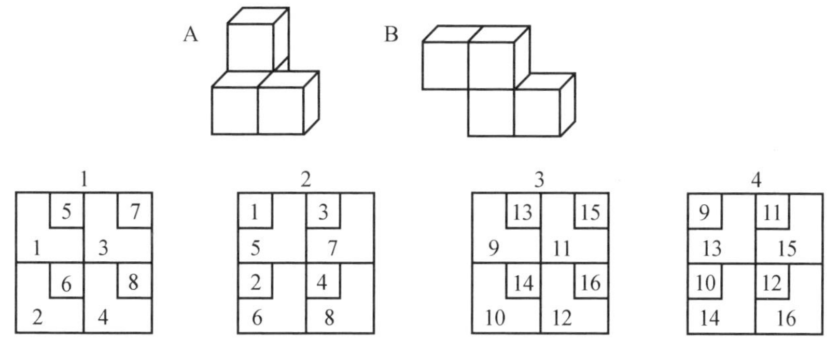

134.立方体由 27 个相同小立方体构成,从中去掉 24 个小立方体,使剩下的 3 个小立方体要么有公共面,要么有公共棱.可以得到多少个这种不同的图形?把它们画出来.由这些图形(所有的或部分)组成 3×3×3 的立方体,并与上述情况类似,列出填充立方体的示意图.

135.小立方体的一个面用未干的油漆着色.无滑动地翻滚小立方体使所有画出的方格着色,且只使它们着色.未着色面与已着色方格相接触会被着色.是否可以做到所要求的？怎样做？你能通过几次翻转来完成？

136. 图形由 8 个相同的小立方体构成. 有多少种方式可以从上面放两个小立方体(把面放在小方格上)，使得到的图形不同？在下图上标出需要放小立方体的那些方格.

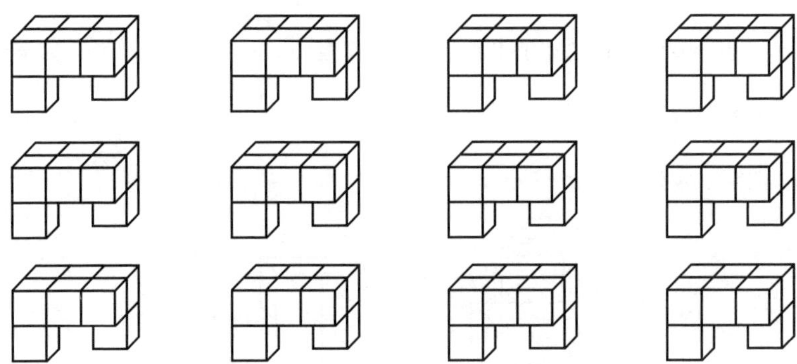

137. 往长方体 $ABCD\text{-}A_1B_1C_1D_1$ 中放入 4 个截短的棱锥 1，2，3，4，形状如图 A 所示，正方形是它们的底. 棱锥 1，2，3，4 的底的位置在长方体的底 $ABCD$ 和 $A_1B_1C_1D_1$ 上表示出来. 如果从无限远点看箭头 V 和 W 方向，棱锥之间会不会透光？

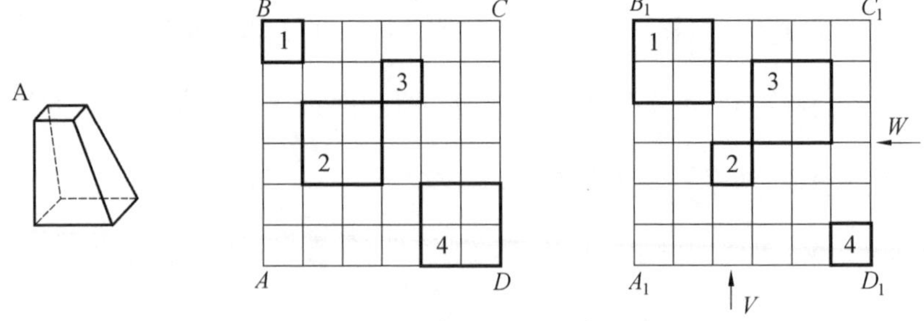

138. 这里给出的是 3×3 的方板,需要从一面对两个小方格着色,可以用几种不同的方式做到这一点? 如果对两个板不能做到使着色方格重合地放到一起,就认为是两种不同的方式. 请运用下面方格图.

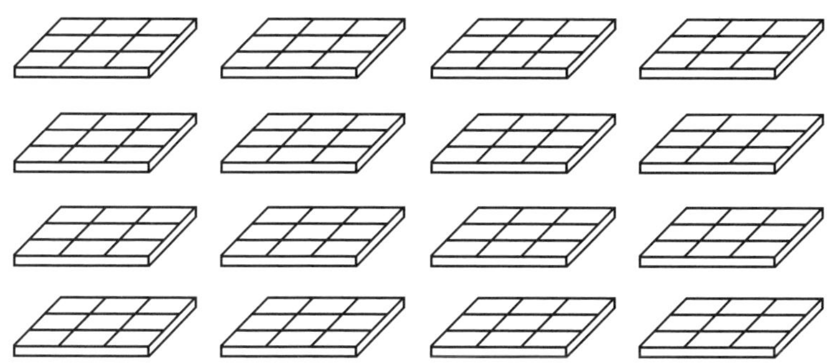

139. 这里给出的是用透明薄膜做成的 3×3 正方形,有一个小正方形被涂色. 要使所有涂色方格不同(平面转动及翻转到背面都不重合),再涂两个小方格,有多少种方式? 请运用下图.

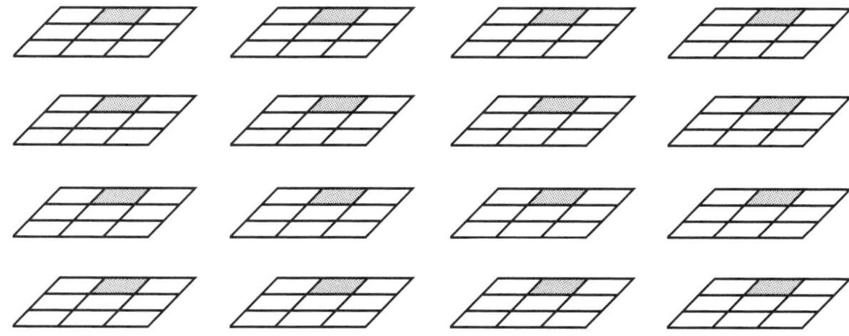

140. 下面给出的图形由 4 个相同的小立方体构成. 要把一个这种小立方体的一个面粘到图形小立方体的一个面上,并使所得到的由 5 个小立方体构成的各种图形在空间不重合,有多少种方式? 请运用所列出的图,补上小立方体.

1

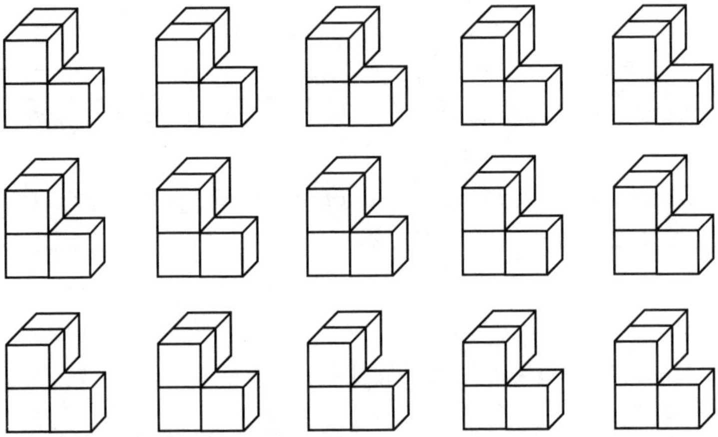

2

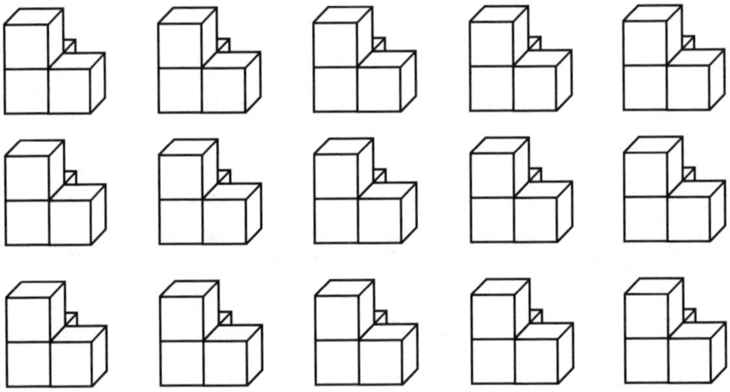

141.3 个相互垂直、有公共初始点的光线被连接到由 5 个相同小立方体构成的图形上.图中画出的是该图形的三种不同形态,请画出图形,把它接到下面这些光线图上.

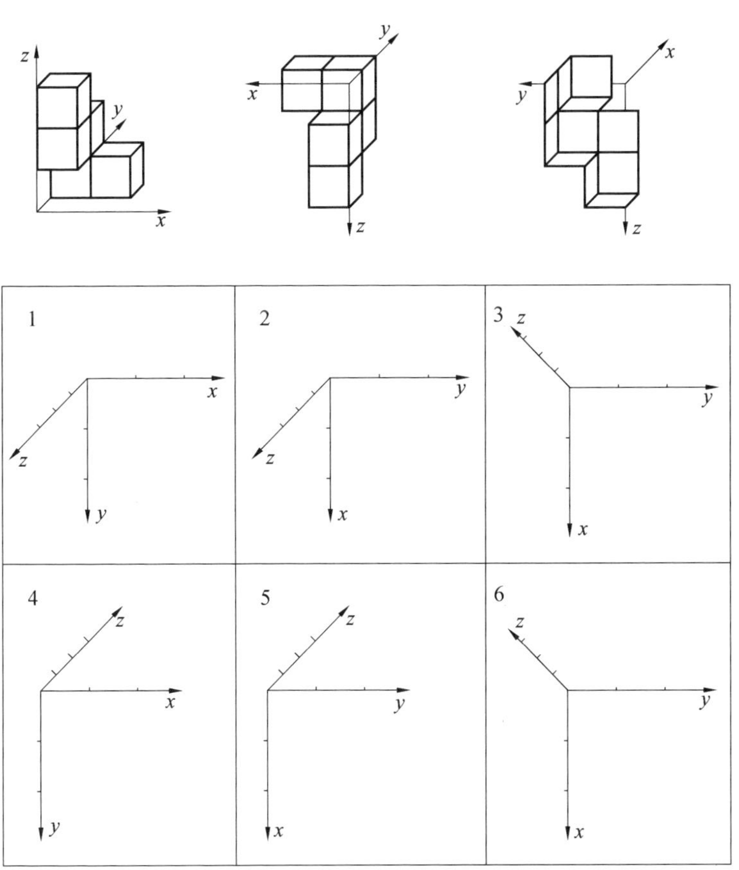

142. 如果把图形放在平面上，无滑动地翻滚它，那么上面(着色的)粗平截线会在平面上留下一条痕迹. 请把它找出来.

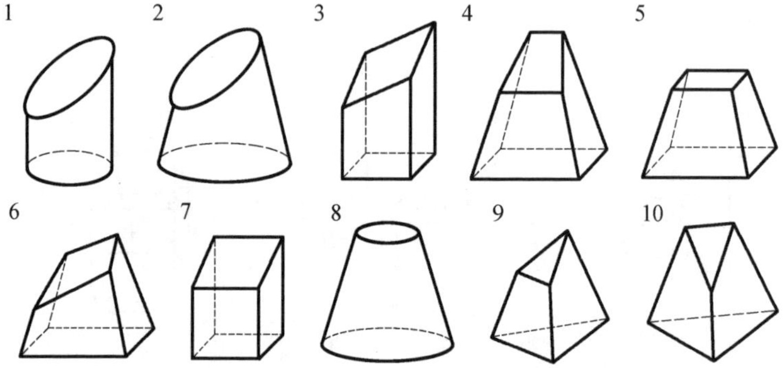

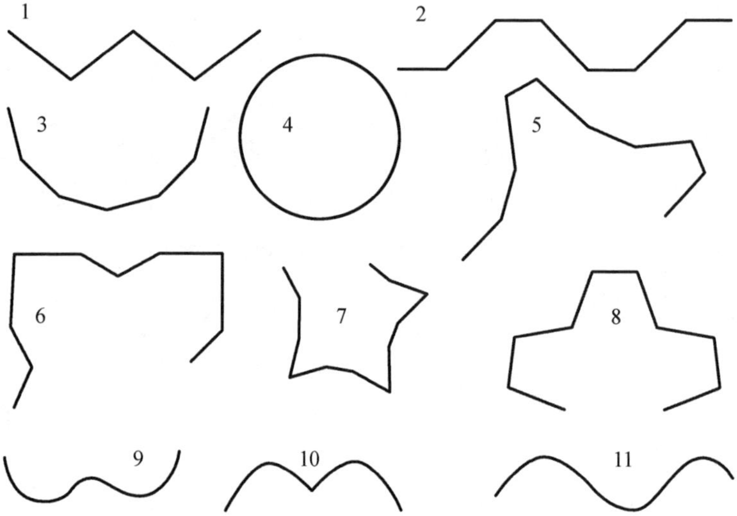

1 2 3 4 5

6 7 8 9 10

1 2

3 4 5

6 7 8

9 10 11

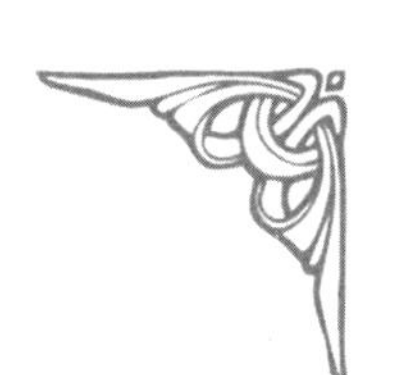

143.进行必要的计算,用纸制作下列多面体:

(1)具有相同高的 4 个直立棱柱和 1 个三(角)棱锥(参见下面图形).

(2)2 个多面体.由这 2 个多面体既可以组成直(立)三(角)棱柱,又可以构成斜棱柱.

(3)2 个直(立)棱柱.如果把三(角)棱柱从一面放到四(边形)棱柱上,可以得到长方体,而从另一面放到四(边形)棱柱上,可以得到非长方体的平行六面体.

(4)3 个三(角)棱锥.由这 3 个三(角)棱锥可以构成直(立)三(角)棱柱.

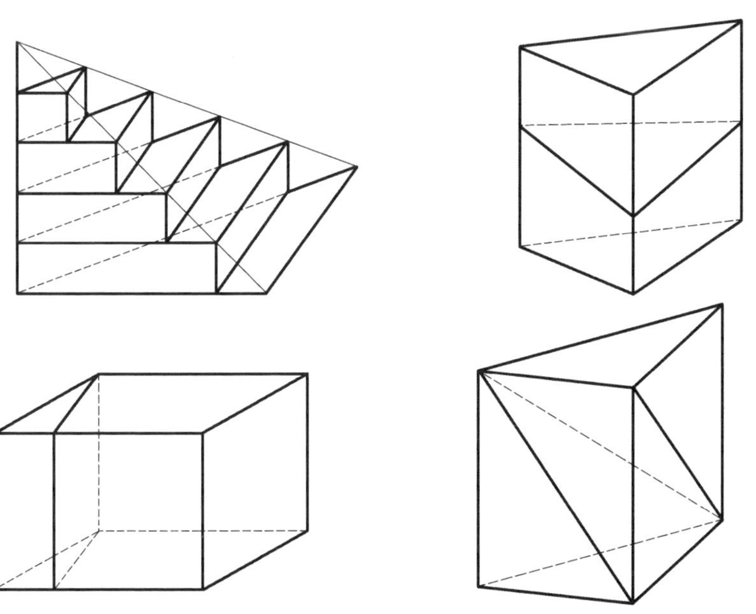

144. 在哪个多面体中通过给出 3 点的平截面作得不正确？

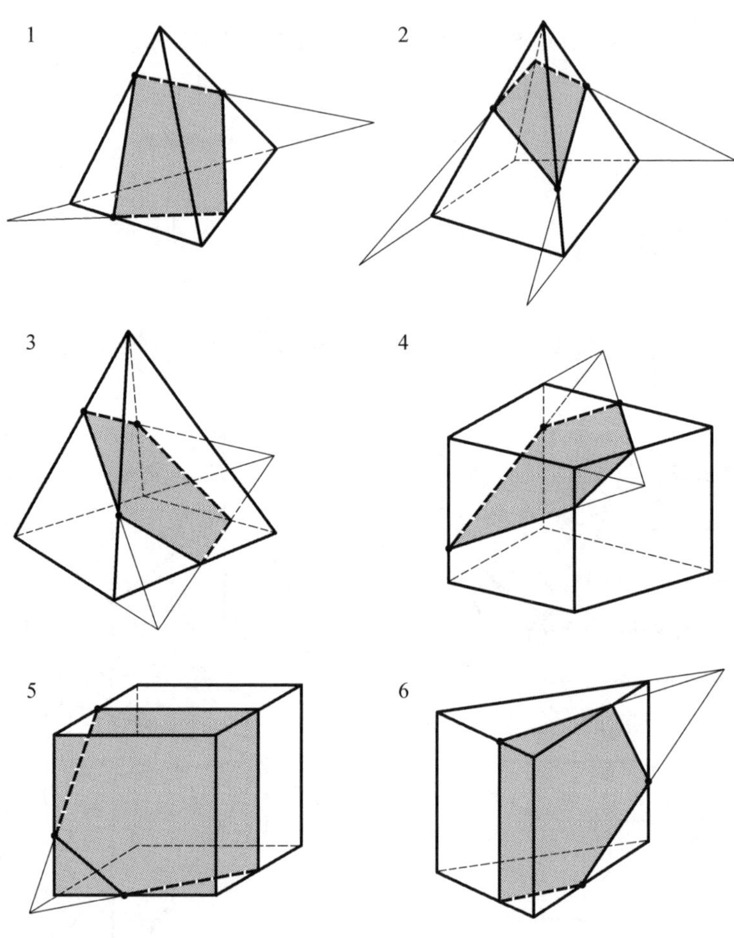

145. 给出一个棱柱，下面列出的直线对在图上用平行线表示. 问它们实际上是否平行.

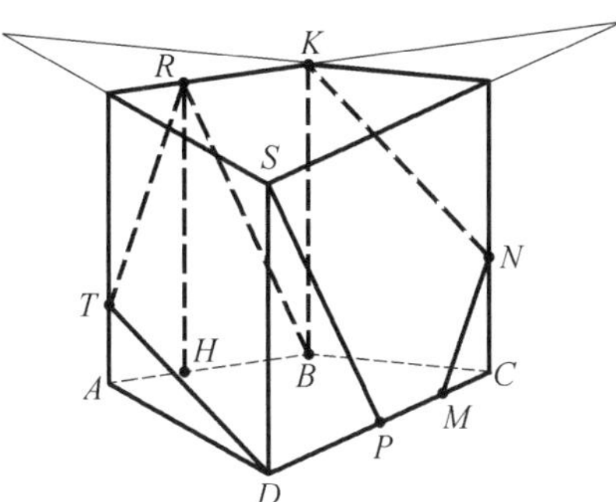

(1) TR 与 MN；(2) BR 与 PS；(3) KN 与 TD；(4) RH 与 SD？

146. 给出一个四棱柱 $ABCD-A_1B_1C_1D_1$，在侧棱上标出一些点. 请作出下列直线与平面的交点.

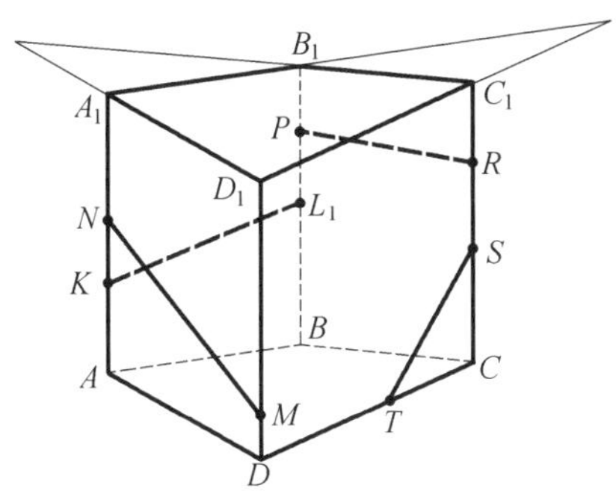

(1) MN 与 BB_1C_1C；(2) KL 与 DD_1C_1C；(3) PR 与 AA_1D_1D；(4) TS 与 AA_1B_1B.

147. 圆锥体和圆柱体被平面所截.研究图形,并理解平面的位置;直截面和椭圆的相互位置怎样.

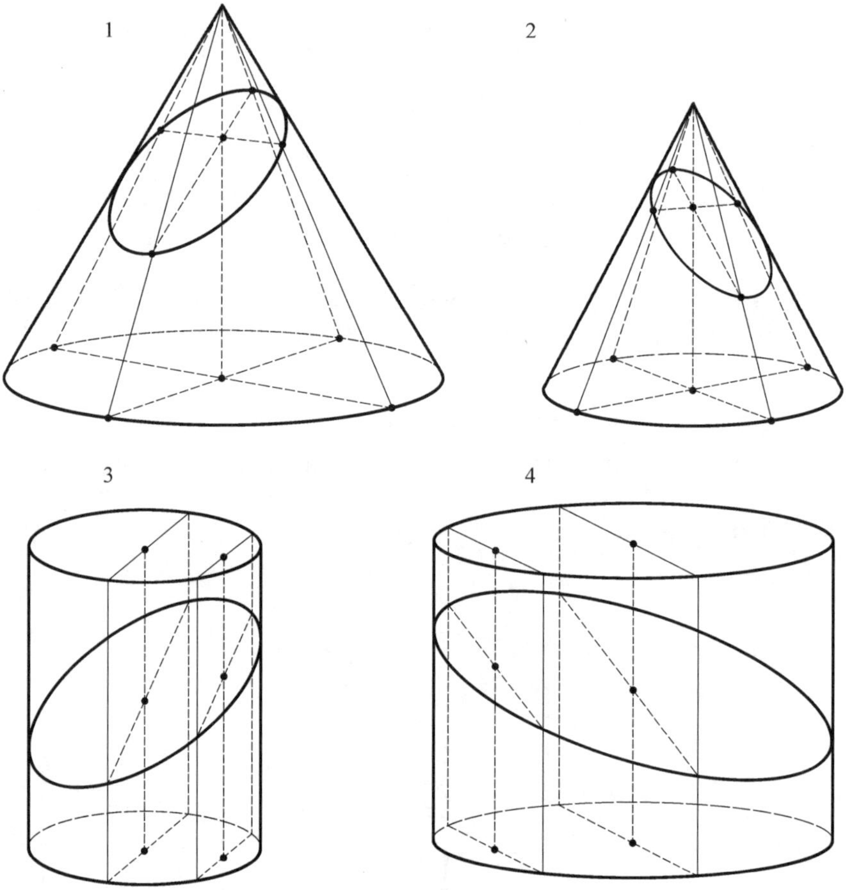

1

2

3

4

148. 在多面体图上作有细线，表示绘制通过给出三点的平面对多面体的截面. 补充剩余的必须的线后，请解释绘制过程，并分出所得到的截面（看不见的线用虚线表示）.

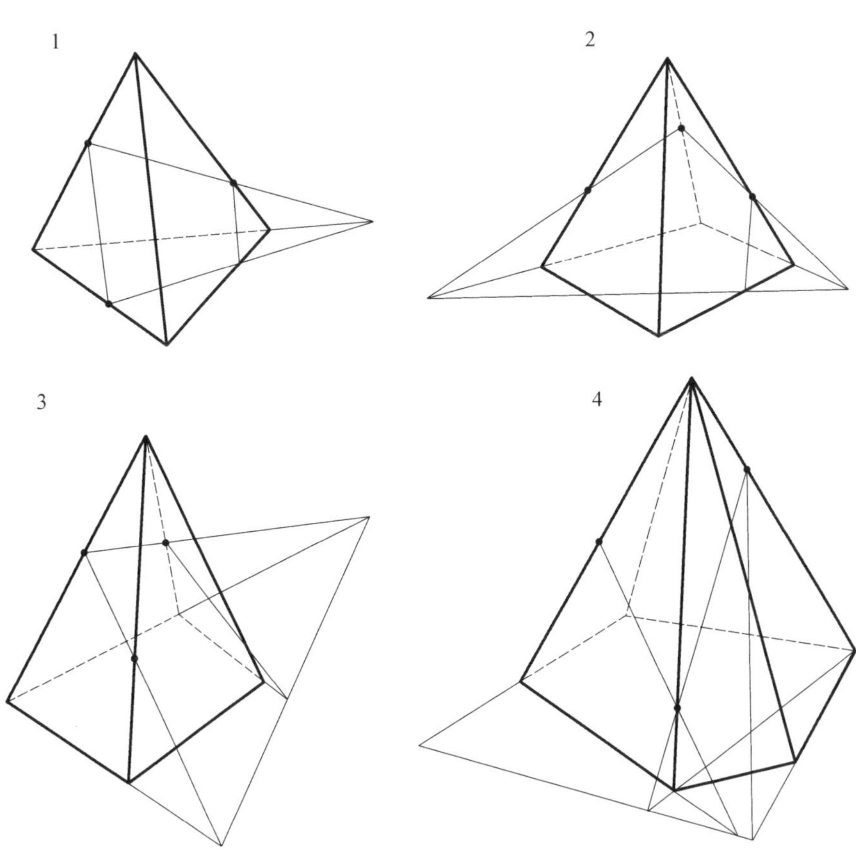

149.立方体的侧棱垂直于观察者方向.已绘制出平面对立方体的截面.哪一个点更接近通过观察者眼睛并垂直于观察方向的平面：

(1)T 还是 S；(2)P 还是 S；(3)P 还是 T？

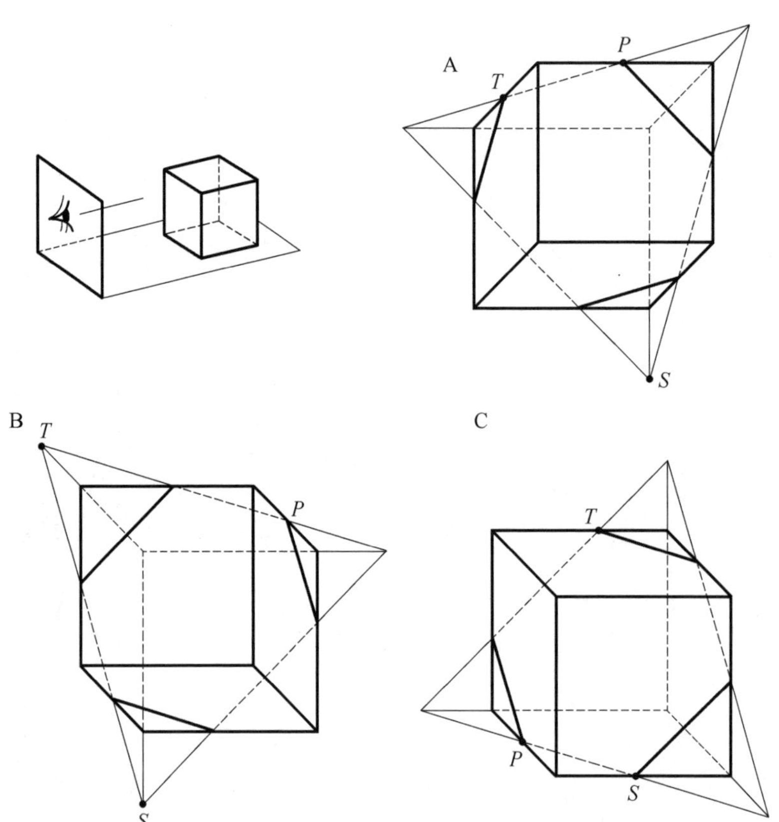

150. 在图上表示的是用通过给出 3 点的平面截棱锥的截面绘制过程. 请解释每一步绘制过程.

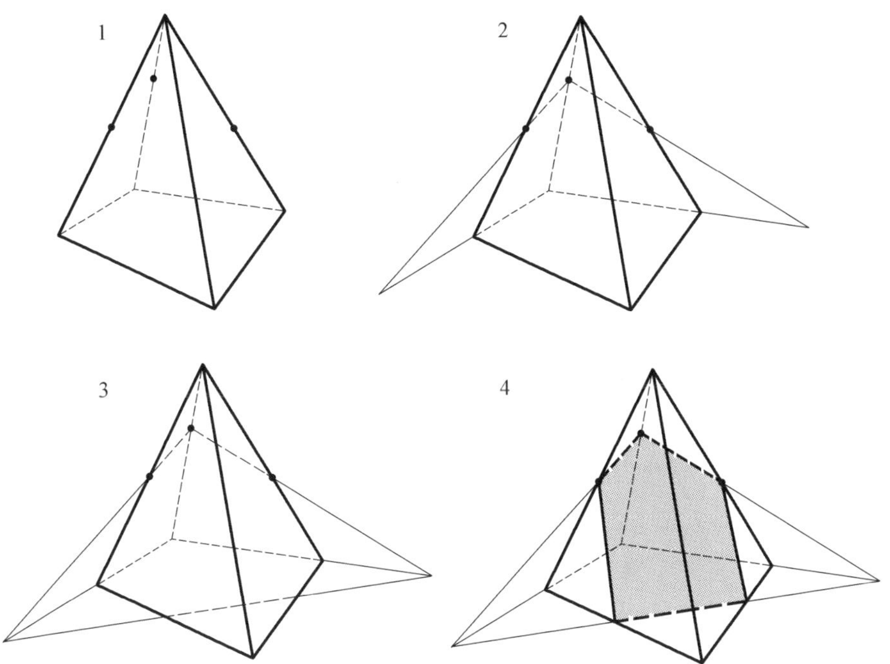

151. 在图上表示的是用通过给出 3 点的平面截棱锥的截面绘制过程. 请解释每一步绘制过程.

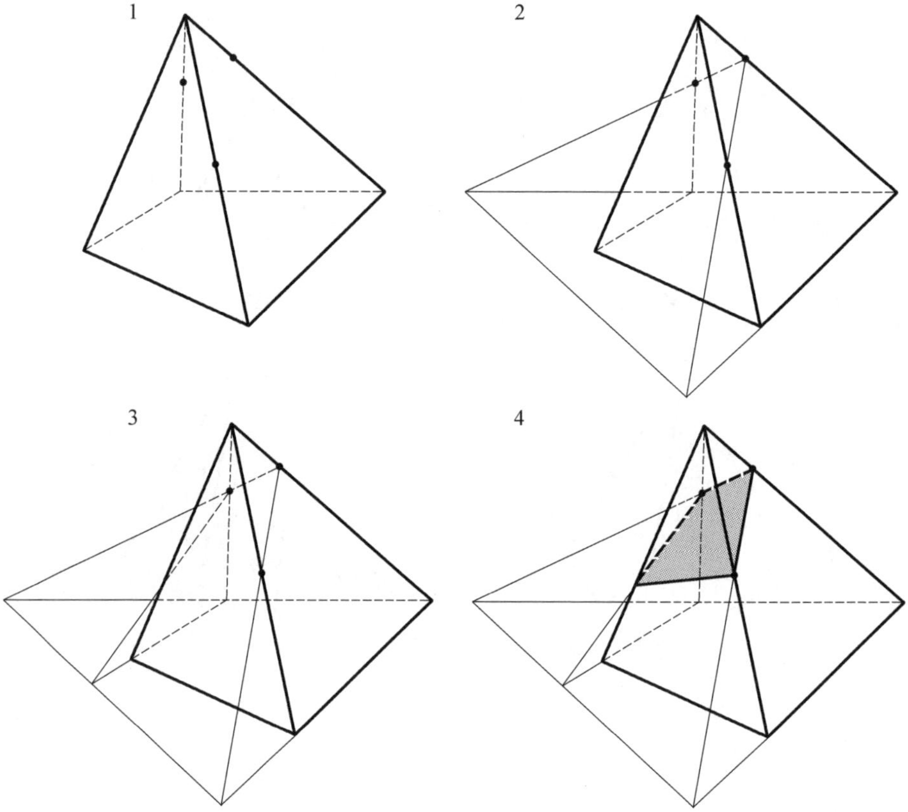

1　　2

3　　4

152. 在图上表示的是用通过给出 3 点的平面截棱锥的截面绘制过程. 请解释每一步绘制过程.

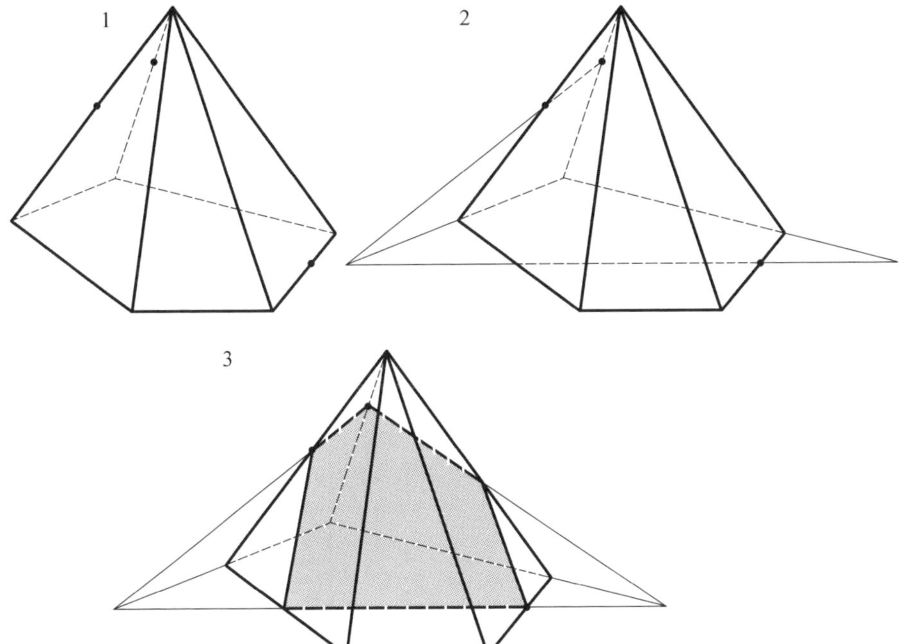

153. 在图上表示的是用通过给出 3 点的平面截棱柱体的截面绘制过程. 请解释每一步绘制过程.

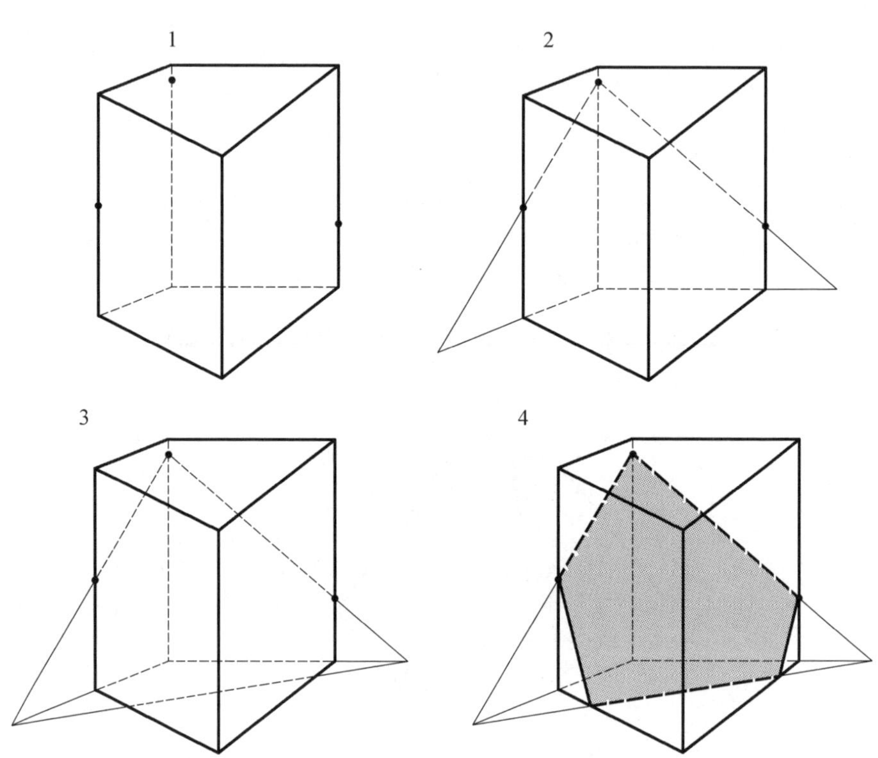

154. 在图上表示的是用通过给出 3 点的平面截棱柱的截面绘制过程. 请解释每一步.

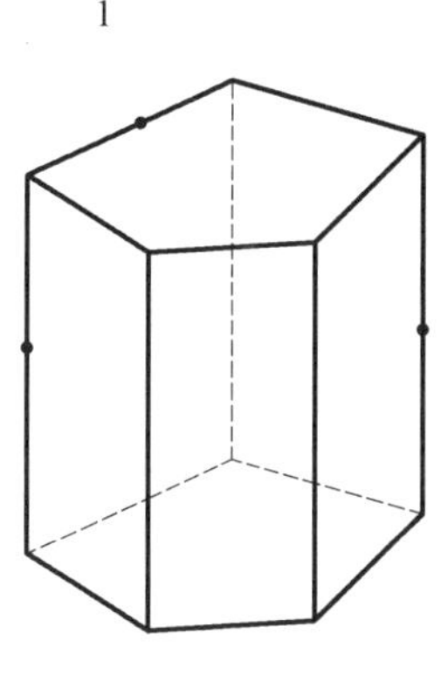

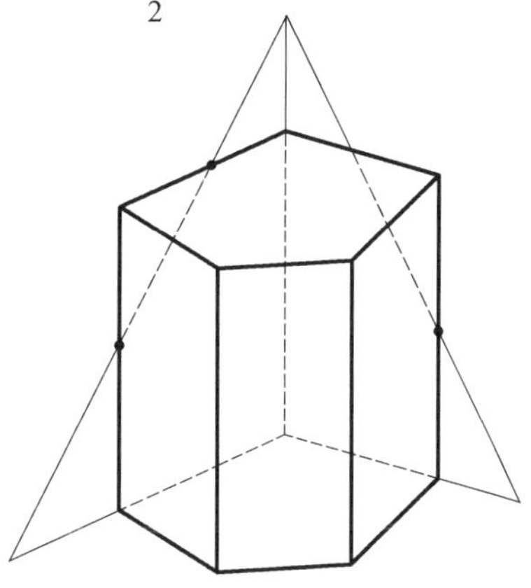

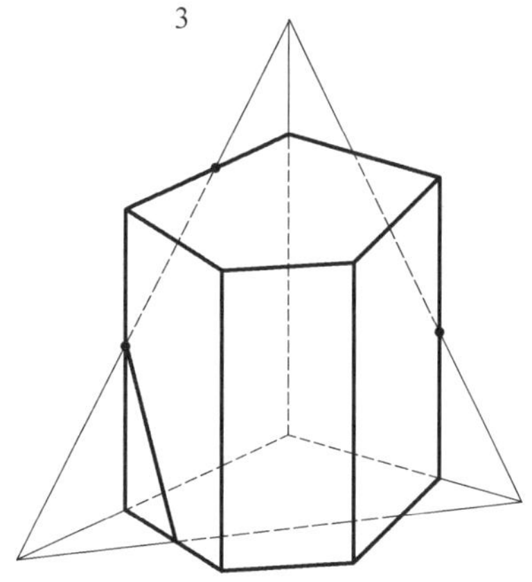

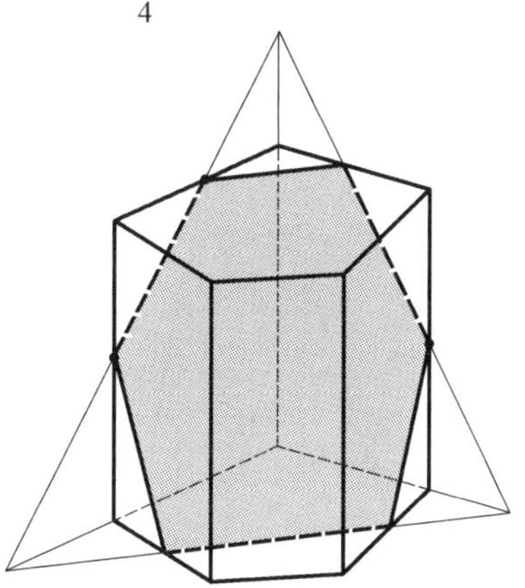

155. 给出一个三棱柱和一个三棱锥，它们的底位于同一平面. 棱柱的底与平行于棱柱侧棱，并通过棱锥顶点的直线的交点在图中被标出. 请研究棱柱和棱锥表面交线的绘制过程.

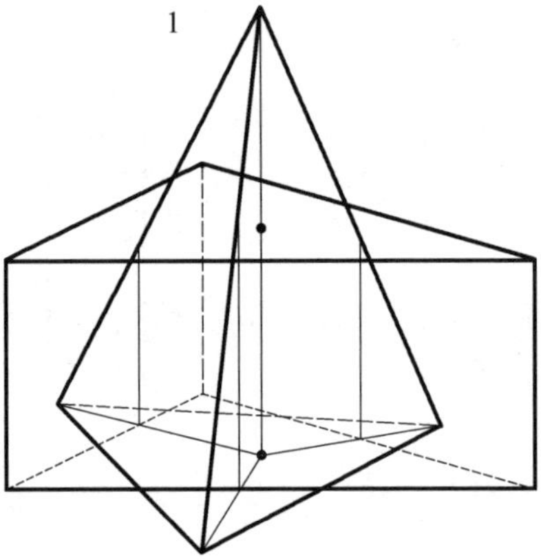

1

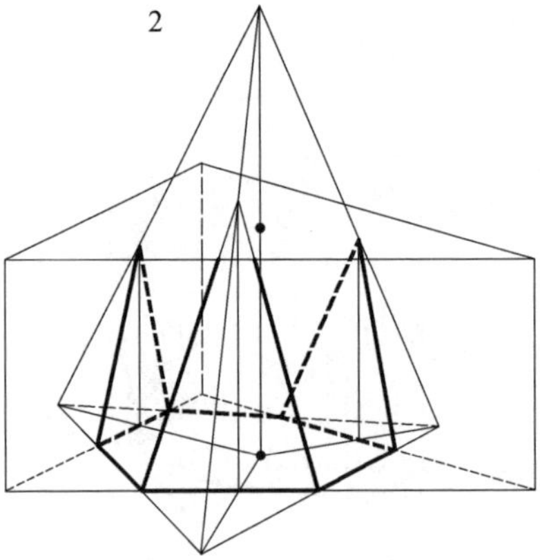

2

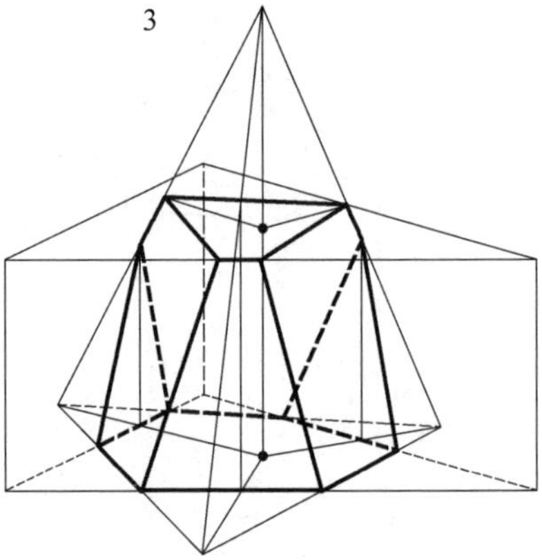

3

156.请研究下图.

157. 制作不同形式的“鬼结”智力游戏模具. 在第 1 个图上给出的是最简单形式的“鬼结”智力游戏模具，在第 2 个图上给出的是“玛卡罗夫海军上将十字”，在第 3 个图上给出的是由美国人卡特列尔想出的“比尔扳子”. 请用它们拼出“鬼结”.

1　最简单形式的“鬼结”

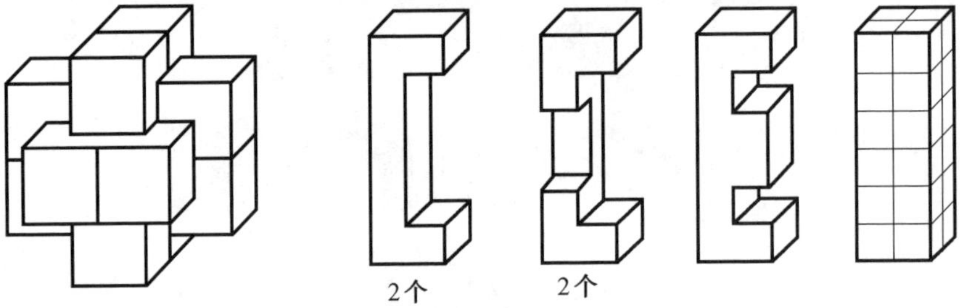

2个　2个

2　“玛卡罗夫海军上将十字”

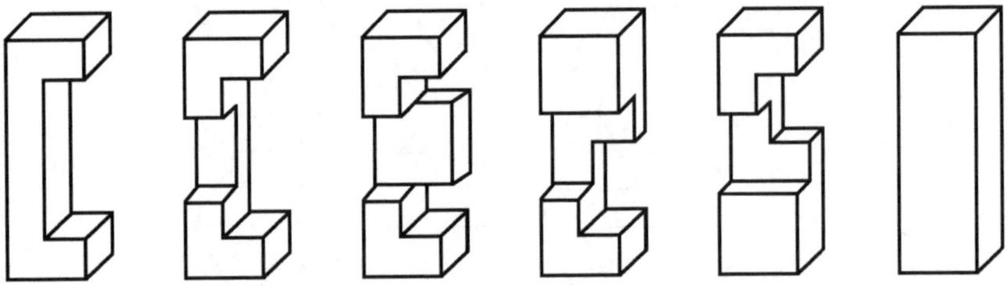

3　“比尔扳子”

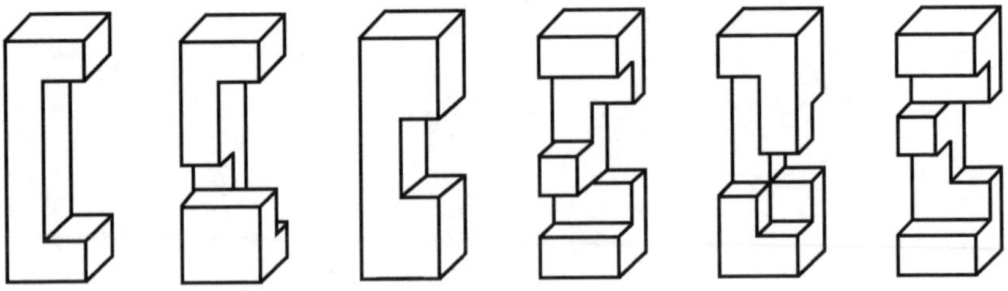

158. 五立方体组是由“面与面”相互连接的 5 个小立方体组成的图形. 总共存在 29 个不同的五立方体组. 下面图中列出了其中的一些,请画出其余的图形,并用木头或其他材料把所有这 29 个图形制作出来. 用五立方体组构成 3 层塔,其平面图如图所示.

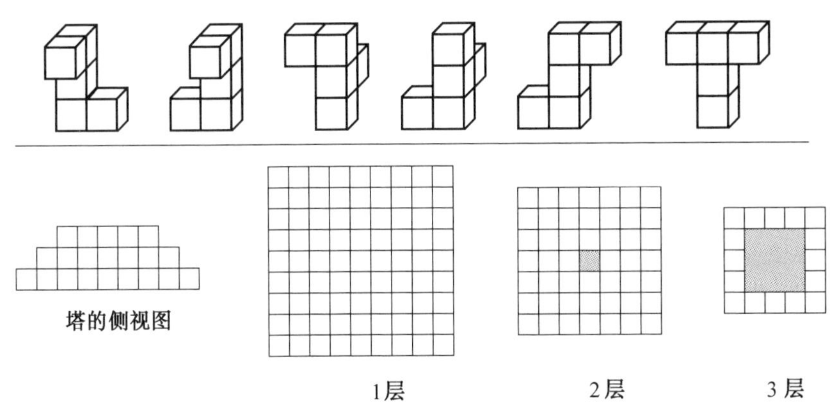

159. 看一看图,你能在图中看见什么?

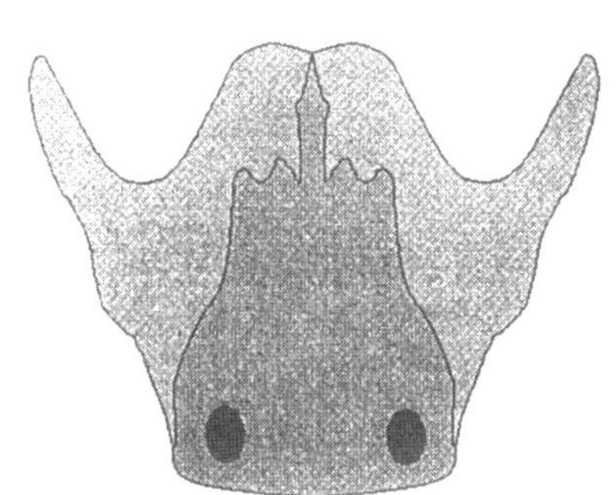

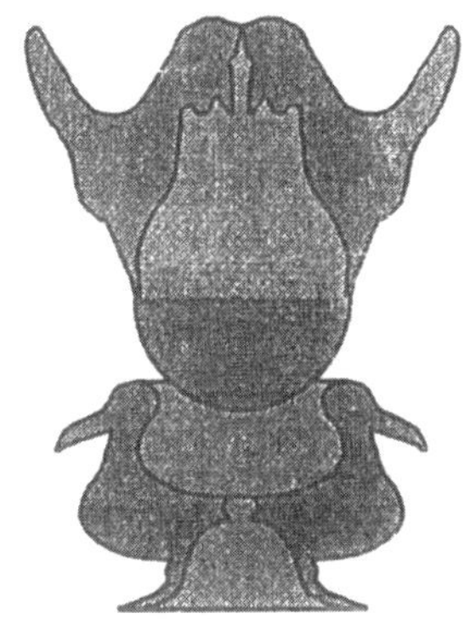

参考答案

2. 1—C,2—D,3—B,4—A,5—C,6—A,7—B,8—C,9—D.

5. 1—6,2—7,3—1,4—5,5—3,6—8,7—4,8—9,9—2.

6. 移近—6,7,9.

9. 叉子,勺子,锤子,手表,克丝钳,熨斗,吉他.

10. C—4,D—7,E—8,F—11.

11. A:A—10,B—12,C—11,D—6,E—4,F—5;B:A—1,B—3,C—2,D—9,E—7,F—8.

18. A. 3;B. 3.

20. (1)Брусника;(2)Геометрия.

21. 参见下图

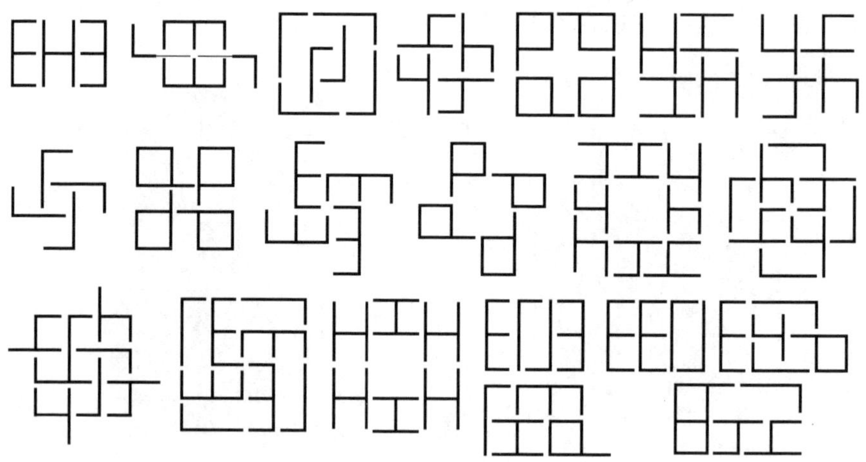

22. 1—向上;2—向下;3—向下;4—向下.

24. A—1,B—5,C—4,D—2.

25.参见图

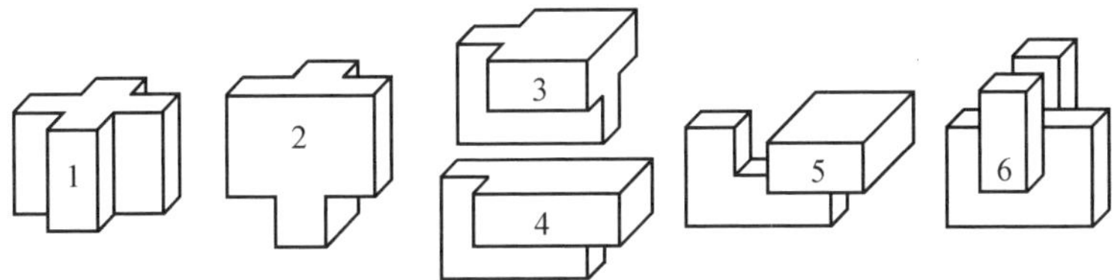

26.1,3,4,6,10,14,15,16

27.

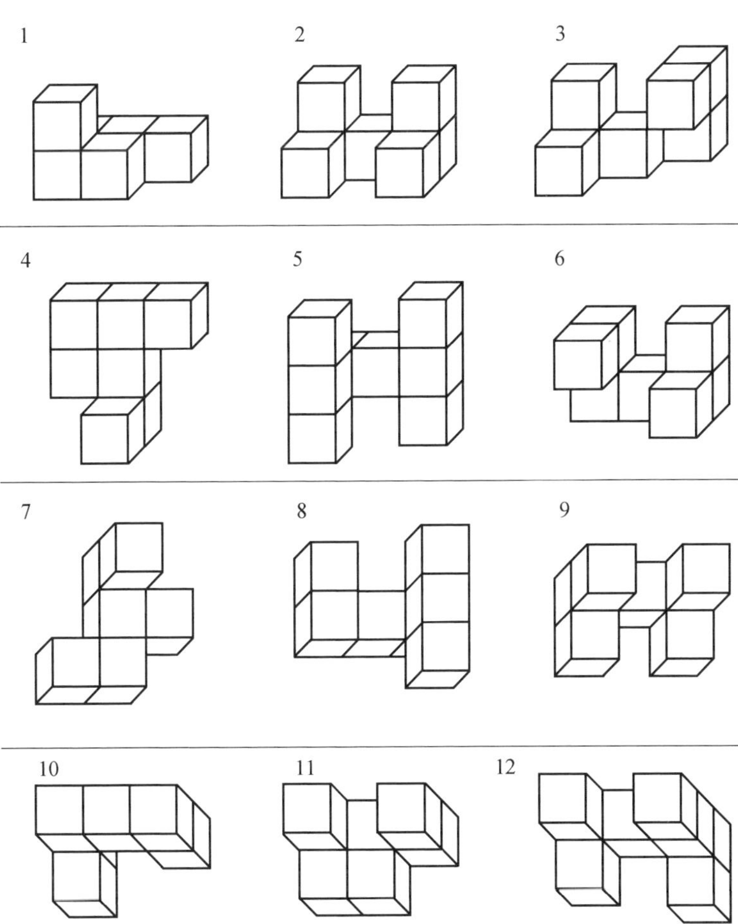

28. A—6,B—3,C—1,D—4.

29. 1—8,2—6,3—11,4—7,5—9,10—12.

30. A—4,B—1,C—3.

31. A—1,B—4,C—2.

33. 1,2,5,6.

34.

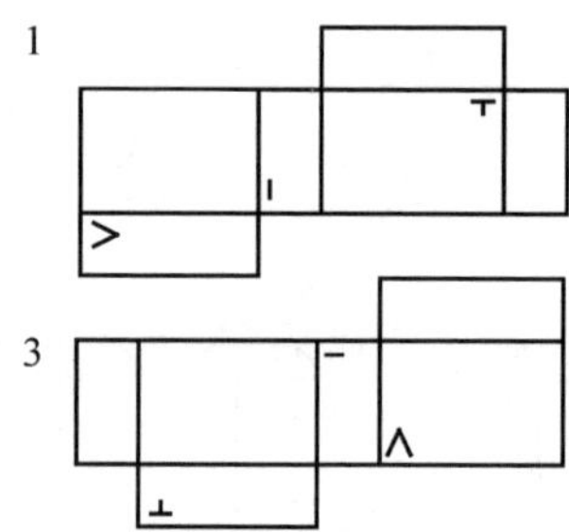

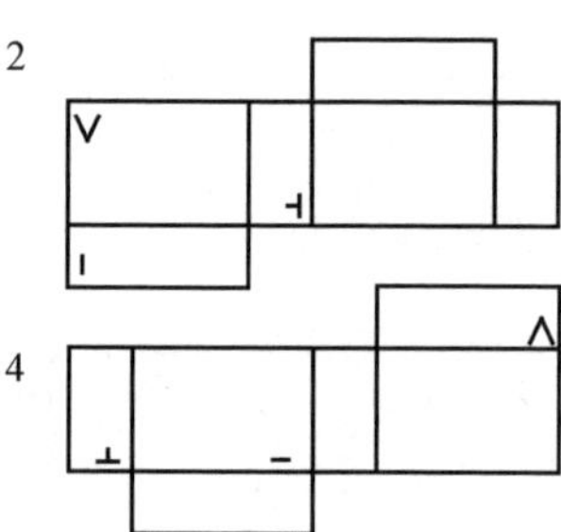

35. (1)8,24,24,8;(2)4,20,28,12;(3)0,16,32,16;(4)2,14,30,18;(5)1,9,27,27.

36.

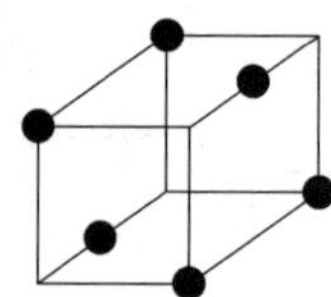

37.

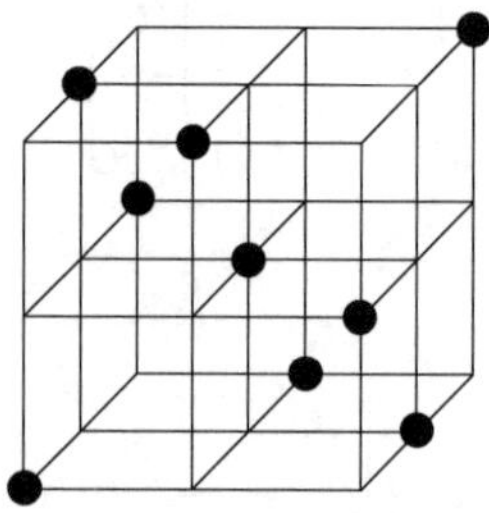

38. 1—5,2—4,3—6,4—1,5—3,6—7.

41. A—4,B—1.

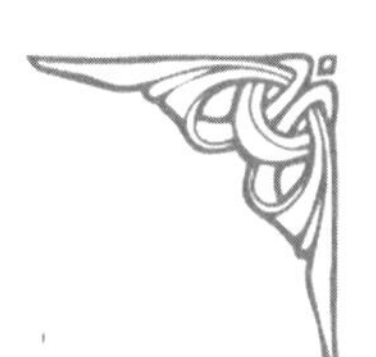

43. 1,3,8,9,10,12.

45. 3,4,5,7,10,12.

46. (3)(5)相交.

47. 1—8,2—11,3—6,4—12,5—16,7—14,9—13,10—15.

48. 1 和 5,3 和 4,2 和 6.

49. 修.

50. 1—3,2—4,3—5,4—8,5—1,6—7.

51. 1,2,5;4,9,11;7,8,10.

52. 分别穿越了 4,4,6 个小立方体.

53. 分别被切成了 8,12,14,4,5,6,15,17,21 个部分.

55. 1,14;2,10;3,11;5,15;6,12.

57. (1)a—12,b—6,c—1,d—8;(2)a—12,b—12,c—0,d—3;(3)a—12,b—9,c—2,d—4;(4)a—9,b—12,c—4,d—2.

58. (1)5;(2)5.

61. 1,12;2,11;3,10;4,9;5,8;6,7.

62. 1. 1 个,任何一个环;2. 1 个,暗环;3. 3 个,暗环;4. 2 个,右边暗环和左上第二个环.

63.

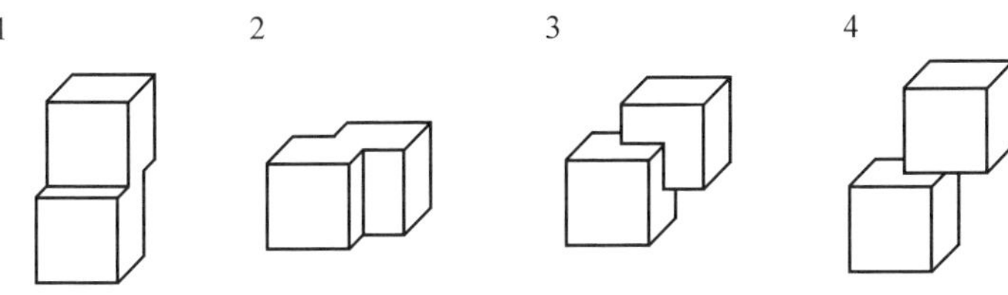

64. A—4,B—6,C—3,D—1,E—8,F—5.

65. 1,6;2,8;3,12;4,9;5,10;7,11.

66. СОМ,РИС,ЛЕВ,ПАР,ЧУМ,БОР,БЕС,ЧАС,КЕБ,ЯМБ,ПЕС,КУБ.

67. 1—5,2—1,3—6,4—2,5—3,6—4.

68. 1—2,2—4,3—5,4—1.

69.

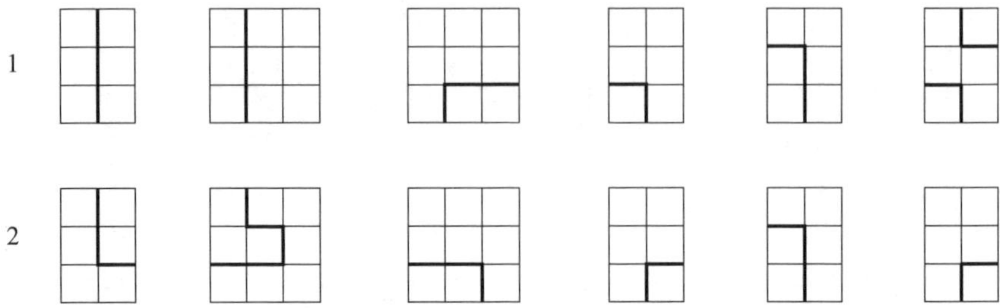

1

2

70.

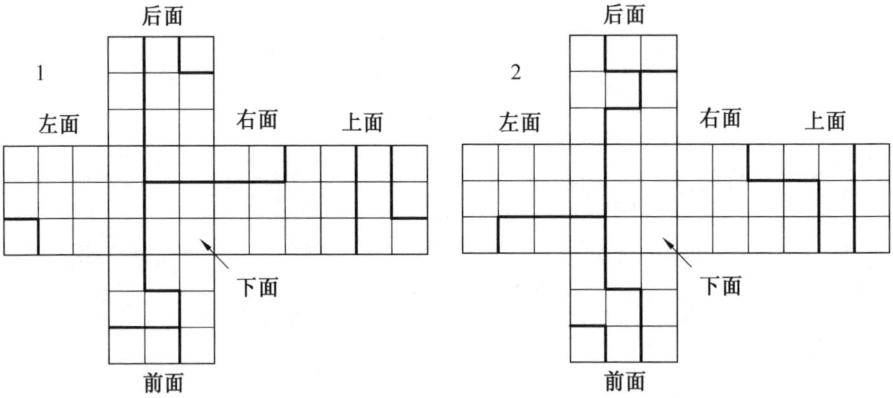

后面

1

左面

右面

上面

下面

前面

后面

2

左面

右面

上面

下面

前面

71.

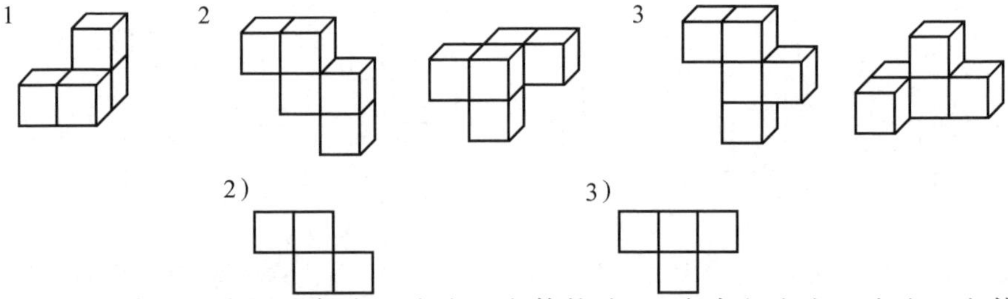

1

2

3

2）

3）

2 和 3 中的所有图形都由 5 个小立方体构成，且本身包含由 4 个小立方体构成的相应图形.

72. A—5，B—9，C—2.

73. 图上小立方体的位置用十字标出.

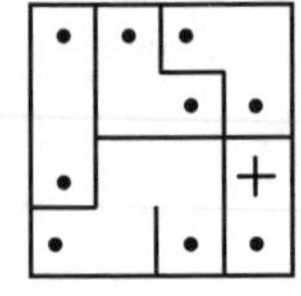

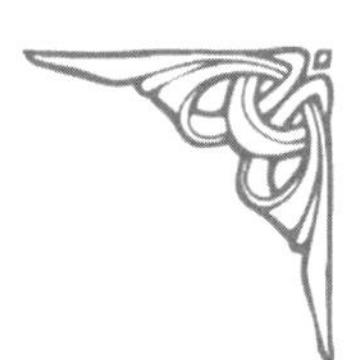

75.

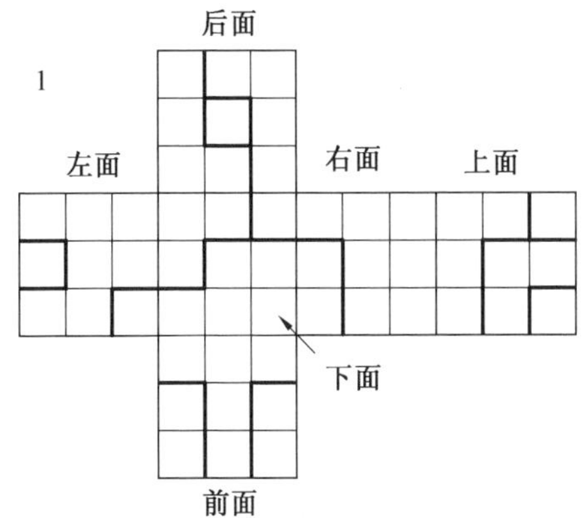

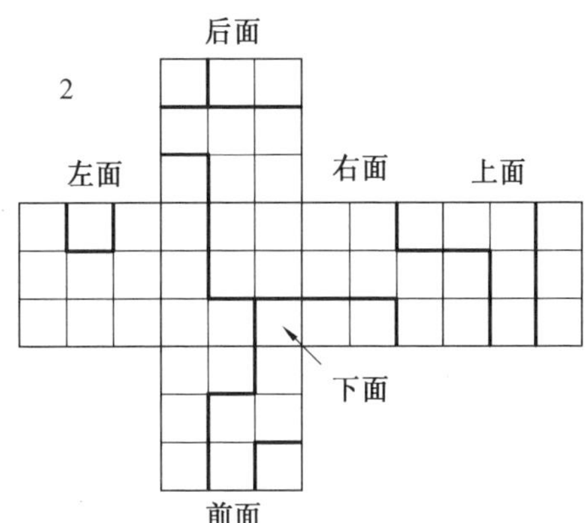

76. 1—6,2—1,3—4,4—3.

77. 1—8,2—7,3—9,4—12,5—10,6—11.

78. 4,5,10,11,12,13.

79.

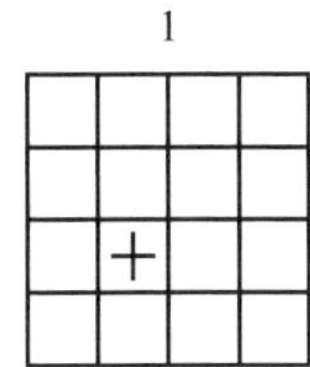

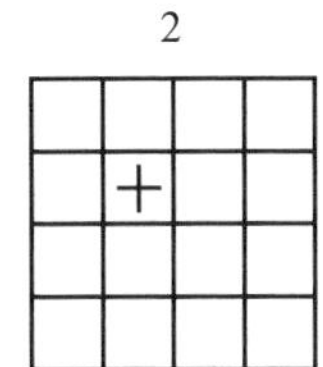

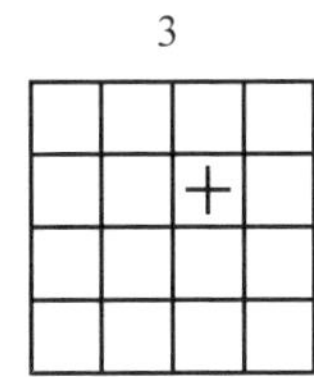

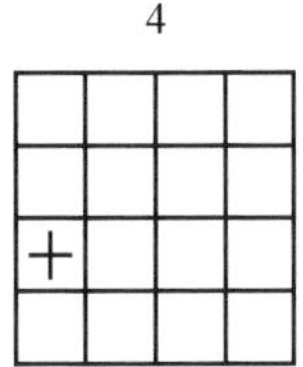

80. A—3,B—4,C—1,D—7,E—5,F—6.

81. 1—D,2—B,3—C,4—C.

84. 分别为 8,6,8,6,9,6 个.

85. ШАР,ЖУК,ЮПА,СЫР,МИГ,ПОБ.

86. 1—7,2—4,3—5,4—6.

87. 1—3,2—7,3—1,4—6,5—3,6—2.

88. 1—5,2—6,3—3,4—1.

89. 1—4—7,2—3—6,5—8,9—12,10—14,11—15,13—16.

90. 1—3,2—5,3—4,4—2.

91. 1. ①—8;②—12,5;③—11;2. ①—10,5;②—8;③—9;3. ①—15,5;②—6;③—17;4. ①—10,5;②—8,5;③—16;5. ①—22;②—15;③—25;6. ①—15,5;②—11,5;③—20.

92.1 走 15 步;2 走 10 步;3 走 11 步.

93.1—3,2—5,3—6,4—10,5—7,6—1.

94.图上小立方体的位置用十字标出.

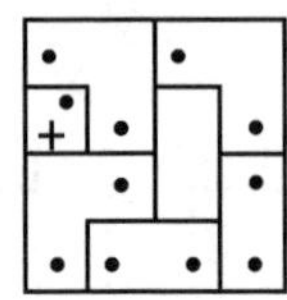

95.A—2,5,6;B—1,2,3;C—1,2,5;D—6,7,8;E—2,3,6;F—1,4,8;G—1,2,6;H—1,5,6.

96.A—3,6,8,11;B—1,4,5,10.

97.A—5,W,V,H;B—4,V,W,H;C—1,H,V,W;D—3,W,H,V;E—2,V,H,W.

98.A—5,B—3,C—2.

100.

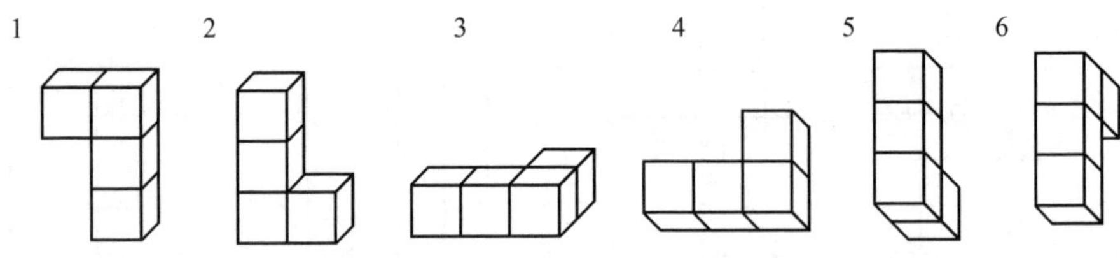

101.

1 ⊥ — ◖　Δ — ⧗　↗ — ↔

2 ⊥ — ↔　Δ — ↙　⌓ — ⧗

3 ⊥ — ↕　Δ — ◡　↗ — ⧗

4 ⊥ — ↘　Δ — ⁄　⌓ — ↔

5 ⊥ — Δ　⧗ — ↗　↕ — ⌓

102.1—2,2—4,3—1,4—5.

103.1—是,2—是,3—否.

104.

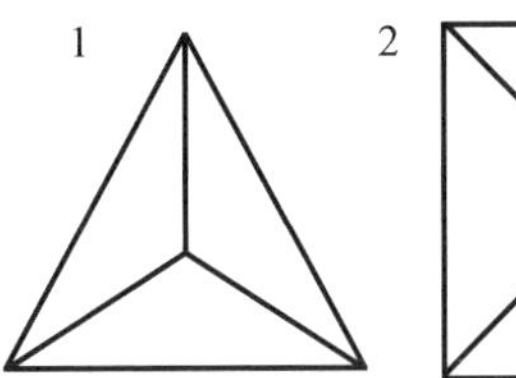

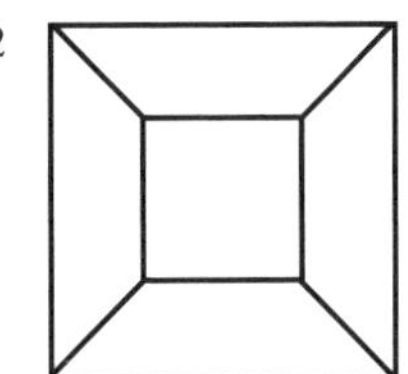

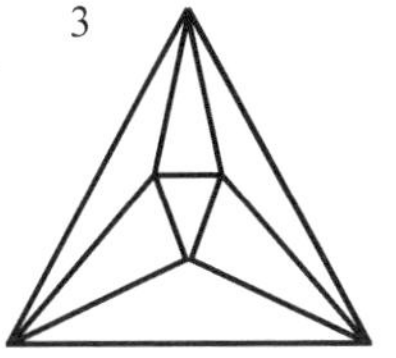

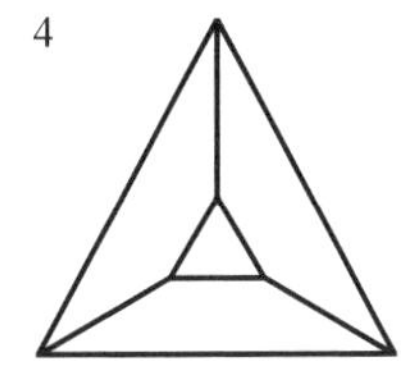

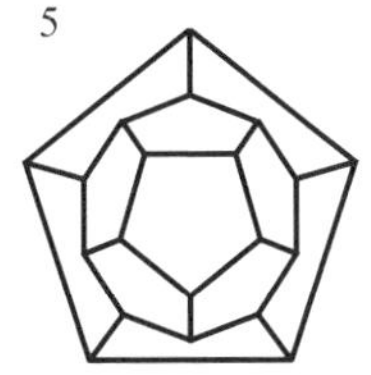

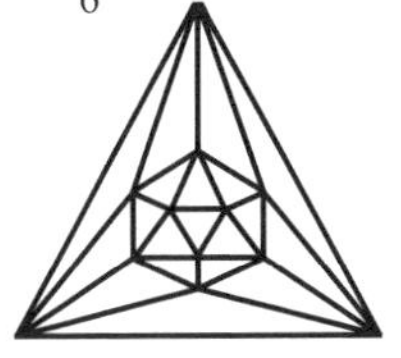

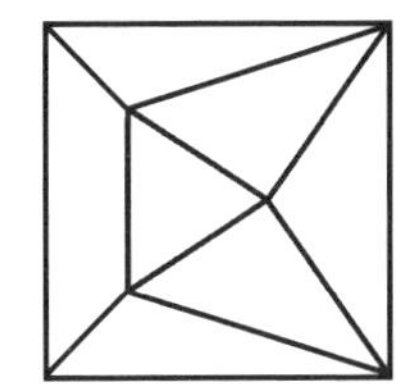

105. 不能—2,8.

106. 2⌶ ,4M,6⊢ ,8Σ ,10⊢ ,11∀.

107. 1—5,2—6,3—7,4—4.

108. 1—B,2—B,3—A,C,4—C,5—E,6—D.

109.

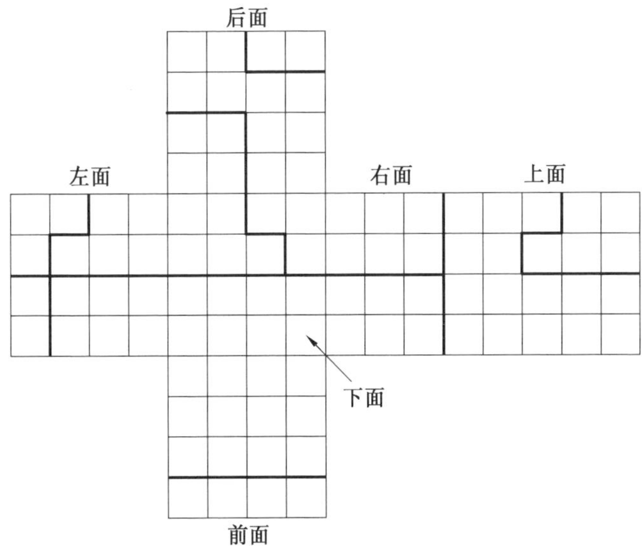

111. (1)—F,(2)—C,(3)—A,(4)—B,(5)—D,(6)—E.

112. 1—5,2—2,3—1,4—4.

113. V—2,W—3.

114. (1)—A,(2)—G,(3)—F,(4)—C,(5)—B,(6)—D,(7)—H,(8)—J,(9)—F.

115. 1—6,2—4,3—3,4—5,5—7.

116. 1—6,2—7,3—9,4—3,5—5,6—1.

117. 1—10,2—9,3—2,4—7,5—5,6—6.

118. 1—15,2—18,3—20,4—11,5—12,6—16,7—13,8—14,9—19,10—17.

119. 1,5,7,10 会固定.

120. 1—7,2—4,3—3,4—1,5—2,6—6.

121.

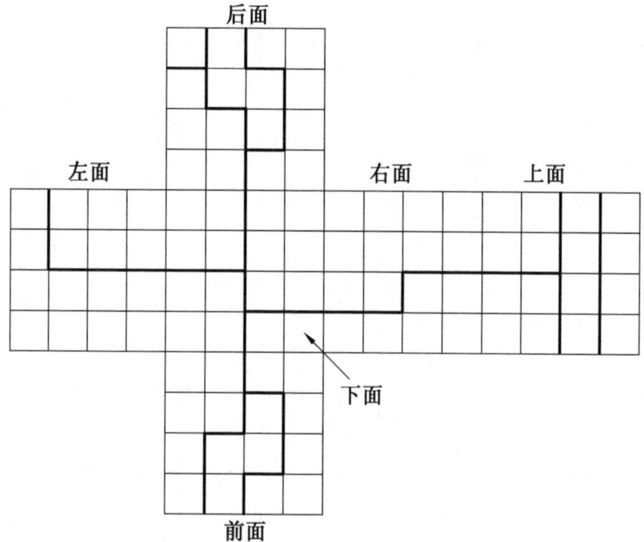

122. V—1,W—4.

123. 1—7,2—5,3—7,4—6.

124. 1(1)—8,1(2)—3;2(1)—7,2(2)—5;3(1)—7,3(2)—2;4(1)—1,4(2)—8;5(1)—5,5(2)—7;6(1)—2,6(2)—4.

126. 1—шут,2—бар,3—фат,4—шип,5—бог,6—суп,7—бап,8—рак.

127.

1

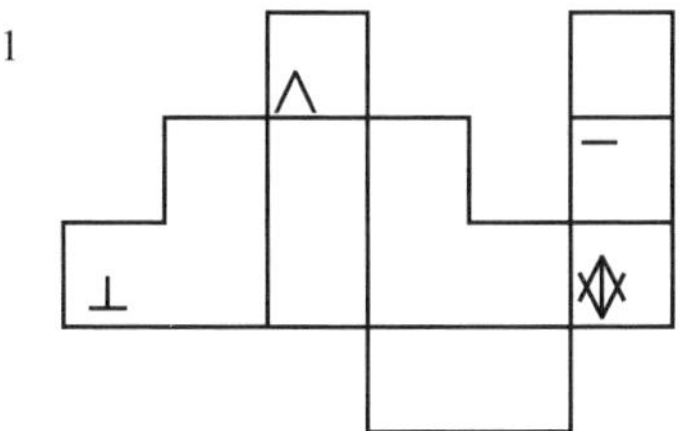

2

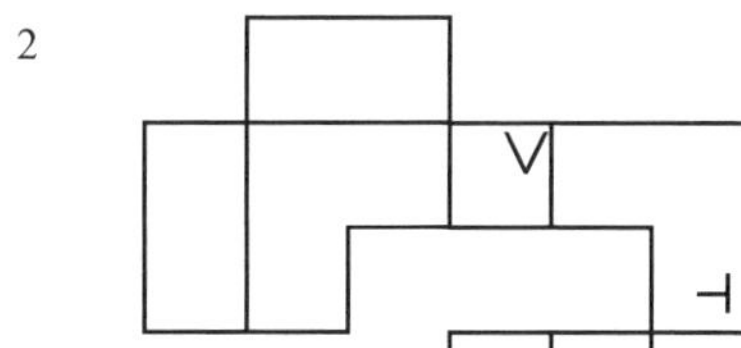

3

4

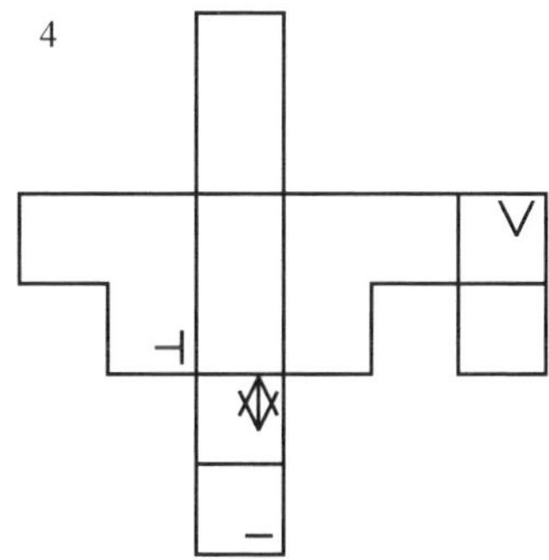

5

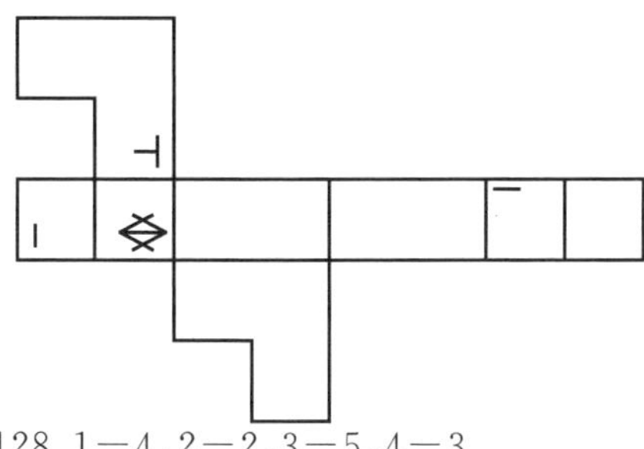

6

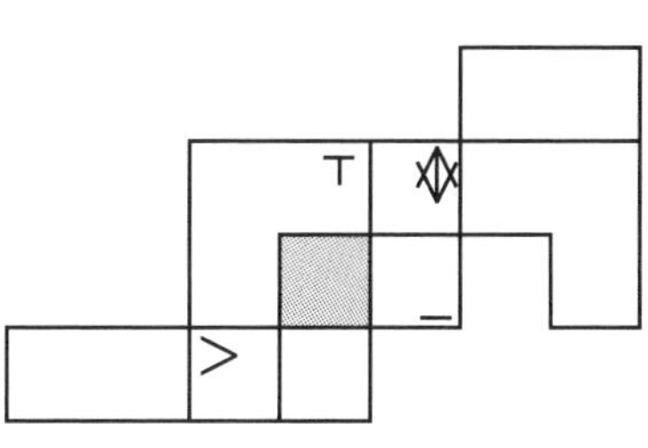

128. 1—4，2—2，3—5，4—3.

133.

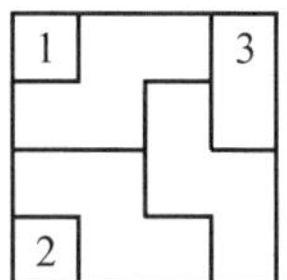

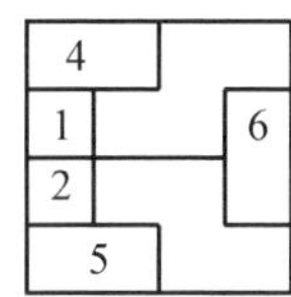

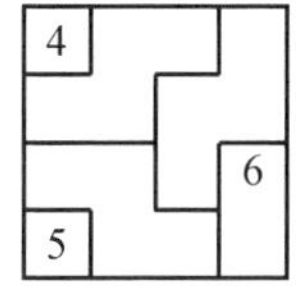

134.

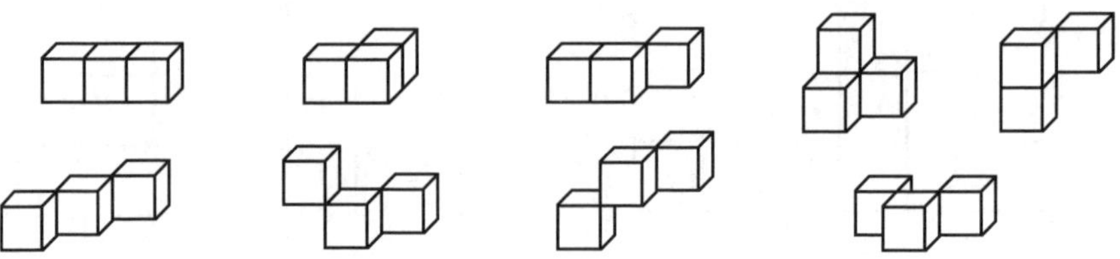

136.9 种.

137.V—不会,W—会.

138.10 种.

139.12 种.

140.1—9 种,2—5 种.

141.

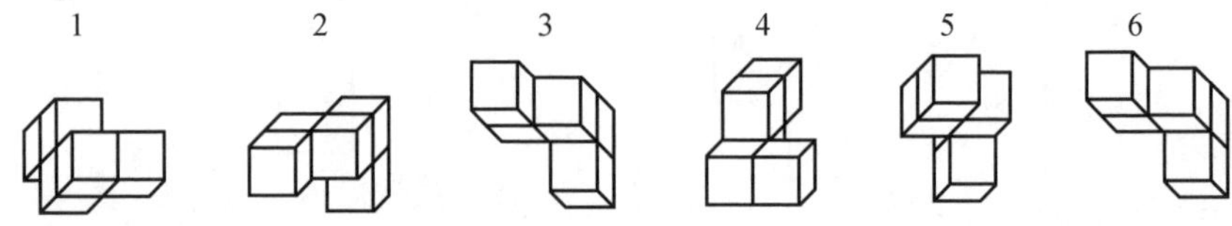

142.1—11,2—9,3—1,4—5,5—3,6—6,7—2,8—4,9—8,10—7.

144.1,2,5,6.

145.(1)(2)(3)不平行,(4)平行.

149.A:(1)T,(2)P,(3)P；　B:(1)T,(2)P,(3)T；　C:(1)S,(2)S,(3)P.

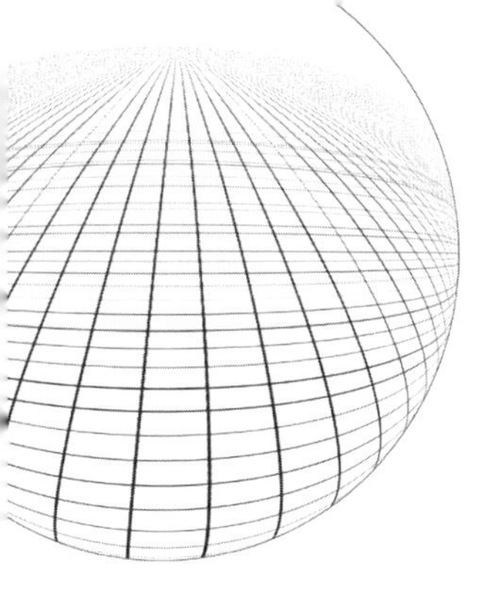

第二编

游戏

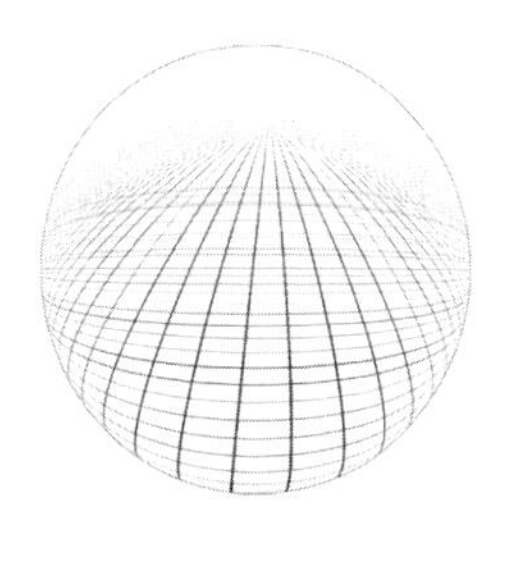

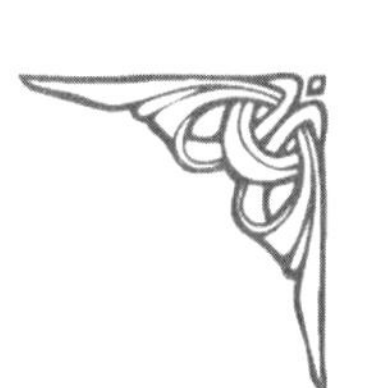

第1章　从立体思考向平面思考的挑战

正多面体和展开图

下面介绍各种“立体”的问题，希望大家一起来想想. 首先对正多面体作些说明，请看它的展开图和围绕它的游戏.

正多面体究竟是个什么样子呢？原来那构成立体的各面是“等同”的正多角形. 但是，单凭这点还不能说它是正多面体. 各边上的二面角必须都相等才行.

比如，在图 1.1 上有 4 个正三角形凑成的四面体，它是正多面体（正四面体图 1.1 之①），而把两个正四面体粘在一起组成的六面体（图 1.1 之②）却不是正多面体. 它可以从 AB 边的两面角只有 BC 边的两面角的一半看出来.

另一种辨别方法是：如果是正多面体，集中到任何一个顶点的面数都是相等的. 按此检查也行. 集中于点 A 上面有 3 个，而集中于 C 上的面有 4 个. 因此，这个六面体不是正多面体.

那么对照这种标准来查看一下，就知道正多面体只有 5 种，即正四面体、立方体（正六面体）、正八面体、正十二面体、正二十面体. 从图 1.2 上看，正四、正

八、正二十面体的各面是正三角形，立方体的各面是正方形，正十二面体的各面是正五角形.

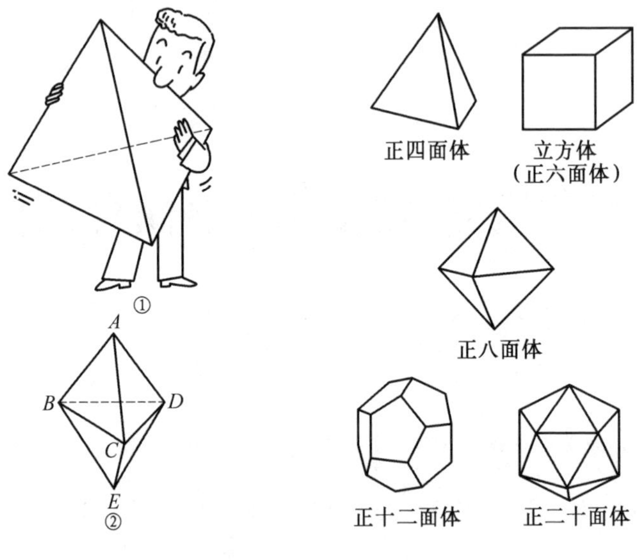

图 1.1　正四面体和六面体　　　　图 1.2　5 种正多面体

正如前面说过的那样，弄清了正多面体的原形，再请看各个正多面体的展开图和围绕着它的游戏.

正四面体

如上面所说，由 4 个正三角形凑合起来的立体是正四面体，它的展开图是图 1.3 所示的两种.

在我们身旁虽很少见到正四面体，但四角牛奶容器却是其中的一个例子. 有趣的是，它是一种折叠的正四面体，据说在日本，北川佳子设计后曾被某百货公司当作口袋使用过，将能折叠的正四面体的展开图示于图 1.4.

将图 1.4 的展开图（图①）按实线用剪刀剪掉，将点线处折叠. 箭头记号来回的地方，只做了折痕.叠好粘上浆糊等于是把信封切成一半的形状，这就是图1.4②.从两侧撳推其上部，就出现正四面体(图1.4③).另外，利用现有的信封也能做到.这时候，底边为2，高度要切成1.73(即$\sqrt{3}$).这么做，就会变成图1.4②，往后就是弄上折痕，做法与前面一样即可.

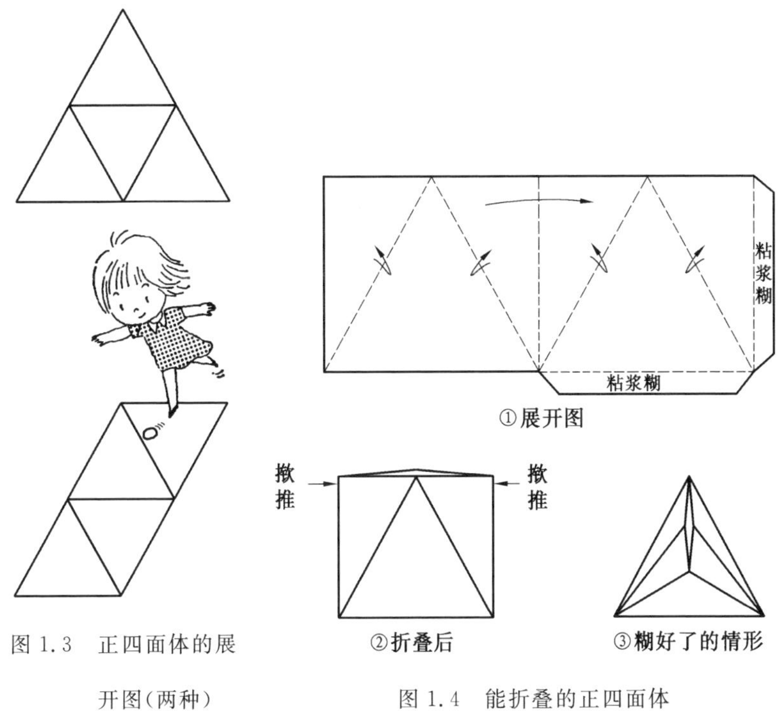

图1.3　正四面体的展开图(两种)

图1.4　能折叠的正四面体

关于正四面体，有很有趣的游戏，下面就来介绍一下.

问 1

制作两个如图1.5①那样的展开图，用剪刀按实线剪开.折叠点线处，粘上糨糊，制成两个与②一样形状的立体.于是问题来了，如果想用两个这样的立体进行适当组配制作正四面体，究竟怎样做才好呢？

这个游戏有金字塔形游戏等的称呼，在日本市场上有塑料制的用具销售. 因为最多是两个立体的组合，又因为形状是固定的，所以估计不是那么难，但实际做起来，感到棘手的人相当多，而游戏的趣味也就在这里. 请大家亲自拼贴一下试试看. 解答姑且放在本章的末尾.

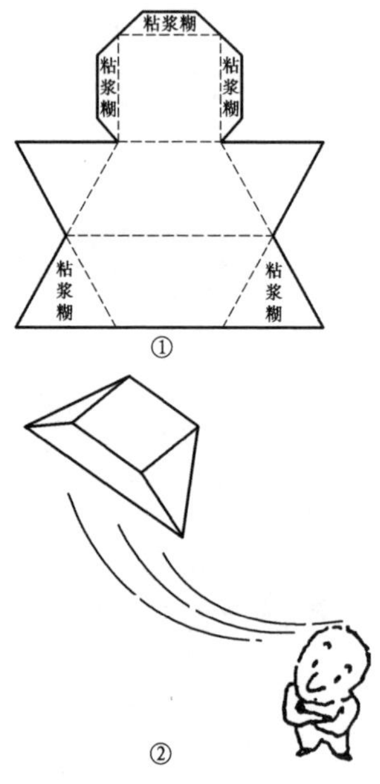

图 1.5　金字塔形游戏

立方体(正六面体)

对我们来说，立方体是最熟悉的正多面体. 对于正四面体，虽然只有两种展开图，但对于立方体，全部就有 11 种. 这样，可以提出以下问题.

问 2

在图 1.6 的展开图中，掺杂了两个成不了立体的图，究竟是哪两个呢？

无论哪一个都好像有点道理似的，漫不经心地一看，是发现不了的. 希望在

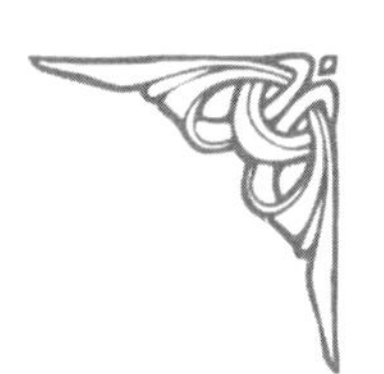

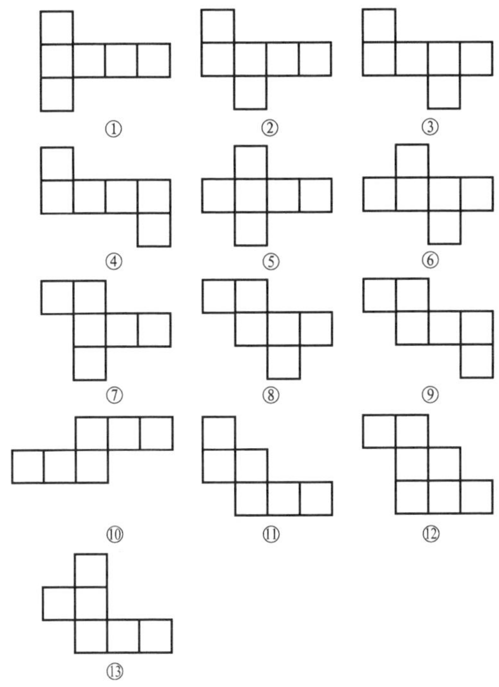

图 1.6　11 种立方体的展开图和 2 种伪装图

头脑里拼凑一下立方体. 在提出答案之前，不妨再提一个与此有关的题目. 请合在一起来考虑.

问 3

图 1.7 是立方体展开图之一，当用它组成立方体时，A 到 L 中的哪一边与带★记号的边相接触呢？

回过头来说问 2 之答案，拼合后不能变成立方体的是⑪和⑬. 有 5 面在拼合时是不成问题的，但是最后的一面总是挤在外面成不了立体.

其次是问 3，对于这个问题，在头脑里将各面拼凑成立方体也算是一种方法，但与其这样，还不如只考虑边的连接反而会提早得出结论. 首先☆和 G 连

接，其次 H 和 I 连接. 因此与★连接的是 I 旁边的 K. 答案即 K.

此外，立方体和正四面体一样也能做成叠好的立方体，这就是图 1.8. 实线是剪开线，箭头记号来回的地方（点画线）最初只是弄上折痕，但折叠方法与其他地方相反，要使这种折线都折成山峰的顶尖，即折成所谓的“峰形”. 其他折线则折成山谷的凹部，即“谷形”，折的时候需要注意.

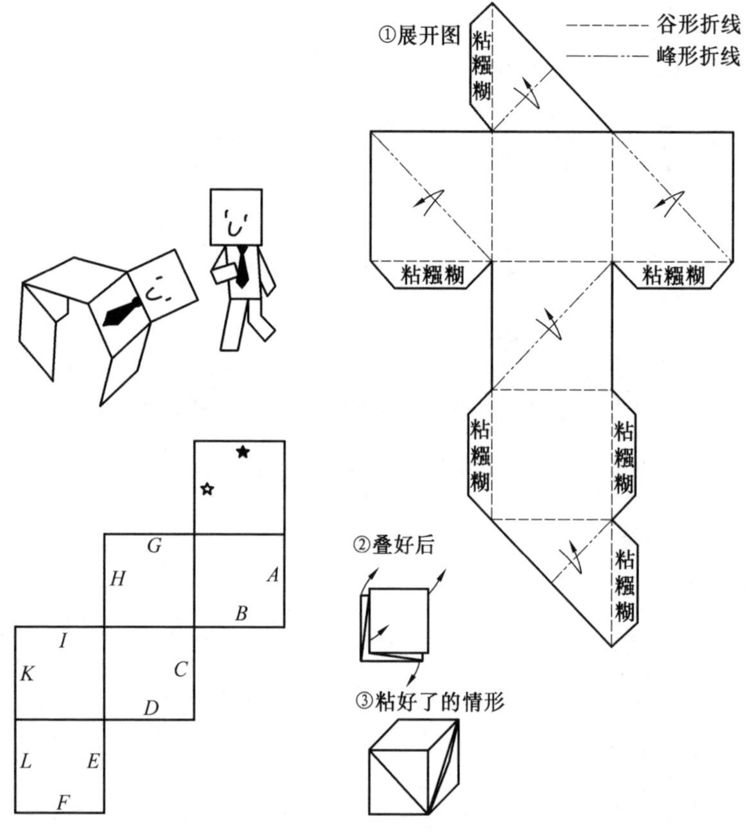

图 1.7　展开图的游戏　　图 1.8　能叠起的立方体

照这样折好了所有的折痕之后，在粘糨糊处抹上糨糊，先拼成立方体. 等到糨糊干了，根据上述的折痕折叠．折叠或拼合时，拿着上头和下边按相反方向扭转，这是窍门．

正八面体

在我们的日常生活中，几乎不会碰到正八面体．原来有一种叫做正八面体的骰子，两个配成一对在市场上卖过．据说用于赛马，赛马的连胜马券是由1—1到8—8拼成的．为了凭运气来选择它，就可以使用正八面体的骰子．著者不打算去协助“马匹改良”，所以没有用过．

关于骰子的问题，准备在后面集中介绍，所以这里想提出下面的游戏．希望只凭脑子想一想就提出正确解答．

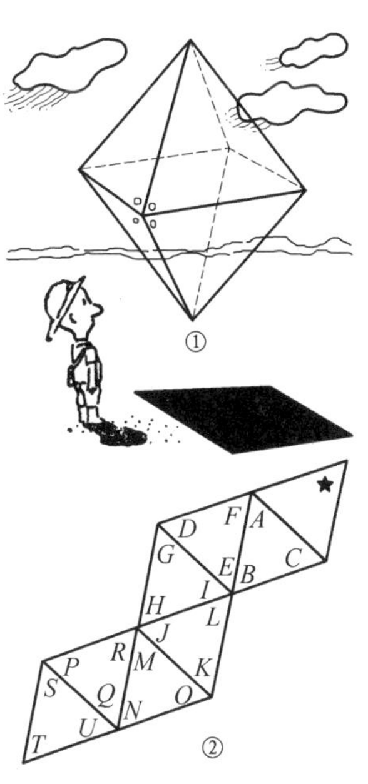

图 1.9　正八面体游戏

问 4

从图 1.9①上可以看到，正八面体是在一个顶点上集中了四个角．可是②是正八面体的展开图，对于标有★号的角，顶点上集中的其他角顶从 A 到 U 当中究竟哪些是呢？

脑子里考虑正八面体的问题时，无意中容易搞成正四面体那样的拼合．针对这点，是需要好好琢磨的．答案是 U，Q，N．

问 5

如图 1.10，有一种将 10 个正三角形连成带状的纸带．将此适当地折叠，要

想弄成正八面体的展开图，该怎么办呢？其中之一的做法是照图 1.11 所示的那样，制作图 1.9 所示的展开图. 不过，这里希望找到该解答以外的折叠方法.

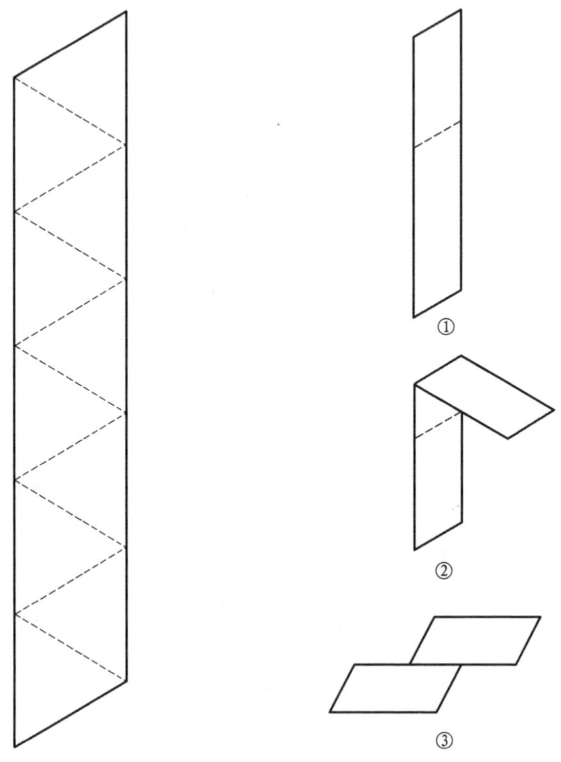

图 1.10　构成正八面体的纸带　　　　图 1.11　做法之一例

那该怎么办呢？可能会有人觉得“这是个难题”. 但是，要想拼合正八面体，需要 8 个正三角形. 图 1.10 的纸带上有 10 个正三角形，所以有两个三角形重叠起来就行了，不可能搞得太复杂了. 解答非常单纯，只须将纸带的两端折起来就可以. 凭这可以巧妙地做成正八面体的展开图，如图 1.12 所示.

此外，为想制作正八面体模型的人着想，将带有粘糨糊处的展开图示于图 1.13. 这是与图 1.9 和图 1.12 完全不同形状的展开图.

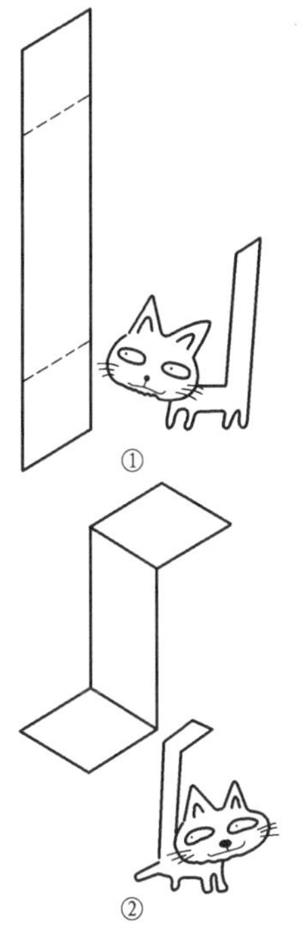

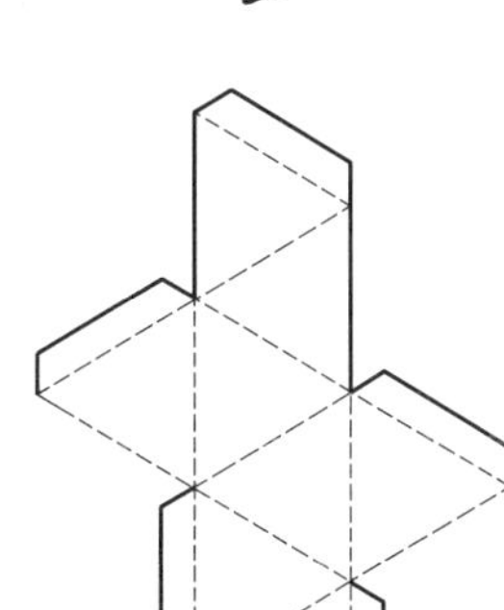

图 1.12　用纸带制作的展开图　　　图 1.13　正八面体的展开（图拼合用）

正十二面体

说到正十二面体，它与我们的日常生活太疏远了. 但是对于游戏爱好者来说，却很熟悉它的形状. 那是因为以正十二面体为素材的游戏，有一个著名的“哈米尔顿的世界一周游戏”. 尽管如此，不知道的人决不在少数. 因此，对此稍微作些说明.

问 6

从正十二面体的一个顶点出发，沿着棱边前进，将所有 20 个顶点都通过一次之后，还会回到原来的顶点处吗？

这就是“哈米尔顿的世界一周游戏”，是 1850 年由爱尔兰数学家 W・哈米尔顿(1805—1865)发现的. 最近这个问题随着图论的发展，又重新显露头角了.

可是，按照立体的情况来考虑它却很麻烦，所以将底面延伸，按照图 1.14 那样画成平面表现出来，就此来考虑就可以了. 事实上，哈米尔顿将这游戏做成玩具出售过，当时是用木头做成图 1.14 中上图那样的形状，在黑点处开孔，在孔内插上小棍子，按顺序拔去小棍.

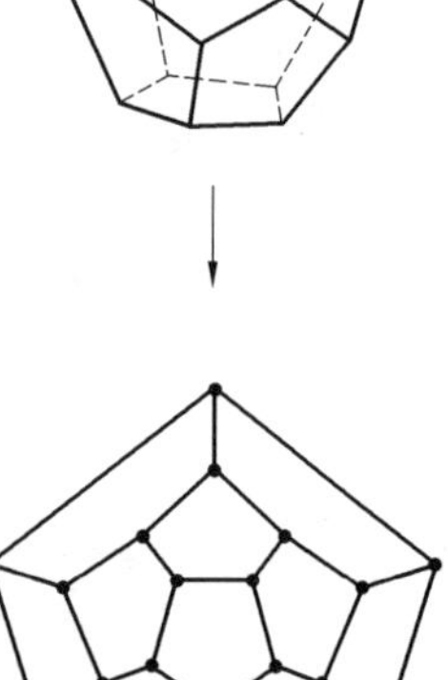

图 1.14　哈米尔顿的游戏

照上面所说搞成平面后，问题就不那么难了，比较容易找到答案. 现假设从记号为○的点出发，顺着棱边前进，到达下一个顶点时进路分成两条. 从该处向右拐用 R、向左拐用 L 表示，即按照 RRRLLLRLRL，RRRLLLRLRL 推进，就安全地回到原处. 用图来表示，如图 1.15 所示.

和这个问题一样，对所有的顶点都通过一次再退回到原处的道路叫做哈米尔顿线. 究竟什么样的图形才存在哈米尔顿线，这倒是个很有趣的问题，还没有发现可靠的辨别方法.

正十二面体也有能折叠的. 与其这么说，不如说有一种能弹跳起来的模型. 那是在 H・史梯因霍斯的《数学速决》中刊载过了，沿着图 1.16①的实线剪切，再沿虚线处弯折，给予能折度. 再按照②那样错开叠放，一边揿着一边扣上橡皮筋牵拉. 一旦松开手，靠橡皮筋的力量组成正十二面体③.

不用橡皮筋，而像松田道雄的书中写的那样，开个孔穿过去比较可靠. 在①上用双点表示的就是开孔用的孔位(详见松田道雄著. 数和图形的游戏. 岩崎书店发行).

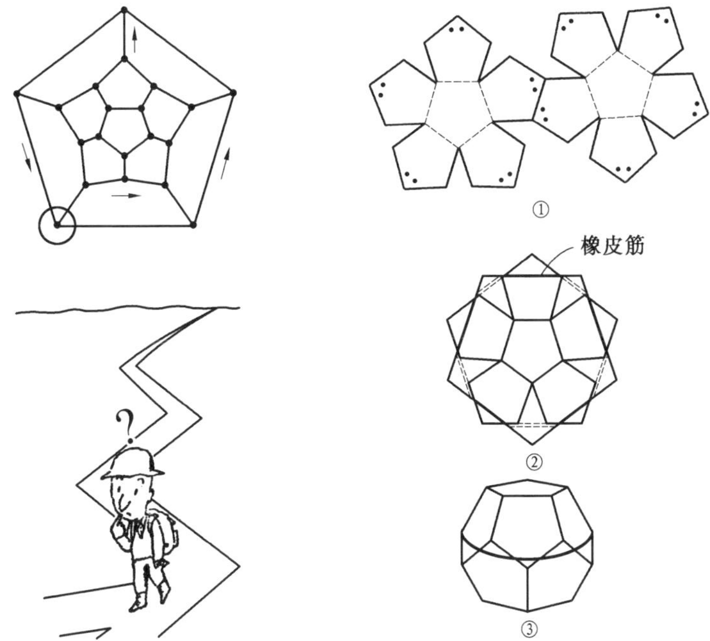

图 1.15　哈米尔顿游戏的答案　　图 1.16　弹跳起来的正十二面体的模型

正二十面体

对我们来说，正二十面体是缘分非常淡薄的立体. 然而，用正二十面体构成的骰子以“杂数骰”的商品名出售. 骰子面上带着从 0 到 9 的数字，掷这个骰子就可以得到杂数. 关于骰子的情况，待第 8 章再作介绍.

问 7

在正二十面体上存在哈米尔顿线吗？也就是说，从一个顶点出发，顺着棱边前进，对所有的顶点只通过一次，还能回到原来的顶点吗？

为了解决这个问题，如同正十二面体的做法一样，将二十面体画成平面表现出来就容易处理. 其例子就是图 1.17 的下图. 只要用这个图，就容易辨别哈米尔顿线的存在.

可是，考虑到打算制作正二十面体模型的人的要求，不妨画出它的展开图1.18. 要想将它拼合，也许你会以为是件了不起的事情，其实并不那么难办. 只要按顺序拼合下去，自然地就能拼成正二十面体. 希望放心地拼合下去.

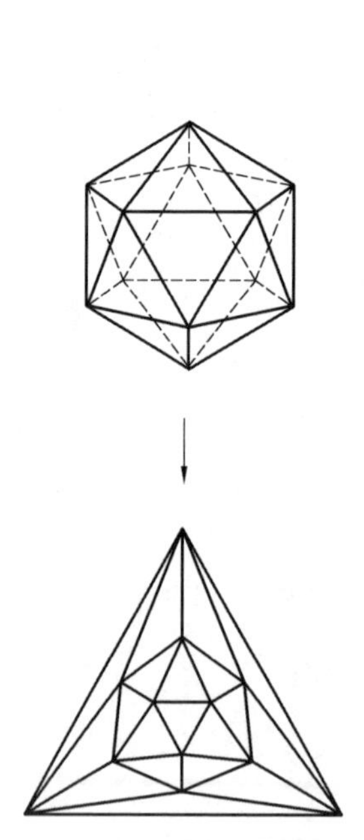

图 1.17　正二十面体的平面化

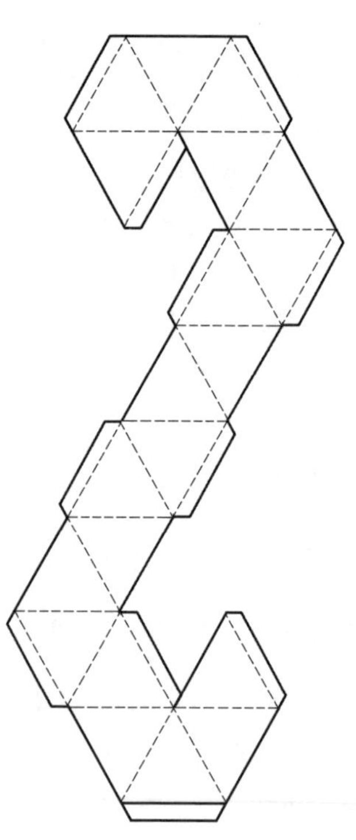

图 1.18　正二十面体的展开图

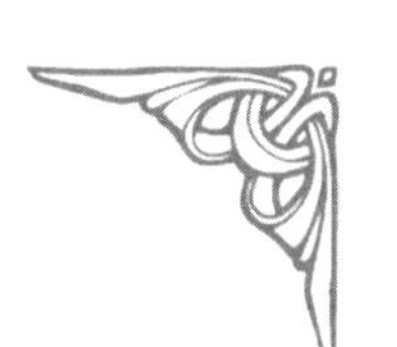

问 1 的解答和补充

将金字塔形游戏(问 1)的解答示于图 1.19.将两个立体的正方形面合起来,就这样将其一面旋转,便形成金字塔.

另外,要想制作正十二面体的模型,无论如何也要画个正五角形才行.虽说是多余,但这里还是说说它的作图法(参看图 1.20).

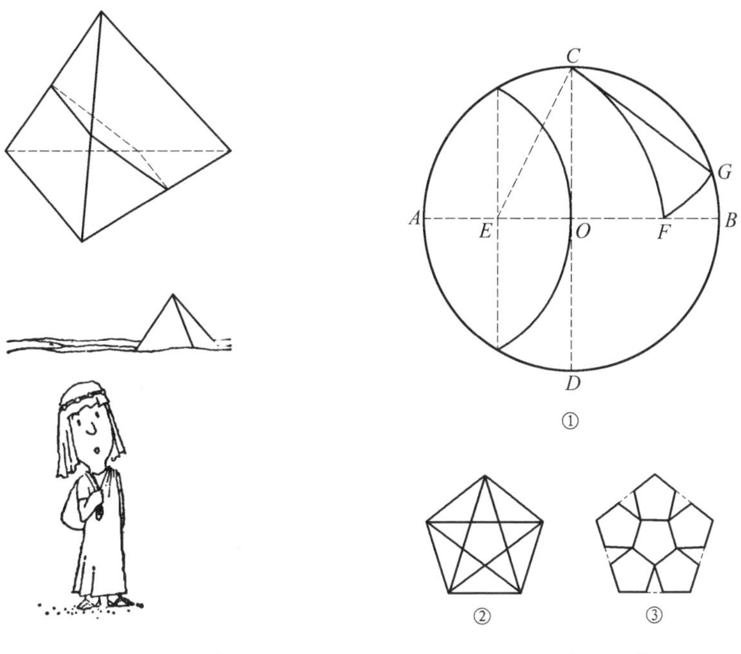

图 1.19　问 1 的解答

图 1.20　正五角形的作图法

先用两脚规画个圆,再画上互相垂直的直径 AB 和 CD,然后求半径 OA 的中心点 E,再画出以 E 为圆心,以 CE 为半径的圆弧,与 OB 的交点为 F.其次,以 C 为圆心、以 CF 为半径画个圆弧,与圆相交于 G,则 CG 成为正五角形的一边.于是,以 CG 的长度截取圆弧,按顺序连接各截点的直线便得正五角形.

如果画图 1.16①那样的展开图,首先要画出这样的正五角形,画上对角线,就得出②上所示的中央的正五角形.再按照它画出周围的正五角形,就能作成③那样的展开图.

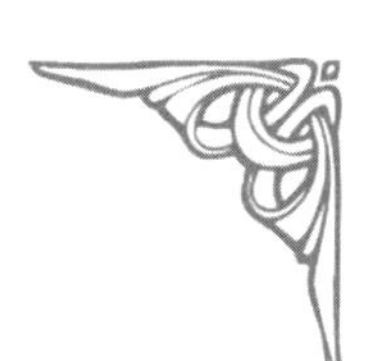

第 2 章　按照几何学原理的空间分割术入门

切立方体

“切立方体”的问题，早就编了不少. 首先，考虑一下下面的有代表性的问题.

问 8

这里有一块立方体的干酪. 用刀子将它刷地切成两半，为了使切口成六角形，该怎么切才好呢?

这个问题刊登在 1926 年 H. E. 迪杜尼的《现代游戏》中. 稍微想一想，对立方体怎么切好像也切不出正六角形似的，乍看不可能的事，要使它变为可能，正是这个问题的有趣之处.

简单说来，按照平常的情况切下去，则切口成为图 2.1 之①的正方形或者像②，③那样的长方形.

然而，斜切下去时样子就不一样了. 比如，像④那样，以打算切的顶点作一方，将不相邻的某一边的中点作另一方，沿着它的连接线来切，切口变成了菱形.

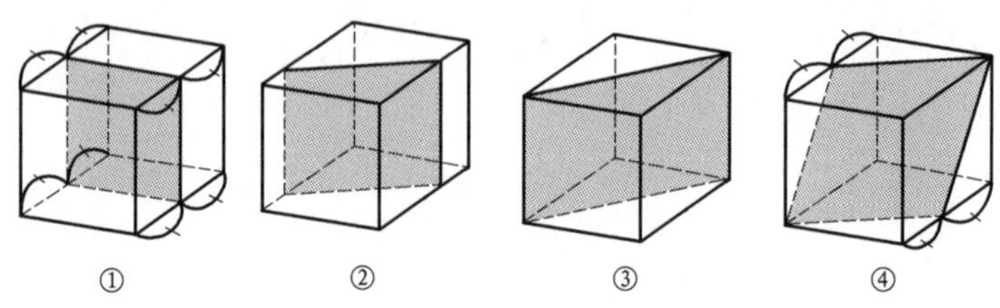

图 2.1　将立方体作二等分

到了这个地步，只差一把劲了．连接相邻边的中点，沿着它的连线来切，如图 2.2 所示．因为切口的各边都是连接边和边的中点的直线，所以长度都相等，边的数目是 6．毫无疑问这是正六角形．另外，为了给打算制作这种形状的模型的人作参考，它的展开图如图 2.3 所示．用剪刀剪取实线的部分，沿着虚线折叠．等边直角三角形的部分，每相对的两个当中有一个是粘糨糊处．

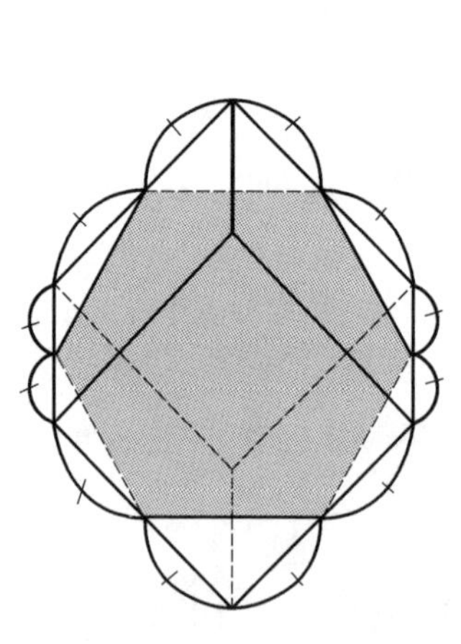

图 2.2　切口成正六角形的切法

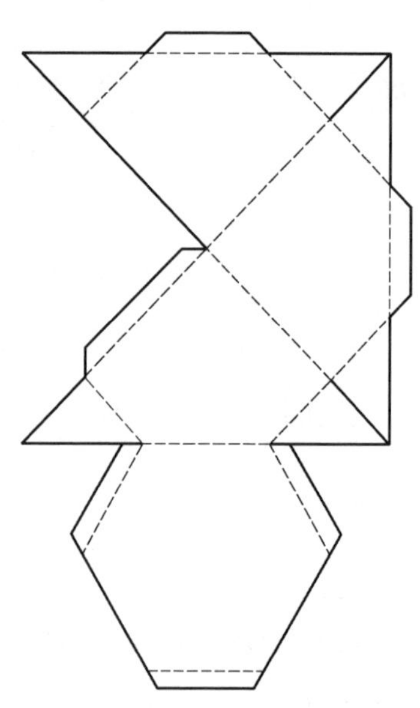

图 2.3　切成正六角形模型的展开图

至此，这个问题算是结束了．那么，将立方体切成两半而形成的切口当中，

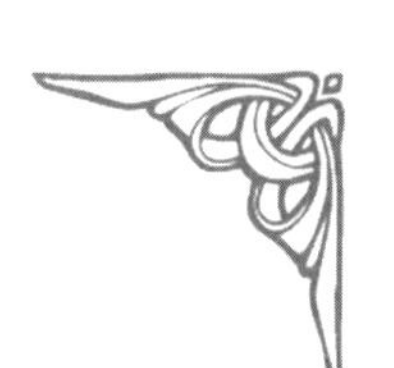

面积最大的又是哪个呢?

稍微想一想,刚才制作的正六角形估计最大.果真是那样吗?不妨计算一下看看.为了便于计算,假设立方体的一边之长为 2 cm,用 S 表示面积,则计算如下:

图 2.1①(正方形)面积 $S=2\times 2=4(\text{cm}^2)$

图 2.1②(长方形)面积 $S=4\sim 5.66(\text{cm}^2)$

图 2.1③(长方形)面积 $S=2\times 2\sqrt{2}\approx 5.66(\text{cm}^2)$

图 2.1④(菱形)面积 $S=2\sqrt{2}\times\sqrt{12}\div 2\approx 4.90(\text{cm}^2)$

图 2.2(正六角形)面积 $S=\sqrt{2}\times 6\times\frac{\sqrt{2}\sqrt{3}}{2}\div 2\approx 5.20(\text{cm}^2)$

菱形的时候,设两根对角线的长度为 c 和 d,则它的面积用下式表示,即

$$S=\frac{cd}{2}$$

另外,正 n 角形,设一边的长度为 a,半径为 r,面积为

$$S=\frac{anr}{2}$$

照这样计算下来,可以明白③的长方形大于正六角形.结果,③的截面具有最大的面积.

问 9

如图 2.4,画上 AB,BC 两根直线,用刀子沿着这线切下去,它的截面所形成的$\angle B$ 究竟是多少度呢?

随便一想,很容易认为是 90°,但这是错误的.希望再仔细地想想(这个问题是由马丁·迦德纳提出的).

在此，请看一些切截立方体形成的截面的形状. 只是用刀子刷地一切，根据不同切法，会变成这么多各种各样的形状，总感到有点奇怪(图 2.5).

图 2.4　AB 和 BC 的夹角是多少度?

图 2.5　各种切口的形状

现在，又回到原来的问题，对 AC 也用直线连接起来，换个角度来看，变成图 2.6，就是说切口是三角形. 而且，AB，BC，AC 都是构成立方体的正方形的对角线. 照这样说，它们的长度是相等的. 三边长度相等的三角形是正三角形. 其两边构成的角度无疑是 60°.

到此总算是得到正确的解答了，进一步来想想下面这样的事. 与刚才完全相同的要领，使切口成为正三角形那样来切立方体，到底能切多少次呢? 不过，不允许破坏已经形成的正三角形的面.

切到 3 次还不要紧，但超过 3 次有可能弄坏三角面. 因此，可能有人会想，进刀子不过是 3 次吧. 可是，实际上是 4 次进刀. 并且每一次都切出正三角形的面. 所以，切了 4 次之后，才算切出了正四面体.

为给打算用这个模型取乐的人作参考，这里刊出了它的展开图. 试将这个图拼合起来，就会真正感到刚才讲到的情况的正确性. 在图 2.7 上，①是拼成的正四面体，②是第一次被削取的部分. 因此，有必要制作四个②.

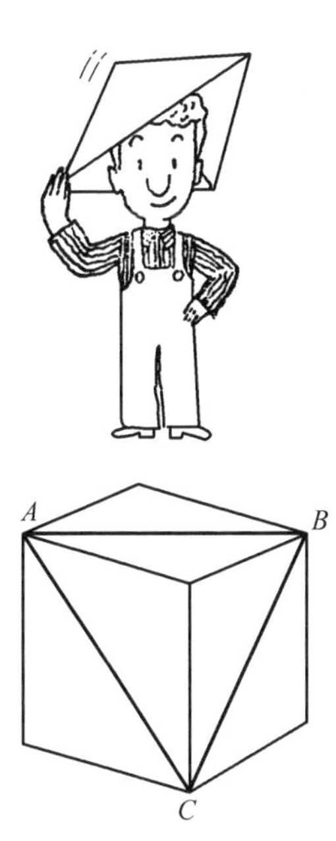

图 2.6　问 9 的解答

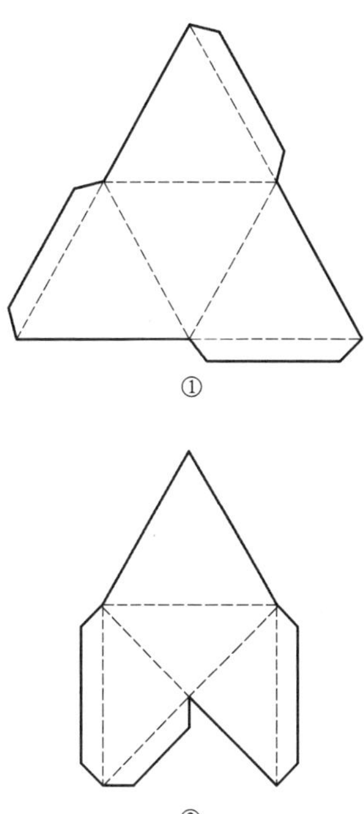

图 2.7　切出正四面体模型的展开图

那么，再来看下面的问题.

问 10

按照图 2.8 那样，打算将立方体分割成 27 个立方体.想用刀子将它切开，就这样不使形状溃散地来切，在上面竖切两次，横切两次，接着将侧面横切两次，合计需要进刀 6 次.对此，如果在中途作了调换，或者进行重叠，能否以比这更少的次数来切呢？

图 2.8　将立方体分成小立方体

最早将这个问题介绍到日本的是从矢野健太郎写了一篇《趣味的解答》发表在 1955 年 8 月 13 日的《朝日新闻》上开始的.其中矢野氏在开场白谈到了“纵令问题小，当解开数学问题的时候，尤其是发现了有趣的解答时，感到非常高兴和舒畅”之后，又提出了这个问题.附带说一句，自那以后的一个时期内，矢野所说的“趣味的解答”这句话成了流行语.另外，根据这个问题的原作者马丁·迦德纳说，曾由佛朗哥·荷逊发表在 1950 年 9～10 月的《数学双周刊》上.

现在，回过头来再说这个解答，要注意切的时候形成的中心部分的小立方体.这个立方体由于没有既成的面，6 个面都要用刀子来切，而且又不能同时切两面，所以结论是必须进刀 6 次才行.

这么说，弄明白在 3×3×3 的立方体上，不管怎么搞，也是不能节省进刀的次数的.另外，2×2×2 的立方体也同样如此（这种场合是 3 次）.但是，除此以外的立方体，只要适当地进行换位进刀，就有可能节省次数.例如，4×4×4 立方体的情形，按原有的形状切下去不得不进刀 9 次，但适当地堆叠好来切，6 次就够了. 关于其切法的说明，预备在本章末去讲，但希望你自己想一想. 再说，一般分切 $n\times n\times n$的立方体所需的最低次数，等于由下式所求的 k 的 3 倍，即

$$2^k\geqslant n>2^{k-1}$$

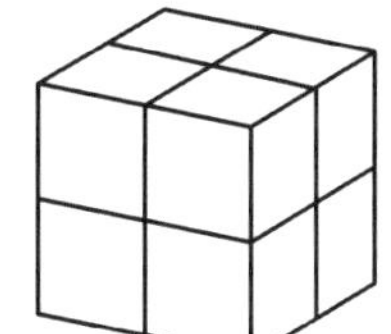

图 2.9　立方体二等分游戏

问 11

将 8 个小立方体黏着，制成图 2.9 那样的 2×2×2 的立方体. 将它沿着小立方体的面一分为二，想使形状和大小变成两个相等的立体，那么，它的切法究竟有多少种呢？

对这个问题稍微想一想，容易认为只有采用竖切或横切一分为二的方法. 果真如此吗？

为了解答这个问题，倒过来比较好. 等于说，制作将 4 个小立方体连接在一起的图形，再将两个合起来，检查一下能否拼成 2×2×2 的立方体.

使用 4 个小立方体拼成的立体有如图 2.10 上的 8 种，其中⑤～⑧有一边大于②，所以很明显不能成为 2×2×2 的立方体.

因此，验查一下从①到④的图形就可以了，但是有点意外的事是，这 4 种中无论哪两种相叠，就变成 2×2×2 的立方体. 由此可见，答案是 4 种.

问 12

有个立方体，从上面来看它，看到像图 2.11 那样的斜正方形，切取带网点

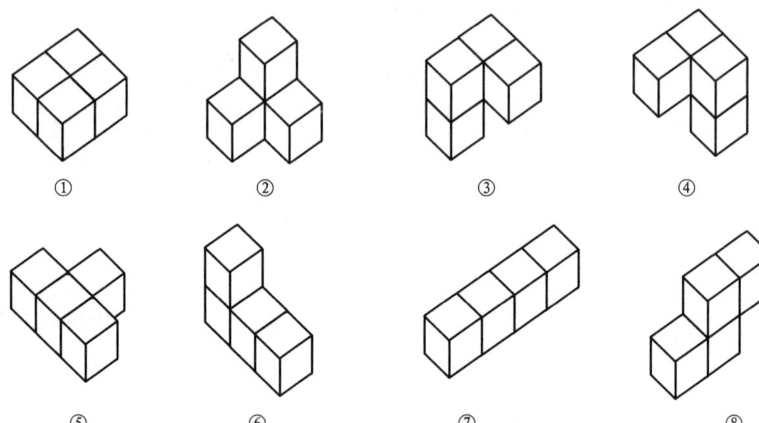

图 2.10　4 个立方体拼成的立体

的部分.接着从正面看,也如同图 2.11 的斜正方形上所见到的那样,切掉网点部分.最后,从正侧面来看,这又如同图 2.11 的斜正方形上所见到的那样作了切削之后,切出来的形状又会是什么样的立体呢?

这是福田繁雄著《福田繁雄标本箱》(日本美术出版社于 1978 年出版)中的对话,是安野光雅做过介绍的问题.在脑子里对削取的地方作一番想象,切到两次问题不大,如果去想象削过第 3 次后的形状就不那么简单.这里不妨按顺序来研究一下.

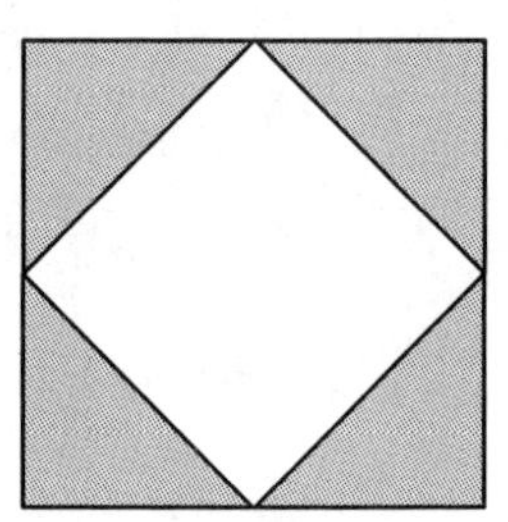

图 2.11　斜正方形

其结果如图 2.12 所示,先从上面看,看成正方形的是①,从正面看,看成正方形的是②;最后,从正侧面看,看成正方形的是③,其结果,构成菱形十二面体.这正是解答.

实际上要想将这些形状弄得更清楚些,可看它的展开图.图 2.13 是最初从上面看,看到的是切成斜正方形时得到的长方体.其次,图 2.14 是再度切它时切成的八面体.而图 2.15 是最后切出的菱形十二面体的展开图.还有,加在这些展开图上的数字表示原来的立方体大小为 4×4×4 时之边长.

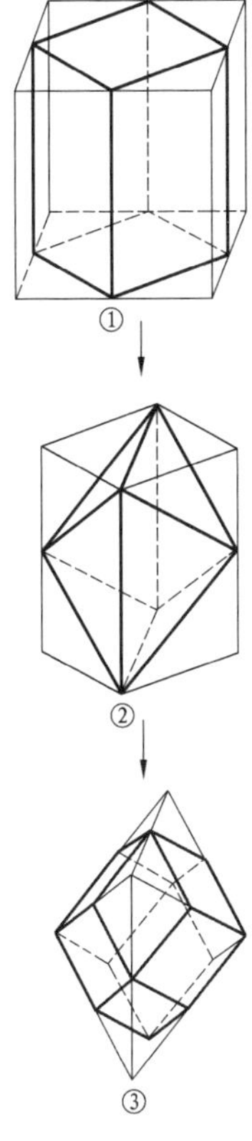

图 2.12　问 12 的解答

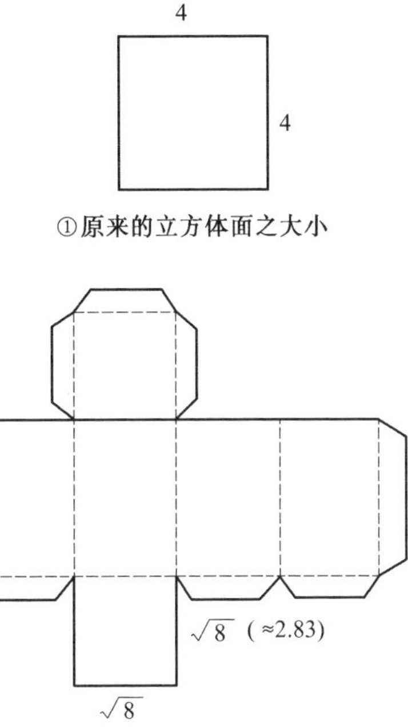

图 2.13　最初切出的立体的展开图

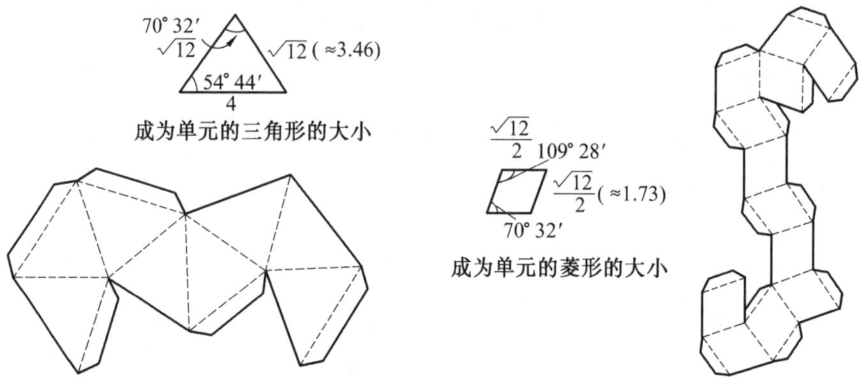

图 2.14 第 2 次切成的八面体展开图　　图 2.15 第 3 次切成的菱形十二面体

立方体分割问题的解答

在 4×4×4 的立方体上，只进 6 次刀，分成 64 个小立方体的切法之一示于图 2.16.实线表示每次下刀的地方.

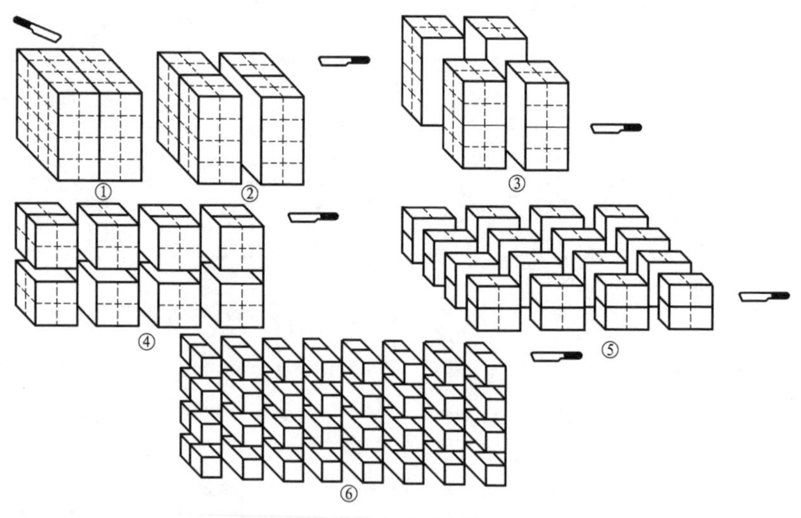

图 2.16 4×4×4 立方体的分割

第3章　对部分和全体像的魔术

积木游戏

将若干个立体拼合起来构成立方体和长方体的游戏,举不胜举.这里选择几个有代表性的制作立方体的游戏作些介绍.

苏马游戏

苏马游戏是丹麦诗人,同时又是许多数学游戏的设计者皮特·哈因发明的.所用的用具在欧洲、美国以及日本都有出售,在拼制立方体的游戏中成了最受大众欢迎的东西.

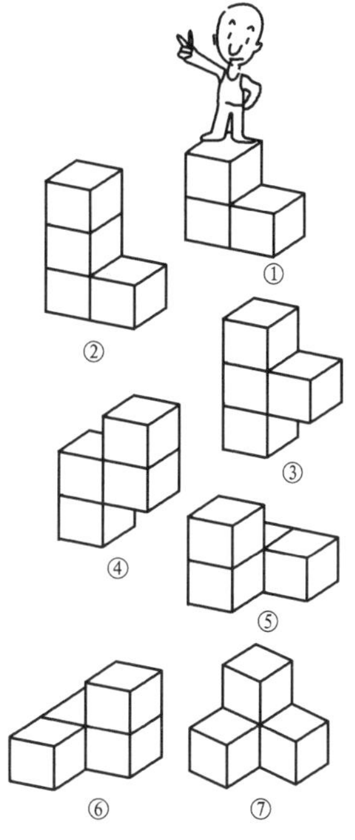

图3.1　苏马块

用不多于4个立方体拼合做成的立体中,只选出有的地方凸出或凹陷进去的立体,就能得到图3.1上的7种.苏马游戏就是采用这7种立体的游戏.比如,用4个立方体做成的立体,有如图2.10上所示的8种,但其中的①和⑦由于没有凸凹,因而被除外.3个立方体拼

合的立体符合条件的仅一种，两个或一个拼合的凸凹立体完全不存在，所以合计起来共是 7 种.

皮特·哈因将这 7 种立体拼凑起来，注意到了可以做成 3×3×3 的立方体.就这样诞生了苏马游戏.为了取乐于这个游戏，还需要有苏马块，但是市售品很难买到.所以，碰到这种情形，要么用儿童手工用的白木立方体胶粘后制成，要么利用梧桐原料等制作也行.但是，考虑到不具有苏马块的人也能以这个游戏为乐.可试制作如下那样的小游戏.

问 13

图 3.2 的立体是用两个苏马块拼成的，从另一侧来看也完全构成相同的形状.那么，在图 3.1 所示的 7 个苏马块中是用了哪个和哪个拼凑起来的呢？

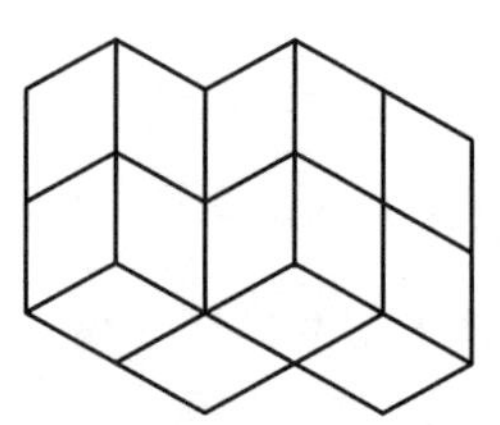

图 3.2　用两个苏马块拼成的立体

这个立体是由 8 个立方体拼成的.实际上，是由两块 4 个立方体拼成的立体拼凑起来的.因此，图 3.1 的①被除外.还有，3 个立方体相连的立体也不能构成这个形状，所以将②和③也除去.

可是，这个形状看上去是用了两个④拼合起来的形状.反过来说，说明④和其他的任何一个立体拼凑后不可能做成这个形状.于是④也被除去.

到此只剩下了⑤，⑥，⑦三个.如果用⑦，原封不动地放到中央处，或者是倒置.但是，不管作什么样的摆放，立方体中的一个与其他 3 个成分离的形状.因

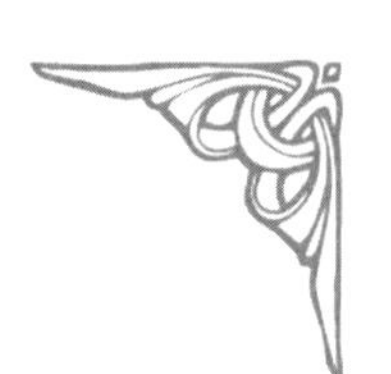

此,等于不能用⑦.

这么一来只剩下⑤和⑥了.所得结论是:这个形状是用⑤和⑥拼合起来的.不过,用⑤和⑥拼合来制作这个形状,即使有工具也比较难办.拼法如图 3.3 所示.

那么,再来提个问题.对于不能回答刚才提的问题的人,希望这一次坚持下来.

问 14

图 3.4 是用了苏马块中的 5 种拼成的立体,再搭上两个就能完成.剩下的两个使用哪个和哪个呢?

图 3.3　问 13 的解答

图 3.4　苏马立方体上少两块的立体

这一回的问题估计比前面的容易.为了把它完成而弄成大立方体,再添加

7 个立方体就可以了. 由此可见，搭上去的两个立体中，有一个应该是①. 于是考虑一下这个①的摆放位置，除了在上面按倒 L 形放置以外，剩下的苏马块就放不进去. 一旦决定了①的摆放地位，从剩下的空位的形状来看，决定另一个为⑥.

就在这里提出三个苏马游戏的解答例子(图 3.5). 马丁・迦德纳于 1958 年广泛地介绍了这苏马游戏. M・威尔逊在 1973 年写了一本《苏马游戏解答集》，其中介绍了苏马游戏解答 480 种(基本解答 240 种). 另外，不少人又补充了苏马游戏，按照各种基准，将选好的立体拼搭成长方体.

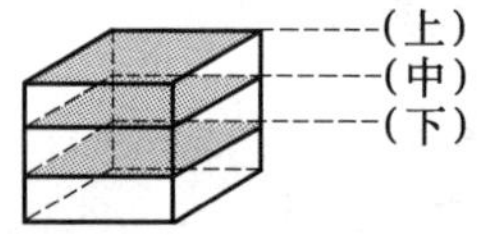

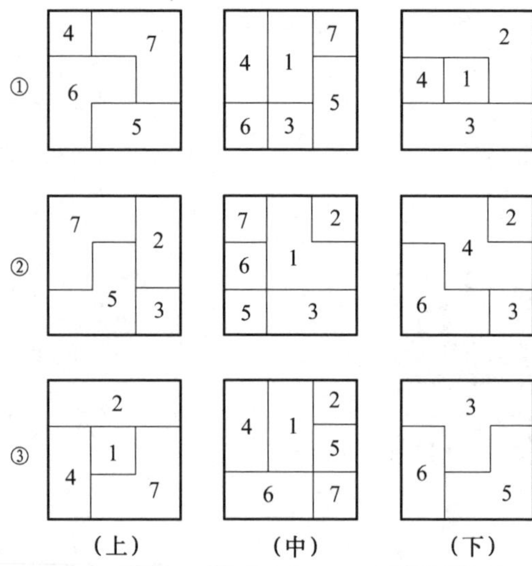

图 3.5 苏马游戏的解答例子

此外,将苏马块拿来就用的问题,也在立方体以外作了各种各样的尝试. 在比较容易到手的文件中,马丁·迦德纳著的《新数学娱乐游戏》中列举了20余例,但在这里介绍另外的几个例子(图3.6). 这些都是著者的作品. 据有的人说,④的形状好像伸出脖子的木马,不过从形态上感受到的联想,视人而异.

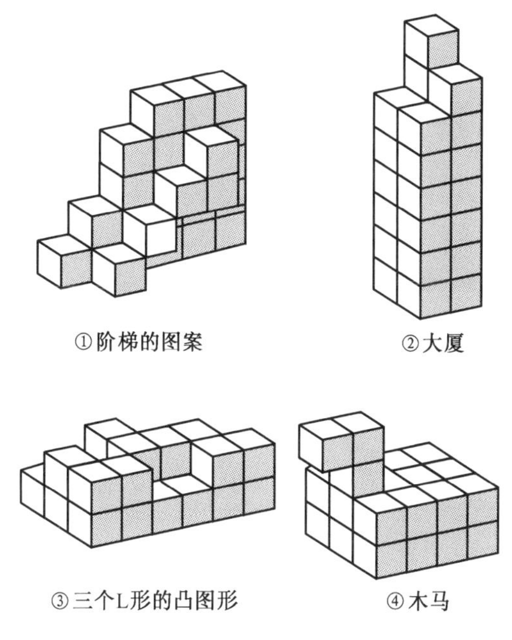

图3.6 由苏马块拼成的形状

史蒂因霍斯立方体

这是选自波兰数学家H. 史蒂因霍斯所著《数学速算》(1948年增订版)中出现的题目,在数学游戏研究家当中普遍为人知晓. 但因为市场上没有工具出售,只好靠手工来做.

史蒂因霍斯立方体的素材(图3.7)有6块. 其中②,③,⑥3块是用4个小立方体粘接起来,①,④,⑤同样是用5个小立方体黏接起来的. 因此,利用儿童手工用的立方体白木块就能简单地自己制作.

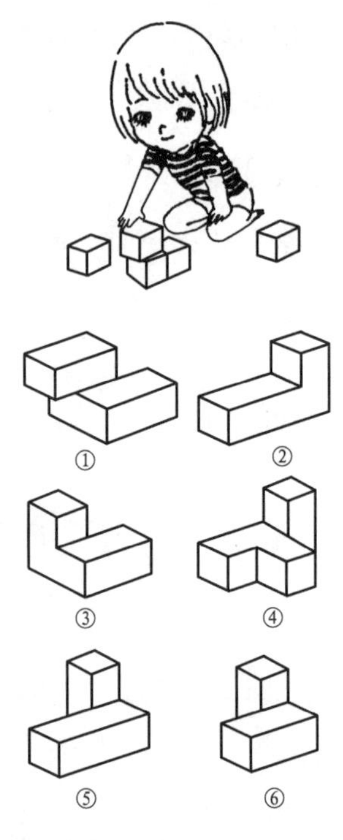

图 3.7　史蒂因霍斯立方体块

因为只是用 6 块立方体拼合,想象中拼搭立方体并不那么难,实际做起来比想象的要难.这些块块好像不听话的悍马,很难按照所想的那样拼合起来.就因为这样,这种难驾驭的驯马似的游戏倒是非常有趣的.希望大家做好工具进行挑战.只要在 30 分钟内拼出立方体,就可以算作及格.

但是,有人认为这样做很麻烦,我们不妨为这样的人提个问题,借此也能知道史蒂因霍斯立方体有趣的一面.

问 15

图 3.8 是将史蒂因霍斯立方体中的 4 块拼合起来的,再往上加 2 块便可完成.这两种究竟是哪个和哪个呢?

可以看出为了添加 2 块做成大立方体,还差 9 个小立方体,所以有必要用 4 个小立方体拼成的一块和用 5 个小立方体拼成的一块组合在一起.也就是说,要将图 3.7 中②,③,⑥里的一个和①,④,⑤里的一个组合在一起.

因为单凭图 3.8 很难琢磨,所以我们将它的不足部分作成图来看,就成了图 3.9 的模样.换句话说,问题转换成:将哪两个组合在一起能变成这个模样?对此,反复琢磨就会解决.

图 3.8　有关史蒂因霍斯立方体的问题

图 3.9　不足部分的形状

首先,①被除外.还有④也因没有构成口字形的块和苏马游戏⑦那样的块,所以不能成为搭配的对象.答案是②和⑤.

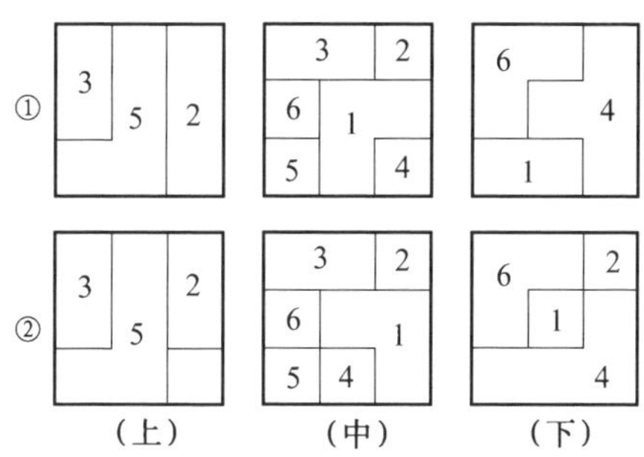

图 3.10　史蒂因霍斯立方体的解答

可是,史蒂因霍斯立方体的解答有两种,将其解答示于图3.10.此刻的问题是图中①的解答.刚才也已讲过,这个游戏非常有趣,再一次建议大家做一下试试看.

尤雷卡的立方体

过去,作过收集研究积木游戏的土桥创作被问到"最有趣的积木游戏是什

么"时，首先推荐的就是这个游戏. 尽管是那么好的游戏，但在 H. M. 甘地、A. P. 罗列托的《数学模型》(1961 年第二版)中，只作了简单的介绍，在数学游戏爱好者当中也几乎不为人所知. 当然也没有工具出售，所以只能靠手工制作. 但与苏马块和史蒂因霍斯块不同，它不是以小立方体作单位的立体，所以作起来总有点麻烦. 著者用梧桐材料切成了 2×1×1 的长方体拼凑立方体. 如果现在有梧桐材料出售的话，可以说它是最适合的材料了.

这个立方体已发表在剑桥大学的 *Eureka* 杂志上，是一种基于 $3^3+4^3+5^3=6^3$ 原理的游戏. 称此为尤雷卡的立方体，供作素材的立体命名为尤雷卡块.

尤雷卡块如图 3.11 所示，是由表示 3^3 的 A 和表示 4^3 的 B 以及表示 5^3 的 C 三组构成. 但是，A 只是一个 3×3×3的立方体，B 涉及两种立方体，是由 4×4×4 的立方体除去 2×1×1的长方体③后剩下的立方体②构成的. 最后，C 这一组数目最多，是由 5 种立方体构成的. ④是 2×2×2 的立方体，⑤是 3×2×1 的长方体，⑥是在 4×3×2 的长方体之上贴上一块与⑤相同的长方体.

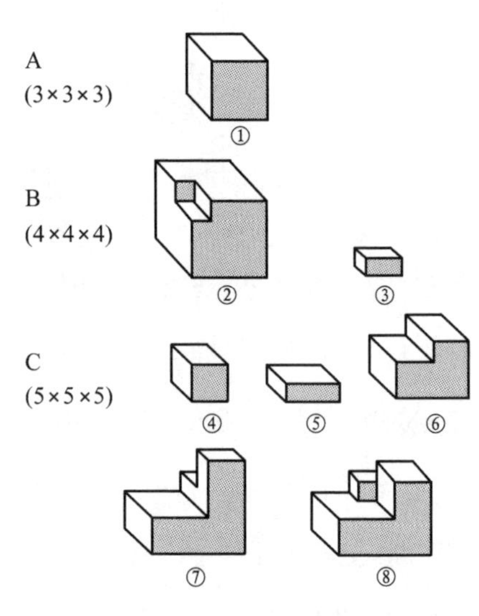

图 3.11　尤雷卡块

⑦和⑧有点复杂. ⑦的形状是在 5×3×2 的长方体之上横放了 3×2×1 的长方体，再在其上竖立了 2×2×1 的长方体而拼得的.

再说，⑧的形状也同样是在 5×3×2 的长方形上放置了 2×2×2 的立方体

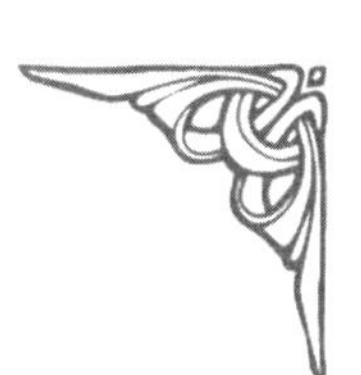

和 3×1×1 的长方体之后拼出来的.

使用上述从④到⑧的 5 块,可以拼出 5×5×5 的立方体. 不妨先对它试做一番. 其解答示于图 3.12. 框外的数字表示从上面数的层数. 因此①表示最上层,②表示最下层.

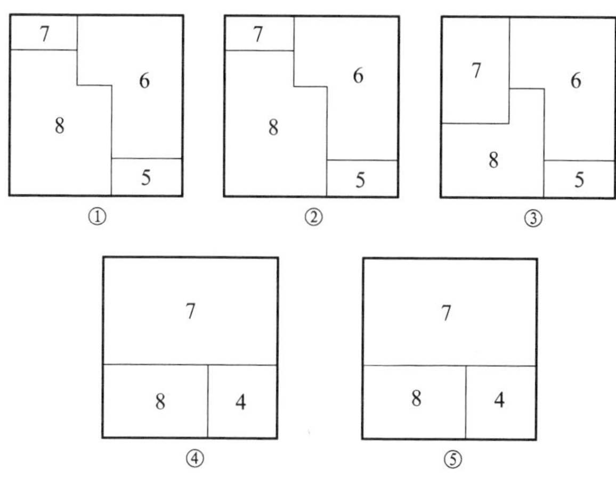

图 3.12　5×5×5 的立方体的拼合方法

顺利地拼好 5×5×5 的立方体后,便能全部使用 A,B,C 三组合计 8 块来拼合 6×6×6 的立方体了.

这乍看似乎不可能. 若将①的立方体和②的立方体相叠,高度超过了 6 而变成 7. 但是,因为②的立方体上有 2×1×1 的缺口,所以才避免了这个难堪的局面. 此外,在拼合的过程中,经常会碰到超出 6 的危险,确是惊心动魄的游戏. 这正是它既有难处又有趣味的地方.

为了供参考,将解答示于图 3.13. 大概用 30 分钟解答出来就算是快的了. 如果开始的步骤错了,无论如何也做不出来,要是做不出来,应该对前面的步骤重作一番研究. 或许是意料不到地计算错了.

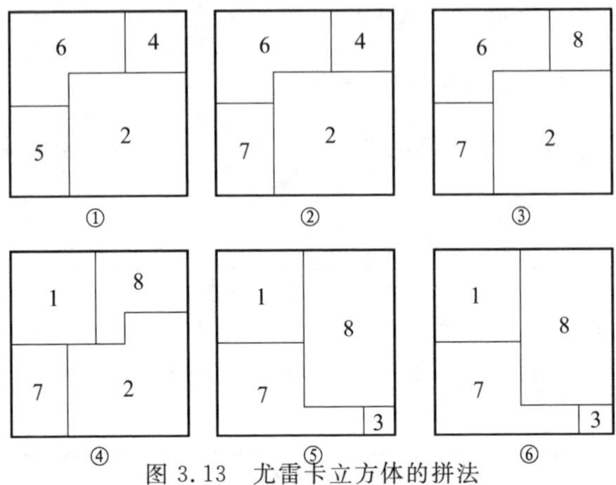

图 3.13　尤雷卡立方体的拼法

将上述问题的解答例子示于图 3.14 至图 3.17. 当然还有其他的拼合方法. 此外,“阶梯的图案”和“大厦”,因为层次多,所以将它们横放,分为二阶来解答.

由苏马块搭成形状的解答

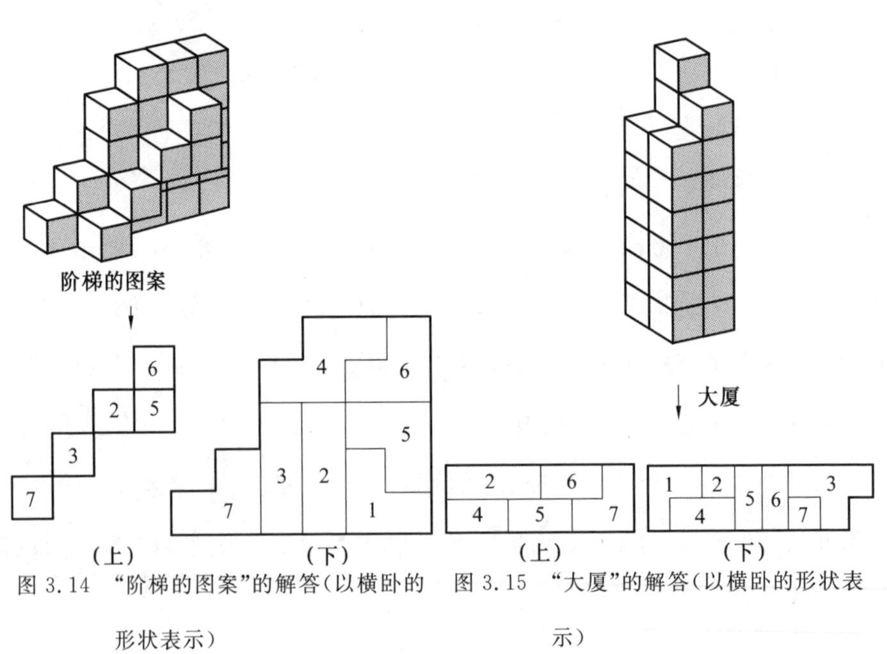

图 3.14　“阶梯的图案”的解答(以横卧的形状表示)

图 3.15　“大厦”的解答(以横卧的形状表示)

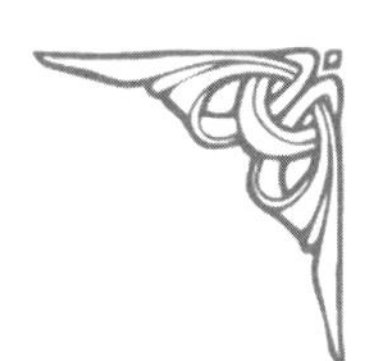

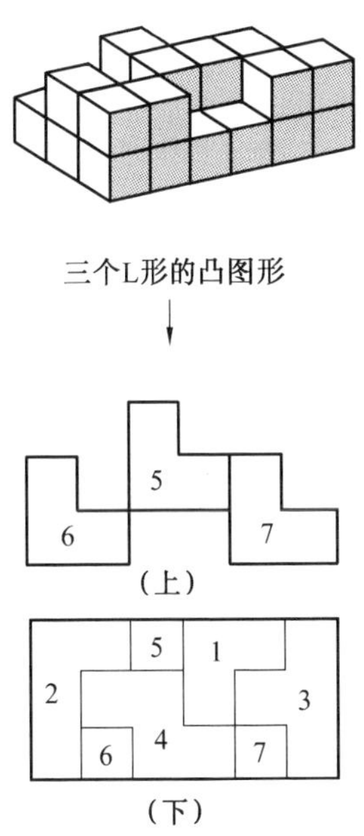

图 3.16 “三个 L 形的凸图形”的解答

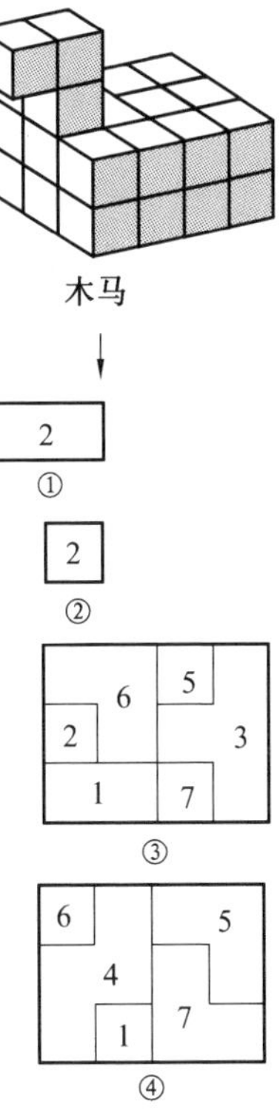

图 3.17 “木马”的解答

第 4 章　平面的推理学

投影问题

在这本书之前写的《超级游戏的冒险》(刊记出版)中,登载了下面所说的主要问题.

问 16

在图 4.1 上,①是某立体的俯视图(从正上面来看),②是同一物体的正视图(从正面来看).那么,这个立体究竟是什么样的形状呢?

图 4.1　投影游戏

这个问题的出处不详,但散见在国外的游戏手册中.俯视图和正视图完全一样这点是有趣的.立刻浮现在脑子里的是长方体或圆筒(但为侧面),但就凭这点还不能对小的四方部分做出合理的说明.

这个问题的答案见图 4.2.这在一般的书中有所刊载,而著者也是原封不动地引用了它.可是,《超级

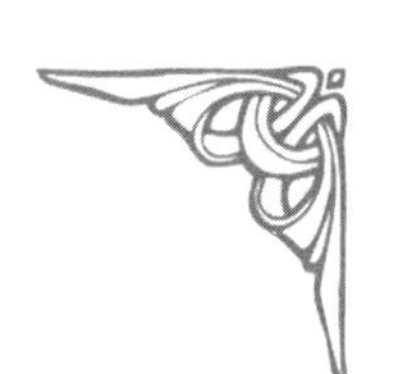

游戏的冒险》发行后不久,审阅这本书的老前辈松田道雄先生来了一封信.

根据信上所述,图 4.3 那样的立体也会得出同样的结果.而且,图 4.4 表示了这个立体的做法.图 4.3 上从侧面看 P,Q 的部分,看成折线,如果从正上面看就变成直线.因而,看上去 $ABCD$ 成为正方形.再从正面看,其中间的凹陷被藏起来了,所以这个部分也被看成正方形.因此,这个立体也符合所提问题的条件.

图 4.2　问 16 的一般解答

图 4.3　问 16 的另一解答

另外,稍微琢磨一下,仅凭图 4.4 之①,也许是符合条件的.但是,若从正面看来确实不错,而从上面看时就变成了コ字形,很不合适.

这么说,由于松田的解答,去掉了先入之见,发现这个问题有不少种解答.

从图 4.5 来看，如在基本的立体上添加①，②，③那样的变形体，都能成为这个问题的正确解答. 简直可以说立体就是个“可怕之物”.

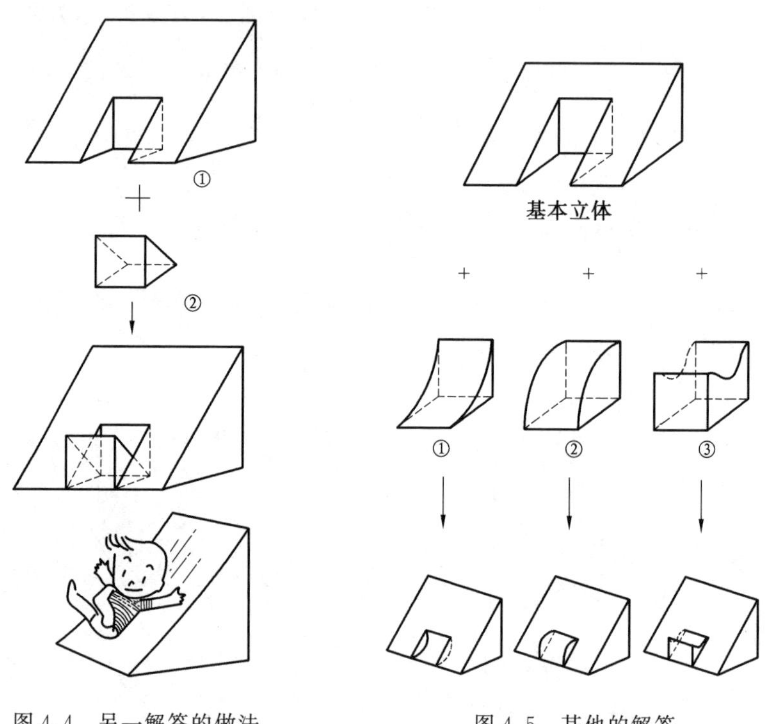

图 4.4　另一解答的做法　　　图 4.5　其他的解答

问 17

这里有个立体. 其轮廓从上面看也好，从正面看也好，从正侧面来看都是正方形. 这个立体究竟是个什么样的形状呢？而且，答案不限于一个.

如果突然提出这个问题，很可能大部分人都以为除了立方体而外再想不起别的. 但是，因为读者是敏锐的，肯定会留意到这个问题与第 2 章的问 12 有联系. 正是那样，在那个题目里，第 3 次切出的菱形十二面体，理应满足这个条件.

但是事情就止于此吗?

实际上,当时第 2 次切出的八面体也符合这个条件.为了弄清楚它,再次将图 2.12 之②刊登在这里,即图 4.6 之①.在该图中,将这个八面体用箭头指示的顶点朝上,试从正上面来看,那就是②.这个外侧的四边形,追溯到前面来考虑,正是将最初的 4×4×4 立方体从中央辟成两个截面.因此,这是一边为 4 的正方形.

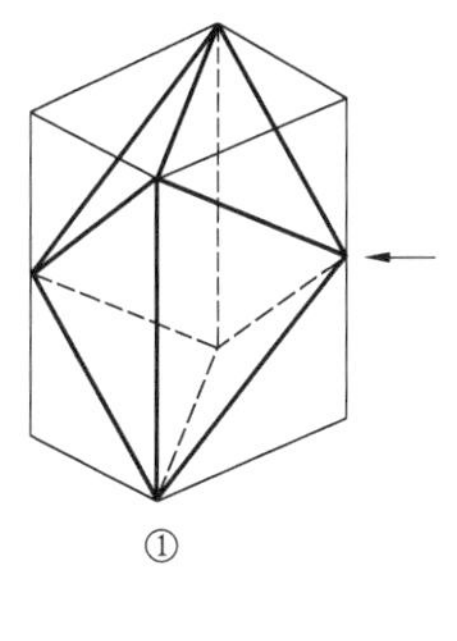
①

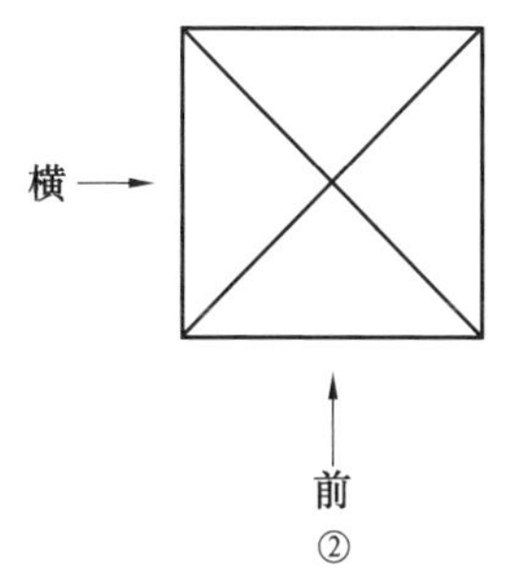

②

其次,从前面或侧面来看这个八面体,如③的样子.构成轮廓的 4 个边的长度都相等.横向的对角线无疑是 4.其次,用点线表示的纵向对角线的长度采用勾股定理来计算,也等于 4.因为四边的长度相等,二对角线的长度也相等,所以这个四边形是四方形.因此,这个八面体也是所提问题的正确解答之一.

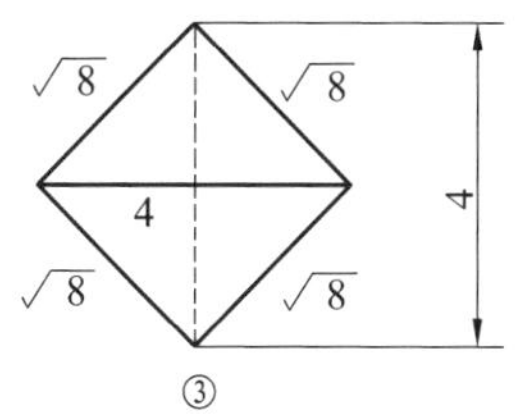

③

图 4.6

与这个问题相类似的,不妨考虑另一个问题:“根据看的方向不同,其轮廓变成正六角形或正方形的立体.”

首先,可以举出图 4.7 的①那样的正六棱柱.又如②那样,将两个六角锥合起来的十二面体也是.说下去还有呢,立方体也依方向不同,可看成正六角形.关于这点,在第 2 章中将正方形劈成两半,可以从切口是正六角形这点来推测.

尽管图 2.12 之③表示的是菱形十二面体,依看的方向也能看成正六角形,但如果真有人留心到这一步,他该算是相当熟悉立体的人了.图 4.8 表示当时的外观,但其外表与立方体的情况一样.菱形十二面体,正如已经讲到的那样,视看的方向不同,能看成正方形.

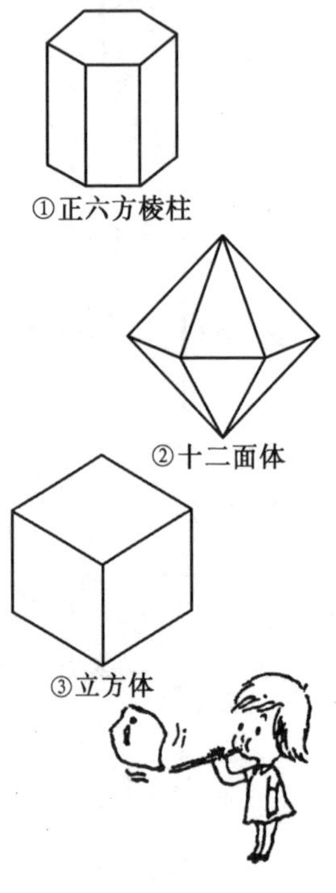

图 4.7 根据看的方向不同看成正六角形或正方形的立体

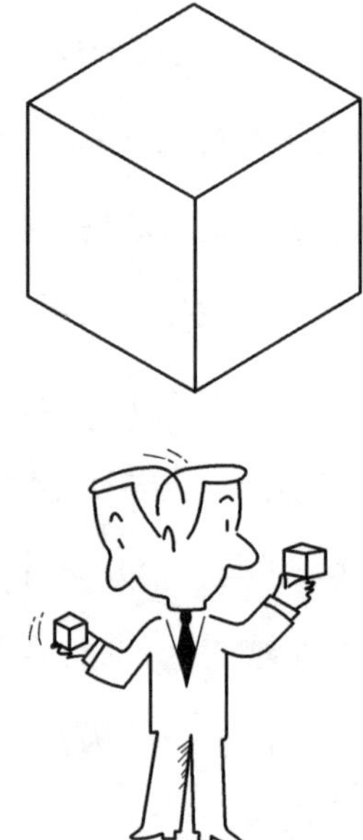

图 4.8 菱形十二面体也会依看的方向看成是正六角形

那么,稍微休息一下,这里不妨提供一个能轻松考虑的游戏.不过,如果想得太简单了,有掉进意想不到的圈套的危险,千万注意!

问 18

图 4.9 是 5 种立体从上面看到的图(俯视图)和从正面看到的图(正视图).在俯

视图 A～E 和正视图 1～5 之间，希望将同一立体的双方彼此联系起来. 还有，这些立体的正视图类似国际象棋的棋子，但不要为国际象棋的棋子图案所迷惑.

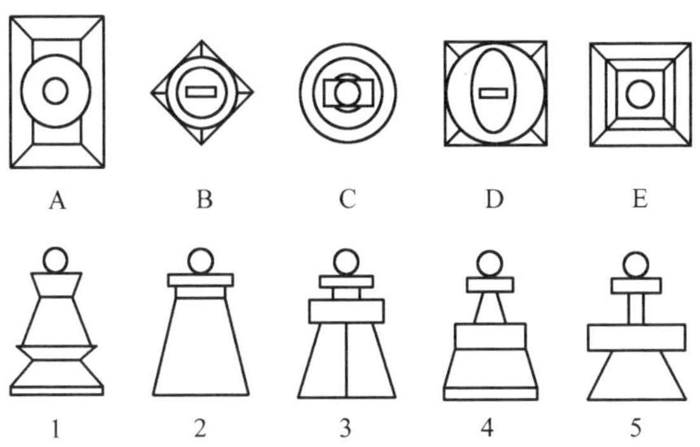

图 4.9　5 种立体的游戏

这个解答姑且放到本章之末. 大概能不费劲地就得出正确的解答.

其次，介绍的是刊登在 J. A. H. 亨特著的《数学快算游戏》中的问题.

问 19

图 4.10 是某物体的俯视图和正视图. 将从侧面看到的这个物体的图（侧视图）描绘下来，那这个物体成什么样的形状呢？请猜一猜.

这个问题的趣味在于俯视图是圆的，正视图是半圆的. 可是，看这正视图可以猜测这个物体很像用铁丝精细做出的东西. 如果不是这样，A 和 B 之间应该有一条直线. 只要明白这点，就等于解答了一半. 这个

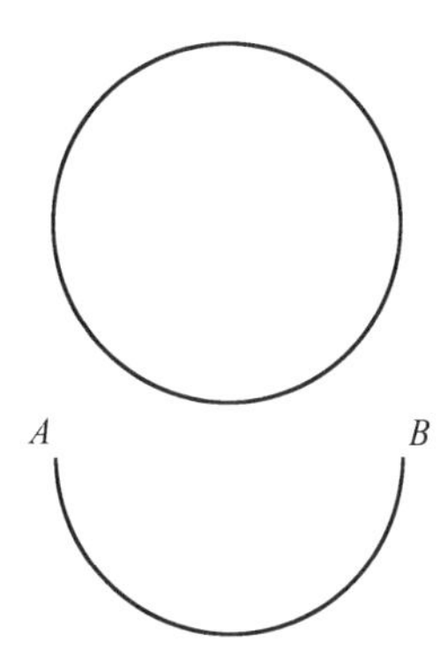

图 4.10　亨特的游戏

解答也示于本章之末.

最后,介绍这类问题中最有名的问题.

问 20

这里有个立体.依看的方向不同,可以看成正方形,也能看成三角形,还可以看成是圆的,这究竟是什么样的立体呢?

这是古典的一种游戏,在本世纪以前做成的这点是完全可靠的.

原来的形状是制作对正方形、三角形、圆的任何一种洞孔都恰好嵌入的软木栓的问题,而这里是当做投影问题出题的.要想一口气来解决这样的问题,如果不触动灵感不容易做到,所以要按照下面说的那样分开来考虑.

【第 1 问】

根据看的方向不同,既能看成是圆的,又能看成是正方形的立体是什么样的呢?

这不用说应是圆柱体.如果柱高与底面的直径相等,从上面看是圆,而从正面看是正方形.

【第 2 问】

根据看的方向不同,既能看成是圆的,又能看成是三角形的立体是什么样的呢?

这不用说应是圆锥体.若是圆锥形,从上面看是圆,从正面看就是三角形.

【第 3 问】

那么,根据看的方向不同,能看成正方形、三角形、圆的立体是什么样的呢?

将第 1 问和第 2 问的结果并在一起的是图 4.11.第 3 问(这与问 20 相同),主要是寻找兼有圆柱和圆锥性质的立体,最简单的办法是,寻找从上面看是圆,

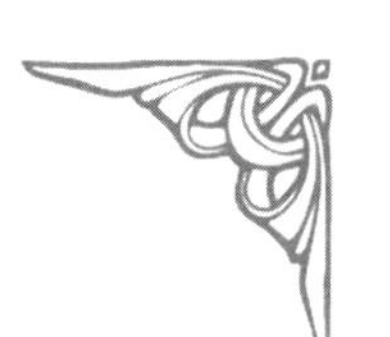

从正面看是正方形，从侧面看是三角形的立体.

将其答案示于图 4.12. 这个解答除了最容易发现之外，实际制作起来也容易. 首先准备好形成圆柱形的软木栓或圆棍，制作高度与圆的直径相等的圆柱，用刀子切削两边就可以了. 图 4.12 用虚线表示了原先的圆柱形.

只是，图 4.12 所示的这个形状，并非是问 20 的唯一的解答，在理论上还存在不少另外的解答.

图 4.11　问 20 的思考顺序

图 4.12　问 20 的解答例子

问 18、问 19 的解答

问 18 的解答是 A—2，B—3，C—4，D—5，E—1. 首先，只有 3 上面画着一条竖线,立刻可以拼组成 B－3.往下容易理解的大概是 5 吧.5 和 D 相结合.这样,从容易理解的方面逐渐肯定下去,比起从头依顺序来做,反而能节省时间.

问 19 的侧视图示于图 4.13 之①,其示意图为②.要领是将铁丝围成椭圆形,从正中间将它按直角弯曲.

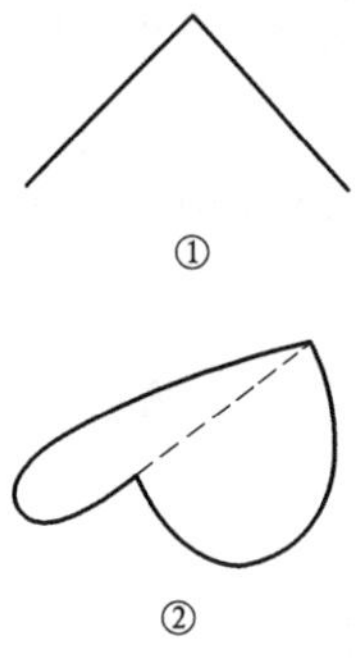

图 4.13　问 19 的解答

第 5 章 开头是朝向终点的出发点

立体绳子技巧(其一)

在西德出售的游戏玩具中,有一种叫做绳子的游戏.这是将带着绳子图样的十六块正方形的板拼成 4×4 的盒子,使绳子变为连起来的一个圈子那样的游戏.图 5.1 是其解的一个例子.

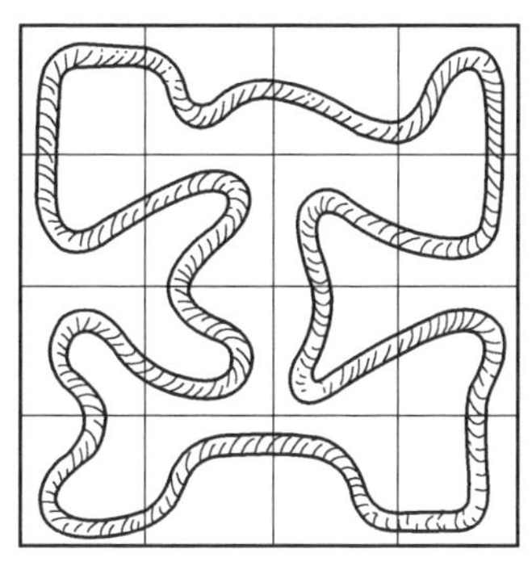

图 5.1 绳子技巧

最早从芦原伸之那里看到这个游戏时,没有想到这么有趣,只以为它是很好的拼画游戏或拼板玩具之类的东西.然而却听说这是很难做的游戏,便引起兴趣来了.实际借来稍微摆弄了一下,当场没有得出答案.于是,一直借到下一次见面之日止,摸索板的做法.这是 1977 年 5 月以芦原家为会场举行的“游戏茶话会”上的事情.

这些板上带着的绳子图样,大致分为两类,即将对边连接起来的 I 形和将邻边连接起来的

L形,这个游戏中总共有I形的4块,L形的12块(图5.2之①②.)

其次,是绳子和边的接法,共有4种.如图5.2之③那样,正方形每边的长度是33 mm,绳子中心的位置离上面$\frac{1}{5}$处与边相接者为A,同样,距$\frac{2}{5}$处与边相接者为B,$\frac{3}{5}$为C,$\frac{4}{5}$为D.

于是将符合这种接法的绳子图样都做出来,可以得到I形10种,L形16种.玩具等于是从其中选出了I形4种,L形12种做成的.尽管我们不清楚它的选择标准,但总算了解到绳子图样并不是随随便便画出来的,而是依照周密计划做出来的.

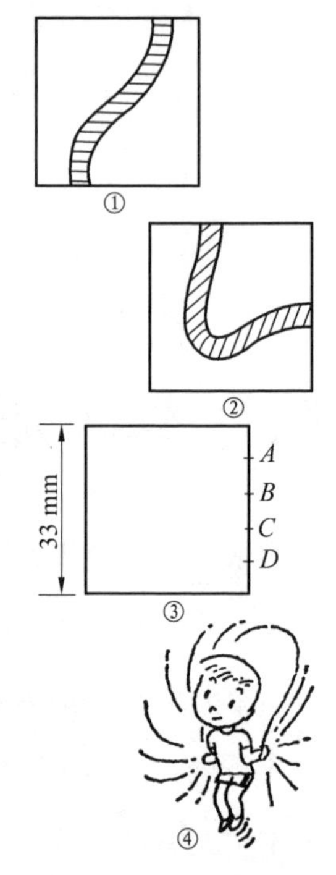

图5.2　绳子的类型和接法

为了把这种板的绳子图样做成一个圈,只是随便地摆放,成功率不高.无论如何需要先拟定一下作战方案.因此,在谈作战之前,请考虑一下下述的游戏.

问 21

要想解开这个游戏,首先要将第一块I形的板按图5.3那样放置.这样一来,能否顺利地做成圈子呢?

为了解开这个问题,第1个暗示就是I形的板不放在四角,无论如何也得将L形的板放到四角来.还需注意与边相接的板若是I形,在放置时,绳子不能与边成直角.

经过试放,就会明白符合这两个条件的只有图5.4那样两种摆法.然后再来解答刚才的游戏.要想制作②式的圈子,需要 8 块 I 形的板.但是,在这套玩具中,I 形的板只有 4 块,就以这个摆法来说,结论是做不成圈子的.

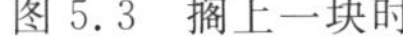

图 5.3　搁上一块时

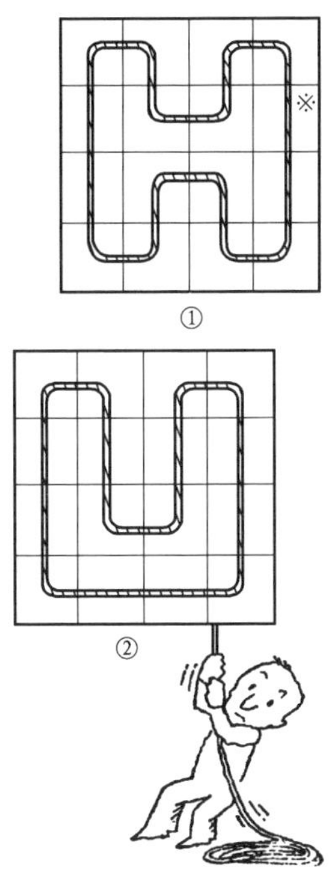

图 5.4　绳子技巧

在这个游戏中,以这套玩具而言,已然明确只能做成①式的圈子.在实际摆放时,要有计划地按①的圈子那样来放置板.

图 5.4 之①,拼摆时由带※记号的板开始,按顺时针方向摆放.遇到 L 形的板,为了接上前面的板,绳子头有向左拐的接法和向右拐的接法,将一方用 L、另一方用⅂(倒 L)来表示,这么一来,从※开始的进程是 I,I,⅂,⅂,L,L,⅂,⅂,I,I,⅂,⅂,L,L,⅂,⅂.

因此,如图 5.5 所示,在板上写上 1 至 16 的号数.而且,只要确定了连接板

的接点位置和板的种类、摆法，不妨列出一目了然的在该处摆什么板的一览表.一边看着这个表一边来摆，即使没有板，单凭桌上的平面图案也能找到解答.再说，表中的数码表示板的号数，括弧内的英文字母表示下一块板的接点位置.

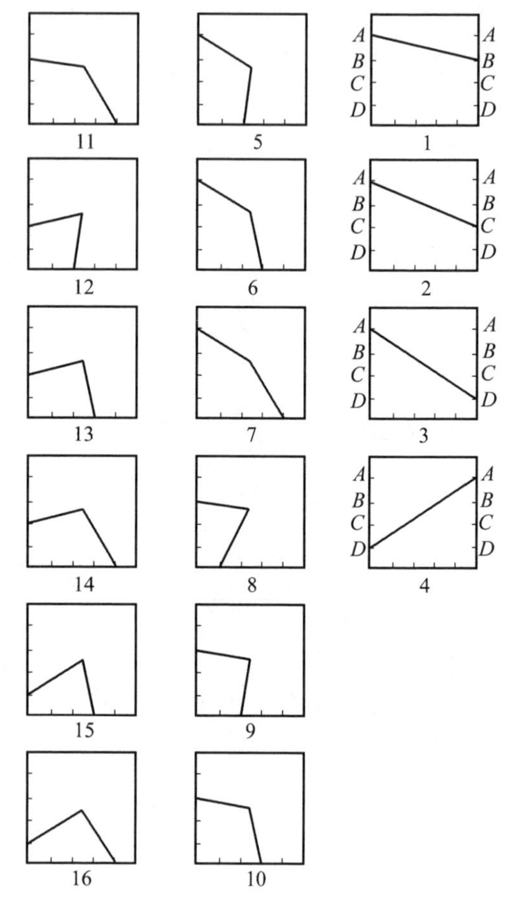

图 5.5　板上写上号数板的连接表

这个绳子技巧的解答有 220 种.对于这点，西山辉夫用笔算，池野信一用计算机分别作了证实.

那么，上述的平面绳子技巧姑且谈到这里，接着将话题转到将它扩大了的立体绳子技巧上去.著者所考虑的绳子技巧的立体化问题，还是由面向儿童的拼板玩具、立方体游戏引起来的.所谓的立方体游戏实际是在立方体的各面画出了不同的画，比如将 9 个立方体的适当的面朝上，组成 3×3 的正方形，等于成了一幅完整的画.

在立方体游戏中，立方体的表面多半印有画，碰巧著者所看到的是由透明塑料盒做成的.其中装有印着画的折成立方体形状的纸.因此，如果去掉这印刷

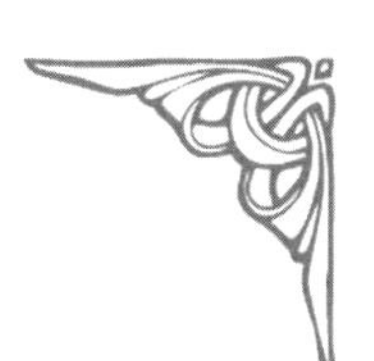

的纸,总觉得能用到别的游戏上去.

因此,当想到普及绳子技巧时,一开始浮现到脑海里的就是利用这个立方体游戏的盒子.首先尝试的是不用 16 块板,而是使用 16 个透明立方体的游戏,将它称为立体绳子技巧(类型 1).

盒子的材料无疑是透明塑料,将稍粗的线绳按照 I 形或 L 形黏接在其中的盒子上.接点的位置分上(U)、中(M)、下(B)、右(r)、左(l)五类.用这些试作各种拼合,如图 5.6 所示,得到 I 形 6 种,L 形 15 种,合计 21 种.并且每个图是将立方体有接点的两个面和夹在其间的面一起展示的形状.

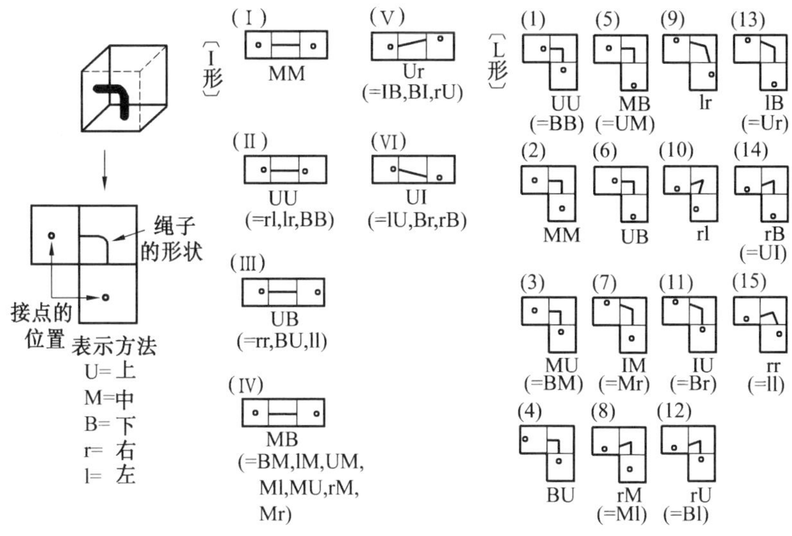

图 5.6　立方体绳子技巧(类型 1)

可是,为了将这搞成 16 个组配,必须减少 5 个.遇到这样的问题该怎么办呢?

问 22

在这 21 个当中,(Ⅰ),(Ⅱ),(1),(2),(15)等记号相同重复的恰好是 5 个.

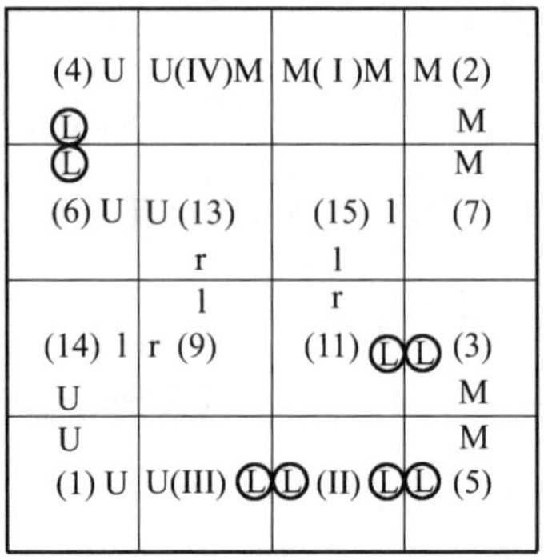

(4) U Ⓛ	U(IV)M	M(I)M	M (2) M
Ⓛ (6) U	U (13) r	(15) l l	M (7)
(14) l U	l r (9)	r (11) Ⓛ	Ⓛ (3) M
U (1) U	U(III) Ⓛ	Ⓛ (II) Ⓛ	Ⓛ M (5)

图 5.7 立体绳子技巧(类型 1)的解答例子

将此除去后,如能做成圈子,就成为最利索的游戏,但这样做有可能吗?

上下左右有接点者,靠将立方体转动可以互相变换,但接点在中央(M)的,无论如何转动也不会从中央变动.换句话说,对于 M 是接点者,只能连接 M.可是,在除去记号相同重复了的 5 个之后,其余的 16 个当中,M 有多少个呢?在(Ⅳ),(3),(5),(7),(8)中各一个,合计 5 个.要想将全部搞成圈子,M 必须是偶数个才行,但是上面所说的 5 个就等于是不能做成圈子.

至此,总算明白以最理想的形状来配置是不可能的,虽然求助于下一步的良策,但总也弄不好.到了最后,抽去了(Ⅴ),(Ⅵ),(8),(10),(12)的 5 块后算是配成了套.

这么一来,尽管这个立体绳子技巧(类型 1)完成了板的立体化,但却没有满足另一个愿望,即打算制订板的选择标准和明确应该怎样配置.于是,在 1977 年 10 月的游戏茶话会上报告了上述这个游戏的经过,以它为开端,然后着手于推动立体化(类型 2).另外,在图 5.6 上出示了这个配置中的一个解例.(Ⅱ),(Ⅲ)是可以替换的,这时若将(Ⅱ)反转过来就变为 UU,可以接在(Ⅲ)和(1)了.

在这里不妨介绍一下除著者外其他人的动向. 绳子技巧使游戏茶话会会员感到很大的兴趣. 池野信一将用板拼合的盒子形状从 4×4 改成了 4×5,首创了用其 I 形 4 种和 L 形的 16 种做成圈子的"新绳子技巧",进一步设计了六角形的绳子技巧,发表在增刊《数理科学・游戏Ⅲ》(1978 年科学社出版)上. 详细情况请参看该刊,但解答例子示于图 5.8 和图 5.9.

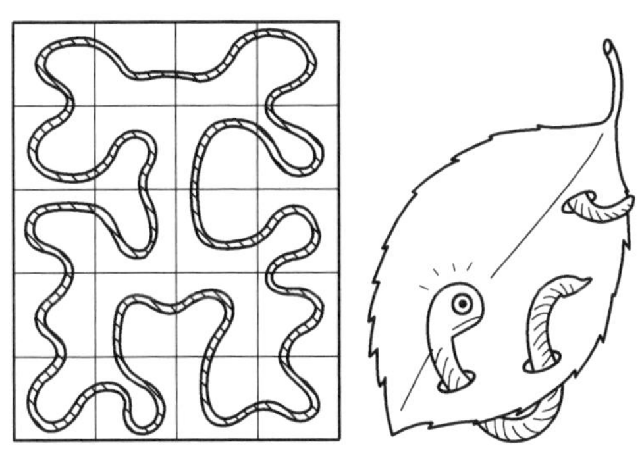

图 5.8 新绳子技巧

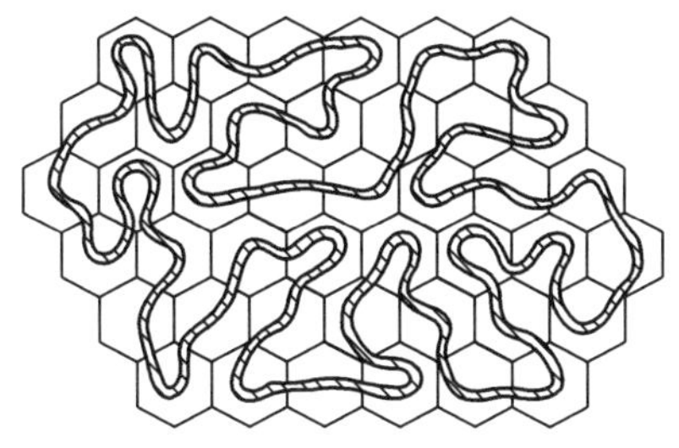

图 5.9 完整六角绳子技巧

另外,西山辉夫用了 I 形 10 种、L 形 16 种,提出了绳子技巧的新方案. 这种方案在 4×6 的盒子中央带有凸出的两个盒子. 这个方案发表在《数理科学》(1978 年 11 月号)上. 图 5.10 是其解答的一个例子.

图 5.10　西山的完善绳子技巧

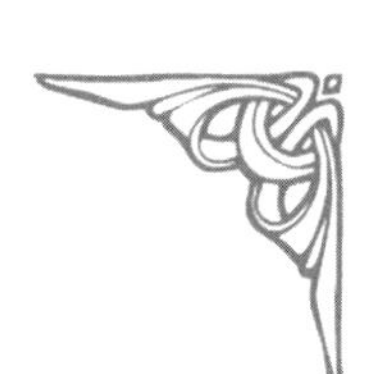

第 6 章　空间的点和线

立体绳子技巧(其二)

开始不妨想想这样的游戏.

问 23

如图 6.1,准备好许多透明塑料的盒子,在其中用线绳固定成 I 形或 L 形,用这些盒子拼成如图 6.2 所示的 3×3×3 的立方体,能不能使整个线绳变成一根围成一圈呢?

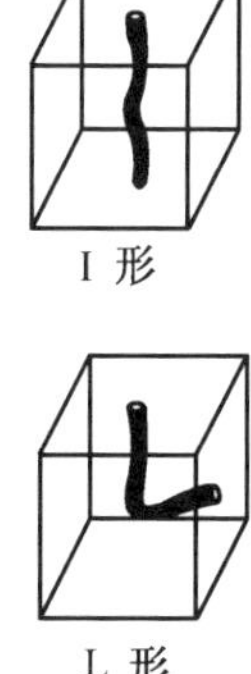

图 6.1　素材

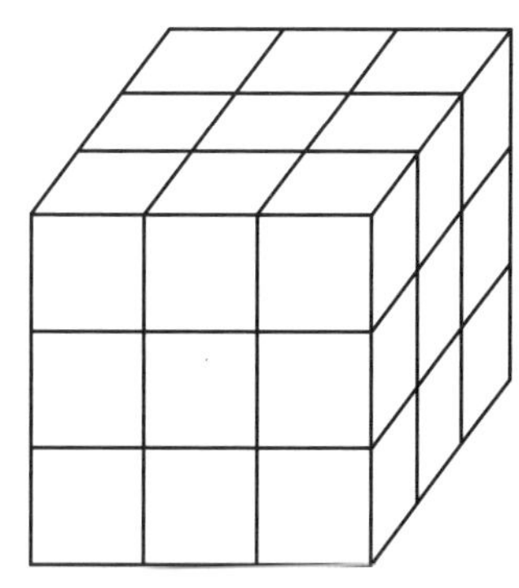

图 6.2　3×3×3 立方体

为解开这个问题,可以利用棋盘格模样.将拼好的盒子,每隔一个涂上白和黑两色,就变成图 6.3 的情形.对它稍作验查可知,黑盒子是 14 个,白盒子是 13 个.

先从带★记号的黑盒子拼起来.往后,绳子向任何方向连接,盒子的色无疑是白—黑—白—黑,偶数号为白,奇数号为黑.因此,最后的第 27 号盒子是黑的.显然,由于不能从黑到黑的道理,所以做不到将这最后的盒子(黑)的线绳与出发点(黑)的线绳连接.由此可见,结论是接不成一根圈子.

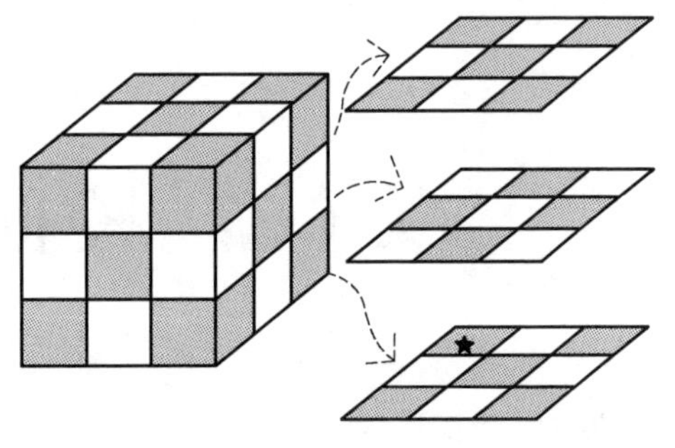

图 6.3　涂成棋盘格模样的立方体

总之,黑盒子与白盒子若不是数量相等,就不会接成为一根圈环(即封口的曲线).

当思考绳子技巧的完全立体化时,首先碰到的是这个问题.从这上面看出最初考虑的利用 27 个立方体来玩绳子技巧是不可能的.但是,若是 4×4×4 的立方体就完全可能了,不过盒子的数目达到 64 个.这样一来又嫌太多了,作为玩具是不适合的.于是,仔细琢磨的结果,最后凑成的玩具的外形如下所示.

用具

(1)透明塑料的盒子,如图 6.1 所示,内藏着稍粗的线绳.种类有 I 形和 L 形的两种,不管哪个绳子一定要在中央与面相接.

(2)基盘,如图 6.4 所示,在一块厚板上,在 3×3 大小的地方画上粗线,在其内部,画出放置箱子地位的点线.在基盘的中央,连接着一个不透明的立方体.对这个问题,最好写出个说明书.

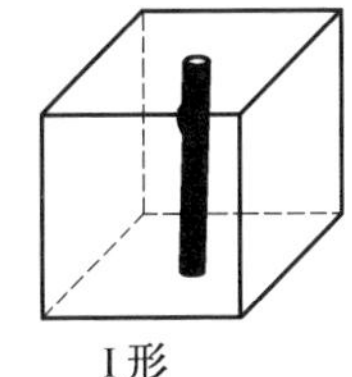

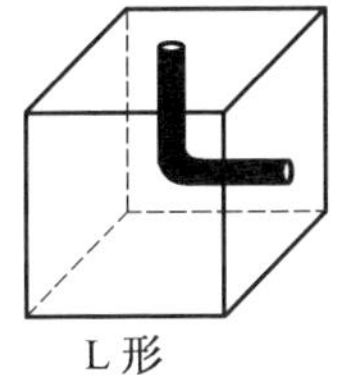

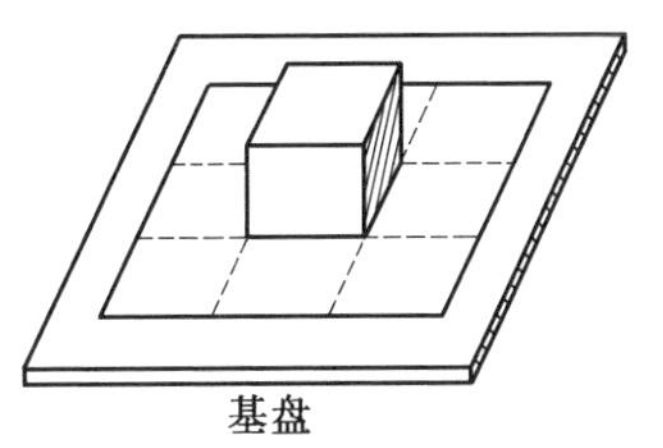

图 6.4 立体绳子技巧(类型 2)的用具

玩法

在基盘上拼合 26 个盒子,作为 3×3×3 的立方体,使中间的绳子作为一个圈环(封口曲线)的形状.

不过,按照原先的绳子技巧,将 16 块正方形纳入 4×4 的盒子,正如讲过的那样,只存在两种回路,其形状也单纯.于是,为了游戏而想增加一些难度,无论如何有必要将绳子与边相接的位置作种种变化.

但是,这种立体绳子技巧回路种类多,形状也复杂,所以完全不要变动绳子的位置,使所有的绳子接着面的中央.

图 6.5 是这个立体绳子技巧的回路例子.回路是根据 I 形盒子的个数来分类的,比如写上 4,说明用了 4 个 I 形的盒子.为容易识别回路起见,省略了盒子,只是用点表示中心的位置.并且在有 I 形盒子的位置上画上了○记号.若采取这样的表示法,即使没有实际的玩具,只要有纸和铅笔,就能作各种各样的游戏,很方便.

说到这里,只要将 I 形盒子的个数规定为多少个,就可以靠它做出称心的游戏.既不太难,也不太容易,对初级者来说,是恰如其分的.但是,这么个程度的问题,怎么也不会令数学迷满意.

于是,将问题分为两类,以使数学迷也点头称赞.结果是将使用的线绳做成

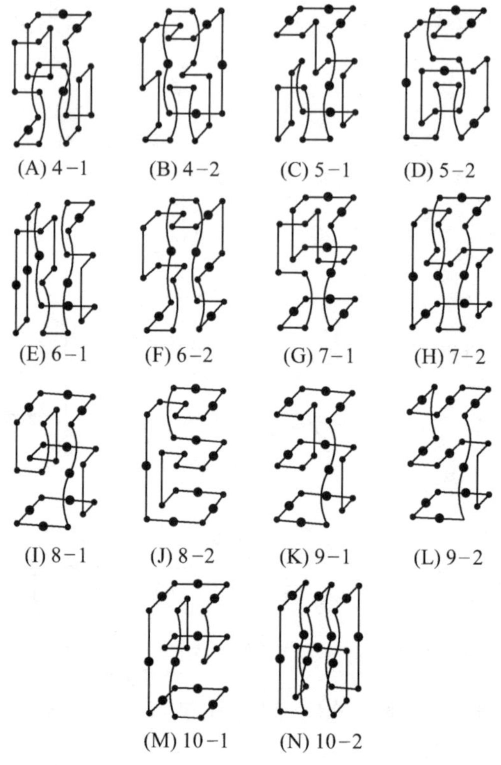

图 6.5　立体绳子技巧(类型 2)的回路

红蓝两色，凡是数学迷，一定要将红绳和蓝绳交替连接，作为两色相间的绳子.

随后，沿着此线，I 形和 L 形，红色和蓝色究竟如何分配，研究的结果，发现了非常有趣的事情. 在说明它之前，将图 6.5 的各种回路涂成二色相间分类时，希望看一看 I 形盒子按颜色区分的情况. 还有，这里是将个数多的都涂成了红色.

(A)4－1……红 4；蓝 0

(B)4－2……红 4；蓝 0

(C)5－1……红 5；蓝 0

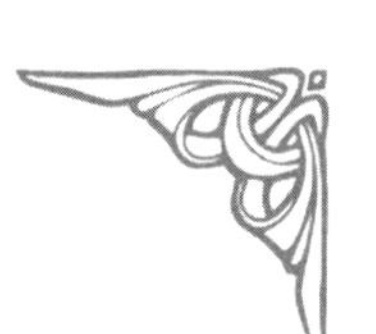

(D)5－2……红 5;蓝 0

(E)6－1……红 5;蓝 1

(F)6－2……红 4;蓝 2

(G)7－1……红 6;蓝 1

(H)7－2……红 6;蓝 1

(I)8－1……红 7;蓝 1

(J)8－2……红 6;蓝 2

(K)9－1……红 7;蓝 2

(L)9－2……红 7;蓝 2

(M)10－1……红 7;蓝 3

(N)10－2……红 7;蓝 3

图 6.5 的回路是将按颜色区分的事置之度外而制作的，正如所见到的情况，某一方的色占压倒的多数构成拼合．刚才说过有趣的发现就是指的这个，按照普通的做法，上面所说的 I 形的盒子就要变成两种当中的一种色．

只要明白这点，便能确定编造面向数学迷问题的方针．等于是尽量使 I 形盒子的红与蓝的比率接近．依照这个方针制作的回路例子是图 6.6．点表示红色的盒子，星号表示蓝色的盒子．照此来配置，若是初级者拼成圈环就可以了．若为数学迷，则要求将整个圈环搞成二色相间，只要附带这些条件，便可制出从初级者到数学迷都能取乐的游戏玩具．

另外，拼组盒子时，像图 6.7 之①那样，只要连接成 L 形，I 形盒子的绳子便都变成同一色，如连接成②那样的 ᘔ 字形，绳色就发生变化．以上面讲的这些作启发去解决游戏的问题就行了．

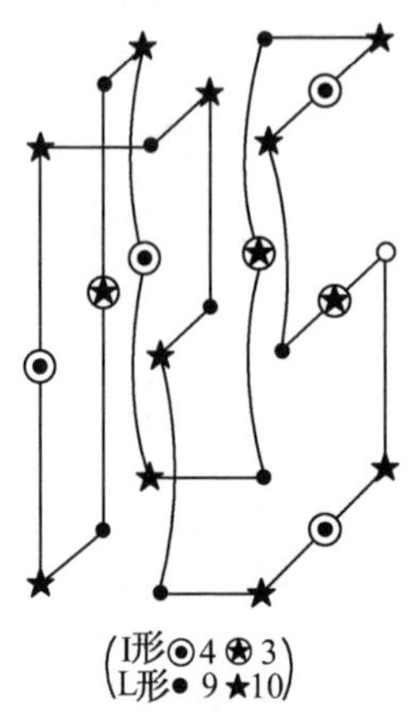

图 6.6　面向数学迷的回路

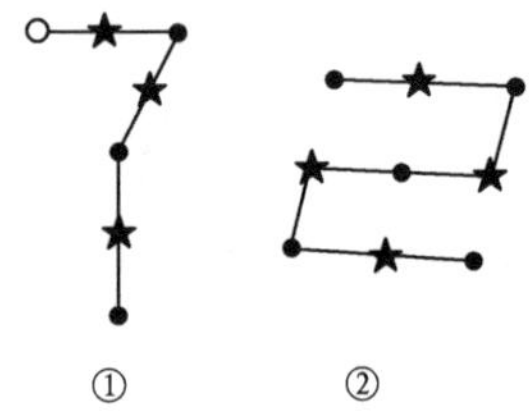

图 6.7　拼法和绳子的色

在图 6.5 上出示着 I 形的盒子从 4 个到 10 个的回路，难道说除此以外的回路就不存在吗？不妨稍微来想想这件事.

首先，很清楚不能将两个 I 形接在一起使用. 也就是说，I 形一定要按 L—I—L的形状使用. 那么，这类问题的结果会是怎样呢？

问 24

26 个立方体中，最理想的例子，可以设想有 13 个 I 形. 但是，这是不可能的. 下面说明一下它的道理.

对于这个问题，做出这样的说明大概就可以了. 假设从某一个顶点出发，沿 I—L 前进便来到下一个顶点. 由此可见，按照 L—I—L—I……这样走去就会像图 6.8①那样，变成巡回顶点的情形，用了 8 个 I 形就退回到原处，超过此数就不能再往前推进. 另一方面，从顶点以外的地方出发时成绩更坏，据图 6.8②所见，到达第 4 个就堵住了. 由此可见，用了 13 个 I 形便无法解决.

那么，I 形究竟能用到多少个呢？对于这个问题，著者规定了最上部中央的盒子的形状和方向,针对各自的情形,试拟了最大限度地使用I形的方案,其结果便是图 6.9.从这上面看来,著者虽下了以 10 个为最大的结论,但也许还有更好的搞法.

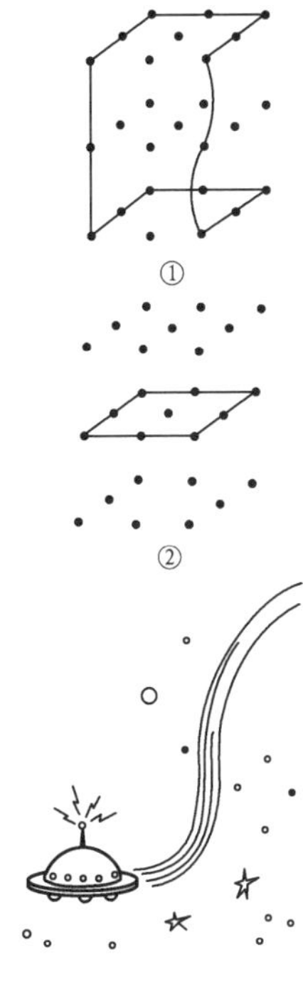

图 6.8 按 L—I—L—I 拼组的情况

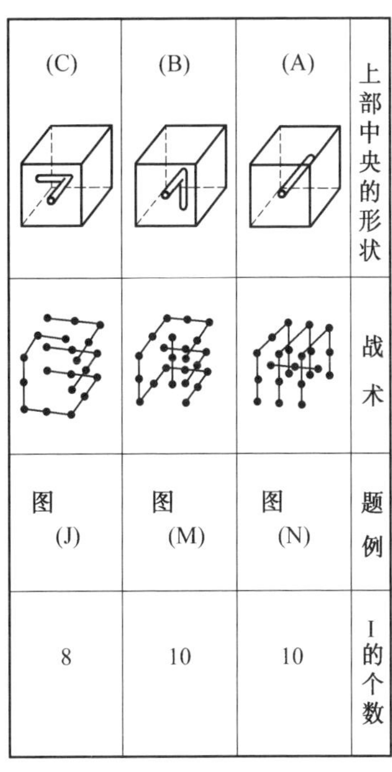

上部中央的形状	战术	题例	I的个数
(A)		图(N)	10
(B)		图(M)	10
(C)		图(J)	8

图 6.9 使用I形个数最多的作战图

这一次与上面所说的正相反,能否得到完全不用I形的解释呢? 这正如图 6.10 所示,设想从下面起头来拼合就容易明白了.最下面的段,为了完全不用I形,只有搞成图 6.10①的样子.这么一来,与中段的拼合只能搞成图 6.10②的样子,若要拼合上段,带★记号的地方无论如何要改成I形.此外,将①的地方改成③之后,往后不管怎么搞,一根绳子变成了半拉子,成不了封口曲线.

著者虽然认为I形个数最少是 4 个,但总也不能作出令人满意的说明.这

一点是留给今后去解决的课题.

(顺便说一句,本章已由著者补充在 1978 年 4 月号《数学讨论》的文章中.)

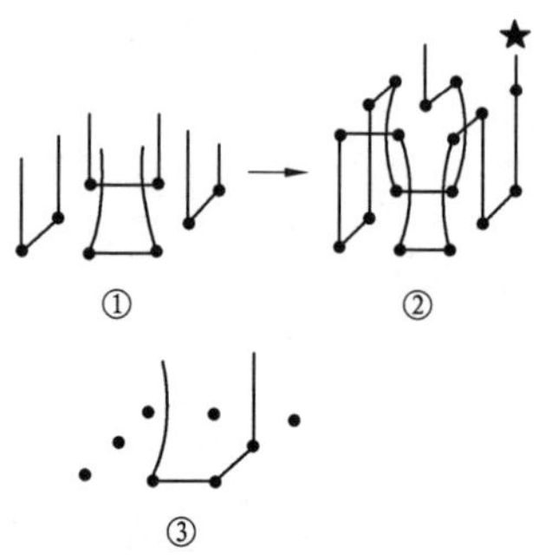

图 6.10　不用 I 形的尝试

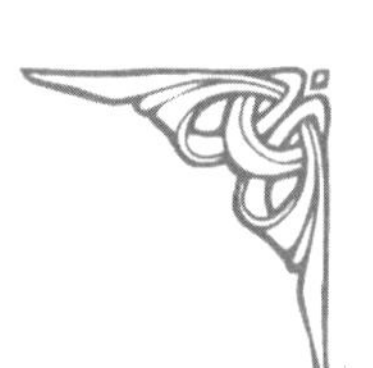

第 7 章　空间的色彩学问题

什么是色立方体

本章想接触一下“马克马洪的色立方体”和用它做游戏玩具的江口雅彦的杂色立方块游戏.

问 25

将立方体的 6 个面涂成 6 种色,能出现多少种涂法呢?

不妨依照顺序来想想.如图 7.1 之①所列,把 6 块标牌排成一行,涂 6 种颜色将它区分,其做法,不用说只有 6 的阶乘,即

$$6!=6\times5\times4\times3\times2\times1=720(\text{种})$$

涂 A 可以用 6 种颜色,如 A 的颜色确定之后,再来涂 B 只能使用剩余的 5 色,其涂法有 5 种.一旦确定了 A,B,则对 C 的涂法只有 4 种了……依此类推,其合计如前式所说,等于 6×5×4×3×2×1(种).

其次,不妨将这些标牌排列在电唱机的圆盘上,这就是②.这时,因为可以任意转动圆盘,所以就不存在哪里是前哪里是后的问题.因此,涂成 1,2,3,4,5,6 的圆盘和涂成 2,3,4,5,6,1 的圆盘,只要转动就能取得一致,等于不存在

不同的涂法.由此可见,涂法种数等于是将①的结果除以 6.

③是将这些标牌穿通铁丝,做成如项链的东西.这时,不仅能随意旋转,而且还能翻转过来.其涂法总数减为②的一半,等于将 6 的阶乘除以 12.

将立方体涂色区分时,按照③来考虑就可以了.设面数为 n,边数为 s,结果如下

$$\frac{n!}{2s}=6!\div(12\times2)=30$$

即答案是 30 种.

这个式子也适用于其他的正多面体.例如,用四色涂正四面体的方法是

$$4!\div(6\times2)=2$$

即答案是 2 种.

边数不详时,该怎么办呢?设作为单位的各面的角数为 m,则 s 由下式求得,即

$$s=\frac{nm}{2}$$

所以,如果将这 s 值代入前式,成为

$$\frac{n!}{2s}=\frac{n!}{2\times\frac{nm}{2}}=\frac{(n-1)!}{m}$$

用这个式子来计算,若为立方体的情形,n 是 6,m 是 4,则

$$\frac{(6-1)!}{4}=\frac{5!}{4}=30$$

与前面的结果一致.

①排成一行

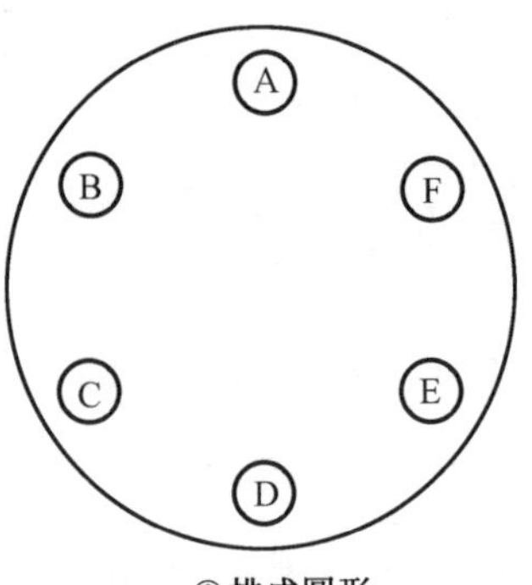

②排成圆形

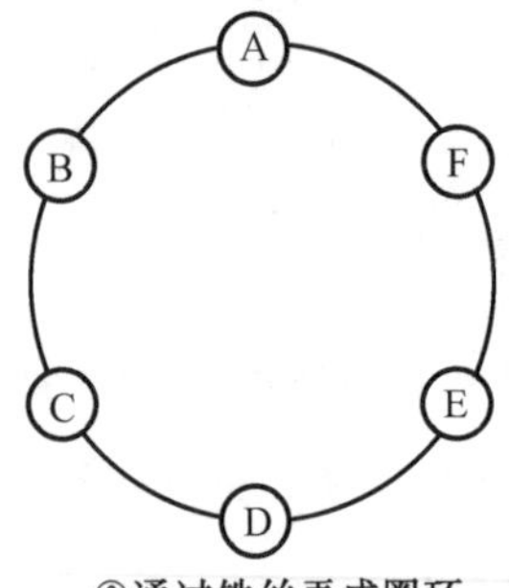

③通过铁丝弄成圈环

图 7.1 变换标牌的排法

习惯上将涂成六色分30种的这个立方体称为马克马洪的色立方体.这是以研究它的英国数学家P.A.马克马洪的名字而命名的.之后,G.柯瓦列夫斯基和F.维恩塔等继续研究,根据他们所得的成果,江口雅彦设计了一种叫做“杂色立方块游戏”的游戏玩具,1948年曾经市售过.

但是,当时与今天不同,因为没有处在游戏玩具流行的时代,可惜的是没有怎么普及推广就消失了.我认为这个“杂色立方块游戏”作为游戏玩具可算是出色的作品,得到江口的同意,在这里作些详细的说明.

“杂色立方块游戏”是从30个马克马洪色立方体当中,选用了图7.2那样的8个作为一组.利用儿童手工用的白木立方体或稍大的骰子,以及面向幼儿的立方体游戏工具等就可以制作用具了.不必涂色,糊上文具店出售的带胶彩色贴纸,既轻便又好看.

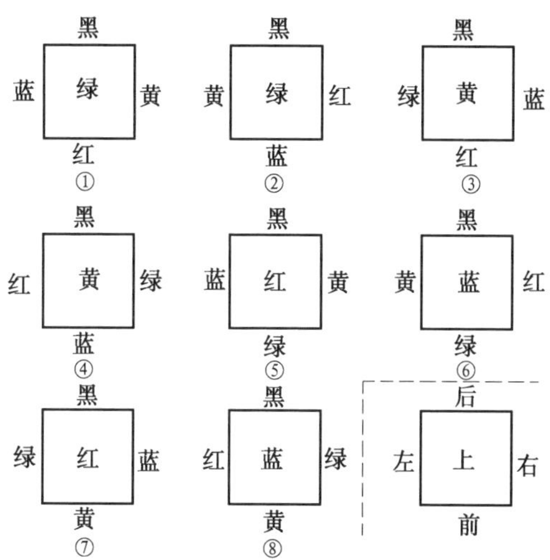

图7.2 立方块的配色表

颜色的调配特点是,黑与白、蓝与红、黄与绿必定是相邻的.如果手头上没有恰当的立方体,打算用纸来制作时,不妨利用图7.3的展开图.将它作成8

块,根据配色表涂好颜色,然后拼合成立方体就可以了.

做好了用具,就可以进行杂色立方块游戏了.还有,对于没有决心特地制作用具的人,只要稍微读开了头,肯定会改变看法,变成不制作用具来玩就待不住了,所以希望大致地通读一下.

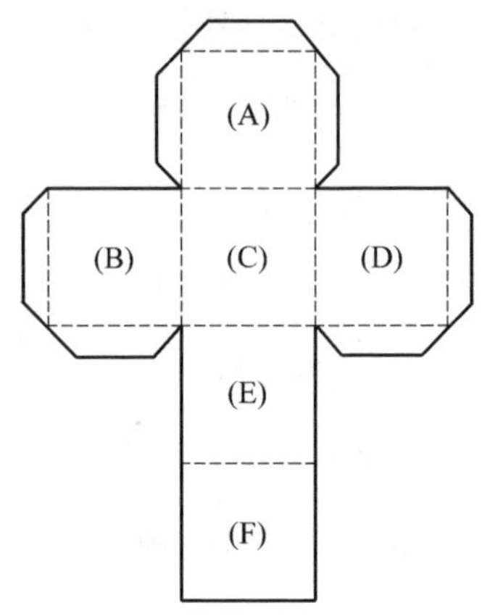

图 7.3　立方块展开图

问 26

由 8 个带色立方体中选择 4 个排成一行,无论观看哪个侧面,都希望做到颜色不重复.做完了这个,再加 1 个立方体,制成由 5 个立方体构成的“杂色柱”,最后,再加上 1 个立方体,希望向做成 6 种颜色的“杂色柱”挑战.

4 个的时候并不感到困难,正适合于消磨不多的时间.另外,将 8 个立方体随意一分为二,两人各拿 4 个喊一声“好,开始”,也可以比赛一下究竟谁能先做成“杂色柱”.

如果希望稍微再难一点,可以限定:拼成时,总有一种颜色不在侧面出现.一旦决定这样做了,就变成相当复杂的问题.

最难的是,制作 6 个立方体的“杂色柱”,这是最难办的事情.松田道雄将这个拼色问题登在《数学和数学游戏》(1984 年)和《游戏和数学Ⅱ》(1958 年)上,作了详细的研究.根据它,从 8 个当中选 6 个作成柱的排法全部合起来有668 860 416种.其中用 6 个立方体排成“杂色柱”的排法只有 104 种,这就等于说 643 万个拼法中只有一个正确答案.这必然是难了.

再说,4 个、5 个、6 个立方体的情况,也能寻求各自的立方体以相同颜色彼

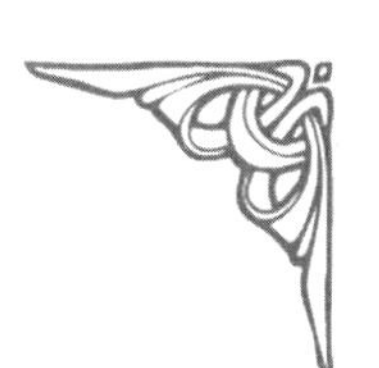

此连接起来的解答.

图 7.4 表示了 6 个立方体相连的解答例子. 这是选了①、②、③、⑥、⑦、⑧等 6 个立方体做成的柱. 色样的表现方法是将立方体的底面伸长,从而能够看清侧面的情形. 其底面颜色放在括弧内表示.

根据这种排列,还可以得出另外的解答. 而且,其中的 3 个原封不动,只挪动 3 个立方体就可以. 寻求可以挪动的立方体也是很有趣的. 为了做到这一点,不需要什么另外的工具,希望试一下看看.

〔排法〕

③—①—②—⑥—⑧—⑦

〔色样〕

蓝 白 黑 黄 绿	红 黄 绿 蓝 黑	绿 蓝 红 黑 白	黄 黑 白 绿 红	白 绿 黄 红 蓝	黑 红 蓝 白 黄
(红	白	黄	蓝	黑	绿)

图 7.4　6 个立方体"杂色柱"的例子

问 27

这一次 8 个花色立方体全部用上,拼成 2×2×2 的立方体,希望做出无论哪一面都是由不同的四色做成的"杂色立方块". 拼成后,不单是外面,希望里面也能呈不同花纹. 再说,像图 7.5 之①那样,在内部要使同颜色的面相对. 这最后的拼合,如能在 30 分钟内完成,算是大功告成.

这就是"杂色立方块游戏",这种配合可谓是重要的游戏. 将这当做比赛进行时,两个人各拿 4 个带色立方体,同时如图 7.5 之②那样拼成正方形的台,比赛内容是看谁能将各面中的某一面尽快拼成杂色面. 也就是说,解决问 27 的一人拼成了上半部分,而另一人拼成了下半部分.

图 7.6 表示了问 27 解答的一例. 色样的表示方法虽与图 7.4 一样,但是将

前侧的 4 个和后侧的 4 个分别作了表示.中央方框内记载的颜色是前面的颜色,括弧内的颜色是背面的颜色.从这上面可以看清楚不单各面成为杂色,里面也成为花色,并且在内部,相同颜色的面是相对的.

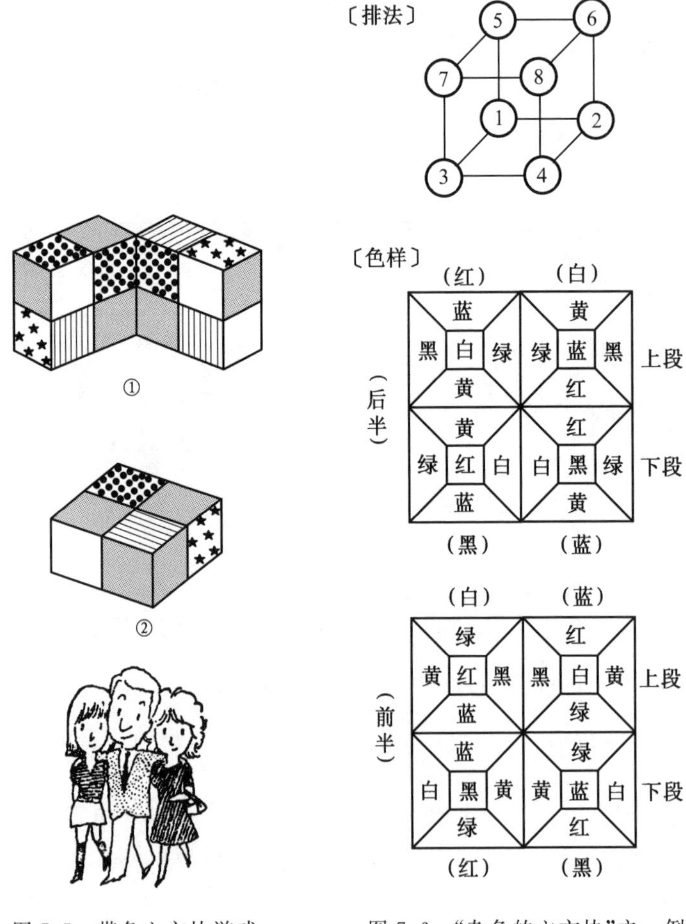

图 7.5　带色立方块游戏

图 7.6　"杂色的立方块"之一例

问 28

用 8 个带色立方体拼制 2×2×2 的立方体,希望拼成大的六色的带色立方体——江口称此为"母立方块的游戏".那很可能是将大的立方体分解后变成一组带色立方体,这好像另有一层重要的意义.

因为马克马洪的带色立方体的原始形状拼成了这个母立方块.也就是说,在用六色涂好的 30 种带色立方体中选出任何一种,使用剩余的带色立方体,拼成与这样本同样配色的大立方体.这个问题最早由马克马洪发表于 1893 年.杂色立方块的配置主要是为了拼成这个大立方体,由选出的 8 个带色立方体拼合而成的.并且"杂色的立方块"本身也是变换这母立方块而拼得的,从这个意义上看来,这个问题确实是"根本".

图 7.7 表示了"母立方块的游戏"的解答例子.照上面说的拼成时,在内部,相同的颜色彼此相接.希望注意这个图例的解答与图 7.6 上的排法完全一样.另外,还存在与这个解在外观上完全相同的配色,而在拼合上有所不同.各自寻求一番想必是很有趣的.

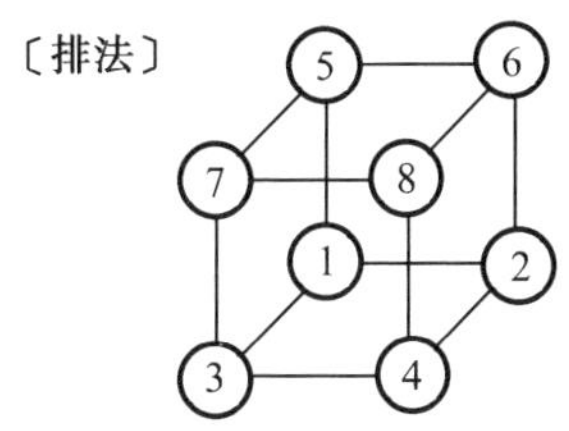

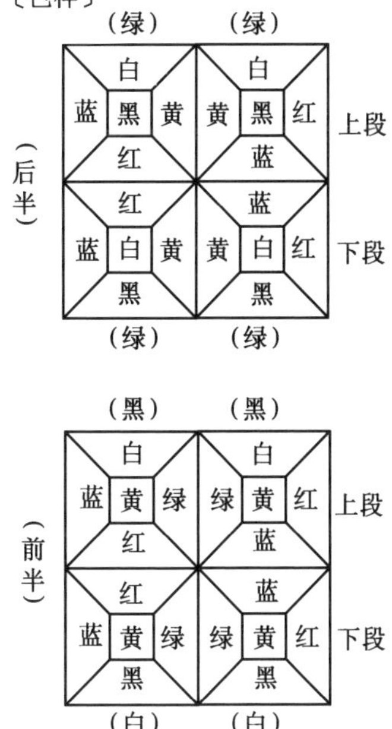

图 7.7 "母立方块"一例

问 29

全部用 8 个带色立方体拼成 2×2×2 的立方体,希望各面成为图 7.8 那样的形状.

这能够拼出非常漂亮的立方块，表示用色解答的一个例子，示于图 7.9. 如果有人觉得这样还不满足，那就想方设法使里面也尽量成为棋盘格.

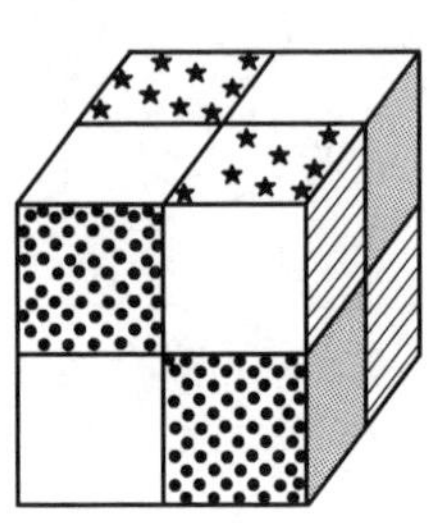

图 7.8　棋盘格形状的立方体

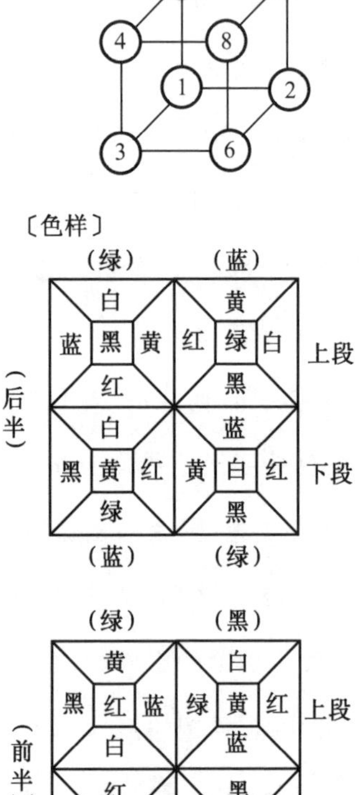

图 7.9　棋盘格立方块之一例

问 30

最后一个问题. 共用 8 个带色立方体拼成 2×2×2 的立方体，希望各面成为二色的条纹模样，如图 7.10 所示.

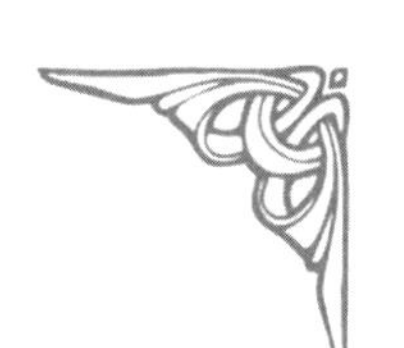

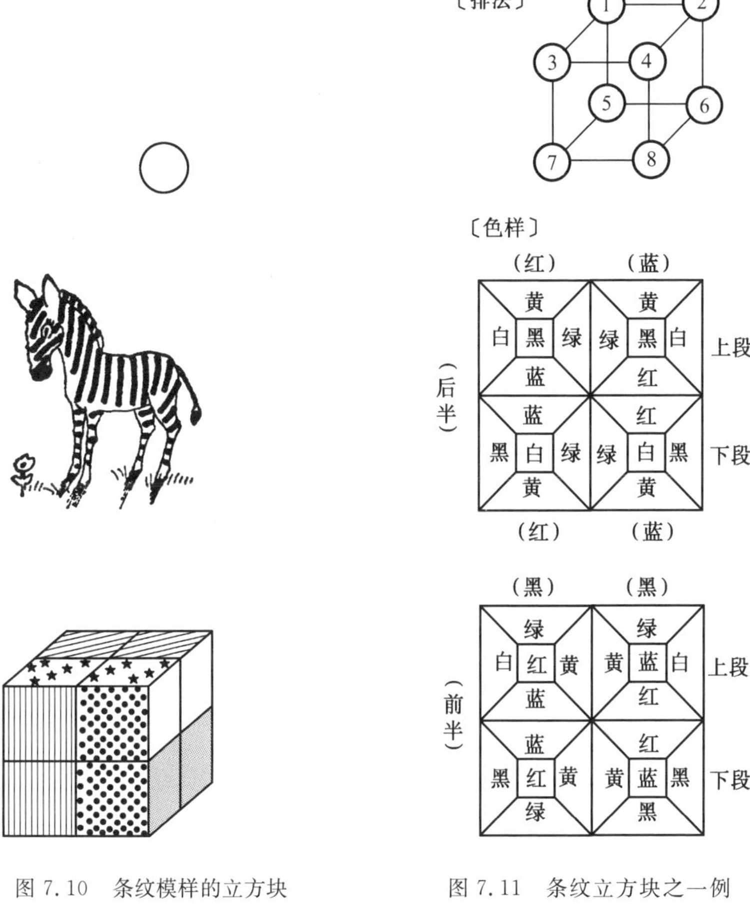

图 7.10　条纹模样的立方块

图 7.11　条纹立方块之一例

这是江口在“杂色立方块游戏”的解说中记载的最后的问题.有关这个玩具的说明书印在一张彩印页的正反面.其正面登载着以前介绍过的游戏,背面介绍了将这种色立方体取代骰子或纸板后的游戏玩具.图 7.11 是用颜色表示刚才讲到的“条纹立方块”的解答例子.

第 8 章　偶然的玩法

骰子的问题

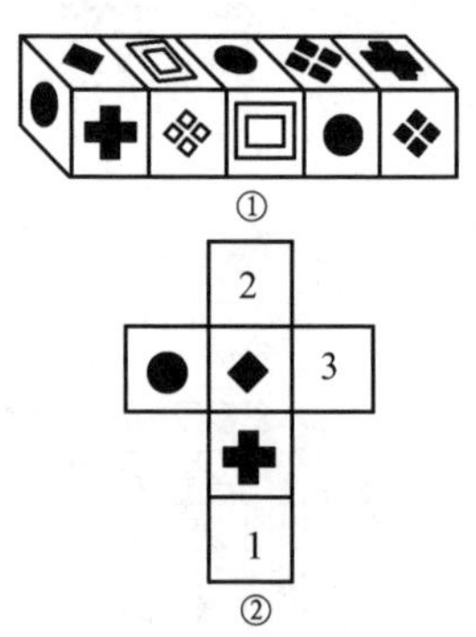

图 8.1　相同图案的骰子

在这一章中，准备提出骰子的问题. 不过，说起骰子，从广义上讲，在正多面体的表面上带有数字、文字、记号等的骰子都包括在内. 但是，开始还是稳妥一些，从立方体起个头吧.

问 31

图 8.1 之①是 5 个图案完全相同的骰子排在一起的画. 本来打算描绘这个骰子的展开图，可是像②那样画到半截就不管了. 希望有人接下去完成展开图.

首先是试试看的问题. 在还没有画图的面上标着 1,2,3 的号码，利用这点，跟已经出现的图的邻接关系联系起来看，如下所示.

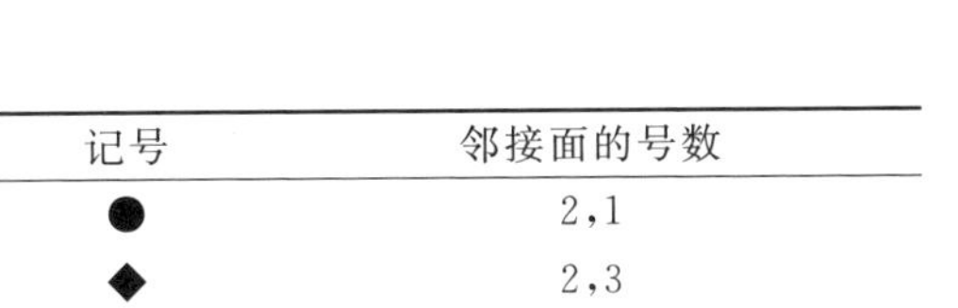

记号	邻接面的号数
●	2,1
◆	2,3
+	1,3

将这作为线索继续分析下去就行了.

首先,注意右端的骰子.因为❖与✚相邻,根据上表,❖的位置不是1就是3.接着,着眼于自右起第2个骰子.据此看来,❖与●也邻接着.与●邻接的是2和1,对这双方共有的邻面是1.因此❖的位置确定为1.

可是,再看中央的骰子,就明白●和回也是邻接着的.●的邻接面是1和2,但因为已经确定了,1是❖,所以回的位置确定为2.因此,❖的位置就是剩余的3.将结果归纳一下,如图8.2所示.

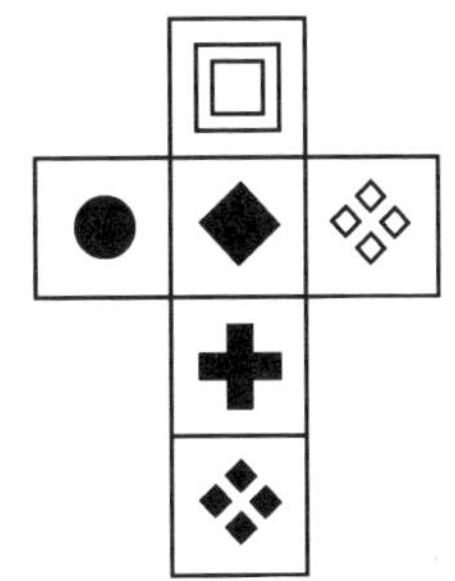

图8.2　问31的解答

问 32

图8.3所示的正三角形的盘子,在它上面的格子上,放置一个各面与格子同样大小的正四面体.这个正四面体的各面上标着A,B,C,D,当滚转这正四面体而不是滑移它的时候,与盘子相接的面上的记号是,最上面的格子是A,最左面的格子是B,最右面的格子是C.想想看这正四面体各面记号的标法是什么?

在正四面体的各面上标上1,2,3,4的号码,当滚转正四面体时,不妨研究一下它与盘子相接的面的记号究竟怎样?其结果变成图8.4那样.可以看出,它与滚转的路线完全无关,是根据格子的位置而固定不变的.并且记号的变化

也是很有规则的.

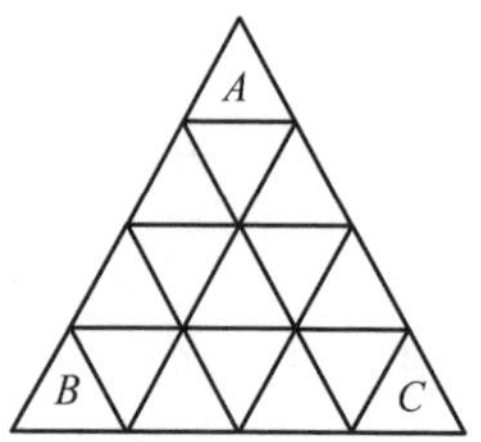

图 8.3　正三角形的盘子

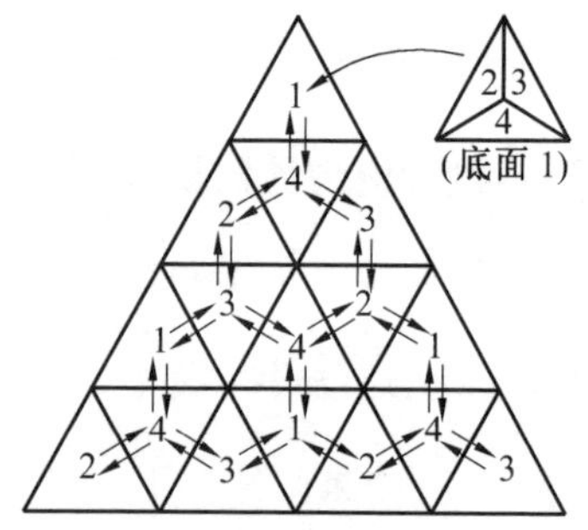

图 8.4　记号的变化

根据这个结果,如果将 1 用 A,2 用 B,3 用 C,4 用 D 置换,就可得到符合题意的正四面体.

问 33

这回要讲的是“掷骰子”的问题.在 4×4 的格子盘上,将一个与格子同样大小的骰子按图 8.5 之①那样摆放,不要滑移它而滚转它达到左下(★记号)的格子时,希望找到各个骰子眼成为 1,2,3,4,5,6 那样的路线.不过,已经通过的格子不得再通过第二次.再说,所用的骰子,将底面稍许展开些来画,可表示为②.

骰子平常称为“一天地六南三北四东五西二”.这里以市售的骰子作为标准.骰子的上下、左右、天地的眼儿之和肯定是 7.不少人利用这个来猜数.例如,将 5 个骰

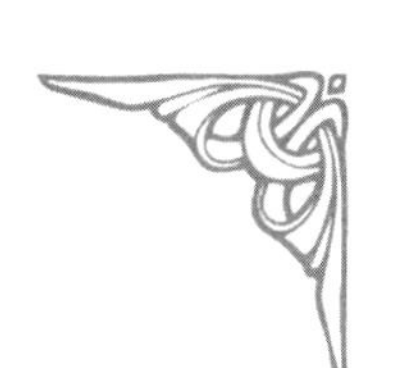

子堆积在桌子上,可以立刻猜出从任何地方都看不到的 9 个面之和.

也就是说,堆放骰子时,骰子和骰子间的面,骰子与桌子相接的面合计共 9 个面是看不到的. 而且,加上最上的那面共 10 面的点子之和应该是 7 的 5 倍等于 35,所以 9 面之和就等于从这 35 减去最上的面的点子. 因此,凭暗算就容易算出来.

话说得稍微有点离题了. 不知道掷骰子的答案弄明白了没有. 图 8.6 表示解答例子. 当滚转到左下时,将点子搞成 2 或 4 是容易的,但要想搞成为 1 或 6,就要下点工夫. 另外,从 1 到 5 的解,都说明是以最短的行程得到的解. 只有 6 不能以最短的行程达到目的. 但存在着行程更短于这里所说的解,而这个解是滚转了 12 次得到的,也有靠滚转 8 次得出的解. 不妨来找找看,它是很有趣的.

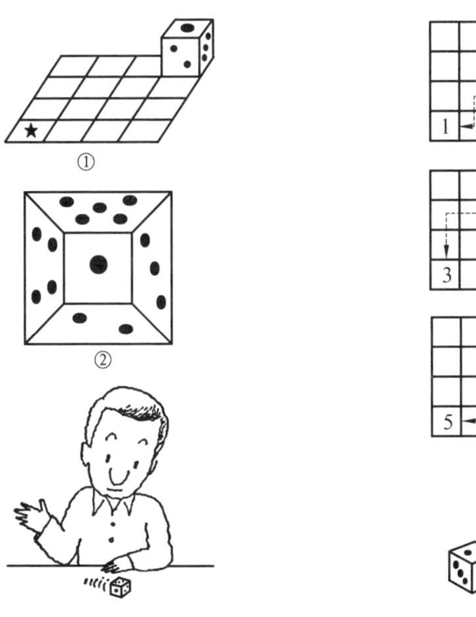

图 8.5　掷骰子

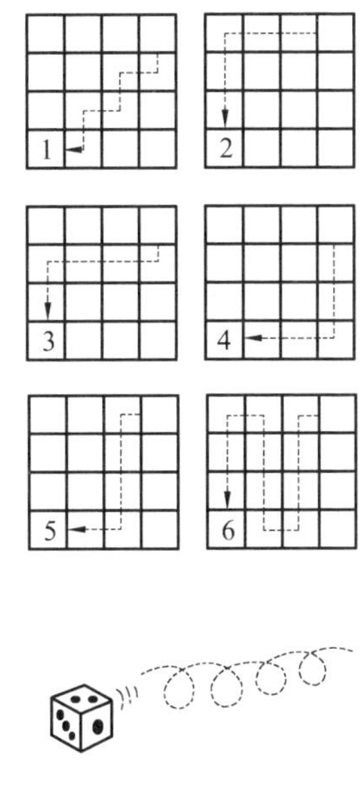

图 8.6　掷骰子的解答例子

关于掷骰子的数理,经西山辉夫研究后,将其结果发表于另册数理科学的《游戏Ⅲ》(1978 年)上. 如有兴趣请看该书.

问 34

使用图 8.7 之①那样的展开图，制作正八面体的骰子.

(1)以②来说，接触桌面的数字是多少呢？

(2)以③来说，与 7,1,6 共有顶点的另一面的数字是多少呢？

此外，数字是为了表示面的，但不能从数字的面向得出判断，故请注意.

对这个问题，只要冷静地凝视图上，不至于太难.可是，对于这个骰子、数字的排列，虽有某种规则性，但能否看透其中奥妙呢？做成立方体的普通骰子，里面和表面的眼儿加起来肯定是 7.与其他一样，这正八面体的骰子必定是 9.

问题的答案是这样：(1)是 8；(2)是 5.与上述的规则对照，立刻得到回答.

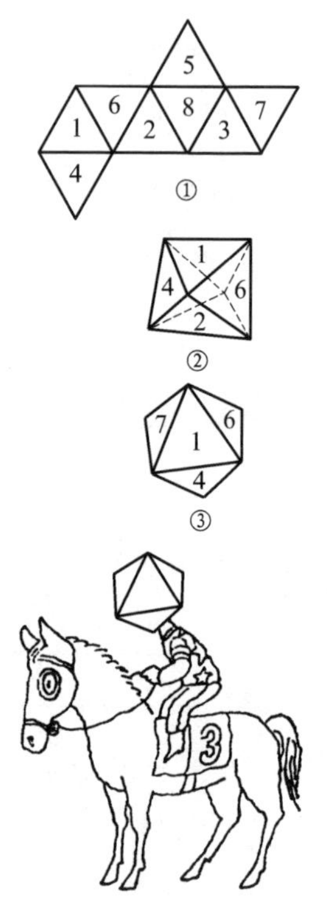

图 8.7　正八面体的骰子问题

问 35

由日本规格协会颁布的“乱数骰”是正二十面体的骰子，其展开图如图 8.8 之①.那么，

(1)①上出现带★的面(数字是 7)时，与桌上相接的面的数字是多少呢？

(2)②上带★的 6 来到上面时，下面的数字是多少呢？

(1)是比较容易弄明白的.正二十面体如图8.9所见，一想到它是由三个部分构成的，就容易猜出它的形状.上、下的部分都是由共有一个顶点的5个正三角形构成的，不用说，从上面看这个部分，构成正五角形，正好是正三角形的面错开一半.还有，中间是10个正三角形排成带状制成圈环.

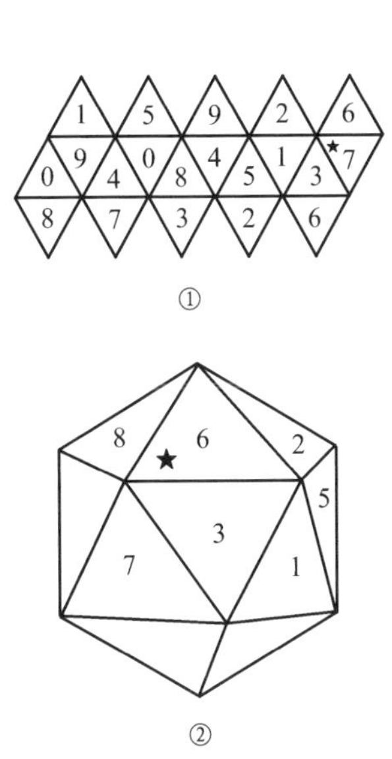

图8.8　正二十面体的问题

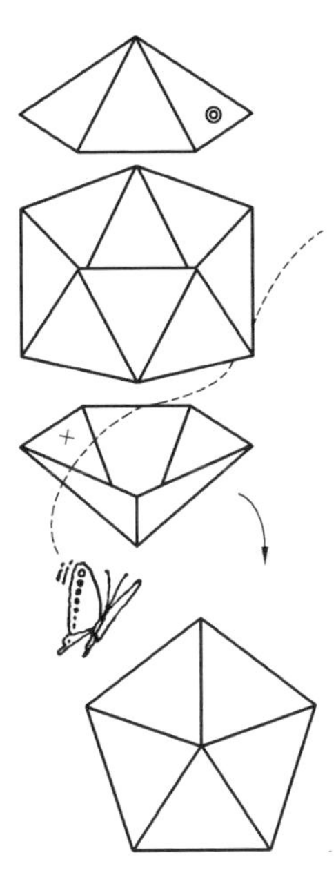

图8.9　正二十面体的构成

大体上作这样的理解之后，根据展开图来描述整体像是容易的.假设带记号的面来到上面时，立刻就会明白与桌面相接的是带×记号的面.再来看解答：(1)是8；(2)是5.跟你的答案是否一致呢？

问 36

打算使用图8.10之①那样的9块来拼合骰子，怎么办才好呢？每块做成3×1×1的柱状.做得的立方块在日本一般都有市售，将底面伸开后从上面看，如②那样的形状.

这个拼合是取自和田玩具店以“拼组立方块”的名称市售的玩具.要想用这个做游戏,买那个玩具固然是好,但将白木的立方体各3个胶粘在一起也行.文具店有卖小圆形的胶纸带,用它做骰子的眼,能够做出很好看的玩具.

不过这里不使用实际的玩具,打算找个另外的玩法.首先,将图8.10之②的骰子分解为3×1×1的9块时,试区分一下做成块的种类.当考虑到眼的贴法,在这些块的展开图中,最大只要出示4面,就能够表示任何种类(眼儿不可能涉及5面).

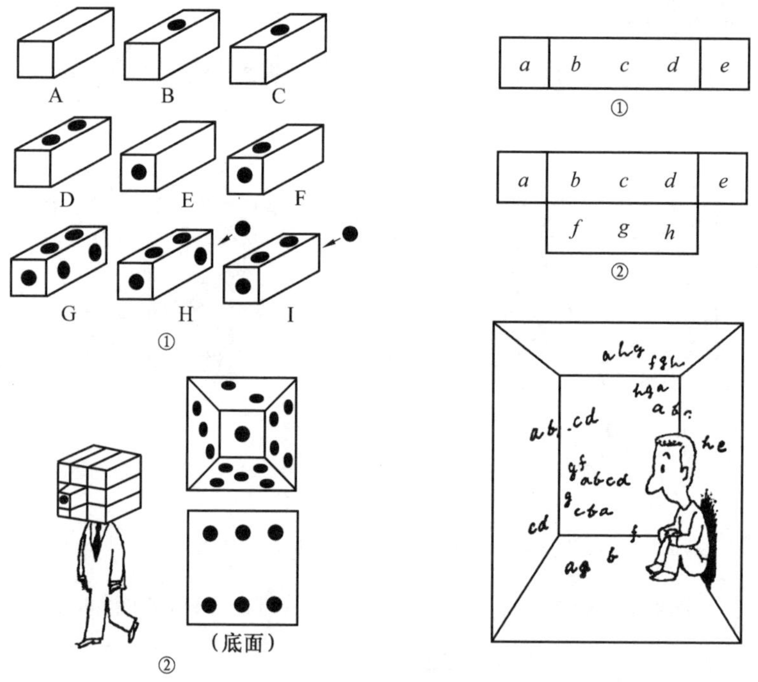

图8.10 拼合立方块

图8.11 块的表示方法

因此,将这些块的展开图之一部分,用图8.11的①或②那样的形状来表示.而且,以abcdefg的顺序.在该位置上有眼儿时标上1,没有眼儿时标上0,就变成8位数,将此作为该块的编码.一个块用若干编码表示时,以最大数的编码表示.

这样,尽可能将所有的块按编码顺序分类后,就是这里看到的立方块一览表，如表 8.1 所示.块的位置栏中的数字表示带有多少眼儿的骰子面的一部分.

表 8.1　立方块一览表

编码	眼儿的贴法	块的位置
(1) 00000000	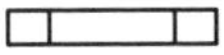	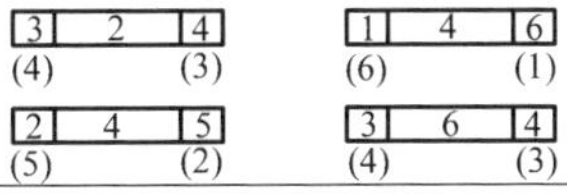 3 2 4 (4) (3)；1 4 6 (6) (1)；2 4 5 (5) (2)；3 6 4 (4) (3)
(2) 00100000		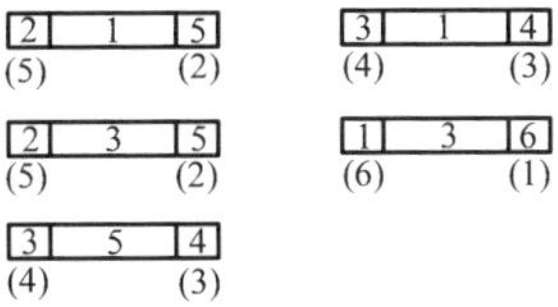 2 1 5 (5) (2)；3 1 4 (4) (3)；2 3 5 (5) (2)；1 3 6 (6) (1)；3 5 4 (4) (3)
(3) 01010000		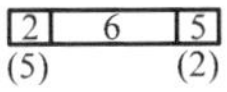 2 6 5 (5) (2)
(4) 10000000		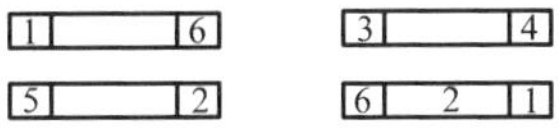 1 6；3 4；5 2；6 2 1
(5) 10010101	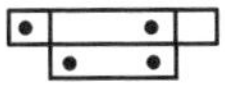	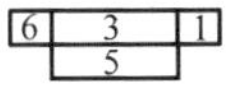 6 3 1 5
(6) 10100000		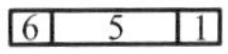 6 5 1
(7) 11000000		1 4 2 3；5 3 2 1
(8) 11000100	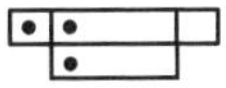	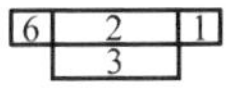 6 2 1 3
(9) 11010001		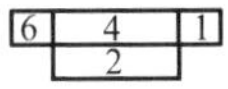 6 4 1 2
(10) 11010101		5 4 2 6；6 5 1 4
(11) 11011000		2 4 5 (5) (2)；3 5 4 (4) (3)
(12) 11011001	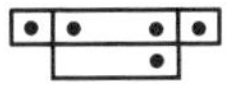	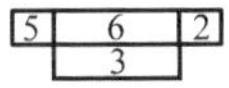 5 6 2 3
(13) 11110101	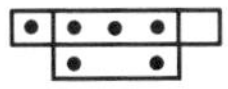	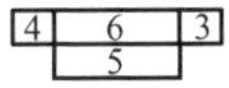 4 6 3 5
(14) 11111100	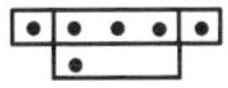	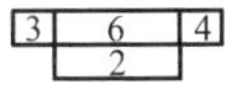 3 6 4 2

例如，假设为 3，当其面拼进骰子时，表示眼儿是 3 的骰子面之一部分．因此，不带数字的面，拼进骰子时等于是排进在内侧．

只要有这个“立方块一览表”，一边与图 8.10 之②的图对照，一边在纸上能拼组骰子．图 8.9 的工具，据这个表来说，是由（1）一个，（2）两个，（3），（4），（7），（10），（11），（12）各一个拼组而成的．

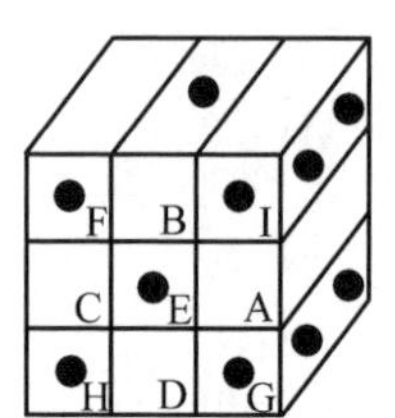

和田玩具店赠送的说明书上有的那个解是图 8.12．

但是，试用这个表来解析，最下面的一层大致可以肯定下来，但可以看出其上面的层也有另外的摆法．还有，最上层也有两样拼法，归根到底等于有图 8.13 那样的另外 3 个解．但是，因为 B 和 C 是同样的形状，所以在另外的解上没有谈及替换它的东西．

图 8.12　拼合立方体之解

另外，用这个表，也能制作不同于和田玩具店售出的玩具．例如，将（1），（2），（4），（4），（5），（6），（8），（9），（10）拼组，变成另外的玩具．

对骰子的问题，用和田玩具店的玩具作主体进行了研究，西方产品，例如马格·尼夫（美国）和登·帕马南太（丹麦）的骰子，眼儿的贴法如图 8.14 所示．这样一来，还必须另作一番研究．但是，说到这里，姑且将骰子的问题告一段落．

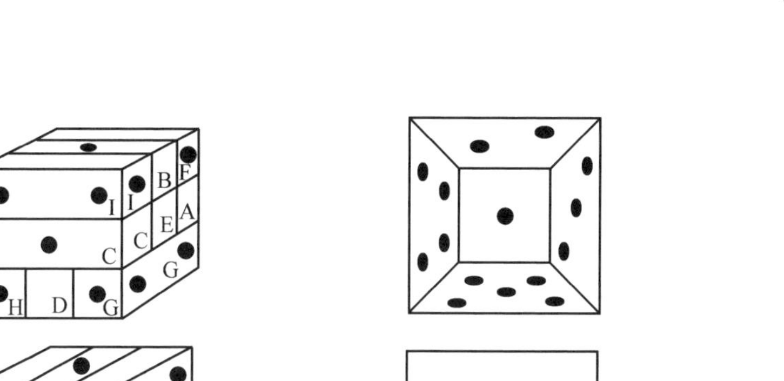

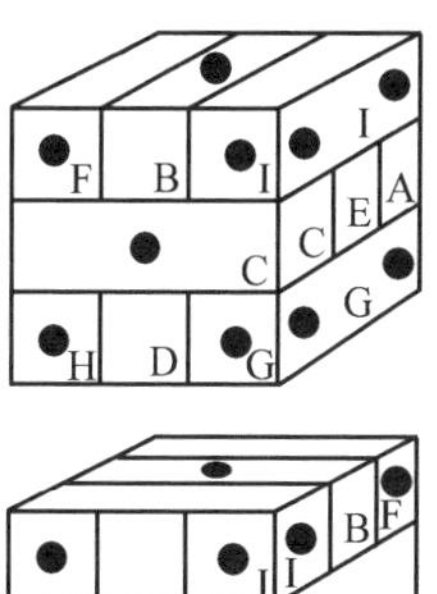

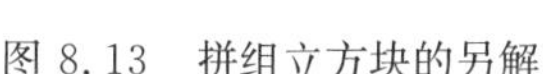

图 8.13　拼组立方块的另解

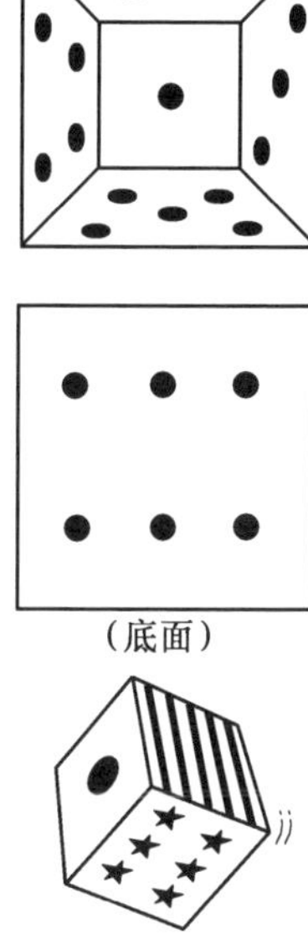

图 8.14　美国、丹麦的骰子

第9章　接连不断地展开立体

无限地展开

正当江口雅彦的“杂色立方块”在市面上销售的时候，江口制作了大的成套色立方体，像图9.1那样用合叶连接起来，使其不至于散开，摆到了商品陈列橱外面.

顾客可以自由地拨弄它，像图9.1之②接连不断地打开观看内部.这么做，可以看到拼组成的这花色的立方块，它的内侧也都是不同颜色的.在此基础上，经过变形也能作新的立方体.在任意变换它的过程中，吸引人们逐渐地对这个游戏产生兴趣.

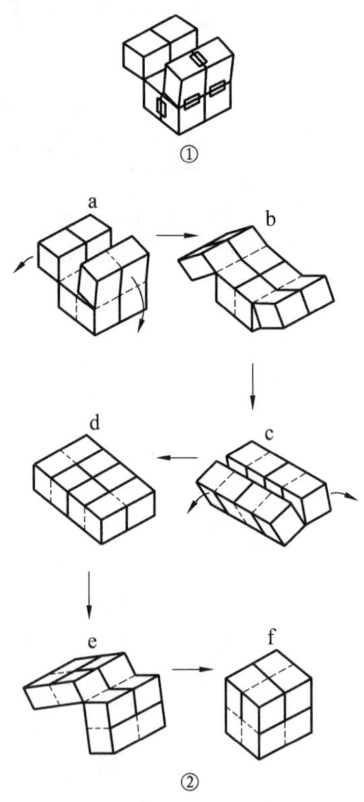

图9.1　无限展开的立体

这个方案确实好得出奇，可以多次反复做同样的操作，就能无限地去展开立方体.松田道雄想出了用一张纸制作这个模型，发

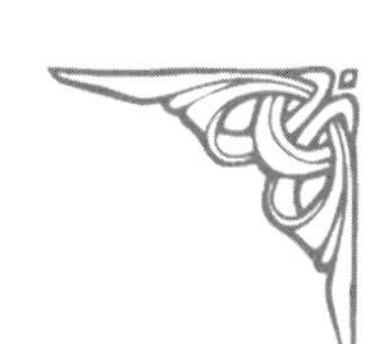

表于 1957 年 3 月号的《数学教室》上. 现将它示于图 9.2.

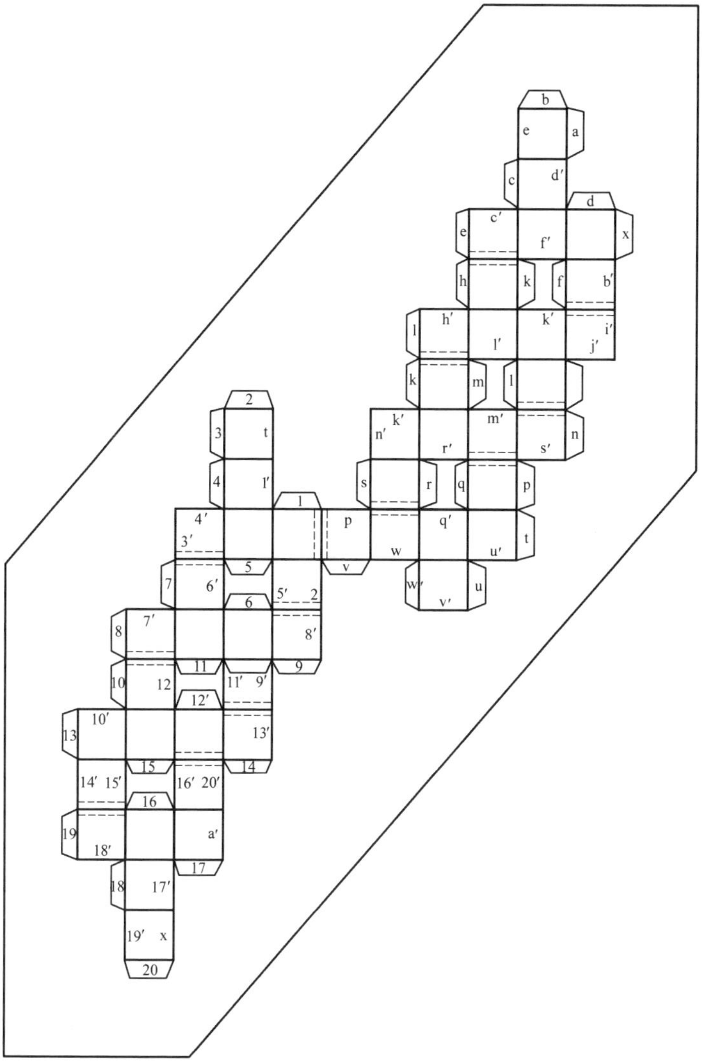

图 9.2　松田道雄的展开图

这个展开图是依照松田的表示法,直线是向外折,两侧带点线的线是向里折. 还有,抹糨糊处如 1 和 $1'$,2 和 $2'$,……,a 和 a',b 和 b'粘贴起来,但最后才

粘贴 a 和 a'，x 和 x'. 而且，在粘贴之前，将所有的线都先折一下，使它有了折痕后再折就方便多了.

可是，野口泰助利用了松田的展开图进一步设想出了有趣的方阵. 这就是图 9.3. 外形当然与图 9.1 完全一样，这里省掉了粘糨糊处和向里的折线，只能看清标上的数字.

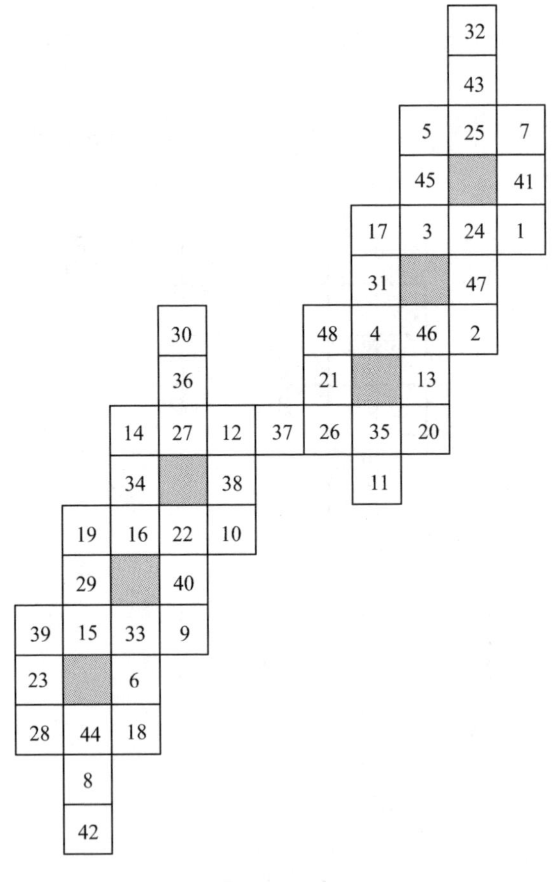

图 9.3　立方体群方阵的展开图

将这些数字记入图 9.2 的展开图，用它拼合起来就拼成了野口的立方体群方阵. 表示拼成时的数字排列是图 9.4 之①. 这是从上面看到的立方体图，为了看清侧面的数字，将底面稍许延伸，而底面另外作了表示. 如对此作一番揣摩，就会明白各面四个数之和都是 98.

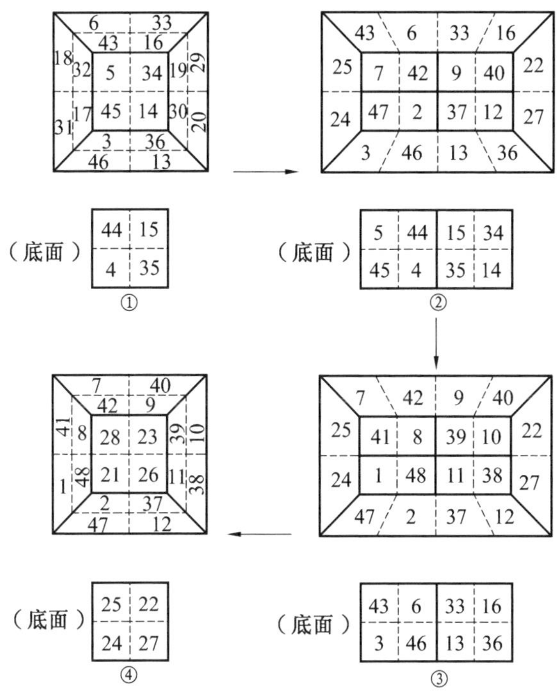

图 9.4　立方体群方阵的配置

例如，5＋34＋45＋14＝3＋36＋46＋13＝98；

19＋29＋30＋20＝44＋15＋4＋35＝98.

不仅如此，将它展开后，做成图 9.1 中 b 那样的数字排列是图 9.4 之②，这时在同一面上横排一行的 4 个数之和还是 98，即

$$43+6+33+16=7+42+9+40=98$$

另外，将上面或底面从正中间竖剖时各区间 4 个数之和也是 98，即

$$7+42+47+2=15+34+35+14=98$$

加上如下那样每两个数配成对,4 个数之和也还是 98,即

$$7+42+37+12=45+4+15+34=98$$

将这个②展开,恰好从图 9.1 中 b 转移到 d 时的数字排列等于③.以此来说,方才讲到的情形仍然成立,即

$$7+42+9+40=41+8+39+10=98$$

$$41+8+1+48=33+16+13+36=98$$

$$41+8+11+38=3+46+33+16=98$$

再说从这个③转变到④,而这个④在图 9.1 上相当于 f.这个立方体与①的情形一样,各面 4 个数之和都是 98,即

$$28+23+21+26=25+22+24+27=98$$

$$7+40+42+9=39+10+11+38=98$$

从上述情形来看,任凭怎样变形,4 个数之和都是 98,确实是很有趣的方阵.

可是,与前面介绍的"无限地展开的立方体"相似者,有由美国马格·尼夫发表的"幸福的立方体",说明由 8 个小立方体连接起来的做法如图 9.5 所示.不妨出个使用这"幸福的立方体"的问题.

问 37

使用这幸福的立方体,为了制作如图 9.6 所示那样的立体,该怎么办好呢?在该图中还掺有一个任凭幸福的立方体也无法制作的立体,请注意!

前面讲的无限地展开的立方体,虽然能够无限地展开,但只能作非常单纯的动作.与此相反,这幸福的立方体却能做非常复杂的动作.由此可见,用木制的工具比用纸做的要好些.准备 8 个白木的立方体,用胶纸带连接就可以了.像

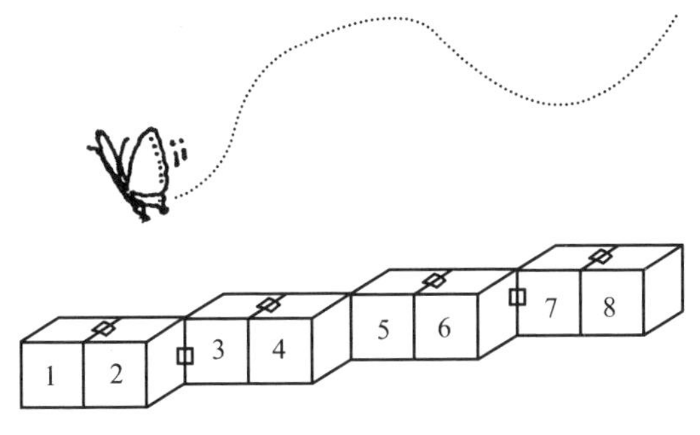

图 9.5 “幸福的立方体”的构成

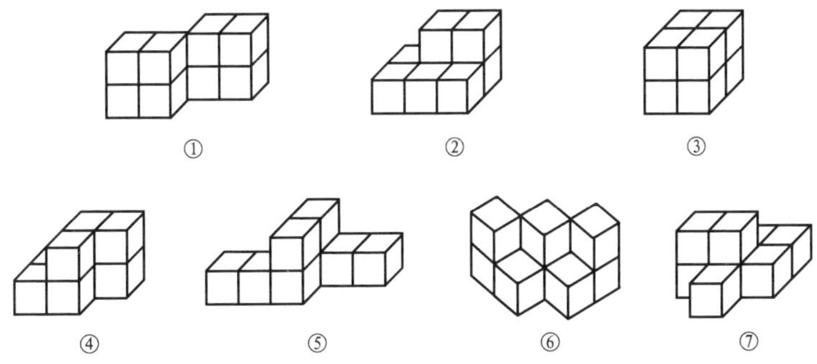

图 9.6 幸福的立方体的问题

图 9.7 那样从两侧粘贴，不会在活动过程中脱开.

即使想用这个幸福的立方体拼成某种形状，也并不是那么顺利的. 例如，想拼凑图 9.7③的立方体的情形，首先要拼好立方体的一半，可是稍微一想，似乎觉得将 3 和 4 挪到图 9.7 之①的背后去问题不大. 其实，在 2 的背后虽可以将 3 挪过去，但是不可能将 4 挪到 1 的背后. 总之，只要按①→②→③的顺序，等于是制作了立方体的一半. 之后，不将 5 挪到 4 的背后，而是放到 1 的后面这才是要领. 以下是按④→⑤→⑥→⑦的顺序来完成的.

从这个例子来看，要想拼成幸福的立方体形状，采用简朴的方法是做不到的. 图 9.9 表示了问 37 的解答，就这些不同的立方体来说，对构成的小立方体，

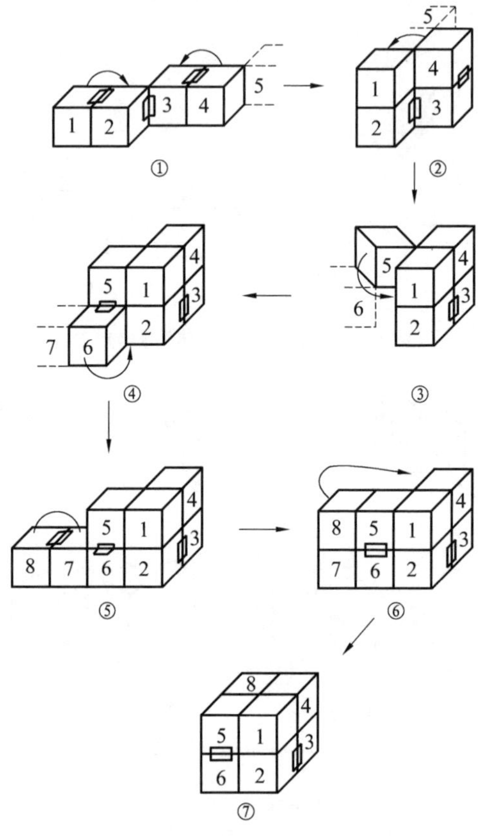

图 9.7　胶纸带的粘贴法

按号数顺序用眼睛扫视一下，就会更好地理解幸福的立方体的弯绕状况.

不过，在纸上来说明这种立体游戏的趣味，总是有个限度，最好是自制实物或者购买现成品，再亲自对它试试看.

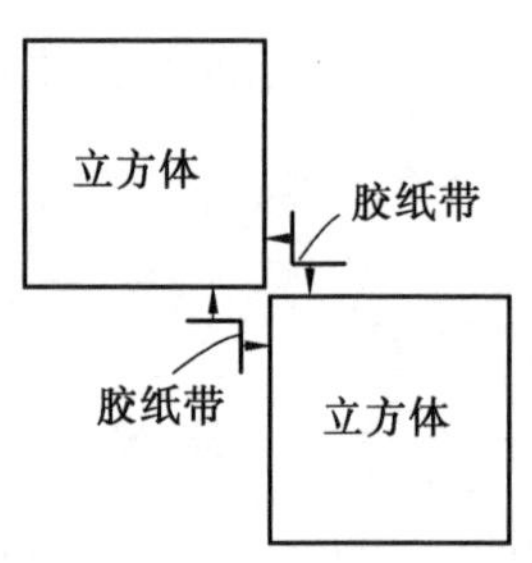

图 9.8　立方体的拼合法

话说回来，无限展开的立方体中最受欢迎的大概是六角形的折叠纸. 这是无限地展开的六角形，曾经在很久以前当做商品出售

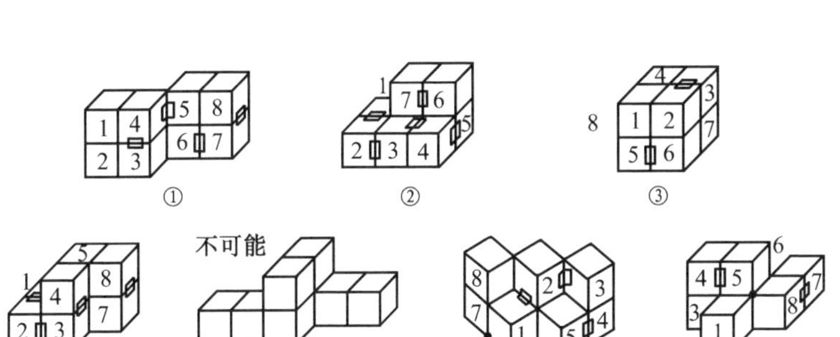

图 9.9　幸福的立方体的解答例子

过，美国的胶片公司曾经随胶片样品赠送给顾客. 它的做法如下面所述.

先用纸制成 19 个正三角形并连成带状. 然后，根据图 9.10 的指示涂上色，标上小黑圆点. 等这步工作做完后，像图 9.11 之①那样，从一端开始按顺序进行向里折做成②，接着向外折变成③，再向里折成为④，最后像⑤那样，在粘糨糊处抹上糨糊粘住. 至此，算是叠成了六角形.

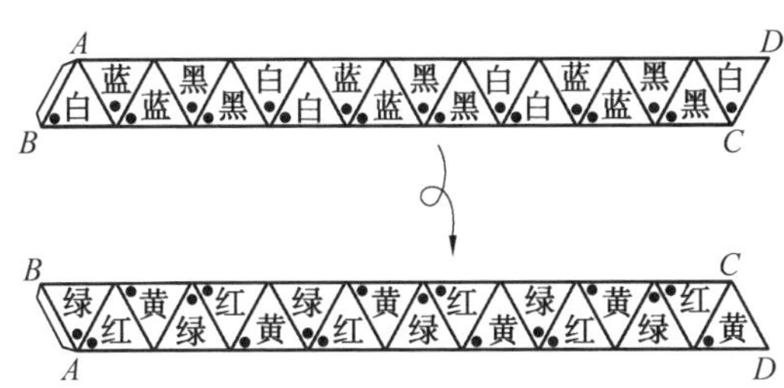

图 9.10　涂色的方法和点子的点法

图 9.12 表示这六角形折叠纸的展开方法. 沿着正三角形的边弄上折痕，但要交错地进行向外折和向里折. 接着用指头揿着向里折的折痕，使带有★记号的三个顶点相接. 这么做，上面的部分会稍许张开，如③那样将它打开，新的面露出来，拼成正六角形.

这一次与刚才弄上的折痕相反，朝反向折去，再一次打开，往下就比较顺利

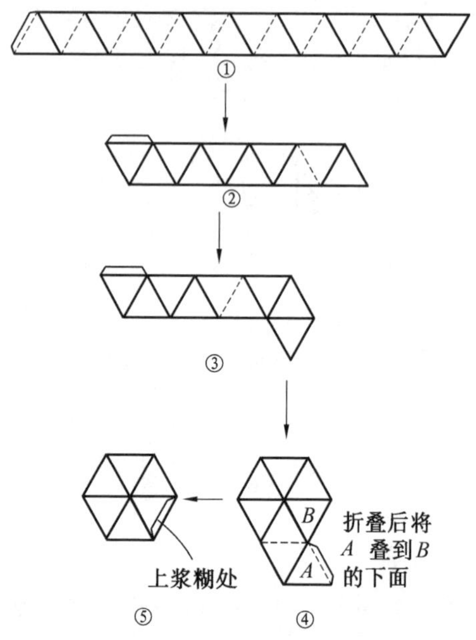

图 9.11　六角形折叠纸的叠法

地展开了. 到了这一步,游戏算是开始了.

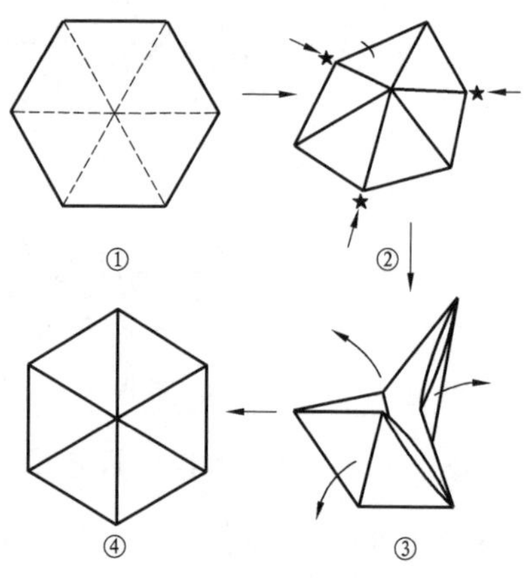

图 9.12　六角形的折叠纸的展开法

问 38

打开这个六角形的折叠纸. 希望按照白的六角形,蓝的六角形……的顺序,拼成六色的六角形,而且希望黑圆点全部集中到中心.

展开六角形的折叠纸,立刻得到三色,但一涉及全部六色就很难办. 尤其是漫不经心地搞下去,由于看不到最后一色,多数人容易急躁. 如果碰到在什么地方打不开,或者是反复出现同样的颜色

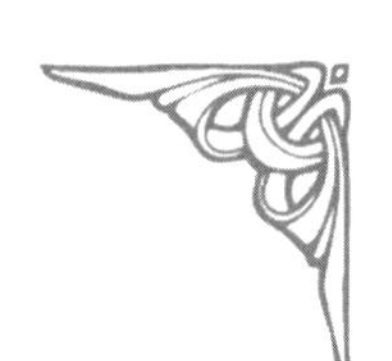

时，只要变更向里折和向外折的位置就行了.

可是，对于这种游戏的作战方案，有“塔克曼的方法”. 它是注意到特定的顶点，每次将它以向外折的形式展开时，碰到再也打不开的时候，就移到相邻的顶点搞同样的动作. 只要继续搞下去，打开 12 次就能够拼出所有六色的面.

据马丁·伽德纳所著的《现代娱乐数学》，最初尝试六角形折叠纸的人是阿隆. H. 斯托文(1939 年). 对于这个游戏的历史特别感兴趣的人，希望读一下这本书.

这个六角形的折叠纸，从无限地展开这点来看，可以参看其立体图版. 让它无限地展开呢？还是让它旋转呢？使其做这种动作的正四面体群乃是由 J. M. 安德列亚斯和 R. M. 斯托卡分别发现的. 它的展开图是图 9.13.

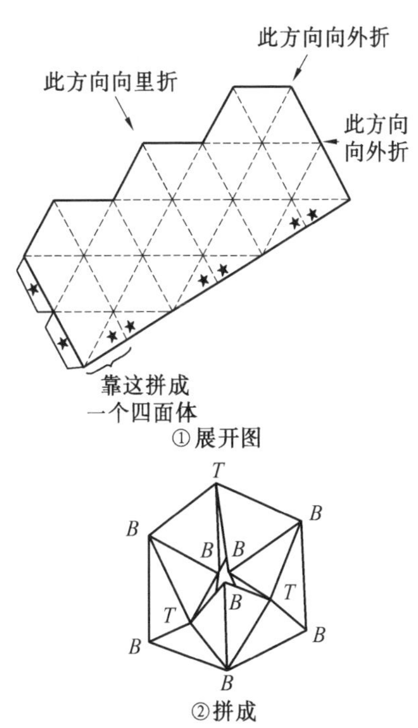

图 9.13　无限展开的六角形

这个展开图中向外的折线和向里的折线掺混在一起，看上去好像复杂，实际上是依方向来决定向里折还是向外折的，所以比较简单. ②的拼成图是从正面斜上方看到的形状，标着 T 的地方是正四面体的顶点(共有两个)，B 是底面的点.

对此，如同用手将带馅面包或将橘子掰成两半那样的使用力气，就会翻身急旋转，本来是处在中心的点立即转到外侧来. 它能够无限地反复进行. 另外，在这个展井图上，6 个正四面体虽然已连成环状，但还可能添加 2 个正四面体.

可是，与这个立体作相似动作的工具，以“几何”的名称出售. 这就是如图 9.14 所示的工具，由铁丝和金属管做成. 照这么个做法，底面是一边 18 cm 的正三角形，六根金属管各有 5.2 cm 长，而且斜对着中心的铁丝是 11.6 cm. 要使金属管在中心彼此不碰撞，可以稍微离开一点. 只要是稍微手巧一点的人，很容易自制.

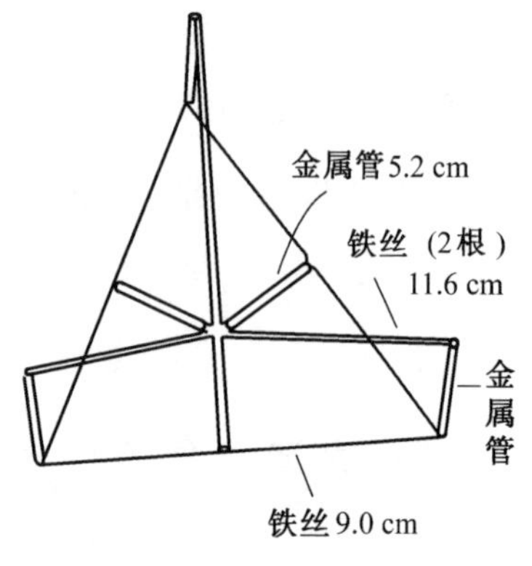

图 9.14 “几何”

试将它旋转，正如图 9.15 的照片所示，虽然做着形状复杂的动作，但看不厌. 除这几个“几何”以外，也做了若干个相似的工具，由于笔者手头上没有，省略不提了.

此外，在坂根严夫著的《游戏的博物志》(朝日新闻社)中刊有两三种无限地展开立体的变化. 对这个问题特别感兴趣的人，也请一并读一下这本书.

图 9.15 “几何”的八种旋转态

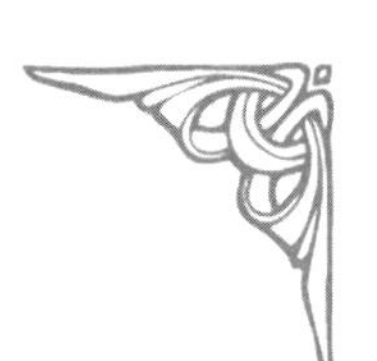

第 10 章　错觉图形的问题

错觉

本章所谈的虽然不只限于一般的“错觉”，但首先从错觉的问题揭开序幕. 因为这是个开头，打算不从数学性质的问题开始.

问 39

乍看图 10.1，应该看到有 6 个立方体. 可是，还有将这个立方体变成 7 个的方法，那该怎样做呢？

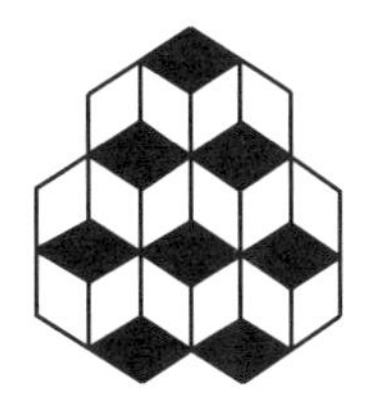

这时常刊登在以儿童为对象的杂志上，所以知道的人也不少. 答案是简单的，只要将这本书倒过来再看这个图就行了.

图 10.1　怎么才能增加立方体的数目

打算将在平面上画成的东西看做立体时，我们的眼睛总想在稳定的状态来看其图形. 这就是巧妙地利用了图形的问题. 类似的例子有马丁·伽德纳著《数学游戏》介绍的点心问题. 图

10.2 是在盘子上托着点心的图. 但有一处缺少一块. 这块点心的去向在哪里呢？这也只要将书倒过来看，不知怎么回事，突然出现了缺少的那块点心.

关于这类错觉，能否做出更正规的游戏呢？在此不妨介绍一下著者曾经设想过的游戏.

图 10.2　缺口的点心

问 40

图 10.3 之①的图，究竟能有几种看法呢？例如，可看成②的(a)那样，等于 A，B 都表示侧面，如看成像(b)那样，A 成了底面，B 等于是背面. 希望将这类变化全部数出来. 而且在②上，将 A 面用网点、B 面用黑点来表示.

这么一来，结果如何呢？对此，很可能有人回答为 4 种. 这个回答对吗？说成 4 种的人，因为 A 有表示侧面和表示底面的情形，B 有表示侧面和表示背面的时候，所以才认为全部加起来是 4 种. 但是，这并不完全.

不妨拿掉 A，B 来看，就可看出这个正四面体本身就有两样，也就是图 10.4 之①和②. 用实线表示的是直接看到的边，而点线是透过去看到的边. 由此可见，①等于直接能看到底面. 因此，加上它本身的变化，归根结底这个图可以看成 8 种.

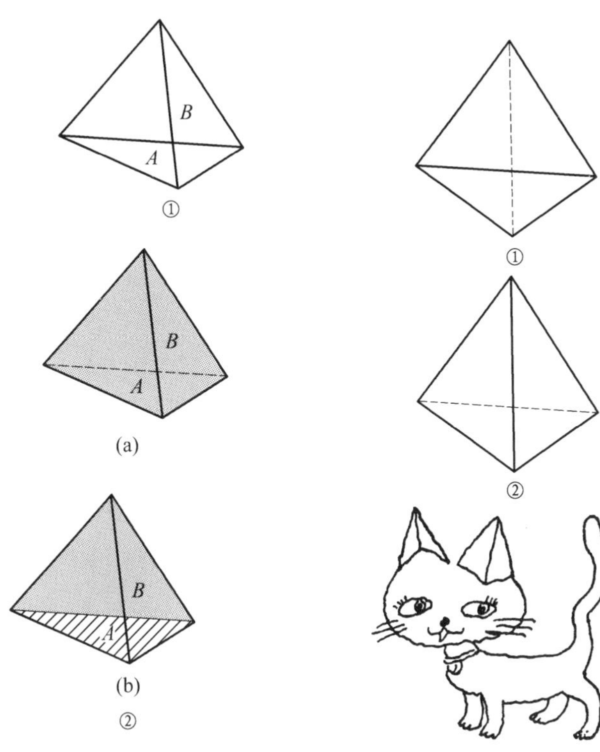

图 10.3　错觉的问题　　　　图 10.4　正四面体的不同看法

这个问题最初是作为直六面体的问题提出来的,在拙著《头脑的冒险》中刊出.这是说图 10.5 之①那样的图能看成多少种的问题.这时,可以看成如②所示的情形,总之答案是 8 种.但是,从直六面体来看,容易觉察到出题的意图,所以试将它改成正四面体的问题.不过,结论照旧不变.

以上,算是结束了错觉图形的问题,往下转到心理方面的错觉问题.著者喜好的问题有“T 字游戏”.这属于古老的游戏,它的起源大概可以追溯到上一个世纪.但是,甚至最近还有出售这种工具的,真可称得上是长寿的游戏.

问 41

将图 10.6 那样的四块板拼合起来，要想组成英语中的 T 字形，怎么办才好呢？板当然可以翻过来用.

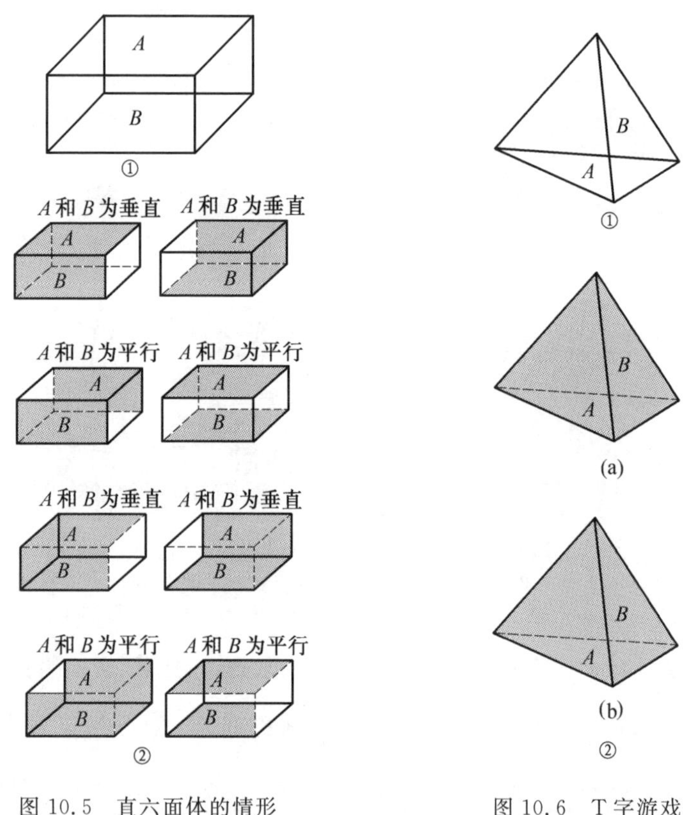

图 10.5　直六面体的情形

图 10.6　T 字游戏

这个游戏因为仅用 4 块板拼合起来，虽然觉得非常容易变成 T 字，但实际一搞，意外地感到为难的人不少. 正因为在这点上有趣，所以就成了它永远不衰的理由. 又因为简单地用厚纸就能做成工具，务请试试看. 从现在起准备转到解答上来，但在这以前，打算公布著者制作的“A 字游戏”. 尽管不如 T 字游戏，但

还算是相当费心血的作品.

问 42

要想用图 10.7②所示的 5 块板拼出图 10.7①那样的 A 字,怎么办才好呢? 板完全可以翻过来使用.

这类问题的其他例子,还有几年前作为产品出售过的“K 字游戏”,但因为立体问题是本书的目的,所以这里仅列出名字.

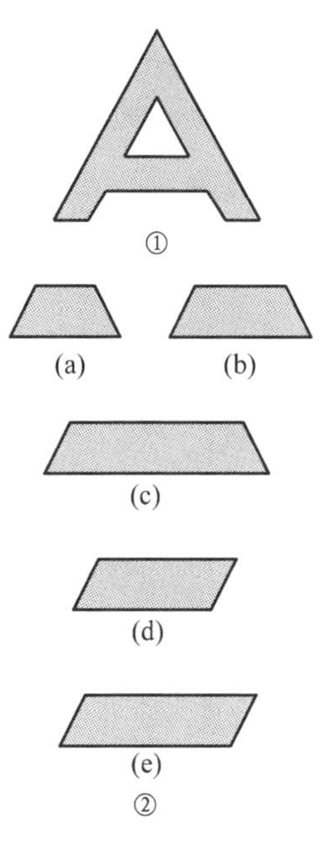

图 10.7　A 字游戏

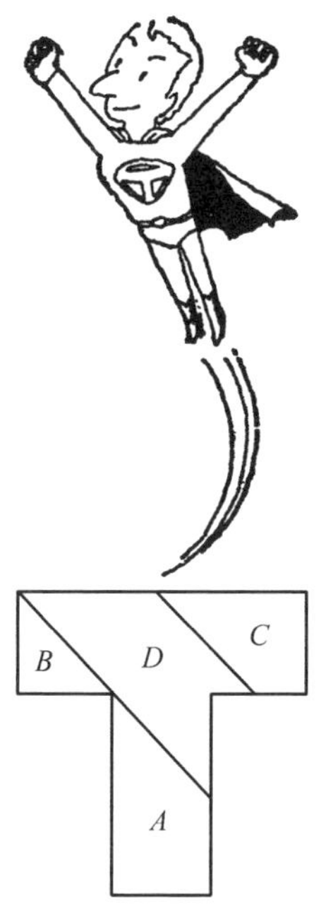

图 10.8　T 字游戏的解答

回过头来再谈 T 字游戏的解答,板的排列方法如图 10.8 所示. 这个问题的关键是,将 D 板斜放. 一般来说,我们对竖、横很有把握,但对斜面感到难办,这正是触及了弱点的问题. 这么一说,连第 1 章中介绍的金字塔游戏也是将两

个立体斜着拼起来作成正四面体的. 这只不过是将 2 个立体拼合而成的，尽管如此，不少人感到棘手的原因，还是由于上述同样的理由造成的.

下一个“A 字游戏”的解答如图 10.9 所示. 这个游戏的目标是抓住容易把 A 的横杠猜作是梯形这样一种相反的心理，这又会怎么样呢? 正是想听听摆弄过之后的感想.

图 10.9 “A 字游戏”的解答

不过，作为抓住心理矛盾的问题，决不能漏掉H・E・杜德尼写的《蜘蛛和蝇》. 这是由杜德尼在 1905 年发表于《每日邮报》杂志上，其后，又登在他最早的著书《乐谱架游戏》“坎特伯雷游戏”(1908)上. 问题如下所述.

问 43

有个长方形的屋子，它的内侧长是 30 m，宽和高都是 12 m. 在一侧墙壁的中央离顶棚 1 m 处的点 A 上有一只蜘蛛，在它对面墙壁的中央距地板 1 m处的点 B 上有一只苍蝇. 苍蝇一动不动，蜘蛛沿着墙壁要想接近苍蝇，它的最短距离是多少呢? 当然蜘蛛既不跳下也不利用网丝，而是完全爬着走的(图 10.10 之①).

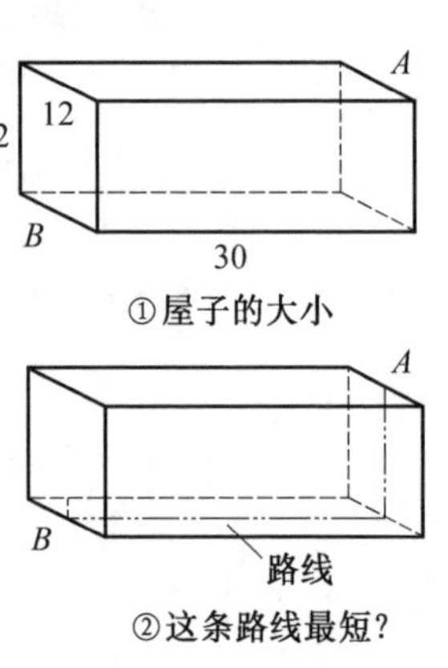

图 10.10　蜘蛛和苍蝇的问题

这是“坎特伯雷游戏”第 75 个问题的译文. 不过原书用的单位是英尺，数字不变，只是把单位改成了米. 只要稍微琢磨一下这个问题，将看出图 10.10 之②的路线最短，好像没有比这更好的办法. 可是，实际上并不是这样. 这个问题的有趣之处就在这里.

最近，以儿童为对象的杂志和游戏画册上经常登出的“蚂蚁和方糖的问题”实际上就是以杜德尼发表过的问题为基础的. 在立方体的箱子上放着方糖. 三只蚂蚁瞄准它按照图 10.11 那样的路线同时出发. 最早到达方糖处的是哪只蚂蚁呢?

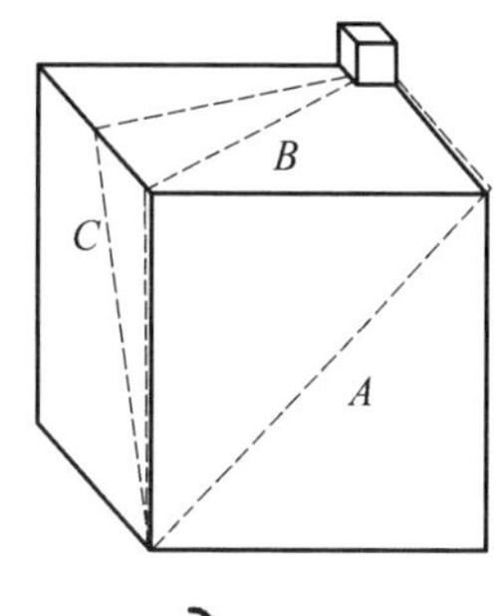

图 10.11　蚂蚁和方糖的问题

这个问题只要把立方体展开来看，便一目了然(图 10.12). 平常我们琢磨立体的东西总是感到不顺心，最后容易往平面上去想. 因此，遇到圆锥形上如图 10.13①的 A, B 那样的线条时，很容易产生 A 线短的错觉，如果像②那样展开，就会弄清 B 线是最短距离，而且和这相同的现象也常出现在地球上. 由此船在航行的时候，能以最短距离行船的路线叫做“斜航曲线”或叫“航海线”.

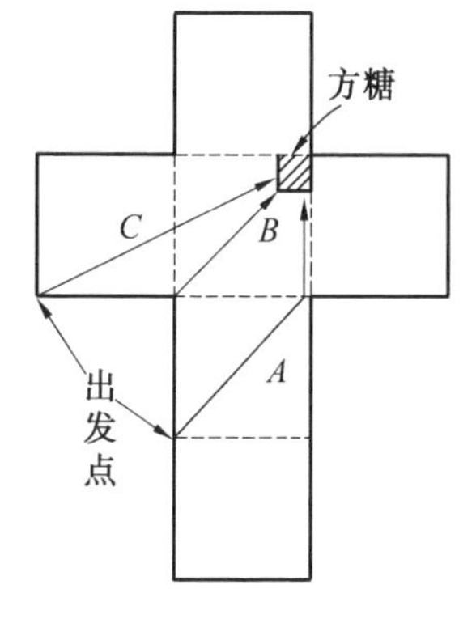

图 10.12　“蚂蚁和方糖的问题”的展开图

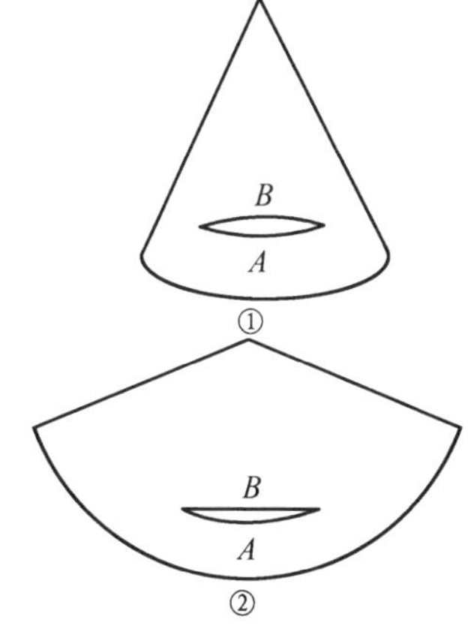

图 10.13　圆锥形的场合

不妨来求一下问 43 的解答. 将直六面体展开计算 AB 间的距离 l，就成为

图 10.14 的情形，其中①是图 10.10 之②所示的路线，但已经很清楚这不是最短的距离. 正确的解答是④，路线的长度恰好是 40 m，比①的路线短 2 m. 另外，仔细地看一下④的路线，等于是通过了直六面体 6 个面中的 5 个，这的确是很有趣的.

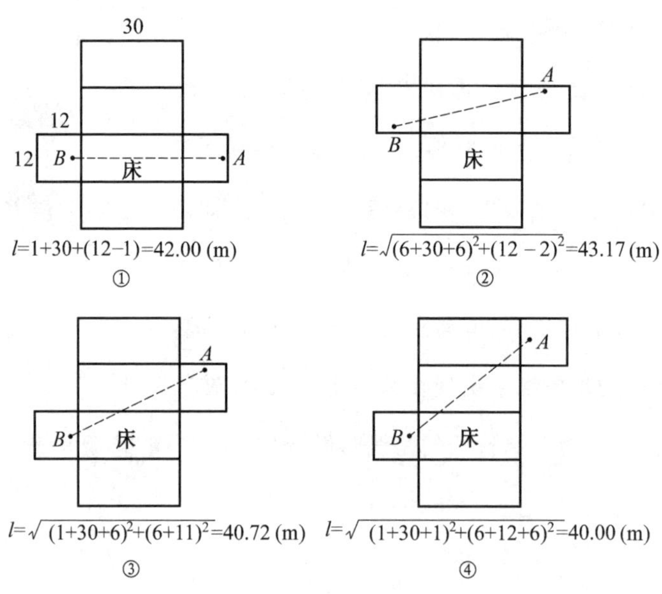

图 10.14 “蜘蛛和苍蝇问题”的研究

H. E. 杜德尼又做了同类问题的另一题. 那就是“苍蝇和蜂蜜”的问题，这作为第 162 个问题登在《现代游戏》(1926 年)上，在这里一并作些介绍.

问 44

我这里有高度 4 英寸(1 英寸＝2.54 cm，4 英寸约 10 cm)，周围 6 英寸的圆筒状杯子. 这杯子里面离上边 1 英寸之处，粘上一滴蜂蜜，在它对面的外边离底面 1 英寸之处有一只苍蝇. 这只苍蝇要想到达蜂蜜处，精确地说，要走多少路呢(图 10.15)?

在考虑这个问题之前，先来琢磨一下这样的问题. 图 10.16 之①上，A 是我的家，B 是家畜小屋，C 是小河. 我每天带着洋铁桶走出家门来到小河打水，把水提到家畜小屋，因为是每天要做的事，所以想尽量少走点路，为了找到最短路线，该怎么做才好呢?

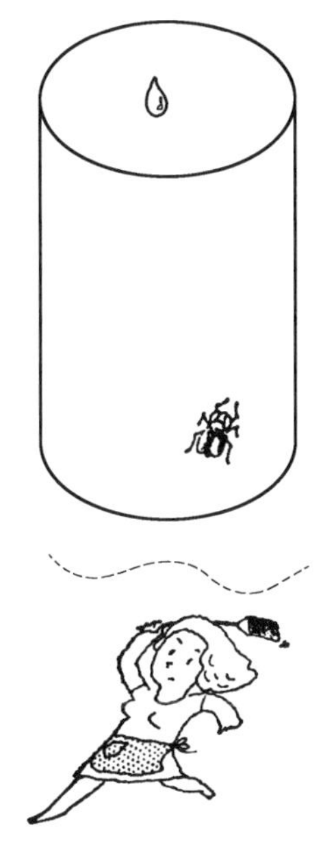
图 10.15 “苍蝇和蜂蜜”的问题

首先，从 B 向 C 画一条垂线，与 C 相交于 P，将垂线延长使 PB' 等于 BP. 如图 10.16②所示，从 A 通过 C 上的一点到达 B 的路线和从 A 通过 C 上的同一点到达 B' 的路线，其距离完全相等. 可是，AB' 间的最短路线不用说是连接这两点的直线 $AC'B'$（见③）. 因此，从 A 经 C 到达 B 的最短路线成了 $A \to C' \to B$.

再说，将这作为预备知识，来考虑一下刚才的“苍蝇和蜂蜜的问题”. 将这杯子展开就成为图 10.17 那样. 苍蝇必须从外面跨过杯边走到里面. 也就是说，假如将苍蝇的位置作 A，蜂蜜的位置作 B，杯边作 C，就变成求算从 A 经 C 到达 B 的最短路线的问题，与刚才的洋铁桶运水的问题没有什么两样.

答案是清楚的. 设延长 BP 使其等长的点为 B'，A 和 B' 相接的直线等于它的最短路线的长度. 这等于高度是 4 英寸、底边是 3 英寸的直角形的斜边. 由此可见，苍蝇所走的距离是 5 英寸.

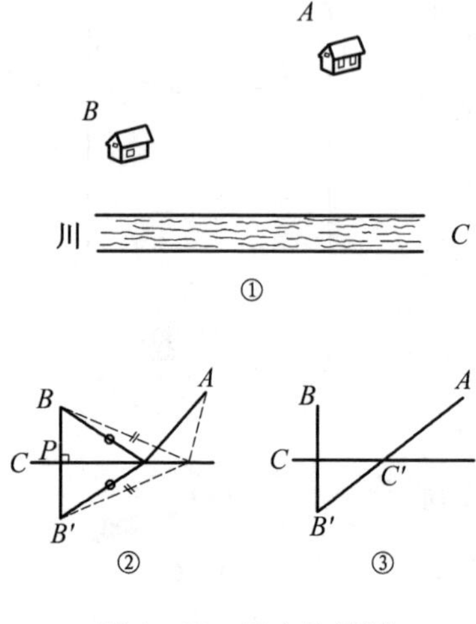

图 10.16　运水的问题

图 10.17　杯子侧面的展开图

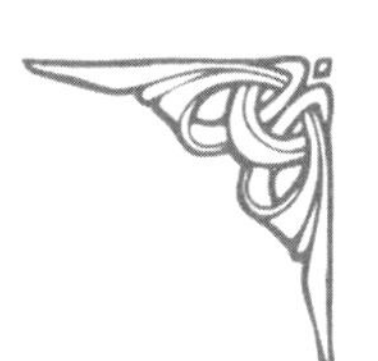

第 11 章　出自数学的话题

其他的话题

第 9 章中介绍了六角形的折叠纸，有个与此相似的游戏方法是正方形的折叠纸. 将其中的一个例子示于图 11.1.

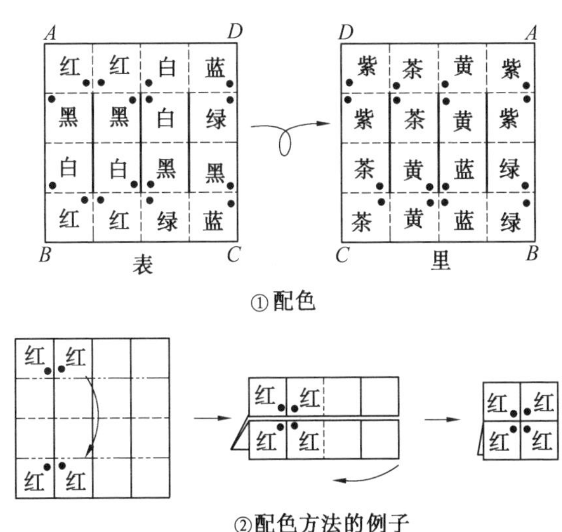

①配色

②配色方法的例子

图 11.1　正方形的折叠纸(其一)

将正方形纸的正反面依照①的配色图配成彩色，在实线处刻入切痕. 如果觉

得涂色麻烦,也可以将红色改成1,白色改成2的数字.并且在指定处标上小圆黑点.接着将点线的部分折成向外折、向里折的折痕.至此准备工作算是结束.

问 45

使用这种纸,正像红正方形、蓝正方形……那样,按顺序制作八色的正方形.不过这时候,要求严格做到圆黑点全部凑到中心来.折叠时限于带折痕的地方,要么折好,要么伸开,不得搞成中间状态.为供参考起见,将红色正方形的做法示于图11.1之②.

这个游戏因为能简单地做成工具,所以能轻松地摆弄它.对于白色正方形的情形需要稍微下点工夫.全部8种,制成八色的正方形.作为正方形的折叠纸,除此之外,还有图11.2那样的形式.这时候,可以制作六色的正方形.而且,中央带细黑点的部分应切取舍弃.

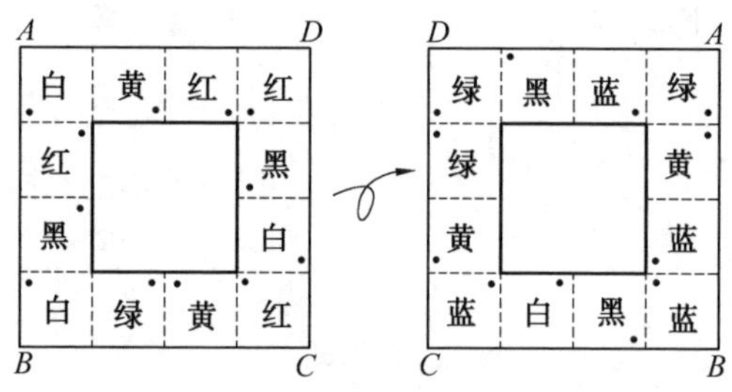

图11.2 正方形的折叠纸(其二)

除此之外,还可以制作各种各样形状的正方形,在做法上下点功夫是很有趣的.解答姑且省略不谈,但可以参考刚才碰到的图11.1的白正方形的情况(图11.3).不管怎样,因为不是那么难解的问题,估计会在摆弄当中找到解答.

可是,这些问题都属于平面,所以著者制作了它的立方板,也就是折叠立方体.图11.4表示该用具的制法.这时并不需要正方形的纸,要准备好1∶2大小的长方形的纸.如图 11.4,正反面都分为 18 等份涂了色彩后,在实线部分上刻入切痕,点线处应反复往外折和往里折,折成折痕.

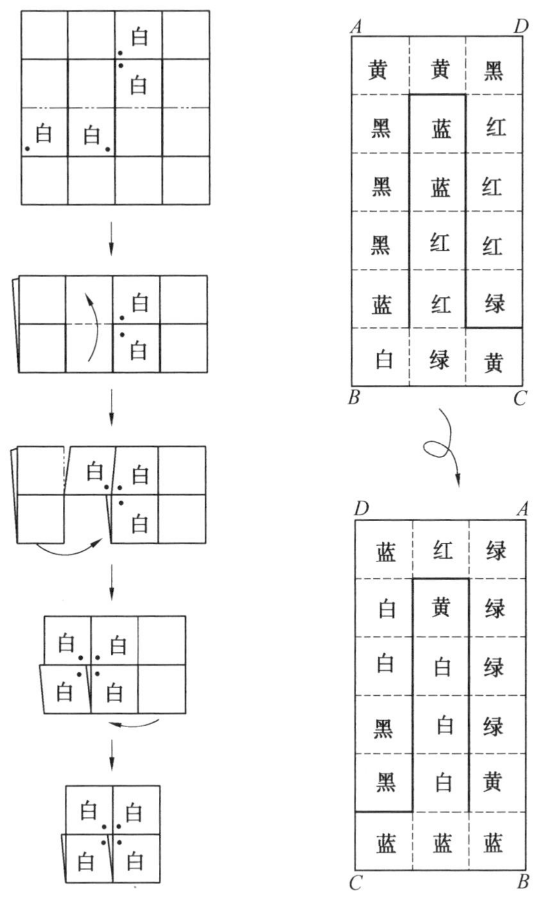

图 11.3　白正方形的做法　　　图 11.4　折叠立方体

这次不点圆黑点.至此,准备工作结束.

问 46

使用这种纸,正像红立方体、蓝立方体……那样,希望按顺序制作六色的立

方体.这时,折叠的地方限于有折痕的地方,要注意一定要折好或者伸开,不得搞成中途不成器的形状.

借正方形的折叠纸,估计前面讲的折叠物的做法都搞清楚了,所以没有必要涅哩涅嗦地再多说了.作为做法的一个例子,将红立方体的情况示于图11.5.从此图①按顺序折叠到⑥,借这做成了立方体的展开图,往后都是往外折,叠成了立方体.关于其他的五色虽然没有写出解答,但因为不是那么难解,估计在摆弄当中会找到解答.

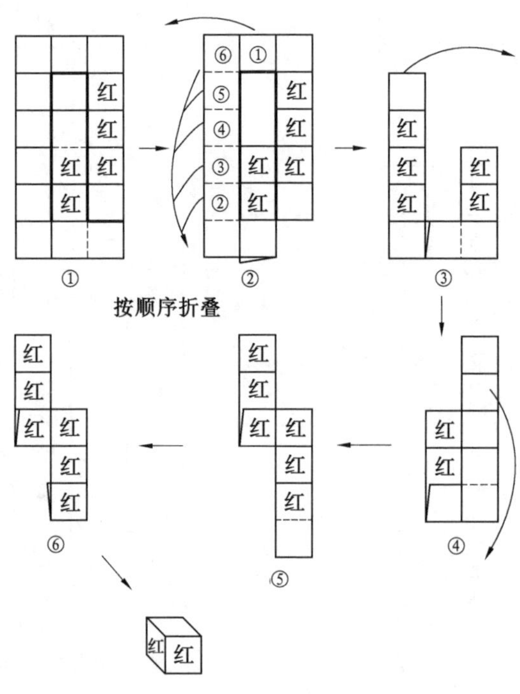

图 11.5　红立方体的做法

在最近买进的游戏玩具中,有一个非常有趣的立体游戏,特地介绍一下.它是英国朋坦格尔公司以"折叠立方体"的商品名出售的木制玩具.图 11.6 表示该折叠品的展开图,用较厚的纸制作 4 张折叠品,分别将它们叠好.这么一来,

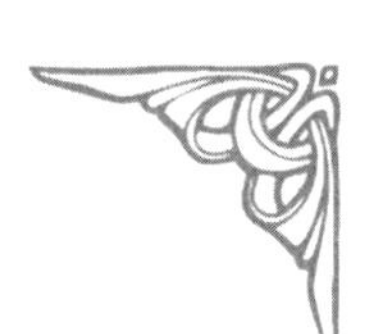

等于叠成图 11.7 之①那样的 4 个折叠品.

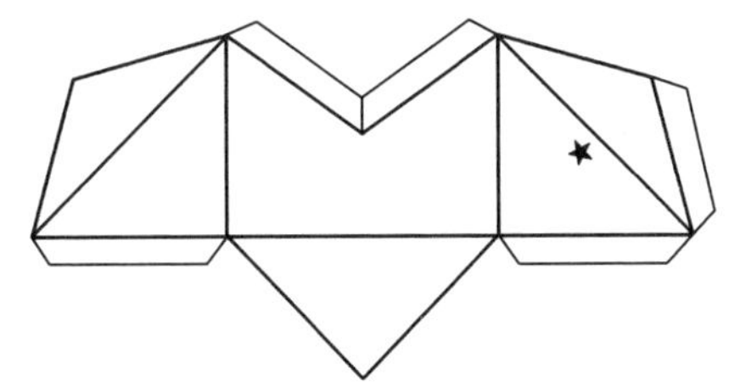

图 11.6　折叠立方体的展开图

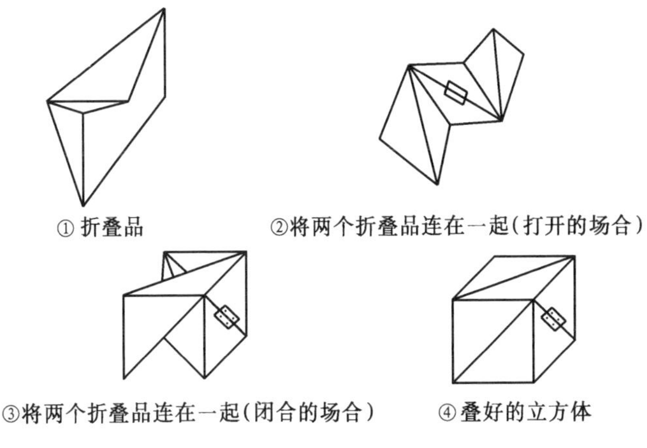

① 折叠品　②将两个折叠品连在一起(打开的场合)

③将两个折叠品连在一起(闭合的场合)　④叠好的立方体

图 11.7　折叠立方体的问题

叠成了折叠品,在★记号处贴上胶带,将两个折叠品连接在一起,也就是将两个折叠品连接起来做成一对.②和③是将两个接在一起的折叠品完全打开或闭合的图.至此准备工作结束.

问 47

使用这一对折叠品,要想拼成图 11.7④那样的立方体,又该怎么办呢?

这样的题目乍一想好像很简单,而一旦做起来,能不能真正做成立方体,倒是有点令人捉摸不透的.从著者请了几个人做的结果看来,在 30 分钟以内做成

的人不多.非但如此,做得最快的人也花了15分钟.只不过是将两个折叠品拼合起来而已,请你也应战一次,试试果真能打破纪录吗?

从前的玩具是用硬质的木头做成的,而这里用做好的厚纸模型也足够了,不必花过多的力气就能制成立方体.不过,为了使表面润滑,也许涂上蜡比较好.解答登在本章末尾.

这个折叠立方体可以说是一种智慧的环.供作立体游戏的智慧环和智慧绳有一定的魅力,并且和最近引人注目的拓扑学也有密切的关系,但因为本书主要是以正多面体为主来叙述的,所以不做介绍.不过,在这里介绍几个与正多面体有关的拓扑学的话题.

您可能知道莫比乌斯的纸带.将图11.8之①那样的细长的纸带一拧一转,将其两端黏合到一起作成②的情形.照这样做得的带边的面称作莫比乌斯纸带,是1858年由德国数学家A.F.莫比乌斯发现的.在这个面上只呈现一个侧面.如图11.8那样,制作一条在纸带表面画上实线,背面画上虚线的莫比乌斯纸带,如沿着实线走去,不知不觉变成虚线,到最后才发现又重新回到了实线.而且都知道即使沿着这条线将莫比乌斯纸带裁切也不会变成两个纸环,得到的是拧转了两次的一条连续的带子.

可是,有一种使这个莫比乌斯纸带边缘变成平坦的变形模型.这是由B.塔卡曼发现的,图11.9是为了使它拼合而出示的展开图,而图11.10是它的拼组方法.从这个图上的②看出塔卡曼的模型带是由正八面体的6个面和4个直角三角形构成的.

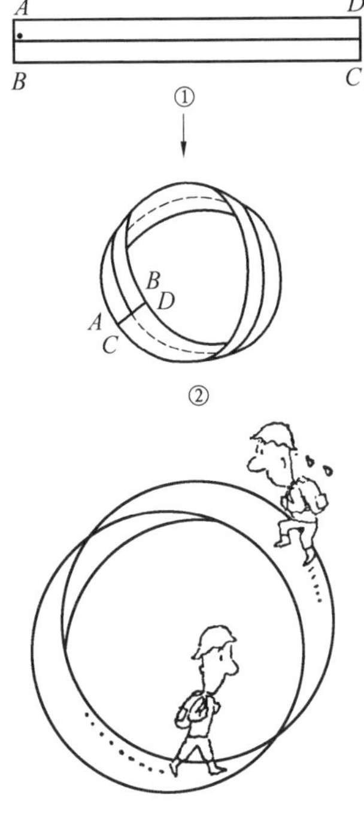

图 11.8　莫比乌斯带

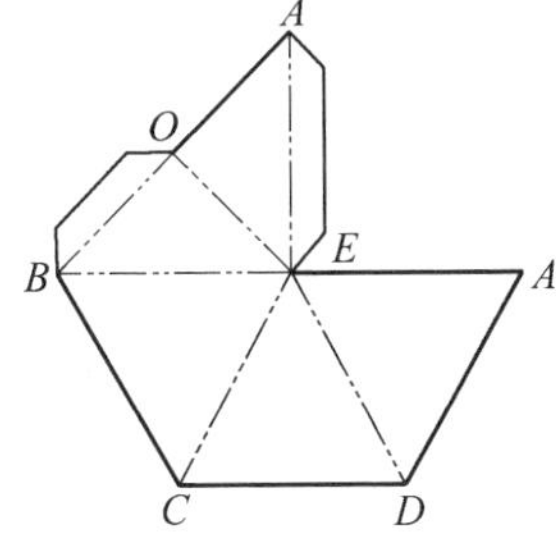

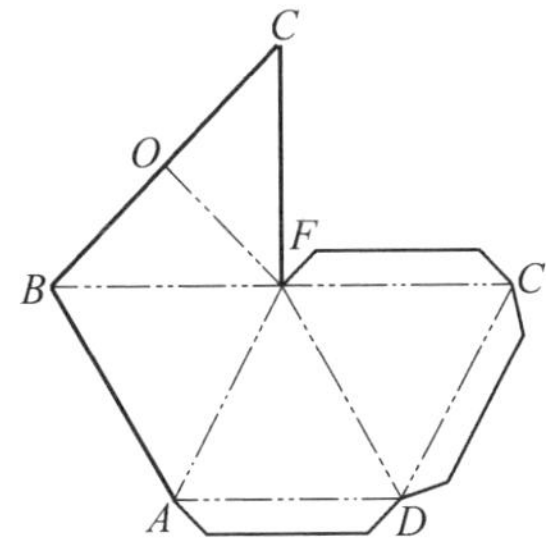

图 11.9　塔卡曼模型的做法

马丁·伽德纳在《科学美国人》1978 年 8 月号(日语版《科学》同年 10 月号刊载)上谈到莫比乌斯纸带实际上属于螺旋角柱,并指出如果将立方体接起来,能够做成与莫比乌斯纸带具有相同性质的柱状单侧环.并且,作为课外作业,将最小限度个数的单位立方体接起来,只连接一次不重复碰及自身,要求制成一面一边的柱状环.

有关它的解答,发表在该杂志同年 9 月号(日文版是 11 月号)上.它如同图 11.11 那样仅用了 10 个立方体做成柱状环.这是除去利用旋转和虚影的唯一解答.这应该算是一面一边的连接,只要用白木的立方体等实际做一下就清楚了.

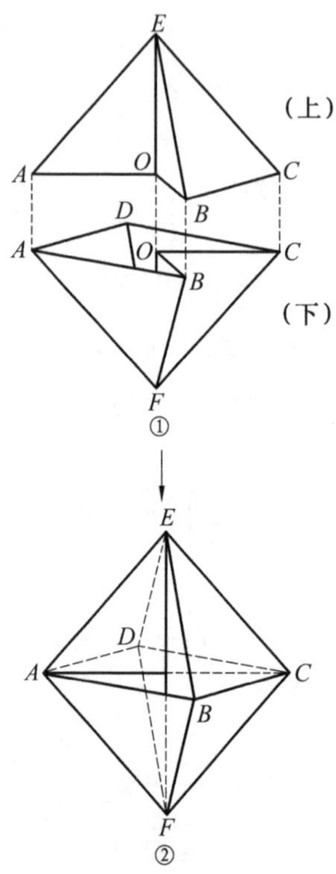

图 11.10　塔卡曼模型的做法

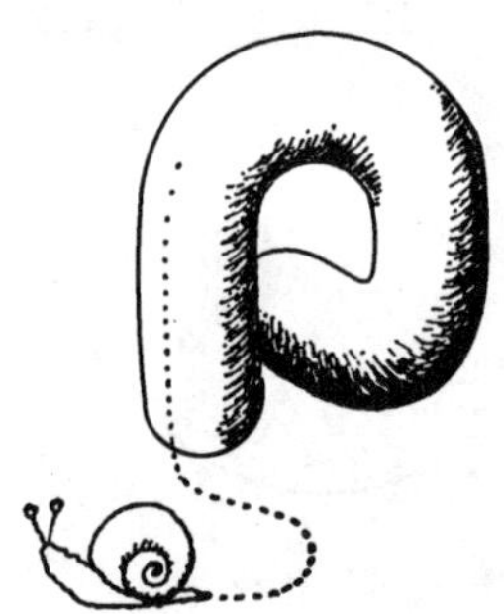

图 11.11　由 10 个立方体排成的柱状单侧环

可是,关于正多面体,摘录一下顶点、边、面的数目如下:

	顶点数目	边的数目	面的数目
正四面体	4	6	4
立方体	8	12	6
正八面体	6	12	8
正十二面体	20	30	12
正二十面体	12	30	20

于是,设顶点的数目为 V、边的数目为 E、面的数目为 F,则成下式那样的关系,称为欧拉定理,即

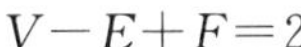

$$V-E+F=2$$

此式不单是正多面体，对平常的多面体也都合用. 例如，前面出现过的菱形十二面体，或者角锥、角柱之类的形状也都能适用这个式子.

假定用黏土做成这样的立体. 用手将表面的凹凸弄平，最后都成了球状. 这样的立体都与球面成为同相，因此上列式子就适用.

与此相反，像图 11.12 那样在中央有孔穴的镜框一类的立体，就不能适用这个式子. 这个立体 $V=16$，$E=32$，$F=16$，故成为 $16-32+16=0$. $V-E+F$称作欧拉标数，对判断某一立体和其他立体是否属于同相有用.

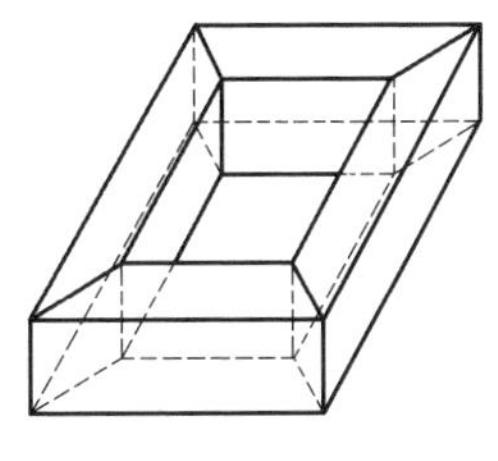

图 11.12　中央有孔穴的立体

自从凯莱提出问题至今百年来，最近才得到解决的四色问题也是拓扑学的问题之一. 所谓“四色问题”就是“地图上的各个国家假定共有国境线的两个国家一定要用不同颜色来分清楚，那么最低需要多少色呢？不过，仅用点相连的邻国和完全没有连在一起的邻国可以涂用同一种色”.

这种涂色的划分，用三色达不到目的的原因只要参看图 11.13 就明白了. 另一方面，在 1890 年曾经由希尔伍德提出过，如果有五色足够用了，但是问题的焦点是集中在用四色能不能分清上.

这个问题吸引了许多业余数学研究家. 尽管有那么多的人组织起来，直到 1976 年才最后解决，而且是由美国伊里诺大学的渥尔富冈格 · 哈肯和凯奈斯 · 阿佩尔两教授证得的，他们使用了大型计算机达 1 000 小时以上，得

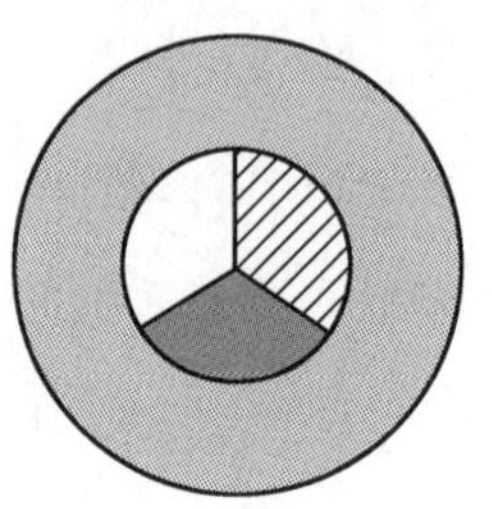

图 11.13 必须有四色的例子

出用四色可以将地图上所有国家的涂色划分清楚的结论.

这是平面的情形,球面上的地图是五色,莫比乌斯纸带上的地图要六色,圆环则需要七色,这些早就有结论了.可是正多面体的情况,各需要多少颜色呢?这是个简单的游戏问题.对于四色问题特别感兴趣的人,最好读一下一松信写的《四色问题》(1978 年,Blue backs,即同本书一样的蓝背丛书).

关于拓扑学最近的话题,除上述之外还有"卡斯托罗菲理论"和不少很有兴趣的说法,由于超出了本书的范围,省略不谈了.

其次,介绍一个关于正多面体的话题.正如图 11.14 之①那样,在正十二面体中可以内接立方体.这样做后用刀子切取这个立方体.这么一来,除立方体以外,出现②那样的 6 个立体.可是,图③之 A 是从横侧看①上带网线的正五角形的面,B 和 C 是与它相接的立方体之两面.从这个图上可以知道,$\angle\alpha$ 和 $\angle\beta$

之和是 90°，等于直角.

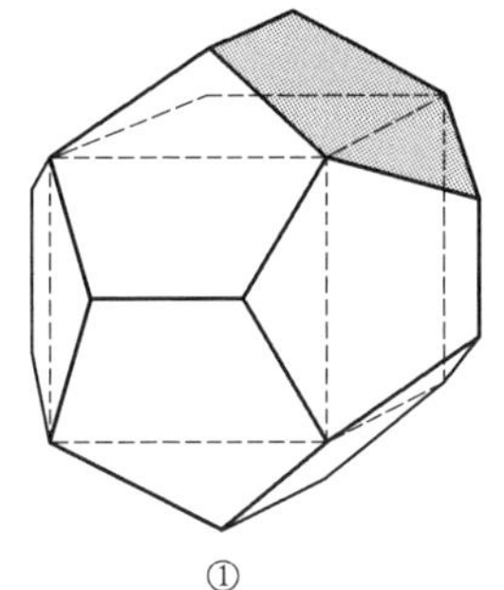

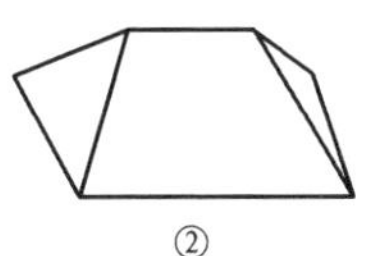

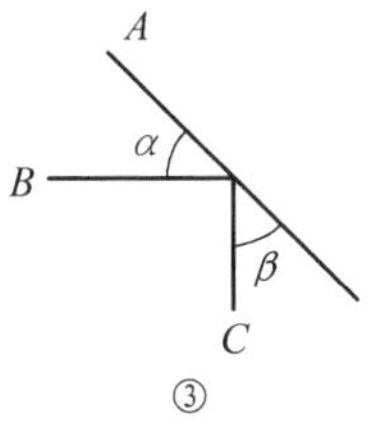

图 11.14　正十二面体的分割

这意味着②的正方形面和等脚台形之面形成的$\angle\alpha$与同样是正方形的面和二等边三角形的面形成的$\angle\beta$合起来等于直角. 因此，只要将②的立体 6 个以其正方形的面作外侧，以三角形之面和台形之面相接那样来拼合，就等于是拼出了立方体. 这个立方体无疑是与前面讲的从其中切出的立方体同样大小.

为打算亲自尝试一下的人，在图 11.15 上出示了它的展开图. 使用它来拼合立体时，最好在里侧的各处用双面胶纸带等粘上橡皮磁铁，②是全部需要制作 6 个与此相同的立体.

最近不少人做了与此相同的尝试，如果有人对这类游戏特别感兴趣，阅读一下户村浩著的《基本形态的结构》(1974 年，日本美术出版社)是有益的. 该书介绍了许多实际例子.

本书写到这里要结束了. 遵照前面说定的在这里出示问 47 的解答，以此结束全书. 图 11.16 便是它的答案.

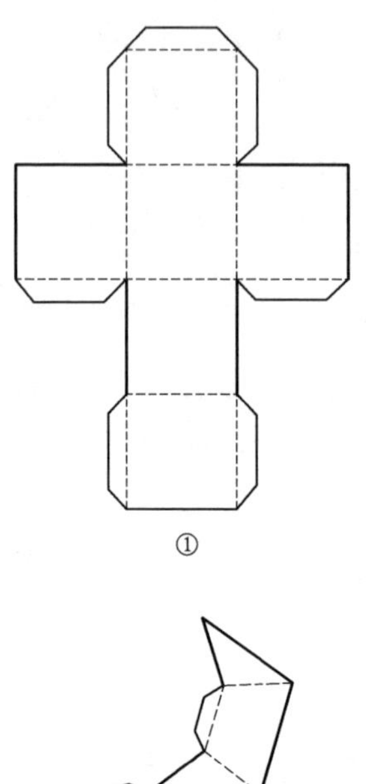

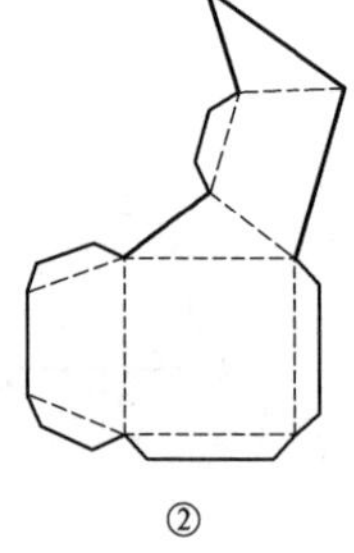

图 11.15　形成两个立方体的正十二面体的展开图

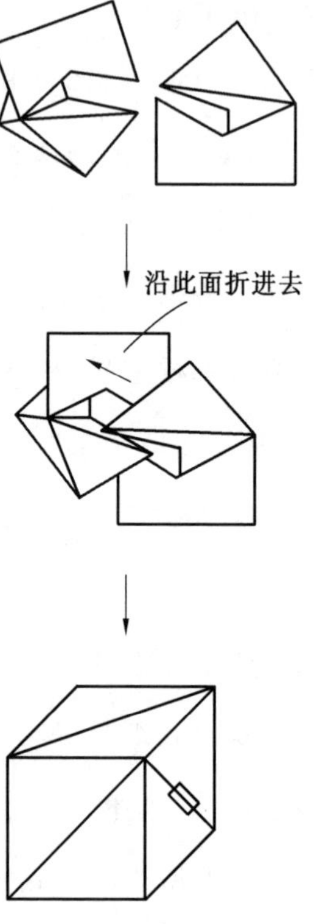

图 11.16　折叠立方体的解答

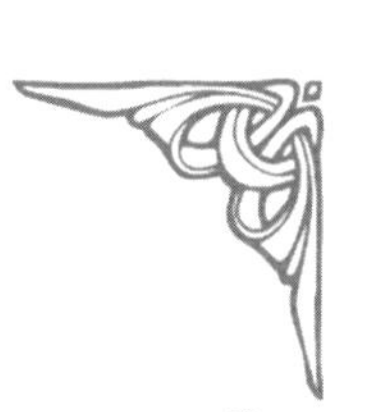

附录Ⅰ

空间几何作图的基础

B.C.考切特考娃

在平面几何中，所有几何作图皆是实际的，也就是说，它们可以利用适当的工具，在平展的图上得以实现，并且，这些工具本身包含了所对应的几何图形：直线(直尺)、圆(圆规)、垂直直线(带直角的尺)等作图的可能性.

利用适当工具的几何作图可能性的理论基础，在各种情况下，是被关系于几何图形作图的可作元素类的定义系统所规定.这样，如果考虑到作为作图工具的圆规和直尺，那么，这些作图的形式被下述之定义系统所实现.

如下元素是可作的：

(1)在作图题中的所有已知元素，以及对于平面上的任意点(这些点对于作图是必要的辅助元素).

(2)直线，如果它是由两个可作点所确定的.

(3)圆，如果它是由可作的半径和中心所确定的.

(4)两个可作直线的交点.

(定义系统是引自 Н. Ф. 契特维茹痕(Четверухин)教授的论文《在中学立体几何学中,几何作图的方法和教法问题》,原载教育科学院《消息》第六期).

因此,作图问题是可解决的,或者是不可解决的,是取决于所求之元素被包含在,或者未被包含在可作元素的定义类之中.

讲到空间的几何作图时,应当指出,实际可实现的作图,只有在利用模型和在物质模型的表面上才行,但这种方法可能解决的只是有限个问题,这样,这种方法可以认为是已经作成之解,在直观性方面的解释.

Н. Ф. 契特维茹痕教授指出,关于空间几何作图问题的解法有两个可能的方向:

(1)或者,按照类似于平面上的作图,把形式逻辑的作图方法,推广到空间,避免利用工具的实际作图.

(2)或者,在投影图上,也就是在用投影法得到的图像上,讨论和完成空间的作图.

考虑第一个方向时,也可以按照类似于在平面上的作图,利用下述定义系统来建立空间的可作元素类。

如下元素是可作的:

定义 1　在作图题中的所有已知元素,以及对于空间的任意点(这些点对于作图是必要的辅助元素).

定义 2　平面,如果它是被三个可作点所确定的.

定义 3　两个可作平面的交线.

定义 4　在可作平面上的所有归入到在该平面上可作元素类的元素(在平面几何作图理论中已规定).

定义 1 **和定义** 2 **的推论**　一直线和它外面一点所确定的平面,两个可作的

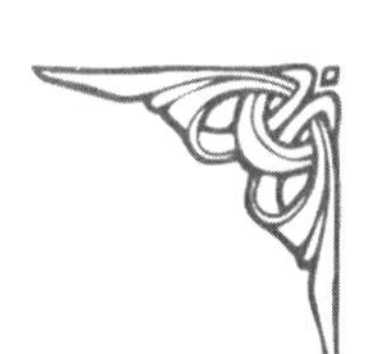

相交直线或平行直线所确定的平面皆是可作的.

如果,除去可以用在平面几何中的作图工具,而用第四个定义所确定的作图,只由头三个定义所规定的作图工具实际上是不存在的.

然而,可以想象(如果不能提出)一种工具,利用它于 3 个点可作成在空间的一个平面,正像在平面上用直尺于两个点可作成一条直线一样.这种设想的工具契特维茹痕教授称其为"平面板".用这种工具所实现的作图,也是想象的.

设想的工具是由想象而产生的,但是,为方便起见,一般运用作图过程的直观的说明图.这种图,常常是用手来完成,它只须保持图形的投影性质.契特维茹痕教授称其为草图或略图,但这个图在任何场合,也不能认为是实际的作图.

我们指出,如果利用已经假定了的抽象工具的图式,所有空间作图的基本问题皆是可以解决的.

1.空间作图的基本问题①

问题 1 经过空间已知直线(l)外一已知点,作已知直线的平行直线.

解 点 A 和直线 l 所确定的平面 P 是可作的(定义 1 和 2 的推论).在平面 P 上,经过点 A,平行于直线 l 的直线 m 是可作的(定义 4).

直线 m 即是所求,且其存在是唯一的(图 1).

问题 2 作已知直线(l)与已知平面(P)的交点.

解 已知直线 l 和已知平面 P 上任意一点 M 所确定的平面 Q 是可作的(定义 1、2 和 4 的推论).平面 P 和 Q 的交线 m 是可作的(定义 3).平面 Q 上的

① 本文内的标题是由编者加上的.

直线 l 和 m 的交点 A 是可作的(定义 4).

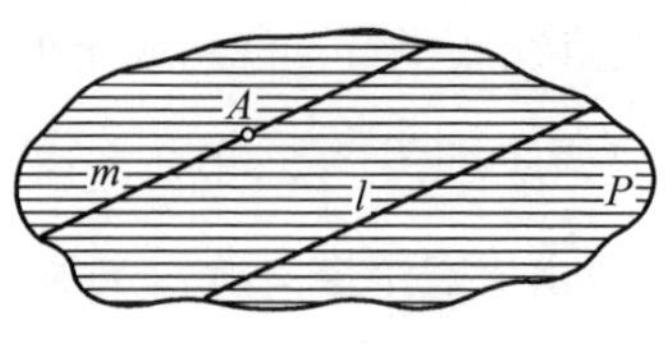

图 1

点 A 即是所求,因为,它属于已知直线和已知平面.

如果,$l /\!/ m$,亦即 $l /\!/$ 平面 P,问题无解(图 2).

问题 3　经过空间已知平面(P)外一已知点(A),作该平面的平行直线.

解　在平面 P 上,经过它上面任意两点的直线(l)是可作的(定义 4). 经过点 A,平行于直线 l 的直线 m 是可作的(问题 1).

图 2

根据直线和平面平行的特性得知,直线 m 即是所求.

因为,l 是平面 P 上的任意直线,所以问题的解是不确定的(图 3).

问题 4　经过空间已知直线(l)外一已知点(A),作该直线的平行平面.

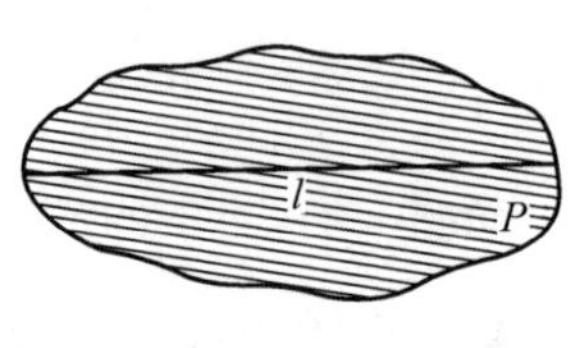

图 3

解　经过点 A,平行于直线 l 的直线 m 是可作的(问题 1). 直线 m 和空间任意点 M(不属于直线 l 和 m)所确定的平面 P 是可作的(图 4). 平面 P 即是所求.

还可以给出其他解法. 经过空间任意点 M(定义 1),平行于直线 l 的直线 m 是可作的(问题 1). 直线 m 和已知点 A 所确定的平面 P 是可作的(推论). 平面 P 即是所求.

因为,确定平面 P 的元素中,有一个任意的,所以,问题的解是不确定的.

问题 5　经过已知直线(l),作另一已知直线(m)的平行平面.

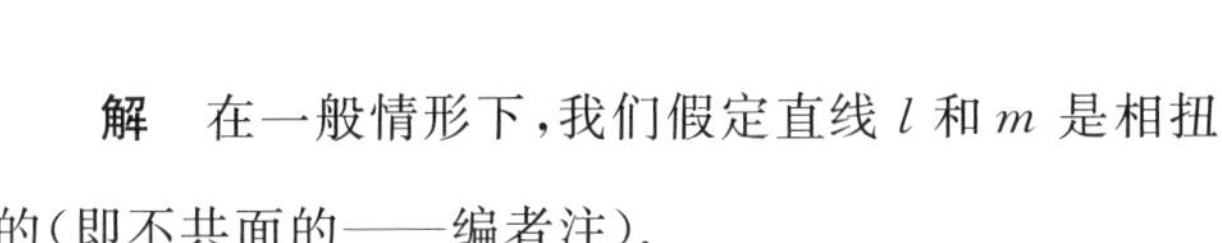

解 在一般情形下，我们假定直线 l 和 m 是相扭的(即不共面的——编者注).

经过直线 l 上任意一点 A，平行于直线 m 的直线 n 是可作的(定义 1，问题 1). 被相交的直线 l 和 n 所确定的平面 P 是可作的(定义 1 和 2 的推论). 平面 P 即是所求.

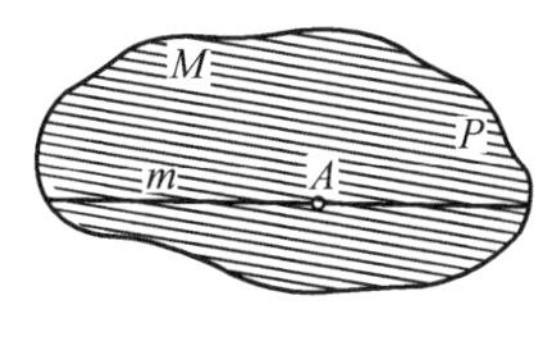

图 4

问题有唯一解(图 5).

如果，l 和 m 是平行的，问题的解是不确定的，因为，这时归结到和问题 4 的情形一样.

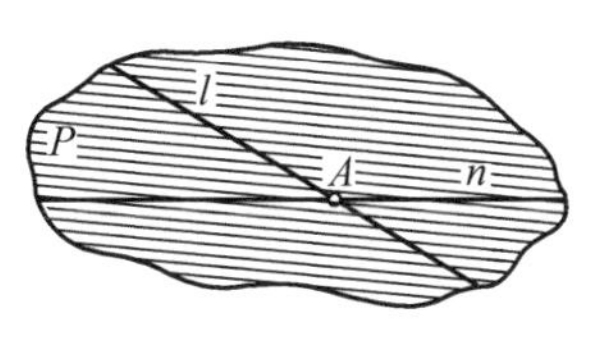

图 5

问题 6 经过空间已知平面(P)外一已知点(A)，作已知平面的平行平面.

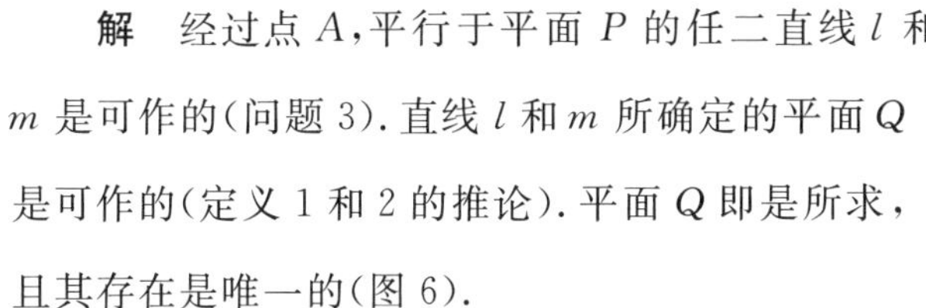

解 经过点 A，平行于平面 P 的任二直线 l 和 m 是可作的(问题 3). 直线 l 和 m 所确定的平面 Q 是可作的(定义 1 和 2 的推论). 平面 Q 即是所求，且其存在是唯一的(图 6).

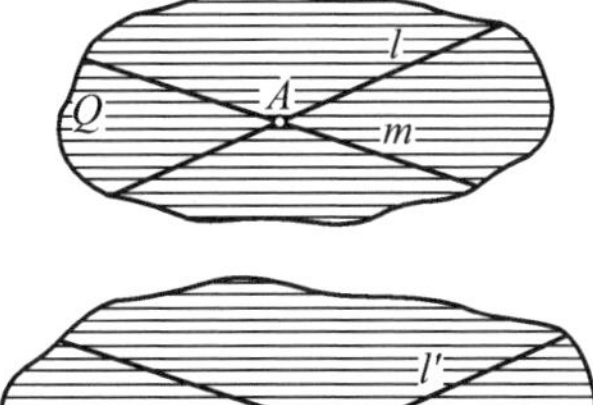

图 6

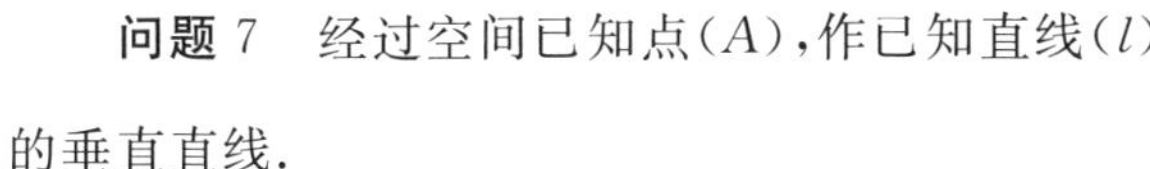

问题 7 经过空间已知点(A)，作已知直线(l)的垂直直线.

情形 Ⅰ——点 A 在直线 l 上.

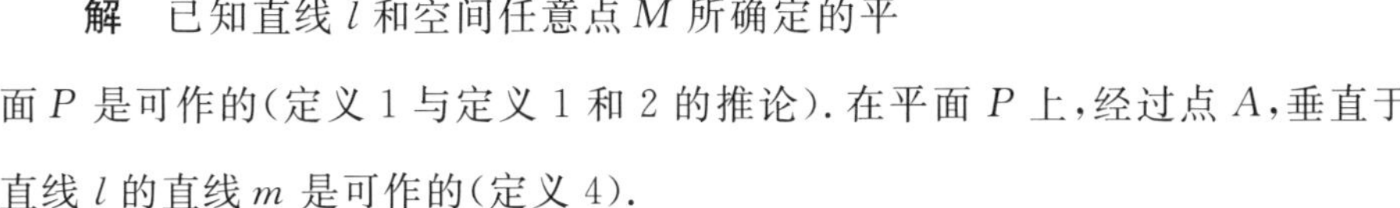

解 已知直线 l 和空间任意点 M 所确定的平面 P 是可作的(定义 1 与定义 1 和 2 的推论). 在平面 P 上，经过点 A，垂直于直线 l 的直线 m 是可作的(定义 4).

直线 m 即是所求. 问题的解是不确定的，因为，被用来帮助确定平面 P 的点 M 是任意的(图 7).

情形 Ⅱ——点 A 不在直线 l 上.

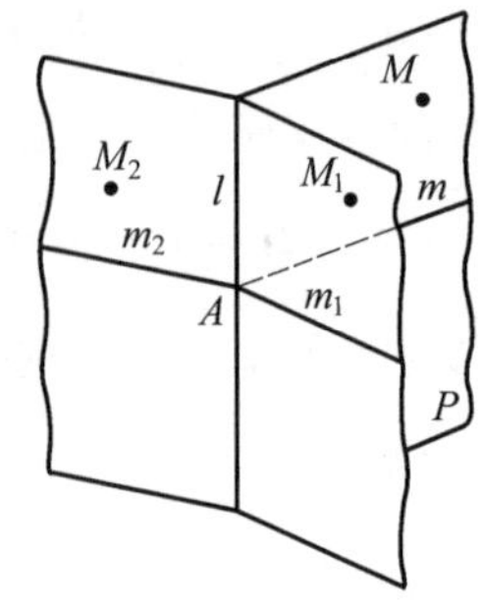

图 7

解　经过点 A,平行于直线 l 的直线 l' 是可作的(问题 1).经过点 A,垂直于直线 l' 的任意的直线是可作的(问题 7 的第一种情形),且即为所求(图 8).如果我们限于考虑与已知直线相交的垂直直线,那么,我们有如下解法:点 A 和直线 l 所确定的平面 P 是可作的.

在该平面上,经过点 A,垂直于直线 l 的直线是可作的(定义 4).该垂线即是所求,且其存在是唯一的.

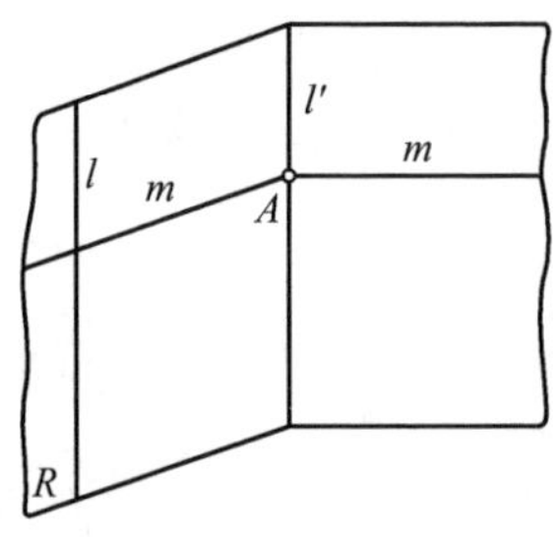

图 8

问题 8　经过已知点(A),作已知直线(l)的垂直平面.

解　经过点 A,垂直于直线 l 的任二直线 m 和 n 是可作的(问题 7).直线 m 和 n 所确定的平面 P 是可作的(推论),且其即为所求(图 9).

因为,通过已知点,且垂直于已知直线的直线所成之几何轨迹是通过已知点,且垂直于已知直线的平面,所以,问题有唯一的解.

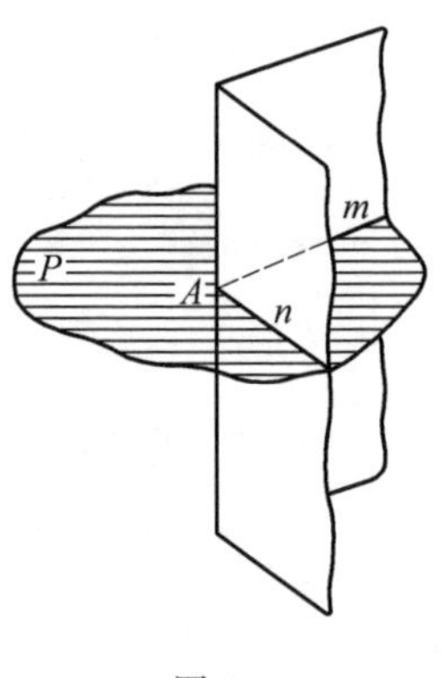

图 9

问题 9　经过空间已知点(M),作已知平面(P)的垂直直线.

情形Ⅰ——点 M 在平面 P 上.

解　在平面上,经过点 M 的任意直线 AB 是可作的(定义 4).经过点 M,垂直于直线 AB 的平面 Q 是可作的(问题 8).平面 P 和 Q 的交线 CD 是可作的(定义 3).在平面 Q 上,垂直于 CD 的直线 MN 是可作的(定义 4).MN 即是所求的垂直线(图 10).

事实上,由作图,$MN \perp CD$;又因为 MN 在垂直于 AB 的平面 Q 上,所以,

$MN \perp AB$. 垂直线 MN 是唯一的，这用反证法，容易证明.

情形Ⅱ——点 M 不在平面 P 上.

问题的解决，和第一种情形类似，只是直线 AB 的选取，是在平面 P 上完全任意的(图 11).

问题 10　经过空间已知点 M，作已知平面 P 的垂直平面.

解　经过点 M，垂直于平面 P 的直线 MN 是可作的(问题 9).

经过直线 MN 和空间任意点的平面 Q 是可作的(定义 1 和推论). 平面 Q 即是所求. 问题的解是不确定的(图 12).

所有关系于用直线、平面、二面角和多面角，以及多面体的作图问题，连同平面与多面体所成之截口问题和多面体的组合问题包括在内，皆归结于已经讨论过的基本问题和按照四个公式化的定义所引入可作元素类的几何图形的作图.

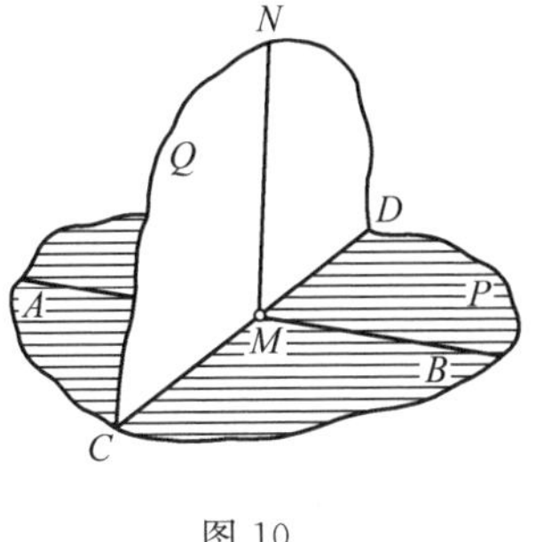

图 10

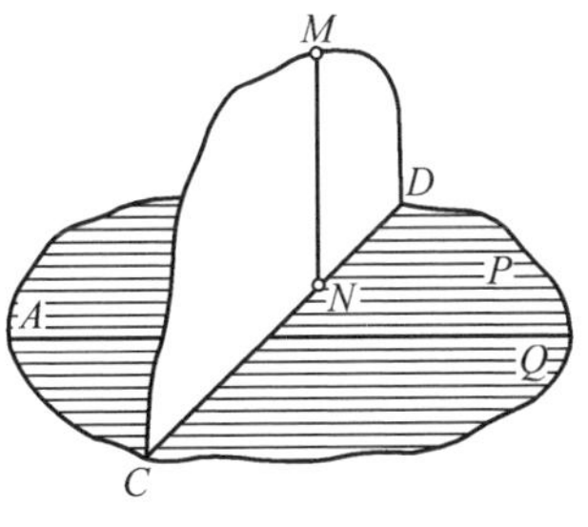

图 11

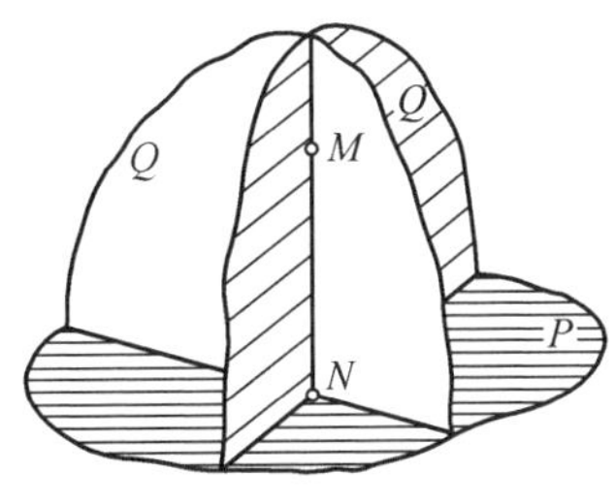

图 12

现在，我们转入研究旋转曲面：直圆柱面、直圆锥面和球面在作图上的基本问题.

这里，按照这些曲面的定义，直圆柱面被所给予的轴和母线(或者半径)所确定；直圆锥面被所给予的轴和母线所确定；而球面被所给予的中心和半径所确定.

所有这些曲面的其他给予方法，皆可以归结到上述的方法.

譬如，我们研究问题：

求经过已知圆(O)和已知点(M)的直圆柱面、直圆锥面和球面.

解 过已知圆的中心，该圆所在平面的垂线OO'是可作的(问题 9). 直线OO'和点M所确定的平面P是可作的(定义 1 和 2 的推论). 该平面与已知圆所在平面的交线是可作的(定义 3). 该直线与圆O的交点A是可作的(定义 4). 平面P上的直线AM是可作的(定义 4).

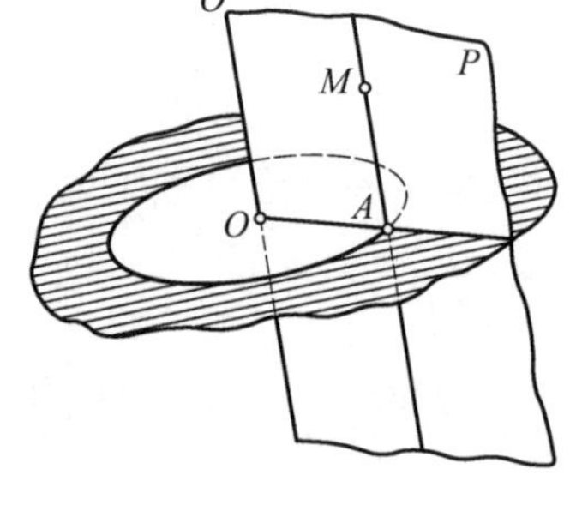

图 13

如果，$AM /\!/ OO'$，那么，轴OO'和母线AM所确定的直圆柱面即是所求(图 13).

如果，AM与OO'相交于点S，那么，轴OO'和母线AMS所确定的直圆锥面即是所求(图 14). 如果，已知点M不在已知圆所在的平面上，那么，在平面P上，经过AM中点的AM的垂线，和该垂线与OO'的交点C皆是可作的(定义 4).

这样，以点C为中心，CA为半径的球面即为所求的(图 15).

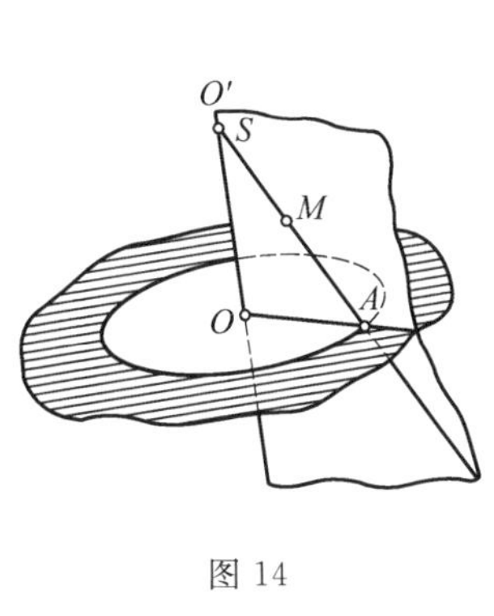

图 14

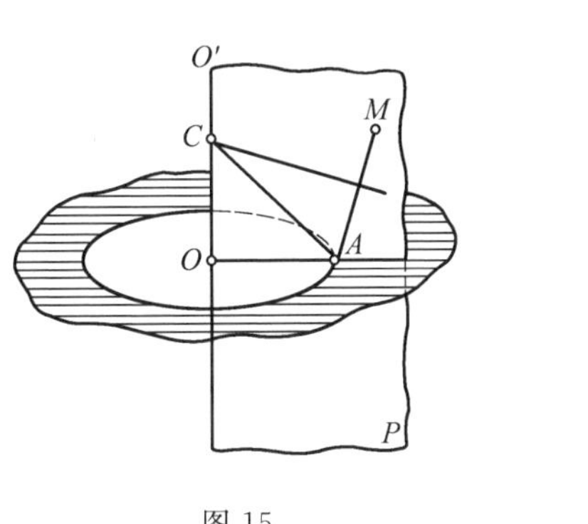

图 15

2. 平面和直线与旋转体[①]的交截问题

问题 11　求已知直圆柱面或直圆锥面与经过已知点(M),垂直于该曲面的轴之平面所成之截口.

解　设 i 和 l 分别为已知曲面的轴和母线.

经过已知点 M,且垂直于直线 i 的平面 P 是可作的(问题 8).该平面与直线 i 和 l 的交点 O 和 A 是可作的(问题 2).在平面 P 上,以 O 为中心和以 OA 为半径所确定的圆是可作的(定义 4).该圆代表所求的截口(图 16).

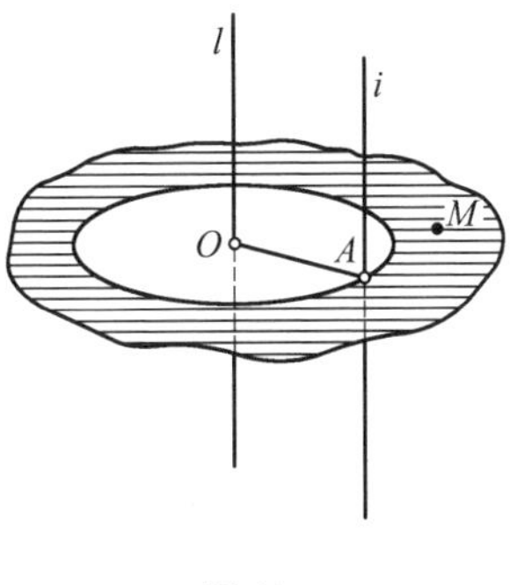

图 16

事实上,这个圆是在已知平面 P 和已知曲面上,因为,曲面是由母线 l 绕轴 i 旋转而成,在这种

① 此处所用“旋转体”一词,乃指直圆柱面、直圆锥面与球面之总称——译者注.

旋转之下，母线上点 A 所描的迹，即为所求之圆.

问题 12　求已知直圆柱面，与经过已知点(M)，且平行于曲面的轴 i 的平面所成之截口.

解　设 i 和 l 分别是已知直圆柱面的轴和母线. 经过点 M，平行于轴 i 的平面 P 是可作的(问题 4).

经过空间任意点，垂直于曲面轴的平面 Q 是可作的(定义 1 和问题 8). 已知的直圆柱面与平面 Q 所成之截口圆 O 是可作的(问题 11). 平面 P 和 Q(由于它们中间第一个是平行于轴，而第二个是垂直于轴)的交线 m 是可作的(定义 3). 直线 m 和圆 O(在平面 Q 上)的交点 A、B 是可作的(定义 4). 经过点 A 和 B，平行于轴 i 的直线 AA'和 BB'是可作的(问题 1). 如果，这些直线存在的话，它们就是所求之平面 P 与已知曲面的交线(图 17). 事实上，AA'和 BB'是已知曲面的母线，因为，其经过曲面上的点 A 和 B，且平行于它的轴；直线 AA' 和 BB'又是在平面 P 上，这是因为，它们经过平行于轴 i 的平面上的点 A 和 B.

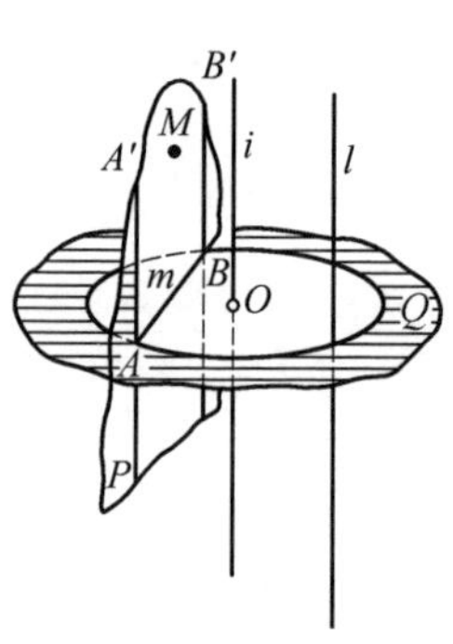

图 17

问题有解的可能性和解的个数的条件，依赖于直线 m 与 O 相交的情形，归根结底，是依赖于由轴 i 到已知点 M 的距离；如果这个距离小于直圆柱面的半径，那么，曲面与平面存在两条交线(母线)，在特殊情况下，如果，这个距离等于零，也就是截平面经过轴，即轴截口；如果，由轴到点 M 的距离等于直圆柱面的半径，直线 m 切圆 O 于点 T，我们只有一条母线，平面 P 沿着它相切于曲面；如果，由轴到点 M 的距离大于曲面的半径，平面 P 不和已知曲面相交.

注　在被考虑的不是直圆柱面，而是有限的直圆柱的情况下，代替被用来帮助研究的平面 Q 所成之垂直截口，为一个直圆柱底上的圆，那时，所成之截口是一个矩形，其两边是已知平面与直圆柱侧面交线上的线段，而另外两边则是已知平面与和它垂直的底面的交线上的线段.

问题 13　求已知直圆锥面与经过直圆锥面顶点(S)的已知平面所成之截口.

解　经过空间任意点垂直于已知曲面的轴 i 的平面 Q 是可作的(定义 1 和问题 8). 该平面与已知曲面所成之截口圆 O 是可作的(问题 11). 平面 P 和 Q(由于它们中间第一个与轴相交，而第二个与轴垂直)的交线 m 是可作的(定义 3). 在平面 Q 上，直线 m 与圆 O 的交点 A 和 B 亦是可作的(定义 4). 已知平面 P 上的直线 SA 与 SB 是可作的(定义 4. 图 18).

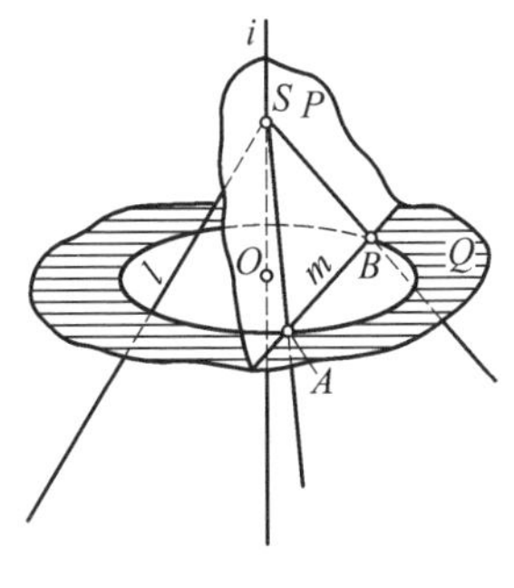

图 18

这些直线即是所求之交线，因为，由作图，它们在已知的平面上，同时，是该圆锥面的母线，这是由于其含有它的顶点和在曲面上的点 A 和 B. 问题有解的可能性和解的个数的条件，是依赖于直线 m 与圆 O 相交的情形. 归根结底是依赖于轴和已知平面 P 中间的夹角；如果，这个角小于轴与母线中间的夹角，那么，存在两条母线的截口(在这个角等于零的特殊情况下，截平面经过轴，即轴截口)；如果，轴和已知平面间的夹角等于直圆锥面的母线与轴中间的夹角，直线 m 切圆 O 于点 T，那时，已知平面与直圆锥面切于 ST，最后，这个角大于母线和轴中间的夹角，直线 m 经过圆 O 之外，且平面 P 与曲面没有公共点(点 S 除外).

注　在所给的是有限曲面，也就是直圆锥的情况下，代替任意的垂直截口，可以选取直圆锥底上的圆，那时，所求的截口被以已知平面与直圆锥的侧面相交所得之母线上的线段为两腰，以已知平面与直圆锥底面交线上的线段为底的等腰三角形所代替.

问题 14　求已知球面与已知平面 P 所成之截口.

解　球面给出中心 O 和半径 R. 经过已知点 O，向已知平面 P 之垂线 OO' 是可作的(问题 9). 在任一经过 OO' 所作的平面 Q 上，线段 $r=O'M=\sqrt{R^2-d^2}$ 是可作的(其中 $d=OO'$)(定义 4). 在平面 P 上，以 O' 为中心，r 为半径所确定的圆是可作的(定义 4，图 19).

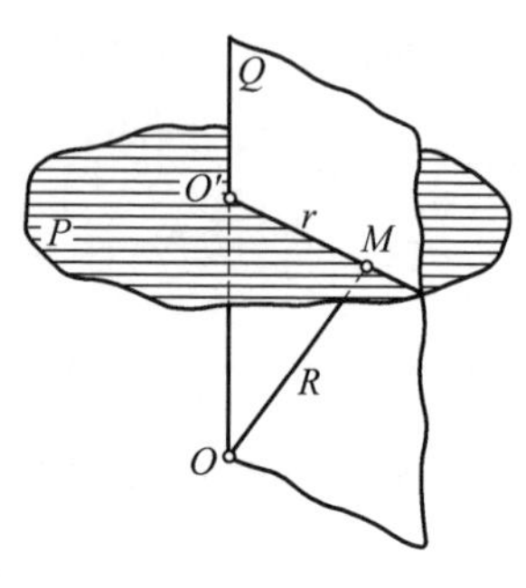

图 19

这个圆是欲求之截口；因为，第一，它在已知的平面上(由作图)；第二，它在球面上，因为，它上面所有点，距球心的距离等于球的半径 $\sqrt{r^2+d^2}=R^2$. 如果 $d=R$ 问题是可能的，在 $d=R$ 的情况下，圆截口成为点，此即已知平面相切于球面.

问题 15　求已知直线 l 与已知直圆柱面的交点.

解　我们假定在一般情况，就是已知直线 l 与曲面的轴 i 是相扭的.

经过直线 l，平行于轴 i 的平面 P 是可作的(基本问题 5). 平面 P 与已知直圆柱面的交线 m 和 n 是可作的(问题 12). 直线 m、n 与直线 l(所有这些直线皆在平面 P 上，且由条件，直线 l 不平行于 m 和 n)的交点 M 和 N 是可作的(定义 4).

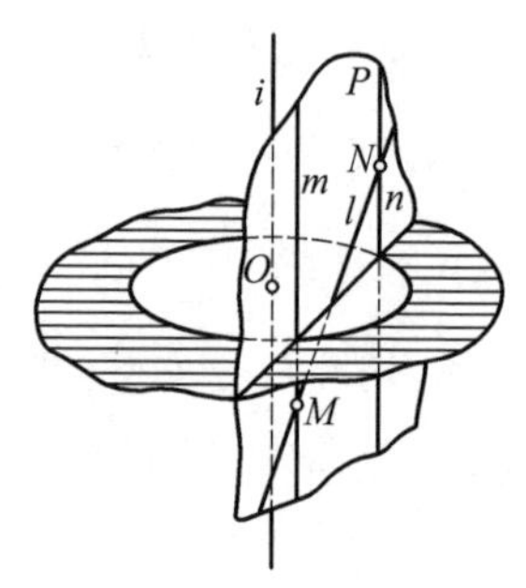

图 20

点 M 和 N 即是所求，因为，它们属于直线和曲面(图 20).

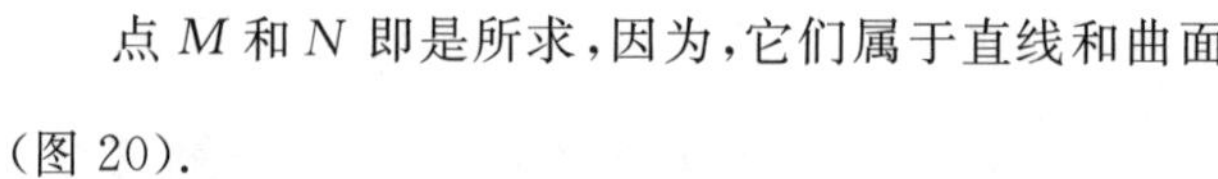

如果，已知直线 l 与曲面的轴 i 中间的最短距离小于或者等于直圆柱面的半径，问题有解，在后一种情形，直线和曲面只有唯一的公共点，此即已知直线

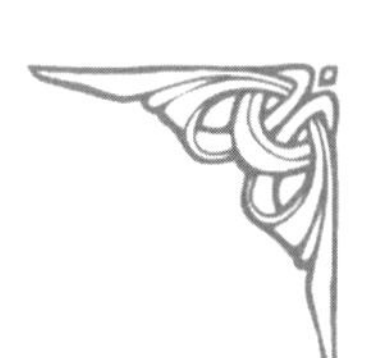

相切于直圆柱面.

如果,已知直线与轴相交,那么,辅助平面经过轴;在这种情况下,问题总有两个解.如果,已知直线平行于轴,问题无任何解.

注 如果,被考虑的是有限的直圆柱,那么,曲面与直线的一个,或者一对交点可能在底面.

问题 16 求已知直线 l 与已知直圆锥面的交点.

解 直线 l 和直圆锥面的顶点 S 所确定的平面是可作的(定义 1 和 2 的推论).此平面与直圆锥面的交线 m 和 n(如果它们存在)是可作的(问题 13).

这些母线与已知直线的交点 M 和 N 是可作的(定义 4).这些点即是所求(图 21).

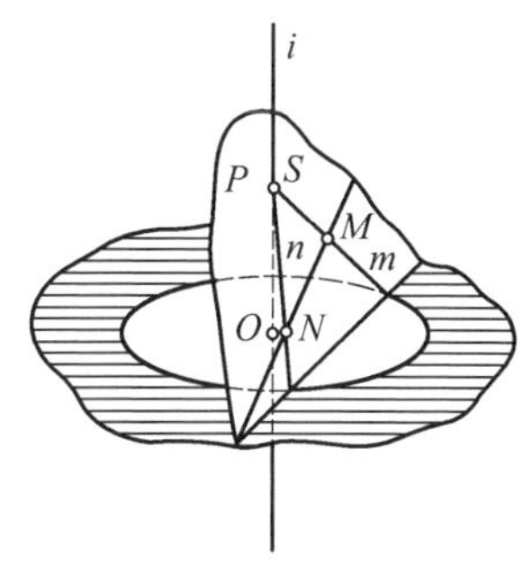

图 21

如果,已知直线与和其共面的两条母线相交,问题有两个解;在已知直线是平行于这些母线中的一条,或者相切于曲面(一对母线重合时,在这种情况下,已知直线是直圆锥面的切线)的情况下,问题有一解.

注 在有限的直圆锥的情况下,交点中的一个可能属于直圆锥的底面上.

问题 17 求已知直线与已知球面的交点.

解 已知直线和球心所确定的平面 P 是可作的(定义 1 和 2 的推论).该平面与球面所成之截口圆 O 是可作的(问题 14).在平面 P 上,已知直线与圆的交点 M 和 N 是可作的(定义 4,图 22).

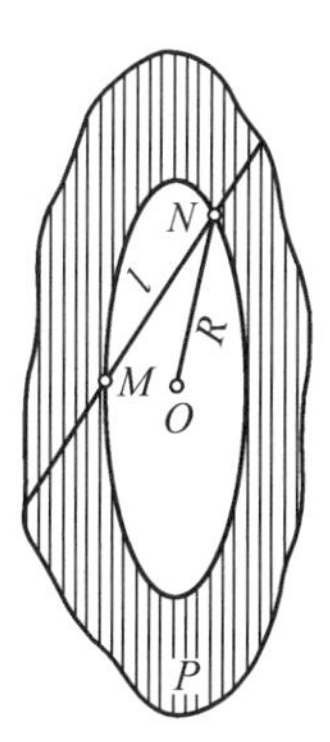

图 22

如果,由直线到球心的距离小于球的半径,直线与球面相

交于两点，如果这个距离等于球的半径，相交在一个点；在这种情况下，直线是球的切线；如果由直线到球心的距离大于球的半径，直线与球面无交点.

在采用定义 1～4 的条件下，多面体与旋转体的交截问题，是可以导向已在问题 11～17 讨论过的界面截口和多面体的棱与旋转体表面交点的作图，而获得解决.

3. 旋转面的切平面的作图问题

问题 18　经过已知点(A)，作已知直圆柱面的切平面.

解　经过已知点，且垂直于轴的平面与直圆柱面所成之截口圆 O 是可作的(问题 11). 在该平面上，经过已知点，截口圆的切线 AT 是可作的(定义 4). 经过切线 AT，平行于曲面轴 i 的平面是可作的(问题 5). 该平面即是欲求之切平面，因为，由它到轴的距离等于轴和切线 AT 中间的距离，即等于直圆柱面的半径(图 23).

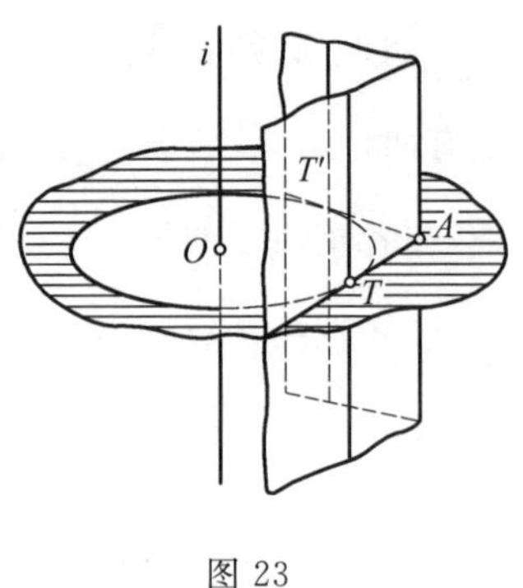

图 23

如果，已知点在曲面的外部，问题有两解；如果点在直圆柱面上，问题有一解；如果点在曲面的内部，问题无解.

问题 19　经过已知点 A，作已知直圆锥面的切平面.

解　经过已知点 A，且垂直于曲面的轴之平面与直圆锥面所成之截口圆 O 是可作的(问题 11).

在该平面上，经过已知点，截口圆 O 的切线 AT 是可作的(定义 4).

经过切线 AT 和曲面的顶点 S 的平面是可作的(定义 1 和 2 的推论). 该平面即是欲求之切平面(图 24).

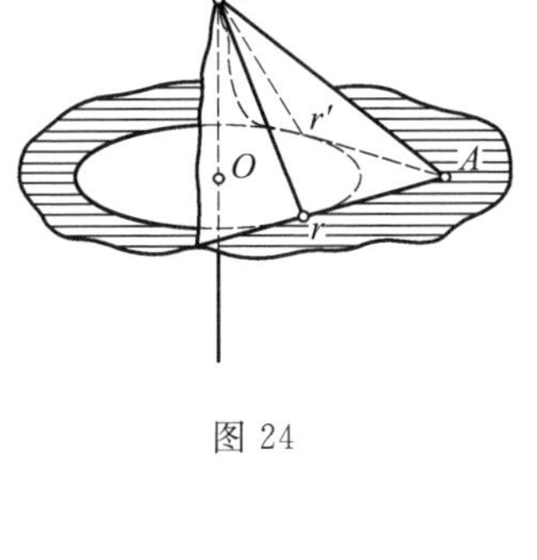

图 24

如果,已知点在直圆锥面的外部,问题有两个解;如果,点在曲面上,问题有一解;如果,已知点在曲面之内部,问题无解.

问题 20　经过已知点 A,作已知球面的切平面.

解　经过已知点 A 和球心的平面与球面所成之截口圆 O 是可作的(问题 14). 在该平面上,经过已知点,截口圆 O 之切线 AT 是可作的(定义 4). 经过该切线,且垂直于球的半径 OT 的平面是可作的(问题 8). 这个平面即是所求之切平面(图 25).

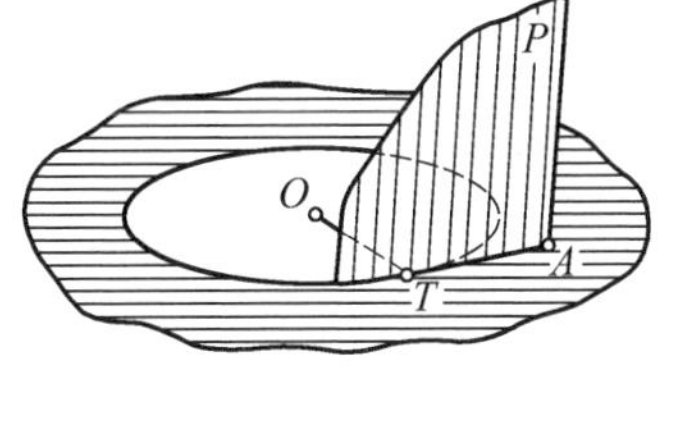

图 25

如果,已知点在球面的外部,那么,问题的解是不确定的. 因为,经过已知点和球,可以作随意多个所需要的平面. 如果,已知点 A 在球面上,那么,为了得到问题的解,只要经过已知点 A,作垂直于 OA 的平面就行了. 问题在这种情况下,有一个解. 如果,已知点在球面的内部,问题无解.

4. 旋转体交截问题

问题 21　求具有互相平行轴的两个已知直圆柱面所成之截口.

解 经过空间的任意点，且垂直于轴的平面与直圆柱面所成之截口圆 O 和 O' 是可作的（定义 1 和问题 11）. 这两个圆的交点 M 和 N 是可作的（如果它们存在，定义 4）. 经过这些点，平行于曲面轴的直线 MM' 和 NN' 是可作的（问题 1）. 这些直线即是欲求之交线，因为，它们是属于这两个曲面的母线（图 26）.

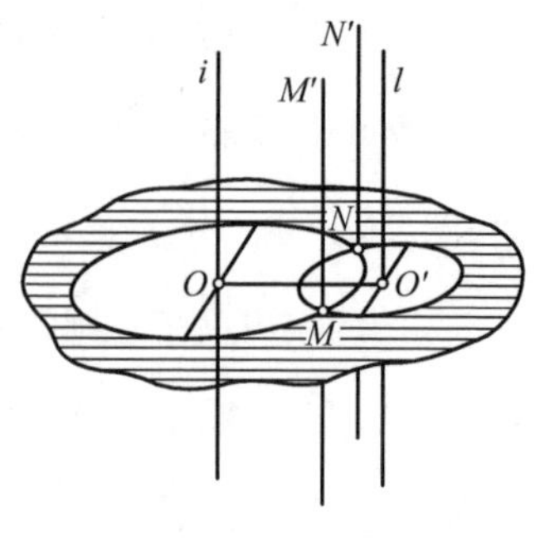

图 26

如果，两轴间距离小于两直圆柱面的半径之和，而大于其差，那么，两截口的圆相交于两个点，而两直圆柱面就相交于两条母线. 如果，两轴间距离等于半径之和，或者是差，那么，两截口的圆成外切或内切，在这种情况下，两曲面有一条公共母线，且互相成外切或者是内切的状态. 最后，如果两轴间距离大于两直圆柱面的半径之和，它们既不相交，也不相切.

问题 22　求具有公共轴的已知一个直圆柱面与一个直圆锥面，或是两个直圆锥面所成之截口.

解 经过公共轴的平面与已知曲面所截成之母线是可作的（问题 12 和 13）. 一个曲面的截口之母线与另一曲面的截口之母线的交点是可作的（定义 4）. 经过这些点中间的一个，垂直于公共轴的平面与曲面所成截口之圆是可作的（问题 11）. 该圆即是欲求之截口，因为，它属于这一对曲面（图 27）.

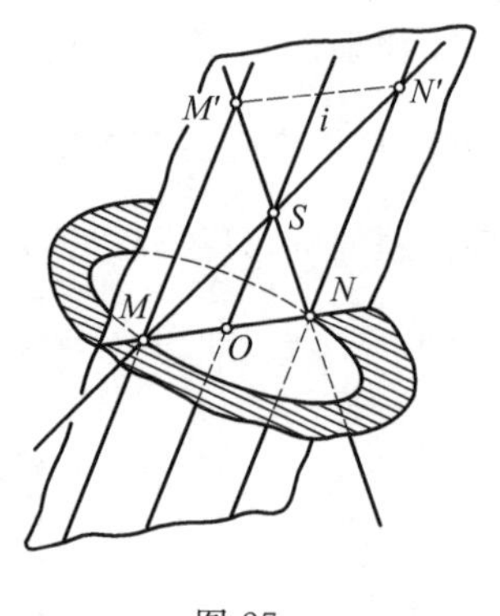

图 27

如果，注意到两叶的直圆锥面，那么，这时我们得到它与直圆柱的截口，是两个相等的圆，而在相异的两叶上，在两个直圆锥面的情形,如果,两个轴截面的角不同,便是两个圆;如果相同,便只有一圆.

问题 23　求直圆柱面或直圆锥面与中心在曲面轴上的球面所成之截口.

解　已知曲面与经过轴的平面所成之截口,即对于直圆柱面或直圆锥面而言的两条母线,和对于球面而言的圆皆是可作的(问题 12、13 和 14).球面上的圆和曲面母线的交点是可作的(定义 4).经过这些点中的一个,垂直于轴的平面与曲面所之截口的圆是可作的(问题 11).这个圆即是欲求之截口,因为,非常明显,它是属于这一对交叉着的曲面(图 28).

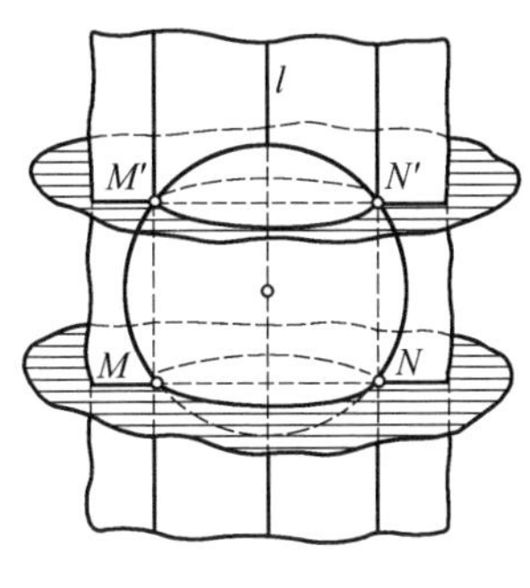

图 28

如果,直圆柱面的半径小于球面的半径,或者,由球心到直圆锥面母线的距离小于球面的半径,已知的曲面相交于两个圆.在这些量相等的情况下,曲面相交于一个圆,即球面内切于直圆柱面或直圆锥面.如果,球的半径小于由母线到球心的距离,球位于曲面的内部.

问题 24　求两个已知球面所成之截口.

解　经过两球心的任一平面与已知球面的截口圆 C 和 C' 是可作的(问题 14).这两圆的交点 M 和 N 是可作的(如果它们存在).经过所得之点,且垂直于连心线的平面与曲面所成之截口圆 O 是可作的(问题 8 和问题 14).

该圆即为欲求之截口,因为,它属于这一对曲面(图 29).

如果,球心间距离小于球半径之和,而大于其差,问题有解.如果,这个距离等于半径之和或差中间的一个,球面外切或内切于一点,如果,球心间距离大于半径之和,两球面无公共点.

因此,如果采取了上述的四个定义组,所有几何图形基本问题(初等立体几

何教程内)便都可解决,在空间,所有其他作图问题的解决,皆可引向这些基本问题中去.

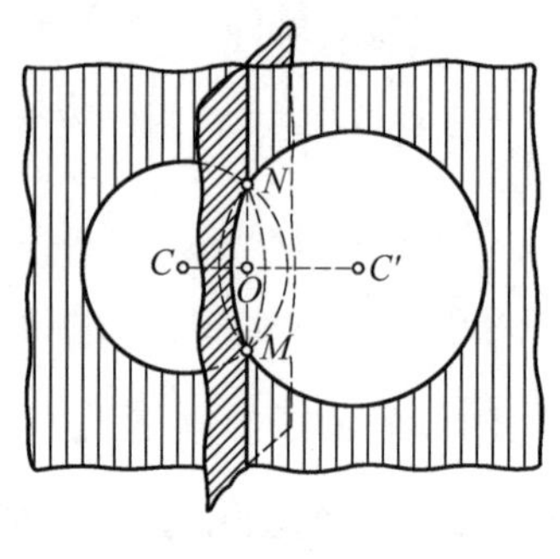

图 29

讨论到关于空间几何作图问题的第二个方向时,它是利用了由投影法得到的空间写像,契特维茹痕教授(在前述论文中)指出,它在用熟知的作图工具(圆规、直尺和三角板)实际作图上,是较前面第一个方向为优越的.

这个可能性,对于解决空间作图问题,通过运用画法几何的方法,在平展的投影图上得以实现.按照前面的证明,空间几何作图的基础被平面几何作图的基础所确定.

在它上面实际完成欲求作图的投影图,应该区别于描绘图,使其在这投影上,用确定的方法,可以解决作图中的位置和尺寸问题.《在几何教程中,空间图形作图法》一书中,契特维茹痕教授讨论了这种图形的作图法,而在《数学教学》杂志 1946 年第一期和第二期中,讨论了它们在中学数学中的实际应用.

(石浩　译自苏联《数学教学》1949 年第 2 期)

附录Ⅱ

八个超经典的立体几何模型及其三视图

公众号“乐学数韵”2019年曾发过一篇文章，指出：

对高中的学生来说，三视图还原几何体是个难点，目前还没有什么灵丹妙药，怎么办？先熟悉8个几何体的三视图，然后你就有一定的经验了，就具备“混江湖”的本事了，下面我们就介绍是哪8个几何体.

墙角(三棱锥)

所谓墙角(三棱锥)就是长方体截去一个角,截掉的部分.2016 年全国卷文科数学就考的这个嘛,你必须熟悉它!

一、墙角

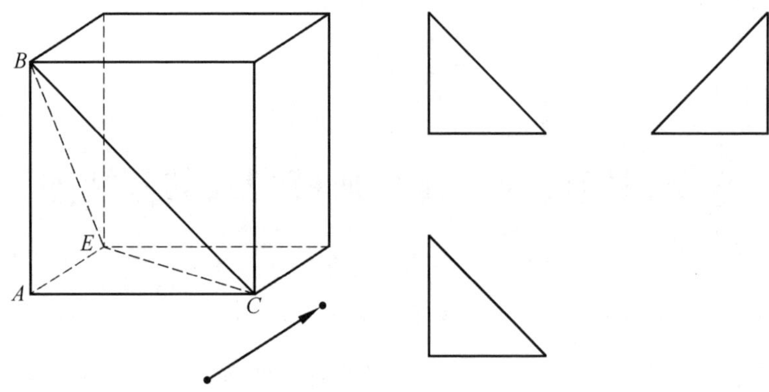

图 1

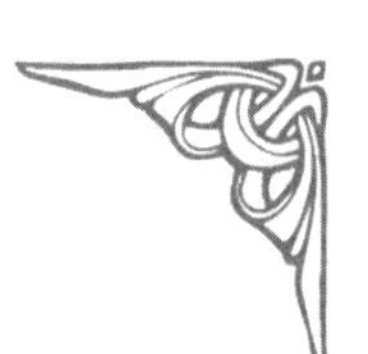

鳖臑

所谓鳖臑就是四个面均为直角三角形的三棱锥,这个几何体在各类考试中出现的频率最高,感觉没有鳖臑就制作不出一桌满汉全席似的.

二、鳖臑

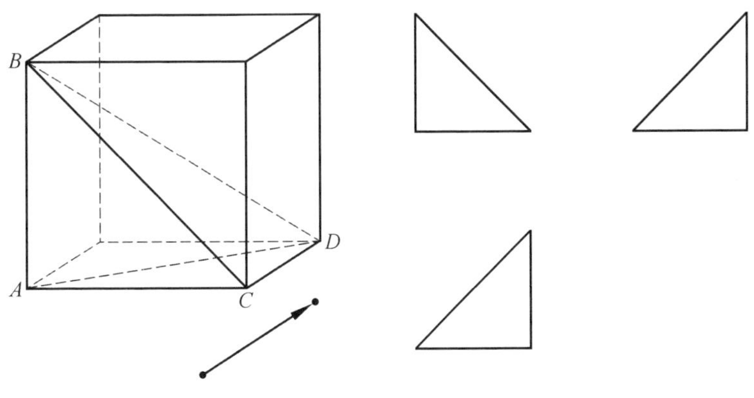

图 2

阳马

20 世纪 90 年代全国卷考过一道试题:四棱锥的四个侧面最多有几个直角三角形?嘿嘿,这就是考阳马呢!阳马就是底面为矩形而四个侧面都是直角三角形的四棱锥.

三、阳马

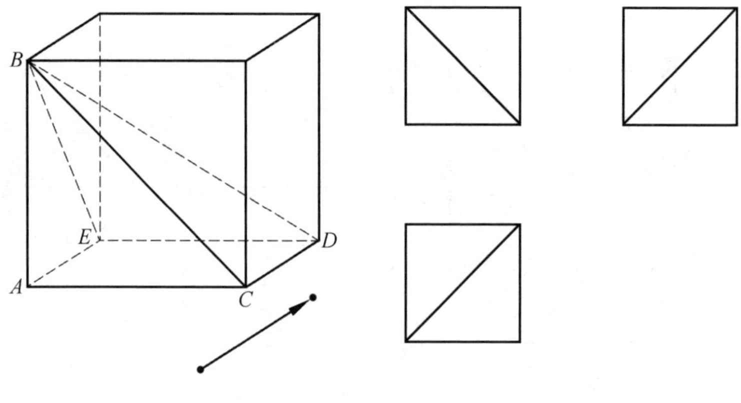

图 3

堑堵

正文体(长方体)沿着其对角面“一分为二”就得到两个堑堵.

四、堑堵

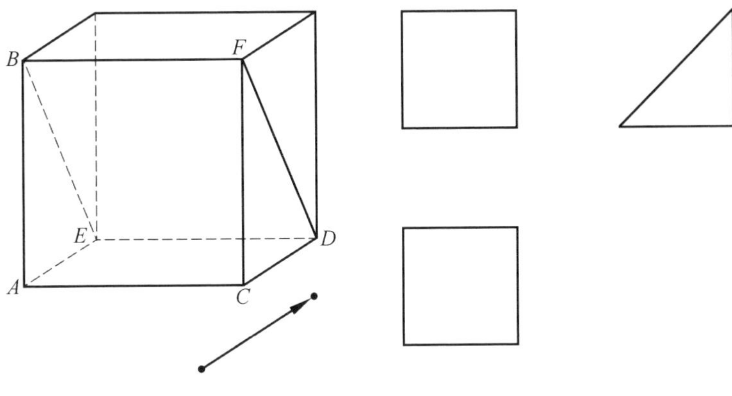

图 4

正四面体

最“正”的四面体，就是6条棱长都相等的三棱锥，我们有个习惯，绝大多数看到正四面体的时候，都是要把它放进正方体中去思考，三视图也不例外.

五、正四面体

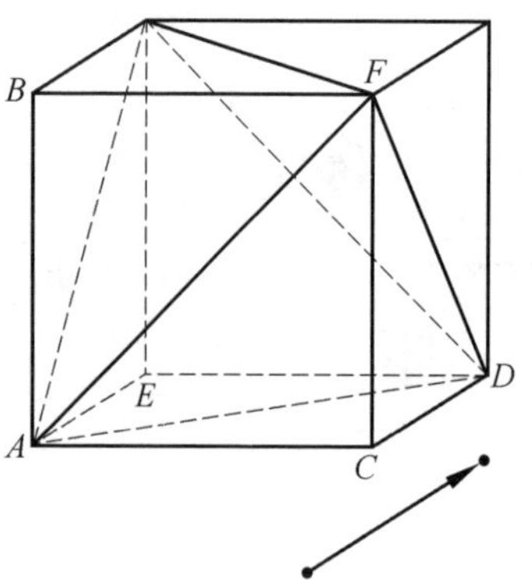

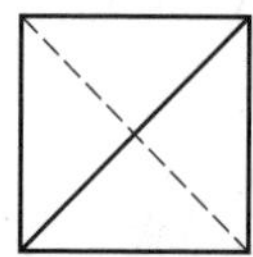

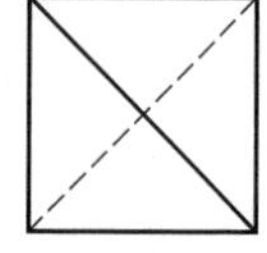

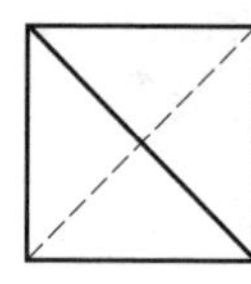

图5

正八面体

高中数学必修二课本中提到过这个几何体，所谓正八面体就是由八个正三角形围成的几何体. 公众号“乐学数韵”曾经发过一篇文章介绍正八面体的制作办法——八面玲珑插，有兴趣的读者可以去观看制作过程.

六、正八面体

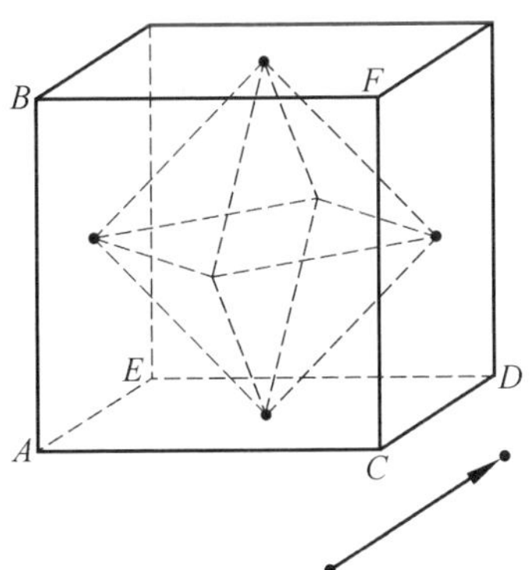

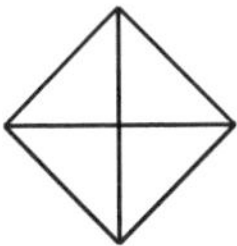

图 6

最美四面体

为什么叫作“最美四面体”？是因为这个四面体可以填充空间，这是目前发现的可以填充空间的四面体中的一种，另外三种都与它有关系. 这四种几何体是英国数学家萨默维尔发现的，也可以参考下 2015 年《中小学数学》杂志上的一篇文章《A4 复印纸与萨默维尔四面体》.

七、最美四面体

图 7 的矩形 $P_1P_2P_3P_4$ 是一张 A4 规格的纸(长宽比为$\sqrt{2}$ ∶ 1，A,B,C,D 为各边中点). 现进行如下折叠操作：

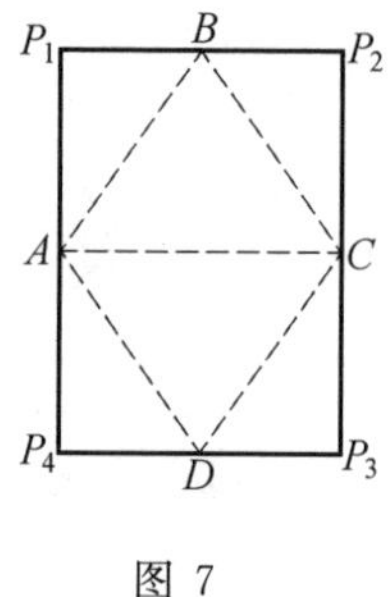

图 7

(1)先将矩形沿折痕 AC 折起一定角度；

(2)再将$\triangle AP_1B$，$\triangle BP_2C$，$\triangle CP_3D$，$\triangle DP_4A$ 分别沿折痕 AB，BC，CD，DA 折起，使得四点 P_1，P_2，P_3，P_4 重合为一点，记为 P，如图 8.

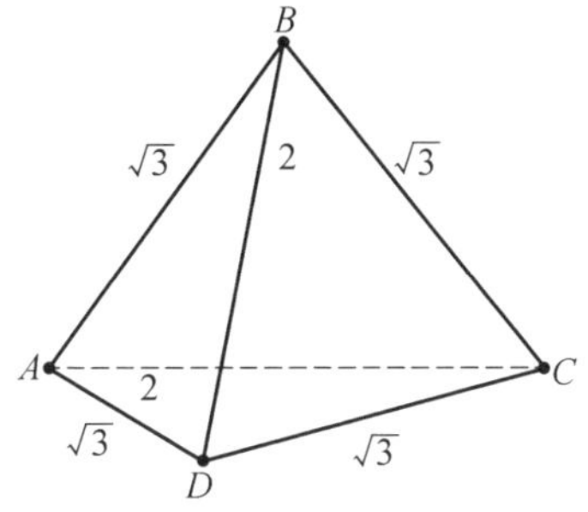

图 8

这里有一定的数学知识，如果设长、短边分别为 $2\sqrt{2}$，2，通过简单计算可以知道

$$AB=BC=CD=DA=\sqrt{3}$$

$$AP_1=CP_2=CP_3=AP_4=\sqrt{2}$$

$$BP_1=BP_2=DP_3=DP_4=\frac{1}{2}AC$$

最美四面体的三视图如图 9.

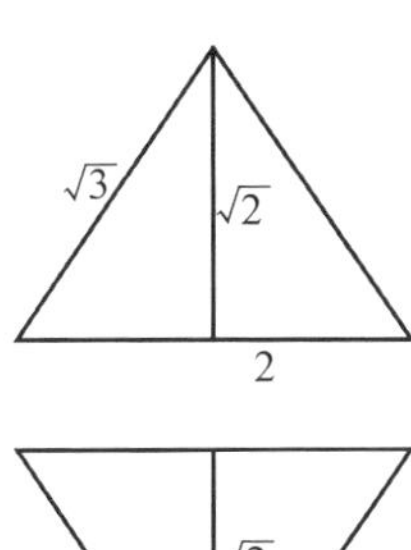

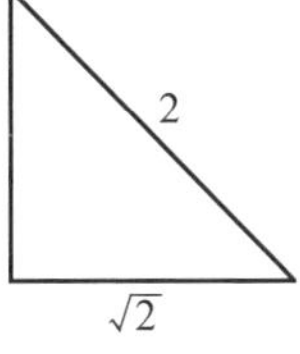

图 9

歪台

所谓歪台就是把一张长方体形状的写字台推歪了,高考也经常考,没有点破坏性,学不好三视图.

八、歪台

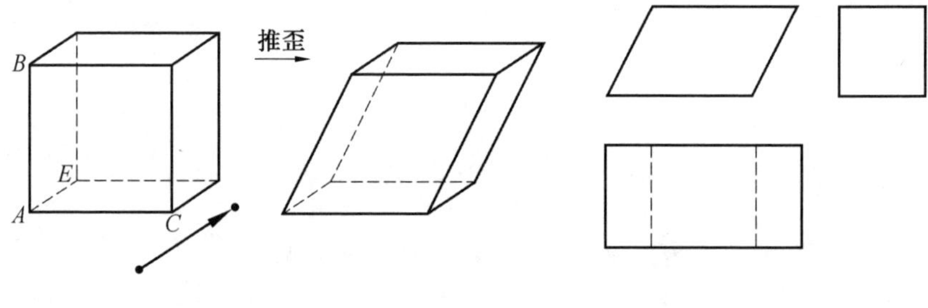

图 10

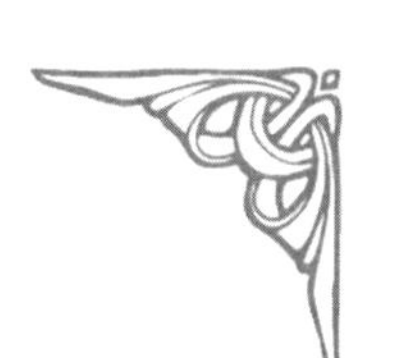

附录Ⅲ

巧用坐标法　妙解外接球

广东省鹤山市纪元中学的李光喜老师在2017年指出：在有关多面体三视图的试题中，有一类求解多面体外接球体积或表面积的综合性问题，常常放在高考选择题压轴题的位置，难度较大，令许多学生尤其是文科学生十分头痛.

解决此类问题的常规办法是几何法，即先将三视图还原成多面体，再找到多面体外接球的球心，计算出半径，从而求出体积或表面积.但用几何法确定外接球球心的位置和半径，需要较强的空间想象、逻辑思维和计算能力，许多学生往往望而却步，一筹莫展.下面结合实例，介绍一种简便实用的代数方法——坐标法.用它来求解多面体的外接球问题，只要建立适当的空间直角坐标系，通过简单的代数计算，就可方便地确定球心和半径，免除几何法直接找球心的烦恼.

例1　(汕头市金山中学2017届高三上学期期中考试文科数学第11题)如图1是某几何体的三视图，正视图和侧视图均为直角三角形，俯视图是等边三角形，则该几何体外接球的表面积为(　　)

A. $\frac{20\pi}{3}$　　B. $\frac{19\pi}{3}$　　C. 9π　　D. 8π

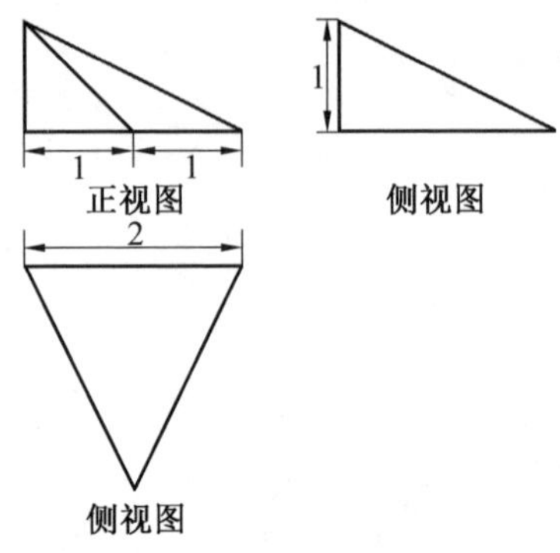

图 1

分析 将三视图还原成一个三棱锥后，常规思路是用几何法先确定外接球的球心，再求出半径.若利用正三角形的对称性建立适当的空间直角坐标系，可以更轻松地确定球心的位置，算出半径，从而确定外接球的表面积.

解 由三视图可以得出原几何体为如图 2 所示的一个三棱锥 $A\text{-}BCD$，底面 BCD 为一个边长为 2 的正三角形，侧棱 $AB\perp$ 底面 BCD，$AB=1$. 取 BC 的中点 O，联结 OD，以 O 为坐标原点，直线 OD，BC 所在直线分别为 x 轴、y 轴，建立空间直角坐标系 $O\text{-}xyz$，则 $A(0,-1,1)$，$B(0,-1,0)$，$C(0,1,0)$，$D(\sqrt{3},0,0)$，设外接球的球心为 $H(x,y,z)$，由

$$\begin{cases}|HC|=|HA|\\|HC|=|HB|\\|HC|=|HD|\end{cases}$$

有

$$\begin{cases}x^2+(y-1)^2+z^2=x^2+(y+1)^2+(z-1)^2\\x^2+(y-1)^2+z^2=x^2+(y+1)^2+z^2\\x^2+(y-1)^2+z^2=(x-\sqrt{3})^2+y^2+z^2\end{cases}$$

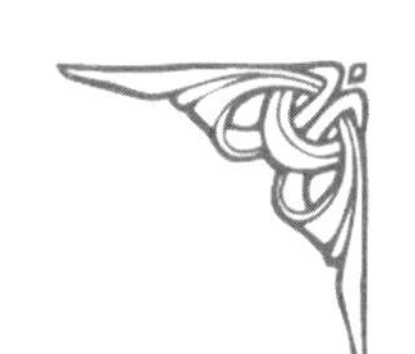

解得 $x=\frac{\sqrt{3}}{3}, y=0, z=\frac{1}{2}$，则球心 H 的坐标为 $\left(\frac{\sqrt{3}}{3}, 0, \frac{1}{2}\right)$，球半径为

$$R=|HC|=\sqrt{x^2+(y-1)^2+z^2}=\sqrt{\frac{19}{12}}$$

所以该几何体外接球的表面积 $S=4\pi R^2=4\pi\times\frac{19}{12}=\frac{19\pi}{3}$，故选 B.

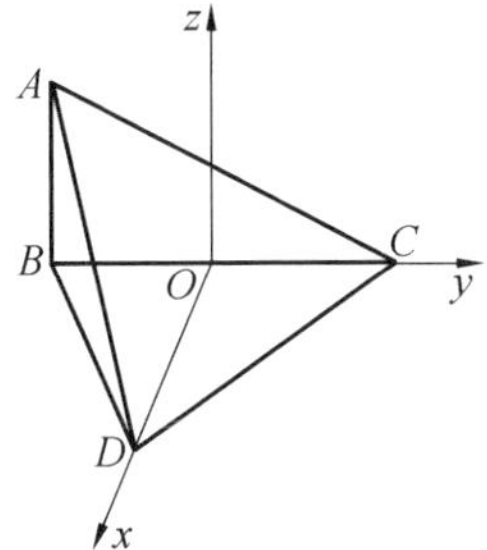

图 2

例 2 （广东省实验中学 2017 届高三上学期第三次月考理科数学第 11 题）如图 3，网格纸上小正方形的边长为 1，粗实线及虚线画出的是某多面体的三视图，则该多面体外接球的表面积为(　　)

A. 8π　　　　B. $\frac{25}{2}\pi$　　　　C. 12π　　　　D. $\frac{41}{4}\pi$

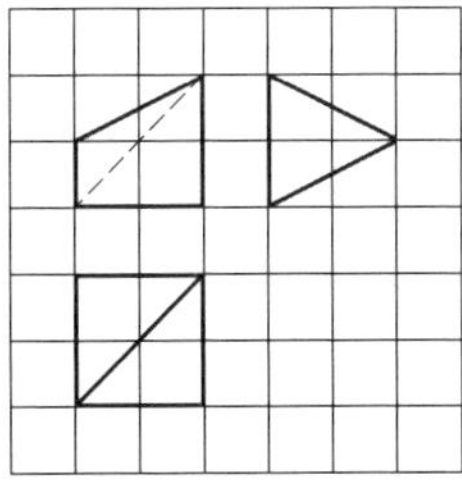

图 3

分析　此题是一道有关三视图的外接球的综合性问题，难度较大. 用几何

法解决问题的第一个难点是将三视图准确还原成一个四棱锥,第二个难点是确定外接球的球心和半径.若将四棱锥放到正方体中去考虑,利用正方体来建立适当的空间直角体系,确定球心和半径就非常方便.

解 由三视图可以得出原几何体为如图 4 所示的正方体中的一个四棱锥 $S\text{-}ABCD$,正方体棱长为 2,D,C 为正方体棱长的中点,A,B,S 为正方体的三个顶点.以 A 为坐标原点,建立如图 4 所示的空间直角坐标系 $A\text{-}xyz$,则 $A(0,0,0)$,$B(0,2,0)$,$C(2,2,1)$,$D(2,0,1)$,$S(0,2,2)$.设外接球的球心为 $H(x,y,z)$,由

$$\begin{cases}|HA|=|HB|\\|HA|=|HC|\\|HA|=|HD|\\|HA|=|HS|\end{cases}$$

有

$$\begin{cases}x^2+y^2+z^2=x^2+(y-2)^2+z^2\\x^2+y^2+z^2=(x-2)^2+(y-2)^2+(z-1)^2\\x^2+y^2+z^2=(x-2)^2+y^2+(z-1)^2\\x^2+y^2+z^2=x^2+(y-2)^2+(z-2)^2\end{cases}$$

解得 $x=\frac{3}{4}$,$y=1$,$z=1$,则球心 H 的坐标为$(\frac{3}{4},1,1)$,球半径 $R=|HA|=\sqrt{x^2+y^2+z^2}=\sqrt{\frac{41}{16}}$,所以该几何体外接球的表面积 $S=4\pi R^2=4\pi\times\frac{41}{16}=\frac{41\pi}{4}$,故选 D.

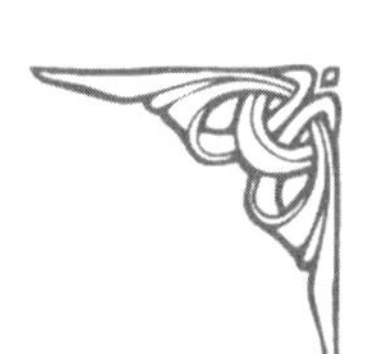

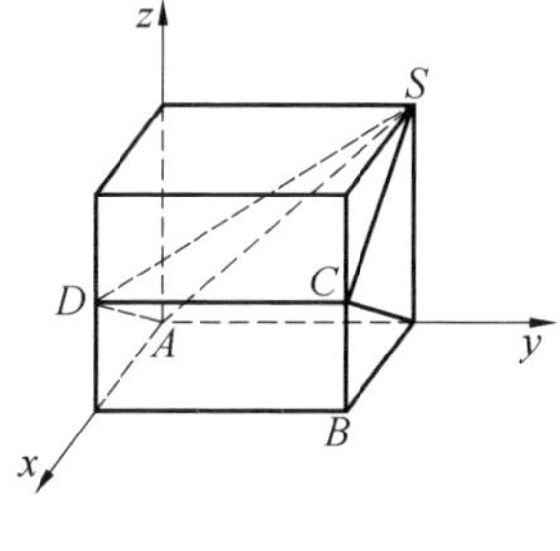

图 4

例 3 （2017 年广州市高中毕业班模拟考试文科第 11 题）如图 5，网格纸上小正方形的边长为 1，粗线画出的是某三棱锥的三视图，则该三棱锥外接球的表面积为（　　）

A. 25π　　B. $\dfrac{25\pi}{4}$　　C. 29π　　D. $\dfrac{29\pi}{4}$

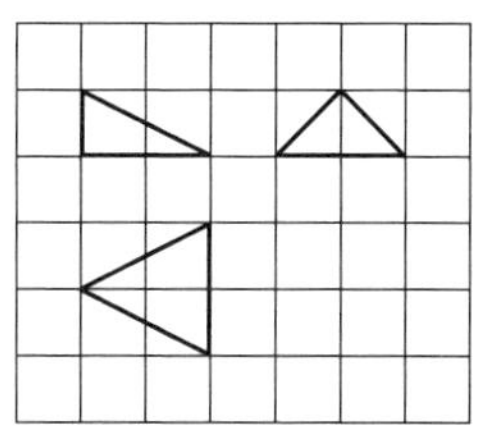

图 5

分析　解决此题的难点是将三视图准确还原成一个三棱锥，用几何法确定外接球的球心不太容易，若将三棱锥放到长方体中去考虑，建立适当的空间直角坐标系，则可以轻松地确定球心的位置和半径.

解　由三视图可以得出原几何体为如图 6 所示的长方体中的一个三棱锥 A-BCD，长方体底面为边长为 2 的正方形，高为 1，A，B 分别为长方体两条相对棱的中点，C，D 为长方体下底面的两个顶点. 以 B 为坐标原点，建立如图 6 所示的空间直角坐标系 B-xyz，则 $B(0,0,0)$，$A(0,0,1)$，$C(1,2,0)$，$D(-1,2,0)$.

设外接球的球心为 $H(x,y,z)$，由

$$\begin{cases}|HB|=|HA|\\|HB|=|HC|\\|HB|=|HD|\end{cases}$$

有

$$\begin{cases}x^2+y^2+z^2=x^2+y^2+(z-1)^2\\x^2+y^2+z^2=(x-1)^2+(y-2)^2+z^2\\x^2+y^2+z^2=(x+1)^2+(y-2)^2+z^2\end{cases}$$

解得 $x=0,y=\frac{5}{4},z=\frac{1}{2}$，则球心 H 的坐标为 $(0,\frac{5}{4},\frac{1}{2})$，球半径 $R=|HC|=\sqrt{x^2+y^2+z^2}=\sqrt{\frac{29}{16}}$，所以该三棱锥外接球的表面积 $S=4\pi R^2=4\pi\times\frac{29}{16}=\frac{29\pi}{4}$，故选 D.

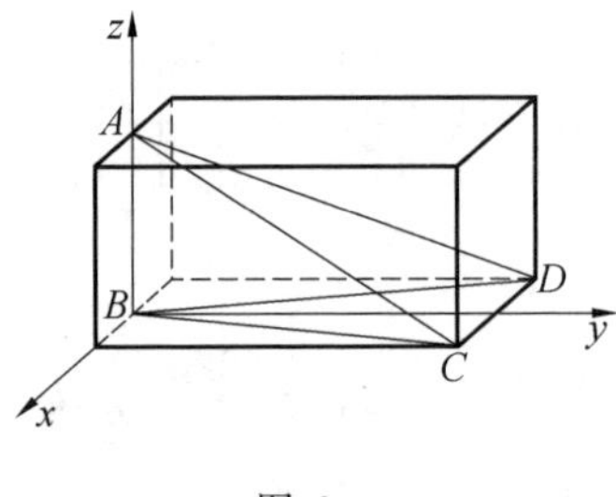

图 6

评注 1. 求解有关多面体三视图的外接球问题的第一个难点是将三视图准确还原成几何体. 在将三视图还原成几何体时，有时将多面体放入长方体或正方体中去考虑，可以化难为易，且方便建立空间直角坐标系.

2. 用几何法解决外接球问题的关键是确定球心的位置和半径，很多学生往往对此束手无策，但用坐标法有时比较方便，可以免除几何法直接找球心的烦

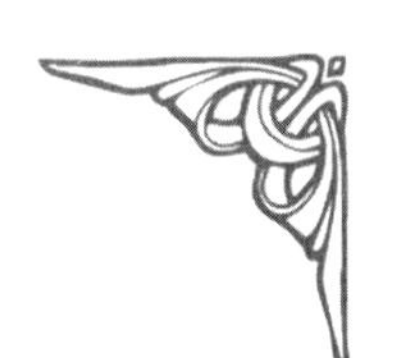

恼.

3.用坐标法求解外接球问题,关键是利用图形特征,先建立适当的空间直角坐标系,再运用方程组的思想进行代数计算,将几何问题转化成代数问题,从而确定球心和半径.

附录Ⅳ

构造长方体解三视图

杨志明　广东广雅中学

长方体是空间图形中特殊且内涵丰富的几何体，采用构造长方体的方式去处理一些复杂的三视图问题，往往能起到化难为易、化繁为简的效果.

一、补全三视图

例 1　(2013 年高考课标卷Ⅱ理科第 7 题暨文科第 9 题)一个四面体的顶点在空间直角坐标系 $O-xyz$ 中的坐标分别是(1,0,1),(1,1,0),(0,1,1),(0,0,0),画该四面体三视图中的正视图时，以 zOx 平面为投影面，则得到正视图可以为(　　).

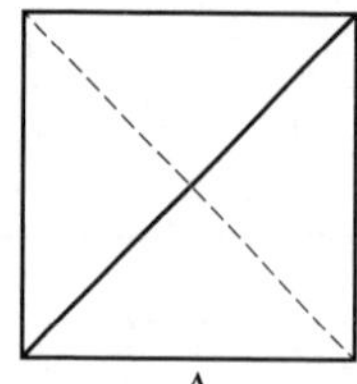
A.

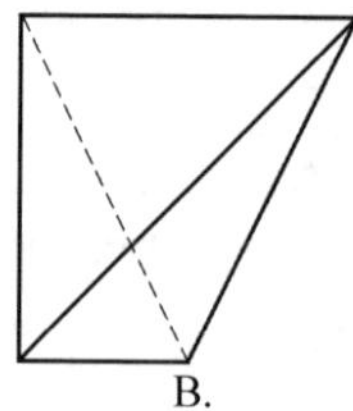
B.

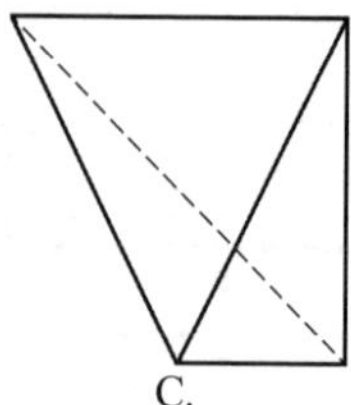
C.

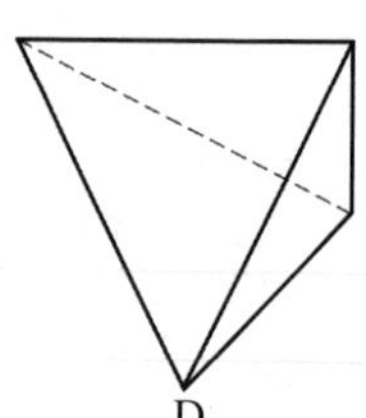
D.

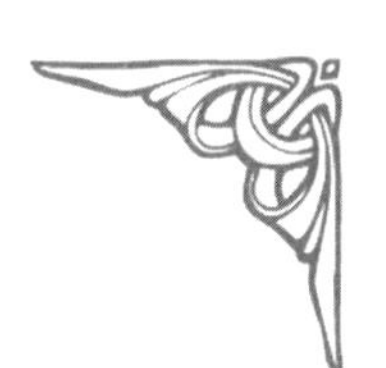

解 由图 1 可解,故选 A.

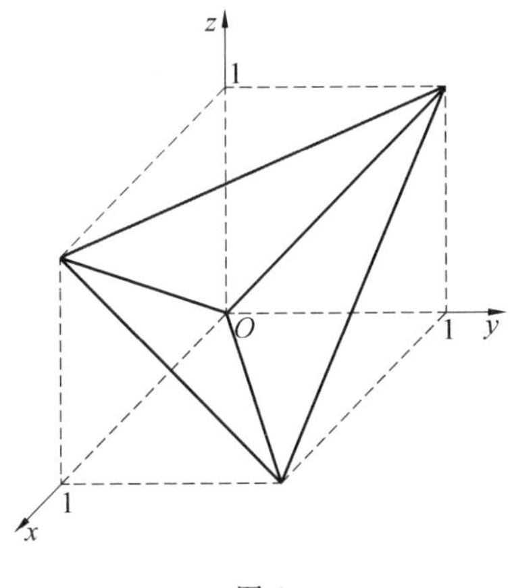

图 1

例 2 如图 2 所示,网格纸的各小格都是正方形,粗线画出的是一个三棱锥的侧视图和俯视图,则该三棱锥的正视图可能是(　　)

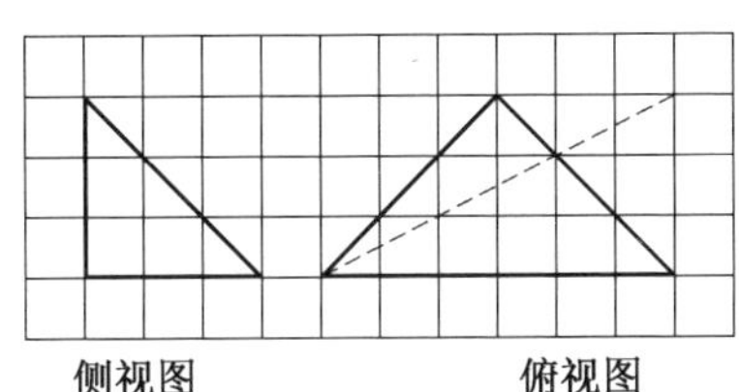

图 2

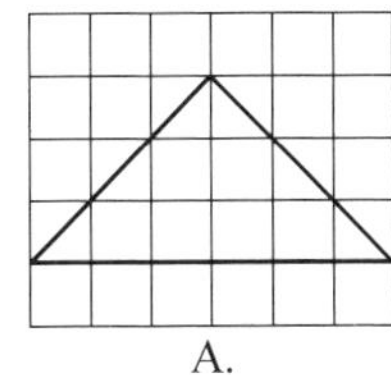

A.

B.

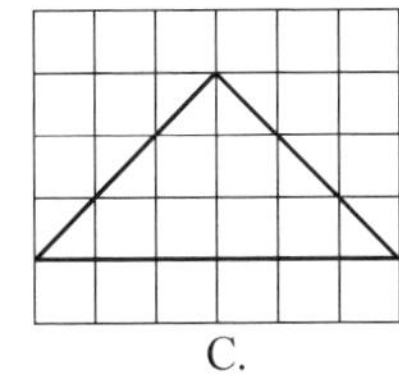

C.

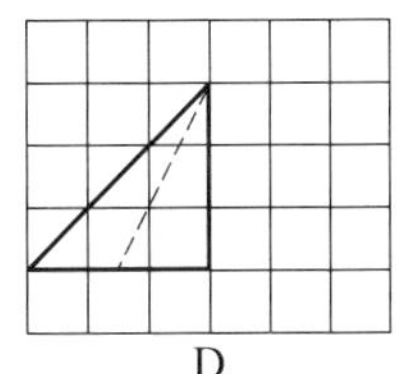

D.

(请注意选项"C"的图形正中有虚线)

解 把题中的三棱锥放置在如图 3 所示的长方体中即可得答案为 A.

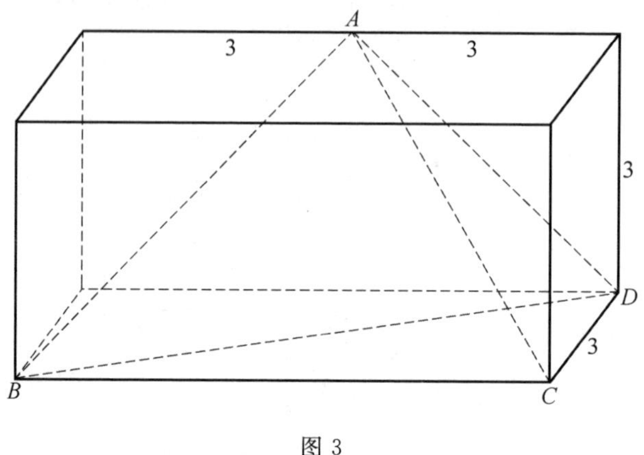

图 3

二、几何计数

例 3 若某几何体的三视图如图 4 所示,则该几何体的各个表面中互相垂直的表面的对数是(   )

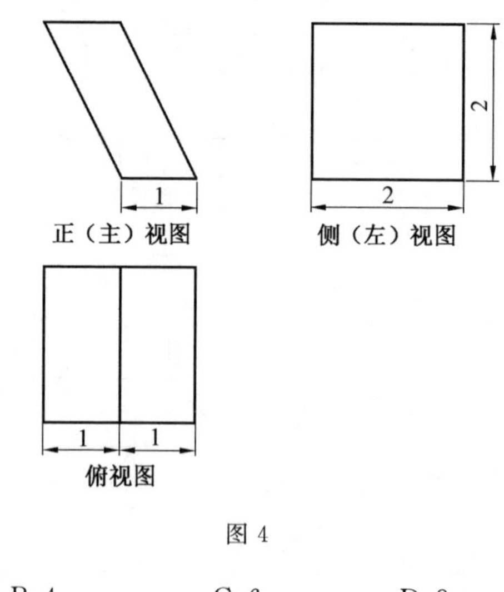

图 4

A. 2　　　　B. 4　　　　C. 6　　　　D. 8

解 可得几何体是图 5 中的平行六面体 $ABCD-A_1B_1C_1D_1$(图 5 是把该平行六面体放置在棱长为 2 的正方体中),进而可得答案. 故选 D.

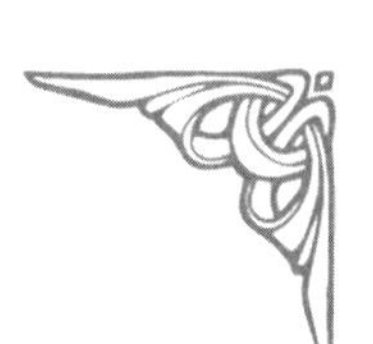

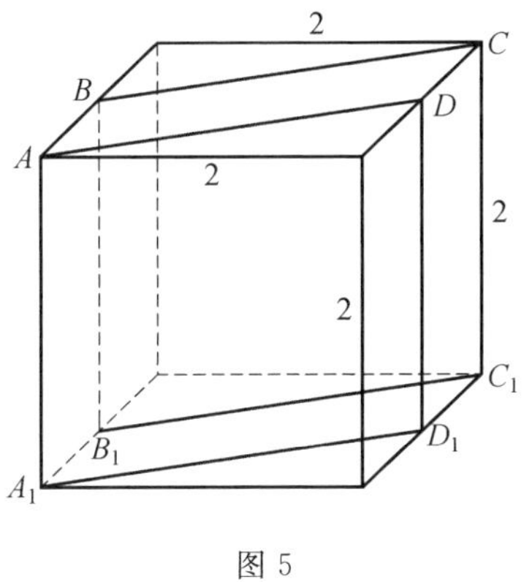

图 5

三、求最长的棱长

例 4 （2014 年高考课标全国卷Ⅰ理科第 12 题）如图 6 所示，网格纸上小正方形的边长为 1，粗实线画出的是某多面体的三视图，则该多面体的各条棱中，最长的棱的长度为（　　）.

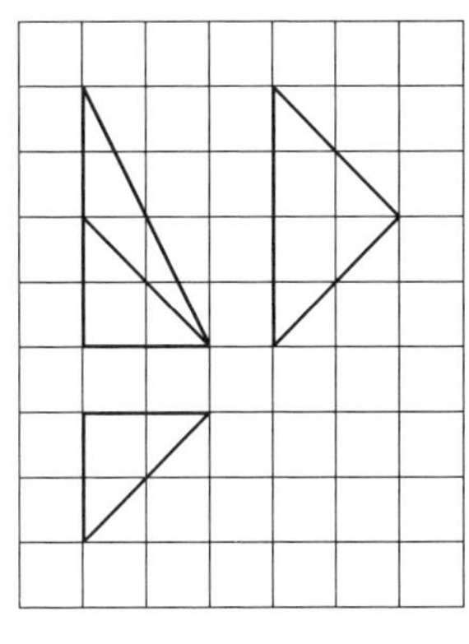

图 6

A. $6\sqrt{2}$　　　B. 6　　　C. $4\sqrt{2}$　　　D. 4

解　该几何体是如图 7 所示的棱长为 4 的正方体内的三棱锥 $E-CC_1D_1$（其中 E 为 BB_1 的中点），其中最长的棱为

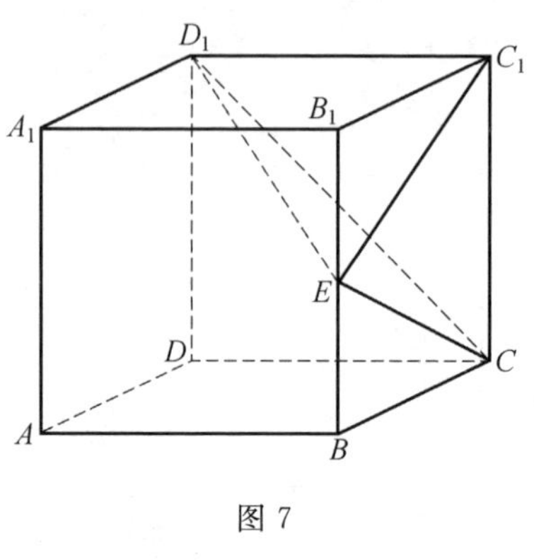

图 7

$$D_1E=\sqrt{(4\sqrt{2})^2+2^2}=6$$

故选 B.

四、求表面积

例 5 如图 8,网格纸上小正方形的边长为 1,粗实线画出的是某几何体的三视图,该几何体是由一个三棱柱切割得到的,则该几何体外接球的表面积为________.

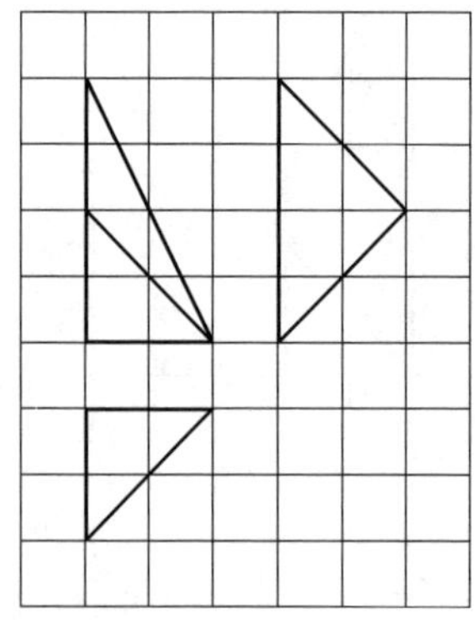

图 8

解 三棱锥的直观图如图 9 所示,易知其外接球的半径为 CD 的一半,即 $\sqrt{5}$,故其外接球的表面积为

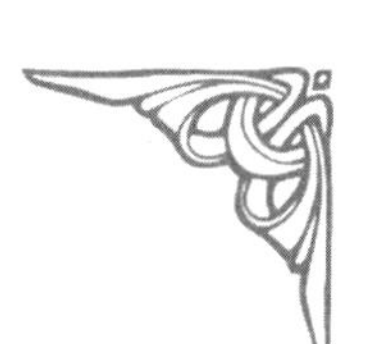

$$4\pi(\sqrt{5})^2=20\pi$$

故答案为 20π.

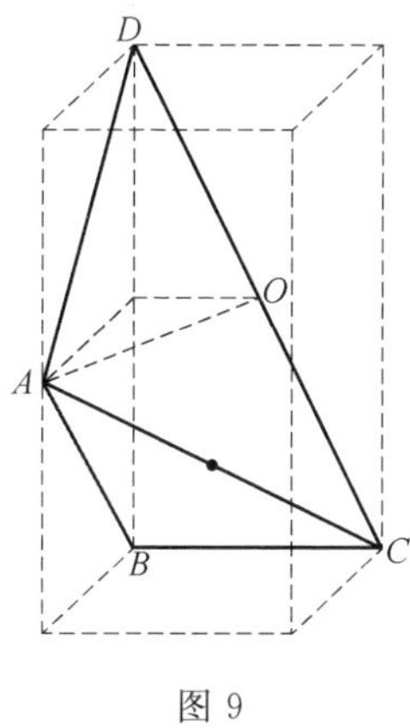

图 9

五、求体积

例 6 如图 10,网格纸上小正方形的边长为 1,实线画出的是某几何体的三视图,则此几何体的体积为( )

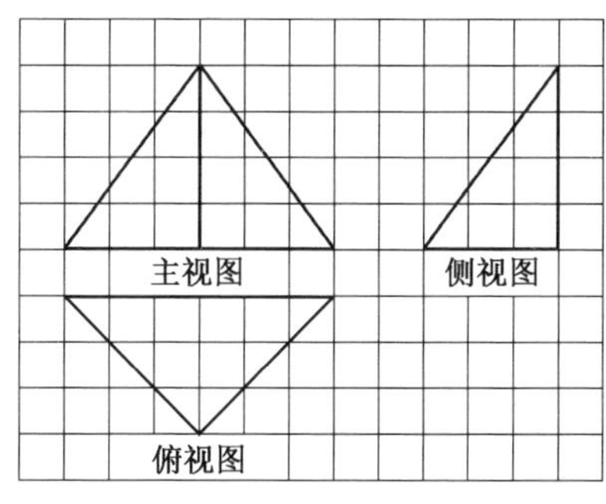

图 10

A. 6　　B. 9　　C. 12　　D. 18

解 该几何体是三棱锥,底面是俯视图,三棱锥的高为 4;底面三角形是斜边长为 6,高为 3 的等腰直角三角形,此几何体的体积为 $V=\frac{1}{3}\times\frac{1}{2}\times6\times3\times$

$4=12$. 故选 C.

例 7 (2018 本溪一中高一期末)已知某几何体的三视图如图 11 所示，主视图和左视图是腰长为 a 的等腰直角三角形，俯视图是边长为 a 的正方形，则该几何体的体积为(　　)

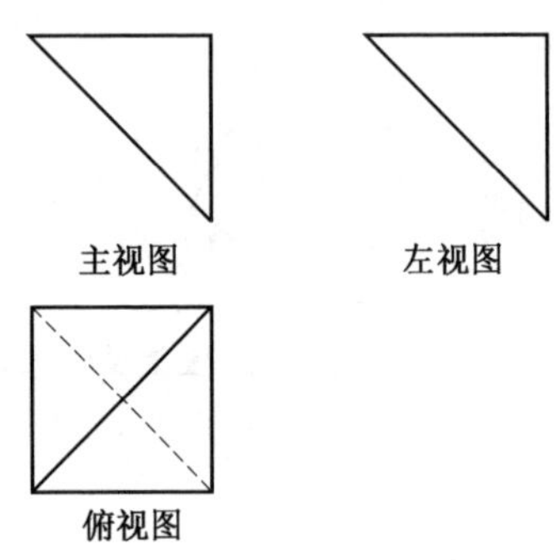

图 11

A. $\frac{1}{6}a^3$　　B. $\frac{1}{3}a^3$　　C. $\frac{1}{2}a^3$　　D. $\frac{2}{3}a^3$

解 由三视图可得几何体为三棱锥 $D-ABC$(图 12)，底面为等腰直角三角形，底面面积为$\frac{1}{2}a^2$，三棱锥的高也为 a，故三棱锥体积 $V=\frac{1}{3}\times\frac{1}{2}a^2\times a=\frac{1}{6}a^3$. 故选 A.

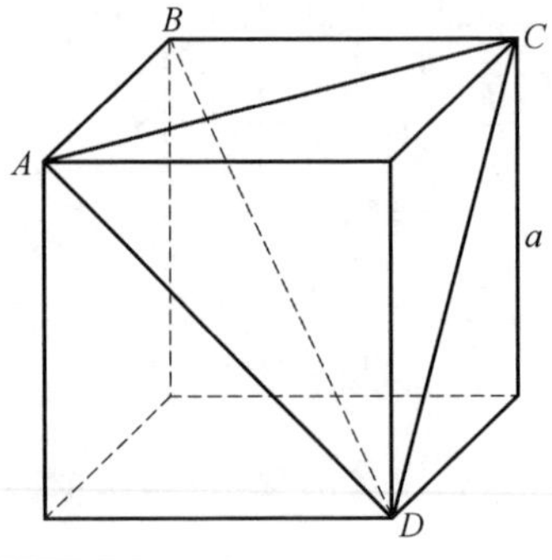

图 12

例 8 一个几何体的三视图如图 13 所示，图中直角三角形的直角边长均为 1，则该几何体体积为（　　）

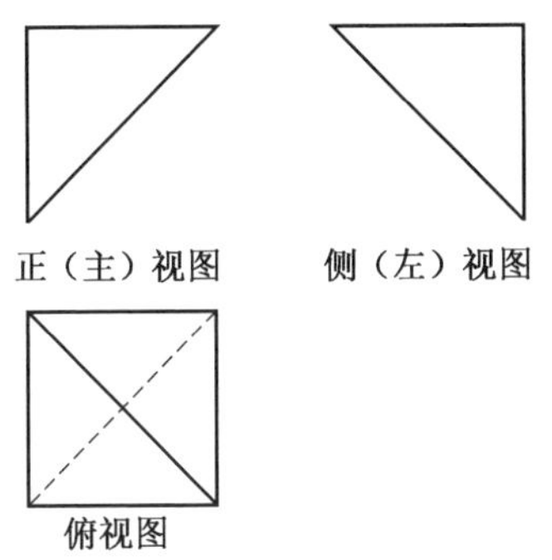

图 13

A. $\frac{1}{6}$　　B. $\frac{\sqrt{2}}{6}$　　C. $\frac{\sqrt{3}}{6}$　　D. $\frac{1}{2}$

解 该几何体即图 14 中棱长为 1 的正方体中的四面体 $ABCD$，由此可得到答案为 A.

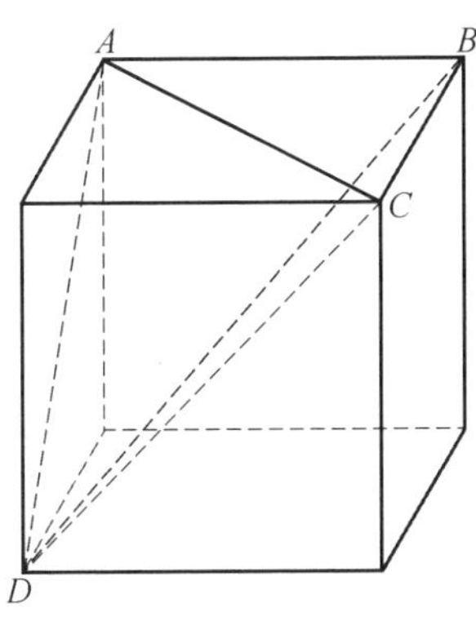

图 14

例 9 （2016 年高考四川卷文科第 12 题）已知某三棱锥的三视图如图 15 所示，则该三棱锥的体积是________.

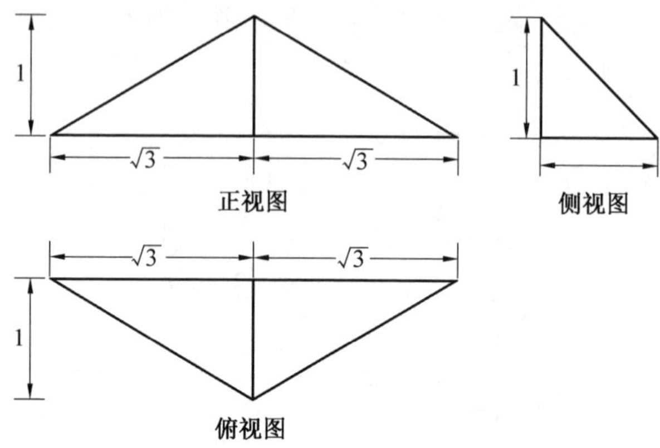

图 15

解 可把题中的三棱锥放置在如图 16 所示的长方体中，所以该三棱锥的体积是$\frac{1}{3}\times\left(\frac{1}{2}\times2\sqrt{3}\times1\right)\times1=\frac{\sqrt{3}}{3}$. 故答案为$\frac{\sqrt{3}}{3}$.

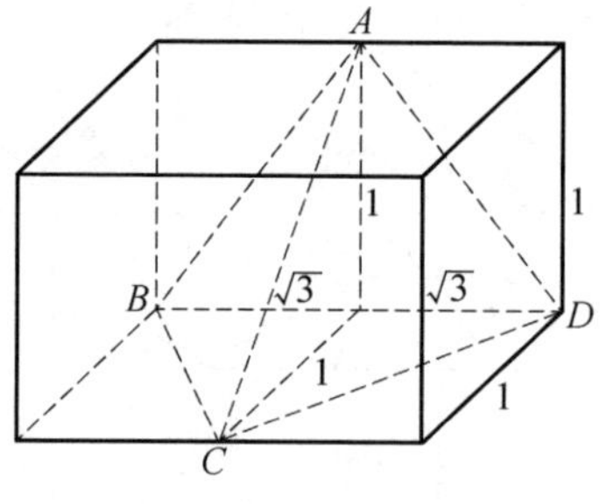

图 16

例 10 一个棱长为 2 的正方体沿其棱的中点截去部分后所得几何体的三视图如图 17 所示，则该几何体的体积为(　　)

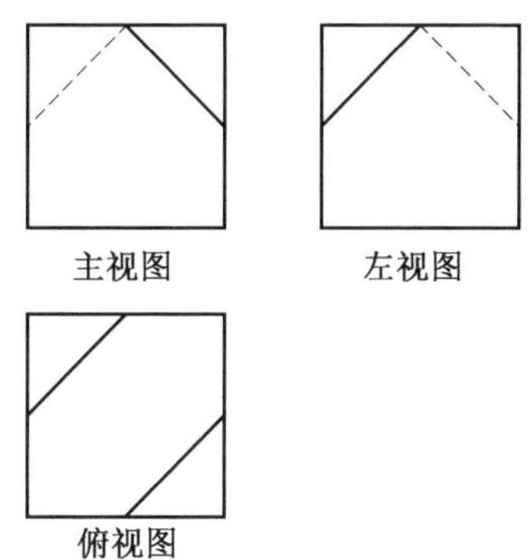

图 17

A. 7　　　　B. $\frac{22}{3}$　　　　C. $\frac{47}{6}$　　　　D. $\frac{23}{3}$

解　该几何体是如图 18 所示的正方体切去两个三棱锥 $A-BCD$，$E-FGH$ 后剩下的图形，其体积为 $2^3-2\times\frac{1}{6}\times1^3=\frac{23}{3}$，故选 D.

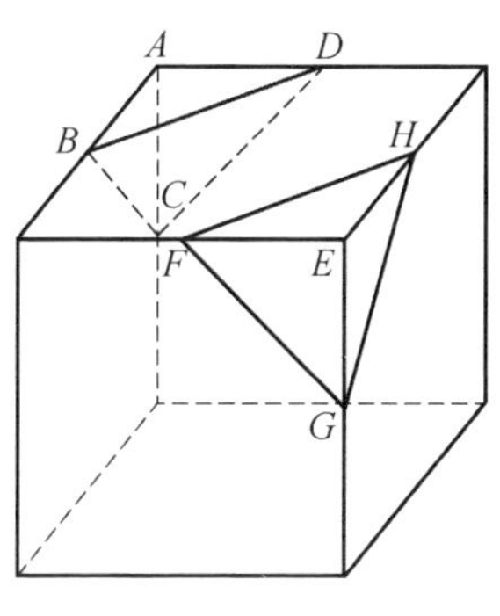

图 18

例 11　棱长为 2 的正方体被一平面截成两个几何体，其中一个几何体的三视图如图 19 所示，那么该几何体的体积是（　　）

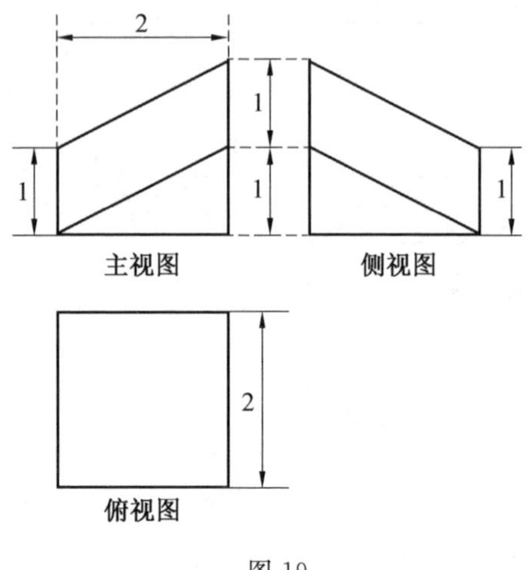

图 19

A. $\frac{14}{3}$　　B. 4　　C. $\frac{10}{3}$　　D. 3

解　截面为图 20 中的虚线围成的四边形，因为截面将这个正方体分为完全相同的两个几何体，所以所求几何体（正方体中位于截面下方的部分）的体积是原正方体体积的一半，由此可得答案为 B.

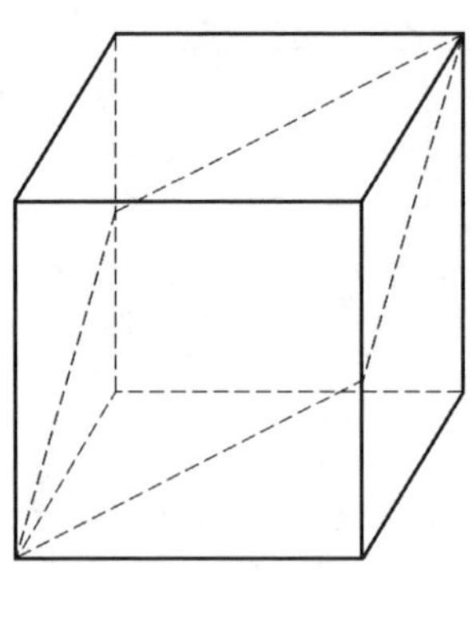

图 20

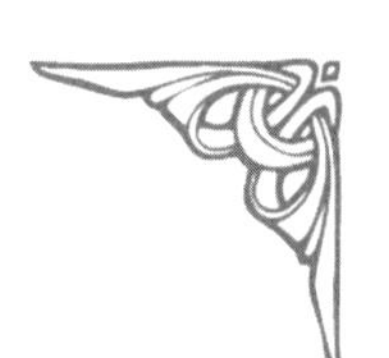

附录Ⅴ

例谈三视图还原为几何体的一般方法

方殷，孔祥安(重庆市第十八中学)

1　问题缘起

对于《普通高中数学课程标准(2017年版)》(以下简称《课标(2017版)》)中删除了三视图知识，笔者认为是值得商榷的. 三视图属于画法几何的范畴，是机械制图和工程绘图的基础，是理工科(尤其是工科)继续学习之必须，是现代生活中人们应该了解的常识.

三视图反映的是一个几何体作为一个整体在三个维度下的平行投影，它并不关注由哪些几何体组合成了这个新的几何体. 现行教材中图1所示的几何体，很多人将其三视图作成了图2，笔者认为应如图3所示.

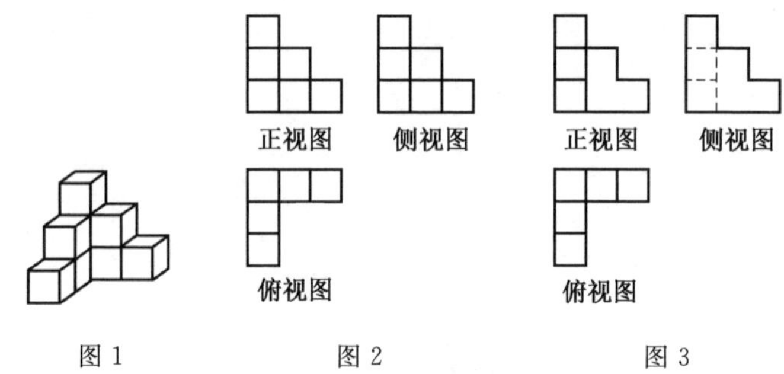

图 1　　图 2　　图 3

有些三视图问题较难求解，像下面这个问题，读者可以做做看.

如图 4 所示，网格纸上小正方形的边长为 1，粗线作出的是某几何体的三视图，则该几何体外接球的半径为________.

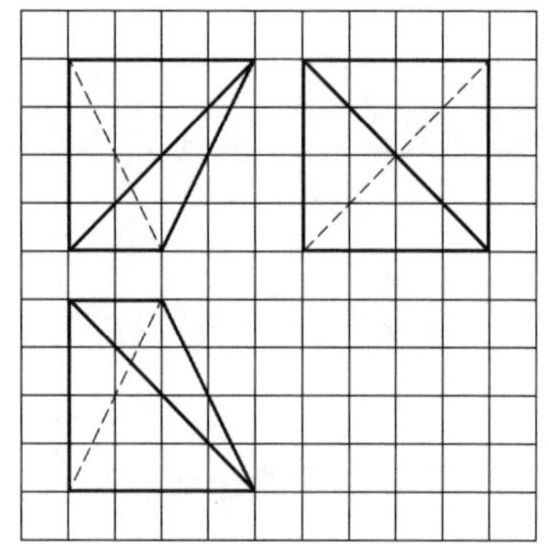

图 4

其实这类问题的思维难度并不大，只要我们能还原出三视图所描述的几何体，问题就能迎刃而解.

2　真题解决

例 1　(2015 年高考数学北京卷理科第 5 题)某三棱锥的三视图如图 5 所

示，则该三棱锥的表面积是(　　)

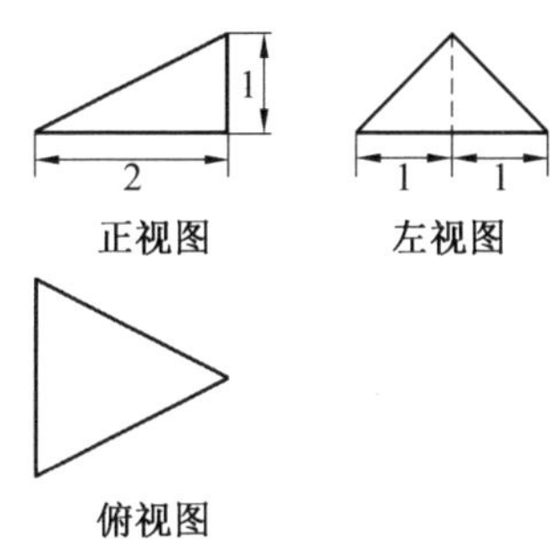

图 5

A. $2+\sqrt{5}$　　B. $4+\sqrt{5}$　　C. $2+2\sqrt{5}$　　D. 5

分析　本题只要将三视图中的每条“投影线”直接“还原”，就能解决问题.

解　第一步，抓住俯视图，结合正(左)视图还原出三棱锥的底面；第二步，抓住正视图，结合左视图还原出三棱锥的高和其他棱，得到该三棱锥如图 6 所示，易知其表面积为 $2+2\sqrt{5}$. 故选 C.

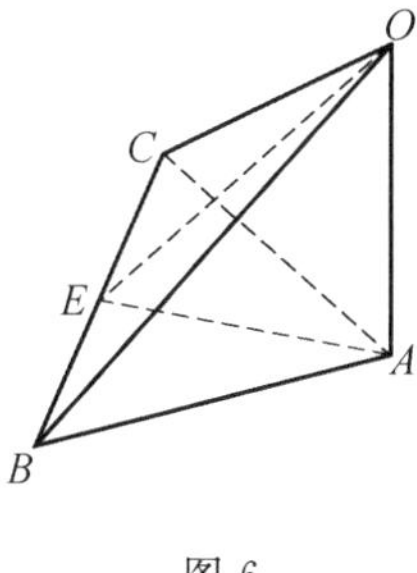

图 6

例 2　(2014 年高考数学重庆卷理科第 7 题)某几何体的三视图如图 7 所示，则该几何体的表面积为(　　)

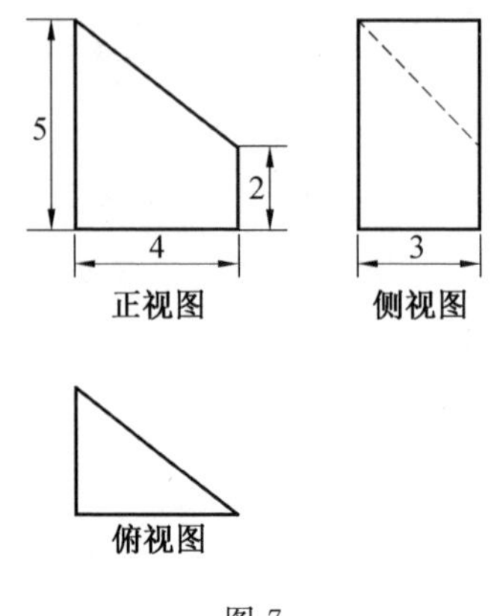

图 7

A. 54　　　　B. 60　　　　C. 66　　　　D. 72

分析　本题的解答可通过切割长方体来解决.

解　如图 8 所示,第一步,作长、宽、高分别为 4,3,5 的长方体 $ABCD-A_1B_1C_1D_1$;第二步,从所得长方体中切割出满足俯视图的直三棱柱 $ABD-A_1B_1D_1$;第三步,正视图中那条斜着的投影线,只能是 BB_1 上满足 $B_1M=2$ 的点 M 所在 AM 对应的某平面的投影,结合左视图即得原几何体 $AMD-A_1B_1D_1$,求得其表面积为 60. 故选 B.

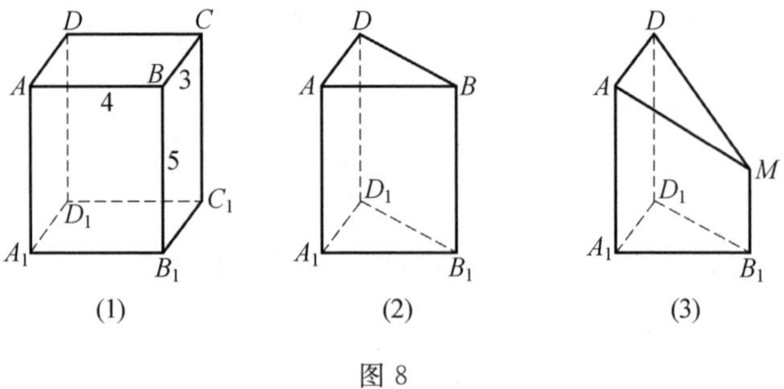

图 8

例 3　(2014 年高考数学全国卷Ⅰ理科第 12 题)如图 9,网格纸上小正方形的边长为 1,粗线作出的是某多面体的三视图,则该多面体的各条棱中,最长

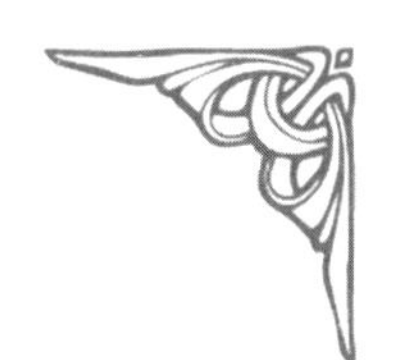

的棱的长度为(　　)

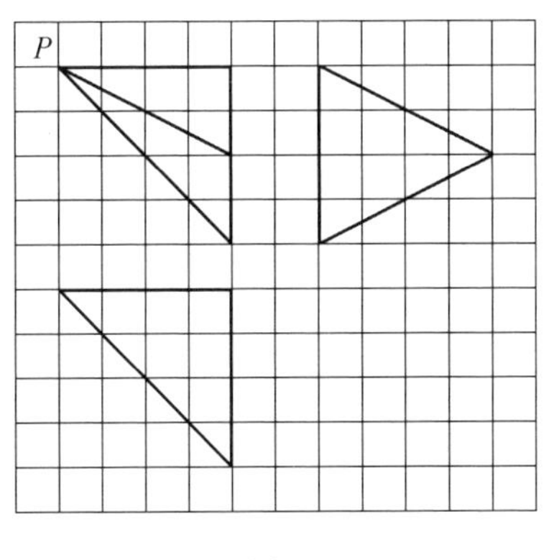

图 9

A. $6\sqrt{2}$　　　B. $4\sqrt{2}$　　　C. 6　　　D. 4

分析　本题只要将三视图中的“关键点”落实到相应的正方体上，就可以得到解决.

解　第一步，作棱长为 4 的正方体 $ABCD-A_1B_1C_1D_1$，如图 10 所示.

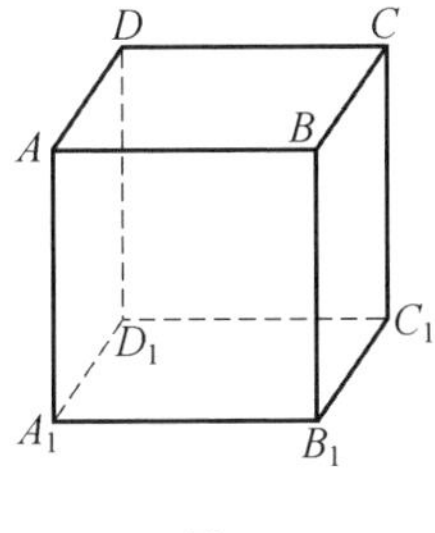

图 10

第二步，确定三视图中“关键点”在正方体上的位置，如图 11 所示.

(1)因为正视图中的点 P 一定是棱 AD 上的点的正投影，所以不妨给线段 AD 的两端添上“尾巴”. 同理，给线段 BC，B_1C_1 的两端添上“尾巴”，并设 BB_1 的中点为 B_2，CC_1 的中点为 C_2，作直线 B_2C_2；

(2)同理，结合俯视图给线段 DD_1，CC_1 和 BB_1 的两端添上“尾巴”；结合左

视图给线段 DC 和 D_1C_1 的两端添上"尾巴",设 AA_1 的中点为 A_2,作直线 A_2B_2.

第三步,筛出拖着三条"尾巴"的点 B_2,C_1,C,D,得到如图 11 所示的三棱锥 B_2-C_1CD. 经检验,该三棱锥即为所求,求得最长棱 $B_2D=6$. 故选 C.

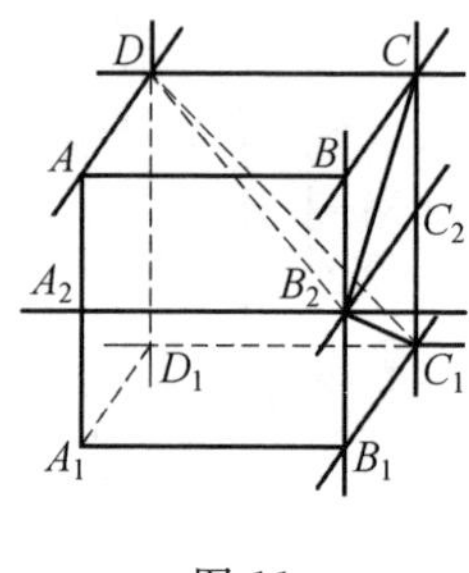

图 11

3　问题解决

现在来探讨本文开篇的那道题.

解　第一步,如图 12 所示,作棱长为 4 的正方体 $ABCD-A_1B_1C_1D_1$.

第二步,如图 13 所示,确定三视图中"关键点"在正方体上的位置.

(1)结合正视图给线段 AD,BC 和 A_1D_1 的两端分别添上"尾巴",设 A_1B_1 的中点为 E_1,D_1C_1 的中点为 F_1,作直线 E_1F_1;

(2)结合俯视图给线段 AA_1 和 DD_1 的两端分别添上"尾巴",并给线段 B_1B 的 B 端添上"尾巴"(不必给 B_1 端添上"尾巴",为什么呢?)设 CD 的中点为 F,作射线 FF_1;

(3)结合侧视图、俯视图给线段 AB 的两端添上"尾巴",并给出 A_1B_1,

C_1D_1 和 CD 的 A_1 端、D_1 端、D 端分别添上“尾巴”.

第三步,筛出拖着三条“尾巴”的点 A,B,D,D_1,A_1 和 F_1,如图 14 所示.

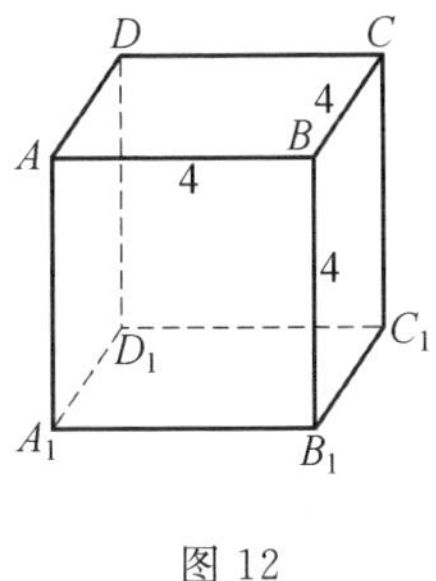

图 12

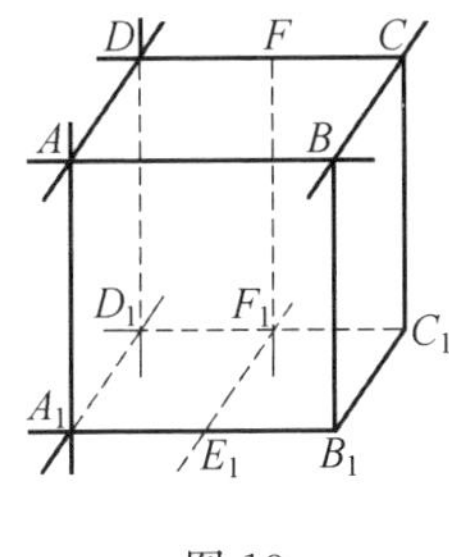

图 13

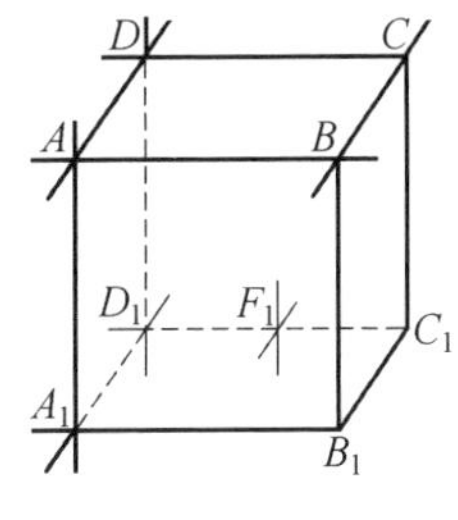

图 14

第四步,这 6 个点对应的多面体的三视图与原三视图并不相同,说明这里面有的点是多余的(不妨称这种点为“冗余点”). 但从正(俯)视图知点 B 和 F_1 是必不可少的(为什么?),从左视图知点 D 和 A_1 也是必不可少的,则“冗余点”必定存在于点 A 和 D_1 中.

(1)如图 15 所示,去掉点 A,所得多面体 $BF_1A_1D_1D$ 满足条件.

(2)如图 16 所示,去掉点 D_1,所得多面体 BF_1A_1AD 满足条件.

(3)如图 17 所示,把 A 和 D_1 两点都去掉,所得多面体 BF_1A_1D 也满足条件.

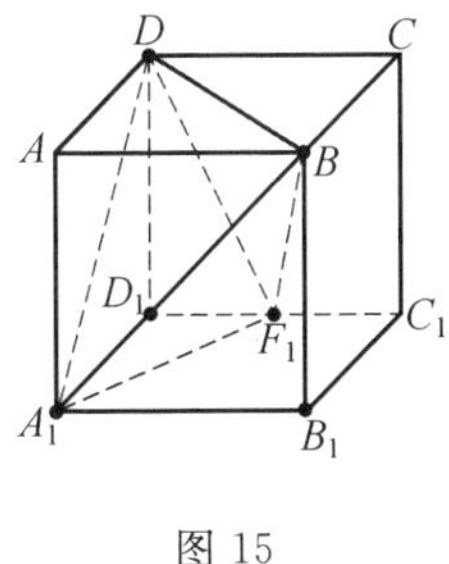

图 15

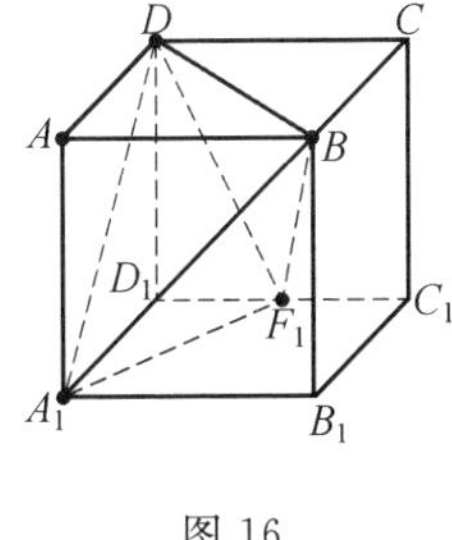

图 16

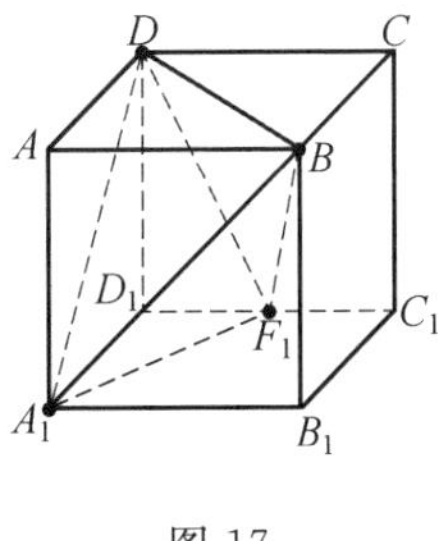

图 17

由此可见,多面体的三视图是唯一的,但三视图对应的几何体不一定是唯一的.

不过该问题中所得多面体 $BF_1A_1D_1D$ 和 BF_1A_1AD 都不存在外接球，只有多面体 BF_1A_1D 才有外接球. 用以下方法很容易求出它的半径.

建立如图 18 所示的空间直角坐标系，则 $A_1(0,0,0)$，$F_1(2,4,0)$，$B(4,0,4)$，$D(0,4,4)$. 设球心为 $Q(x,y,z)$，半径为 r，有 $r^2=x^2+y^2+z^2=(x-2)^2+(y-4)^2+z^2=(x-4)^2+y^2+(z-4)^2=x^2+(y-4)^2+(z-4)^2$，解得 $r=\sqrt{11}$.

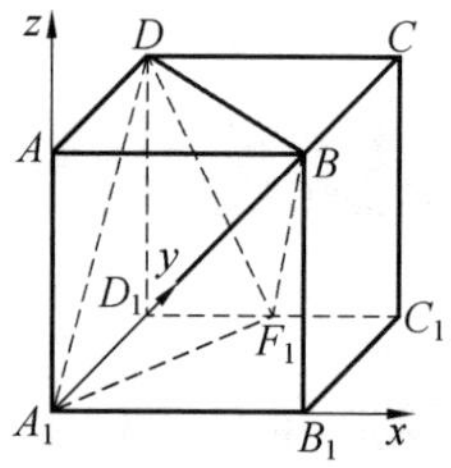

图 18

综上，我们可按五个步骤把三视图反映的几何体进行还原：第一步，作正方体；第二步，添“尾巴”；第三步，筛出“有三条尾巴”的点；第四步，去“冗余点”；第五步，作出原几何体.

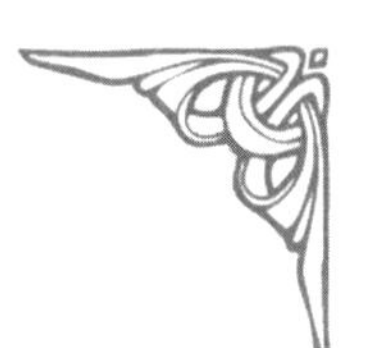

附录Ⅵ

高考中图形的折叠与展开问题

杨志明　广东广雅中学

在研究空间几何体问题时,经常要进行一些图形变换,折叠(旋转)和展开就是两种常见的图形变换形式.

【知识框架】

一、折叠(旋转)

把平面图形按照一定的规则要求进行折叠或旋转,得到空间几何体,进而研究其性质,是一种常见的题型.解这类问题的关键是要分清折叠(旋转)前后的位置关系与数量关系的变与不变.

二、展开

将空间图形转化为平面图形,是解决立体几何问题最基本和最常用的方

法.而将空间图形展开后,弄清几何体中的有关点、线在展开图形中的相应位置关系是解题的关键.

三、正方体表面展开图的三种情况

1.正方体展开后有四个面在同一层

正方体因为有两个面必须作为底面,所以平面展开图中,最多有四个面展开后处在同一层,作为底的两个面只能处在四个面这一层的两侧,利用排列组合知识可得如下六种情况:

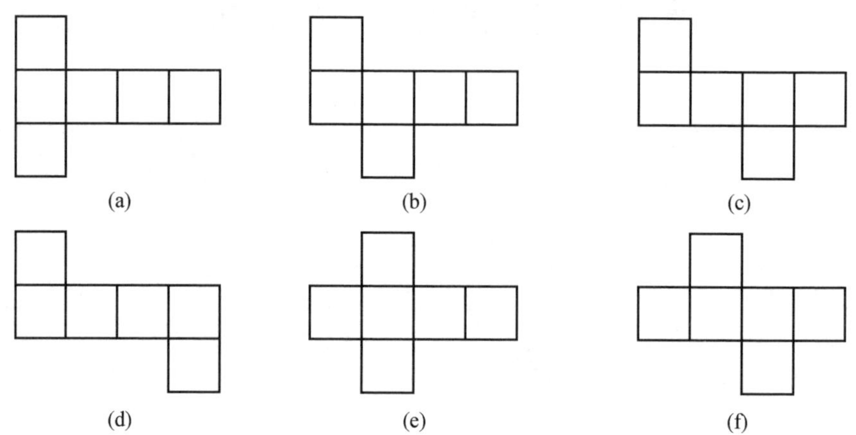

2.正方体展开后有三个面在同一层

有三个面在同一层,剩下的三个面分别在两侧,有如下三种情形:

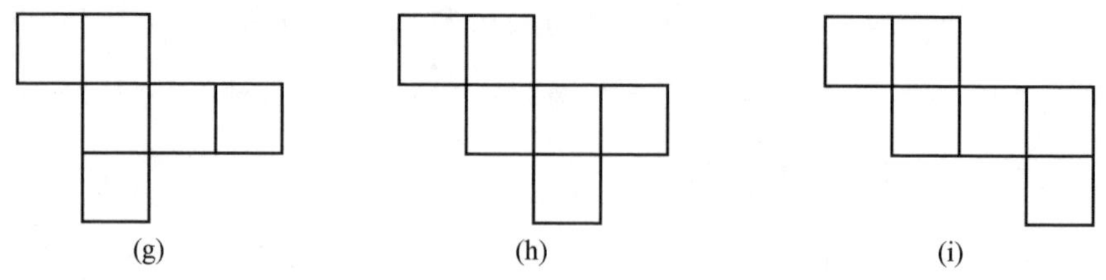

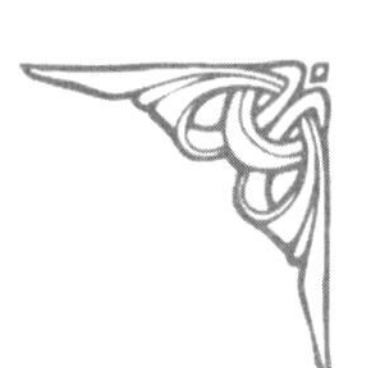

3. **二面三行，像楼梯；三面二行，两台阶**

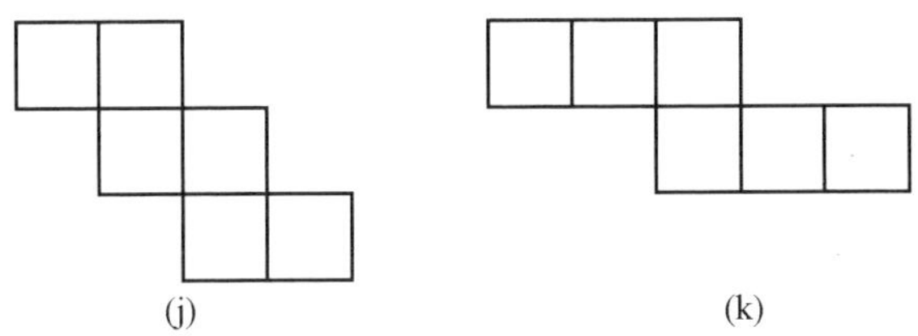

【经典范例】

例 1 （人教 A 版必修 2 复习参考题 P37B 组第 4 题）一块边长为 10 cm 的正方形铁片按如图 1 所示的阴影部分裁下，然后用余下的四个全等的等腰三角形加工成一个正四棱锥形容器，试建立容器的容积 V 与底边边长 x 的函数关系式.

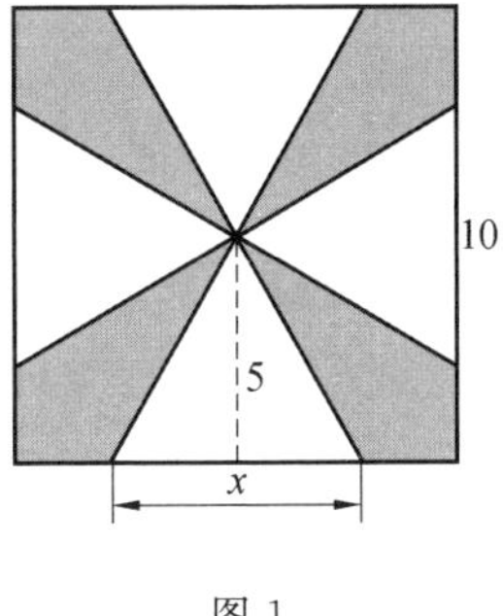

图 1

解 如图 2 所示，在 Rt$\triangle EOF$ 中，$EF=5$ cm，$OF=\frac{1}{2}x$ cm，所以

$$EO=\sqrt{25-\frac{1}{4}x^2}$$

$$V=\frac{1}{3}x^2\sqrt{25-\frac{1}{4}x^2}$$

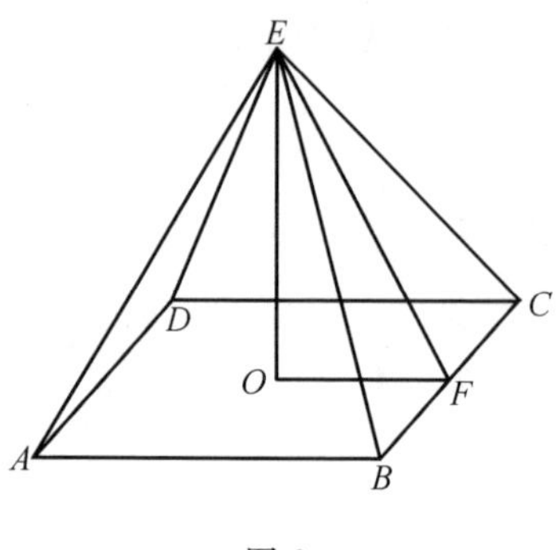

图 2

例 2　一块边长为 10 cm 的正方形铁片按如图 3(a)所示的阴影部分裁下，然后用余下的四个全等的等腰三角形作侧面，以它们的公共顶点 P 为顶点，加工成一个如图 3(b)所示的正四棱锥形容器，当 $x=6$ cm 时，该容器的容积为(　　)cm^3.

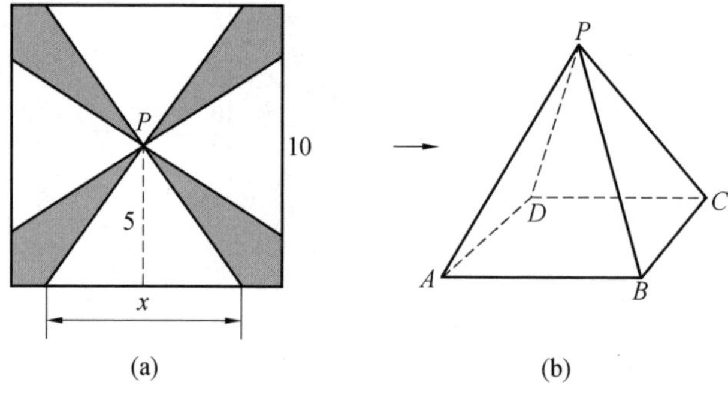

图 3

解　如图 4 所示，取底面 $ABCD$ 的中心 O，取 BC 的中点 E，联结 PO,OE，可知 $PO\perp$ 底面 $ABCD$. 在 $\text{Rt}\triangle EOP$ 中，$PE=5$ cm，$OE=\frac{1}{2}x$ cm，所以 $PO=\sqrt{25-\frac{1}{4}x^2}$，$V=\frac{1}{3}x^2\sqrt{25-\frac{1}{4}x^2}$.

当 $x=6$ cm 时，$V=\frac{1}{3}\times 6^2\sqrt{25-\frac{1}{4}\times 6^2}=12\sqrt{16}=48\ \text{cm}^3$.

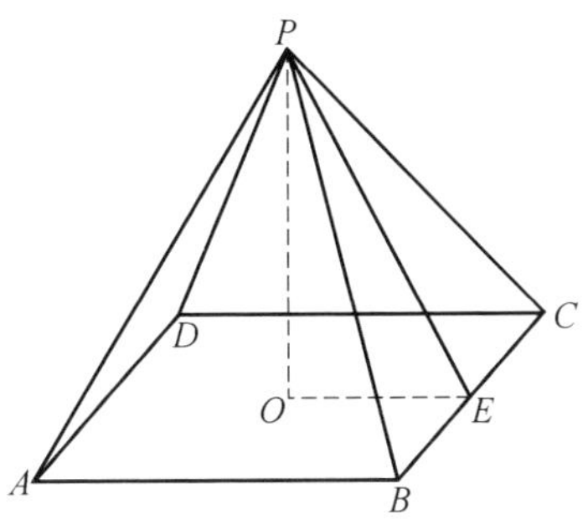

图 4

例 3 （人教 A 版必修 2 习题 2.1P52B 组第 1(1)题）如图 5 是正方体的平面展开图，则在这个正方体中：

①BM 与 ED 平行；

②CN 与 BE 是异面直线；

③CN 与 BM 成 $60°$角；

④DM 与 BN 是异面直线.

以上四个命题中，正确的命题序号是（　　）

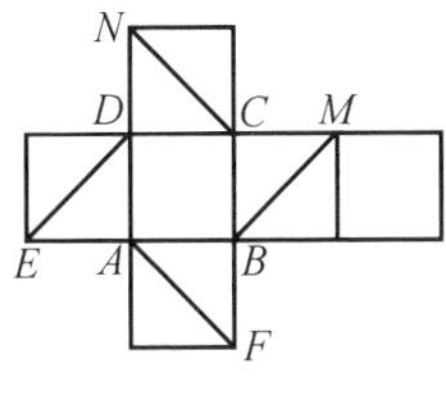

图 5

A. ①②③　　B. ②④　　C. ③④　　D. ②③④

解　根据展开图，画出立体图形（图 6），可知 BM 与 ED 垂直，不平行；CN 与 BE 是平行直线；CN 与 BM 成 $60°$角；DM 与 BN 是异面直线，则选项③④正确. 故选 C.

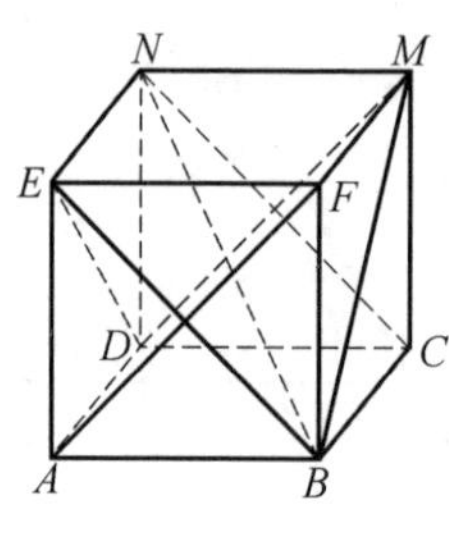

图 6

例 4 如图 7 是正方体的平面展开图,则在这个正方体中 AB 与 CD 的位置关系为(　　)

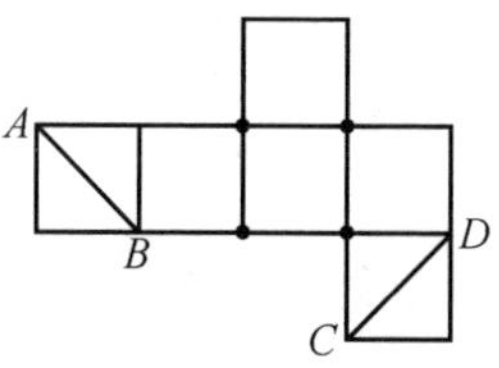

图 7

A. 相交　　　　　　　　B. 异面但不垂直

C. 异面而且垂直　　　　D. 平行

解 如图 8 所示,直线 AB,CD 异面.

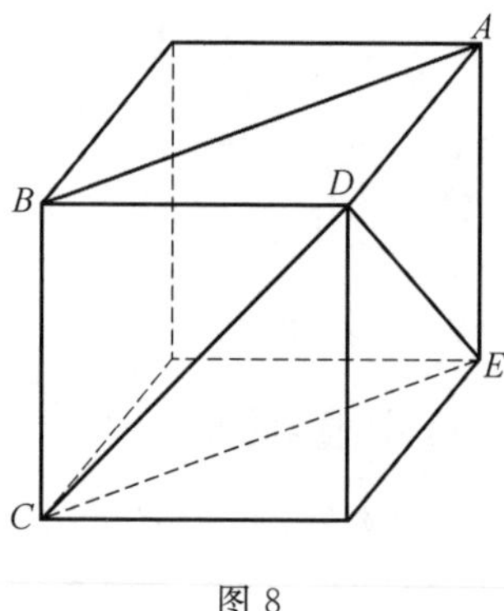

图 8

因为 $CE \parallel AB$,所以 $\angle DCE$ 即为直线 AB,CD 所成的角.

因为$\triangle CDE$为等边三角形，故$\angle DCE=60^{\circ}$，故选 B.

例 5　如图 9 是正方体的平面展开图，则在这个正方体中，正确的是________(写出你认为正确的结论序号)

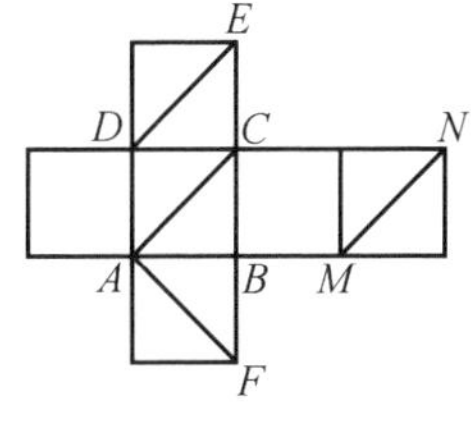

图 9

①$AF/\!/DE$；②$DE/\!/MN$；③$AC\perp MN$；④AC与DE是异面直线.

解　由已知中正方体的平面展开图得到正方体的直观图如图 10 所示，由正方体的几何特征可得：

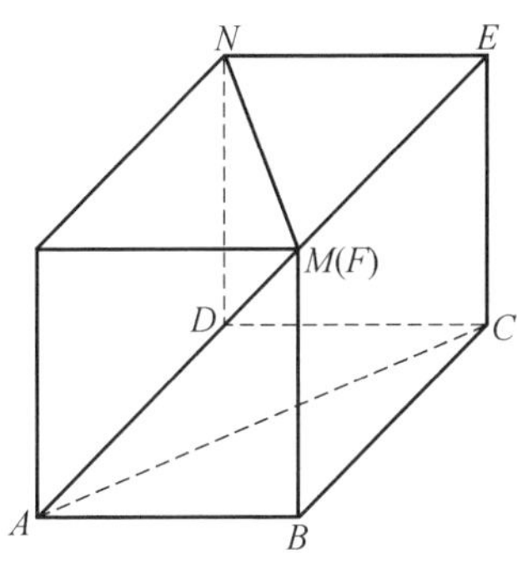

图 10

①由$EF/\!/DA$，$EF=DA$得到四边形$DAFE$为平行四边形，故$AF/\!/DE$，①正确；

②由异面直线的概念得，MN与DE是异面直线，故②错；

③由于$AC\perp BD$，$BD/\!/MN$，所以$AC\perp MN$，③正确；

④由异面直线的概念得AC与DE是异面直线，④正确.

故答案为①③④.

例 6 （人教 A 版必修 2P69 练习、1986 年高考题）如图 11，正方形 $SG_1G_2G_3$ 中，E，F 分别是 G_1G_2，G_2G_3 的中点，D 是 EF 的中点，现在沿 SE，SF 及 EF 把这个正方形折成一个四面体，使 G_1，G_2，G_3 三点重合，重合后的点记为 G，则在四面体 $S-EFG$ 中必有（　　）

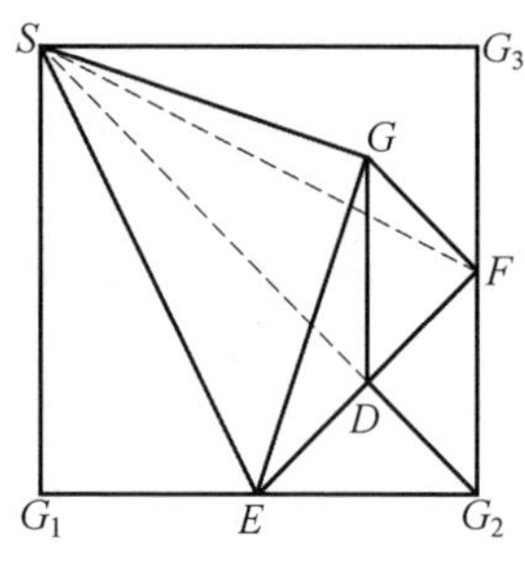

图 11

A. $SG\perp\triangle EFG$ 所在平面　　B. $SD\perp\triangle EFG$ 所在平面

C. $GF\perp\triangle SEF$ 所在平面　　D. $GD\perp\triangle SEF$ 所在平面

分析 如图 12 所示，由已知 $SG\perp GE$，$SG\perp GF$ 且 $GE\cap GF=G$，所以 $SG\perp$ 面 EFG，选项 A 正确；若 $SD\perp$ 面 EFG，则 $SD\perp GD$，由(1)知 $SG\perp GD$，在 $\triangle SGD$ 中，这是不可能的，故选项 B 错；若 $GF\perp$ 面 SEF，则 $GF\perp SF$，由(1)知，$SG\perp GF$，在 $\triangle SGF$ 中是不可能的，故选项 C 错；若 $GD\perp$ 面 SEF，则 $SD\perp GD$，由(1)知 $SG\perp GD$，在 $\triangle SGD$ 中，这是不可能的，故选项 D 错. 故选 A.

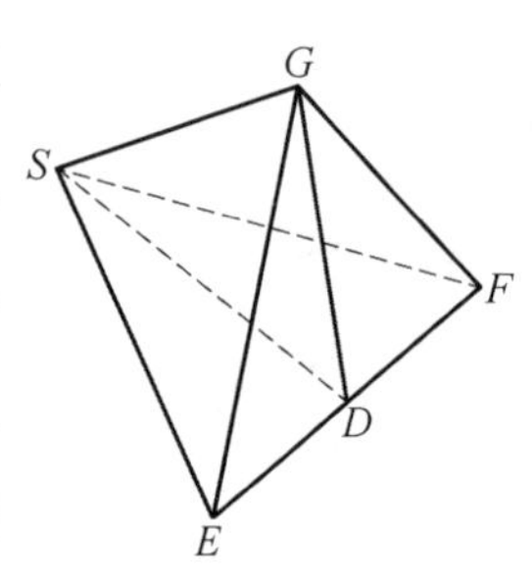

图 12

例 7 （人教 A 版必修 2 复习参考题 P79B 组第 1 题）如图 13，边长为 2 的正方体 $ABCD$ 中.

(1)点 E 是 AB 中点，点 F 是 BC 中点，将 $\triangle AED$，$\triangle DCF$ 分别沿 DE，DF

折起，使 A，C 两点重合于点 A'. 求证：$A'D\perp EF$.

(2)当 $BE=BF=\dfrac{1}{4}BC$ 时，求三棱锥 $A'-EFD$ 的体积.

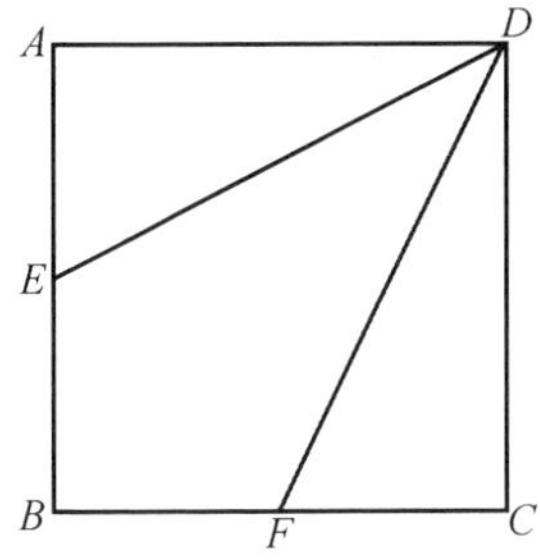

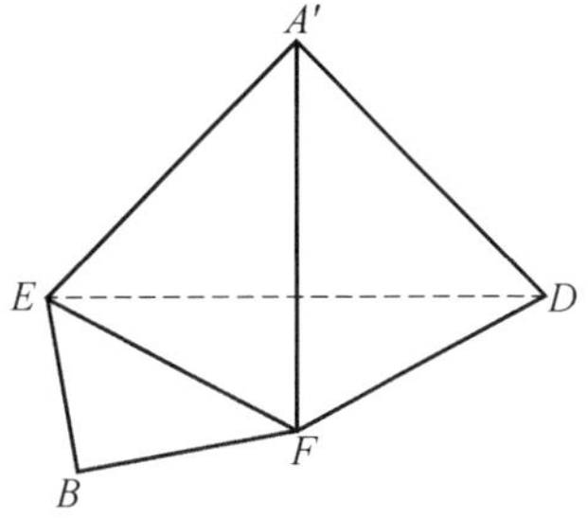

图 13

解　(1)由正方形 $ABCD$ 知，$\angle DCF=\angle DAE=90^\circ$，所以

$$A'D\perp A'F, A'D\perp A'E$$

因为 $A'E\cap A'F=A'$，$A'E$，$A'F\subset$ 平面 $A'EF$，所以

$$A'D\perp \text{平面 } A'EF$$

又因为 $EF\subset$ 平面 $A'EF$，所以

$$A'D\perp EF$$

(2)由四边形 $ABCD$ 为边长为 2 的正方形，故折叠后

$$A'D=2, A'E=A'F=\frac{3}{2}, EF=\frac{\sqrt{2}}{2}$$

则

$$\cos\angle EA'F=\frac{\left(\frac{3}{2}\right)^2+\left(\frac{3}{2}\right)^2-\left(\frac{\sqrt{2}}{2}\right)^2}{2\times\frac{3}{2}\times\frac{3}{2}}=\frac{8}{9}$$

则

$$\sin\angle EA'F=\frac{\sqrt{17}}{9}$$

故$\triangle EA'F$的面积为

$$S_{\triangle EA'F}=\frac{1}{2}\cdot A'E\cdot A'F\cdot\sin\angle EA'F=\frac{\sqrt{17}}{8}$$

由(1)中$A'D\perp$平面$A'EF$,可得三棱锥$A'-EFD$的体积为

$$V=\frac{1}{3}\times\frac{\sqrt{17}}{8}\times 2=\frac{\sqrt{17}}{12}$$

例 8 (2006年辽宁理18)已知正方形$ABCD$. E,F分别是AB,CD的中点,将$\triangle ADE$沿DE折起,如图14所示,记二面角$A-DE-C$的大小为$\theta(0<\theta<\pi)$.

(Ⅰ)证明:BF//平面ADE;

(Ⅱ)若$\triangle ACD$为正三角形,试判断点A在平面$BCDE$内的射影G是否在直线EF上,证明你的结论,并求角θ的余弦的值.

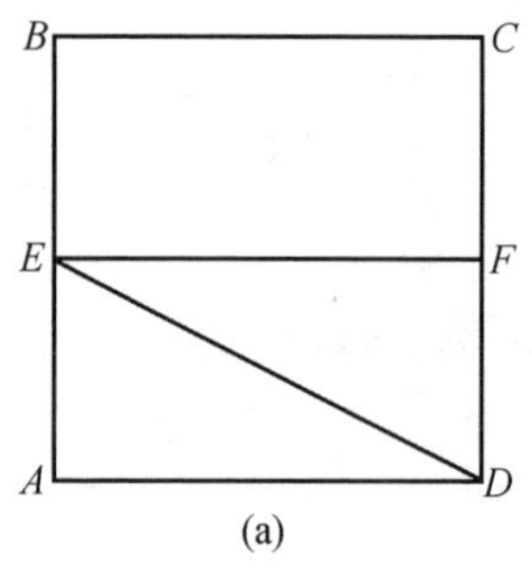

(a)

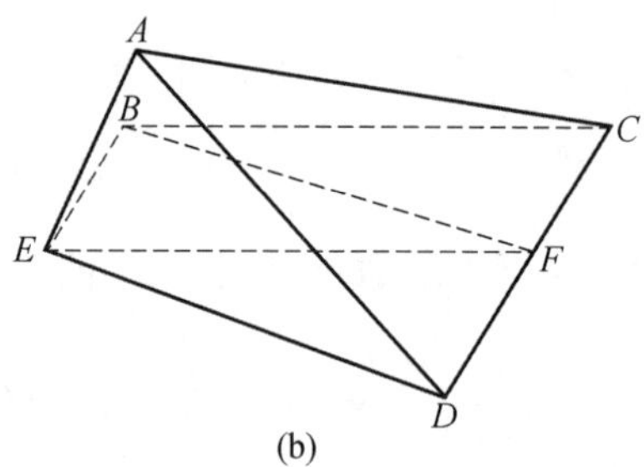

(b)

图 14

解析 (Ⅰ)E,F分别为正方形$ABCD$的边AB,CD的中点,所以

$$EB/\!/FD$$

且

$$EB=FD$$

所以四边形 $EBFD$ 为平行四边形. 从而

$$BF /\!/ ED$$

因为 $ED \subset$ 平面 AED，而 $BF \not\subset$ 平面 AED，所以

$$BF /\!/ \text{平面 } AED$$

（Ⅱ）解法 1：如图 15 所示，点 A 在平面 $BCDE$ 内的射影 G 在直线 EF 上，过点 A 作 AG 垂直于平面 $BCDE$，垂足为 G，联结 GC，GD.

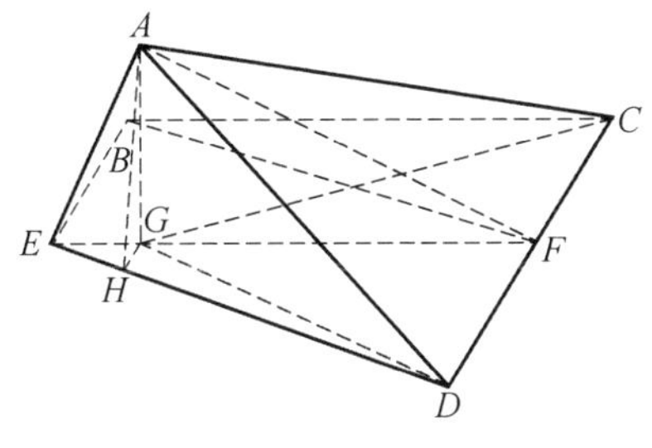

图 15

因为 $\triangle ACD$ 为正三角形，所以 $AC=AD$，从而 $CG=GD$.

因为点 G 在 CD 的垂直平分线上，所以点 A 在平面 $BCDE$ 内的射影 G 在直线 EF 上.

过点 G 作 GH 垂直于 ED 于点 H，联结 AH，则 $AH \perp DE$，所以 $\angle AHD$ 为二面角 $A-DE-C$ 的平面角，即 $\angle AHG=\theta$.

设原正方体的边长为 $2a$，联结 AF.

在折后图的 $\triangle AEF$ 中，$AF=\sqrt{3}a$，$EF=2AE=2a$，即 $\triangle AEF$ 为直角三角形，$AG \cdot EF=AE \cdot AF$，所以 $AG=\dfrac{\sqrt{3}}{2}a$.

在 $\mathrm{Rt}\triangle ADE$ 中，$AH \cdot DE=AE \cdot AD$，所以 $AH=\dfrac{2}{\sqrt{5}}a$，从而 $GH=\dfrac{a}{2\sqrt{5}}$，

$\cos\theta=\frac{GH}{AH}=\frac{1}{4}$.

解法 2：点 A 在平面 $BCDE$ 内的射影 G 在直线 EF 上，联结 AF，在平面 AEF 内过点 A 作 $AG'\perp EF$，垂足为 G'.

因为$\triangle ACD$ 为正三角形，F 为 CD 的中点，所以

$$AF\perp CD$$

又因 $EF\perp CD$，所以

$$CD\perp 平面\ AEF$$

因为 $AG'\subset$平面 AEF，所以

$$AG'\perp CD$$

又 $AG'\perp EF$ 且 $CD\cap EF=F$，$CD\subset$平面 $BCDE$，$EF\subset$平面 $BCDE$，所以

$$AG'\perp 平面\ BCDE$$

所以 G'为点 A 在平面 $BCDE$ 内的射影 G，即点 A 在平面 $BCDE$ 内的射影在直线 EF 上.

过点 G 作 GH 垂直于 ED 于点 H，联结 AH，则

$$AH\perp DE$$

所以$\angle AHD$ 为二面角 $A-DE-C$ 的平面角，即$\angle AHG=\theta$.

设原正方体的边长为 $2a$，联结 AF.

在折后图的$\triangle AEF$ 中，$AF=\sqrt{3}a$，$EF=2AE=2a$，即$\triangle AEF$ 为直角三角形，则

$$AG\cdot EF=AE\cdot AF$$

所以

$$AG=\frac{\sqrt{3}}{2}a$$

在 Rt$\triangle ADE$ 中，有

$$AH \cdot DE = AE \cdot AD$$

所以

$$AH=\frac{2}{\sqrt{5}}a$$

从而

$$GH=\frac{a}{2\sqrt{5}}, \cos\theta=\frac{GH}{AH}=\frac{1}{4}$$

解法 3：点 A 在平面 $BCDE$ 内的射影 G 在直线 EF 上. 联结 AF，在平面 AEF 内过点 A 作 $AG' \perp EF$，垂足为 G'.

因为$\triangle ACD$ 为正三角形，F 为 CD 的中点，所以

$$AF \perp CD$$

又因 $EF \perp CD$，所以

$$CD \perp \text{平面 } AEF$$

所以

$$CD \subset \text{平面 } BCDE$$

从而

$$\text{平面 } AEF \perp \text{平面 } BCDE$$

又因为平面 $AEF \cap$ 平面 $BCDE=EF$，$AG' \perp EF$，$AG' \perp EF$，所以

$$AG' \perp \text{平面 } BCDE$$

所以 G' 为点 A 在平面 $BCDE$ 内的射影 G，即点 A 在平面 $BCDE$ 内的射影在直线 EF 上.

过点 G 作 GH 垂直于 ED 于点 H，联结 AH，则 $AH \perp DE$，所以$\angle AHD$ 为二面角 $A-DE-C$ 的平面角，即$\angle AHG=\theta$.

设原正方体的边长为 $2a$，联结 AF.

在折后图的 $\triangle AEF$ 中，$AF=\sqrt{3}a$，$EF=2AE=2a$，即 $\triangle AEF$ 为直角三角形，则

$$AG\cdot EF=AE\cdot AF$$

所以

$$AG=\frac{\sqrt{3}}{2}a$$

在 $Rt\triangle ADE$ 中

$$AH\cdot DE=AE\cdot AD$$

所以

$$AH=\frac{2}{\sqrt{5}}a$$

从而

$$GH=\frac{a}{2\sqrt{5}},\cos\theta=\frac{GH}{AH}=\frac{1}{4}$$

点评　本小题考查空间中的线面关系、解三角形等基础知识，从而达到考查学生的空间想象能力和思维能力的目的.

例 9　(2006 年江苏卷)在正 $\triangle ABC$ 中，E,F,P 分别是 AB,AC,BC 边上的点，满足 $AE:EB=CF:FA=CP:PB=1:2$(如图 16(a)). 将 $\triangle AEF$ 沿 EF 折起到 $\triangle A_1EF$ 的位置，使二面角 A_1-EF-B 成直二面角，联结 A_1B,A_1P(如图 16(b))

(Ⅰ)求证：$A_1E\perp$ 平面 BEP；

(Ⅱ)求直线 A_1E 与平面 A_1BP 所成角的大小；

(Ⅲ)求二面角 $B-A_1P-F$ 的大小(用反三角函数表示).

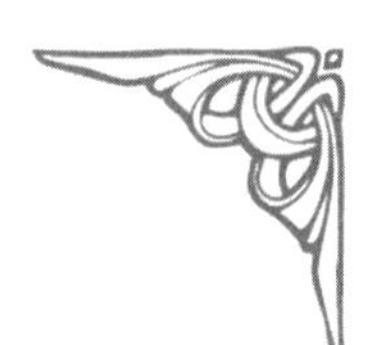

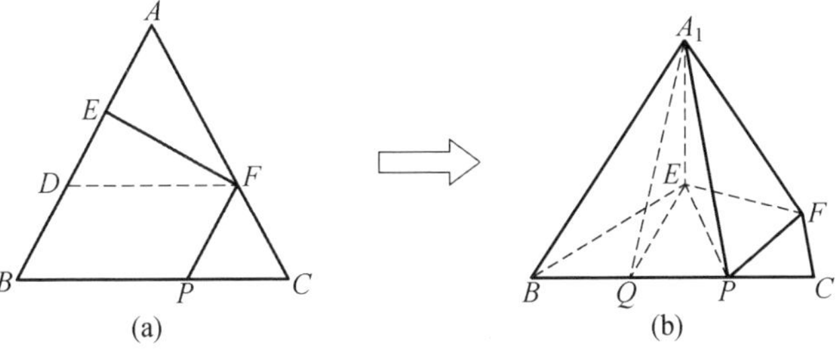

图 16

解法 1:不妨设正△ABC 的边长为 3.

(1)在图 16(a)中,取 BE 中点 D,联结 DF. 由于 $AE:EB=CF:FA=1:2$,所以

$$AF=AD=2$$

而$\angle A=60°$,所以△ADF 是正三角形.

又 $AE=DE=1$,所以 $EF\perp AD$. 在图 16(b)中,有

$$A_1E\perp EF, BE\perp EF$$

所以$\angle A_1EB$ 为二面角 A_1-EF-B 的平面角.

由题设条件知此二面角为直二面角,即 $A_1E\perp BE$. 又 $BE\cap EF=E$,所以 $A_1E\perp$平面 BEF,即 $A_1E\perp$平面 BEP.

(2)在图 16(b)中,A_1E 不垂直 A_1B,所以 A_1E 是平面 A_1BP 的垂线.

又 $A_1E\perp$平面 BEP,所以 $A_1E\perp BE$.

从而 BP 垂直于 A_1E 在平面 A_1BP 内的射影(三垂线定理的逆定理).

设 A_1E 在平面 A_1BP 内的射影为 A_1Q,且 A_1Q 交 BP 于点 Q,则$\angle EA_1Q$ 就是 A_1E 与平面 A_1BP 所成的角,且 $BP\perp A_1Q$.

在△EBP 中,$BE=EP=2$ 而$\angle EBP=60°$,所以△EBP 是等边三角形.

又 $A_1E\perp$平面 BEP,所以

$$A_1B=A_1P$$

所以 Q 为 BP 的中点，且 $EQ=\sqrt{3}$.

又 $A_1E=1$，在 $\mathrm{Rt}\triangle A_1EQ$ 中，有

$$\tan\angle EA_1Q=\frac{EQ}{A_1E}=\sqrt{3}$$

所以

$$\angle EA_1Q=60^\circ$$

所以直线 A_1E 与平面 A_1BP 所成的角为 60°.

在图 17 中，过点 F 作 $FM\perp A_1P$ 于点 M，联结 QM，QF. 因为

$$CP=CF=1,\angle C=60^\circ$$

所以$\triangle FCP$ 是正三角形，所以 $PF=1$. 从而有

$$PQ=\frac{1}{2}BP=1$$

所以

$$PF=PQ \qquad ①$$

因为 $A_1E\perp$ 平面 BEP，$EQ=EF=\sqrt{3}$，所以

$$A_1E=A_1Q$$

所以

$$\triangle A_1FP\cong\triangle A_1QP$$

从而

$$\angle A_1PF=\angle A_1PQ \qquad ②$$

由式①②及 MP 为公共边知

$$\triangle FMP\cong\triangle QMP$$

所以

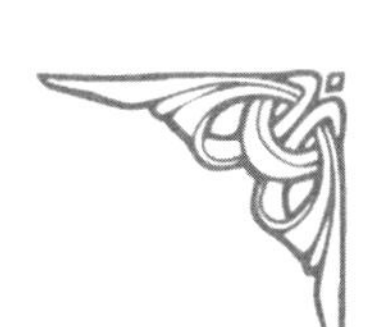

$$\angle QMP=\angle FMP=90^\circ$$

且

$$MF=MQ$$

从而$\angle FMQ$为二面角$B-A_1P-F$的平面角.

在$\mathrm{Rt}\triangle A_1QP$中,$A_1Q=A_1F=2$,$PQ=1$,所以

$$A_1P=\sqrt{5}$$

因为$MQ\perp A_1P$,所以

$$MQ=\frac{A_1Q\cdot PQ}{A_1P}=\frac{2\sqrt{5}}{5}$$

所以

$$MF=\frac{2\sqrt{5}}{5}$$

在$\triangle FCQ$中,$FC=1$,$QC=2$,$\angle C=60^\circ$,由余弦定理得

$$QF=\sqrt{3}$$

在$\triangle FMQ$中,$\cos\angle FMQ=\dfrac{MF^2+MQ^2-QF^2}{2MF\cdot MQ}=-\dfrac{7}{8}$,所以二面角$B-A_1P-F$的大小为$\pi-\arccos\dfrac{7}{8}$.

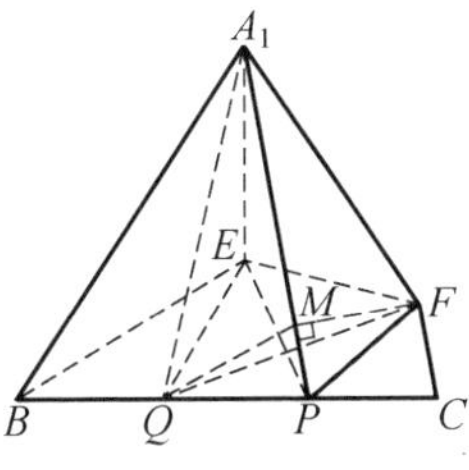

图 17

评注 在立体几何学习中,我们要多培养空间想象能力,对于图形的翻折

问题,关键是利用翻折前后的不变量,二面角的平面角的适当选取是立体几何的核心考点之一,是高考数学必考的知识点之一."作、证、解"是我们求二面角的三个步骤.作:作出所要求的二面角;证:证明这是我们所求二面角,并将这个二面角进行平面化,置于一个三角形中,最好是直角三角形,利用我们解三角形的知识求二面角的平面角.向量的运用也为我们拓宽了解决立体几何问题的角度,不过在向量运用过程中,首先要建系,建系要建得合理,最好依托题目的图形,坐标才会容易求得.

例 10 (2005 湖南高考理科)如图 18(a),已知 $ABCD$ 是上、下底边长分别为 2 和 6,高为$\sqrt{3}$的等腰梯形,将它沿对称轴 OO_1 折成直二面角,如图 18(b).

(Ⅰ)证明:$AC\perp BO_1$;

(Ⅱ)求二面角 $O-AC-O_1$ 的大小.

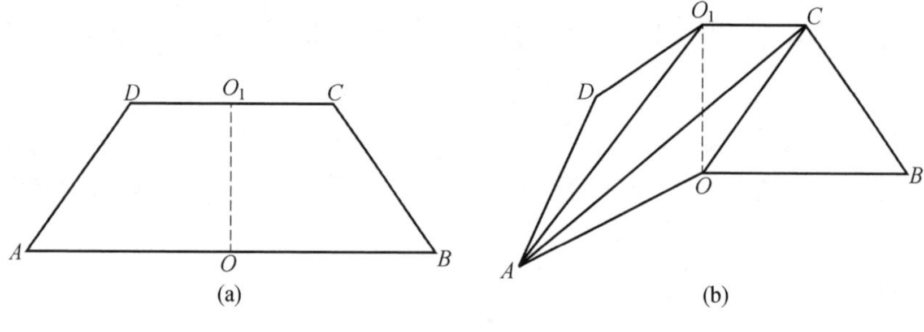

图 18

解法一 (Ⅰ)由题设知

$$OA\perp OO_1,OB\perp OO_1$$

所以$\angle AOB$ 是所折成的直二面角的平面角,即

$$OA\perp OB$$

故可以 O 为原点,OA,OB,OO_1 所在直线分别为 x 轴、y 轴、z 轴建立空间直角坐标系,如图 19,则相关各点的坐标是

$$A(3,0,0),B(0,3,0),C(0,1,\sqrt{3}),O_1(0,0,\sqrt{3})$$

从而

$$\overrightarrow{AC}=(-3,1,\sqrt{3}),\overrightarrow{BO_1}=(0,-3,\sqrt{3})$$

$$\overrightarrow{AC}\cdot\overrightarrow{BO_1}=-3+\sqrt{3}\times\sqrt{3}=0$$

所以

$$AC\perp BO_1$$

(Ⅱ)因为$\overrightarrow{BO_1}\cdot\overrightarrow{OC}=-3+\sqrt{3}\times\sqrt{3}=0$,所以

$$BO_1\perp OC$$

由(Ⅰ)$AC\perp BO_1$,所以 $BO_1\perp$平面 OAC,$\overrightarrow{BO_1}$是平面 OAC 的一个法向量.

设 $\boldsymbol{n}=(x,y,z)$是平面 O_1AC 的一个法向量.

由$\begin{cases}\boldsymbol{n}\cdot\overrightarrow{AC}=0\\ \boldsymbol{n}\cdot\overrightarrow{O_1C}=0\end{cases}\Rightarrow\begin{cases}-3x+y+\sqrt{3}z=0\\ y=0\end{cases}$,取 $z=\sqrt{3}$,得 $\boldsymbol{n}=(1,0,\sqrt{3})$.

设二面角 $O-AC-O_1$ 的大小为 θ,由 $\boldsymbol{n}$,$\overrightarrow{BO_1}$的方向可知 $\theta=\langle\boldsymbol{n},\overrightarrow{BO_1}\rangle$,所以

$$\cos\theta=\cos\langle\boldsymbol{n},\overrightarrow{BO_1}\rangle=\frac{\boldsymbol{n}\cdot\overrightarrow{BO_1}}{|\boldsymbol{n}|\cdot|\overrightarrow{BO_1}|}=\frac{\sqrt{3}}{4}$$

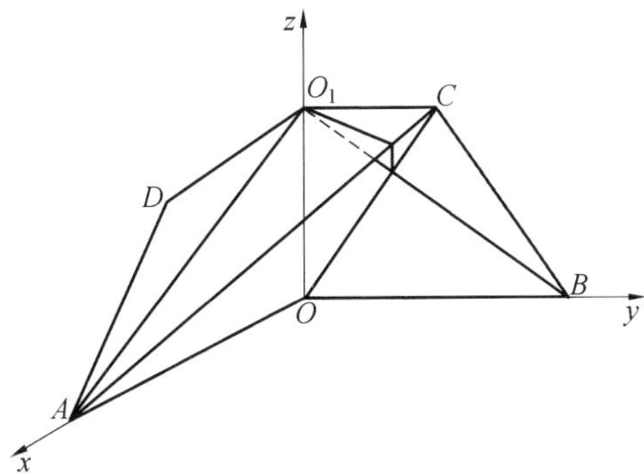

图 19

即二面角 $O-AC-O_1$ 的大小是 $\arccos\frac{\sqrt{3}}{4}$.

解法二 （Ⅰ）证明：由题设知

$$OA\perp OO_1, OB\perp OO_1$$

所以 $\angle AOB$ 是所折成的直二面角的平面角，即

$$OA\perp OB$$

从而 $AO\perp$ 平面 $OBCO_1$，OC 是 AC 在面 $OBCO_1$ 内的射影.

因为

$$\tan\angle OO_1B=\frac{OB}{OO_1}=\sqrt{3}, \tan\angle O_1OC=\frac{O_1C}{OO_1}=\frac{\sqrt{3}}{3}$$

所以 $\angle OO_1B=60°$，$\angle O_1OC=30°$，从而

$$OC\perp BO_1$$

由三垂线定理得

$$AC\perp BO_1$$

（Ⅱ）解：由（Ⅰ）$AC\perp BO_1$，$OC\perp BO_1$，知 $BO_1\perp$ 平面 AOC.

设 $OC\cap O_1B=E$，过点 E 作 $EF\perp AC$ 于点 F，联结 O_1F（如图 20），则 EF 是 O_1F 在平面 AOC 内的射影，由三垂线定理得

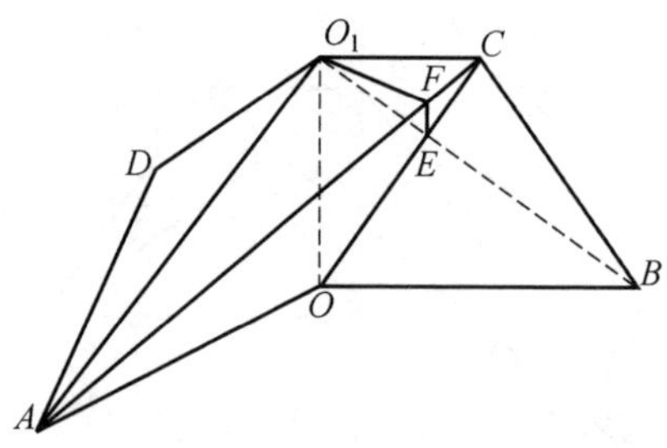

图 20

$$O_1F \perp AC$$

所以$\angle O_1FE$是二面角$O-AC-O_1$的平面角.

由题设知

$$OA=3, OO_1=\sqrt{3}, O_1C=1$$

所以

$$O_1A=\sqrt{OA^2+OO_1^2}=2\sqrt{3}, AC=\sqrt{O_1A^2+O_1C^2}=\sqrt{13}$$

从而

$$O_1F=\frac{O_1A \cdot O_1C}{AC}=\frac{2\sqrt{3}}{\sqrt{13}}$$

又

$$O_1E=OO_1 \cdot \sin 30°=\frac{\sqrt{3}}{2}$$

所以

$$\sin \angle O_1FE=\frac{O_1E}{O_1F}=\frac{\sqrt{13}}{4}$$

即二面角$O-AC-O_1$的大小是$\arcsin\frac{\sqrt{13}}{4}$.

例 11 (2007 高考湖南卷)如图 21(a),E,F分别是矩形$ABCD$的边AB,CD的中点,G是EF上的一点,将$\triangle GAB$,$\triangle GCD$分别沿AB,CD翻折成$\triangle G_1AB$,$\triangle G_2CD$,并联结G_1G_2,使得平面$G_1AB\perp$平面$ABCD$,$G_1G_2 /\!/ AD$,且$G_1G_2<AD$. 联结BG_2,如图 21(b).

(Ⅰ)求证:平面$G_1AB\perp$平面G_1ADG_2;

(Ⅱ)求直线BG_2与平面G_1ADG_2所成的角.

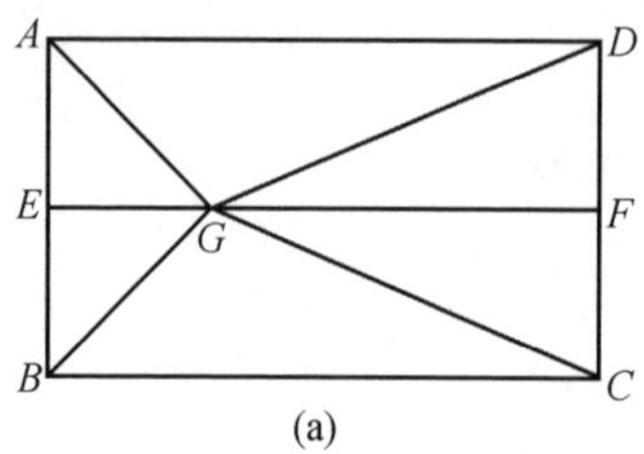

(a)

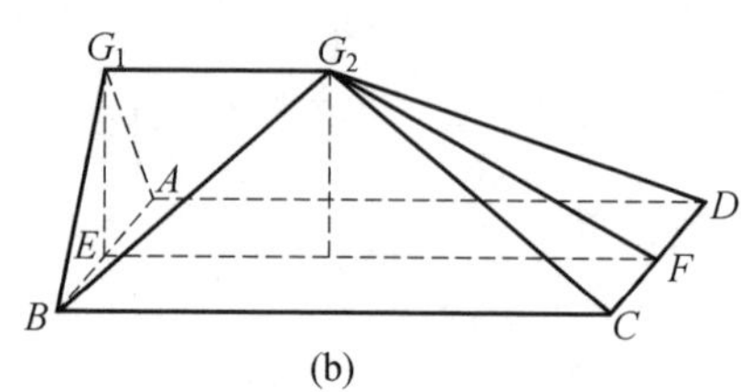

(b)

图 21

解法一 （Ⅰ）因为平面 $G_1AB\perp$ 平面 $ABCD$，平面 $G_1AB\cap$ 平面 $ABCD=AB$，$AD\perp AB$，$AD\subset$ 平面 $ABCD$，所以

$$AD\perp \text{平面 } G_1AB$$

又 $AD\subset$ 平面 G_1ADG_2，所以

$$\text{平面 } G_1AB\perp \text{平面 } G_1ADG_2$$

（Ⅱ）过点 B 作 $BH\perp AG_1$ 于点 H，联结 G_2H，如图 22 所示.

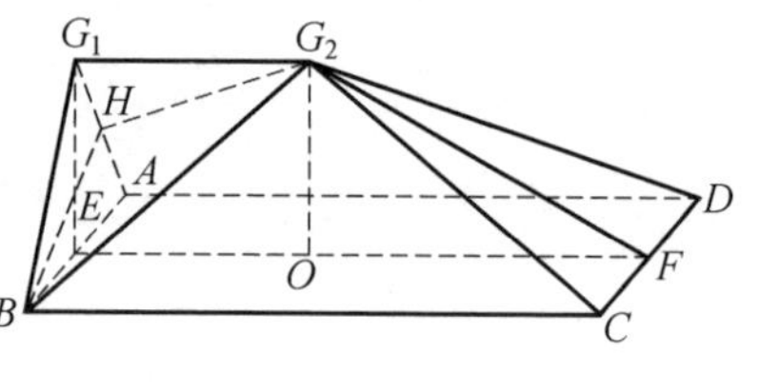

图 22

由（Ⅰ）的结论可知，$BH\perp$ 平面 G_1ADG_2，所以 $\angle BG_2H$ 是 BG_2 和平面 G_1ADG_2 所成的角.

因为平面 $G_1AB\perp$ 平面 $ABCD$，平面 $G_1AB\cap$ 平面 $ABCD=AB$，$G_1E\perp AB$，$G_1E\subset$ 平面 G_1AB，所以

$$G_1E\perp \text{平面 } ABCD$$

故

$$G_1E\perp EF$$

因为 $G_1G_2<AD$，$AD=EF$，所以可在 EF 上取一点 O，使 $EO=G_1G_2$.

又因为 $G_1G_2/\!/AD/\!/EO$，所以四边形 G_1EOG_2 是矩形.

由题设 $AB=12$，$BC=25$，$EG=8$，则

$$G_2F=17$$

所以

$$G_2O=G_1E=8, G_2F=17, OF=\sqrt{17^2-8^2}=15, G_1G_2=EO=10$$

因为 $AD\perp$ 平面 G_1AB，$G_1G_2 /\!/ AD$，所以

$$G_1G_2\perp \text{平面 } G_1AB$$

从而

$$G_1G_2\perp G_1B$$

故

$$BG_2^2=BE^2+EG_1^2+G_1G_2^2=6^2+8^2+10^2=200\Rightarrow BG_2=10\sqrt{2}$$

又 $AG_1=\sqrt{6^2+8^2}=10$，由 $BH\cdot AG_1=G_1E\cdot AB$ 得

$$BH=\frac{8\times 12}{10}=\frac{48}{5}$$

故

$$\sin\angle BG_2H=\frac{BH}{BG_2}=\frac{48}{5}\times\frac{1}{10\sqrt{2}}=\frac{12\sqrt{2}}{25}$$

即直线 BG_2 与平面 G_1ADG_2 所成的角是 $\arcsin\dfrac{12\sqrt{2}}{25}$.

解法二 （Ⅰ）因为平面 $G_1AB\perp$ 平面 $ABCD$，平面 $G_1AB\cap$ 平面 $ABCD=AB$，$G_1E\perp AB$，$G_1E\subset$ 平面 G_1AB，所以

$$G_1E\perp \text{平面 } ABCD$$

从而

$$G_1E\perp AD$$

又 $AB\perp AD$，所以

$$AD\perp \text{平面 } G_1AB$$

因为 $AD \subset$ 平面 G_1ADG_2，所以

$$平面\ G_1AB \perp 平面\ G_1ADG_2$$

（Ⅱ）由（Ⅰ）可知，$G_1E \perp$ 平面 $ABCD$. 故可以 E 为原点，分别以直线 EB，EF，EG_1 为 x 轴、y 轴、z 轴建立空间直角坐标系（图 23）.

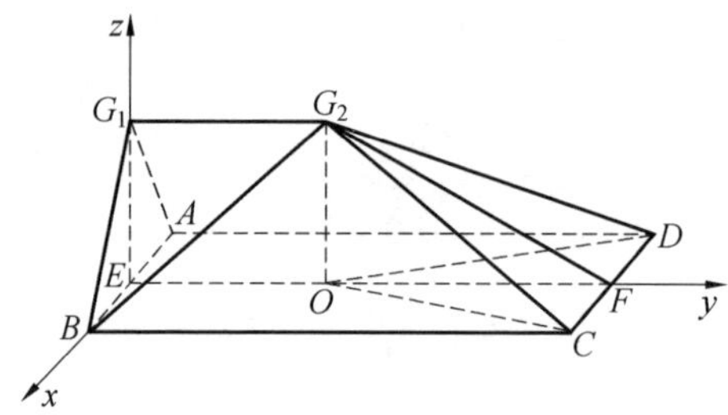

图 23

由题设 $AB=12$，$BC=25$，$EG=8$，则 $EB=6$，$EF=25$，$EG_1=8$，相关各点的坐标分别是 $A(-6,0,0)$，$D(-6,25,0)$，$G_1(0,0,8)$，$B(6,0,0)$. 所以

$$\overrightarrow{AD}=(0,25,0), \overrightarrow{AG_1}=(6,0,8)$$

设 $\boldsymbol{n}=(x,y,z)$ 是平面 G_1ADG_2 的一个法向量.

由 $\begin{cases} \boldsymbol{n} \cdot \overrightarrow{AD}=0 \\ \boldsymbol{n} \cdot \overrightarrow{AG_1}=0 \end{cases}$，得 $\begin{cases} 25y=0 \\ 6x+8z=0 \end{cases}$ 故可取 $\boldsymbol{n}=(4,0,-3)$.

过点 G_2 作 $G_2O \perp$ 平面 $ABCD$ 于点 O，因为 $G_2C=G_2D$，所以

$$OC=OD$$

于是点 O 在 y 轴上.

因为 $G_1G_2 /\!/ AD$，所以

$$G_1G_2 /\!/ EF, G_2O=G_1E=8$$

设 $G_2(0,m,8)(0<m<25)$，由 $17^2=8^2+(25-m)^2$，解得

$$m=10$$

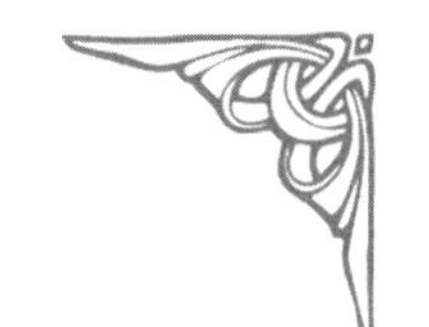

所以

$$\overrightarrow{BG_2}=(0,10,8)-(6,0,0)=(-6,10,8)$$

设 BG_2 和平面 G_1ADG_2 所成的角是 θ,则

$$\sin\theta=\frac{|\overrightarrow{BG_2}\cdot\boldsymbol{n}|}{|\overrightarrow{BG_2}|\cdot|\boldsymbol{n}|}=\frac{|-24-24|}{\sqrt{6^2+10^2+8^2}\times\sqrt{4^2+3^2}}=\frac{12\sqrt{2}}{25}$$

故直线 BG_2 与平面 G_1ADG_2 所成的角是 $\arcsin\frac{12\sqrt{2}}{25}$.

例 12 (2018 年全国一卷 18)如图 24,四边形 $ABCD$ 为正方形,E,F 分别为 AD,BC 的中点,以 DF 为折痕把$\triangle DFC$ 折起,使点 C 到达点 P 的位置,且 $PF\perp BF$.

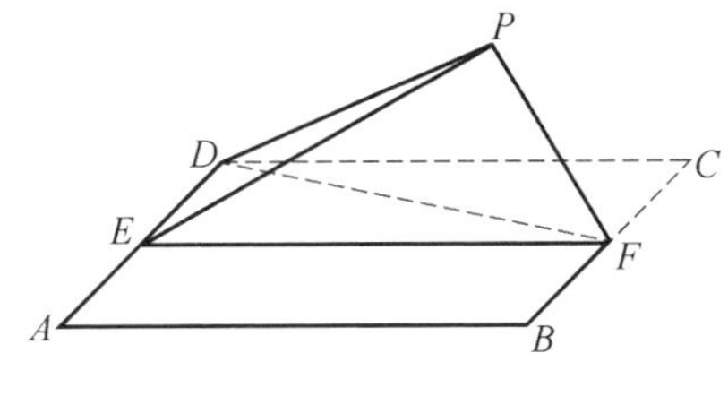

图 24

(1)证明:平面 $PEF\perp$平面 $ABFD$;

(2)求 DP 与平面 $ABFD$ 所成角的正弦值.

解 (1)由已知可得

$$BF\perp PF,BF\perp EF$$

所以

$$BF\perp\text{平面 }PEF$$

又 $BF\subset$平面 $ABFD$,所以

$$\text{平面 }PEF\perp\text{平面 }ABFD$$

(2)作 $PH\perp EF$,垂足为 H. 由(1)得,$PH\perp$平面 $ABFD$. 以 H 为坐标原

点，$\overrightarrow{HF}$的方向为 y 轴正方向，$|\overrightarrow{BF}|$为单位长，建立如图 25 所示的空间直角坐标系 $H-xyz$. 由(1)可得

$$DE \perp PE$$

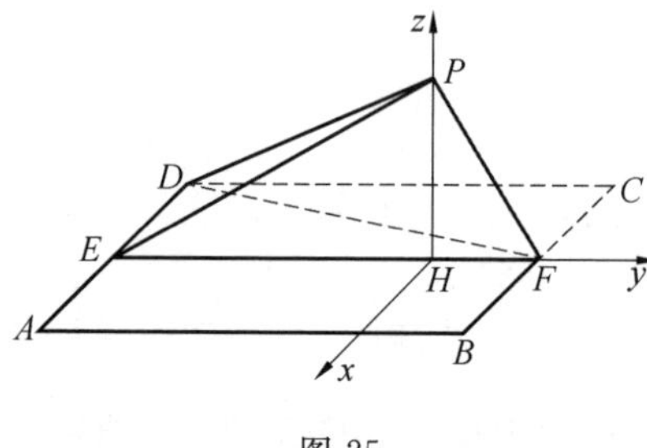

图 25

又 $DP=2, DE=1$，所以

$$PE=\sqrt{3}$$

又 $PF=1, EF=2$，故

$$PE \perp PF$$

可得

$$PH=\frac{\sqrt{3}}{2}, EH=\frac{3}{2}$$

则

$$H(0,0,0), P\left(0,0,\frac{\sqrt{3}}{2}\right), D\left(-1,-\frac{3}{2},0\right) \Rightarrow \overrightarrow{DP}=\left(1,\frac{3}{2},\frac{\sqrt{3}}{2}\right)$$

且$\overrightarrow{HP}=\left(0,0,\frac{\sqrt{3}}{2}\right)$为平面 $ABFD$ 的法向量.

设 DP 与平面 $ABFD$ 所成角为 θ，则

$$\sin\theta=\left|\frac{\overrightarrow{HP}\cdot\overrightarrow{DP}}{|\overrightarrow{HP}|\cdot|\overrightarrow{DP}|}\right|=\frac{\frac{3}{4}}{\sqrt{3}}=\frac{\sqrt{3}}{4}$$

所以 DP 与平面 $ABFD$ 所成角的正弦值为$\frac{\sqrt{3}}{4}$.

例 13 (2017 全国一卷 18)如图 26,圆形纸片的圆心为 O,半径为 5 cm,该纸片上的等边三角形$\triangle ABC$ 的中心为 O,D,E,F 为圆 O 上的点,$\triangle DBC$,$\triangle ECA$,$\triangle FAB$ 分别是以 BC,CA,AB 为底边的等腰三角形,沿虚线剪开后,分别以 BC,CA,AB 为折痕折起$\triangle DBC$,$\triangle ECA$,$\triangle FAB$,使得 D,E,F 三点重合,得到三棱锥,当$\triangle ABC$ 的边长变化时,所得三棱锥体积(单位:cm^3)的最大值为________.

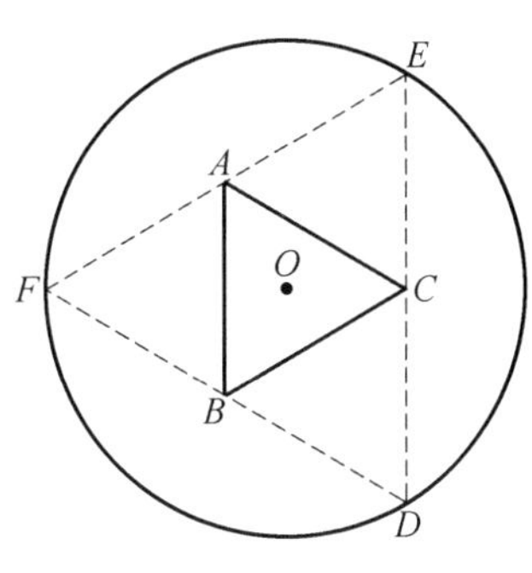

图 26

答案 $4\sqrt{15}$.

解 由题意,联结 OD,交 BC 于点 G(如图 27),则

$$OD\perp BC$$

$$OG=\frac{\sqrt{3}}{6}BC$$

即 OG 的长度与 BC 的长度或成正比.

设 $OG=x$,则

$$BC=2\sqrt{3}x, DG=5-x$$

三棱锥的高

$$h=\sqrt{DG^2-OG^2}=\sqrt{25-10x+x^2-x^2}=\sqrt{25-10x}$$

$$S_{\triangle ABC}=2\sqrt{3}x\cdot 3x\cdot\frac{1}{2}=3\sqrt{3}x^2$$

则

$$V=\frac{1}{3}S_{\triangle ABC}\cdot h=\sqrt{3}x^2\cdot\sqrt{25-10x}=\sqrt{3}\cdot\sqrt{25x^4-10x^5}$$

令 $f(x)=25x^4-10x^5, x\in\left(0,\frac{5}{2}\right)$，则

$$f'(x)=100x^3-50x^4$$

令 $f'(x)>0$，即

$$x^4-2x^3<0\Rightarrow x<2$$

则

$$f(x)\leqslant f(2)=80$$

从而

$$V\leqslant\sqrt{3}\times\sqrt{80}=4\sqrt{15}$$

所以体积最大值为 $4\sqrt{15}\,\text{cm}^3$.

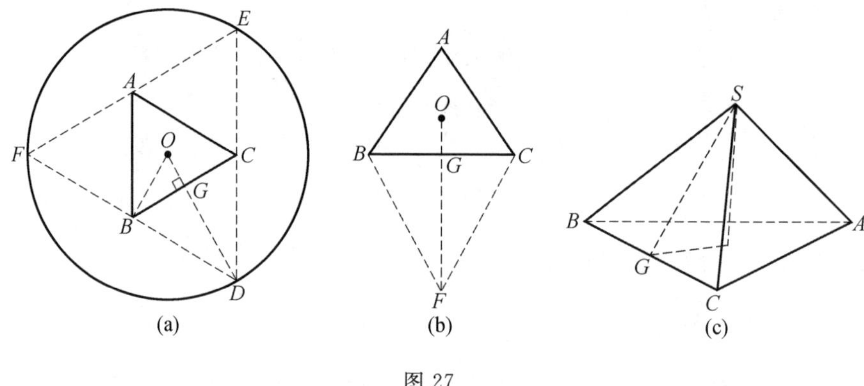

图 27

评注 对于三棱锥最值问题，肯定需要用到函数的思想进行解决，本题解决的关键是设好未知量，利用图形特征表示出三棱锥体积. 当体积中的变量最高次是二次时可以利用二次函数的性质进行解决，当变量是高次时需要用到求导的方式进行解决.

例 14 将边长为 a 的正方形 $ABCD$ 沿对角线 AC 折起，使得 $BD=a$，则三棱锥 $D-ABC$ 的体积为________.

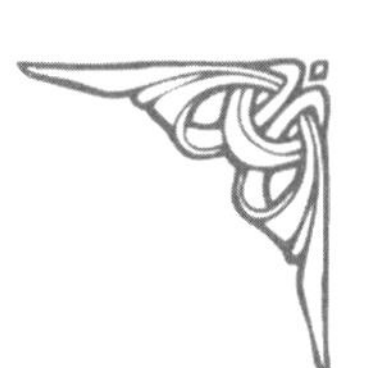

解　先作图如下(图 28)：

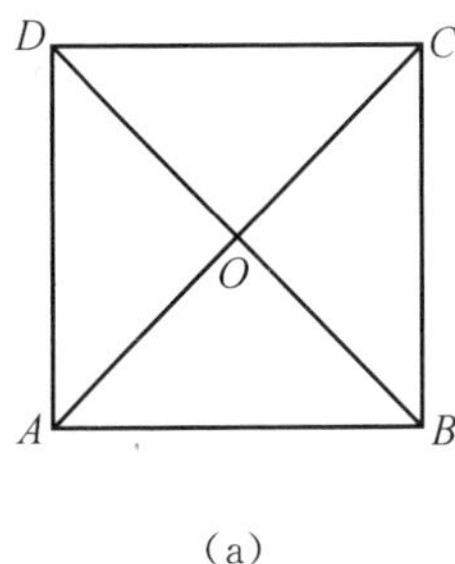

(a)

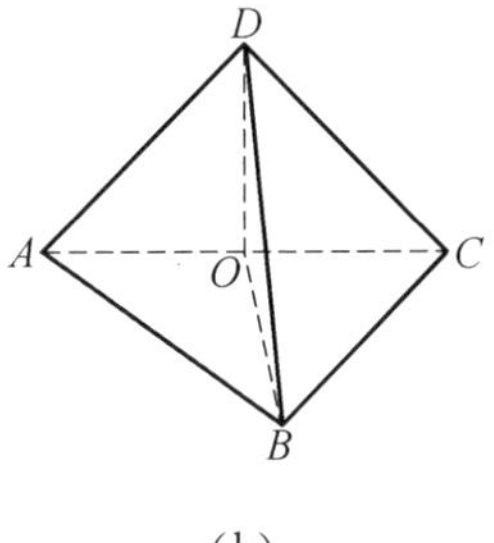

(b)

图 28

对照平面图形和立体图形反复观察，不难发现，折叠前的线段 DO 和 BO，它们在折叠后的长度未变，仍为$\frac{\sqrt{2}}{2}a$. 由勾股定理不难算出$\angle DOB=90°$. 折叠前与 AC 垂直的线段 BD 虽被拆成两段，但与 AC 的垂直关系并没有改变，即 $DO\perp AC$. 因此易知 DO 即为三棱锥的高，从而易求出三棱锥的体积 $V=\frac{1}{3}\cdot\frac{a^2}{2}\cdot\frac{\sqrt{2}}{2}a=\frac{\sqrt{2}}{12}a^3$.

例 15　(2019 年新课标Ⅲ理)图 29(a)是由矩形 $ADEB$，Rt$\triangle ABC$ 和菱形 $BFGC$ 组成的一个平面图形，其中 $AB=1$，$BE=BF=2$，$\angle FBC=60°$，将其沿 AB，BC 折起使得 BE 与 BF 重合，联结 DG，如图 29(b).

(1)证明：图 29(b)中的 A，C，G，D 四点共面，且平面 $ABC\perp$平面 $BCGE$；

(2)求图 29(b)中的四边形 $ACGD$ 的面积.

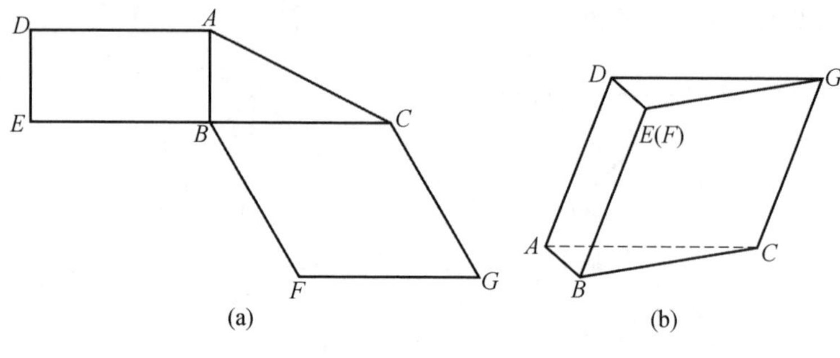

图 29

分析 (1)因为折纸和粘合不改变矩形 $ABED$，Rt△ABC 和菱形 $BFGC$ 内部的夹角，所以 $AD /\!/ BE$，$BF /\!/ CG$ 依然成立. 又因 E 和 F 粘在一起，所以得证. 因为 AB 是平面 $BCGE$ 垂线，所以易证.

(2)欲求四边形 $ACGD$ 的面积，需求出 CG 所对应的高，然后乘以 CG 即可.

解 (1)因为 $AD /\!/ BE$，$BF /\!/ CG$，又因为 E 和 F 粘在一起，所以

$$AD /\!/ CG$$

则 A，C，G，D 四点共面.

又因为 $AB \perp BE$，$AB \perp BC$，所以

$$AB \perp \text{平面 } BCGE$$

因为 $AB \subset$ 平面 ABC，所以

$$\text{平面 } ABC \perp \text{平面 } BCGE$$

得证.

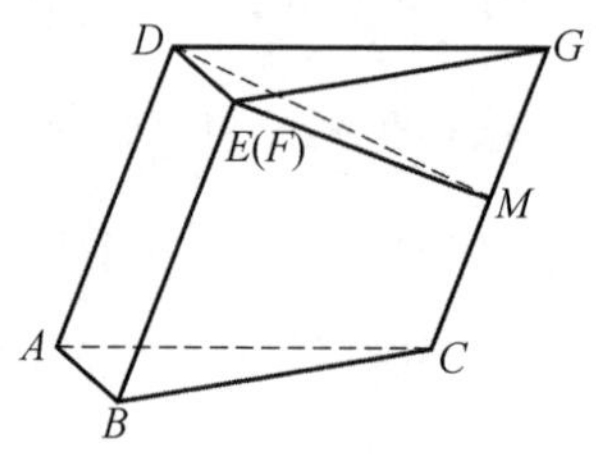

图 30

(2)取 CG 的中点 M，联结 EM，DM(如图 30).

因为 $AB /\!/ DE$，$AB \perp$ 平面 $BCGE$，所以

$$DE \perp \text{平面 } BCGE$$

故

$$DE \perp CG$$

由已知,四边形 $BCGE$ 是菱形,且 $\angle EBC=60°$ 得

$$EM \perp CG$$

故

$$CG \perp 平面\ DEM$$

因此

$$DM \perp CG$$

在 $Rt\triangle DEM$ 中,$DE=1$,$EM=\sqrt{3}$,故 $DM=2$.

所以四边形 $ACGD$ 的面积为 4.

评注 很新颖的立体几何考题.首先是多面体粘合问题,考查考生在粘合过程中哪些量是不变的;再者粘合后的多面体不是直棱柱;最后将求四边形 $ACGD$ 的面积,考查考生的空间想象能力.

例 16 如图 31(a),在平面四边形 $ABCD$ 中,$AB=BC=CD=a$,$\angle B=90°$,$\angle BCD=135°$.沿对角线 AC 将四边形折成直二面角,如图 31(b).

(1)求证:平面 $ABC\perp$平面 BCD;

(2)求二面角 $B-AD-C$ 的大小.

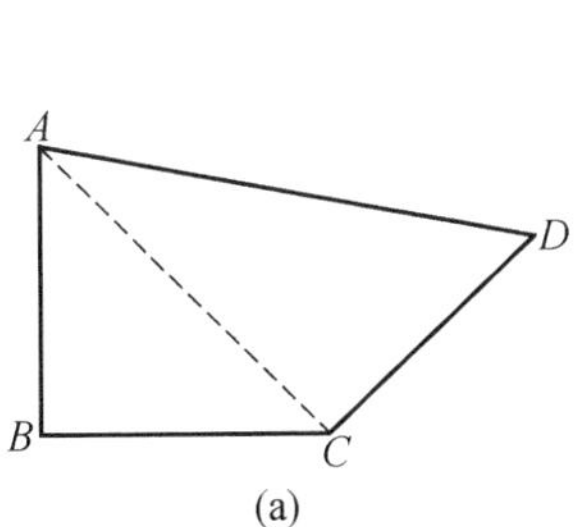

(a)

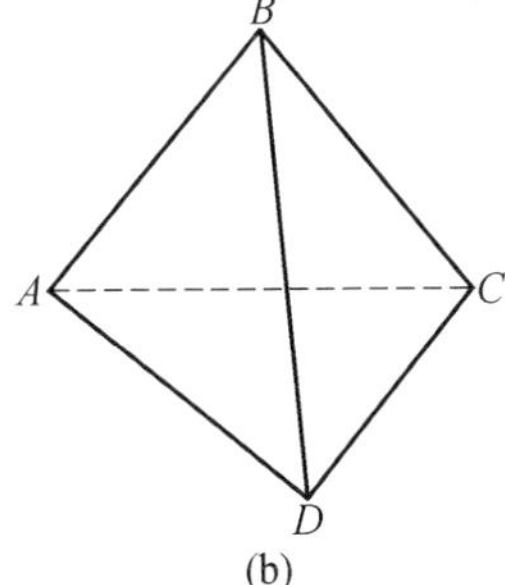

(b)

图 31

分析 由 $AB=BC$,且$\angle B=90°$知,取 AC 中点 O,则 $BO\perp AC$,从而折成直二面角后,有 $BO\perp$平面 ACD. 只要在平面 ACD 内作 $OE\perp AD$,则 $BE\perp AD$,可得二面角的平面角;又$\angle BCD=135°$,且易知$\angle ACB=45°$,从而 $AC\perp CD$. 因此易证 $CD\perp$平面 ACB,从而第一问得证.

解 (1)因为$\angle ACD=135°-45°=90°$,所以

$$CD\perp AC$$

如图 32,过点 B 作 $BO\perp AC$,垂足为 O.

因为 $B-AC-D$ 是直二面角,且平面 $BAC\cap$平面 $ACD=AC$,$BO\perp AC$,所以

$$BO\perp 平面\ ACD$$

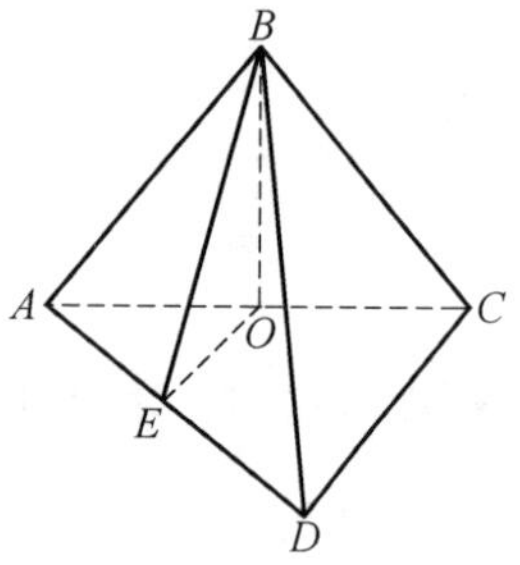

图 32

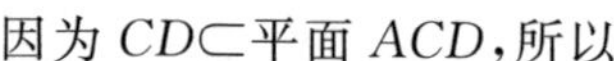

因为 $CD\subset$平面 ACD,所以

$$BO\perp CD$$

因为 $BO\cap AC=O$,所以

$$CD\perp 平面\ ACB$$

又 $CD\subset$平面 BCD,所以

$$平面\ ABC\perp 平面\ BCD$$

(2)由(1)知

$$CD\perp CB$$

则

$$AC=\sqrt{2}a,BD=\sqrt{2}a,AD=\sqrt{3}a$$

又 $AB=a$,则

$$\angle ABD=90°$$

作 $BE\perp AD$,则

$$BE=\frac{\sqrt{6}}{3}a$$

由(1)知 $BO\perp$ 平面 ACD,则

$$BO\perp AD$$

联结 OE,则$\angle BEO$ 就是二面角 $B-AD-C$ 的平面角.

因为 $AB=BC=a,\angle ABC=90^\circ$,则

$$BO=\frac{\sqrt{2}}{2}a$$

所以

$$\sin\angle BEO=\frac{\sqrt{2}a}{2}\cdot\frac{3}{\sqrt{6}a}=\frac{\sqrt{3}}{2}$$

从而

$$\angle BEO=60^\circ$$

即二面角 $B-AD-C$ 的大小为 60°.

例 17 如图 33 是四棱锥的平面展开图,其中四边形 $ABCD$ 为正方形,E,F,G,H 分别为 PA,PD,PC,PB 的中点,在此几何体中,给出下面四个结论:

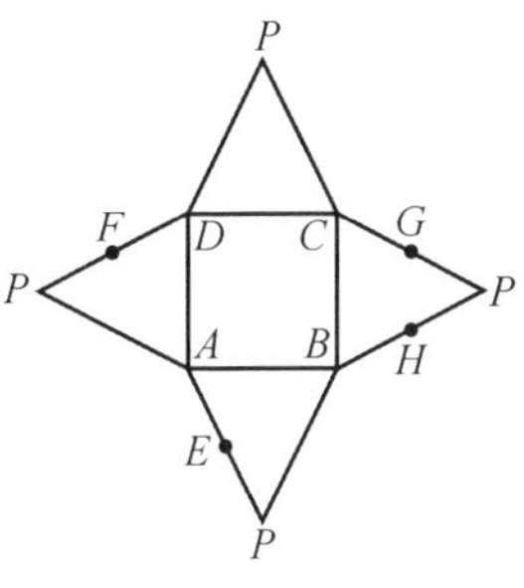

图 33

①平面 $EFGH$∥平面 $ABCD$;

②BC∥平面 PAD;

③AB∥平面 PCD;

④平面 PAD∥平面 PAB.

其中正确的有________.(填序号)

解析 把平面展开图还原为四棱锥如图 34 所示,则 EH∥AB,所以 EH∥平面 $ABCD$.同理可证 EF∥平面 $ABCD$,所以平面 $EFGH$∥平面 $ABCD$;平面

PAD,平面 PBC,平面 PAB,平面 PDC 均是四棱锥的四个侧面,则它们两两相交. 因为 $AB /\!/ CD$,所以 $AB /\!/$ 平面 PCD. 同理 $BC /\!/$ 平面 PAD. 故答案为①②③.

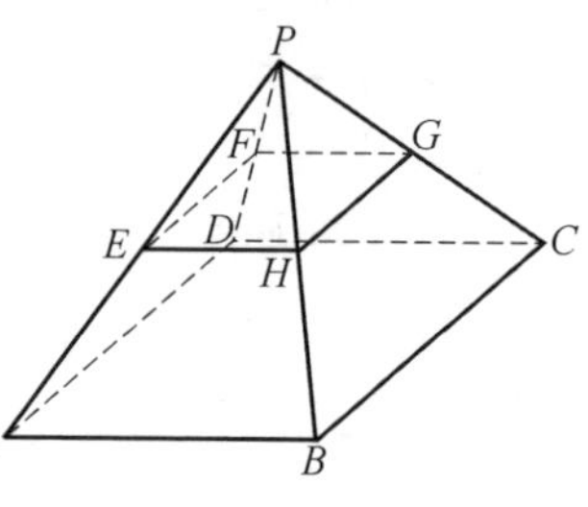

图 34

例 18 (2013 年广东理)如图 35,在等腰直角三角形 ABC 中,$\angle A=90°$,$BC=6$,D,E 分别是 AC,AB 上的点,$CD=BE=\sqrt{2}$,O 为 BC 的中点. 将△ADE 沿 DE 折起,得到如图 36 所示的四棱锥 $A'-BCDE$,其中 $A'O=\sqrt{3}$.

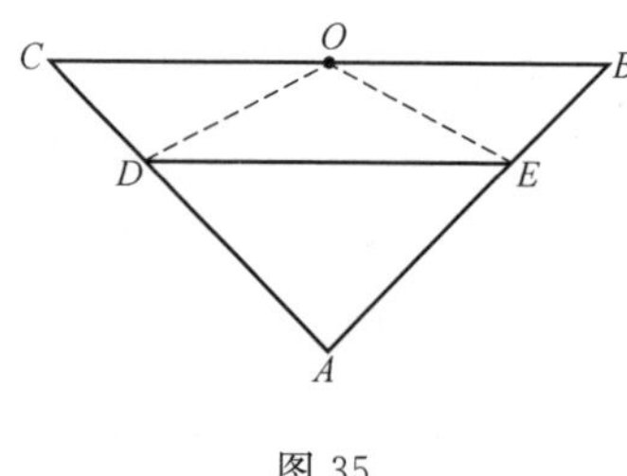

图 35

图 36

(Ⅰ)证明:$A'O\perp$平面 BCDE;

(Ⅱ)求二面角 $A'-CD-B$ 的平面角的余弦值.

解 (Ⅰ)在图 35 中,易得

$$OC=3,AC=3\sqrt{2},AD=2\sqrt{2}$$

联结 OD,OE,在△OCD 中,由余弦定理可得

$$OD=\sqrt{OC^2+CD^2-2OC\cdot CD\cos 45°}=\sqrt{5}$$

由翻折不变性可知

$$A'D=2\sqrt{2}$$

所以

$$A'O^2+OD^2=A'D^2$$

所以

$$A'O\perp OD$$

同理可证

$$A'O\perp OE$$

又 $OD\cap OE=O$,所以

$$A'O\perp 平面\ BCDE$$

(Ⅱ)传统法:过点 O 作 $OH\perp CD$ 交 CD 的延长线于点 H,联结 $A'H$(如图 37).

因为 $A'O\perp$ 平面 $BCDE$,所以

$$A'H\perp CD$$

所以$\angle A'HO$ 为二面角 $A'-CD-B$ 的平面角.

结合图 35 可知,H 为 AC 中点,故

$$OH=\frac{3\sqrt{2}}{2}$$

从而

$$A'H=\sqrt{OH^2+OA'^2}=\frac{\sqrt{30}}{2}$$

所以

$$\cos\angle A'HO=\frac{OH}{A'H}=\frac{\sqrt{15}}{5}$$

故二面角 $A'-CD-B$ 的平面角的余弦值为$\frac{\sqrt{15}}{5}$.

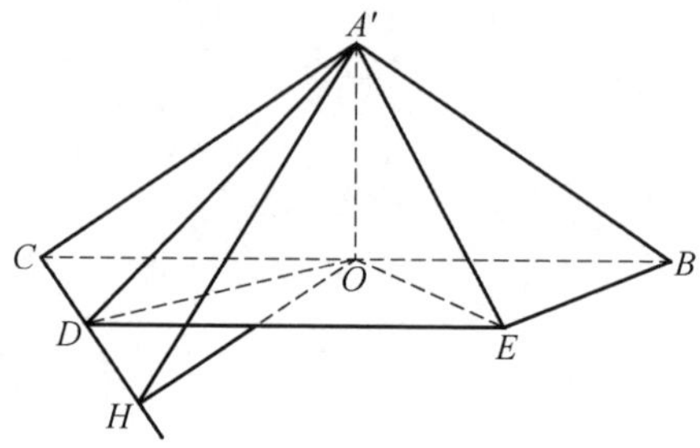

图 37

向量法：以 O 点为原点，建立空间直角坐标系 $O-xyz$ 如图 38 所示，则

$$A'(0,0,\sqrt{3}),C(0,-3,0),D(1,-2,0)$$

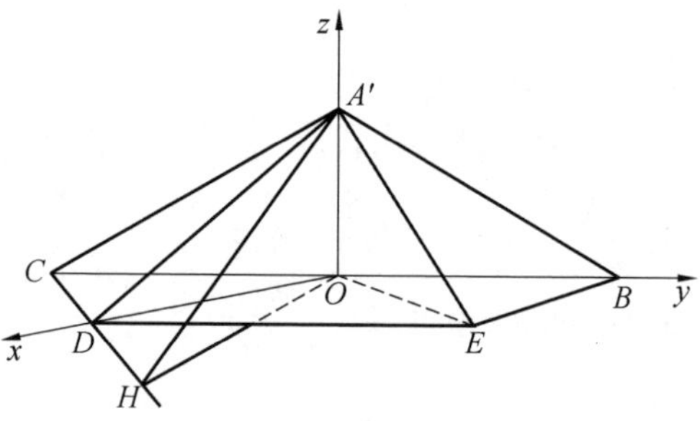

图 38

所以

$$\overrightarrow{CA'}=(0,3,\sqrt{3}),\overrightarrow{DA'}=(-1,2,\sqrt{3})$$

设 $\boldsymbol{n}=(x,y,z)$ 为平面 $A'CD$ 的法向量，则

$$\begin{cases}\boldsymbol{n}\cdot\overrightarrow{CA'}=0\\ \boldsymbol{n}\cdot\overrightarrow{DA'}=0\end{cases}$$

即

$$\begin{cases}3y+\sqrt{3}z=0\\ -x+2y+\sqrt{3}z=0\end{cases}$$

解得

$$\begin{cases} y=-x \\ z=\sqrt{3}x \end{cases}$$

令 $x=1$,得

$$\boldsymbol{n}=(1,-1,\sqrt{3})$$

由(Ⅰ)知,$\overrightarrow{OA'}=(0,0,\sqrt{3})$为平面 CDB 的一个法向量,所以

$$\cos\langle \boldsymbol{n},\overrightarrow{OA'}\rangle=\frac{\boldsymbol{n}\cdot\overrightarrow{OA'}}{|\boldsymbol{n}||\overrightarrow{OA'}|}=\frac{3}{\sqrt{3}\times\sqrt{5}}=\frac{\sqrt{15}}{5}$$

即二面角 $A'-CD-B$ 的平面角的余弦值为$\frac{\sqrt{15}}{5}$.

例 19 (2007 年广东理 19)如图 39 所示,等腰三角形$\triangle ABC$ 的底边 $AB=6\sqrt{6}$,高 $CD=3$,点 E 是线段 BD 上异于点 B,D 的动点,点 F 在 BC 边上,且 $EF\perp AB$,现沿 EF 将$\triangle BEF$ 折起到$\triangle PEF$ 的位置,使 $PE\perp AE$,记 $BE=x$,$V(x)$表示四棱锥 $P-ACFE$的体积.

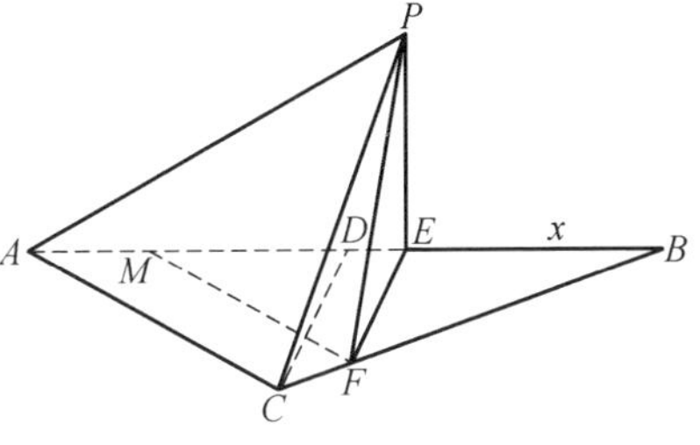

图 39

(1)求 $V(x)$的表达式;

(2)当 x 为何值时,$V(x)$取得最大值?

(3)当 $V(x)$取得最大值时,求异面直线 AC 与 PF 所成角的余弦值.

解 (1)由折起的过程可知

$$PE\perp \text{平面 } ABC$$

$$S_{\triangle ABC}=9\sqrt{6},S_{\triangle BEF}=\frac{x^2}{54}\cdot S_{\triangle BDC}=\frac{\sqrt{6}}{12}x^2$$

$$V(x)=\frac{\sqrt{6}}{3}x\left(9-\frac{1}{12}x^2\right)\quad(0<x<3\sqrt{6})$$

(2)$V'(x)=\frac{\sqrt{6}}{3}(9-\frac{1}{4}x^2)$，所以当 $x\in(0,6)'$时，$V'(x)>0$，$V(x)$单调递增；$x\in(6,3\sqrt{6})$时，$V'(x)<0$，$V(x)$单调递减. 因此当 $x=6$ 时，$V(x)$取得最大值 $12\sqrt{6}$.

(3)过点 F 作 $MF\parallel AC$ 交 AD 于点 M，则

$$\frac{BM}{AB}=\frac{BF}{BC}=\frac{BE}{BD}=\frac{BE}{\frac{1}{2}AB}$$

$$MB=2BE=12, PM=6\sqrt{2}$$

$$MF=BF=PF=\frac{6}{3\sqrt{6}}BC=\frac{\sqrt{6}}{3}\times\sqrt{54+9}=\sqrt{42}$$

在$\triangle PFM$中，有

$$\cos\angle PFM=\frac{84-72}{42}=\frac{2}{7}$$

所以异面直线 AC 与 PF 所成角的余弦值为$\frac{2}{7}$.

例 20 面积为$\sqrt{3}$的等边三角形绕其一边中线旋转所得圆锥的侧面积是________.

解 设等边三角形的边长为 1，则旋转所得的圆锥的母线长为 l，底面圆的半径为$\frac{l}{2}$，如图 40 所示.

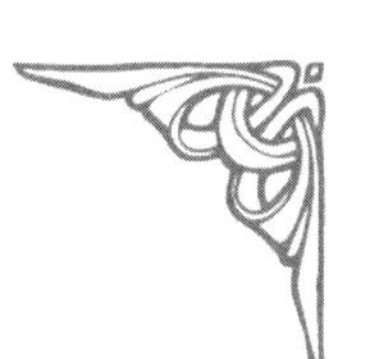

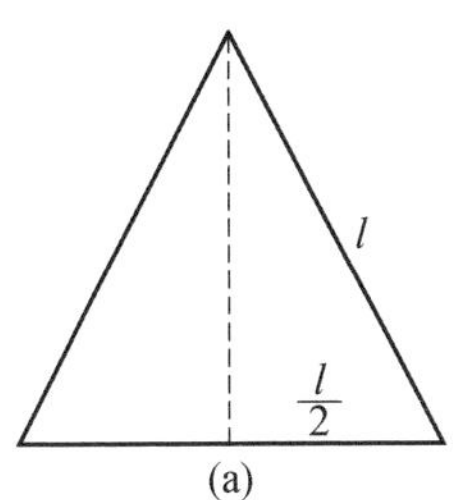

(a)

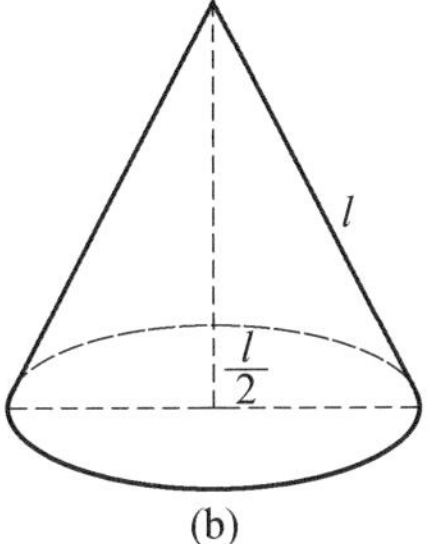

(b)

图 40

因为 $S_{正三角形}=\sqrt{3}$，所以$\frac{\sqrt{3}}{4}l^2=\sqrt{3}$，即 $l=2$.

所以圆锥侧面积为 $S_{侧}=\frac{1}{2}\pi l^2=2\pi$.

例 21　长方体 $ABCD-A_1B_1C_1D_1$ 中，$AB=4$，$BC=3$，$BB_1=5$，从点 A 出发沿表面运动到点 C_1 的最短路线长是________.

A. $\sqrt{90}$　　B. $\sqrt{80}$　　C. $\sqrt{74}$　　D. $\sqrt{50}$

解　从点 A 沿长方体的表面到点 C_1 是一条折线，如果将折线变为直线，最短路线就容易求出. 思路就是沿长方体的棱剪开，使得 AC_1 展开后在同一个平面上，求出 AC_1 即可. 至于如何剪，从点 C_1 出发，有如图 41(图中(a)(b)(c)均为简图)所示三种情况：

在图 41(a)中，$AC_1=\sqrt{4^2+(5+3)^2}=\sqrt{80}$；

在图 41(b)中，$AC_1=\sqrt{5^2+(4+3)^2}=\sqrt{74}$；

在图 41(c)中，$AC_1=\sqrt{3^2+(5+4)^2}=\sqrt{90}$.

对这三种情况比较大小，故应选 C.

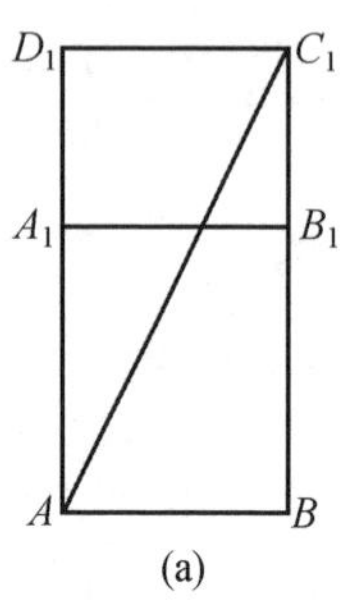

(a)

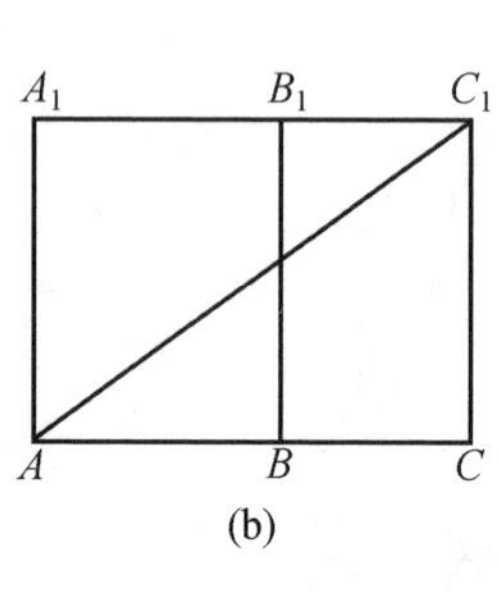

(b)

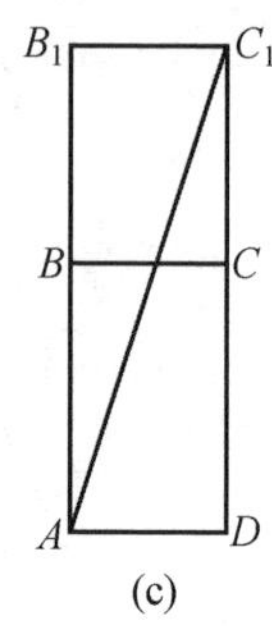

(c)

图 41

例 22 圆台上底面半径为 5 cm，下底面半径为 10 cm，母线 AB 长为 20 cm，从 AB 中点拉一根绳子绕圆台侧面转到点 B(图 42)，求绳子最短的长度，并求绳子上各点与上底圆周距离的最小值.

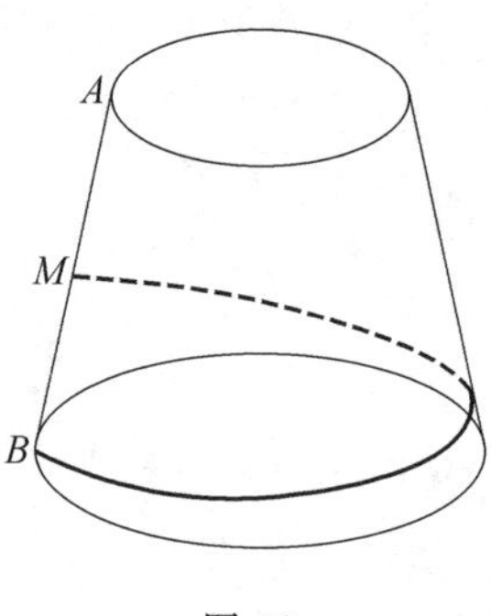

图 42

解 如图 43，沿母线 AB 将侧面展开，"化曲为直"，联结 MB'，则 MB' 即为绳子的最短长度.

圆心角

$$\theta=\frac{R-r}{l}\times 360°=90°$$

因为 $r:R=1:2$，所以

$$OA=AB=20\text{ cm},OM=30\text{ cm}$$

在 Rt$\triangle OB'M$ 中,有

$$B'M=\sqrt{OM^2+OB'^2}=\sqrt{30^2+40^2}=50\ \text{cm}$$

所以绳子的最短长度为 50 cm.

作 $OC\perp B'M$ 交$\overset{\frown}{AA'}$于点 D,OC 是顶点 O 到 MB'的最短距离.则

$$DC=OC-OD=\frac{OM\cdot OB'}{MB'}-20=4\ \text{cm}$$

即绳子上各点与上底圆周的最短距离为 4 cm.

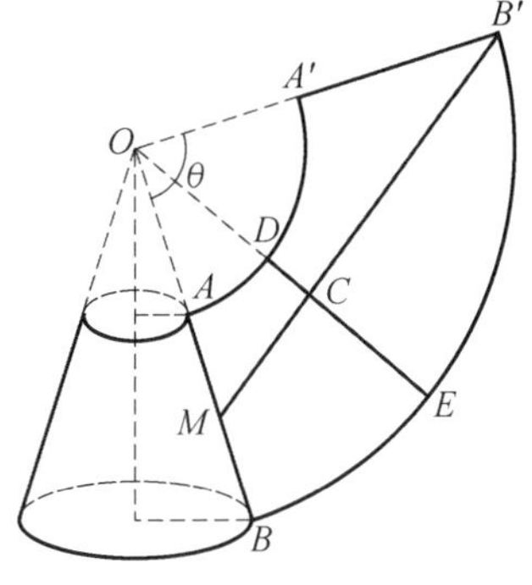

图 43

例 23 一圆柱的底面半径为$\frac{3}{\pi}$,母线长为 4,轴截面为 $ABCD$,从点 A 拉一绳子沿圆柱侧面到相对顶点 C,求最短绳长.

分析 绳子沿圆柱侧面由点 A 到点 C 且最短,故侧面展开后为 A,C 两点间的线段长.

解 沿 BC 剪开,将圆柱体的侧面的一半展开得到矩形 $BADC$,如图 44 所示.

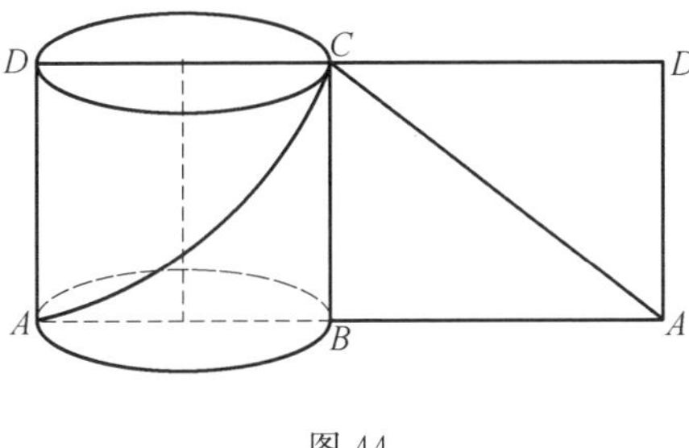

图 44

则

$$AD=4,AB=\frac{3}{\pi}\cdot\pi=3$$

所以

$$AC=\sqrt{3^2+4^2}=5$$

即最短绳长为 5.

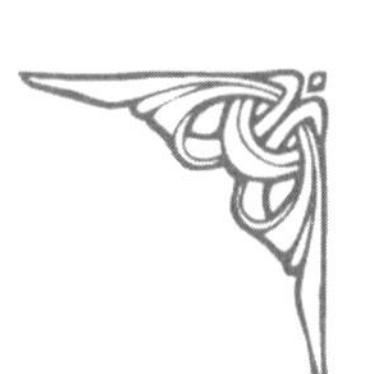

附录Ⅶ

利用“同构”法解决正方体展开图问题①

江加乾　（北京一零一中学　100091）

数学与人类发展、社会进步息息相关，数学素养的提高是数学教育的着力点. 本文从正方体展开图这一课例出发，对数学素养的培养进行一些思考.

有些立体图形是由一些平面图形围成的，将它们的表面适当剪开，可以展开成平面图形. 这样的平面图形称为相应立体图形的展开图. ②

从认知心理学方面来说，心理学家们致力于研究我们是如何进行推理、问题解决和决策的. 其中的“问题解决”是指将现有信息与头脑中储存的信息结合起来解决问题的行为. 在人工智能方面做出突出贡献而获得图灵奖的美国学者

---

① 摘自《数学通报》(2020 年第 59 卷，第 4 期).

② 李海东. 义务教育教科书数学七年级（上册）[M]. 北京：人民教育出版社，2012：117.

纽厄尔和西蒙，将问题分为初始状态、目标状态和问题处理三个阶段.提出在问题解决策略中，可以采取一系列方法，尤其是算法，来最终获得问题的解决①.心理学中的算法是指为了获得问题的解决而一步一步执行的程序.算法可以是一些公式和程序，在正确使用的情况下，总是能够奏效的.因为这是“按部就班地遵循了直接把问题引向答案的程序”②.借助于算法，在某一类相似的问题中，我们不但能够让我们的大脑来采取相似的“程序”来解决问题，甚至还可以利用计算机程序来实现算法进而解决问题.在研究正方体的展开图这一具体问题中，我们从展开图的结构出发，探索展开图之间的联系，尝试应用算法思想，探索“程序化”的方法，让静态的展开图“动”起来，获得解决问题的新角度，进而在探究过程中，培养学生的几何素养.

问题背景：

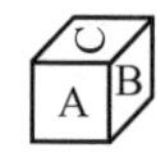

将右边的正方体展开，能得到的图形是(　　).

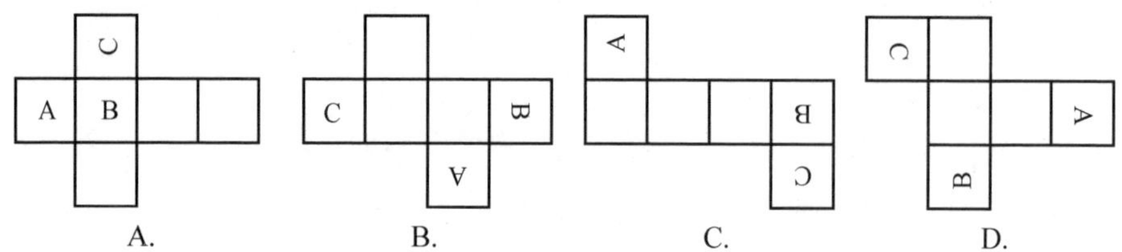

问题分析：

我们把正方体中有公共顶点(记为 M)的三个面的三条棱剪开一条后展开，其结果对应于图 1～3 所示的图形之一，要注意图形里三个面的字母是有方向的.

这三个图形之间有什么联系呢？

---

① 阿比盖尔·A.贝尔德.心理学[M].北京：中国人民大学出版社，2014：143-144.

② 菲利普·津巴多.普通心理学[M].北京：中国人民大学出版社，2008：285.

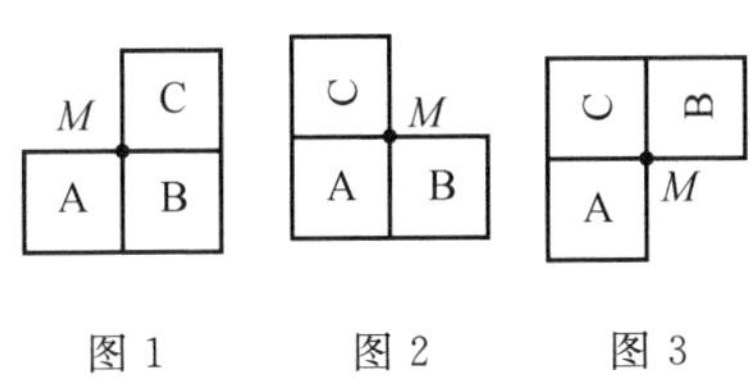

图 1　　　图 2　　　图 3

把图 1 的正方形 C 绕公共顶点 M 逆时针旋转 90°可以得到图 2，把图 2 中的正方形 B 绕公共顶点 M 逆时针旋转 90°可以得到图 3，把图 3 中的正方形 A 绕公共顶点 M 逆时针旋转 90°再整体顺时针旋转 90°就可以得到图 1. 这三步操作都是可逆的. 虽然这些图形不同，但它们都是同一个正方体的组成部分，笔者把这些图形称为“同构图形”.

这样，我们发现：如果正方体展开图中有三个面是共顶点的，那么其中有两个面可以绕公共顶点旋转 90°到新的位置，这样就得到新的展开图，新、旧展开图都可以折叠成同一个正方体，它们是“同构展开图”.

笔者把这种由旋转得到同构展开图的方法称为“同构”法. 这一算法的初始条件是三个面共顶点的情况. 步骤是将这三个面中的某一面绕着公共顶点旋转. 目标就是能够得到一些同构展开图.

需要注意以下两点：

第一，我们在利用同构法时，要判断初始条件. 例如下图展示的两种旋转，图 4 是把正方形 C 绕着点 N 顺时针旋转 90°，图 5 是把正方形 C 绕着点 N 顺时针旋转 180°，这两种变换都不是使用同构法，因为不符合初始条件，从已有图形看来，点 N 不是某三个面的公共顶点.

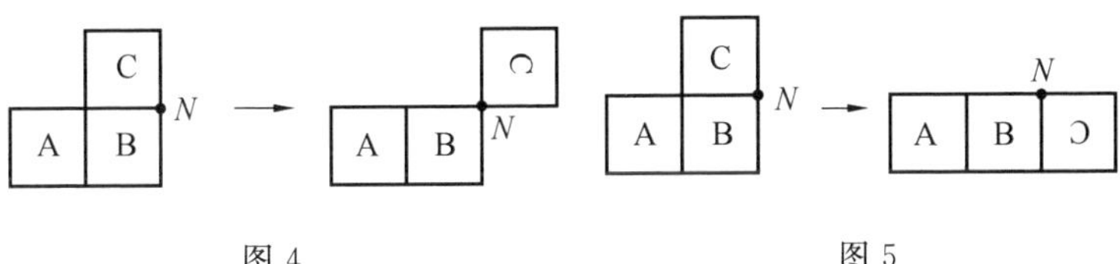

图 4　　　图 5

第二，如果被旋转的正方形连接其他正方形，这些正方形可以一同跟着旋转，例如，下图使用同构法是把正方形A，B，C，D绕着正方形B，C，E的公共顶点P顺时针旋转90°，从而得到新的同构展开图.

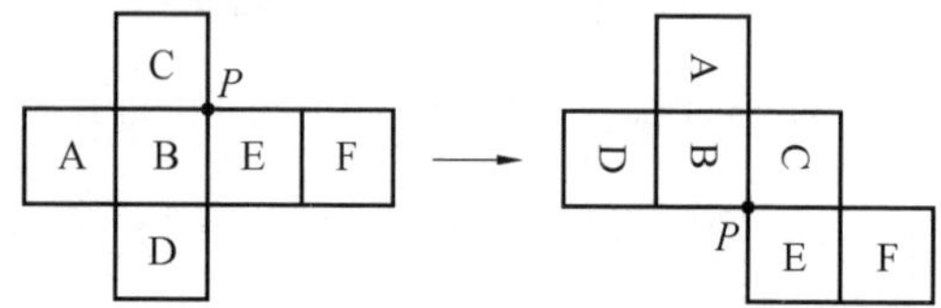

类似地，以下这些展开图都是同构的：

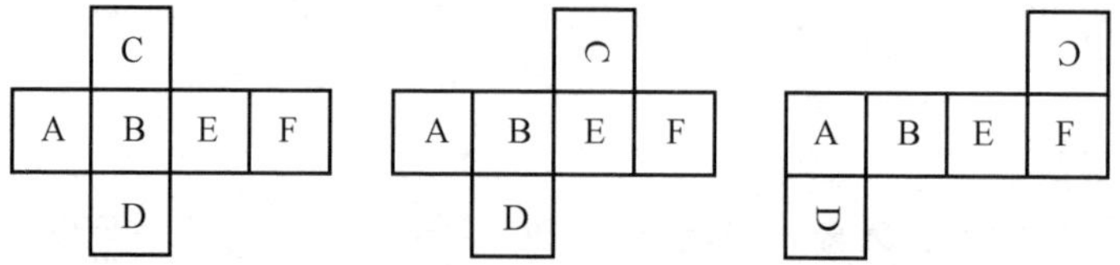

下面我们运用同构法来解决文章开始提到的背景问题.

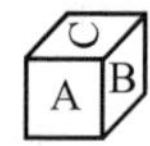

例：将右边的正方体展开，能得到的图形是（　　）.

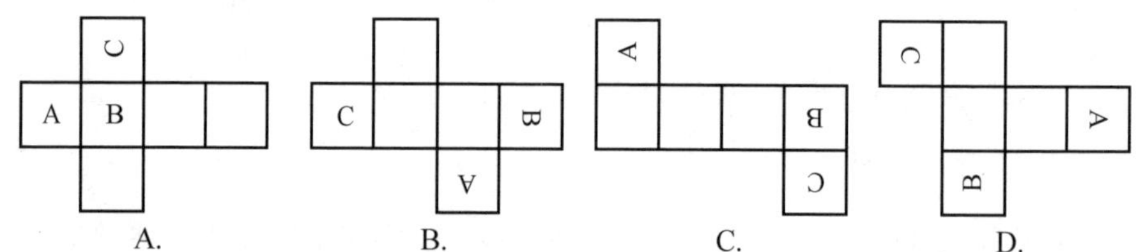

解法：选项A中，字母B的上方和字母C的左侧相对，而题干中字母B的上方和字母C的下方是相对的，不符合题意；

选项B中，展开图的字母比较分散，不容易判断，我们可以用同构法，把正方形A绕着点M逆时针旋转90°，我们看到，字母B的右侧和字母A的左侧相对，不符合题意；

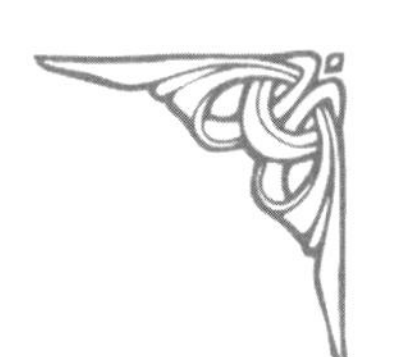

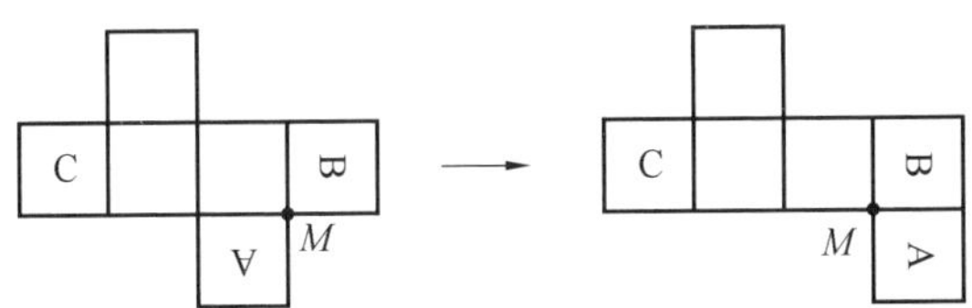

选项 C 中，我们可以利用同构法，第一步把正方形 A 绕着点 P 顺时针旋转 90°，第二步绕着点 M 顺时针旋转 90°，第三步绕着点 N 顺时针旋转 90°，得到同构展开图.

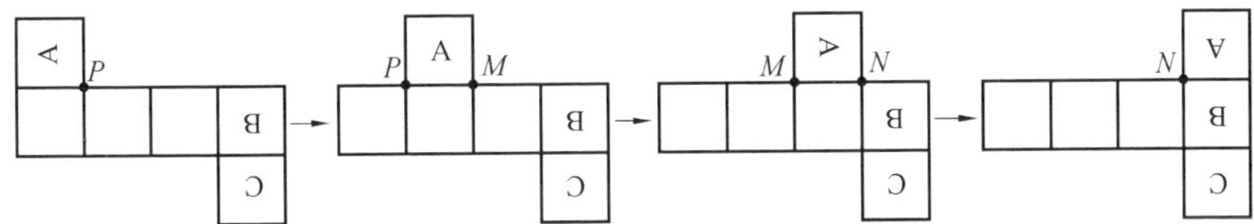

这样旋转三次，我们看到，字母 A 的上方和字母 B 的下方相对，不符合题意；

选项 D 中，我们利用同构法，第一步把正方形 C 绕着点 P 逆时针旋转 90°，第二步把正方形 C 绕着点 M 逆时针旋转 90°，第三步把正方形 A 连同它左边的正方形一起绕着点 N 顺时针旋转 90°，第四步把正方形 A 绕着点 R 顺时针旋转 90°，很显然，选项 D 符合题意.

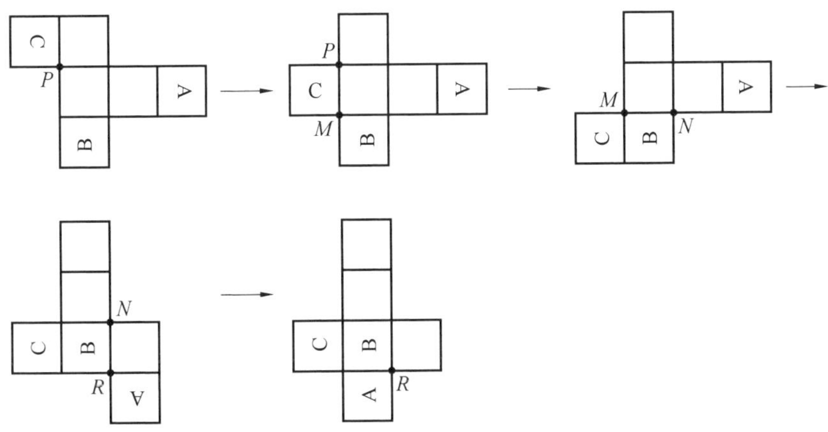

下面我们再通过一些例子来看看同构法的应用.

例 1 如图 6,在正方体的表面上画有斜线,图 7 是其展开图,但只在 A 面上画有斜线,那么将图 6 中剩余两个面中的斜线画入图 7 中,画法正确的是(　　).

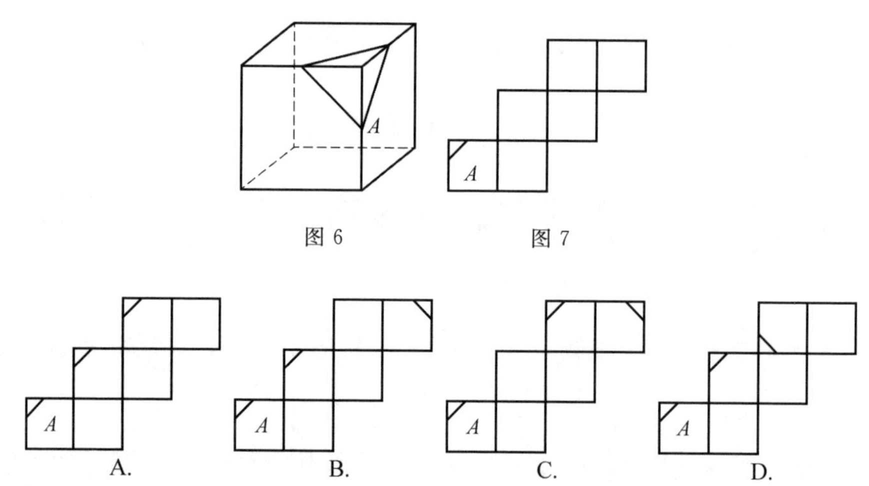

图 6　　图 7

解 对于选项 A 中的展开图,我们可利用同构法依次进行如下变换:

首先把图 8 中的点 P 左下方的正方形绕着点 P 顺时针旋转 90°,然后把图 9 中的点 M 右上方的正方形连同它右边的正方形一起绕着点 M 逆时针旋转 90°,最后把图 10 整体逆时针旋转 90°得到图 11,容易看出图 11 符合题意,从而选项 A 是正确的.

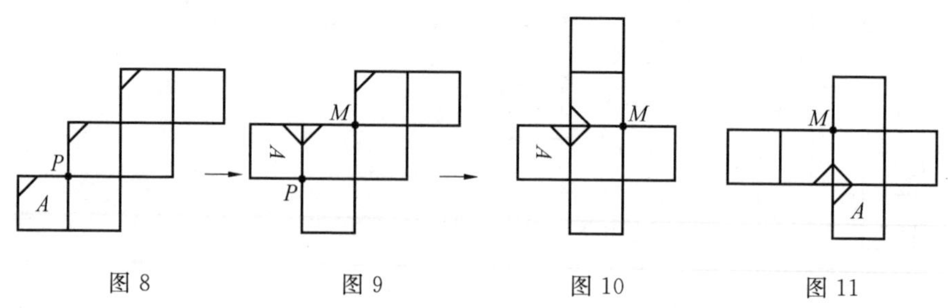

图 8　　图 9　　图 10　　图 11

例 2 如图 12 表示一个正方体的展开图,下面四个正方体中只有一个符合要求,那么这个正方体是(　　).

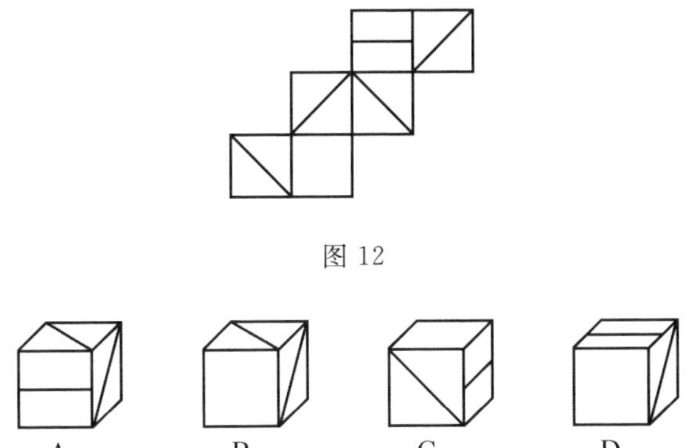

图 12

解 因为选项 C 和 D 中空白侧面和带有横线的侧面是相邻的,这和它们本应是相对的面矛盾,因此排除选项 C 和 D.

对于选项 A,我们可依次把展开图进行如下同构变换:

首先把图 13 中的点 M 左下方的三个正方形绕着点 M 顺时针旋转 90°,得到图 14;再将图 14 中的点 N 左上方的正方形绕着点 N 顺时针旋转 90°,得到图 15;再将图 15 中的点 P 左上方的正方形绕着点 P 顺时针旋转 90°,这时得到图 16;再将图 16 整体旋转 180°,得到图 17,这时发现图 16 和图 17,均不符合 A 选项.

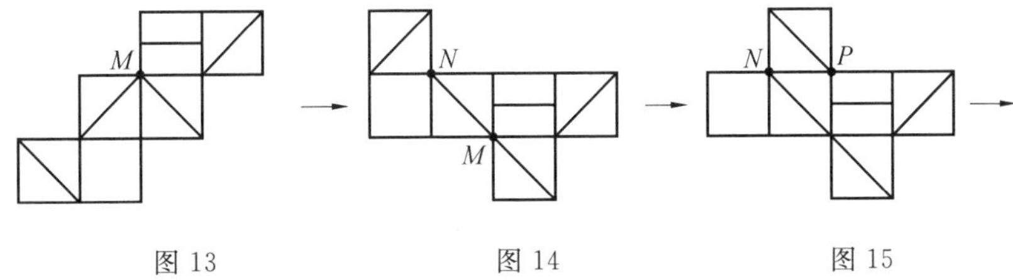

图 13　　图 14　　图 15

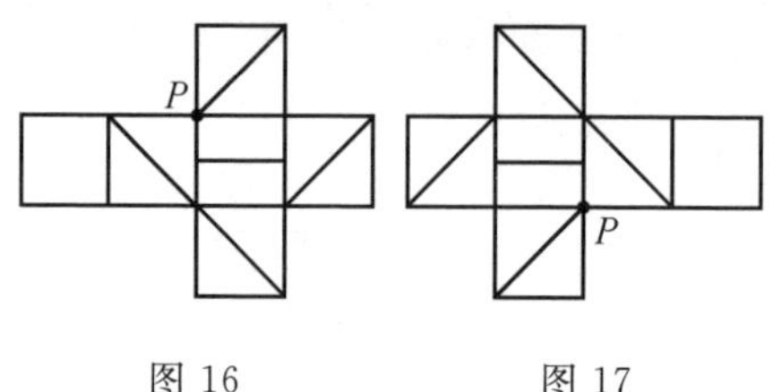

图 16　　　　图 17

对于选项 B,我们可以依次把展开图进行如下同构变换:

首先把图 18 中的点 M 右上方的三个正方形绕着点 M 顺时针旋转 90°,得到图 19;再将图 19 中的点 N 右下方的正方形绕着点 N 顺时针旋转 90°,,得到图 20;再将图 20 中的点 P 右下方的正方形绕着点 P 顺时针旋转 90°,得到图 21;再将图 21 整体逆时针旋转 90°,得到图 22,这时发现,图 22 是符合题意的. 所以此题选择 B.

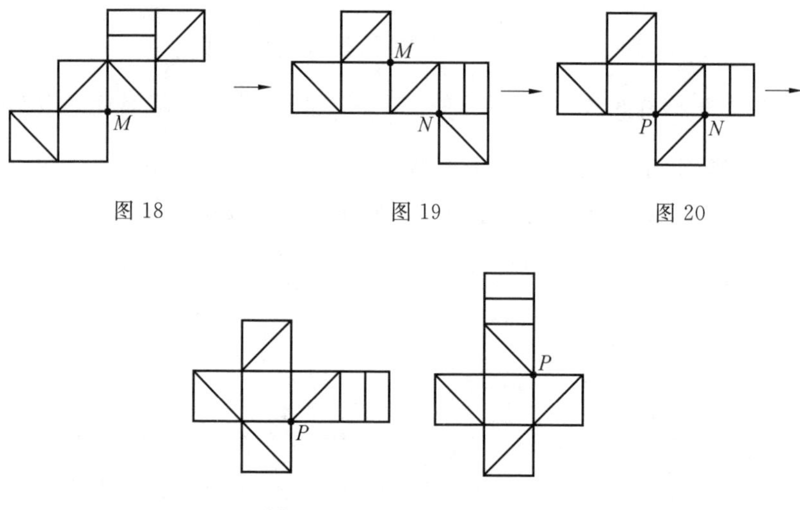

图 18　　　　图 19　　　　图 20

图 21　　　　图 22

通过上面的例子我们可以感受到,利用同构法,我们很容易得到一系列同构展开图,能够准确地解决正方体的展开图这类问题.

这一探索过程,对于我们的几何教学有一些启发.

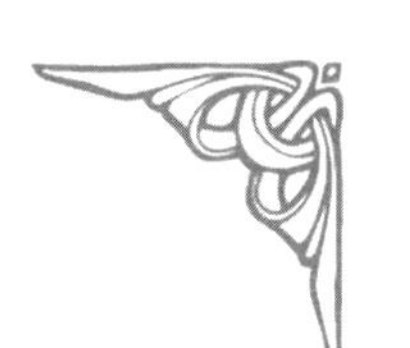

首先,各课程的不同层次要进行区分.

古德莱德将课程分为五种:理想的课程,正式的课程,领悟的课程,运作的课程和经验的课程.就本文的呈现方式来说,开篇直接展示了教师领悟的课程,而在运作的课程中,应当逐步引导学生探索发现同构法,使之成为学生体验到的课程.学生在逐步的体验过程中,感受立体图形和平面图形的联系,在归纳同构法的过程中,提高学生的几何素养.

其次,问题解决为导向的研究方法可以适用在几何变换中.

代数式的变型和化归,常常要分析目标代数式与初始代数式之间的联系和桥梁.而在正方体展开图这一几何问题中,我们也可以用问题解决来指导我们的思路分析,我们将初始的展开图,经过一系列同构变换,得到与之同构的目标展开图,顺利解决了问题.由于同构法有明确的操作步骤,学生可以很快掌握,这样学生今后在解决这一类问题时更加顺利.

第三,结构性的知识归纳需要对空间想象能力进一步提升才能够形成.

教育学中结构性的知识是指规范的、具有内在逻辑的、抽象出来的基本原理和方法.同构法就是这样一种结构性知识,按照一定的规律操作,我们总能解决目标问题.这容易形成一个误区,即教师把结论教给学生就够了,学生容易自满于模仿.因此,尤其要强调,知识的归纳不仅仅是目的.探索总结出这样的结构性的知识,是在教师解决了一系列正方体展开图问题的基础上实现的.学生在使用该方法的过程中,也需要空间想象能力作为保障,并不是单纯地记忆和操作.该方法的归纳是空间想象能力提升的结果,同时也是空间想象能力的进一步强化.

最后,教师应在教学中多关注典型问题的教育价值.

从我们的数学教育课程方面来说,《普通高中数学课程标准(2017 年版)》[①]中提出数学学科核心素养包括六个方面:数学抽象、逻辑推理、数学建模、直观想象、数学运算和数据分析.《义务教育数学课程标准(2011 年版)》[②]提出要注重发展学生的“空间观念”“几何直观”等.几何方面的直观想象与空间想象能力一直是数学素养的重要组成部分.对于初中的学生来说,正方体的展开图是学生在中学阶段接触的较早的平面几何与空间几何相结合的问题,非常有助于培养学生的几何素养.从教师的专业发展角度来说,需要平时多积累,关注数学素养各方面的典型问题,发掘这些问题的教育价值,不断提高教师自身的专业素养.

---

① 中华人民共和国教育部.普通高中数学课程标准(2017 年版)[M].北京:人民教育出版社,2018:4-7.

② 中华人民共和国教育部.义务教育数学课程标准(2011 年版)[M].北京:北京师范大学出版社,2012:5.

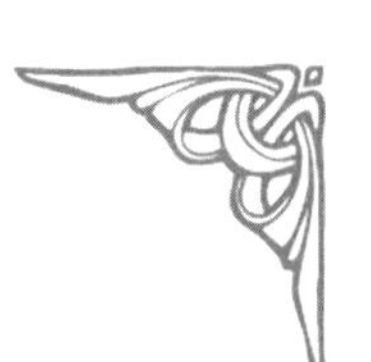

附录Ⅷ

几何学在形式设计中的运用[①]

顾征祥

陈列是一门科学，这个提法已被广大博物馆工作者所接受，然而从某种意义上说它又是一门艺术．当然这门艺术是在掌握有关的基础科学之后，才有可能在陈列技术上自由发挥．尽管各类博物馆的性质各有不同，其基础科学也不全类同，不过有门学科是任何博物馆陈列工作都需掌握的，它就是数学．实践证明，陈列工作与数学有着千丝万缕的关系．如展品的排列与组合、陈列布局的规算、陈列图式的绘制、陈列面积与陈列品数量之间的比例、陈列密度的确定、陈列室及各种陈列橱柜的最大容量的计算，等．

数学发展到现在，已产生了许多分支．以陈列形式讲，关系最为直接的当推几何学．不论何种陈列形式，它总是点、线、面的组合，这种组合完全属于几何学

---

① 摘自《中国博物馆学会第二次年会论文集》，中国博物馆学会编，文物出版社，1986．

的范畴.所以,对于陈列形式与几何学关系的研究,值得我们注意.本文拟就这个问题做些粗浅的探讨.

一、“点”在形式设计中的运用

一般人认为,由于点的渺小,所以在博物馆形式设计研究中它的实用意义不大.其实大与小是相对的,博物馆中形体甚小的陈列品,如细石器、贝壳、钱币等,我们仍可把它们看作为扩大了的“点”.如果这种点在陈列中布置欠妥,就会给观众以散、乱的印象;数量掌握不匀,就有轻重多寡的感觉.对这种点如果布置得好,同样可取得较好的陈列效果.我认为,要收到良好的效果,应具备两个要素:一要成组,切忌分散单个排列;二要成形,确切地说,必须组成无线而有形的几何图形.这样才能给观众以既完整,又不呆板的良好印象.但要避免摆成倒三角形、倒梯形,这种形状给人以头重脚轻的不稳定感.此外,陈列品的数量要控制得当.面积 130 cm×60 cm 的展柜内,如放置古代钱币以 6～20 枚为宜.

二、“线”在形式设计中的运用

博物馆陈列形象中有大量有形的和无形的线.其中有形的线又分直线、曲线和折线.兹分述如下:

1. 直线

直线有垂直线、平行线和对角线等多种.

人类眼光的自然移动方式是从被看物体的一侧向另一侧平移.如果我们在陈列中恰当地使用垂线,隔断观众的正常视觉习惯,迫使观众的眼光上下升降,可把注意力引到陈列品上.

如在陈列壁柜的衬背上施浅浅几条垂直平行线,观众只要上下移动双眼,数层展示的陈列品即能一览无遗.为使某种陈列品突出,一般做法是在壁衬上置以较为显眼或名贵的衬料,以区别其他陈列品.不过这种做法很可能会造成整个柜子内色彩、格调的不一致.如果在衬垫的积木上略施几条垂直平行线,就能把观众的注意力吸引到这件陈列品上.因为垂直线又会使观众的目光提得比往常更高,使之产生高耸视觉印象.同样的道理,一些摆在高壁柜内较粗笨的展品,我们只要在背衬上施几条垂直平行线,就会弥补展品不相称的粗笨的视觉印象.一般序幕厅的大屏风,其两侧常施以醒目的垂直平行线,其用意:一是为吸引人们的视线集中到屏风的中央去,二是使宽阔的屏风显得灵巧、顺眼.

如果说垂直平行线能使展品显得高耸,那么水平平行线能使展品显得宽广;垂直平行线可把观众的注意力吸引到中央,水平平行线则能使观众更注意两侧.换言之,垂直平行线使观众注意重点,水平平行线使观众注意一般.所以水平平行线在陈列中必须慎用、少用.

可以认为,陈列壁柜的每一层即是一条水平平行线.陈列设计者应尽量减少这种柜子的层次,以免分散观众的注意力.壁柜中的展品也不宜太多,多了也会分散观众的注意力.当然,只要我们处理得当同样可取得好效果.1983 年举办的“南京博物院五十年”展览中,有一壁柜陈放该院编著的各种书籍、图录.壁柜迎面陈放十册图书,因其线条与水平平行线相垂直,形成了一个个“方格”,线条纵横,两相抵消,就不显得分散和繁多.还有一个陈列编钟的柜子(图 1),其柜顶、柜支架、拓片组成七条水平平行线,设计者希望观众从左到右注视柜中九个编钟,水平平行线正好符合要求.这种情况下,水平平行线不是慎用、少用的问题,而是必须用.

用两套平行线组成正方格或长方格,则适用陈列体积较小的陈列品.1983 年南京博物院举办了“院藏明清工艺品展览”.图 2 是摆放宜兴紫砂器的中立柜的正剖视图.设计者采用三层大小不等积木的平行线条组成各种方格,每格陈

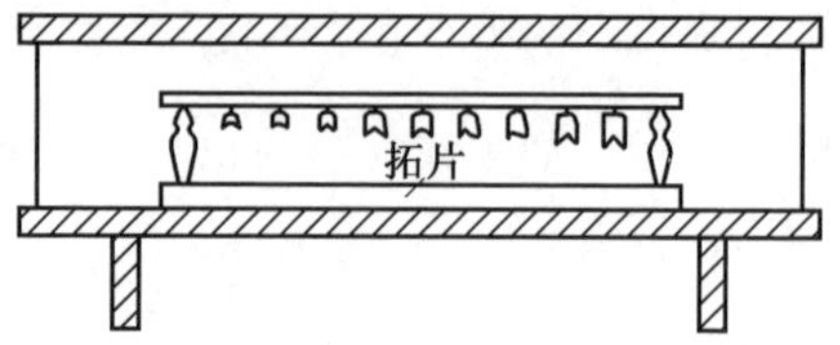

图 1

列一紫砂器.十件小小的紫砂器各居一“室”,显得十分匀称协调,克服了器小又多易显散乱呆板的弊病.

水平平行线还可起连接陈列品或陈列设备的补缺作用.1981 年南京博物院承办了“罗马尼亚共产党建党六十周年展览”,展品都是照片.陈列时发现有一部分照片较少,其他部分也不能机动,总长度短于其陈列地段,有碍整个布局.设计者采用两个木套连接前后,中间并无照片.增加了长度,以四条水平平行线使之前后相连,一气呵成,并无割裂之感(图 3).

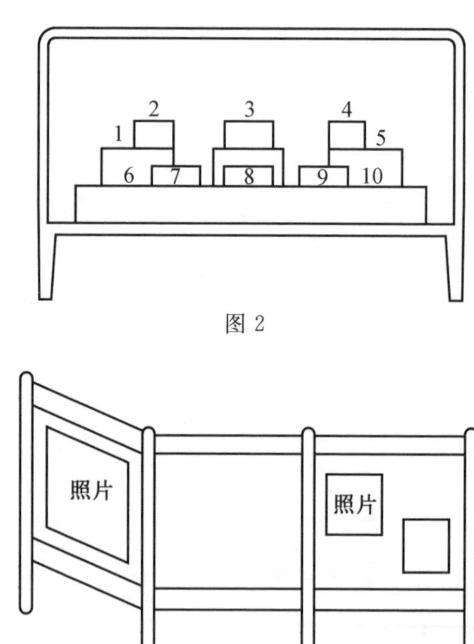

图 2

图 3

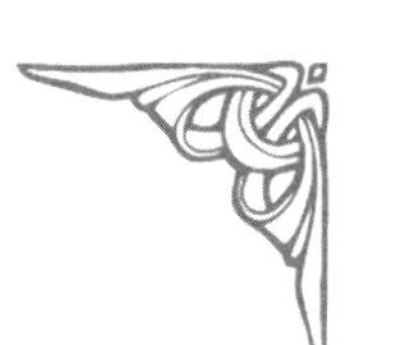

2. **曲线**

曲线的视觉印象与直线相比更为优美、活泼、花哨.由于博物馆陈列具有庄重、朴素的特点,曲线运用不如直线多.

但像丝、绸、棉、麻等织物的陈列应让其自然地从上而下地悬挂,这就不宜用直线而宜用曲线.长幅书画的陈列与此相仿.又如有些陈列中,常有大幅旗帜或布幔,也需用曲线表示出旗帜的“迎风招展”或布幔的柔和.有些陈列品的本身就是曲线,陈列时,力求曲线处于最佳位置.如图 4 的大象牙的陈列是成功的,四条曲线安排较为稳重、协调.而图 5 的陈列却是失败的,曲线呈扇形,左轻右重.“南京博物院五十年”展览中,有一组少数民族日用工具的陈列品,设计者是这样安排的:以鱼钩(呈曲线)挂于背板中心,展开鱼钩绳(亦为曲线),中间固定两点,绕过背板右上方,绳末亦作钩状,与鱼钩相呼应.下悬火药袋三件,从三个方向由小到大向同一方向展开(本身呈六条曲线).底下陈列一鱼网作衬垫,使右半部分完整、集中、稳定而又活泼.左半部分有四件陈列品,袋与鱼篓以鱼篓绳相联系,鱼篓绳、袋绳及麦秆扇子都为曲线,弧度较大,与右侧诸曲线线条有所不同,使整个板面情趣各异,丰富多彩(图 6).左上角挂一折线状的玩猴,在整柜的陈列品都呈曲线的情况下,显得更为别致,避免了线条的单一性.总之,由于设计者按展品的形状,即曲线安排的结果,使这组文物更显活泼、生动.

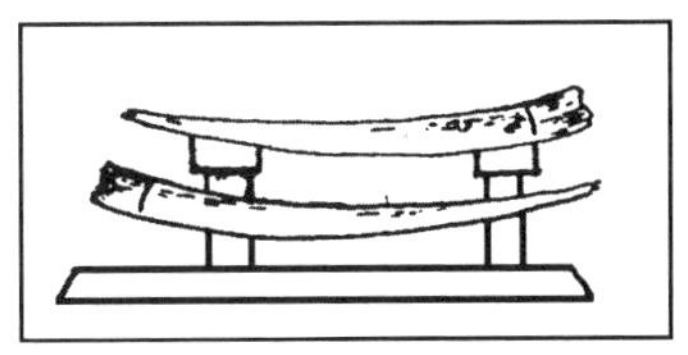

图 4

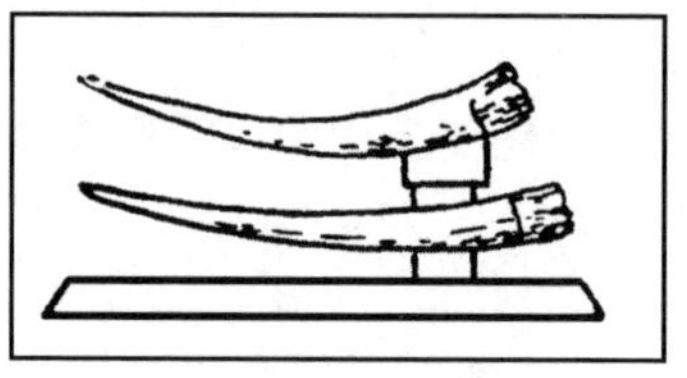

图 5

图 6

3. **折线**

折线由直线所组成，具有直线周正、庄重的特点；但折线又是曲折的，具有曲线灵巧、活泼的特点.它介于直线、曲线两者之间，具有两者之长，正与博物馆陈列的特点相吻合.博物馆陈列中折线的运用比曲线更为广泛，不仅在安排局部展品和展柜时要使用它，就是在设计整个陈列布局时也要使用它.

南京博物院三楼是个约四百平方米的长方形陈列厅.如果采用图 7(a)和图 7(b)的布局形式，极显平淡、单调.1982 年在此举办“南通工艺品展览”的设计者利用活动屏风及橱柜把该厅分为三间(图 7(c))，这种设计充分利用陈列厅的中间部位，增加陈列面积，又巧妙利用了折线灵巧、活泼的特点，使展厅别有新意.

图 7(d)是 1981 年举办的“罗马尼亚共产党建党六十周年展览”的展厅平面图，设计者把展厅的四边设计成四条不尽相同的折线.这样既易于装配固定，又活跃了节日喜庆的气氛，也提高了观众的兴趣，效果较好.

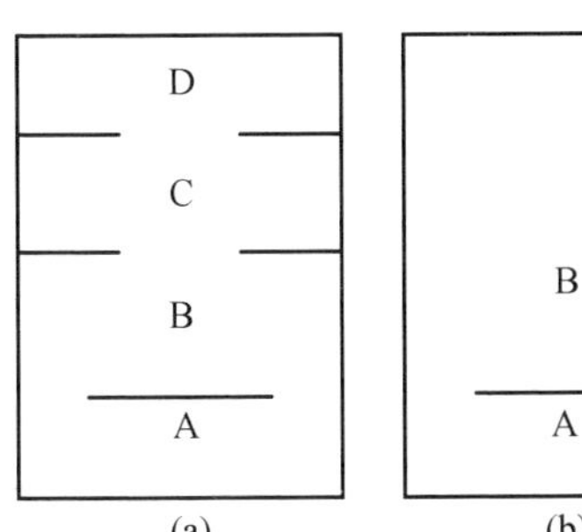

(a)

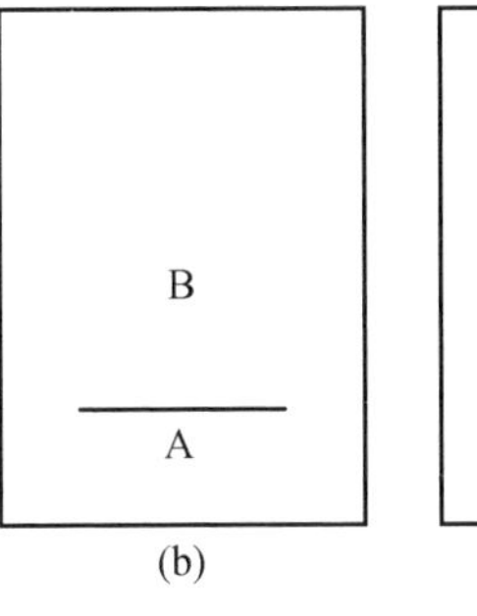

(b)

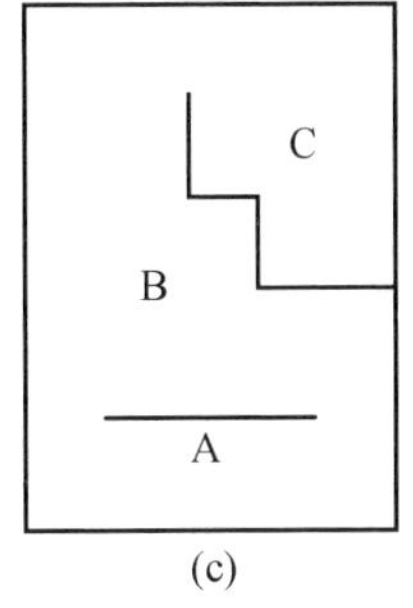

(c)

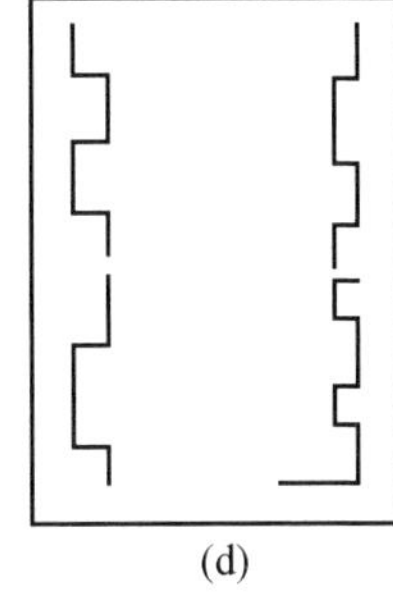
(d)

图 7

1962 年南京博物院举办的“工厂史展览”中，一个立柜内展出了三台英国资本家的剥削工具——打字机.设计者用各种信纸、账单，从一个打字机上散放至积木下，形成“之”字形的一条折线，在形式上有意破坏其平稳的气氛，而在内容上却揭示了帝国主义者众多的剥削罪证，并暗示其每况愈下，摆脱不了最终失败的命运(图 8).这是一个展柜成功地运用折线的范例.

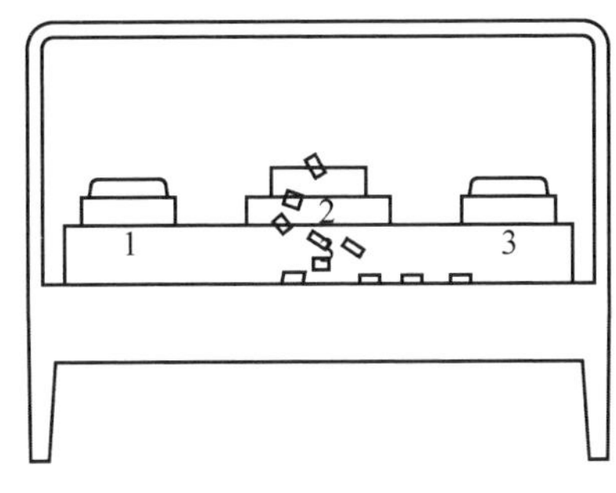

图 8

陈列柜中的陈列品，彼此之间无线条相连，由于其陈列位置的不同，似有一条线将它们联系在一起.唐三彩中的牵马俑、牵骆驼俑，如将它们的位置摆放准确，人手与兽头之间，确似有条无形的缰绳存在，这是最简单的例子.展品置于陈列柜中，正面看每件展品的立面中心都可假设有垂直的中轴线存在.中轴线与展品顶端相交之点，称为中轴点(定位点)，一般以此点决定展品摆放的位置.

柜内各展品中轴点的连接线，不论正视或顶视都会形成一条有变化的折线(图9). 为叙述方便，我们暂将正视所形成的折线命名为正视折线，顶视所形成的折线命名为顶视折线. 观众的参观一般以正视的为多，因此，我们想着重讨论一下正视折线的问题.

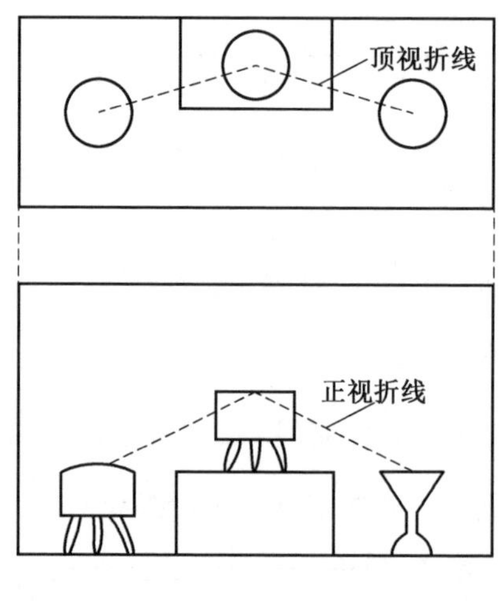

图 9

不同的陈列橱柜，其展品正视折线的处理和要求不完全一致. 观众只能从正面观看壁柜，进深较浅，一般分作数层，其底层及各层玻璃板又都呈水平平行线. 因此，无论陈列品怎么摆，只要避免陈列品过多而形成正视曲线过分曲折，其余都可"带得过"，容易讨巧. 大联柜基本与壁柜相同，但因这种柜的展线长，陈列品不能过密或高矮过分悬殊. 最难处理的是中立柜(中心柜). 此种柜一般摆于陈列室中间，做到展品四面观看都无缺陷，难度很大. 如将其置于一侧靠壁，还有三面面对观众，做到"三面光"亦非易事.

图 10 是展品较少的中立柜的三种布置法. 其中图 10(a)中只产生一条两边高、中间低的正视折线，视觉效果对称、庄重、匀称. 图 10(b)的正视曲线起伏、活泼而均衡. 点 A 为一纤巧陈列品，点 C 为一粗重陈列品，靠近该柜中轴

线. 尽管点 A,B,C 距离长,C,D 距离短,但因 A 小 C 大,外观还是平衡的. 图 10(c)的正视曲线,点 A,B 高,C 点低,视觉效果左重右轻,极不平衡. 这种摆法实不足取.

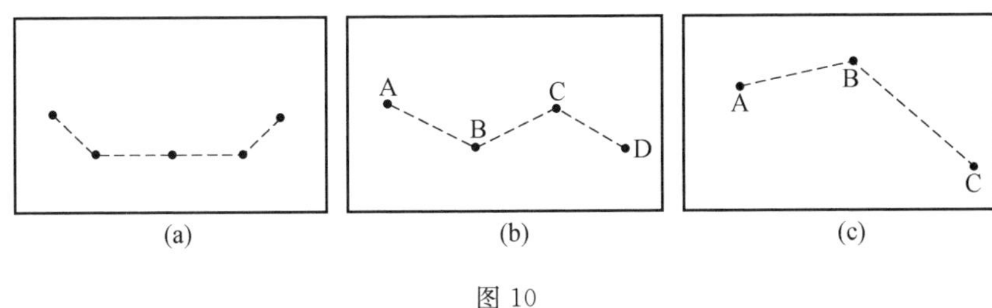

图 10

图 11 是展示中的中立柜的八种摆法,展品形成两条正视折线. 为有所区别,我们将高位置者称为主视正折线,低位者称为正视副折线. 图 11(a)的主折线基本呈直线,图 11(b)和图 11(c)的副折线呈直线. 此三图主折线上的展品都较大,副折线上的展品均为作陪衬的小件,视觉效果较好,无上重下轻之感. 图 11(d)的两条正视折线曲折有致,展品显得活跃而庄重. 图 11(e)的两线基本平行,虽不规则,但由于 B 和 B′均为靠近柜子中央的大的展品,看起来还是平衡的. 图 11(f)的两条正视线,既不平行又不平衡,是失败之例. 图 11(g)和图 11(h)的陈列品甚多,形成三条正视折线,虽然其中之一为直线,但其余两折线均处理不善,展品既高矮悬殊又显杂乱无章,都是不成功的例子.

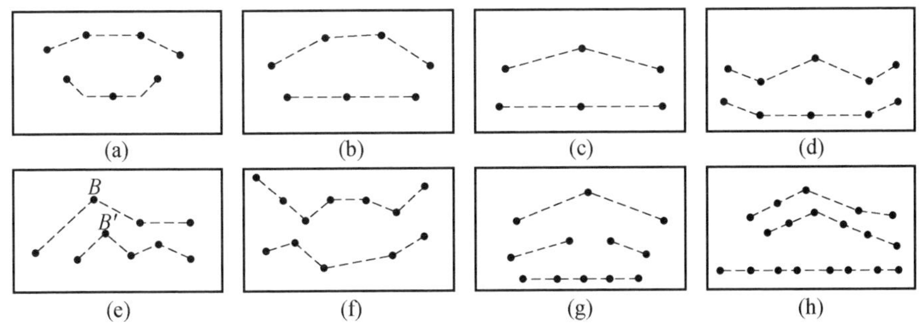

图 11

至此，我们对此类中立柜展品的摆法可以有以下几点认识：

①使展品呈一条正视折线最理想，以平衡式、对称式最适用．大小过于悬殊的展品，最好不采用此法，否则必须缩短相互之间的高度差．

②两条正视折线尚可运用，但展品以不过十件为宜，否则显得臃肿杂乱．如两边都摆小件陈列品，力求两边副折线大体相当，否则两侧不均衡．两条正视线以一直线、一折线为好．如摆成两折线，应当力求二者较为规则或二者平行，效果较好．

③尽量不使展品呈三条正视折线．陈列品过多难以突出重点，也难以收到理想的效果．

中立柜透明度大，所以布置时不能着眼一个柜子的摆布，要顾及周围的展品．尤其此类柜子成排陈列时，要避免陈列品相重，使观众无论从哪一侧望去，都能一览无遗．

三、"面"在形式设计中的运用

面的形状千变万化，形成丰富多彩的各种几何图形．本节只谈博物馆陈列中常见的三角形、四边形、多边形及圆形四种．

1．三角形

三角形是陈列中用途较广的几何图形之一．用直线构成的几何图形中，三角形所用直线最少，给人以极为简洁的感觉．而底边是水平的三角形又给人以极为稳定的感觉．等边三角形作为陈列布置的基础，更加稳固、实用，橱柜布置中常用它．

两腰夹角小于60°的等腰三角形有指示方向的作用，可用以吸引观众的视线，突出重点展品．

这里，想顺便提一下关于陈列用镜框的问题. 我们知道，镜框悬挂时，框绳都呈等腰三角形，易把观众的注意力引向镜框上方，而且过多的三角形还易使观众感到疲劳. 因此，应选用细而牢的挂镜绳，以避免上述弊病.

倒等腰三角形同样能引人注目. 我们知道，平衡、条理和安稳是人们最普遍的意识. 倒三角形却干扰了这种平衡，使人们觉得它会随时倒向一边，眼光自然而然被它吸引过来. 当然，倒三角形在商店橱窗布置或展览馆陈列布置中可大为应用. 在博物馆陈列中只在一些陈列设备的装饰上才有用武之地.

锐角三角形运用适当，效果也是很好的. “江苏历史陈列”中展出了一艘武进淹城出土的春秋末年的独木舟，原放于玻璃柜中并不显眼. 1981 年赴日展出时，拿掉玻璃柜，重做底座，反而很突出. 道理很简单，它解脱了柜橱的束缚，船首与底座形成一个无形的锐角. 锐角指向独木舟，因而引人注目(图 12).

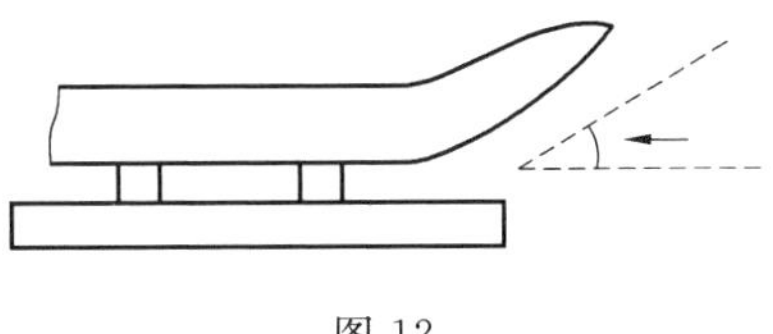

图 12

在所有三角形中，等腰三角形最能表现陈列组合的节奏感. 三角形积木如在中立柜朝向一个方向摆，显得单调. 如其背面无陈列品，浪费了陈列地带，也不雅观. 如将三角形积木朝两个方向间隔陈列，能补上述不足. 同时在组合上也有了节奏感. “南京博物院五十年”展览中，有一方柜陈列新四军用过的武器和旗帜(图 13). 旗帜斜挂背面(粗线)，前面座架放了三支枪、两把刀. 旗本身呈三角形，底座 B,C 两点往上延伸，相交于点 A，从而形成一个等腰三角形. 旗子和刀枪实际形成相重的两个三角形，层次分明，很有节奏感.

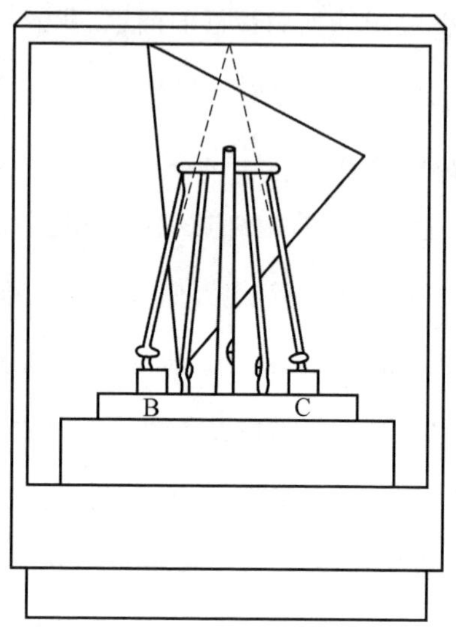

图 13

2. **四边形**

四边形是陈列中应用最广的几何图形. 陈列室及各种陈列设备几乎全是四边形. 我们所说的四边形，是指规则的四边形. 下面简谈一下正方形、长方形、菱形及梯形.

正方形很规矩，积木一般都做成正方形，求其稳重，并可拼成其他形状. 但由于它过于规矩，在柜中把它一律正摆面向观众，较难发挥陈列效益；如采用其他辅助手段，可改变其过于呆板、平淡无奇的视觉效果.

"江苏历史陈列"中陈列的一块呈正方形的狮子戏球砖刻，设计者将其置于三角座架上. 正面看，座架呈长方形，矮于砖刻. 这样，正方形与长方形相重而不全重，观之很有层次.

要使正方形取得较好视觉效果，还可将其一条对角线垂直于底线，因为任何只靠一角直立的形状都会吸引人们的眼光. 1982 年南京博物院举办的"院藏甘青鲁豫蜀五省古代陶器展览”中，陈列了三十个唐代女俑头.设计者把每个正方形积木的对角线垂直于底线(图 14)，醒目地展示了陶俑上的各种发髻，十分动人.观众仔细揣摩，赞不绝口.

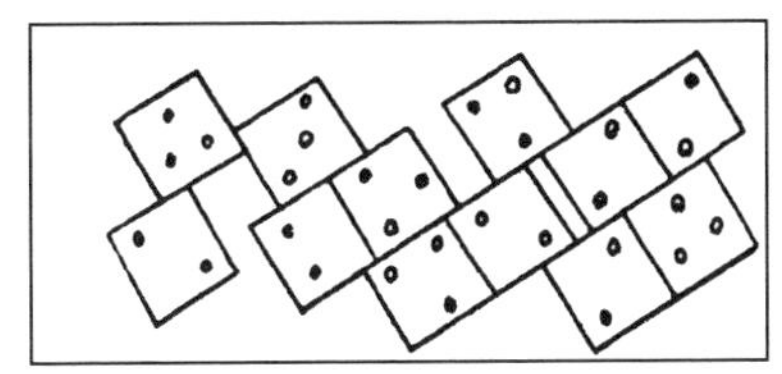

图 14

平放或竖放的实心正方形，一般不能引起人们的参观兴致，如用线状或条状的各种质地的材料制成的正方形，引人注目的程度却是惊人的.一些方形镜框或板面之所以加上各种边料，原因就在此.一些纸质陈列品采用各种边框固定在板上或墙上也是同样道理.如使正方框的上边向外倾斜，效果更为明显.

长方形是博物馆陈列中使用最广的一种图形，它能给人以安静、平稳的感觉，实用价值很高.一般说来，长宽比小的长方形更能引起观众的注意.橱柜、镜框、板面之所以用长方形的原因就在此.长宽比大的长方形，如整块墙面、大联柜，尽管吸引力不如长宽比小的长方形.但是使用价值高，可以陈列更多的陈列品.在博物馆的陈列中，这两种长方形缺一不可.

直立的长方形由于其高耸，在长方形中吸引力最大.1981 年南京博物院举办的“时钟展览”中，有一台布谷鸟坠钟，钟身很小.如放在柜中根本不能引起人们的注意；如挂在墙上，它与其他精美的座钟相比，小巫见大巫，也肯定不为人瞩目.设计者观其底座及衬板为直立长方形，于是就把它放于两个卧式八音盒之间，专门设计制作了有机玻璃的外罩，以显示其“不平凡”.这样，由于直立长方形的显眼、有机玻璃罩的“高贵”以及两个八音盒以矮衬高的作用，这个布谷

鸟坠钟显得翘然昂立，相当出众(图 15).

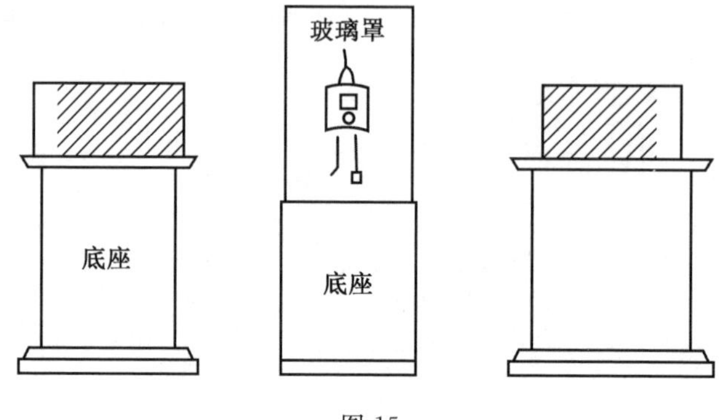

图 15

横卧长方形有促使观众细看陈列品的作用.所以大联柜、中立柜、板面等陈列设备的布置应当精益求精，因为观众容易发现破绽.这里想着重讨论一下各类横卧长方形的陈列设备中各类几何图形的配合问题，也即橱柜、板面如何布置得当的问题.由于长方形的周正、平稳，本身可构成一个完整的陈列小单元.因此，布置的展品要挑选形制各异，形成各类几何图形的组合，从变化中得到统一.图 16 是一个陈列柜的剖面示意图.柜中的玉琮基本是直长方形，玉璧呈圆形，玉斧、玉锄为梯形，玉环是同心圆，照片是长方形.众多的几何图形，发挥各自的特长：圆形的饱满完整，梯形的活泼，横长方形的庄严、稳重，直长方形的醒目，整个陈列柜中的展品显得十分协调、丰富.

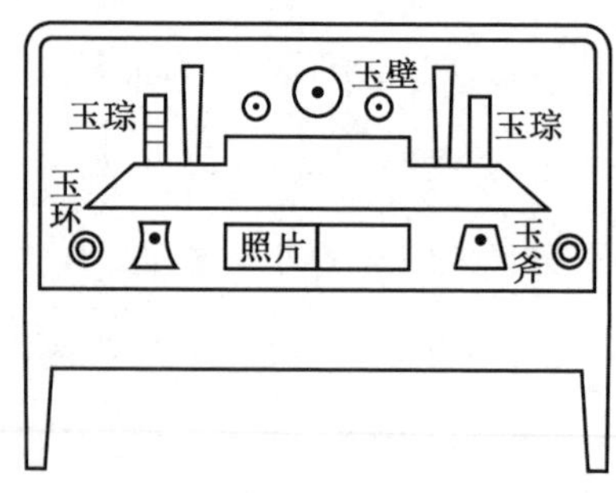

图 16

和正方形相比,菱形的视觉印象要生动有趣得多.菱形分肥、瘦两种.把正方形对角线面向观众为肥菱形,这种图形很有吸引力.瘦菱形更显活泼,它的尖端也有指示方向的作用.

图 17 为陈列室平面示意图.图 17(a)的橱柜布置成不肥不瘦的菱形.观众进门一眼即能望见 A 柜,B,C,D 三柜的形象也接踵而映入观众的眼睑,层次感强,能一瞬间即抓住观众的视线,效果极佳.图 17(b)中的六个柜子组成 ABC,DEF 两个等边三角形,从而组成了肥菱形,陈列效果与图 17(a)同.

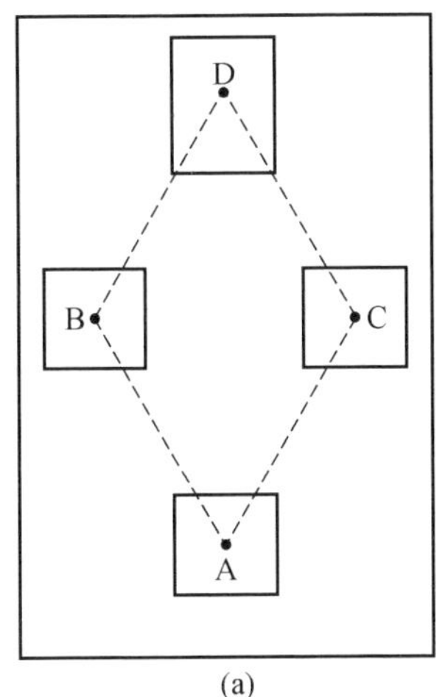

(a)

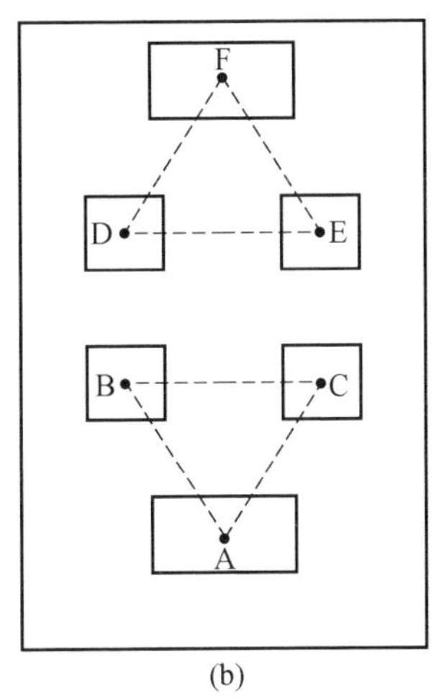

(b)

图 17

梯形较特殊.它的上下边平行,很正规;两边不平行又不很规则.它带有长方形、正方形的特点,但本身又破坏了这个特点的完整性.梯形在小型陈列品的摆设上可采用,另外在陈列设备方面也可利用.如陈列柜中摆放成组文物的积木可做成梯形的,这种形状比正方形的积木显得活跃.一些大型陈列品的底座,如做成花盆状的倒梯形,下加两横杠,外观上悦目多了.

3. **多边形**

目前，博物馆陈列中采用多边形底座者并不多. 其实，它既能节省展出面积，视觉效果又比方形底座要生动活泼，同时，这种多形底座也为灯光照明和色彩的运用开拓了更多的路子，应该大力提倡.

4. **圆形**

圆形给人以运动、饱满、完整、灵活和有节奏的感觉. 它能与任何其他几何图形和谐地结合起来. 在陈列中圆形可以是水平的、垂直的或以任何角度倾斜的，效果都属上乘.

图 18 是南京博物院“院藏明清工艺品展览”中的一个实例. 它以圆形陈列品作为全柜的中心，正中放置圆形《西厢记》瓷砖，两侧是八个瓷法轮. 九个圆形都作垂直陈列，圆形内的彩画及八宝图案一清二楚. 此外，两侧偏下配以长方形瓷砖，正中上首摆一瓷喇嘛塔，基本呈三角形. 整个柜子中含有端庄严肃的气氛.

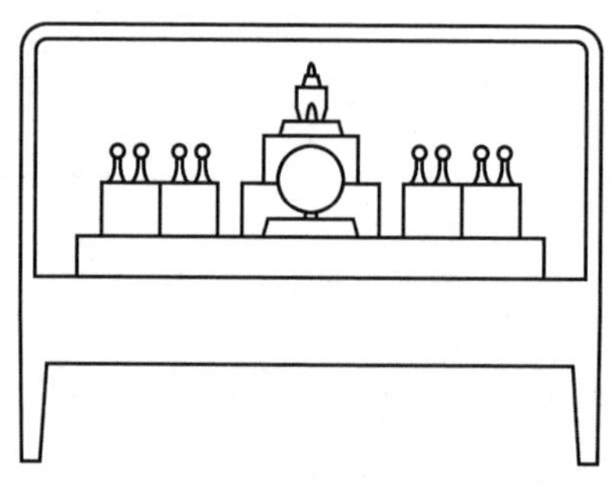

图 18

图 19(a)同样采取以圆形为全柜中心的手法，不过展品只有一件彩色紫砂盆. 柜内其他展品都较小，在它们衬托下，这件盆显得很庞大. 此盆底窄边宽，倾斜度约为 70°，盆底和盆口沿形成两个同心圆，使盆底图案及边沿纹饰清晰地呈现在观众的面前，展出效果很好.

在图 19(b)中,陈列柜的正中安放两盆玉质的盆花,鲜艳夺目;右侧放一珐琅质的荷花缸,荷叶清翠欲滴,荷花亭亭玉立;左侧为两鎏金珐琅香筒,金碧辉煌.正中的两盆花下有一紫色有机玻璃的底座,内有四个作为陪衬的珐琅彩瓷盆互相迭压,斜向观众.它们犹如四株圆形花朵,在百花齐放、色彩绚丽的柜中,起到了恰如其分的渲染作用.

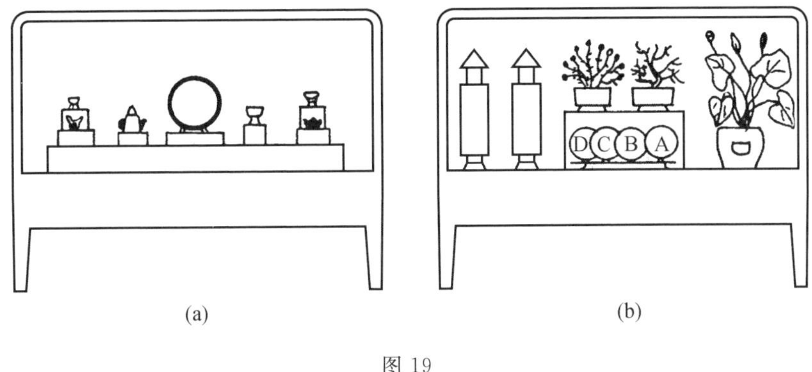

(a) (b)

图 19

在上述三个布置实例中,尽管展品的陈列角度和陈列手法略有不同.但它们的效果都是美观、活泼、饱满而有生气.可见在服从内容需要的前提下,多选用圆形陈列品是十分可取的.

立体几何测试卷(1)

一、选择题:本大题共 8 小题,每小题 5 分,共 40 分.

1. 一个几何体的三视图如图 1 所示,则该几何体的直观图可以是(　　)

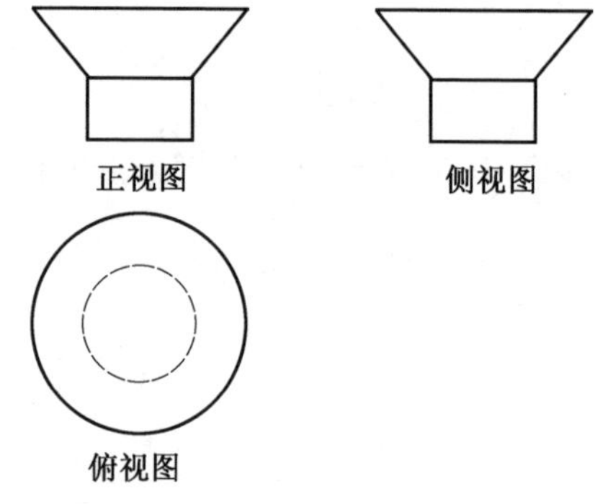

图 1

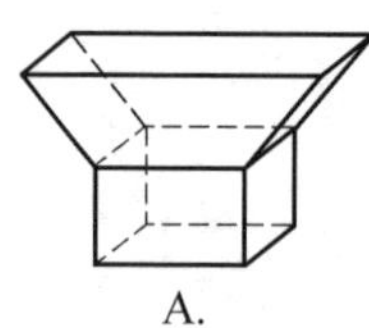

A.

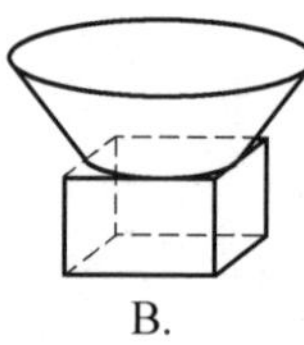

B.

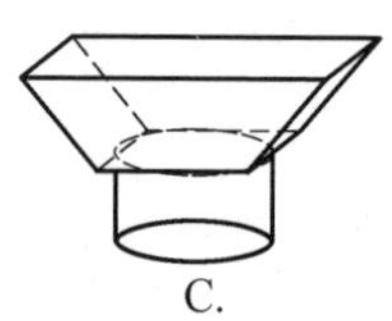

C.

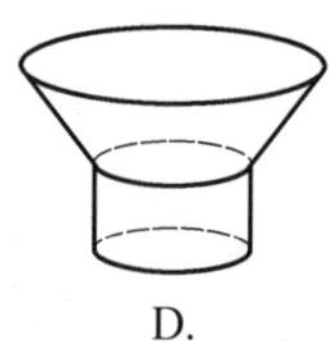

D.

2. 设 m,n 是两条不同的直线,α,β 是两个不同的平面,下列命题中正确的是(　　)

A. 若 $\alpha\perp\beta,m\subset\alpha,n\subset\beta$,则 $m\perp n$

B. 若 $\alpha/\!/\beta,m\subset\alpha,n\subset\beta$,则 $m/\!/n$

C. 若 $m\perp n,m\subset\alpha,n\subset\beta$,则 $\alpha\perp\beta$

D. 若 $m\perp\alpha,m/\!/n,n/\!/\beta$,则 $\alpha\perp\beta$

3. 若两个球的表面积之比为 1∶4,则这两个球的体积之比为(　　)

A. 1∶2　　B. 1∶4　　C. 1∶8　　D. 1∶16

4. 已知正四棱柱 $ABCD\text{-}A_1B_1C_1D_1$ 中 $AA_1=2AB$,则 CD 与平面 BDC_1 所成角的正弦值等于(　　)

A. $\dfrac{2}{3}$　　B. $\dfrac{\sqrt{3}}{3}$　　C. $\dfrac{\sqrt{2}}{3}$　　D. $\dfrac{1}{3}$

5. 条件甲:四棱锥的所有侧面都是全等三角形,条件乙:这个四棱锥是正四棱锥,则条件甲是条件乙的(　　)

A. 充分不必要条件　　B. 必要不充分条件

C. 充要条件　　D. 既不充分也不必要条件

6. 已知直二面角 $\alpha\text{-}l\text{-}\beta$,点 $A\in\alpha,AC\perp l,C$ 为垂足,$B\in\beta,BD\perp l,D$ 为垂足. 若 $AB=2,AC=BD=1$,则 D 到平面 ABC 的距离等于(　　)

A. $\dfrac{\sqrt{2}}{3}$　　B. $\dfrac{\sqrt{3}}{3}$　　C. $\dfrac{\sqrt{6}}{3}$　　D. 1

7. 已知平面 α 截一球面得圆 M,过圆心 M 且与 α 成 60° 二面角的平面 β 截该球面得圆 N. 若该球面的半径为 4,圆 M 的面积为 4π,则圆 N 的面积为(　　)

A. 7π　　B. 9π　　C. 11π　　D. 13π

8. 如图 2,在正方体 $ABCD\text{-}A_1B_1C_1D_1$ 中,P 为对角线 BD_1 的三等分点,则 P 到各顶点的距离的不同取值有(　　)

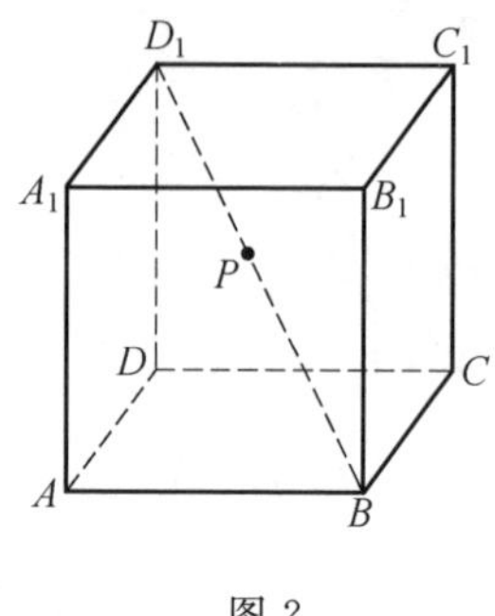

图 2

A. 3 个　　B. 4 个　　C. 5 个　　D. 6 个

二、填空题：本大题共 5 小题，每小题 5 分，共 25 分.

9. 如图 3 所示，四棱锥 $P\text{-}ABCD$ 的底面 $ABCD$ 是边长为 a 的正方形，侧棱 $PA=a$，$PB=PD=\sqrt{2}a$，则它的 5 个面中，互相垂直的面有________对.

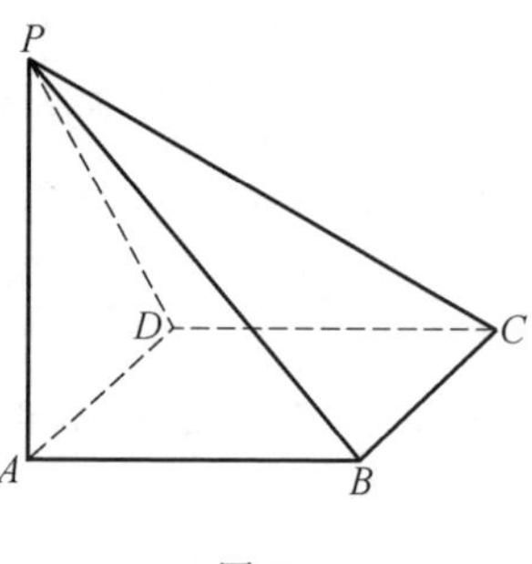

图 3

10. 已知一个正三棱锥的正视图为等腰直角三角形，其尺寸如图 4 所示，则其侧视图的周长为________.

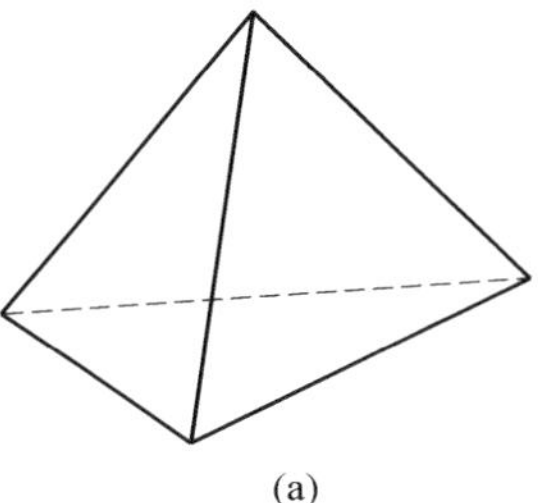

(a)

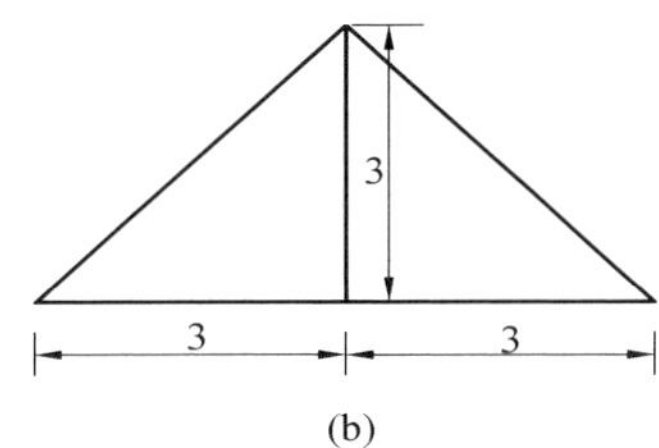

(b)

图 4

11. 如图 5，在三棱柱 $A_1B_1C_1$-ABC 中，D，E，F 分别是 AB，AC，AA_1 的中点，设三棱锥 F-ADE 的体积为 V_1，三棱柱 $A_1B_1C_1$-ABC 的体积为 V_2，则 V_1 ∶ V_2 = ________.

12. 在如图 6 所示的正方体 $ABCD$-$A_1B_1C_1D_1$ 中，异面直线 A_1B 与 B_1C 所成角的大小为________.

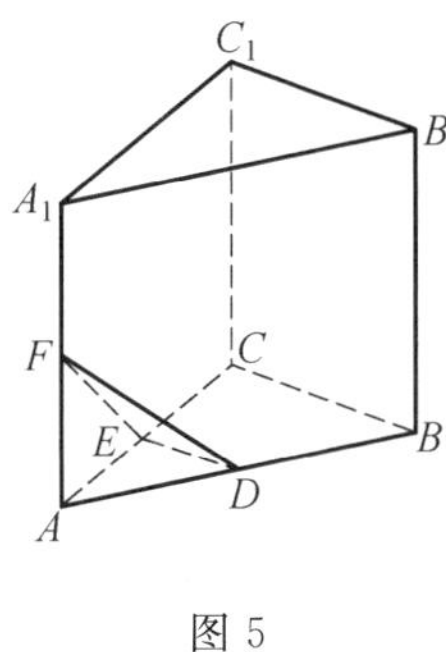

图 5

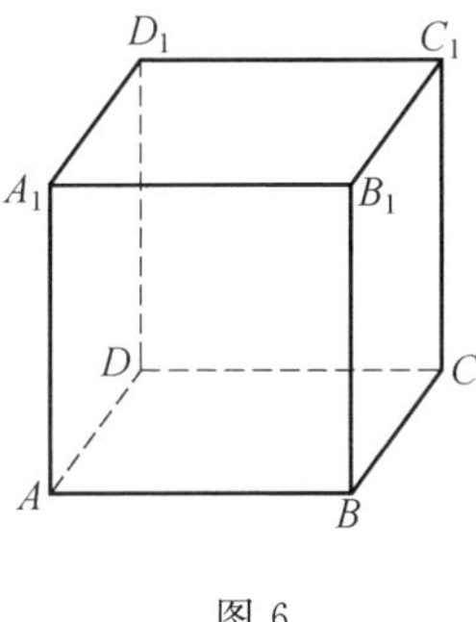

图 6

13. 如图 7，在正方体 $ABCD$-$A_1B_1C_1D_1$ 中，E，F，G，H，M 分别是棱 AD，DD_1，D_1A_1，A_1A，AB 的中点，点 N 在四边形 $EFGH$ 的四边及其内部运动，则当 N 只需满足条件________时，就有 MN∥平面 B_1D_1C.

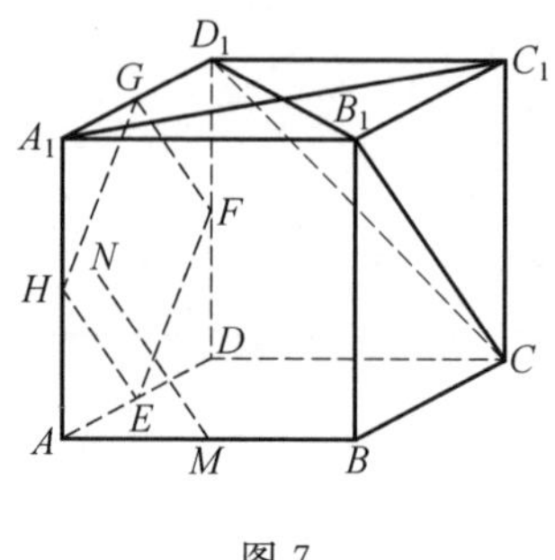

图 7

三、解答题：本大题共 3 小题，14、15 题 10 分，16 题 15 分，共 35 分.

14. 如图 8，在直四棱柱 $ABCD\text{-}A_1B_1C_1D_1$ 中，底面 $ABCD$ 为直角梯形，且满足 $AD\perp AB$，$BC/\!/AD$，$AD=16$，$AB=8$，$BB_1=8$，E，F 分别是线段 A_1A，BC 上的点.

(1)若 $A_1E=5$，$BF=10$，求证：$BE/\!/$平面 A_1FD.

(2)若 $BD\perp A_1F$，求三棱锥 $A_1\text{-}AB_1F$ 的体积.

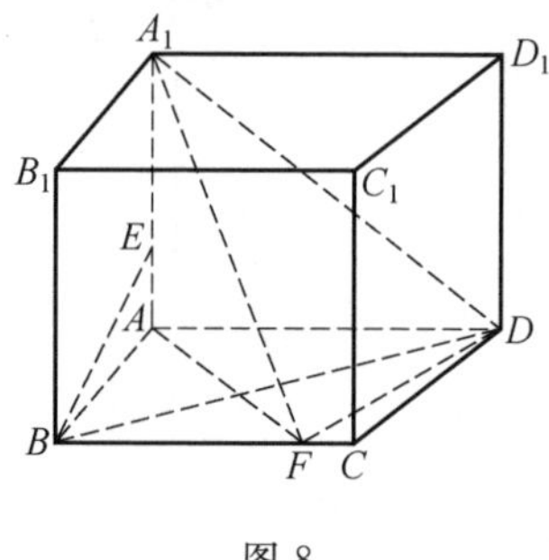

图 8

15. 如图 9，斜三棱柱 $ABC\text{-}A_1B_1C_1$ 的底面是直角三角形，$\angle C=90°$，点 B_1 在底面上的射影 D 落在 BC 上.

(1)求证：$AC\perp$平面 BB_1C_1C；

(2)若 $AB_1\perp BC_1$，且$\angle B_1BC=60°$，求证：$A_1C/\!/$平面 AB_1D.

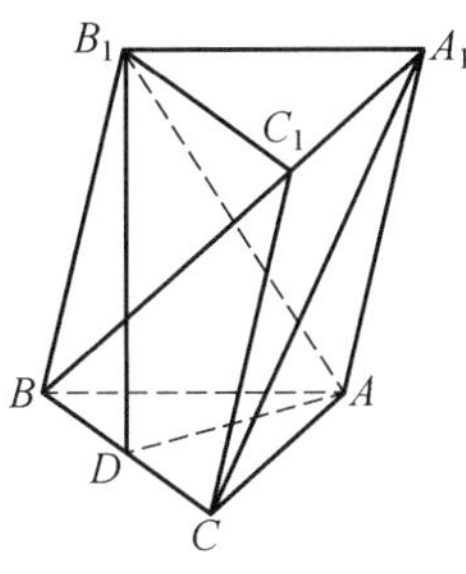

图 9

16. 如图 10，在 Rt$\triangle ABC$ 中，$\angle ACB=90^\circ$，$\angle B=30^\circ$，D，E 分别为 AB，CD 的中点，AE 的延长线交 CB 于点 F. 现将$\triangle ACD$ 沿 CD 折起，折成二面角 A-CD-B，联结 AF.

(1)求证：平面 $AEF\perp$平面 CBD；

(2)当二面角 A-CD-B 为直二面角时，求直线 AB 与平面 CBD 所成角的正切值.

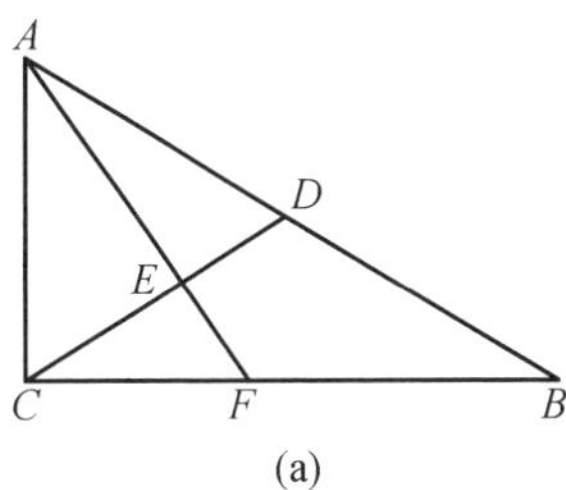

(a)　　(b)

图 10

立体几何测试卷(2)

一、选择题:本大题共 8 小题,每小题 5 分,共 40 分.

1. 以下命题正确的是(　　)

A. 两个平面可以只有一个交点

B. 一条直线与一个平面最多有一个公共点

C. 两个平面有一个公共点,它们必有一条交线

D. 两个平面有三个公共点,它们一定重合

2. 在正四面体 $P\text{-}ABC$ 中,D,E,F 分别是 AB,BC,CA 的中点,下面四个结论中不成立的是(　　)

A. $BC/\!/$平面 PDF　　B. $DF\perp$平面 PAE

C. 平面 $PDF\perp$平面 ABC　　D. 平面 $PAE\perp$平面 ABC

3. 若棱长均为 2 的正三棱柱内接于一个球,则该球的半径为(　　)

A. $\frac{\sqrt{3}}{3}$　　B. $\frac{2\sqrt{3}}{3}$　　C. $\frac{\sqrt{21}}{3}$　　D. $\sqrt{7}$

4. 已知正四棱柱 $ABCD\text{-}A_1B_1C_1D_1$ 中,$AB=2$,$CC_1=2\sqrt{2}$,E 为 CC_1 的中点,则直线 AC_1 与平面 BED 的距离为(　　)

A. 2　　　　B. $\sqrt{3}$　　　　C. $\sqrt{2}$　　　　D. 1

5. 一个几何体的三视图如图 1 所示，该几何体从上到下由四个简单几何体组成，其体积分别记为 V_1，V_2，V_3，V_4，上面两个简单几何体均为旋转体，下面两个简单几何体均为多面体，则有（　　）

A. $V_1<V_2<V_4<V_3$　　　　B. $V_1<V_3<V_2<V_4$

C. $V_2<V_1<V_3<V_4$　　　　D. $V_2<V_3<V_1<V_4$

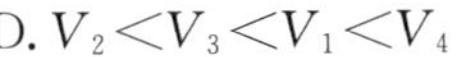

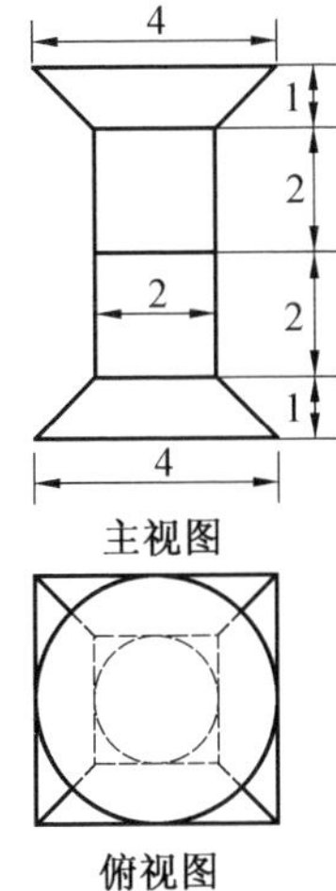

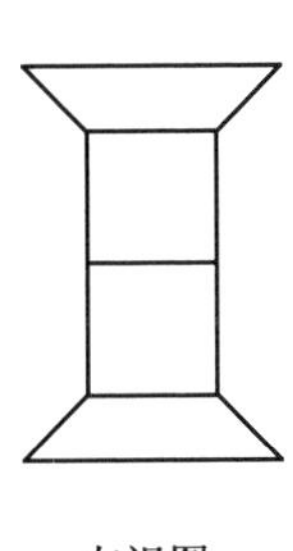

图 1

6. 如图 2 所示，在棱长为 2 的正方体 $ABCD$-$A_1B_1C_1D_1$ 中，E，F 分别为 DD_1，DB 的中点，则以下结论中错误的是（　　）

A. B_1C∥平面 ADD_1A_1

B. $B_1C\perp EF$

C. 三棱锥 B_1-EFC 的体积为 1

D. B_1C 与平面 CC_1D_1D 所成的角为 $30°$

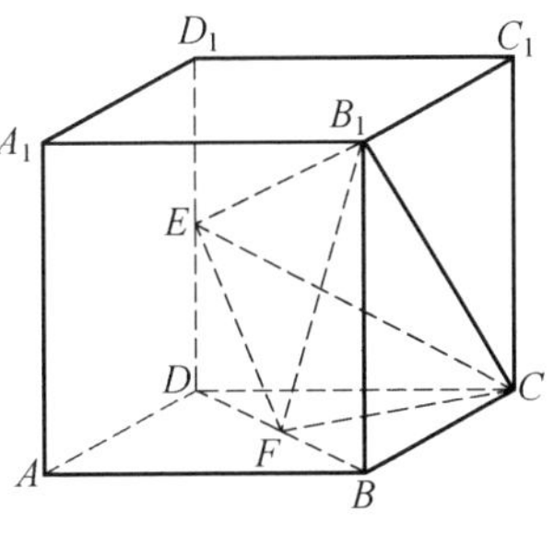

图 2

7. 一个正方体的展开图如图 3 所示，A，B，C，D 为原正方体的顶点，则在原来的正方体中(　　)

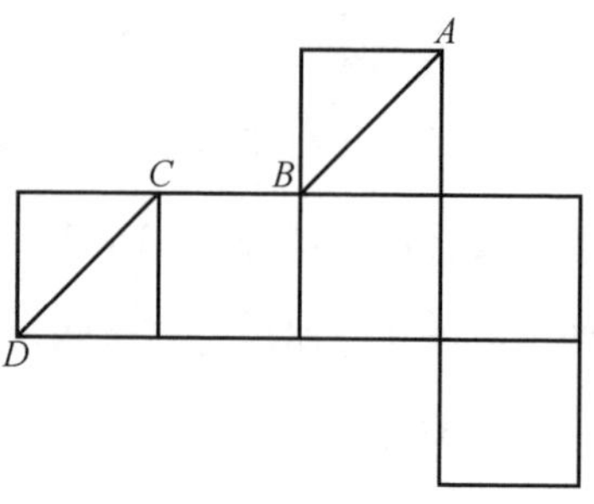

图 3

A. $AB /\!/ CD$

B. AB 与 CD 相交

C. $AB \perp CD$

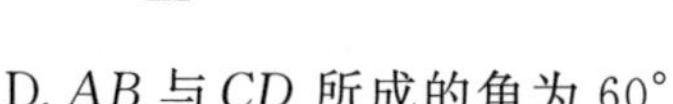

D. AB 与 CD 所成的角为 $60°$

8. 在正四棱柱 $ABCD\text{-}A_1B_1C_1D_1$ 中，顶点 B_1 到对角线 BD_1 和到平面 A_1BCD_1 的距离分别为 h 和 d，则下列命题中正确的是(　　)

A. 若侧棱的长小于底面的边长，则 $\frac{h}{d}$ 的取值范围为 $(0,1)$

B. 若侧棱的长小于底面的边长，则 $\frac{h}{d}$ 的取值范围为 $\left(\frac{\sqrt{2}}{2},\frac{2\sqrt{3}}{3}\right)$

C. 若侧棱的长大于底面的边长，则 $\frac{h}{d}$ 的取值范围为 $\left(\frac{2\sqrt{3}}{3},\sqrt{2}\right)$

D. 若侧棱的长大于底面的边长，则 $\frac{h}{d}$ 的取值范围为 $\left(\frac{2\sqrt{3}}{3},+\infty\right)$

二、填空题：本大题共 5 小题，每小题 5 分，共 25 分.

9. 设 a，b 是两条直线，α，β 是两个平面，则下列 4 组条件中所有能推得 $a \perp b$ 的条件是________.（填序号）

①$a \subset \alpha$，$b /\!/ \beta$，$\alpha \perp \beta$；　　②$a \perp \alpha$，$b \perp \beta$，$\alpha \perp \beta$；

③$a \subset \alpha$，$b \perp \beta$，$\alpha /\!/ \beta$；　　④$a \perp \alpha$，$b /\!/ \beta$，$\alpha /\!/ \beta$.

10. 如图 4，在长方体 $ABCD\text{-}A_1B_1C_1D_1$ 中，$AB=AD=3$ cm，$AA_1=2$ cm，则四棱锥 $A\text{-}BB_1D_1D$ 的体积为________ cm^3.

11. 如图5，在正方体 $ABCD\text{-}A_1B_1C_1D_1$ 中，M,N 分别是 CD,CC_1 的中点，则异面直线 A_1M 与 DN 所成角的大小是________.

12. 如图6所示，$ABCD\text{-}A_1B_1C_1D_1$ 是棱长为 a 的正方体，M,N 分别是下底面的棱 A_1B_1,B_1C_1 的中点，P 是上底面的棱 AD 上的一点，$AP=\frac{a}{3}$，过 P,M,N 的平面交上底面于 PQ，Q 在 CD 上，则 $PQ=$________.

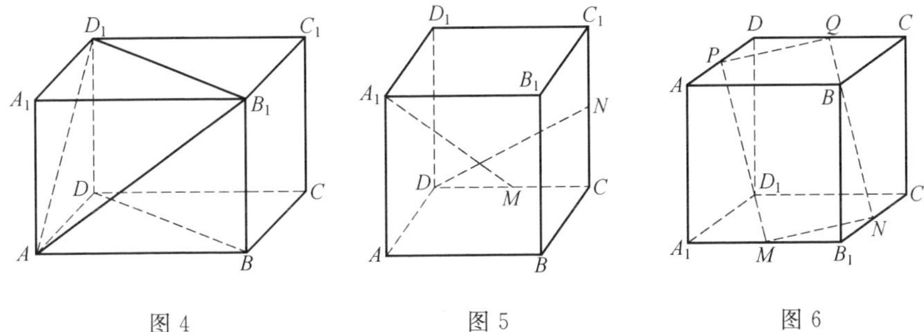

图4　　图5　　图6

13. 正方体 $ABCD\text{-}A_1B_1C_1D_1$ 的棱长为1，E 为 A_1B_1 的中点，则下列五个命题：

①点 E 到平面 ABC_1D_1 的距离为$\frac{1}{2}$；

②直线 BC 与平面 ABC_1D_1 所成的角等于 $45°$；

③空间四边形 $ABCD_1$ 在正方体六个面内形成六个射影，其面积的最小值是$\frac{1}{2}$；

④AE 与 DC_1 所成的角的余弦值为$\frac{3\sqrt{10}}{10}$；

⑤二面角 $A\text{-}BD_1\text{-}C$ 的大小为$\frac{5\pi}{6}$.

其中真命题是________.（写出所有真命题的序号）

三、解答题:本大题共 3 小题,14,15 题 10 分,16 题 15 分,共 35 分.

14. 如图 7,在直三棱柱 $ABC\text{-}A_1B_1C_1$ 中,$AB=BC=2AA_1$,$\angle ABC=90^\circ$,D 是 BC 的中点.

(1)求证:$A_1B\parallel$平面 ADC_1;

(2)求二面角 $C_1\text{-}AD\text{-}C$ 的余弦值.

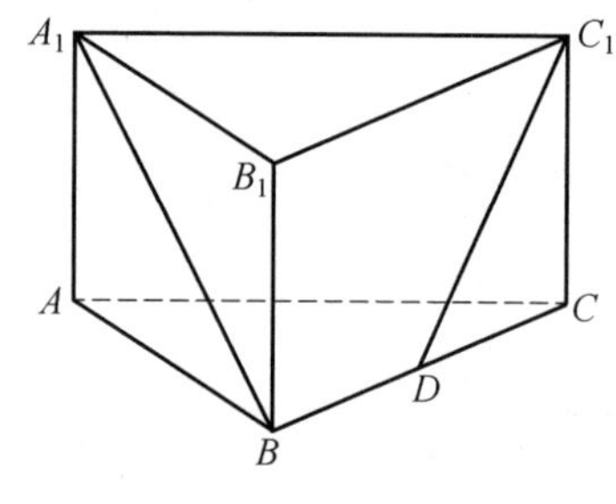

图 7

15. 如图 8,侧棱垂直底面的三棱柱 $ABC\text{-}A_1B_1C_1$ 中,$AB\perp AC$,$AA_1+AB+AC=3$,$AB=AC=t(t>0)$,P 是侧棱 AA_1 上的动点.

(1)当 $AA_1=AB=AC$ 时,求证:$A_1C\perp$平面 ABC_1;

(2)若二面角 $A\text{-}BC_1\text{-}C$ 的平面角的余弦值为 $\dfrac{\sqrt{10}}{10}$,试求实数 t 的值.

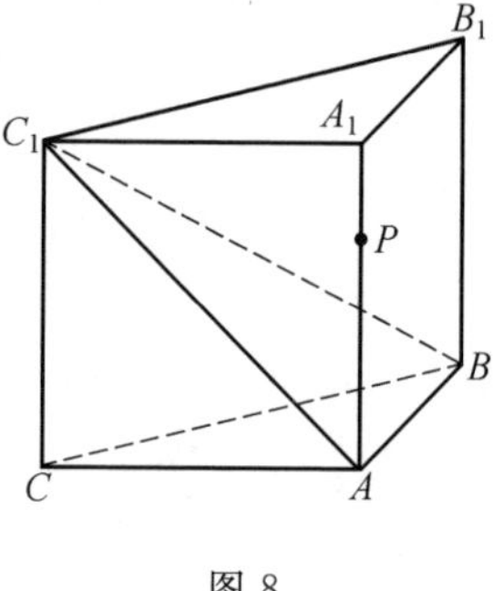

图 8

16. 如图 9,在直三棱柱 $ABC\text{-}A_1B_1C_1$ 中,$AB=AC=1$,$\angle BAC=90^\circ$.

(1)若异面直线 A_1B 与 B_1C_1 所成的角为 60°,求棱柱的高 h;

(2)设 D 是 BB_1 的中点，DC_1 与平面 A_1BC_1 所成的角为 θ，当棱柱的高 h 变化时，求 $\sin\theta$ 的最大值.

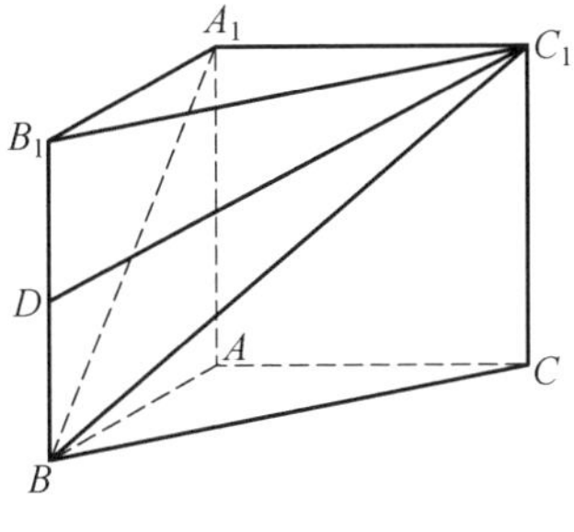

图 9

◎ 编辑手记

俗话说:不听老人言,吃亏在眼前.特别是那些德高望重的老人的话更要听.陈省身先生是著名的数学家(有一个非权威的排名,他位于古今中外所有数学家排序的第 35 位),他有许多金句,其中最接地气的一句是:在中国,一件事如果与吃饭联系不上,那多半是没多大发展的(大意是这样,原出处也找不到了).笔者开始听了不觉得深刻,后来越来越觉得了不起.从近三十年做图书编辑的经历中,笔者似乎也可以总结出一个类似的结论:一本数学书如果与考试关系不大,那多半是不会大卖的.所以一个编辑要想让自己所编辑的图书有市场,那一定要让其以某种方式与考试建立起联系.本书的再版恰恰说明了这点.最开始做的时候是单纯想让买此书的读者开阔一下视野,提高或发展一下自己的空间想象力.但哪知数学教育空前的内卷使得空间想象力成为一个新的应试门槛,于是市场力量催生了本书的再版.

本次再版增加了三个附录,无一例外都是与高考相关.因为无论如何减负，高考的选拔与分层功能都尚未丧失，所以考好这张卷还是草根家庭的孩子实现阶层跃迁的不二法门. 而近年高考中越来越多地涉及了早年只有大学中机械制图课中才会讲的三视图，所以补充些方法似有必要.

在立体几何题的求解过程中，想象和描述、识图和作图、分析和拆组是空间想象能力的特定数学活动中的外化形式. 这些技能性活动的自觉性、灵活性、独创性、系统性，能够反映学生的空间想象能力水平.

空间想象能力是指人们对客观事物的空间形式进行观察、分析、抽象思考和构造创新的能力，即指对物体的形状、结构、大小、位置关系的想象能力. 这种想象能力与相关的数学知识密不可分. 中学阶段，与其关联度最高的是立体几何知识. 空间想象能力的发展水平决定了立体几何的学习效果，立体几何知识则为空间想象能力提供了必要的发展基础. 结构化的立体几何知识和高水平的空间想象能力，也是学生直观想象素养的构成要素. 在立体几何试题探究的数学活动中，哪些技能性行为能够体现学生空间想象能力的发展水平？梳理这些外显的技能性行为表现，可为评价学生空间想象能力水平提供依据，对定位发展学生空间想象能力的着力点也具有参考意义.

安徽省濉溪县第二中学的祝峰老师 2020 年指出的结合 2019 年高考数学全国Ⅱ卷理科第 16 题的求解过程[①]，尝试在解题活动中抽象出反映学生空间想象能力水平的技能性行为表现，以深化学生对空间想象能力内涵及意义的理解，提升发展学生空间想象能力的教学策略的针对性、有效性.

---

① 摘自《中国数学教育・下半月(高中版)》，2020 年第 7—8 期(总第 219—220 期).

题目 中国有悠久的金石文化,印信是金石文化的代表之一.印信的形状多为长方体、正方体或圆柱体,但南北朝时期的官员独孤信的印信形状是"半正多面体"(图 1).半正多面体是由两种或两种以上的正多边形围成的多面体.半正多面体体现了数学的对称美.图 2 是一个棱数为 48 的半正多面体,它的所有顶点都在同一个正方体的表面上,且此正方体的棱长为 1.则该半正多面体共有________个面,其棱长为________.

图 1

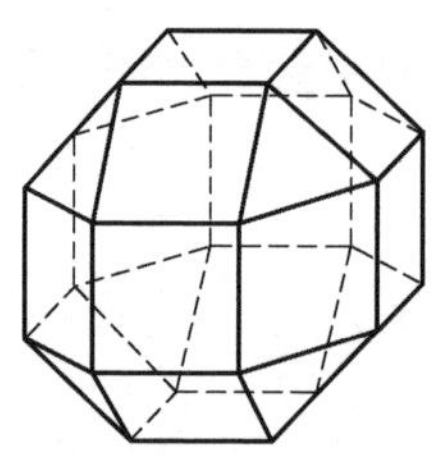

图 2

试题从实物中抽象出数学模型,赋予几何体真实背景,体现了数学的应用价值和审美价值.考查立体几何中相关的必备知识和学生的空间想象、逻辑推理、运算求解能力,重点考查学生的空间想象能力.

1.能想象、会描述

在这道试题的求解过程中,空间想象能力最初的技能性行为表现是:依据条件描述,结合实物图和直观图,在头脑中对图形加工、改造、构建后,能清晰地想象出"半正多面体"在正方体中的情形,并用自己的语言准确形象地描述出来.

构建几何体的整体直观形象是问题解决的开端,是空间想象能力的初始表现,但并非空间想象能力的最低水平.能准确勾勒出几何体

的直观形象，是问题解决的前提，是进一步发挥空间想象力的基础.

通过想象，对“半正多面体”至少应有如下认识及描述.

(1)如图 3，其在正方体的内部，有 6 个面(正方形)在正方体的表面，其余面均在正方体的内部，是中心对称图形，对称中心为正方体的中心.

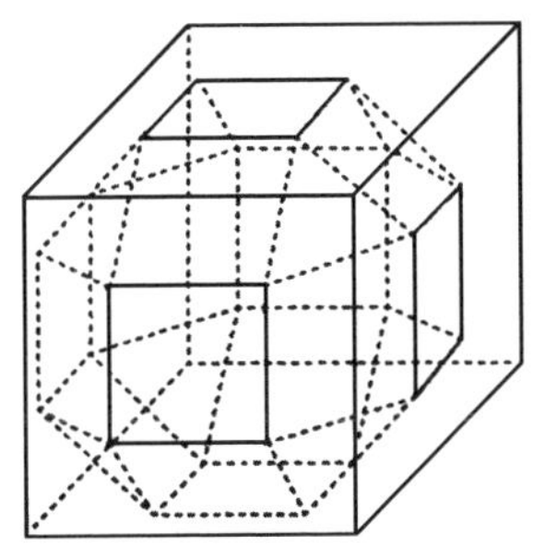

图 3

(2)表面由正方形和正三角形围成. 如图 3，其中有正三角形 8 个，分别与正方体的 8 个顶点对应. 正方形 18 个，其中 6 个在正方体的表面上，12 个在正方体的内部，分别与正方体的 12 条棱相对应. 共计 26 个面.

(3)共 48 条棱. 如图 3，其中 24 条在正方体的表面上，其余在内部. 24 个顶点，全部在正方体的表面上，每个表面有 4 个，每个顶点均发出 4 条棱.

这些清晰的描述，依赖于对情境中实物的合理想象. 教学中应借助实物、媒体和相关数学教学软件创设真实的实物模型，使学生对空间实物的方位、形态、排序进行直观感知和整体把握，不断储备丰富、感性的认识. 为流畅、准确的空间想象提供经验，并试着把想象出的直观形象，用自己的语言形象、简洁、规范地表述出来，逐步达到“想得对、说得准”的空间想象能力水平.

2. 能识图、会作图

读懂题设中列举的实物图和直观图后，依据问题求解的需要，抓住关键因素，选择恰当的方式，作出规范、有效的图形，是这道试题求解中学生空间想象能力水平的另一层表现.

问题情境中，常会给出实物图、直观图、三视图、截面图、展开图中的一种或几种，其都是用平面图形来反映空间几何体的形状. 读懂这些图形是解决问题的基础，即能用所给图形想象出空间几何体的具体情形，包括整体轮廓和局部细节；能排除干扰，抓住关键，区分出问题解决所需的基本图形；能借助这些平面图形想象、推理出相关基本元素的位置、数量关系.

依据问题求解的需要，作出规范、精美、有效的图形，亦是学生具有较强空间想象能力的行为表现. 一个恰当的图形是进一步发挥空间想象的必备工具，是深入开展逻辑判断和推理的平台. 一般要求作出的图形要符合正投影原理、立体感强；能揭示基本元素之间的定量、定位特征；具有启发性，有利于启迪论证、计算. 立体几何中常用的图形有直观图、三视图、截面图、展开图、几何体中的部分平面图等. 这道试题的第二个空，至少可以通过以下两种不同作图方式予以求解.

方式1　作三视图.

已知半正多面体的三个视图均相同. 如图4所示，外轮廓为正八边形，其中 $DE=1$，AB 为该半正多面体的棱.

设 $AB=x$，因为在等腰 $\mathrm{Rt}\triangle BCD$ 中，$CD=\frac{\sqrt{2}}{2}x$，所以

$$x+2\cdot\frac{\sqrt{2}}{2}x=1$$

解得

$$x=\sqrt{2}-1$$

故棱长为$\sqrt{2}-1$.

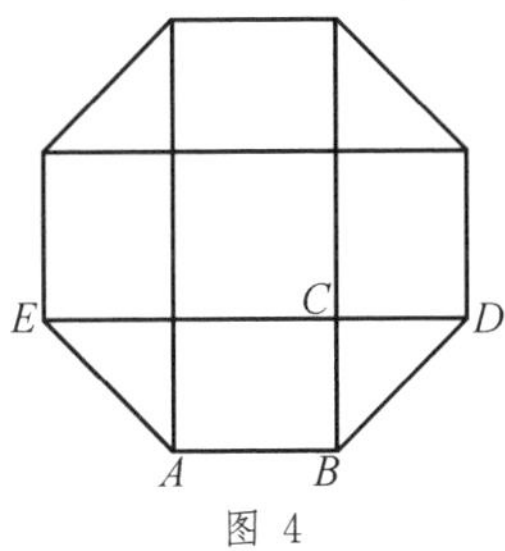

图 4

方式 2　作截面图.

如图 5(1)，过点 A,B,C,D,E,F,G,H 作几何体的截面，如图 5(2)所示.

图 5(2)为正八边形，注意到 $BE=1$，正八边形内角为 $135°$，可求边长为$\sqrt{2}-1$.

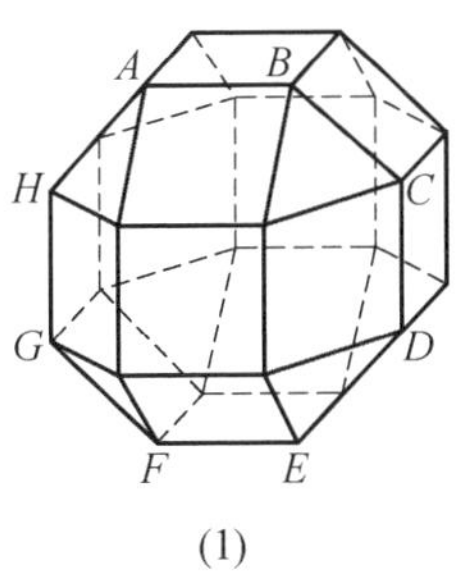

(1)

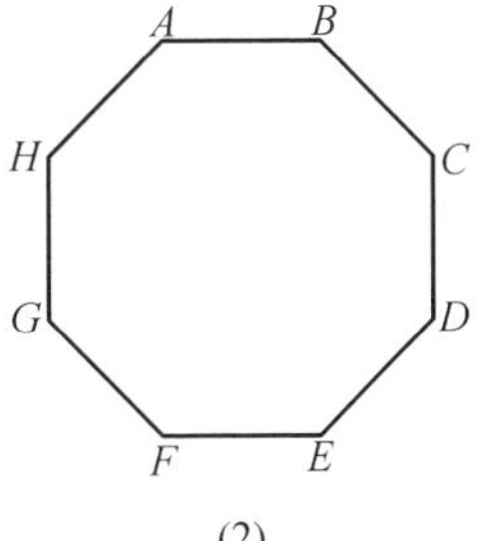

(2)

图 5

直观想象是指借助几何直观和空间想象感知事物的形态与变化，利用空间形式，特别是图形，理解并解决数学问题的素养. 利用图形理解和解决数学问题，凸显了能识图、会作图的重要性. 只有引导学生掌握识图技巧及图形画法规律，善于利用图形解决问题，不断提升空间想象能力，其直观想象素养的发展才能落到实处.

在立体几何教学中，识图能力应借助模型，反复观察、对比、抽象形成直观经验. 多辨析一些易混淆的图形，特别是柱、锥、台、球这些基本的几何体，注意这些基本图形间的区别和联系，在具体问题中要能发现并合理应用这些基本图形. 注重从图形描述到在头脑中想象出具体几何体形象的思维转化训练，不断提升学生读图、识图能力.

空间几何体的平面图画法对问题的解决至关重要，合理的图形，可以启发正确的思路，引导准确的推理、计算，不合理甚至是错误的图形常会使解题误入歧途. 教学中要结合具体内容，树立正确配图的意识，把作图视为解题过程中的一个必备基本环节. 明确空间图形平面画法的基本要求，把握要点，严格遵循画法规律. 教师应发挥示范引领作用，特别是板书上的图形，要认真、规范、美观、高效. 引导学生反复对比、模仿，不断提升作图能力，进而逐步提升空间想象能力.

3. 能拆组、会分析

《中学生数学能力发展的研究》[①]将空间想象能力由低到高分为三个水平，其中最高水平为“立体基本几何图形的深入想象”，包括对

---

① 《心理发展与教育》，1992(4)：52-28，作者：孙敦甲.

空间基本几何图形内部的点、线、面关系及外部组合与分解的静止、运动变化的想象.在该文章的基础上,林崇德[①]所著书中将数学空间想象能力划分为三个水平:水平 2 中提出能够由较复杂的图形分解出简单的、基本的图形;水平 3 中提出能由基本的图形组合成较复杂的图形.吴宪芳[②]所著书中提出对中学生空间想象能力的培养至少要考虑 6 个方面的要求,其中第 4 个方面为能从较复杂的图形中区分出基本图形,能分析其中图形和元素之间的关系.可见,对图形进行分解、组合,并能利用分解出的简单图形对问题进行分析、揭示其数学本质是空间想象能力的较高水平表现.

思考:如何求试题中半正多面体的体积?

(1)分解

如图 6,注意到半正多面体的对称性,将其分割成三部分,中间部分是正八棱柱,所有棱长均为$\sqrt{2}-1$,其体积为 $6-4\sqrt{2}$.上下两部分不是规则的几何体.

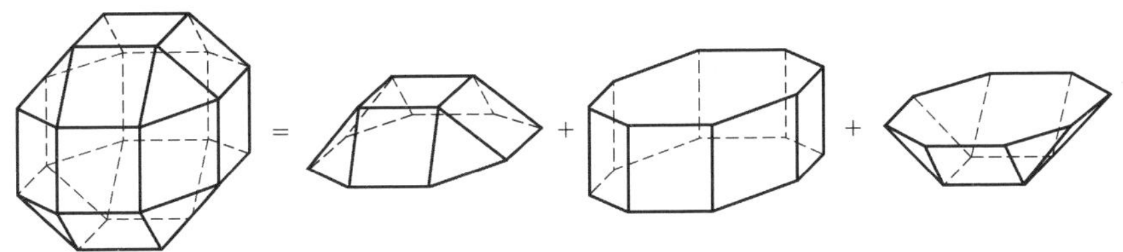

图 6

① 《学习与发展(修订版):中小学生心理能力发展与培养》,北京师范大学出版社,2003.

② 《中学数学教育概论》,湖北教育出版社,2005.

对于上下两部分，以上半部分为例，进行如图 7 所示的拆分.

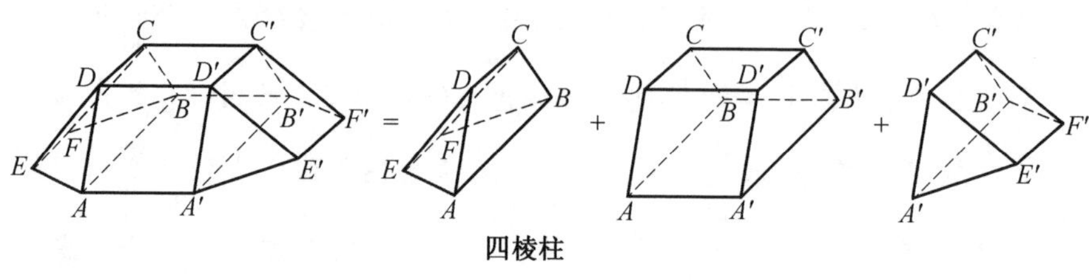

图 7

注意到，中间部分为直四棱柱，底面为等腰梯形，其高为$\sqrt{2}-1$，其体积为$\frac{3-2\sqrt{2}}{2}$.

对于图 7 中的左右两端的部分，以右边部分为例进行如图 8 所示的拆分，拆分成两个全等的三条侧棱两两垂直的三棱锥，体积均为$\frac{10-7\sqrt{2}}{24}$，以及一个直三棱柱，体积为$\frac{5\sqrt{2}-7}{4}$，所以这个部分的总体积为$\frac{8\sqrt{2}-11}{12}$.

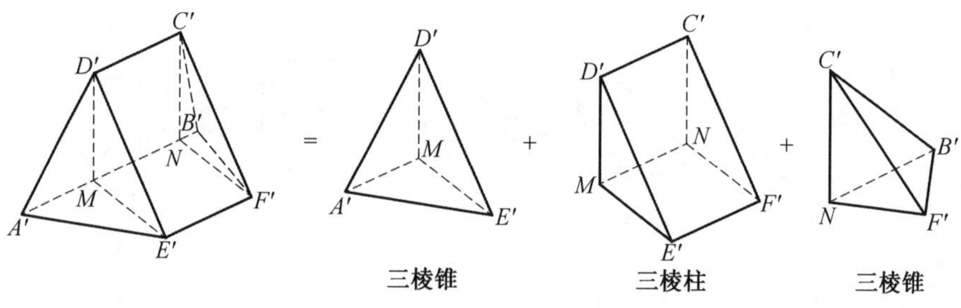

图 8

至此，我们把半正多面体拆成 1 个正八棱柱、2 个直四棱柱、4 个直三棱柱、8 个三棱锥. 由此可得，半正多面体的体积为$(6-4\sqrt{2})+$

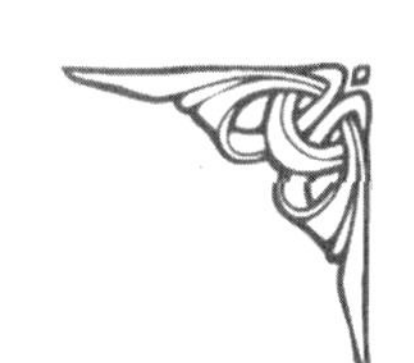

$2\times\frac{3-2\sqrt{2}}{2}+4\times\frac{5\sqrt{2}-7}{4}+8\times\frac{10-7\sqrt{2}}{24}=\frac{16-10\sqrt{2}}{3}$.

基本几何体所对应的图形是识图的基础，当遇到复杂图形时，可以将它分解成几个简单的基本图形，进而把一个比较困难的问题转化为几个较为简单的问题，各个击破，即拆分法. 利用这种方法，可以把半正多面体分成 1 个正八棱柱、2 个直四棱柱、4 个直三棱柱、8 个三棱锥，均是熟知的简单几何体. 这种发现未知几何体和已知几何体内在联系的具体方法，实际上蕴涵着构造思想和对立统一的辩证思想.

(2)用正方体加工.

考虑如何将一个棱长为 1 的正方体加工成题设中所说的半正多面体.

如图 9，在棱长为 1 的正方体中，以左下角的顶点 O 处棱长为 $1-\frac{\sqrt{2}}{2}$ 的小正方体为例. 如图 10，沿着平面 ABC 剪掉左下侧的多面体，其体积为 $\left(1-\frac{\sqrt{2}}{2}\right)^3-\frac{1}{6}\left(1-\frac{\sqrt{2}}{2}\right)^3=\frac{50-35\sqrt{2}}{24}$，每个顶点剪掉一个，需要剪去 8 个这样的多面体. 在每个棱的中间位置，剪掉一个如图 11 所示的直三棱柱，其中$\triangle BNC$ 为等腰直角三角形，$BN=1-\frac{\sqrt{2}}{2}$，$PN=\sqrt{2}-1$，此三棱柱的体积为 $\frac{1}{2}\left(1-\frac{\sqrt{2}}{2}\right)^2(\sqrt{2}-1)=\frac{5\sqrt{2}-7}{4}$. 每条棱的中间位置都需要剪去一个这样的直三棱柱，共剪去 12 个. 这样就可以将一个正方体加工成半正多面体，所以其体积为 $1-8\times\frac{50-35\sqrt{2}}{24}-$

$12\times\frac{5\sqrt{2}-7}{4}=\frac{16-10\sqrt{2}}{3}$.

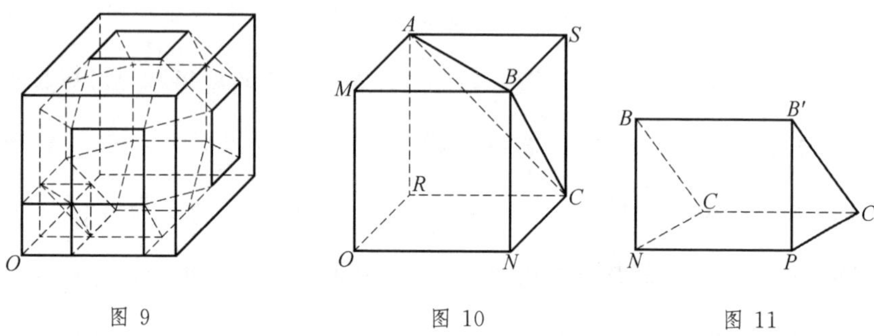

图 9　　图 10　　图 11

在割补思想下，从一个正方体开始，切掉两类规则几何体，共计20块，也可以得到条件中的半正多面体.

线条多、位于不同平面内、要素之间的关系难以发现，是学生解决立体几何问题最常见的思维障碍. 在教学中，教师应要求学生在基本几何体的特征上下功夫. 只有把基本几何体组成元素的位置关系弄清楚了，在较复杂几何体问题的解决中，学生才能发现局部的基本几何体，就容易排除干扰，提炼出本质特征.

现在由于数学教育的改革，使得空间想象力的培养已从昔日的高中阶段传递至初一甚至是小学. 比如北师大版数学六年级(上)第三单元《观察物体》测试卷有这样一道试题：

题目　判断对错.

用5个小正方体搭成的立体图形，从正面看是▭，只可以得出5种几何体(　　).

分析 先理解好题意，用5个小正方体搭成的立体图形，也就是要搭成一个几何体，这里的搭是指连接的意思，具体来说，就是相邻的2个小正方体要有一个面贴在一起，另外，上层若有小正方体，则此正方体的下面一定要有一个小正方体支撑着，按照这些要求，我觉得可以搭成图12、图13、图14、图15、图16这5种情况，并认为此题是正确的.

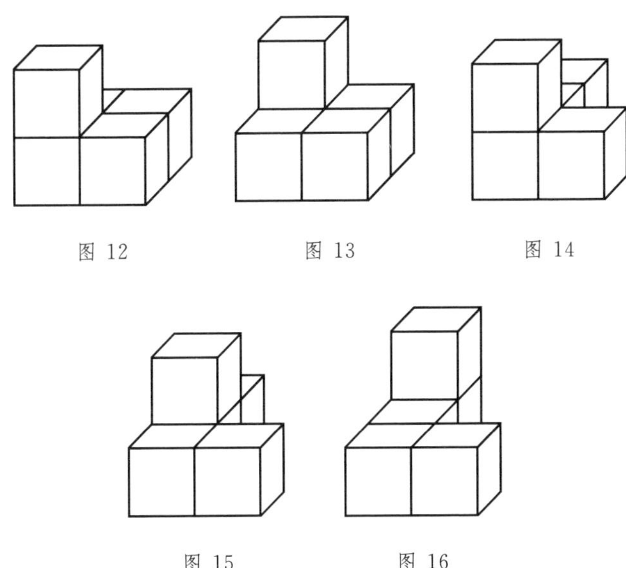

图12　图13　图14

图15　图16

卷子发下来后，我看到此题我做错了，于是就有了下面的思考.

思考1 5个小正方体搭成的从正面看是▯的几何体，除了上面我想到的5种情况以外，还有其他的情况吗？

探究1 经过仔细思考，觉得还可以有图17的情形，反复琢磨后，又想到还可以有图18的情形.

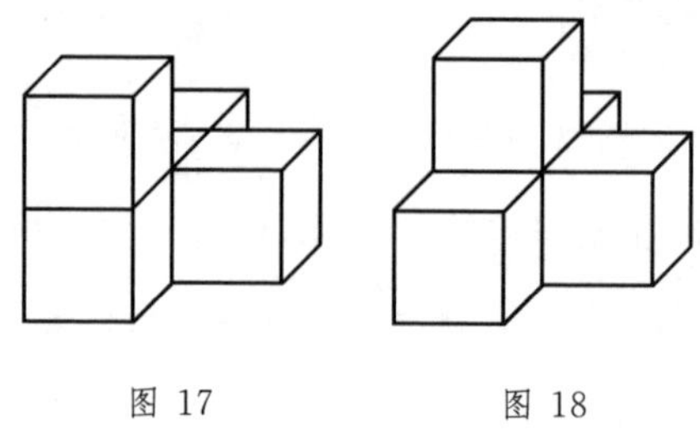

图 17　　　　图 18

将图 12,图 13,…,图 18 放在一起看,我觉得还会有其他几何体,不禁有了下面的思考.

思考 2　用 5 个小正方体搭成的立体图形,从正面看是,最多可以搭出多少种几何体?

大庆市第六十九中学初一(4)班的侯懿桓[①]同学 2020 年利用家中的小正方体积木尝试搭出所有满足题意的几何体,并数出最终结果,但是几次操作后数出的结果却是不同的,时而多,时而少,于是他请教了邹峰老师,在老师的指导和帮助下,他对于此问题的探究思路逐渐清晰.

为了叙述起来简单一些,将可以搭成的几何体只画成简单的平面图形,具体方法如下:从上往下看几何体,用每一个正方形表示底层的每一个小正方体,由于满足题意的几何体一定是上、下两层,若底层的小正方体上方有一个小正方体,则此正方形里有阴影,如用图 19 表示图 12 中的几何体,用图 20 表示为图 18 中的几何体.

下面将对思考 2 加以研究.

---

① 其在《中学生习作》(2020 年 8 月下)发表文章《一道试题的深入思考与探究》.

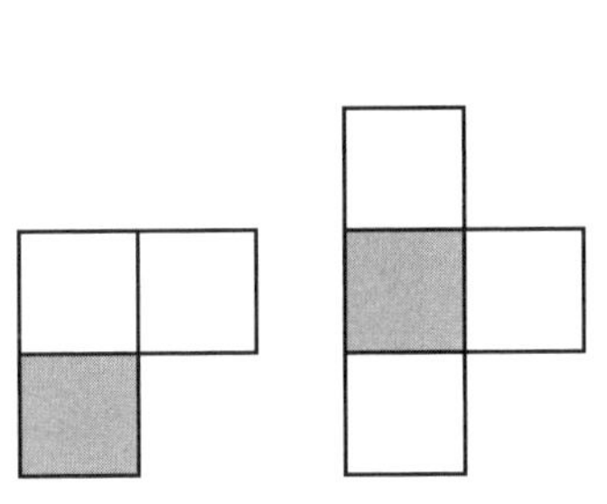

图 19　　图 20

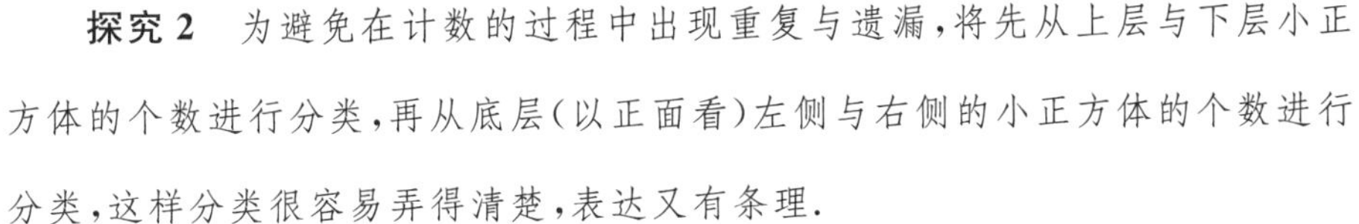

探究 2　为避免在计数的过程中出现重复与遗漏，将先从上层与下层小正方体的个数进行分类，再从底层（以正面看）左侧与右侧的小正方体的个数进行分类，这样分类很容易弄得清楚，表达又有条理.

解　按上层与下层小正方体的个数可分为两大类：

1. 第一类：上层是 1 个小正方体，下层是 4 个小正方体，这一类又可分为三种情况.

(1)底层左侧有 3 个小正方体、右侧有 1 个小正方体，此种情形有 9 种.

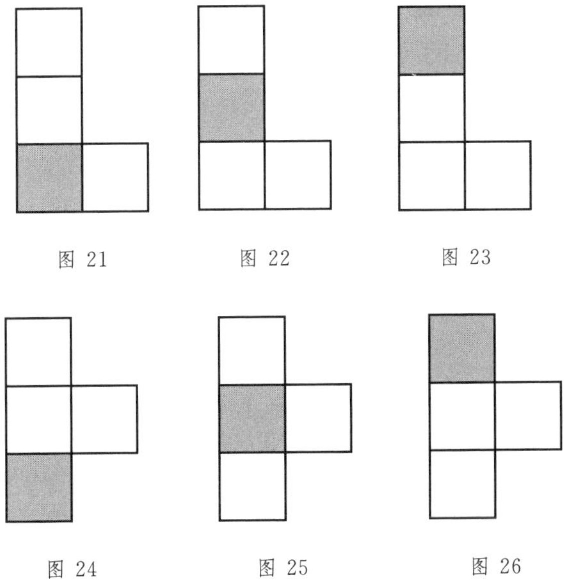

图 21　　图 22　　图 23

图 24　　图 25　　图 26

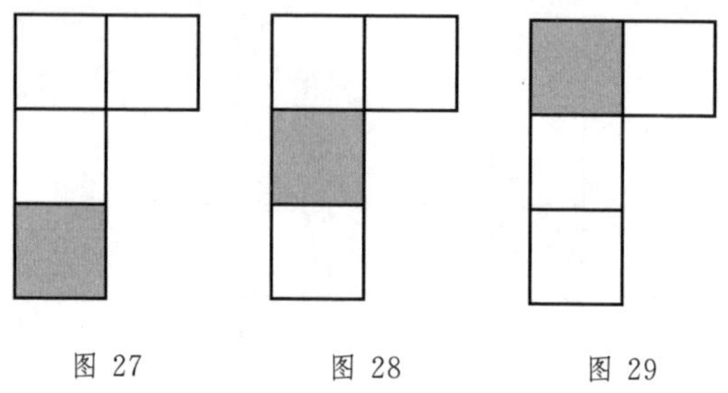

图 27　　图 28　　图 29

(2)底层左侧有 2 个小正方体、右侧有 2 个小正方体,此种情形有以下 6 种.

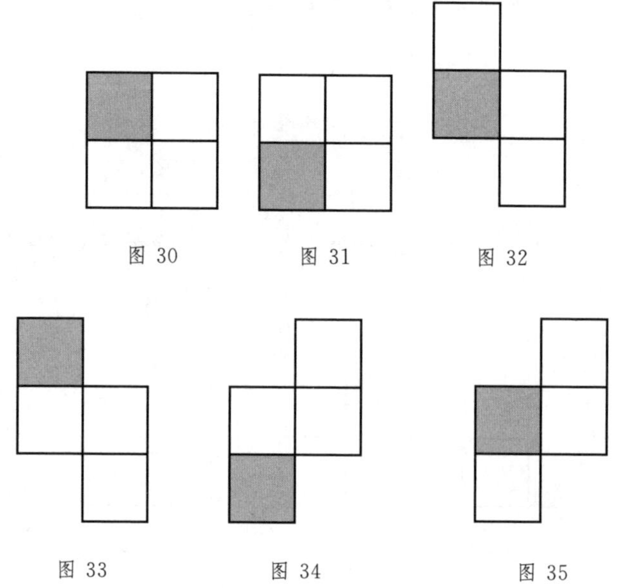

图 30　　图 31　　图 32

图 33　　图 34　　图 35

(3)底层左侧有 1 个小正方体,右侧有 3 个小正方体,此种情形有以下 3 种.

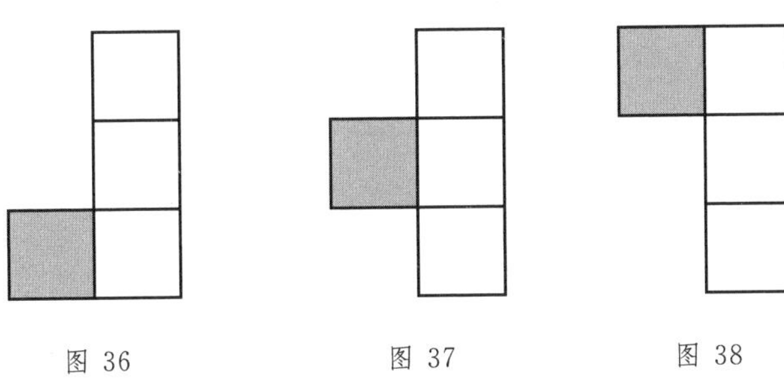

图 36　　图 37　　图 38

2. 第二类：上层是 2 个小正方体，下层是 3 个小正方体，只有图 39 和图 40 这 2 种情形.

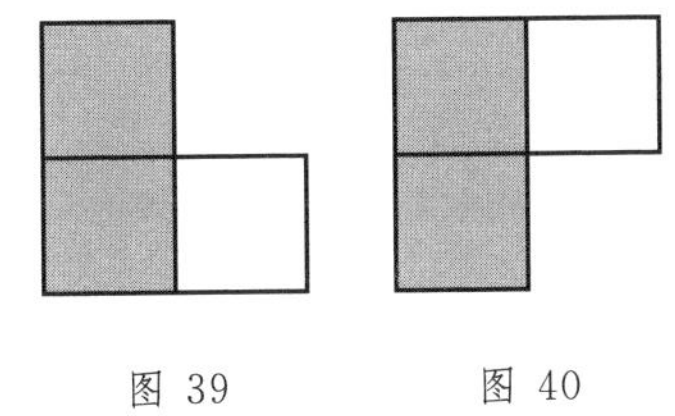

图 39　　图 40

综上可知，用 5 个小正方体搭成的立体图形，从正面看是，最多可以搭出 20 种几何体.

美国电视节目中有一个“很科学”的栏目叫《发现》，在它的解说词中有这样一句发人深省的话：“若世上存在限制，这个限制便是想象力自身.”

就一个人的能力而论，可以用多个指标来评价，其中空间想象力是一个重要的方面，一点也不比逻辑推理能力层次低，因为只有在大脑的配合下才能对所看到的东西形成正确的判断. 正如威廉·詹姆斯所说：“我们所感知的一部分来自于我们眼前的客观事物，另一部分(也许是更大的一部分)总是来自于我们自己的大脑.”

在英语中，常用来表达看的机制和动作的最基本的词有两个：“看到”“看”. 这两个词的词源的意思是“眼睛跟着某物转”(来自欧语 seq)和“学习，认知”

(来自印欧语 weid).因此,对于我们的祖先来说,一个形象就是眼睛所判断出的形状(眼睛跟着物体转)和从真实世界中获取的信息(从所见中学习和认知).只有经过训练,发展了相当程度的空间想象能力才能看懂并向他人转达某种空间信息,否则就会像柏拉图所描绘的那样:"人类就像一群被困在洞穴中的囚徒,手脚被绑着面朝洞穴墙壁,不能回头看外面真实的世界,看到的只是外界物体投在墙壁上的影子,而不是物体本身,但却误把这些影子当成一种真实存在."

图形识别能力和空间想象能力既是与生俱来的又是后天培养的,为说明这点你可先做一个测试.

要求一个人认出不同角度的标准图案,这要求把图案(或观察者本人)在空间中变换位置(图 41).(从右面 4 种图案中找出与标准图相同的图案.)

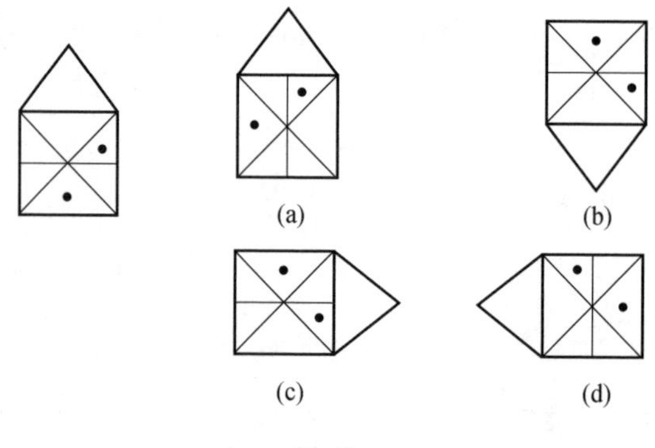

图 41

对空间智能的测试还可以更难一些.例如,在罗杰·谢帕德与杰奎莱因·迈兹勒的研究中有一种测试,标准图是一种不对称的三维度图案,要求被测试者指出另一个图案是简单变换了位置的标准图呢,还是另一个不同的图案?如在图 42 中给出了 3 组这样的图案(在(a)(b)(c)各组图案中分别说出第二幅图是否与第一幅图相同):在第1组图案(a)中,两个图是一样的,但第二个在图案层面上倒转了80°;第2组图案(b)中也是两个相同的图案,但第二个在深度上旋转了80°;而第3组图案(c)的两幅图是不同的,不论怎么旋转都不会使两图一致起来. 注意,正像图41中的测试一样,可以要求被测试者画出所需的图案,而不只是在多种给定图案中选出一个而已.

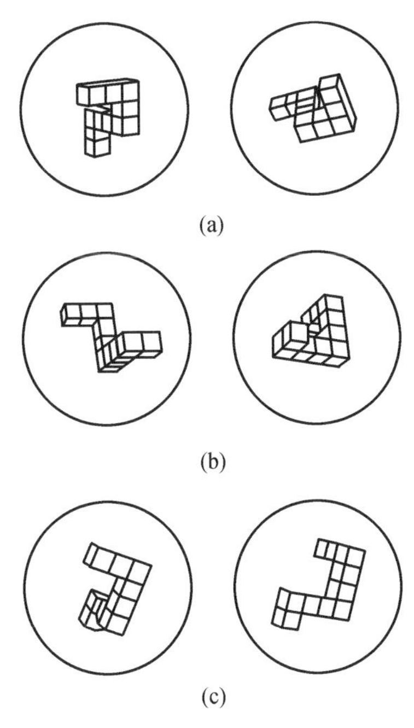

图 42

上面的两个例子只是识别图案,如果要表达和转述难度会更大.

拿一个表面看上去很简单的物体(图43)——椅子作例子,就能说明问题的复杂性. 从上往下观看时,所画出来的椅子像只能合理地再现出椅子的座位(a);从正面得到的视觉形象则只能再现出椅子的靠背和两条对称的前腿(b);从侧面得到的视觉形象则把椅子的一切典型特征全漏掉了,它只能再现出靠背、底座、椅腿的长方形形象(c);从底下往上看去,所得到的视觉形象是唯一能够揭示出位于正方形的底座的四个角上的四条腿的对称排列(d).以上所列举的视觉形象,都是获取一个物体的完整的视觉概念时不可缺少的信息.那么,我们如何在同一幅画里把这些信息全都传达出来呢?要想说明完成这个任务时所遇到的困难,任何语言也抵不上图44所示的图形来得更为直接和生动.这些图形是克森斯坦在一个试验中得到的.在这个试验中,他要求学生们根据记忆把一张椅子的三维形象用正确的透视法再现出来.这些图形就是儿童们在再现这把椅子时所画出的图.

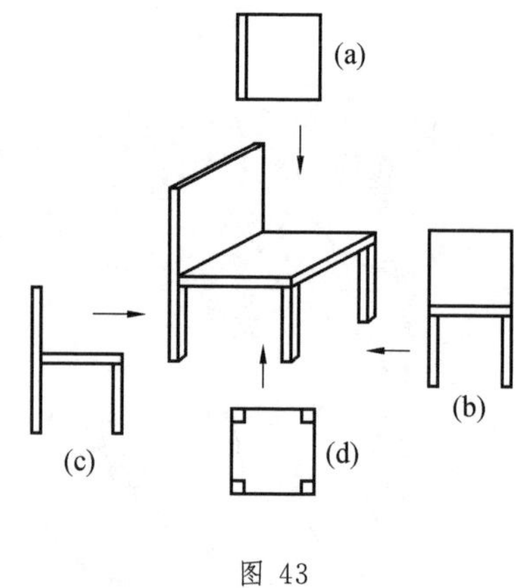

图 43

邓小平曾有指示:学电脑要从娃娃学起.空间想象力的培养也宜从儿童开始.

著名认识论专家皮亚杰在《儿童绘画中的空间》(第6章,巴黎版,1948年)中有一个试验.在试验中,当一个5岁的儿童被要求把一根向观察者方向倾斜的棍棒画出来时,他会说:“这是没办法画的.”随后他还会向你解释,如果要把处于这样一个位置的东西画出来,铅笔非要把纸穿透不可.某些儿童还会得到一个下述聪明的办法:先把这个物体在通常情况下看到的样子画出来,然后再把画好的画倾斜到一定的角度去看,这就是不久以后儿童们自己发现的用方向

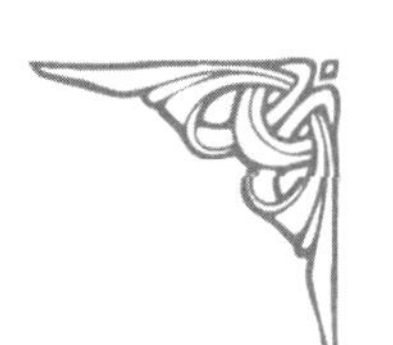

的倾斜来表现深度的手法.

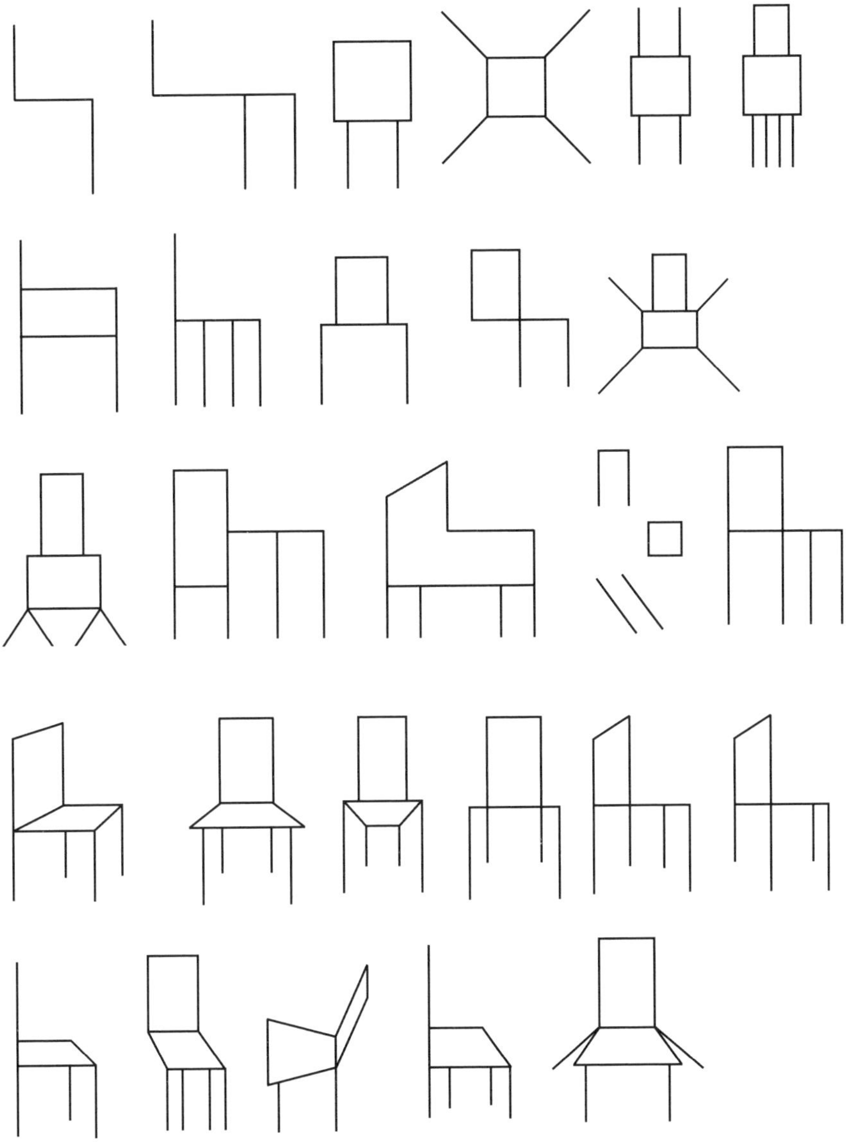

图 44

麦克法兰·史密斯在其著作《空间能力》(伦敦版,1964 年,236～237 页)认为:"个体在获得最低水准的语言手段之后,确定其在科学方面能有多少进步,那就要看他的空间能力如何了."的确,空间知识可服务于各种不同的科学目的,它可作为一种有用的工具,可帮助思考,可作为一种把握信息的方式,一种描述难题的方法,或者它直接就是一种解决难题的手段.再比如:

例 1 用白、灰、黑三种颜色的油漆为正方体盒子的 6 个面上色,且两个相对面上的颜色都一样,以下哪个选项不可能是该盒子外表图的展开图?( )

答案 C

解析 本题考查正方体的展开图,需逐一对选项进行分析.因为两个相对面上的颜色相同,而 C 选项中黑面和黑面相交,不满足相对面上的颜色一样这一要求,所以 C 选项不是盒子的展开图,故正确答案为 C.

例 2 图 45 给定的平面图折叠后的立体图形是( ).

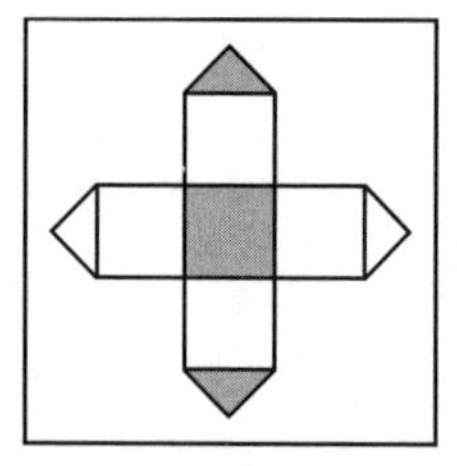

图 45

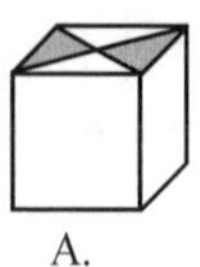
A.

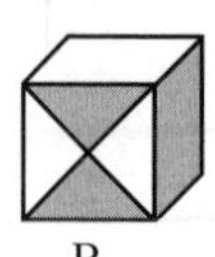
B.

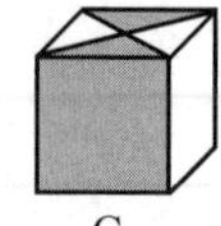
C.

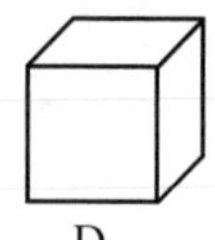
D.

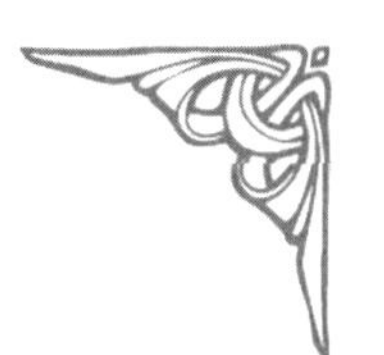

答案 A

解析 本题考查六面体的空间重构,由于有一个面被分割成四部分,因此先将其补齐,即为灰白间隔的面. A 选项:与题干展开图一致,当选;B 选项:在展开图中,灰白间隔的面和灰色的面处于相对面位置,不能同时出现,选项与题干展开图不一致,排除;C 选项:在展开图中,灰白间隔的面和灰色的面处于相对面位置,不能同时出现,选项与题干展开图不一致,排除;D 选项:在展开图中,三个白色的面必有两个为相对面,不能同时出现,选项与题干展开图不一致,排除. 故正确答案为 A.

例 3 如图 46 所示,下列选项中能组合成一个 $3\times3\times3$ 立方体的是(　　).

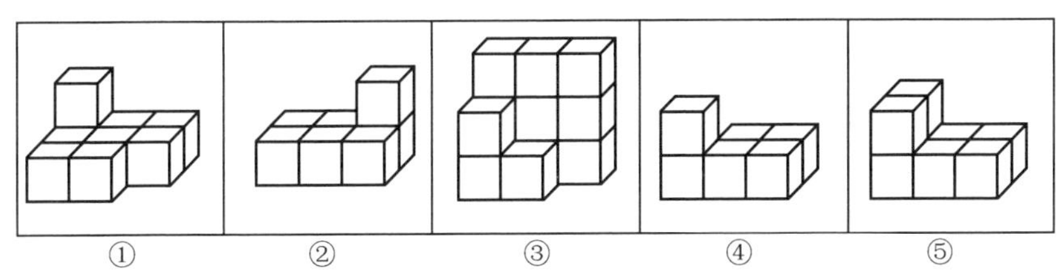

图 46

A. ①②③　　B. ②③④　　C. ①③④　　D. ②③⑤

答案 C

解析 本题考查立体图形的拼接,题干要求组成一个 $3\times3\times3$ 立方体,故需要的小方块总数为 27. 图①中有 9 块,图②中有 7 块,图③中有 12 块,图④中有 6 块,图⑤中有 8 块,因此排除 A,B 两项. 观察发现 C,D 两项中都有图③,而 $3\times3\times3$ 立方体中每层都有 9 块,图③已经满足一层有 9 块,另一层有 3 块,因此另外两图拼合应满足某一层有 6 块,另一层有 9 块. 由于图①上层与图④下层相加为 6 块,因此图①③④可组合成一个 $3\times3\times3$ 立方体,故正确答案为 C.

例 4 将图 47 中的(a)展开图折叠为如图 47(b)所示的立体图形,并判断每个数字所在的边对应立体图形中的哪个字母.

1→ ________

2→ ________

3→ ________

4→ ________

5→ ________

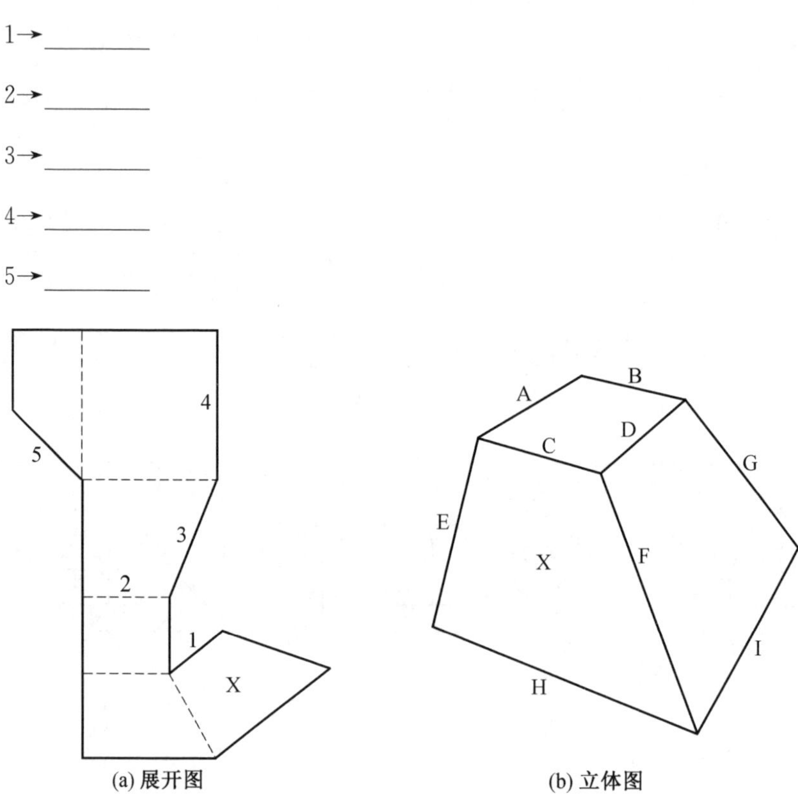

(a) 展开图　　(b) 立体图

图 47

例 5 将图 48 中的(a)展开图折叠为如图 48(b)所示的立体图形,并判断每个数字所在的边对应立体图形中的哪个字母.

1→ ________

2→ ________

3→ ________

4→ ________

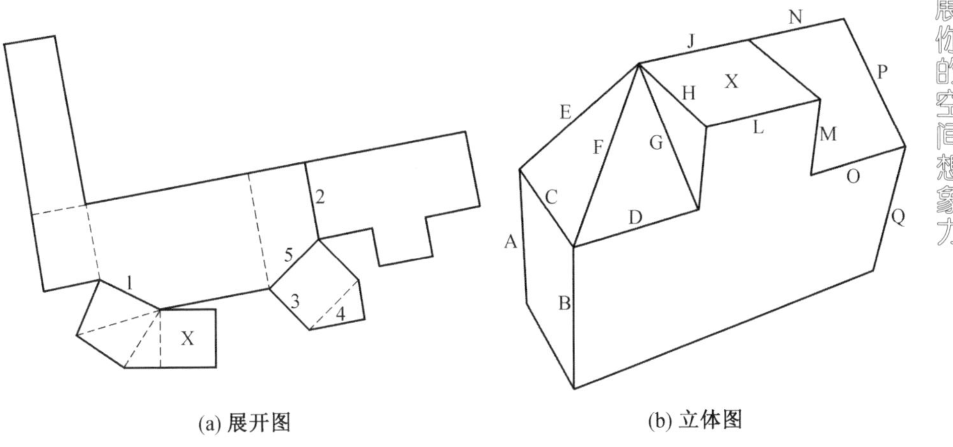

(a) 展开图　　(b) 立体图

图 48

基本规则：在 4×4×4 的空间小格内放入大小相同的小球，小球距离观测位置越远，小球的标记就会越小. 距离由近到远的大小排布如图 49 所示.

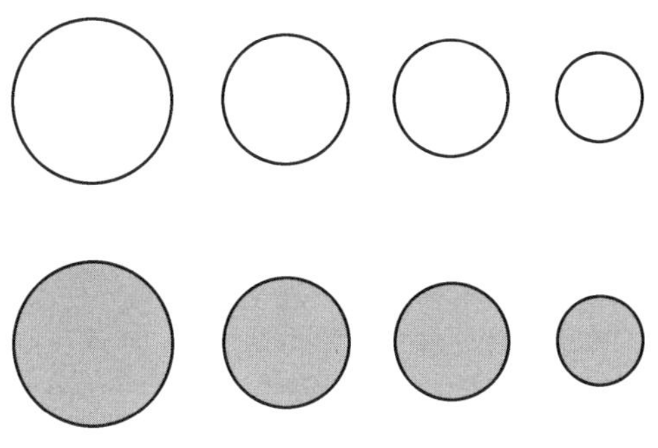

图 49

例 6 如图 50 所示，左图为空间球中的某种特定视图形式，请根据左图中的视图提示，分析右图的目标视图方向，并将结果填写在括号中.

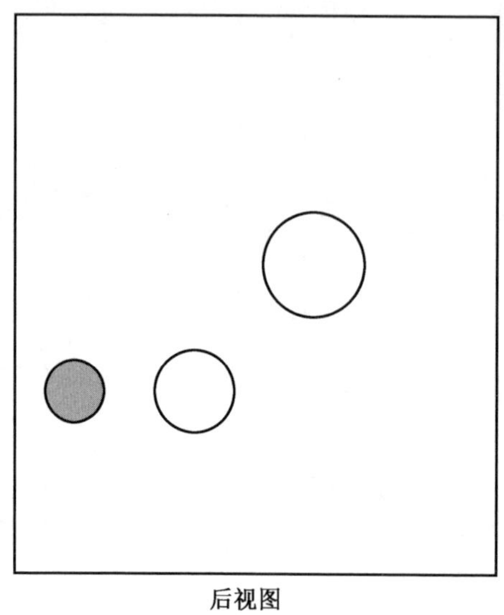
后视图

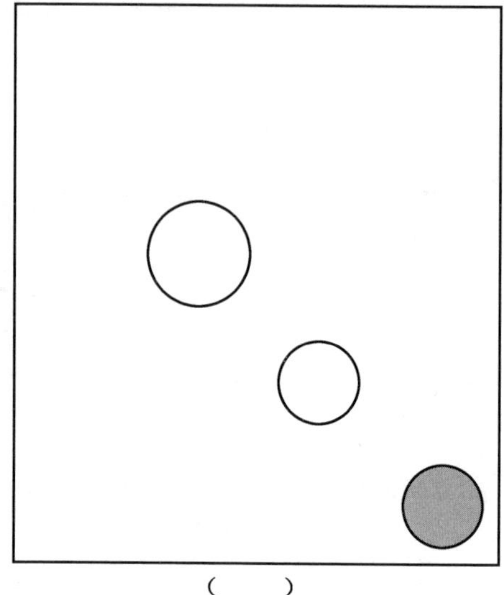
(　　)

图 50

可惜的是在当前考试教育的背景之下,空间想象能力的培养变成了可有可无或者说几乎是可以取消的了.只有到了高中学立体几何需要画图时才突然发现原来还需要这样一种能力,但这种担心与焦虑随之又被空间向量的引入而化解,这样一个可能根本不具备空间想象力的不合格教育产品就会进入到社会中.

C.K.科尔特在《哈佛学报》(1982 年 3～4 期,31 页)指出:"对于许多人来说,进行三维度思考就像学习外语一样,4 已不再是比 3 大比 5 小的数字了,它是顶点的数目,也是四面体面的数目;6 也便是四面体的棱,是六面体的面,或是八面体的棱的数目了."

目前世界上在培养学生空间想象力方面做得最好的国家是俄罗斯.他们出版了大量的有关书籍.本书中的图形部分是取材于俄罗斯著作,特别是簇卡里的书.在 2007 年莫斯科国际书展的展厅外,聚集着大量的个体书贩,各类图书一应俱全,数学书点缀其中,笔者沙里淘金般找到了簇卡里的书,如获至宝.可惜回国后再联系作者本人,老先生已过世,我们请哈工大马菊红老师译出,他山之石,可以攻玉.本书中的游戏部分是旅日学者刘修博编译的,刘先生毕业于西南交通大学,随当年留学潮东渡日本,现在在日本从事翻译工作.

美国哈佛大学教育研究院泽罗研究所的负责人 H. 加登纳指出:必须强调一下,在各种不同的科学、艺术与数学分支之间,空间推理的介入方式并非是一致的.拓扑学在使用空间思维的程度上要比代数大得多.物理科学与传统生物学或社会科学(其中语言能力相对比较重要)比较起来,要更加依赖空间能力.在空间能力方面有特殊天赋的个体(比如像达·芬奇或当代的巴克明斯特·弗勒和亚瑟·罗伯)便有其实施的选择范畴,他们不仅能在这些领域中选取一种,而且还可以跨领域进行操作.也许,他们在科学、工程及各种艺术方面表现得突出一些.从根本上说,要想掌握这些学科,就得学会"空间语言",就得学会"在空间媒介中进行思考".这种思维活动包括了这样一种理解,即空间可以让某些结构特征并存,而不让其他的结构特征并存.

空间是一个非常广泛的概念,甚至在政治中都使用这个貌似科学的词,20 世纪 80 年代三位新马克思主义城市理论家亨利·勒菲弗(Henri Lefebrer, 1901—1991)、曼纽·卡斯特(Manuel Castells, 出生于 1942 年)和戴维·哈维(David Havery, 出生于 1935 年)开创了一个空间政治的理论.新近译出的《空间与政治》(上海人民出版社,2008 年,李春,译)中的几篇文章题目都很有意思,《空间》《对空间政治的反思》《资产阶段与空间》和《工人阶级与空间》,它强调:一旦涉及现实生活,"空间就不再是中性的和'纯粹'的了""空间既是意识形态的,又是知识性的".

空间概念是伴随着西方艺术一起传入我国的,文艺复兴时期的艺术家们强调把数学结构的方法与大胆精美的技术结合在一起,绘画所用的透视知识是以数学为基础的,有关空间的认识也是立足于几何学的,如莱奥纳尔多·达·芬奇是一名精通透视学、几何学的艺术大师.利玛窦的数学老师是开普勒与伽利略的好友,著名的数学家克拉韦乌斯(Clavius),扎实的数学知识为他日后介绍西洋绘画与绘制地图打下了基础.

利玛窦来到中国以后,与徐光启合作译完克拉韦乌斯选编的欧几里得《几何原本》前六卷,当他对徐光启谈及翻译此书的重要意义时,曾讲到几何学在绘画上的应用:"察目视势,以远近正邪高下之差,照物状可画立圆,立方之度数于平版之上,可远测物度及真形,画小,使目视大,画近,使目视远,画圆,使目视球;画像,有坳突;画室,有明暗也."(徐光启.译几何原本引.载徐宗泽《明清间耶稣会士译著提要》.中华书局,1949年,258页.)

晚于《清明上河图》6个世纪的民间版画《姑苏万年桥》所遵循的写实手法就是应用了意大利文艺复兴时期以来的透视法则的.与中国传统画面(正面等角透视法)或山水画中的三远法不同,以科学为依据的西方透视学(perspective),在理论上对画家做出新的要求:"根据固定视点出发的距离,将所有被描绘的物体有规则地缩短,并将建筑物、地面上与画面成直角的线,安全集中到画面中央或略为下方的一点——消失点,此点必须设在与画家视点同等高度的地平线上."(在日本通常称透视法为"远近法".见[日]饭野正仁.东西方远近的表现.载《中国洋风画展》.日本町田市国际版画美术馆出版,1995年,258～259页.)

中国古代数学的发展也体现出对西学东渐的依赖.李善兰的垛积术、尖锥术都需要推演立体几何模型,在《方圆阐幽》中李善兰提出10条"当知",即10条定义和性质，并建立了积分公式的几何模型，阐明了数字与这些几何模型间的对应关系.因此，“诸乘方皆有尖锥”，他描写尖锥的形状：“三乘以上尖锥之底皆方，惟上四面不作平体，而成凹形，乘愈多，则凹愈甚.”绘出尖锥体的图形，并给出尖锥的算法公式，这是中算中独有的，但可惜没发展起来，晚清后逐渐汇入世界数学洪流中.

空间想象力最直接的体现是在建筑设计方面.2008年我们随版协团去威尼斯到达圣·马克广场时，感觉到中世纪的建筑学家们的空间设计能力非常超前.这个广场的东端宽90码(1码=0.914 4 m)，但西端的宽度却只有61码.侧面的建筑(市政大厅)越靠近于东端的教堂也就越宽.当观看者站在这个广场东端的教堂前向这个长192码的广场观看时，就比站在西端向东观看时看到的景深效果强烈得多.此外，中世纪的建筑学家们，在实践中也是通过使教堂侧壁向教士席位集聚以及逐渐缩短柱廊之间的间隔距离来加强其深度效果的.

那些与此相反的建筑设计，目的都是为了保持建筑物形状的规则性和为了对抗透视变形的影响，也有的是为了缩短外景的距离.由波尼尼设计的罗马圣·彼得广场上的正方形排列的柱廊，由米开朗琪罗设计的美国国会大厦前的广场，都是向观看者站立的方向集聚的图式.按照维初维欧斯的说法，希腊建筑中的廊柱之所以高处粗底部细，“是因为眼睛总是在寻求美，如果我们不通过使尺寸逐渐加大而弥补视觉对人的欺骗，那就不能满足人追求愉悦的愿望.因为上细下粗的廊柱是一种笨拙而又粗陋的形象.”(帕里奥·维初维欧斯.有关建筑学的十本书.第三部第三章.剑桥版.)

柏拉图在《诡辩论》中也指出：“如果艺术家以真实的比例来塑雕像，塑像的上半部就会因为比下半部离观看者远一些而看上去相对变小.因此，我们在创造艺术形象时总是放弃真实的比例，只以那种给人以美感的比例进行创造.”

文艺复兴时期的瓦萨雷在《瓦萨雷论技巧》(1907年,伦敦版,第一章,第36节)中也指出:“如果一座塑像是放置在较高的位置上,而且在它的下面又没有足够的空间使观赏者从较远的地方观看它,观赏者就只好站在它的脚下向上仰视.在这样的情况下,就要使这个塑像在原来的基础上再加高一个头到两个头的高度.”在加高之后,“增加了的这些高度就会由于透视缩短的作用被抵消.这样,我们看到的比例就显得恰到好处,它不显得太高,也不显得太矮,而且更加优美了.”

其次空间想象力的展示平台是绘画.除了中国山水写意画,大多数的风景画和人物画都要求画家多多少少具备些空间想象力.这一点从美术史中可以了解到一点.

如何把三度视觉概念转化成两度的形式,这在早期是一个困难的问题.从埃及壁画和浮雕中可以看到人们当时的一些办法.美术史家沙夫尔指出:“埃及人、巴比伦人、古希腊人的艺术表现风格都是相似的.他们都避免采用透视缩短法,这是因为这种方法对他们来说太难了.”他发现,直到6世纪时,能够表现出人肩侧面的样式还很少看到,甚至在埃及绘画的整个发展史中,使用这种方法的作品也一直是个例外.

罗素在《数理逻辑导论》中指出:“人类发现两昼夜,两对锦鸡都具有数字2的特征,这一定经历了漫长的岁月.”空间想象力的成长也如同数学抽象能力的成长一样经历了漫长的岁月.这一点可以从受教育程度低的人身上看出.沙夫尔在《论埃及艺术》(74～75页)中曾经描述过一个艺术家的亲身经历.当这个画家为一个德国农民的住宅创作一幅素描画时,这个农民也正好站在一旁观看,当他画到倾斜的透视线条时,这个农民便提出抗议说:“你为什么把我的房子弄得这么倾斜? 我的房子是直的呀!”过了一会,画便完成了,这个农民看了

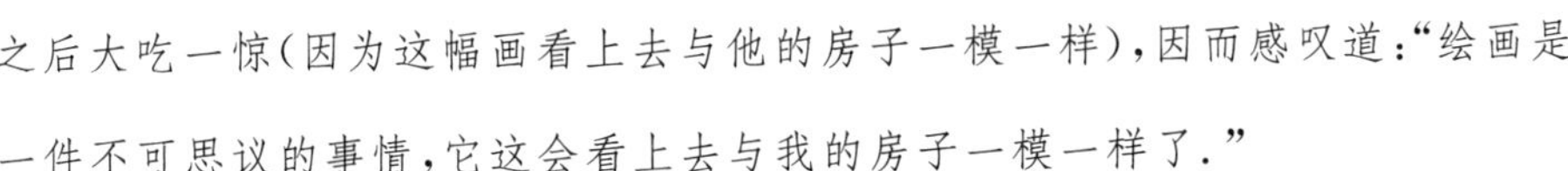

之后大吃一惊(因为这幅画看上去与他的房子一模一样),因而感叹道:“绘画是一件不可思议的事情,它这会看上去与我的房子一模一样了.”

一个从未开发过自己的空间想象能力的人在现代社会中的处境正如同上面所描述的那位德国农民那样对许多事物缺少必要的理解能力.就像许多人看不懂大城市的交通图,毕竟像李云龙那样一个“土包子”天生能看懂作战地图的凤毛麟角.弗朗西斯·格尔登在《对人的官能及其发展的探索》(纽约版,1908年,68页)中断言:“少部分人运用人们经常描述的某种接触视力,能够在同一时刻见到一个立体的各个方面的形象.大部分人可以近似地做到这一点,但所有的人都不能在同一时刻看到一个地球仪的全部形象.有一个著名的矿物学家曾向我保证说,他能够同时见到一种他所熟悉的晶体的各个晶体面的样相.”

1980年秋,美国举行了一次有830 000位考生参加的统一考试,其中有一道涉及空间想象力的问题是这样的:一个棱锥由4个三角形构成,另一个由4个三角形和1个正方形底面构成,所有三角形都是大小相同的正三角形,现将它们连成一体,问新的立方体有几个面.绝大多数人都回答是7个面,只有17岁的丹尼尔·洛文回答是5个面,被错判,几经周折才被承认,原来是考官给出的标准答案有误.无独有偶,最近这一现象在中国也出现了.

合肥市2009年高三第二次教学质量检测数学试题(文)第10题是这样的:

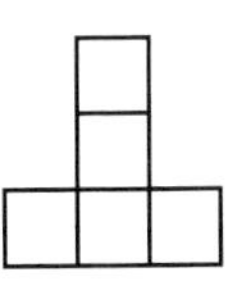

图51

用若干个棱长为1的正方体搭成一个几何体,其主视图、侧视图都如图51所示,对这个几何体,下列说法正确的是(　　)

A.这个几何体的体积一定是7

B. 这个几何体的体积一定是 10

C. 这个几何体的体积的最小值是 6,最大值是 10

D. 这个几何体的体积的最小值是 7,最大值是 11

这道题是一个开放性的命题,是检测学生对视图知识掌握的程度和空间想象能力的一道好题,但可惜的是选择出错了.

由于题干中的视图只给出了主视图和侧视图,因此它表示的几何体是不确定的.由两个视图所示,它表示的几何体是由图 52、图 53、图 54 三种基本几何体(直观图)以及由图 52、图 53 所示的几何体的底面分别增加 1 个、2 个、……、6 个单位正方体或由图 54 中所示几何体的底面分别增加 1 个、2 个、3 个、4 个单位正方体组合而成的 114 种不同的几何体,它们的体积有 5,6,7,8,9,10,11 这 7 个值,因此这个几何体的体积最小值是 5,最大值是 11,而不是评分标准中给出的答案 D,因此本题无答案可选,故而本题错了.若将此题中选择支 D 改为“D. 这个几何体的体积的最小值是 5,最大值是 11”,则此题就完美了.

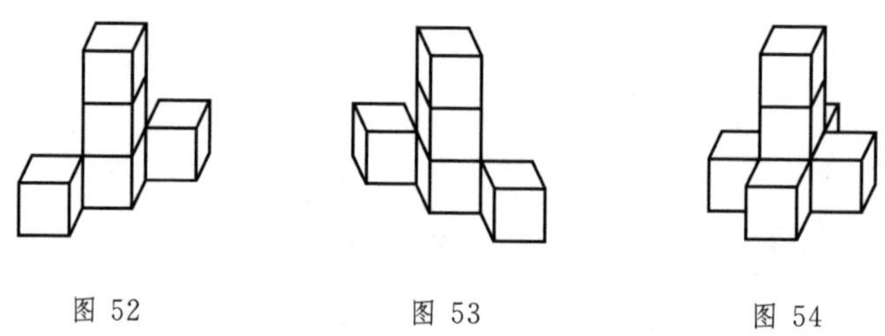

图 52　　图 53　　图 54

还有一个对空间智能的核心能力获得感受的方法,便是做一做空间智能研究者们所设计出来的测试.我们从图 55 最简单的测试开始,只要求能从那 4 个图中选出一个与标准图案相同的图案:

这样的测试题在我国很难出现,因为这种能力的培养不能做到标准化、规范化、量化和即时化.早在 1880 年出版的《怎样使学习变得容易》(莱比锡版)中指出:“应把培养视觉判断的 ABC 课程放到比字母 ABC 学习更优先的地位,因

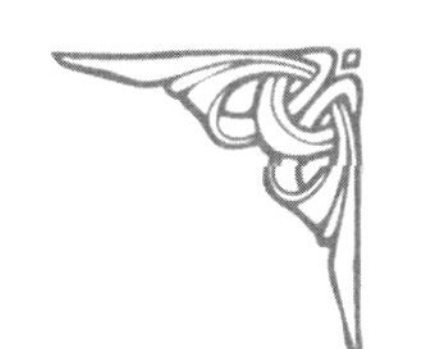

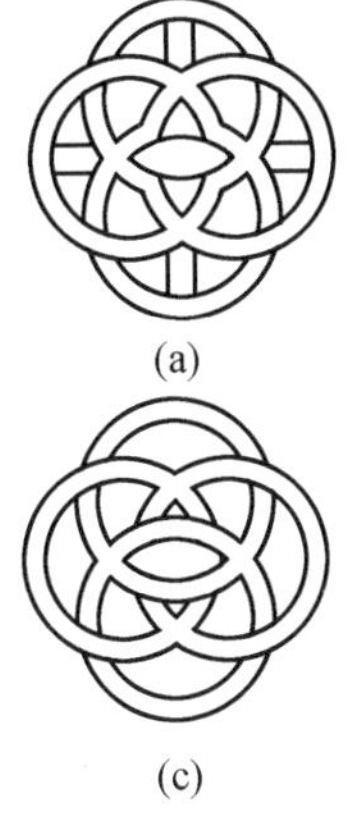

(a) (c)

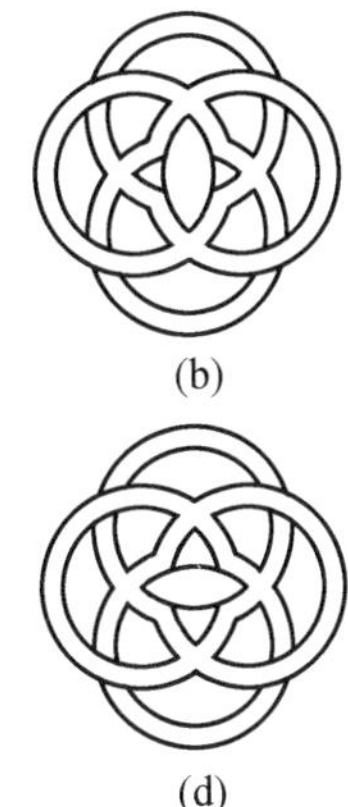

(b) (d)

图 55

为概念性的思维是建立在正确的视觉判断的基础上的.”

皮氏理论在 19 世纪有许多追随者,如皮特·施密特在教学中要求他的学生们逼真地画各种立体、球体、圆柱体、厚板片形状等,认为它们是更为复杂的自然物体的建筑基石.在 1955 年印第安纳大学出版社出版的一本 13 世纪法国设计师维拉德·霍乃考特(Villard de Honnecout)写的一本书中就介绍了如何以三角形、长方形或星状形为基础,从中变换出人体或动物形状.

有人说我们就生活在三维立体空间,为什么不采用身边的素材培养空间想象能力,而一定要借助于本书中这些抽象图形呢?

叔本华在《作为意志和表象的世界》一书中曾说过:“推理是女性的,因为只有在它从外部接受到什么之后,它自己才能‘生产’.这就是说,大脑如果得不到关于在时间和空间中正在发生些什么事情的信息,它就一筹莫展,什么也想不出来.然而,假如大脑中收集到的信息,仅仅是某种对外部世界中事物和事件的纯感性反应,或一些未做任何加工的原材料,同样也毫无用处.新生的个别事物永无休止地向我们展示着,它们的出现会刺激我们,但决不会指导我们,除非我们从这些个别事物的呈现中发现了一般的东西,否则就无法从中学到什么.”

人们的代数运算能力和几何想象能力发展是不均衡的.让·雅克·卢梭在他的《忏悔录》中有这样的自白:"我从来没有真正达到过把代数运用于几何中的程度,我极不喜欢在看不到自己所做的东西的情况下计算.在我看来,运用代数方程式来解决一个几何问题,无异于通过转动一个曲柄来弹奏一首曲子.当我第一次通过计算发现一个二项式的平方等于它的各项的平方加上这两项之积的两倍时,根本就不相信这一结果,直到我找到了一个能验证它的几何图形,情况才发生了根本变化.我最喜欢把代数看作一种纯抽象的量,但当我们真拓展它的应用范围时,我又喜欢看到这种拓展在线段上进行,否则我就什么也不能理解."空间想象力是我们大脑能力的一部分,并不能帮我们理解一切,比如在空间想象力中难以表现的概念是无限.在古代经典自然哲学中,"无限"确实是以一种确定的东西出现的.这就是说,它不再仅是一种无形体的背景.按照这一观点,只有物质中那些最小的单位才有形状.在原子论者(德谟克利特、伊壁鸠鲁(Epicrus)和以后的卢克莱修(Lucretius))看来,宇宙是无限和统一的,虽然他们还不认为这是一个连续体,而是由无数个在虚空中旋转的微粒子组成.按照原子论的描述,宇宙没有中心,所谓有一个中心的说法,乃是某些人无端的空想,因而应予摒弃.卢克莱修说:"在无限中是没有什么中心的."但他们始终没有解决下面两种意象之间的冲突——一个基于把"自我"视为周围环境的参照中心的强烈经验而得到的向中心集中的世界意象,同一个无边无际的同性质世界意象之间的冲突.其实,这样一个问题,只有当人们拥有一个无限的球体意象时才会遇到,我们都还记得,意大利的艺术家和建筑家阿尔玻提(Alberti)和布鲁乃莱什(Brunelleschi),曾经通过几何学中的中心透视结构,把"无限"的概念引入绘画中,但这样一种结构同样也有自相矛盾的地方,这种自相矛盾表现在它用绘画空间中某一个确定的点来代表"无限",用一种无限小的东西来代表一个无限大的东西,并使整个世界变成向某一个中心点集聚,而不是向四周无限扩展.只是到了后来,绘画才开始真正传达一种关于空间无限的经验.在这方面最有名的当然要数巴洛克建筑物中的那些天顶画.借助于空间想象力,我们对难以理解的东西有所突破.斯伯林菲尔德在《儿童空间能力的发展》(1975年,118页)中对爱因斯坦相对论做了一个颇需空间想象力的解释:

"想象一个庞大的物体A,它在空间里沿直线运行,运行的方向是从北向南.这个物体被一个巨大的玻璃球体所环绕,球体上蚀刻着相互平行的圆圈,这些圆圈与物体A的运行路线是垂直的,像一个巨大的圣诞树装饰一样.另外还有一个庞大的物体B,它与该玻璃球体上的一个圆圈相接触.B与玻璃球体的相接点低于该球体上最大的圆——最当中的圆.A与B两物体都以相同方向运行.随着A与B继续运动,B将会不断地沿着那一个蚀刻的圆圈——与该球体的接触点——变换位置.由于B不断地变换位置,所以它实际上是穿过时空沿螺旋形道路运行,然而如果有一个人站在物体A上,从球体内向外看,那么这似乎便是个圆形而不是螺旋形了."

由此可见具有某种超过常人的能力对于理解世界是必需的.数学家以其超常的逻辑推理能力、抽象思维能力、空间想象能力赢得社会的认可和尊重.2009年第6期《华尔街杂志》(*Wall Street Journal*)上发表了一篇关于数学至上的文章,题目为*Doing the Math to Find the Good Jobs*.其中有一份以工作环境、收入、就业前景、体力要求、体力强度为指标的职业排行榜,在这排行榜中,数学家荣登榜首,保险精算师和统计学家分列第二和第三,后面是生物学家、软件工程师、计算机系统的分析员.在未来的社会中要想得到认可和尊重,靠门第、头衔、级别、学历恐怕都不行,最靠得住的是个人的能力,而空间想象力就是一项重要的能力,借用一句广告词——人类失去想象力将会怎样?

最后值得指出的是近年来空间想象力的问题已经出现在高考试卷当中,从这一点来说,本书还是有其实用的一面,下面列举几个近年高考试题:

题1 (2008年山东卷理第6题)图56是一个几何体的三视图,根据图中数据可得该几何体的表面积是(　　)

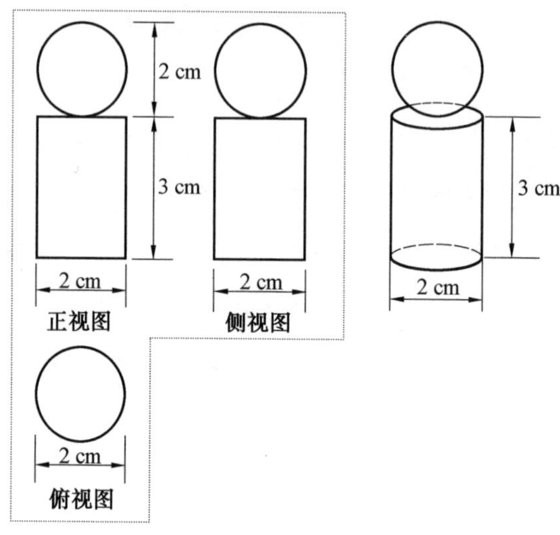

图 56

A. 9π　　B. 10π　　C. 11π　　D. 12π

题 2 (2009 年浙江省测试卷 13 题)若某多面体的三视图(单位:cm)如图 57 所示,则此多面体的体积是________ cm^3.

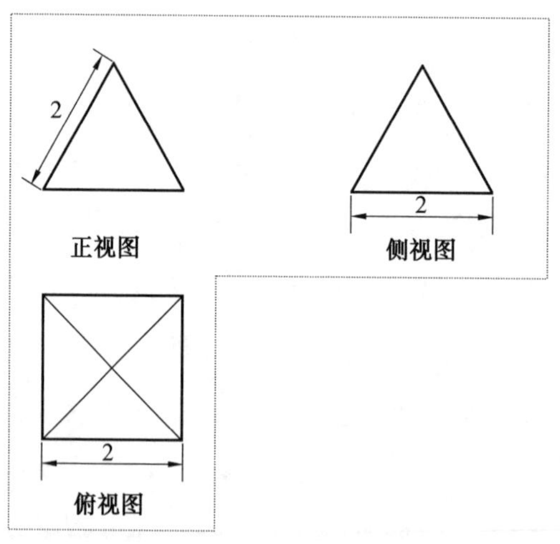

图 57

题 3 (2008年广东卷理第5题)将正三棱柱截去三个角得到几何图形如图58所示(其中 A,B,C 分别是$\triangle GHI$ 三边的中点),则该几何体如图所示方向的侧视图(或称左视图)为(　　)

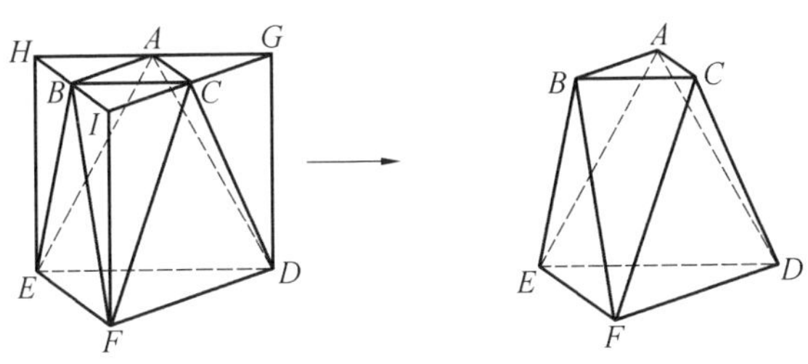

图 58

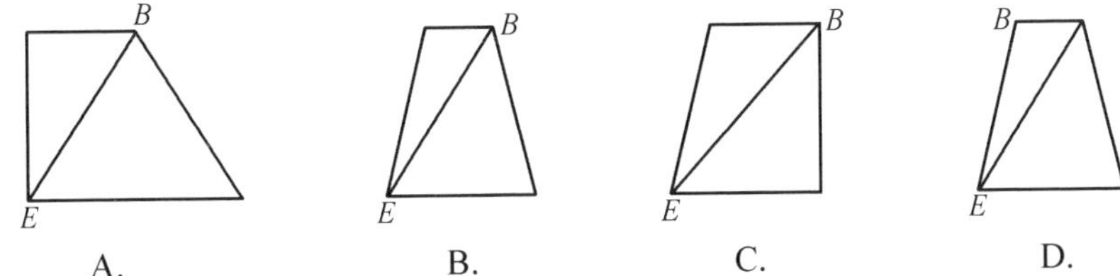

题 4 (2008年某省联考题)直三棱柱 $A_1B_1C_1$-ABC 的三视图如图59所示,D,E 分别是棱 CC_1 和棱 B_1C_1 的中点,求在同一视角下三棱锥 E-ABD 的侧视图的面积.

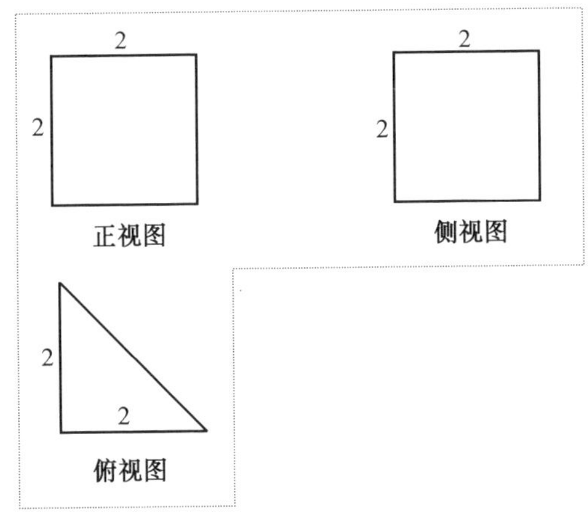

图 59

题 5　(2007年山东卷理第3题)下列几何体各自的三视图中(图60),有且仅有两个视图相同的是(　　)

A. ①②　　B. ①③　　C. ①④　　D. ②④

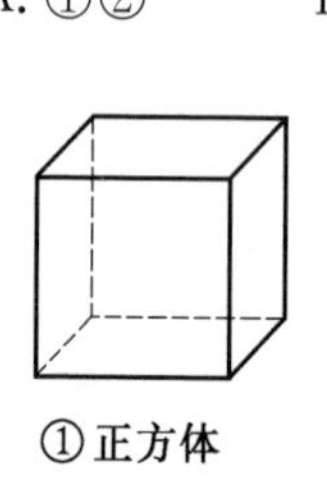

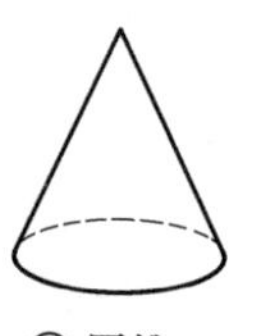

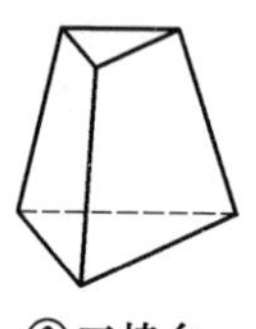

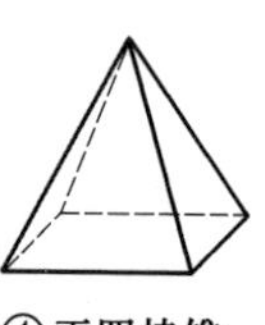

图 60

题 6　(2008年海南卷12题)如图61,某几何体的一条棱长为$\sqrt{7}$,这条棱的正投影是长为$\sqrt{6}$的线段,该几何体的侧视图和俯视图中,这条棱的投影分别是长为a和b的线段,则$a+b$的最大值为(　　)

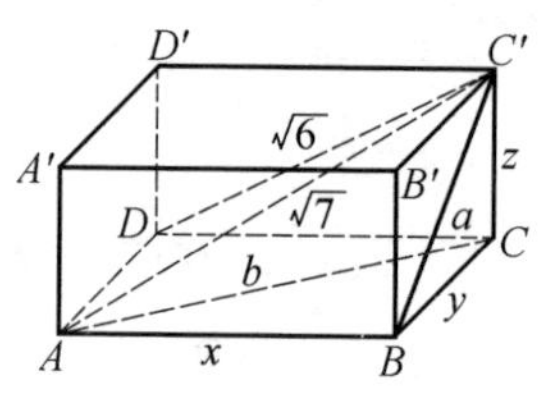

图 61

A. $2\sqrt{2}$　　B. $2\sqrt{3}$　　C. 4　　D. $2\sqrt{5}$

空间想象力与大学课程中的画法几何及机械制图比较接近,本书中的三视图方法已开始在中学中得到应用,不仅在题目形式上,而且还渗透在了解答过程中.

题 7　求图62表示的空间几何体的体积.

如何通过三视图构建几何体是解决本题的关键.几何体的构建从俯视图开始,俯视图的正方形用斜二测画法画成平行四边形.自下而上的作图思想是解本题的关键点,再结合正视图与侧视图构建空间几何体,如图63(a)～(d).

几何体的体积为:$V=\dfrac{1}{2}\times(2+4)\times4\times4-2^3=40$.

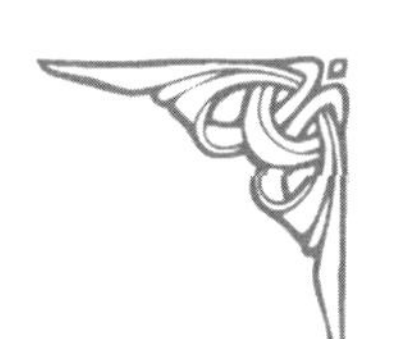

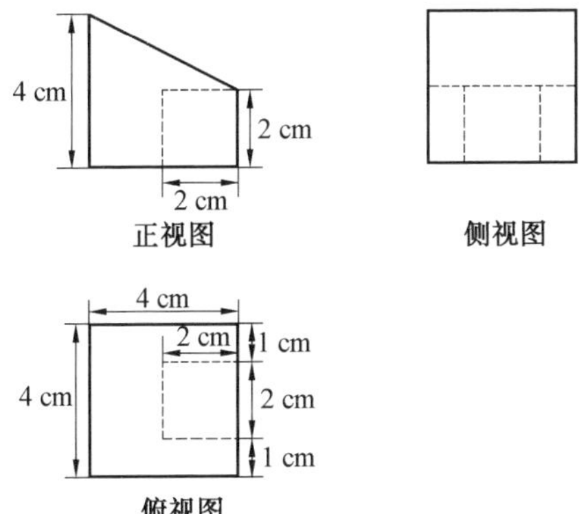

图 62

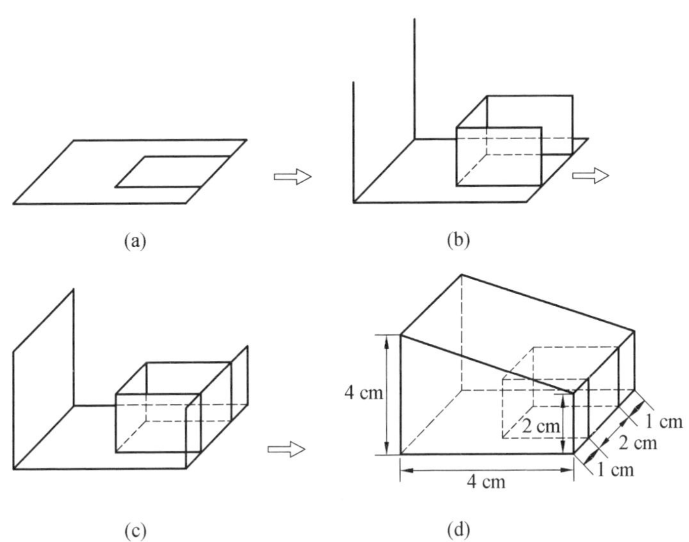

图 63

能够对考试有一点帮助，也算是我们的一点不得已的“媚俗”吧！

最后需要指出的一点是，数学教育内容的更迭、替代看似是一个纯技术性甚至往大点说是个学术和理念问题，但我们应该看到它实际也是一个社会甚至是一个政治问题，即我们到底是要将什么人选拔出来，将他们安置在社会的重要岗位上.当然,这背后的逻辑与玄机已经超过了普通人的认知了.

如果把技术的最终目的视为是为了全人类或部分人类的利益而开发资源,那么,技术就具有非中性的属性.如果技术以某种方式使人们受益,或对一个群体比另一个群体更有利,那么它们就不是中立的.事实上,根据这个定义,中立技术的概念本身没有任意意义.

更何况,技术发明人往往不知道自己的发明会给社会带来怎样的效应.技术的后果就是这样难以预料.在最一开始的时候,面对新的技术,哪些人是赢家,哪些人又会成为输家,是一件连上帝都无法知晓的事情.总体而言,技术为人类带来的是正面影响,但这并不会改变一个现实:它使社会中的一些人生活变得更好,而对另一些人来说却变得更糟.

空间想象力的提高也是如此,对一些人会变得更好,但也有可能会变得更糟!

刘培杰

2021年8月22日

于哈工大

刘培杰数学工作室

已出版(即将出版)图书目录——初等数学

书　　名	出版时间	定　价	编号
新编中学数学解题方法全书(高中版)上卷(第2版)	2018—08	58.00	951
新编中学数学解题方法全书(高中版)中卷(第2版)	2018—08	68.00	952
新编中学数学解题方法全书(高中版)下卷(一)(第2版)	2018—08	58.00	953
新编中学数学解题方法全书(高中版)下卷(二)(第2版)	2018—08	58.00	954
新编中学数学解题方法全书(高中版)下卷(三)(第2版)	2018—08	68.00	955
新编中学数学解题方法全书(初中版)上卷	2008—01	28.00	29
新编中学数学解题方法全书(初中版)中卷	2010—07	38.00	75
新编中学数学解题方法全书(高考复习卷)	2010—01	48.00	67
新编中学数学解题方法全书(高考真题卷)	2010—01	38.00	62
新编中学数学解题方法全书(高考精华卷)	2011—03	68.00	118
新编平面解析几何解题方法全书(专题讲座卷)	2010—01	18.00	61
新编中学数学解题方法全书(自主招生卷)	2013—08	88.00	261
数学奥林匹克与数学文化(第一辑)	2006—05	48.00	4
数学奥林匹克与数学文化(第二辑)(竞赛卷)	2008—01	48.00	19
数学奥林匹克与数学文化(第二辑)(文化卷)	2008—07	58.00	36′
数学奥林匹克与数学文化(第三辑)(竞赛卷)	2010—01	48.00	59
数学奥林匹克与数学文化(第四辑)(竞赛卷)	2011—08	58.00	87
数学奥林匹克与数学文化(第五辑)	2015—06	98.00	370
世界著名平面几何经典著作钩沉——几何作图专题卷(共3卷)	2022—01	198.00	1460
世界著名平面几何经典著作钩沉(民国平面几何老课本)	2011—03	38.00	113
世界著名平面几何经典著作钩沉(建国初期平面三角老课本)	2015—08	38.00	507
世界著名解析几何经典著作钩沉——平面解析几何卷	2014—01	38.00	264
世界著名数论经典著作钩沉(算术卷)	2012—01	28.00	125
世界著名数学经典著作钩沉——立体几何卷	2011—02	28.00	88
世界著名三角学经典著作钩沉(平面三角卷Ⅰ)	2010—06	28.00	69
世界著名三角学经典著作钩沉(平面三角卷Ⅱ)	2011—01	38.00	78
世界著名初等数论经典著作钩沉(理论和实用算术卷)	2011—07	38.00	126
发展你的空间想象力(第3版)	2021—01	98.00	1464
空间想象力进阶	2019—05	68.00	1062
走向国际数学奥林匹克的平面几何试题诠释.第1卷	2019—07	88.00	1043
走向国际数学奥林匹克的平面几何试题诠释.第2卷	2019—09	78.00	1044
走向国际数学奥林匹克的平面几何试题诠释.第3卷	2019—03	78.00	1045
走向国际数学奥林匹克的平面几何试题诠释.第4卷	2019—09	98.00	1046
平面几何证明方法全书	2007—08	35.00	1
平面几何证明方法全书习题解答(第2版)	2006—12	18.00	10
平面几何天天练上卷·基础篇(直线型)	2013—01	58.00	208
平面几何天天练中卷·基础篇(涉及圆)	2013—01	28.00	234
平面几何天天练下卷·提高篇	2013—01	58.00	237
平面几何专题研究	2013—07	98.00	258
几何学习题集	2020—10	48.00	1217
通过解题学习代数几何	2021—04	88.00	1301

刘培杰数学工作室

已出版(即将出版)图书目录——初等数学 

书　　名	出版时间	定　价	编号
最新世界各国数学奥林匹克中的平面几何试题	2007－09	38.00	14
数学竞赛平面几何典型题及新颖解	2010－07	48.00	74
初等数学复习及研究(平面几何)	2008－09	68.00	38
初等数学复习及研究(立体几何)	2010－06	38.00	71
初等数学复习及研究(平面几何)习题解答	2009－01	58.00	42
几何学教程(平面几何卷)	2011－03	68.00	90
几何学教程(立体几何卷)	2011－07	68.00	130
几何变换与几何证题	2010－06	88.00	70
计算方法与几何证题	2011－06	28.00	129
立体几何技巧与方法	2014－04	88.00	293
几何瑰宝——平面几何500名题暨1500条定理(上、下)	2021－07	168.00	1358
三角形的解法与应用	2012－07	18.00	183
近代的三角形几何学	2012－07	48.00	184
一般折线几何学	2015－08	48.00	503
三角形的五心	2009－06	28.00	51
三角形的六心及其应用	2015－10	68.00	542
三角形趣谈	2012－08	28.00	212
解三角形	2014－01	28.00	265
探秘三角形:一次数学旅行	2021－10	68.00	1387
三角学专门教程	2014－09	28.00	387
图天下几何新题试卷.初中(第2版)	2017－11	58.00	855
圆锥曲线习题集(上册)	2013－06	68.00	255
圆锥曲线习题集(中册)	2015－01	78.00	434
圆锥曲线习题集(下册·第1卷)	2016－10	78.00	683
圆锥曲线习题集(下册·第2卷)	2018－01	98.00	853
圆锥曲线习题集(下册·第3卷)	2019－10	128.00	1113
圆锥曲线的思想方法	2021－08	48.00	1379
圆锥曲线的八个主要问题	2021－10	48.00	1415
论九点圆	2015－05	88.00	645
近代欧氏几何学	2012－03	48.00	162
罗巴切夫斯基几何学及几何基础概要	2012－07	28.00	188
罗巴切夫斯基几何学初步	2015－06	28.00	474
用三角、解析几何、复数、向量计算解数学竞赛几何题	2015－03	48.00	455
美国中学几何教程	2015－04	88.00	458
三线坐标与三角形特征点	2015－04	98.00	460
坐标几何学基础.第1卷,笛卡儿坐标	2021－08	48.00	1398
坐标几何学基础.第2卷,三线坐标	2021－09	28.00	1399
平面解析几何方法与研究(第1卷)	2015－05	18.00	471
平面解析几何方法与研究(第2卷)	2015－06	18.00	472
平面解析几何方法与研究(第3卷)	2015－07	18.00	473
解析几何研究	2015－01	38.00	425
解析几何学教程.上	2016－01	38.00	574
解析几何学教程.下	2016－01	38.00	575
几何学基础	2016－01	58.00	581
初等几何研究	2015－02	58.00	444
十九和二十世纪欧氏几何学中的片段	2017－01	58.00	696
平面几何中考.高考.奥数一本通	2017－07	28.00	820
几何学简史	2017－08	28.00	833
四面体	2018－01	48.00	880
平面几何证明方法思路	2018－12	68.00	913

刘培杰数学工作室

已出版(即将出版)图书目录——初等数学

书　　名	出版时间	定　价	编号
平面几何图形特性新析.上篇	2019－01	68.00	911
平面几何图形特性新析.下篇	2018－06	88.00	912
平面几何范例多解探究.上篇	2018－04	48.00	910
平面几何范例多解探究.下篇	2018－12	68.00	914
从分析解题过程学解题:竞赛中的几何问题研究	2018－07	68.00	946
从分析解题过程学解题:竞赛中的向量几何与不等式研究(全2册)	2019－06	138.00	1090
从分析解题过程学解题:竞赛中的不等式问题	2021－01	48.00	1249
二维、三维欧氏几何的对偶原理	2018－12	38.00	990
星形大观及闭折线论	2019－03	68.00	1020
立体几何的问题和方法	2019－11	58.00	1127
三角代换论	2021－05	58.00	1313
俄罗斯平面几何问题集	2009－08	88.00	55
俄罗斯立体几何问题集	2014－03	58.00	283
俄罗斯几何大师——沙雷金论数学及其他	2014－01	48.00	271
来自俄罗斯的5000道几何习题及解答	2011－03	58.00	89
俄罗斯初等数学问题集	2012－05	38.00	177
俄罗斯函数问题集	2011－03	38.00	103
俄罗斯组合分析问题集	2011－01	48.00	79
俄罗斯初等数学万题选——三角卷	2012－11	38.00	222
俄罗斯初等数学万题选——代数卷	2013－08	68.00	225
俄罗斯初等数学万题选——几何卷	2014－01	68.00	226
俄罗斯《量子》杂志数学征解问题100题选	2018－08	48.00	969
俄罗斯《量子》杂志数学征解问题又100题选	2018－08	48.00	970
俄罗斯《量子》杂志数学征解问题	2020－05	48.00	1138
463个俄罗斯几何老问题	2012－01	28.00	152
《量子》数学短文精粹	2018－09	38.00	972
用三角、解析几何等计算解来自俄罗斯的几何题	2019－11	88.00	1119
基谢廖夫平面几何	2022－01	48.00	1461
数学:代数、数学分析和几何(10—11年级)	2021－01	48.00	1250
立体几何.10—11年级	2022－01	58.00	1472
谈谈素数	2011－03	18.00	91
平方和	2011－03	18.00	92
整数论	2011－05	38.00	120
从整数谈起	2015－10	28.00	538
数与多项式	2016－01	38.00	558
谈谈不定方程	2011－05	28.00	119
解析不等式新论	2009－06	68.00	48
建立不等式的方法	2011－03	98.00	104
数学奥林匹克不等式研究(第2版)	2020－07	68.00	1181
不等式研究(第二辑)	2012－02	68.00	153
不等式的秘密(第一卷)(第2版)	2014－02	38.00	286
不等式的秘密(第二卷)	2014－01	38.00	268
初等不等式的证明方法	2010－06	38.00	123
初等不等式的证明方法(第二版)	2014－11	38.00	407
不等式·理论·方法(基础卷)	2015－07	38.00	496
不等式·理论·方法(经典不等式卷)	2015－07	38.00	497
不等式·理论·方法(特殊类型不等式卷)	2015－07	48.00	498
不等式探究	2016－03	38.00	582
不等式探秘	2017－01	88.00	689
四面体不等式	2017－01	68.00	715
数学奥林匹克中常见重要不等式	2017－09	38.00	845

刘培杰数学工作室 已出版(即将出版)图书目录——初等数学

书　　名	出版时间	定　价	编号
三正弦不等式	2018－09	98.00	974
函数方程与不等式:解法与稳定性结果	2019－04	68.00	1058
数学不等式.第1卷,对称多项式不等式	2022－01	78.00	1455
数学不等式.第2卷,对称有理不等式与对称无理不等式	2022－01	88.00	1456
数学不等式.第3卷,循环不等式与非循环不等式	2022－01	88.00	1457
数学不等式.第4卷,Jensen不等式的扩展与加细	即将出版	88.00	1458
数学不等式.第5卷,创建不等式与解不等式的其他方法	即将出版	88.00	1459
同余理论	2012－05	38.00	163
[x]与{x}	2015－04	48.00	476
极值与最值.上卷	2015－06	28.00	486
极值与最值.中卷	2015－06	38.00	487
极值与最值.下卷	2015－06	28.00	488
整数的性质	2012－11	38.00	192
完全平方数及其应用	2015－08	78.00	506
多项式理论	2015－10	88.00	541
奇数、偶数、奇偶分析法	2018－01	98.00	876
不定方程及其应用.上	2018－12	58.00	992
不定方程及其应用.中	2019－01	78.00	993
不定方程及其应用.下	2019－02	98.00	994
历届美国中学生数学竞赛试题及解答(第一卷)1950－1954	2014－07	18.00	277
历届美国中学生数学竞赛试题及解答(第二卷)1955－1959	2014－04	18.00	278
历届美国中学生数学竞赛试题及解答(第三卷)1960－1964	2014－06	18.00	279
历届美国中学生数学竞赛试题及解答(第四卷)1965－1969	2014－04	28.00	280
历届美国中学生数学竞赛试题及解答(第五卷)1970－1972	2014－06	18.00	281
历届美国中学生数学竞赛试题及解答(第六卷)1973－1980	2017－07	18.00	768
历届美国中学生数学竞赛试题及解答(第七卷)1981－1986	2015－01	18.00	424
历届美国中学生数学竞赛试题及解答(第八卷)1987－1990	2017－05	18.00	769
历届中国数学奥林匹克试题集(第3版)	2021－10	58.00	1440
历届加拿大数学奥林匹克试题集	2012－08	38.00	215
历届美国数学奥林匹克试题集:1972～2019	2020－04	88.00	1135
历届波兰数学竞赛试题集.第1卷,1949～1963	2015－03	18.00	453
历届波兰数学竞赛试题集.第2卷,1964～1976	2015－03	18.00	454
历届巴尔干数学奥林匹克试题集	2015－05	38.00	466
保加利亚数学奥林匹克	2014－10	38.00	393
圣彼得堡数学奥林匹克试题集	2015－01	38.00	429
匈牙利奥林匹克数学竞赛题解.第1卷	2016－05	28.00	593
匈牙利奥林匹克数学竞赛题解.第2卷	2016－05	28.00	594
历届美国数学邀请赛试题集(第2版)	2017－10	78.00	851
普林斯顿大学数学竞赛	2016－06	38.00	669
亚太地区数学奥林匹克竞赛题	2015－07	18.00	492
日本历届(初级)广中杯数学竞赛试题及解答.第1卷(2000～2007)	2016－05	28.00	641
日本历届(初级)广中杯数学竞赛试题及解答.第2卷(2008～2015)	2016－05	38.00	642
越南数学奥林匹克题选:1962－2009	2021－07	48.00	1370
360个数学竞赛问题	2016－08	58.00	677
奥数最佳实战题.上卷	2017－06	38.00	760
奥数最佳实战题.下卷	2017－05	58.00	761
哈尔滨市早期中学数学竞赛试题汇编	2016－07	28.00	672
全国高中数学联赛试题及解答:1981—2019(第4版)	2020－07	138.00	1176
2021年全国高中数学联合竞赛模拟题集	2021－04	30.00	1302
20世纪50年代全国部分城市数学竞赛试题汇编	2017－07	28.00	797

刘培杰数学工作室

已出版(即将出版)图书目录——初等数学

书　　名	出版时间	定　价	编号
国内外数学竞赛题及精解:2018～2019	2020－08	45.00	1192
国内外数学竞赛题及精解:2019～2020	2021－11	58.00	1439
许康华竞赛优学精选集.第一辑	2018－08	68.00	949
天问叶班数学问题征解 100 题.Ⅰ,2016－2018	2019－05	88.00	1075
天问叶班数学问题征解 100 题.Ⅱ,2017－2019	2020－07	98.00	1177
美国初中数学竞赛:AMC8 准备(共 6 卷)	2019－07	138.00	1089
美国高中数学竞赛:AMC10 准备(共 6 卷)	2019－08	158.00	1105
王连笑教你怎样学数学:高考选择题解题策略与客观题实用训练	2014－01	48.00	262
王连笑教你怎样学数学:高考数学高层次讲座	2015－02	48.00	432
高考数学的理论与实践	2009－08	38.00	53
高考数学核心题型解题方法与技巧	2010－01	28.00	86
高考思维新平台	2014－03	38.00	259
高考数学压轴题解题诀窍(上)(第 2 版)	2018－01	58.00	874
高考数学压轴题解题诀窍(下)(第 2 版)	2018－01	48.00	875
北京市五区文科数学三年高考模拟题详解:2013～2015	2015－08	48.00	500
北京市五区理科数学三年高考模拟题详解:2013～2015	2015－09	68.00	505
向量法巧解数学高考题	2009－08	28.00	54
高中数学课堂教学的实践与反思	2021－11	48.00	791
数学高考参考	2016－01	78.00	589
新课程标准高考数学解答题各种题型解法指导	2020－08	78.00	1196
全国及各省市高考数学试题审题要津与解法研究	2015－02	48.00	450
高中数学章节起始课的教学研究与案例设计	2019－05	28.00	1064
新课标高考数学——五年试题分章详解(2007～2011)(上、下)	2011－10	78.00	140,141
全国中考数学压轴题审题要津与解法研究	2013－04	78.00	248
新编全国及各省市中考数学压轴题审题要津与解法研究	2014－05	58.00	342
全国及各省市 5 年中考数学压轴题审题要津与解法研究(2015 版)	2015－04	58.00	462
中考数学专题总复习	2007－04	28.00	6
中考数学较难题常考题型解题方法与技巧	2016－09	48.00	681
中考数学难题常考题型解题方法与技巧	2016－09	48.00	682
中考数学中档题常考题型解题方法与技巧	2017－08	68.00	835
中考数学选择填空压轴好题妙解 365	2017－05	38.00	759
中考数学:三类重点考题的解法例析与习题	2020－04	48.00	1140
中小学数学的历史文化	2019－11	48.00	1124
初中平面几何百题多思创新解	2020－01	58.00	1125
初中数学中考备考	2020－01	58.00	1126
高考数学之九章演义	2019－08	68.00	1044
化学可以这样学:高中化学知识方法智慧感悟疑难辨析	2019－07	58.00	1103
如何成为学习高手	2019－09	58.00	1107
高考数学:经典真题分类解析	2020－04	78.00	1134
高考数学解答题破解策略	2020－11	58.00	1221
从分析解题过程学解题:高考压轴题与竞赛题之关系探究	2020－08	88.00	1179
教学新思考:单元整体视角下的初中数学教学设计	2021－03	58.00	1278
思维再拓展:2020 年经典几何题的多解探究与思考	即将出版		1279
中考数学小压轴汇编初讲	2017－07	48.00	788
中考数学大压轴专题微言	2017－09	48.00	846
怎么解中考平面几何探索题	2019－06	48.00	1093
北京中考数学压轴题解题方法突破(第 7 版)	2021－11	68.00	1442
助你高考成功的数学解题智慧:知识是智慧的基础	2016－01	58.00	596
助你高考成功的数学解题智慧:错误是智慧的试金石	2016－04	58.00	643
助你高考成功的数学解题智慧:方法是智慧的推手	2016－04	68.00	657
高考数学奇思妙解	2016－04	38.00	610
高考数学解题策略	2016－05	48.00	670
数学解题泄天机(第 2 版)	2017－10	48.00	850

刘培杰数学工作室

已出版(即将出版)图书目录——初等数学

书　　名	出版时间	定　价	编号
高考物理压轴题全解	2017—04	58.00	746
高中物理经典问题25讲	2017—05	28.00	764
高中物理教学讲义	2018—01	48.00	871
高中物理答疑解惑65篇	2021—11	48.00	1462
中学物理基础问题解析	2020—08	48.00	1183
2016年高考文科数学真题研究	2017—04	58.00	754
2016年高考理科数学真题研究	2017—04	78.00	755
2017年高考理科数学真题研究	2018—01	58.00	867
2017年高考文科数学真题研究	2018—01	48.00	868
初中数学、高中数学脱节知识补缺教材	2017—06	48.00	766
高考数学小题抢分必练	2017—10	48.00	834
高考数学核心素养解读	2017—09	38.00	839
高考数学客观题解题方法和技巧	2017—10	38.00	847
十年高考数学精品试题审题要津与解法研究	2021—10	98.00	1427
中国历届高考数学试题及解答.1949—1979	2018—01	38.00	877
历届中国高考数学试题及解答.第二卷,1980—1989	2018—10	28.00	975
历届中国高考数学试题及解答.第三卷,1990—1999	2018—10	48.00	976
数学文化与高考研究	2018—03	48.00	882
跟我学解高中数学题	2018—07	58.00	926
中学数学研究的方法及案例	2018—05	58.00	869
高考数学抢分技能	2018—07	68.00	934
高一新生常用数学方法和重要数学思想提升教材	2018—06	38.00	921
2018年高考数学真题研究	2019—01	68.00	1000
2019年高考数学真题研究	2020—05	88.00	1137
高考数学全国卷六道解答题常考题型解题诀窍:理科(全2册)	2019—07	78.00	1101
高考数学全国卷16道选择、填空题常考题型解题诀窍.理科	2018—09	88.00	971
高考数学全国卷16道选择、填空题常考题型解题诀窍.文科	2020—01	88.00	1123
新课程标准高中数学各种题型解法大全.必修一分册	2021—06	58.00	1315
高中数学一题多解	2019—06	58.00	1087
历届中国高考数学试题及解答:1917—1999	2021—08	98.00	1371
突破高原:高中数学解题思维探究	2021—08	48.00	1375
高考数学中的"取值范围"	2021—10	48.00	1429
新课程标准高中数学各种题型解法大全.必修二分册	2022—01	68.00	1471
新编640个世界著名数学智力趣题	2014—01	88.00	242
500个最新世界著名数学智力趣题	2008—06	48.00	3
400个最新世界著名数学最值问题	2008—09	48.00	36
500个世界著名数学征解问题	2009—06	48.00	52
400个中国最佳初等数学征解老问题	2010—01	48.00	60
500个俄罗斯数学经典老题	2011—01	28.00	81
1000个国外中学物理好题	2012—04	48.00	174
300个日本高考数学题	2012—05	38.00	142
700个早期日本高考数学试题	2017—02	88.00	752
500个前苏联早期高考数学试题及解答	2012—05	28.00	185
546个早期俄罗斯大学生数学竞赛题	2014—03	38.00	285
548个来自美苏的数学好问题	2014—11	28.00	396
20所苏联著名大学早期入学试题	2015—02	18.00	452
161道德国工科大学生必做的微分方程习题	2015—05	28.00	469
500个德国工科大学生必做的高数习题	2015—06	28.00	478
360个数学竞赛问题	2016—08	58.00	677
200个趣味数学故事	2018—02	48.00	857
470个数学奥林匹克中的最值问题	2018—10	88.00	985
德国讲义日本考题.微积分卷	2015—04	48.00	456
德国讲义日本考题.微分方程卷	2015—04	38.00	457
二十世纪中叶中、英、美、日、法、俄高考数学试题精选	2017—06	38.00	783

刘培杰数学工作室

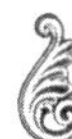

已出版(即将出版)图书目录——初等数学

书　　名	出版时间	定　价	编号
中国初等数学研究　2009 卷(第 1 辑)	2009—05	20.00	45
中国初等数学研究　2010 卷(第 2 辑)	2010—05	30.00	68
中国初等数学研究　2011 卷(第 3 辑)	2011—07	60.00	127
中国初等数学研究　2012 卷(第 4 辑)	2012—07	48.00	190
中国初等数学研究　2014 卷(第 5 辑)	2014—02	48.00	288
中国初等数学研究　2015 卷(第 6 辑)	2015—06	68.00	493
中国初等数学研究　2016 卷(第 7 辑)	2016—04	68.00	609
中国初等数学研究　2017 卷(第 8 辑)	2017—01	98.00	712

书　　名	出版时间	定　价	编号
初等数学研究在中国. 第 1 辑	2019—03	158.00	1024
初等数学研究在中国. 第 2 辑	2019—10	158.00	1116
初等数学研究在中国. 第 3 辑	2021—05	158.00	1306

书　　名	出版时间	定　价	编号
几何变换(Ⅰ)	2014—07	28.00	353
几何变换(Ⅱ)	2015—06	28.00	354
几何变换(Ⅲ)	2015—01	38.00	355
几何变换(Ⅳ)	2015—12	38.00	356

书　　名	出版时间	定　价	编号
初等数论难题集(第一卷)	2009—05	68.00	44
初等数论难题集(第二卷)(上、下)	2011—02	128.00	82,83
数论概貌	2011—03	18.00	93
代数数论(第二版)	2013—08	58.00	94
代数多项式	2014—06	38.00	289
初等数论的知识与问题	2011—02	28.00	95
超越数论基础	2011—03	28.00	96
数论初等教程	2011—03	28.00	97
数论基础	2011—03	18.00	98
数论基础与维诺格拉多夫	2014—03	18.00	292
解析数论基础	2012—08	28.00	216
解析数论基础(第二版)	2014—01	48.00	287
解析数论问题集(第二版)(原版引进)	2014—05	88.00	343
解析数论问题集(第二版)(中译本)	2016—04	88.00	607
解析数论基础(潘承洞,潘承彪著)	2016—07	98.00	673
解析数论导引	2016—07	58.00	674
数论入门	2011—03	38.00	99
代数数论入门	2015—03	38.00	448
数论开篇	2012—07	28.00	194
解析数论引论	2011—03	48.00	100
Barban Davenport Halberstam 均值和	2009—01	40.00	33
基础数论	2011—03	28.00	101
初等数论 100 例	2011—05	18.00	122
初等数论经典例题	2012—07	18.00	204
最新世界各国数学奥林匹克中的初等数论试题(上、下)	2012—01	138.00	144,145
初等数论(Ⅰ)	2012—01	18.00	156
初等数论(Ⅱ)	2012—01	18.00	157
初等数论(Ⅲ)	2012—01	28.00	158

刘培杰数学工作室
已出版(即将出版)图书目录——初等数学

书名	出版时间	定价	编号
平面几何与数论中未解决的新老问题	2013－01	68.00	229
代数数论简史	2014－11	28.00	408
代数数论	2015－09	88.00	532
代数、数论及分析习题集	2016－11	98.00	695
数论导引提要及习题解答	2016－01	48.00	559
素数定理的初等证明.第2版	2016－09	48.00	686
数论中的模函数与狄利克雷级数(第二版)	2017－11	78.00	837
数论:数学导引	2018－01	68.00	849
范氏大代数	2019－02	98.00	1016
解析数学讲义.第一卷,导来式及微分、积分、级数	2019－04	88.00	1021
解析数学讲义.第二卷,关于几何的应用	2019－04	68.00	1022
解析数学讲义.第三卷,解析函数论	2019－04	78.00	1023
分析·组合·数论纵横谈	2019－04	58.00	1039
Hall代数:民国时期的中学数学课本:英文	2019－08	88.00	1106
数学精神巡礼	2019－01	58.00	731
数学眼光透视(第2版)	2017－06	78.00	732
数学思想领悟(第2版)	2018－01	68.00	733
数学方法溯源(第2版)	2018－08	68.00	734
数学解题引论	2017－05	58.00	735
数学史话览胜(第2版)	2017－01	48.00	736
数学应用展观(第2版)	2017－08	68.00	737
数学建模尝试	2018－04	48.00	738
数学竞赛采风	2018－01	68.00	739
数学测评探营	2019－05	58.00	740
数学技能操握	2018－03	48.00	741
数学欣赏拾趣	2018－02	48.00	742
从毕达哥拉斯到怀尔斯	2007－10	48.00	9
从迪利克雷到维斯卡尔迪	2008－01	48.00	21
从哥德巴赫到陈景润	2008－05	98.00	35
从庞加莱到佩雷尔曼	2011－08	138.00	136
博弈论精粹	2008－03	58.00	30
博弈论精粹.第二版(精装)	2015－01	88.00	461
数学 我爱你	2008－01	28.00	20
精神的圣徒 别样的人生——60位中国数学家成长的历程	2008－09	48.00	39
数学史概论	2009－06	78.00	50
数学史概论(精装)	2013－03	158.00	272
数学史选讲	2016－01	48.00	544
斐波那契数列	2010－02	28.00	65
数学拼盘和斐波那契魔方	2010－07	38.00	72
斐波那契数列欣赏(第2版)	2018－08	58.00	948
Fibonacci数列中的明珠	2018－06	58.00	928
数学的创造	2011－02	48.00	85
数学美与创造力	2016－01	48.00	595
数海拾贝	2016－01	48.00	590
数学中的美(第2版)	2019－04	68.00	1057
数论中的美学	2014－12	38.00	351

刘培杰数学工作室

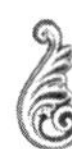

已出版(即将出版)图书目录——初等数学

书　　名	出版时间	定　价	编号
数学王者　科学巨人——高斯	2015—01	28.00	428
振兴祖国数学的圆梦之旅:中国初等数学研究史话	2015—06	98.00	490
二十世纪中国数学史料研究	2015—10	48.00	536
数字谜、数阵图与棋盘覆盖	2016—01	58.00	298
时间的形状	2016—01	38.00	556
数学发现的艺术:数学探索中的合情推理	2016—07	58.00	671
活跃在数学中的参数	2016—07	48.00	675
数海趣史	2021—05	98.00	1314
数学解题——靠数学思想给力(上)	2011—07	38.00	131
数学解题——靠数学思想给力(中)	2011—07	48.00	132
数学解题——靠数学思想给力(下)	2011—07	38.00	133
我怎样解题	2013—01	48.00	227
数学解题中的物理方法	2011—06	28.00	114
数学解题的特殊方法	2011—06	48.00	115
中学数学计算技巧(第2版)	2020—10	48.00	1220
中学数学证明方法	2012—01	58.00	117
数学趣题巧解	2012—03	28.00	128
高中数学教学通鉴	2015—05	58.00	479
和高中生漫谈:数学与哲学的故事	2014—08	28.00	369
算术问题集	2017—03	38.00	789
张教授讲数学	2018—07	38.00	933
陈永明实话实说数学教学	2020—04	68.00	1132
中学数学学科知识与教学能力	2020—06	58.00	1155
自主招生考试中的参数方程问题	2015—01	28.00	435
自主招生考试中的极坐标问题	2015—04	28.00	463
近年全国重点大学自主招生数学试题全解及研究.华约卷	2015—02	38.00	441
近年全国重点大学自主招生数学试题全解及研究.北约卷	2016—05	38.00	619
自主招生数学解证宝典	2015—09	48.00	535
格点和面积	2012—07	18.00	191
射影几何趣谈	2012—04	28.00	175
斯潘纳尔引理——从一道加拿大数学奥林匹克试题谈起	2014—01	28.00	228
李普希兹条件——从几道近年高考数学试题谈起	2012—10	18.00	221
拉格朗日中值定理——从一道北京高考试题的解法谈起	2015—10	18.00	197
闵科夫斯基定理——从一道清华大学自主招生试题谈起	2014—01	28.00	198
哈尔测度——从一道冬令营试题的背景谈起	2012—08	28.00	202
切比雪夫逼近问题——从一道中国台北数学奥林匹克试题谈起	2013—04	38.00	238
伯恩斯坦多项式与贝齐尔曲面——从一道全国高中数学联赛试题谈起	2013—03	38.00	236
卡塔兰猜想——从一道普特南竞赛试题谈起	2013—06	18.00	256
麦卡锡函数和阿克曼函数——从一道前南斯拉夫数学奥林匹克试题谈起	2012—08	18.00	201
贝蒂定理与拉姆贝克莫斯尔定理——从一个拣石子游戏谈起	2012—08	18.00	217
皮亚诺曲线和豪斯道夫分球定理——从无限集谈起	2012—08	18.00	211
平面凸图形与凸多面体	2012—10	28.00	218
斯坦因豪斯问题——从一道二十五省市自治区中学数学竞赛试题谈起	2012—07	18.00	196

刘培杰数学工作室
已出版(即将出版)图书目录——初等数学

书　　名	出版时间	定　价	编号
纽结理论中的亚历山大多项式与琼斯多项式——从一道北京市高一数学竞赛试题谈起	2012－07	28.00	195
原则与策略——从波利亚"解题表"谈起	2013－04	38.00	244
转化与化归——从三大尺规作图不能问题谈起	2012－08	28.00	214
代数几何中的贝祖定理(第一版)——从一道 IMO 试题的解法谈起	2013－08	18.00	193
成功连贯理论与约当块理论——从一道比利时数学竞赛试题谈起	2012－04	18.00	180
素数判定与大数分解	2014－08	18.00	199
置换多项式及其应用	2012－10	18.00	220
椭圆函数与模函数——从一道美国加州大学洛杉矶分校(UCLA)博士资格考题谈起	2012－10	28.00	219
差分方程的拉格朗日方法——从一道 2011 年全国高考理科试题的解法谈起	2012－08	28.00	200
力学在几何中的一些应用	2013－01	38.00	240
从根式解到伽罗华理论	2020－01	48.00	1121
康托洛维奇不等式——从一道全国高中联赛试题谈起	2013－03	28.00	337
西格尔引理——从一道第 18 届 IMO 试题的解法谈起	即将出版		
罗斯定理——从一道前苏联数学竞赛试题谈起	即将出版		
拉克斯定理和阿廷定理——从一道 IMO 试题的解法谈起	2014－01	58.00	246
毕卡大定理——从一道美国大学数学竞赛试题谈起	2014－07	18.00	350
贝齐尔曲线——从一道全国高中联赛试题谈起	即将出版		
拉格朗日乘子定理——从一道 2005 年全国高中联赛试题的高等数学解法谈起	2015－05	28.00	480
雅可比定理——从一道日本数学奥林匹克试题谈起	2013－04	48.00	249
李天岩－约克定理——从一道波兰数学竞赛试题谈起	2014－06	28.00	349
整系数多项式因式分解的一般方法——从克朗耐克算法谈起	即将出版		
布劳维不动点定理——从一道前苏联数学奥林匹克试题谈起	2014－01	38.00	273
伯恩赛德定理——从一道英国数学奥林匹克试题谈起	即将出版		
布查特－莫斯特定理——从一道上海市初中竞赛试题谈起	即将出版		
数论中的同余数问题——从一道普特南竞赛试题谈起	即将出版		
范·德蒙行列式——从一道美国数学奥林匹克试题谈起	即将出版		
中国剩余定理:总数法构建中国历史年表	2015－01	28.00	430
牛顿程序与方程求根——从一道全国高考试题解法谈起	即将出版		
库默尔定理——从一道 IMO 预选试题谈起	即将出版		
卢丁定理——从一道冬令营试题的解法谈起	即将出版		
沃斯滕霍姆定理——从一道 IMO 预选试题谈起	即将出版		
卡尔松不等式——从一道莫斯科数学奥林匹克试题谈起	即将出版		
信息论中的香农熵——从一道近年高考压轴题谈起	即将出版		
约当不等式——从一道希望杯竞赛试题谈起	即将出版		
拉比诺维奇定理	即将出版		
刘维尔定理——从一道《美国数学月刊》征解问题的解法谈起	即将出版		
卡塔兰恒等式与级数求和——从一道 IMO 试题的解法谈起	即将出版		
勒让德猜想与素数分布——从一道爱尔兰竞赛试题谈起	即将出版		
天平称重与信息论——从一道基辅市数学奥林匹克试题谈起	即将出版		
哈密尔顿－凯莱定理:从一道高中数学联赛试题的解法谈起	2014－09	18.00	376
艾思特曼定理——从一道 CMO 试题的解法谈起	即将出版		

刘培杰数学工作室
已出版(即将出版)图书目录——初等数学

书　　名	出版时间	定　价	编号
阿贝尔恒等式与经典不等式及应用	2018－06	98.00	923
迪利克雷除数问题	2018－07	48.00	930
幻方、幻立方与拉丁方	2019－08	48.00	1092
帕斯卡三角形	2014－03	18.00	294
蒲丰投针问题——从 2009 年清华大学的一道自主招生试题谈起	2014－01	38.00	295
斯图姆定理——从一道"华约"自主招生试题的解法谈起	2014－01	18.00	296
许瓦兹引理——从一道加利福尼亚大学伯克利分校数学系博士生试题谈起	2014－08	18.00	297
拉姆塞定理——从王诗宬院士的一个问题谈起	2016－04	48.00	299
坐标法	2013－12	28.00	332
数论三角形	2014－04	38.00	341
毕克定理	2014－07	18.00	352
数林掠影	2014－09	48.00	389
我们周围的概率	2014－10	38.00	390
凸函数最值定理:从一道华约自主招生题的解法谈起	2014－10	28.00	391
易学与数学奥林匹克	2014－10	38.00	392
生物数学趣谈	2015－01	18.00	409
反演	2015－01	28.00	420
因式分解与圆锥曲线	2015－01	18.00	426
轨迹	2015－01	28.00	427
面积原理:从常庚哲命的一道 CMO 试题的积分解法谈起	2015－01	48.00	431
形形色色的不动点定理:从一道 28 届 IMO 试题谈起	2015－01	38.00	439
柯西函数方程:从一道上海交大自主招生的试题谈起	2015－02	28.00	440
三角恒等式	2015－02	28.00	442
无理性判定:从一道 2014 年"北约"自主招生试题谈起	2015－01	38.00	443
数学归纳法	2015－03	18.00	451
极端原理与解题	2015－04	28.00	464
法雷级数	2014－08	18.00	367
摆线族	2015－01	38.00	438
函数方程及其解法	2015－05	38.00	470
含参数的方程和不等式	2012－09	28.00	213
希尔伯特第十问题	2016－01	38.00	543
无穷小量的求和	2016－01	28.00	545
切比雪夫多项式:从一道清华大学金秋营试题谈起	2016－01	38.00	583
泽肯多夫定理	2016－03	38.00	599
代数等式证题法	2016－01	28.00	600
三角等式证题法	2016－01	28.00	601
吴大任教授藏书中的一个因式分解公式:从一道美国数学邀请赛试题的解法谈起	2016－06	28.00	656
易卦——类万物的数学模型	2017－08	68.00	838
"不可思议"的数与数系可持续发展	2018－01	38.00	878
最短线	2018－01	38.00	879
幻方和魔方(第一卷)	2012－05	68.00	173
尘封的经典——初等数学经典文献选读(第一卷)	2012－07	48.00	205
尘封的经典——初等数学经典文献选读(第二卷)	2012－07	38.00	206
初级方程式论	2011－03	28.00	106
初等数学研究(Ⅰ)	2008－09	68.00	37
初等数学研究(Ⅱ)(上、下)	2009－05	118.00	46,47

刘培杰数学工作室

已出版(即将出版)图书目录——初等数学

书名	出版时间	定价	编号
趣味初等方程妙题集锦	2014—09	48.00	388
趣味初等数论选美与欣赏	2015—02	48.00	445
耕读笔记(上卷):一位农民数学爱好者的初数探索	2015—04	28.00	459
耕读笔记(中卷):一位农民数学爱好者的初数探索	2015—05	28.00	483
耕读笔记(下卷):一位农民数学爱好者的初数探索	2015—05	28.00	484
几何不等式研究与欣赏.上卷	2016—01	88.00	547
几何不等式研究与欣赏.下卷	2016—01	48.00	552
初等数列研究与欣赏·上	2016—01	48.00	570
初等数列研究与欣赏·下	2016—01	48.00	571
趣味初等函数研究与欣赏.上	2016—09	48.00	684
趣味初等函数研究与欣赏.下	2018—09	48.00	685
三角不等式研究与欣赏	2020—10	68.00	1197
新编平面解析几何解题方法研究与欣赏	2021—10	78.00	1426
火柴游戏	2016—05	38.00	612
智力解谜.第1卷	2017—07	38.00	613
智力解谜.第2卷	2017—07	38.00	614
故事智力	2016—07	48.00	615
名人们喜欢的智力问题	2020—01	48.00	616
数学大师的发现、创造与失误	2018—01	48.00	617
异曲同工	2018—09	48.00	618
数学的味道	2018—01	58.00	798
数学千字文	2018—10	68.00	977
数贝偶拾——高考数学题研究	2014—04	28.00	274
数贝偶拾——初等数学研究	2014—04	38.00	275
数贝偶拾——奥数题研究	2014—04	48.00	276
钱昌本教你快乐学数学(上)	2011—12	48.00	155
钱昌本教你快乐学数学(下)	2012—03	58.00	171
集合、函数与方程	2014—01	28.00	300
数列与不等式	2014—01	38.00	301
三角与平面向量	2014—01	28.00	302
平面解析几何	2014—01	38.00	303
立体几何与组合	2014—01	28.00	304
极限与导数、数学归纳法	2014—01	38.00	305
趣味数学	2014—03	28.00	306
教材教法	2014—04	68.00	307
自主招生	2014—05	58.00	308
高考压轴题(上)	2015—01	48.00	309
高考压轴题(下)	2014—10	68.00	310
从费马到怀尔斯——费马大定理的历史	2013—10	198.00	Ⅰ
从庞加莱到佩雷尔曼——庞加莱猜想的历史	2013—10	298.00	Ⅱ
从切比雪夫到爱尔特希(上)——素数定理的初等证明	2013—07	48.00	Ⅲ
从切比雪夫到爱尔特希(下)——素数定理100年	2012—12	98.00	Ⅲ
从高斯到盖尔方特——二次域的高斯猜想	2013—10	198.00	Ⅳ
从库默尔到朗兰兹——朗兰兹猜想的历史	2014—01	98.00	Ⅴ
从比勃巴赫到德布朗斯——比勃巴赫猜想的历史	2014—02	298.00	Ⅵ
从麦比乌斯到陈省身——麦比乌斯变换与麦比乌斯带	2014—02	298.00	Ⅶ
从布尔到豪斯道夫——布尔方程与格论漫谈	2013—10	198.00	Ⅷ
从开普勒到阿诺德——三体问题的历史	2014—05	298.00	Ⅸ
从华林到华罗庚——华林问题的历史	2013—10	298.00	Ⅹ

刘培杰数学工作室

已出版(即将出版)图书目录——初等数学

书　　名	出版时间	定　价	编号
美国高中数学竞赛五十讲.第1卷(英文)	2014-08	28.00	357
美国高中数学竞赛五十讲.第2卷(英文)	2014-08	28.00	358
美国高中数学竞赛五十讲.第3卷(英文)	2014-09	28.00	359
美国高中数学竞赛五十讲.第4卷(英文)	2014-09	28.00	360
美国高中数学竞赛五十讲.第5卷(英文)	2014-10	28.00	361
美国高中数学竞赛五十讲.第6卷(英文)	2014-11	28.00	362
美国高中数学竞赛五十讲.第7卷(英文)	2014-12	28.00	363
美国高中数学竞赛五十讲.第8卷(英文)	2015-01	28.00	364
美国高中数学竞赛五十讲.第9卷(英文)	2015-01	28.00	365
美国高中数学竞赛五十讲.第10卷(英文)	2015-02	38.00	366

书　　名	出版时间	定　价	编号
三角函数(第2版)	2017-04	38.00	626
不等式	2014-01	38.00	312
数列	2014-01	38.00	313
方程(第2版)	2017-04	38.00	624
排列和组合	2014-01	28.00	315
极限与导数(第2版)	2016-04	38.00	635
向量(第2版)	2018-08	58.00	627
复数及其应用	2014-08	28.00	318
函数	2014-01	38.00	319
集合	2020-01	48.00	320
直线与平面	2014-01	28.00	321
立体几何(第2版)	2016-04	38.00	629
解三角形	即将出版		323
直线与圆(第2版)	2016-11	38.00	631
圆锥曲线(第2版)	2016-09	48.00	632
解题通法(一)	2014-07	38.00	326
解题通法(二)	2014-07	38.00	327
解题通法(三)	2014-05	38.00	328
概率与统计	2014-01	28.00	329
信息迁移与算法	即将出版		330

书　　名	出版时间	定　价	编号
IMO 50年.第1卷(1959-1963)	2014-11	28.00	377
IMO 50年.第2卷(1964-1968)	2014-11	28.00	378
IMO 50年.第3卷(1969-1973)	2014-09	28.00	379
IMO 50年.第4卷(1974-1978)	2016-04	38.00	380
IMO 50年.第5卷(1979-1984)	2015-04	38.00	381
IMO 50年.第6卷(1985-1989)	2015-04	58.00	382
IMO 50年.第7卷(1990-1994)	2016-01	48.00	383
IMO 50年.第8卷(1995-1999)	2016-06	38.00	384
IMO 50年.第9卷(2000-2004)	2015-04	58.00	385
IMO 50年.第10卷(2005-2009)	2016-01	48.00	386
IMO 50年.第11卷(2010-2015)	2017-03	48.00	646

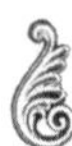

刘培杰数学工作室
已出版(即将出版)图书目录——初等数学

书　　名	出版时间	定　价	编号
数学反思(2006—2007)	2020—09	88.00	915
数学反思(2008—2009)	2019—01	68.00	917
数学反思(2010—2011)	2018—05	58.00	916
数学反思(2012—2013)	2019—01	58.00	918
数学反思(2014—2015)	2019—03	78.00	919
数学反思(2016—2017)	2021—03	58.00	1286
历届美国大学生数学竞赛试题集.第一卷(1938—1949)	2015—01	28.00	397
历届美国大学生数学竞赛试题集.第二卷(1950—1959)	2015—01	28.00	398
历届美国大学生数学竞赛试题集.第三卷(1960—1969)	2015—01	28.00	399
历届美国大学生数学竞赛试题集.第四卷(1970—1979)	2015—01	18.00	400
历届美国大学生数学竞赛试题集.第五卷(1980—1989)	2015—01	28.00	401
历届美国大学生数学竞赛试题集.第六卷(1990—1999)	2015—01	28.00	402
历届美国大学生数学竞赛试题集.第七卷(2000—2009)	2015—08	18.00	403
历届美国大学生数学竞赛试题集.第八卷(2010—2012)	2015—01	18.00	404
新课标高考数学创新题解题诀窍:总论	2014—09	28.00	372
新课标高考数学创新题解题诀窍:必修1～5分册	2014—08	38.00	373
新课标高考数学创新题解题诀窍:选修2—1,2—2,1—1,1—2分册	2014—09	38.00	374
新课标高考数学创新题解题诀窍:选修2—3,4—4,4—5分册	2014—09	18.00	375
全国重点大学自主招生英文数学试题全攻略:词汇卷	2015—07	48.00	410
全国重点大学自主招生英文数学试题全攻略:概念卷	2015—01	28.00	411
全国重点大学自主招生英文数学试题全攻略:文章选读卷(上)	2016—09	38.00	412
全国重点大学自主招生英文数学试题全攻略:文章选读卷(下)	2017—01	58.00	413
全国重点大学自主招生英文数学试题全攻略:试题卷	2015—07	38.00	414
全国重点大学自主招生英文数学试题全攻略:名著欣赏卷	2017—03	48.00	415
劳埃德数学趣题大全.题目卷.1:英文	2016—01	18.00	516
劳埃德数学趣题大全.题目卷.2:英文	2016—01	18.00	517
劳埃德数学趣题大全.题目卷.3:英文	2016—01	18.00	518
劳埃德数学趣题大全.题目卷.4:英文	2016—01	18.00	519
劳埃德数学趣题大全.题目卷.5:英文	2016—01	18.00	520
劳埃德数学趣题大全.答案卷:英文	2016—01	18.00	521
李成章教练奥数笔记.第1卷	2016—01	48.00	522
李成章教练奥数笔记.第2卷	2016—01	48.00	523
李成章教练奥数笔记.第3卷	2016—01	38.00	524
李成章教练奥数笔记.第4卷	2016—01	38.00	525
李成章教练奥数笔记.第5卷	2016—01	38.00	526
李成章教练奥数笔记.第6卷	2016—01	38.00	527
李成章教练奥数笔记.第7卷	2016—01	38.00	528
李成章教练奥数笔记.第8卷	2016—01	48.00	529
李成章教练奥数笔记.第9卷	2016—01	28.00	530

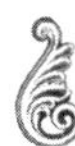

刘培杰数学工作室

已出版(即将出版)图书目录——初等数学

书　　名	出版时间	定　价	编号
第19～23届"希望杯"全国数学邀请赛试题审题要津详细评注(初一版)	2014－03	28.00	333
第19～23届"希望杯"全国数学邀请赛试题审题要津详细评注(初二、初三版)	2014－03	38.00	334
第19～23届"希望杯"全国数学邀请赛试题审题要津详细评注(高一版)	2014－03	28.00	335
第19～23届"希望杯"全国数学邀请赛试题审题要津详细评注(高二版)	2014－03	38.00	336
第19～25届"希望杯"全国数学邀请赛试题审题要津详细评注(初一版)	2015－01	38.00	416
第19～25届"希望杯"全国数学邀请赛试题审题要津详细评注(初二、初三版)	2015－01	58.00	417
第19～25届"希望杯"全国数学邀请赛试题审题要津详细评注(高一版)	2015－01	48.00	418
第19～25届"希望杯"全国数学邀请赛试题审题要津详细评注(高二版)	2015－01	48.00	419
物理奥林匹克竞赛大题典——力学卷	2014－11	48.00	405
物理奥林匹克竞赛大题典——热学卷	2014－04	28.00	339
物理奥林匹克竞赛大题典——电磁学卷	2015－07	48.00	406
物理奥林匹克竞赛大题典——光学与近代物理卷	2014－06	28.00	345
历届中国东南地区数学奥林匹克试题集(2004～2012)	2014－06	18.00	346
历届中国西部地区数学奥林匹克试题集(2001～2012)	2014－07	18.00	347
历届中国女子数学奥林匹克试题集(2002～2012)	2014－08	18.00	348
数学奥林匹克在中国	2014－06	98.00	344
数学奥林匹克问题集	2014－01	38.00	267
数学奥林匹克不等式散论	2010－06	38.00	124
数学奥林匹克不等式欣赏	2011－09	38.00	138
数学奥林匹克超级题库(初中卷上)	2010－01	58.00	66
数学奥林匹克不等式证明方法和技巧(上、下)	2011－08	158.00	134,135
他们学什么:原民主德国中学数学课本	2016－09	38.00	658
他们学什么:英国中学数学课本	2016－09	38.00	659
他们学什么:法国中学数学课本.1	2016－09	38.00	660
他们学什么:法国中学数学课本.2	2016－09	28.00	661
他们学什么:法国中学数学课本.3	2016－09	38.00	662
他们学什么:苏联中学数学课本	2016－09	28.00	679
高中数学题典——集合与简易逻辑·函数	2016－07	48.00	647
高中数学题典——导数	2016－07	48.00	648
高中数学题典——三角函数·平面向量	2016－07	48.00	649
高中数学题典——数列	2016－07	58.00	650
高中数学题典——不等式·推理与证明	2016－07	38.00	651
高中数学题典——立体几何	2016－07	48.00	652
高中数学题典——平面解析几何	2016－07	78.00	653
高中数学题典——计数原理·统计·概率·复数	2016－07	48.00	654
高中数学题典——算法·平面几何·初等数论·组合数学·其他	2016－07	68.00	655

刘培杰数学工作室
已出版(即将出版)图书目录——初等数学

书　　名	出版时间	定　价	编号
台湾地区奥林匹克数学竞赛试题.小学一年级	2017－03	38.00	722
台湾地区奥林匹克数学竞赛试题.小学二年级	2017－03	38.00	723
台湾地区奥林匹克数学竞赛试题.小学三年级	2017－03	38.00	724
台湾地区奥林匹克数学竞赛试题.小学四年级	2017－03	38.00	725
台湾地区奥林匹克数学竞赛试题.小学五年级	2017－03	38.00	726
台湾地区奥林匹克数学竞赛试题.小学六年级	2017－03	38.00	727
台湾地区奥林匹克数学竞赛试题.初中一年级	2017－03	38.00	728
台湾地区奥林匹克数学竞赛试题.初中二年级	2017－03	38.00	729
台湾地区奥林匹克数学竞赛试题.初中三年级	2017－03	28.00	730
不等式证题法	2017－04	28.00	747
平面几何培优教程	2019－08	88.00	748
奥数鼎级培优教程.高一分册	2018－09	88.00	749
奥数鼎级培优教程.高二分册.上	2018－04	68.00	750
奥数鼎级培优教程.高二分册.下	2018－04	68.00	751
高中数学竞赛冲刺宝典	2019－04	68.00	883
初中尖子生数学超级题典.实数	2017－07	58.00	792
初中尖子生数学超级题典.式、方程与不等式	2017－08	58.00	793
初中尖子生数学超级题典.圆、面积	2017－08	38.00	794
初中尖子生数学超级题典.函数、逻辑推理	2017－08	48.00	795
初中尖子生数学超级题典.角、线段、三角形与多边形	2017－07	58.00	796
数学王子——高斯	2018－01	48.00	858
坎坷奇星——阿贝尔	2018－01	48.00	859
闪烁奇星——伽罗瓦	2018－01	58.00	860
无穷统帅——康托尔	2018－01	48.00	861
科学公主——柯瓦列夫斯卡娅	2018－01	48.00	862
抽象代数之母——埃米·诺特	2018－01	48.00	863
电脑先驱——图灵	2018－01	58.00	864
昔日神童——维纳	2018－01	48.00	865
数坛怪侠——爱尔特希	2018－01	68.00	866
传奇数学家徐利治	2019－09	88.00	1110
当代世界中的数学.数学思想与数学基础	2019－01	38.00	892
当代世界中的数学.数学问题	2019－01	38.00	893
当代世界中的数学.应用数学与数学应用	2019－01	38.00	894
当代世界中的数学.数学王国的新疆域(一)	2019－01	38.00	895
当代世界中的数学.数学王国的新疆域(二)	2019－01	38.00	896
当代世界中的数学.数林撷英(一)	2019－01	38.00	897
当代世界中的数学.数林撷英(二)	2019－01	48.00	898
当代世界中的数学.数学之路	2019－01	38.00	899

刘培杰数学工作室

已出版(即将出版)图书目录——初等数学

书　　名	出版时间	定　价	编号
105 个代数问题:来自 AwesomeMath 夏季课程	2019—02	58.00	956
106 个几何问题:来自 AwesomeMath 夏季课程	2020—07	58.00	957
107 个几何问题:来自 AwesomeMath 全年课程	2020—07	58.00	958
108 个代数问题:来自 AwesomeMath 全年课程	2019—01	68.00	959
109 个不等式:来自 AwesomeMath 夏季课程	2019—04	58.00	960
国际数学奥林匹克中的 110 个几何问题	即将出版		961
111 个代数和数论问题	2019—05	58.00	962
112 个组合问题:来自 AwesomeMath 夏季课程	2019—05	58.00	963
113 个几何不等式:来自 AwesomeMath 夏季课程	2020—08	58.00	964
114 个指数和对数问题:来自 AwesomeMath 夏季课程	2019—09	48.00	965
115 个三角问题:来自 AwesomeMath 夏季课程	2019—09	58.00	966
116 个代数不等式:来自 AwesomeMath 全年课程	2019—04	58.00	967
117 个多项式问题:来自 AwesomeMath 夏季课程	2021—09	58.00	1409
紫色彗星国际数学竞赛试题	2019—02	58.00	999
数学竞赛中的数学:为数学爱好者、父母、教师和教练准备的丰富资源.第一部	2020—04	58.00	1141
数学竞赛中的数学:为数学爱好者、父母、教师和教练准备的丰富资源.第二部	2020—07	48.00	1142
和与积	2020—10	38.00	1219
数论:概念和问题	2020—12	68.00	1257
初等数学问题研究	2021—03	48.00	1270
数学奥林匹克中的欧几里得几何	2021—10	68.00	1413
数学奥林匹克题解新编	2022—01	58.00	1430
澳大利亚中学数学竞赛试题及解答(初级卷)1978～1984	2019—02	28.00	1002
澳大利亚中学数学竞赛试题及解答(初级卷)1985～1991	2019—02	28.00	1003
澳大利亚中学数学竞赛试题及解答(初级卷)1992～1998	2019—02	28.00	1004
澳大利亚中学数学竞赛试题及解答(初级卷)1999～2005	2019—02	28.00	1005
澳大利亚中学数学竞赛试题及解答(中级卷)1978～1984	2019—03	28.00	1006
澳大利亚中学数学竞赛试题及解答(中级卷)1985～1991	2019—03	28.00	1007
澳大利亚中学数学竞赛试题及解答(中级卷)1992～1998	2019—03	28.00	1008
澳大利亚中学数学竞赛试题及解答(中级卷)1999～2005	2019—03	28.00	1009
澳大利亚中学数学竞赛试题及解答(高级卷)1978～1984	2019—05	28.00	1010
澳大利亚中学数学竞赛试题及解答(高级卷)1985～1991	2019—05	28.00	1011
澳大利亚中学数学竞赛试题及解答(高级卷)1992～1998	2019—05	28.00	1012
澳大利亚中学数学竞赛试题及解答(高级卷)1999～2005	2019—05	28.00	1013
天才中小学生智力测验题.第一卷	2019—03	38.00	1026
天才中小学生智力测验题.第二卷	2019—03	38.00	1027
天才中小学生智力测验题.第三卷	2019—03	38.00	1028
天才中小学生智力测验题.第四卷	2019—03	38.00	1029
天才中小学生智力测验题.第五卷	2019—03	38.00	1030
天才中小学生智力测验题.第六卷	2019—03	38.00	1031
天才中小学生智力测验题.第七卷	2019—03	38.00	1032
天才中小学生智力测验题.第八卷	2019—03	38.00	1033
天才中小学生智力测验题.第九卷	2019—03	38.00	1034
天才中小学生智力测验题.第十卷	2019—03	38.00	1035
天才中小学生智力测验题.第十一卷	2019—03	38.00	1036
天才中小学生智力测验题.第十二卷	2019—03	38.00	1037
天才中小学生智力测验题.第十三卷	2019—03	38.00	1038

刘培杰数学工作室
已出版(即将出版)图书目录——初等数学

书　　名	出版时间	定　价	编号
重点大学自主招生数学备考全书:函数	2020—05	48.00	1047
重点大学自主招生数学备考全书:导数	2020—08	48.00	1048
重点大学自主招生数学备考全书:数列与不等式	2019—10	78.00	1049
重点大学自主招生数学备考全书:三角函数与平面向量	2020—08	68.00	1050
重点大学自主招生数学备考全书:平面解析几何	2020—07	58.00	1051
重点大学自主招生数学备考全书:立体几何与平面几何	2019—08	48.00	1052
重点大学自主招生数学备考全书:排列组合·概率统计·复数	2019—09	48.00	1053
重点大学自主招生数学备考全书:初等数论与组合数学	2019—08	48.00	1054
重点大学自主招生数学备考全书:重点大学自主招生真题.上	2019—04	68.00	1055
重点大学自主招生数学备考全书:重点大学自主招生真题.下	2019—04	58.00	1056
高中数学竞赛培训教程:平面几何问题的求解方法与策略.上	2018—05	68.00	906
高中数学竞赛培训教程:平面几何问题的求解方法与策略.下	2018—06	78.00	907
高中数学竞赛培训教程:整除与同余以及不定方程	2018—01	88.00	908
高中数学竞赛培训教程:组合计数与组合极值	2018—04	48.00	909
高中数学竞赛培训教程:初等代数	2019—04	78.00	1042
高中数学讲座:数学竞赛基础教程(第一册)	2019—06	48.00	1094
高中数学讲座:数学竞赛基础教程(第二册)	即将出版		1095
高中数学讲座:数学竞赛基础教程(第三册)	即将出版		1096
高中数学讲座:数学竞赛基础教程(第四册)	即将出版		1097
新编中学数学解题方法 1000 招丛书.实数(初中版)	即将出版		1291
新编中学数学解题方法 1000 招丛书.式(初中版)	即将出版		1292
新编中学数学解题方法 1000 招丛书.方程与不等式(初中版)	2021—04	58.00	1293
新编中学数学解题方法 1000 招丛书.函数(初中版)	即将出版		1294
新编中学数学解题方法 1000 招丛书.角(初中版)	即将出版		1295
新编中学数学解题方法 1000 招丛书.线段(初中版)	即将出版		1296
新编中学数学解题方法 1000 招丛书.三角形与多边形(初中版)	2021—04	48.00	1297
新编中学数学解题方法 1000 招丛书.圆(初中版)	即将出版		1298
新编中学数学解题方法 1000 招丛书.面积(初中版)	2021—07	28.00	1299
高中数学题典精编.第一辑.函数	2022—01	58.00	1444
高中数学题典精编.第一辑.导数	2022—01	68.00	1445
高中数学题典精编.第一辑.三角函数·平面向量	2022—01	68.00	1446
高中数学题典精编.第一辑.数列	2022—01	58.00	1447
高中数学题典精编.第一辑.不等式·推理与证明	2022—01	58.00	1448
高中数学题典精编.第一辑.立体几何	2022—01	58.00	1449
高中数学题典精编.第一辑.平面解析几何	2022—01	68.00	1450
高中数学题典精编.第一辑.统计·概率·平面几何	2022—01	58.00	1451
高中数学题典精编.第一辑.初等数论·组合数学·数学文化·解题方法	2022—01	58.00	1452

联系地址:哈尔滨市南岗区复华四道街 10 号　哈尔滨工业大学出版社刘培杰数学工作室

网　　址:http://lpj.hit.edu.cn/

邮　　编:150006

联系电话:0451—86281378　　13904613167

E-mail:lpj1378@163.com